深度学习与信号处理

原理与实践

郭业才◎著

DEEP LEARNING AND SIGNAL PROCESSING

Principles and Practice

机械工业出版社
CHINA MACHINE PRESS

本书分析研究了深度学习相关的网络模型，以及不同网络模型的算法结构、原理与核心思想及实战案例。主要内容涉及人工神经网络、模糊神经网络、概率神经网络、小波神经网络、卷积神经网络及其扩展模型、深度生成对抗网络及其扩展模型、深度受限玻尔兹曼机及其扩展模型、深度信念网络及其扩展模型、深度自编码器及其扩展模型等深度学习网络结构、原理与方法。通过深度学习网络在信道盲均衡、目标识别、图像分类和运动模糊去除、特征提取与识别、缺陷早期诊断等领域中的应用案例，为读者提供应用深度学习网络解决具体问题的思路和方法。

本书适合人工智能、计算机、自动化、电子与通信、大数据科学等相关学科专业的科学研究人员和工程技术人员阅读，也可作为相关专业博士、硕士研究生的参考书。

图书在版编目（CIP）数据

深度学习与信号处理：原理与实践／郭业才著．—北京：机械工业出版社，2022.5（2023.4 重印）

ISBN 978-7-111-70768-4

Ⅰ．①深… Ⅱ．①郭… Ⅲ．①机器学习 ②信号处理 Ⅳ．①TP181 ②TN911.7

中国版本图书馆 CIP 数据核字（2022）第 080771 号

机械工业出版社（北京市百万庄大街 22 号 邮政编码 100037）
策划编辑：李馨馨 责任编辑：李馨馨 李培培
责任校对：李 伟 责任印制：郜 敏
北京中科印刷有限公司印刷
2023 年 4 月第 1 版第 2 次印刷
184mm×240mm · 20.25 印张 · 474 千字
标准书号：ISBN 978-7-111-70768-4
定价：129.00 元

电话服务 网络服务
客服电话：010-88361066 机 工 官 网：www.cmpbook.com
010-88379833 机 工 官 博：weibo.com/cmp1952
010-68326294 金 书 网：www.golden-book.com
 机工教育服务网：www.cmpedu.com

前言

随着深度学习技术的快速发展，最新的深度学习模型已经远远超越了传统的机器学习算法，并且在图像处理、生物识别、智能医疗等领域取得了令人瞩目的成就。因此越来越多的人对深度学习感兴趣，掀起了人工智能领域的新高潮。就信号处理领域而言，所涉及的面相当广泛，但如何用深度学习原理来解决信号处理领域中的具体问题确实有些难度。因此，本书在每章都以“基础优先、递进延伸、案例导入”的方式组织内容，简述算法背景，分析算法原理，通过完整的实战案例阐明应用深度学习网络解决信号处理领域具体问题的切入点和过程，以帮助读者动手实践。

本书汇集了作者及其研究生团队利用深度学习网络开展信号处理领域应用研究的心得和研究成果；同时，吸收了一些该领域中的最新成果。全书共 10 章，第 1 章为初识深度学习，着重分析了深度学习概念、发展、支持系统等。第 2 章为人工神经网络，主要讨论了神经网络原理、训练与预测及优化算法、计算图及 BP 算法、过拟合概念及防止过拟合方法，为后续各章的基础，同时研究了其在信道盲均衡领域中的应用。第 3 章为模糊神经网络，分析了常规模糊神经网络、模糊联想记忆神经网络、神经模糊推理系统、神经网络近似逻辑等结构、原理、方法及其在飞行目标识别中的应用。第 4 章为概率神经网络，着重分析了概率神经网络原理、实现架构及其在脑肿瘤分类中的应用。第 5 章为小波神经网络，研究了前置小波神经网络和嵌入小波神经网络及其在信道盲均衡问题中的应用。第 6 章为卷积神经网络，分析了常规卷积神经网络基本结构，研究了特征融合卷积神经网络和深度引导滤波网络等扩展模型及其在遥感图像分类和运动模糊去除中的应用。第 7 章为深度生成对抗网络，以生成对抗网络为基础，研究了其扩展模型及其在图像去雨、去条带噪声及运动图像去模糊中的应用。第 8 章为深度受限玻尔兹曼机，讨论了玻尔兹曼机、受限玻尔兹曼机、稀疏受限玻尔兹曼机、竞争型稀疏受限玻尔兹曼机和分类受限玻尔兹曼机等，分析了手写字识别实例。第 9 章为深度信念网络，在常规深度信念网络基础上，分析了深度信念网络的扩展模型及其在注意缺陷多动障碍早期诊断中的应用。第 10 章为深度自编码器，以自编码网络为基础，分析与研究了其扩展模型（变分、堆叠变分、深度卷积变分、自编码回声状态、深度典型相关、双重对抗等自编码网络）和应用模型（互信息稀疏自编码软测量、深度自编码网络模糊推理、特征聚类快速稀疏自编码及栈式降噪稀疏自编码器极限学习机等应用模型），研究了特征提取及调制识别算法。

本书成果得到了无锡俊腾信息科技有限公司、国家自然科学基金项目（61673222），江苏高校优势学科“信息与通信工程”建设一、二、三期项目等资助。在本书编写过程中，田佳佳、许雪、尤俣良、姚永强、王庆伟、刘程等研究生参与了编校工作。本书的出版还得到了机械工业出版社的大力支持，在此一并表示诚挚的谢意！

由于作者水平有限，书中难免存在不当之处，敬请读者批评指正！

作者

目　　录

第 1 章　初识深度学习

概　要

本章从深度学习有多深、深度学习发展路径、深度学习如何学、深度学习如何提速等方面入手，初识深度学习概念、硬件支持系统、主流软件框架、应用平台体系。

1.1　深度学习有多深

1.1.1　深度学习概念

深度学习（Deep Learning，DL）的概念最早由多伦多大学的 G. E. Hinton 等人[1]于 2006 年提出，是基于样本数据通过一定的训练方法得到包含多个层级的深度网络结构的机器学习（Machine Learning，ML）过程[2]。机器学习通常以使用决策树、推导逻辑规划、聚类、贝叶斯网络等传统算法对结构化的数据进行分析为基础，对真实世界中的事件做出决策和预测。深度学习被引入机器学习使其更接近于最初的目标——人工智能（Artificial Intelligence，AI），其动机在于建立模型，模拟人类大脑的神经连接结构，通过组合低层特征形成更加抽象的高层表示、属性类别或特征，给出数据的分层特征表示；它从数据中提取知识来解决和分析问题时，使用人工神经网络算法，允许发现分层表示来扩展标准机器学习。这些分层表示能够解决更复杂的问题，并且以更高的精度、更少的观察和更简便的手动调谐，潜在地解决其他问题。传统的神经网络随机初始化网络权值，很容易导致网络收敛到局部最小值。为解决这一问题，Hinton 提出使用无监督预训练方法优化网络初始权值，再进行权值微调，拉开了深度学习的序幕。深度学习所得到的深度网络结构包含大量的单一元素（神经元），每个神经元与大量其他神经元相连接，神经元间的连接强度（权值）在学习过程中修改并决定网络的功能。通过深度学习得到的深度网络结构符合神经网络的特征[3]，因此深度网络就是深层次的神经网络，即深度神经网络（Deep Neural Networks，DNN）。深度神经网络是由多个单层非线性网络叠加而成的[4-5]，常见的单层网络按照编码解码情况分为 3 类：只包含编码器部分、只包含解码器部分、既有编码器部分也有解码器部分。编码器提供从输入到隐含特征空间的自底向上的映射，解码器以重建结果尽可能接近原始输入为目标，将隐含特征映射到输入空间[6]。深度神经网络分为以下 3 类（如图 1.1 所示）。

- 前馈深度网络（Feed-Forward Deep Networks，FFDN），由多个编码器层叠加而成，如多层感知机（Multi-Layer Perceptrons，MLP）[7-8]、卷积神经网络（Convolutional Neural Networks，CNN）[9-10]等。
- 反馈深度网络（Feed-Back Deep Networks，FBDN），由多个解码器层叠加而成，如反卷积网络（Deconvolutional Networks，DN）[11]、层次稀疏编码网络（Hierarchical

Sparse Coding, HSC)[12]等。

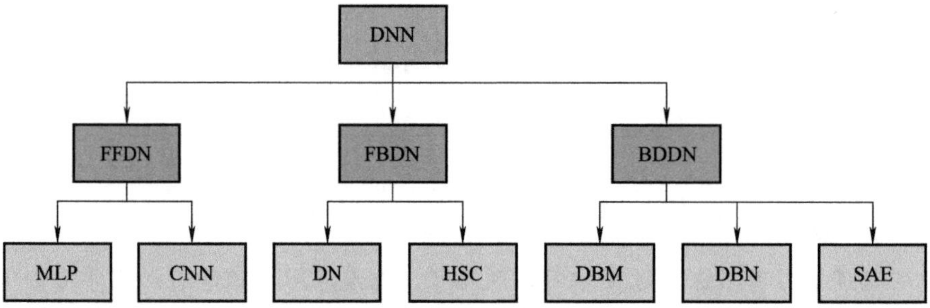

图 1.1　深度神经网络分类

- 双向深度网络（Bi-Directional Deep Networks, BDDN），通过叠加多个编码器层和解码器层构成（每层可能是单独的编码过程或解码过程，也可能既包含编码过程也包含解码过程），如深度玻尔兹曼机（Deep Boltzmann Machines, DBM）[13-14]、深度信念网络（Deep Belief Networks, DBN）[15]、栈式自编码器（Stacked Auto-Encoders, SAE）[16-17]等。

1.1.2　深度学习发展

1. 深度学习发展沿革

深度学习是神经网络发展到一定时期的产物。最早的神经网络模型可以追溯到 1943 年 McCulloch 等人提出的 McCulloch-Pitts 计算结构，简称 MP 模型[18]，它大致模拟了人类神经元的工作原理，但需要手动设置权重，十分不便。1958 年，Rosenblatt 提出了感知机模型（Perceptron）[19]。与 MP 模型相比，感知机模型能更自动合理地设置权重，但 1969 年，Minsky 和 Paper 证明了感知机模型只能解决线性可分问题，并且否定了多层神经网络训练的可能性，甚至提出了“基于感知机的研究终会失败”的观点，此后十多年的时间内，神经网络领域的研究基本处于停滞状态。1986 年，欣顿（Geoffery Hinton）和罗姆哈特（David Rumelhart）等提出的反向传播（Back Propagation, BP）算法，解决了两层神经网络所需要的复杂计算量问题，大大减少了原来预计的计算量，这不仅有力回击了 Minsky 等人的观点，更引领了神经网络研究的第二次高潮。随着 20 世纪 80 年代末到 20 世纪 90 年代初共享存储器方式的大规模并行计算机的出现，计算处理能力大大提升，深度学习有了较快的发展。1989 年，Yann LeCun 等人提出的卷积神经网络是一种包含卷积层的深度神经网络模型，较早尝试深度学习对图像的处理。2012 年，Hinton 构建了深度神经网络，并应用于 ImageNet 上，取得了质的提升和突破；同年，人们逐渐熟悉谷歌大脑（Google Brain）团队。2013 年，欧洲委员会发起模仿人脑的超级计算机项目，百度宣布成立深度学习机构。2014 年，深度学习模型 Top-5 在 ImageNet 2014 计算机识别竞赛上拔得头筹，腾讯和京东同时也分别成立了自己的深度学习研究室。2015 年至 2017 年初，谷歌公司的人工智能团队 DeepMind 所创造的阿尔法狗（AlphaGo）相继战胜了人类职业围棋选手，这只“狗”引起世界的关注，人类围棋大师们陷入沉思。这一切都显著地表明了一个事实：深度学习正在有条不紊地发展着，其影响力不断扩大。深度学习发展沿革如图 1.2 所示[20]。

机器学习和深度学习之间的关系是包含与被包含的关系，如图 1.3 所示。

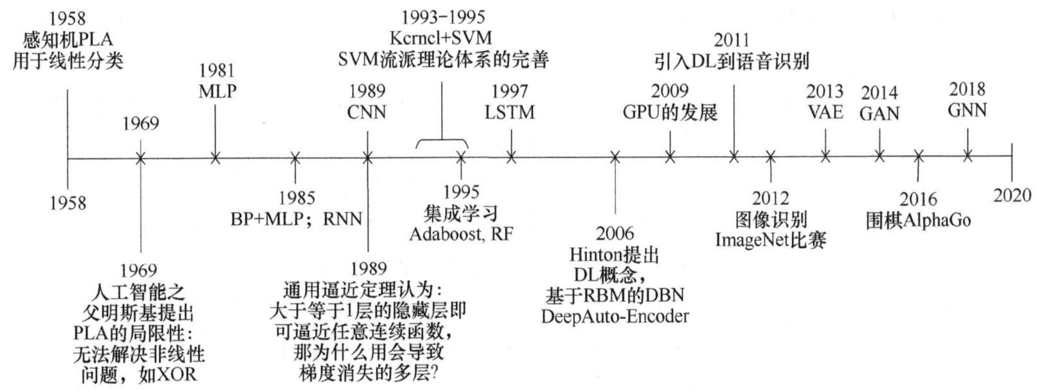

图 1.2　深度学习发展沿革

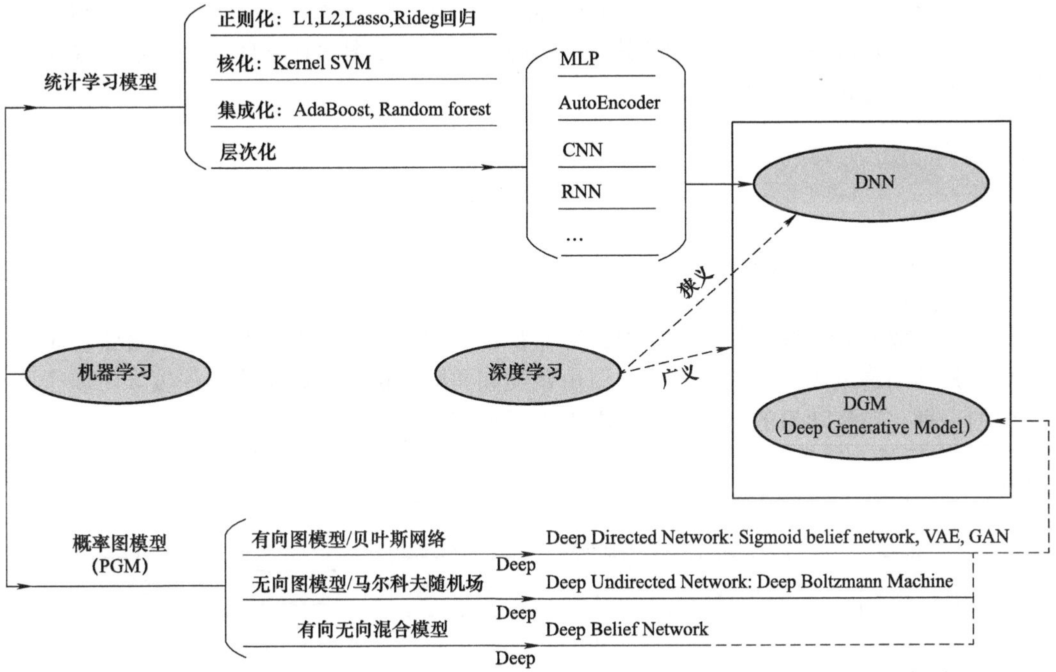

图 1.3　机器学习和深度学习之间的关系

2. 深度学习的局限和瓶颈[20]

深度神经网络是一个强大的框架，可应用于各种业务问题。当前，深度学习仍有一定的局限。

- 深度学习技术具有启发式特征。深度学习能否解决一个给定的问题还暂无定论，因为目前还没有数学理论可以表明一个“足够好”的深度学习解决方案是存在的。该技术是启发式的，工作即代表有效。
- 深度学习技术具有不可预期性。深度学习涉及的诸多隐含层，属“黑箱模型”，会破坏合规性，对白箱模型形成挑战。
- 深度学习系统化具有不成熟性。目前，没有适合所有行业或企业需要的通用深度学习网络，各行业或企业需要混合和匹配可用工具创建自己的解决方案，并与更新迭代的软件相互兼容。

- 部分错误的结果造成不良影响。目前，深度学习不能以 100% 精度解决问题。深度学习延续了较浅层机器学习的大多数风险和陷阱。
- 深度学习的学习速度不如人意。深度学习系统需要进行大量训练才有可能成功。

尽管深度学习在图像识别、语音识别等领域都得到落地和应用，涌现出了依图、商汤、寒武纪等人工智能企业，但深度学习依旧存在困扰产学研的瓶颈。

- 数据瓶颈。几乎所有的深度神经网络都需要大量数据作为训练样本，如果无法获取大量的标注数据，深度学习无法展开。虽然谷歌等互联网企业开始研发人造数据技术，但是真正的效果还有待评估。
- 认知瓶颈。这是由深度学习的特性决定的。深度学习对感知型任务支持较好，而对认知型任务支持的层次较低，无法形成理解、直觉、顿悟和自我意识的能力。科学家推断，可能是这一切源于人类知识认识的局限，而深度学习在某些方面已经超越了人类的认知能力和认知范围。

1.2 深度学习如何学

1.2.1 机器学习的一般方法

机器学习按照方法可以分为两大类，即监督学习和无监督学习。其中，监督学习主要由分类和回归等问题组成，无监督学习主要由聚类和关联分析等问题组成。深度学习属于监督学习中的一种。监督学习的一般方法如图 1.4 所示[20]。

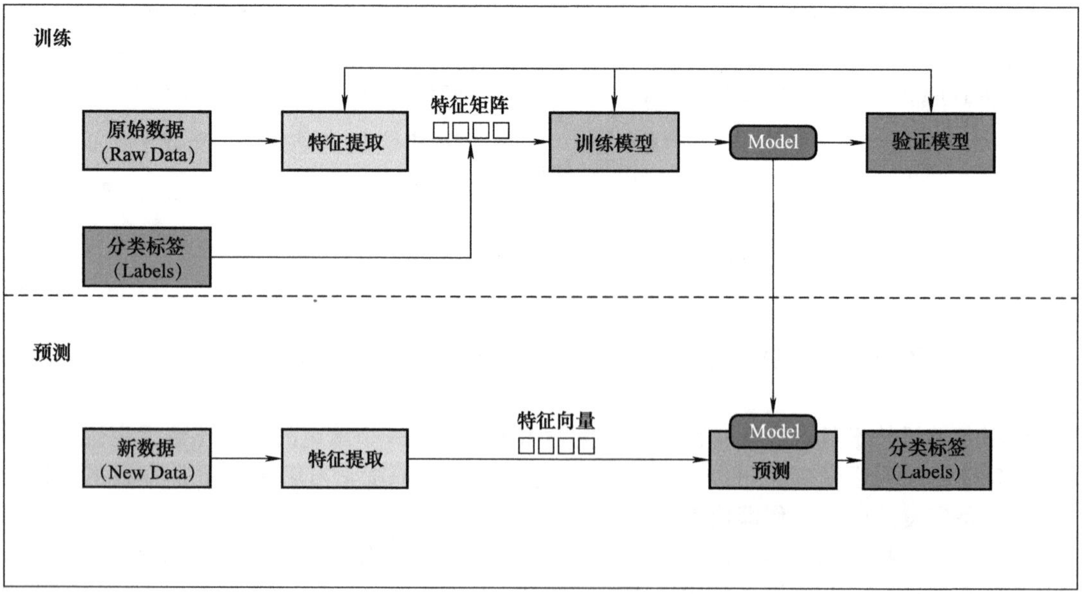

图 1.4 监督学习的一般方法

1.2.2　深度学习的一般方法

随着深度学习的爆发，最新的深度学习算法已经远远超越了传统的机器学习算法对于数据的预测和分类精度。深度学习不需要自己去提取特征，而是自动地对数据进行筛选，自动地提取数据高维特征。在模型训练阶段，使用大量有标签的或没标签的样本进行训练和学习，建立深度神经网络模型；在预测阶段，基于已学习模型，提取数据更加抽象的特征表示。图 1.5 为深度学习的一般方法，与传统机器学习中的监督学习一般方法（见图 1.4）相比，少了特征提取，节约了工程师们大量工作时间。

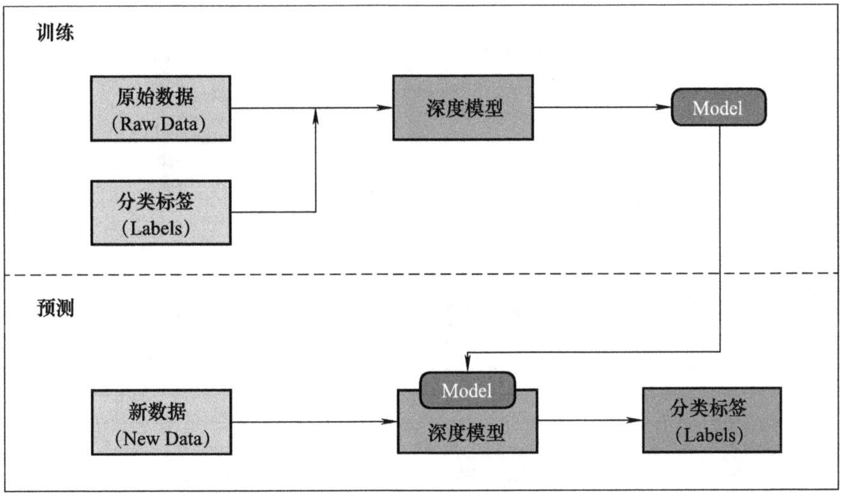

图 1.5　深度学习的一般方法

在这两个阶段，都需要进行大量的运算操作，随着深度神经网络模型层数的增多，与之相对应的权重参数也以几何级数增长，从而对硬件的计算能力有着越来越高的需求。

1.3　深度学习如何提速

要对深度学习进行提速，就要明白深度学习的应用系统架构，如图 1.6 所示[20]。

图 1.6 表明，该系统由硬件支持系统、深度学习框架、基础技术系统和应用平台系统 4 个部分构成。该应用系统，首先要有一个巨大的数据集，并选定一种深度学习模型，每个模型都有一些内部参数需要调整，以便学习数据。而这种参数调整实际上可以归结为优化问题，在调整这些参数时，就相当于优化特定的约束条件。百度的硅谷人工智能实验室（SVAIL）已经为深度学习硬件提出了 Deep Bench 基准，这一基准着重衡量基本计算的硬件性能，而不是学习模型的表现。这种方法旨在找到使计算变慢或低效的瓶颈。因此，重点在于设计一个对于深层神经网络训练的基本操作执行效果最佳的架构。那么基本操作有哪些呢？现在的深度学习 Deep Bench 基准提出了四种基本运算。

- 矩阵相乘（Matrix Multiplication）：几乎所有的深度学习模型都包含这一运算，它的计算十分密集。

- 卷积（Convolution）：这是另一个常用的运算，占用了模型中大部分的每秒浮点运算（浮点/秒）。

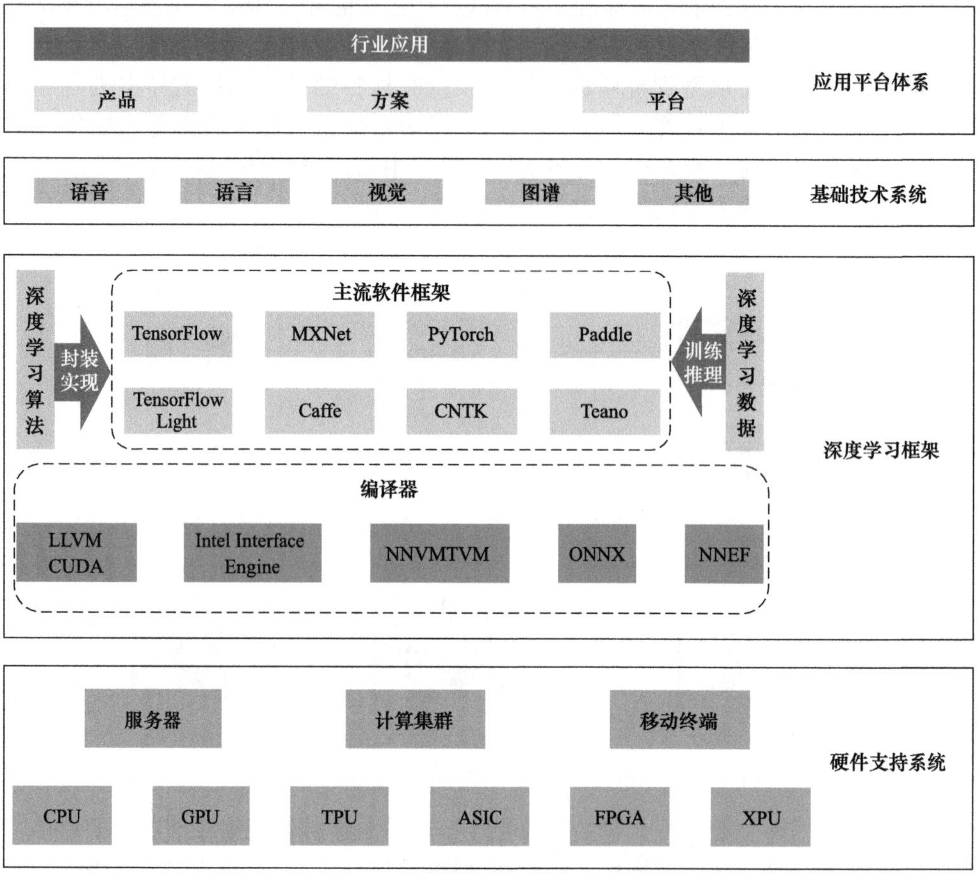

图 1.6　深度学习的应用系统架构

- 循环层（Recurrent Layers）：模型中的反馈层，并且基本上是前两个运算的组合。
- All Reduce：这是一个在优化前对学习到的参数进行传递或解析的运算序列。在跨硬件分布的深度学习网络上执行同步优化时（如 AlphaGo 的例子），这一操作尤其有效。

除此之外，深度学习的硬件加速器需要具备数据级别和流程化的并行性、多线程和高内存带宽等特性。另外，由于数据的训练时间很长，所以硬件架构必须低功耗。因此，效能功耗比（Performance per Watt）是硬件架构的评估标准之一。

为了解决 CPU 在大量数据运算效率低、能耗高的问题，目前有两种发展路线：一是沿用传统冯·诺依曼架构，主要以 3 种类型芯片为代表，即 GPU、FPGA、ASIC；二是采用人脑神经元结构设计的芯片，已完全拟人化为目标，追求在芯片架构上不断逼近人脑，这类芯片被称为类脑芯片。

1.3.1　基于冯·诺依曼结构的加速芯片

基于冯·诺依曼结构的计算机将程序和处理该程序的数据用同样的方式分别存储在两个

区域，一个为指令集，一个为数据集。计算机每次进行运算时需要在 CPU 和内存这两个区域往复调用，因而在双方之间产生数据流量。随着深度学习算法的出现，对芯片计算力的要求不断提高，冯·诺依曼瓶颈越加明显：当 CPU 需要在巨多的资料上执行一些简单指令时，资料流量将严重降低整体效率，CPU 将会在资料输入或输出时闲置。不仅如此，传统芯片效率低。芯片工作时，大部分的电能将转化为热能，一个不带散热器的计算机，其 CPU 产生的热量就可在短时间内将其自身融化。其他的智能化设备，也因芯片复杂、耗能太高，导致续航能力差，不管如何改善工艺，高温和漏电都是难以避免的问题。

1. GPU 加速技术

图形处理器（Graphics Processing Unit，GPU）作为硬件加速器之一，通过大量图形处理单元与 CPU 协同工作，对深度学习、数据分析，以及大量计算的工程应用进行加速。自 2007 年 NVIDIA 公司发布第一个支持统一计算设备架构（Compute Unified Device Architecture，CUDA）的 GPU 后，GPU 越来越强大，能够解决复杂的计算问题。

(1) GPU 与显卡的区别

显卡也叫显示适配器，分为独立显卡和主板上集成显卡，独立显卡主要由 GPU、显存和接口电路构成，集成显卡没有独立显存而是使用主板上的内存。GPU 是图形处理器，一般焊接在显卡上，大部分情况下所说 GPU 就是指显卡，但实际上 GPU 是显卡的“心脏”，是显卡的一个核心零部件、核心组成部分，两者是“寄生与被寄生”的关系。GPU 本身并不能单独工作，只有配合附属电路和接口才能工作，这时它就变成了显卡。

(2) GPU 与 CPU 区别

比较 GPU 和 CPU 就是比较两者是如何处理任务的。如图 1.7 所示，CPU 使用几个核心处理单元去优化串行顺序任务，而 GPU 是大规模并行架构，拥有数以千计更小、更高效的处理单元，用于处理多个并行小任务，处理速度非常快，最适合需要高效矩阵操作和大量卷积操作的深度学习；GPU 执行矩阵操作和卷积操作比 CPU 快很多的真正原因是 GPU 高带宽、高速缓存、并行单元多。CPU 拥有复杂的系统指令，能够进行复杂的任务操作和调度，两者不能相互代替。在执行多任务时，CPU 需要等待带宽，而 GPU 能够优化带宽。换言之，CPU 擅长操作小的内存块，而 GPU 擅长操作大的内存块。

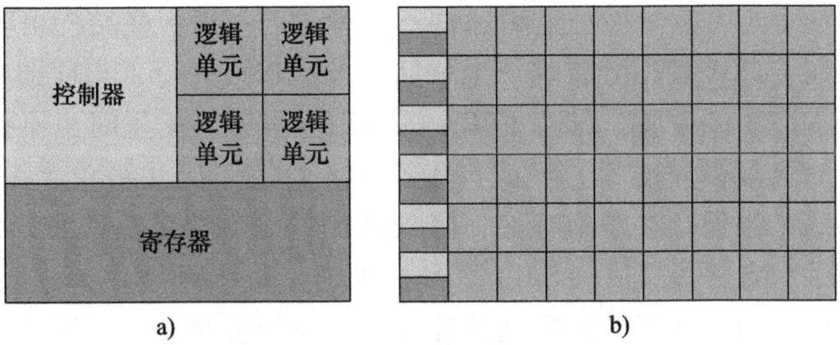

图 1.7　GPU 与 CPU 内部结构
a) CPU　b) GPU

(3) GPU 种类

对于深度学习的加速器 GPU，现在主要品牌有 AMD、NVIDIA、Intel 的 Xeon Phi。其中，NVIDIA 公司的 GUP 使用最为广泛，利用其计算加速标准库 cuDNN 在 CUDA 平台中构建深度学习网络变得非常容易，而且在同一张显卡上比不使用 cnDNN 的速度提升 5 倍之多。近年来，NVIDIA 的 GPU 架构有 Tesla（特斯拉）、Fermi（费米）、Kepler（开普勒）、Maxwell（麦克斯韦）、Pascal（帕斯卡）、Volta（伏特）、Turing（图灵）等。2017 年 5 月，NVIDIA 发布新的 GPU 架构 Volta 可以实现 4 倍于 Pascal 架构的性能，GV100 是采用 Volta 架构的第一款 GPU，Tesla V100 是使用 GV100 GPU 的第一个 AI 芯片。与 Pascal 架构相比，Tesla V100 将深度神经网络训练和预测阶段的性能分别提高 12 倍和 5 倍。GPU 在浮点计算、并行处理等方面的性能远高于 CPU。同时，越来越多的深度学习标准库支持基于 GPU 加速，如 Open CL、CUDA 等。NVIDIA 的 GPU 云平台 NGC，提供 Caffe、Caffe2、MXNet、CNTK、Theano、Tensor Flow、Torch 等框架及深度学习 SDK 等，此举将大大促进深度学习技术的发展。

2. FPGA

现场可编程门阵列（Field Programmable Gate Array，FPGA）也是 OpenCL 支持的硬件。与 GPU 相比，FPGA 的硬件配置灵活，且在运行深度学习中关键的子程序（如对滑动窗口的计算）时，单位能耗下通常能比 GPU 提供更好的表现。然而，FPGA 配置需要具体硬件的知识，难度介于通用处理器（General Purpose Processor，GPP）和专用集成电路（Application Specific Integrated Circuit，ASIC）之间；FPGA 既能提供集成电路的性能优势，又具备 GPP 可重新配置的灵活性。FPGA 能够简单地通过使用触发器（FF）来实现顺序逻辑，并通过使用查找表（Look Up Table，LUT）来实现组合逻辑。现代的 FPGA 还包含诸如全处理器内核、通信内核、运算内核和块内存（BRAM）等硬化组件来实现一些常用功能。另外，目前的 FPGA 趋势趋向于系统芯片（System on Chip，SoC）设计方法，即 ARM 协处理器和 FPGA 通常位于同一芯片中。目前的 FPGA 市场由 Xilinx 主导，占据超过 85% 的市场份额。此外，FPGA 正迅速取代 ASIC 和应用专用标准产品（Application Specific Standard Products，ASSP）来实现固定功能逻辑。

对于深度学习而言，FPGA 提供了优于 GPP 加速能力的显著潜力。GPP 在软件层面的执行依赖于传统的冯·诺依曼架构，指令和数据存储于外部存储器中，需要时再取出；其瓶颈在于处理器和存储器之间的通信严重削弱了 GPP 的性能，尤其影响深度学习经常需要获取存储信息的速率。而 FPGA 的可编程逻辑原件不依赖于冯·诺伊曼结构可实现普通逻辑功能中的数据和路径控制；能够利用分布式片上存储器及流水线并行，与前馈性深度学习方法自然契合；支持部分动态重新配置，即当 FPGA 的一部分被重新配置时，不扰乱其他部分正在进行的计算，这会对大规模深度学习模式产生影响，可用于无法被单个 FPGA 容纳的模型，同时还可通过将中间结果保存在本地存储，降低高昂的全球存储读取费用。FPGA 架构是为应用程序专门定制的，在开发 FPGA 深度学习技术时，较少强调使算法适应某固定计算结构，从而留出更多的自由去探索算法层面的优化。需要很多复杂的下层硬件控制操作的技术很难在上层软件语言中实现，但能提高 FPGA 的执行效率，但这种执行效率是以大量编译（定位和回路）时间为代价的。

FPGA 最常用的语言是 Verilog 和 VHDL，两者均为硬件描述语言（HDL）。它们与传统的软件语言之间的主要区别是，HDL 只是单纯描述硬件，而 C 语言等软件语言则描述顺序指令，无须了解硬件层面的执行细节。有效描述硬件需要数字化设计和电路方面的专业知识，尽管一些下层的实现决定可以留给自动合成工具去实现，但往往无法实现高效的设计。因此，研究人员倾向于选择软件设计，因其已经非常成熟，并拥有大量抽象和便利的分类来提高程序员的效率。这些趋势使得 FPGA 领域目前更加青睐高度抽象化的设计工具。

FPGA 深度学习研究里程碑。

1）1987 年，VHDL 成为 IEEE 标准。

2）1992 年，GANGLION 成为首个 FPGA 神经网络硬件实现项目（Cox et al.）。

3）1994 年，Synopsys 推出第一代 FPGA 行为综合方案。

4）1996 年，VIP 成为首个 FPGA 的 CNN 实现方案（Cloutier et al.）。

5）2005 年，FPGA 市场价值接近 20 亿美元。

6）2006 年，首次利用 BP 算法在 FPGA 上实现 5 GOPS 的处理能力。

7）2011 年，Altera 推出 OpenCL，支持 FPGA；出现大规模的基于 FPGA 的 CNN 算法研究（Farabet et al.）。

8）2016 年，在微软 Catapult 项目的基础上，出现基于 FPGA 的数据中心 CNN 算法加速（Ovtcharov et al.）。

3. ASIC

虽然 GPU 并行处理能力高，但不是针对机器学习而设计的，而 FPGA 要求用户自主编程，对用户的要求过高。芯片要同时具备并行化、低功耗、高性能等特性，还需要实现本地即时计算，ASIC（专用集成电路）在这方面优势明显，但是 ASIC 的研发周期长，可能无法跟上市场的变化。所以，SoC + IP 模式较为流行。SoC 可以在芯片上集成许多不同模块的芯片。SoC 上每个模块都可以称为 IP，可以自行设计，也可以由别的公司设计，然后集成到自己的芯片上。与 ASIC 相比，该模式成本低、上市快、灵活适配用户需求。

市场上也有一些公司专注于机器学习专用的 ASIC 开发。如谷歌打造的 Tensor 处理器（Tensor Processing Unit，TPU）是专为深度学习语言 TensorFlow 开发的一种量身定做的芯片。因为是专为 TensorFlow 所准备，故谷歌也不需要它拥有任何可定制性，只要能完美支持 TensorFlow 需要的所有指令即可。同时，TPU 运行 TensorFlow 的效率是所有设备中最高的。谷歌开发 TPU 的最显而易见的目的就是追求极致的效率。与 CPU/GPU 一样，TPU 也是可编程的，它可以在卷积神经网络、长短期记忆网络（Long and Short Term Memory Network，LSTM）模型等各种大型网络上执行 CISC 指令。TPU 的内部结构，如图 1.8 所示。另外，中科院计算所旗下的武纪系列，如针对神经网络的原型处理器结构的寒武纪 1 号、面向大规模神经网络的寒武纪 2 号、面向多种机器学习算法的寒武纪 3 号，也取得了很大成功。

ASIC 的性能高于 GPU 和 FPGA，其局限性是开发周期长。针对机器学习设计的 ASIC 芯片，对资金和技术的要求更高。谷歌之前曾用 FPGA 来解决此问题，但由于 FPGA 性能与 ASIC 存在很大的差距，最终转向定制 ASIC。

1.3.2　基于人脑神经元结构的加速芯片

基于人脑神经元结构的加速芯片，也称类脑芯片。类脑芯片架构模拟人脑的神经突触传递结构。众多的处理器类似于神经元，通信系统类似于神经纤维，每个神经元的计算都是在本地进行的，从整体上看神经元是分布式进行工作的，也就是说对整体任务进行了分工，每个神经元只负责一部分计算。处理海量数据时优势明显，并且功耗比传统芯片更低。

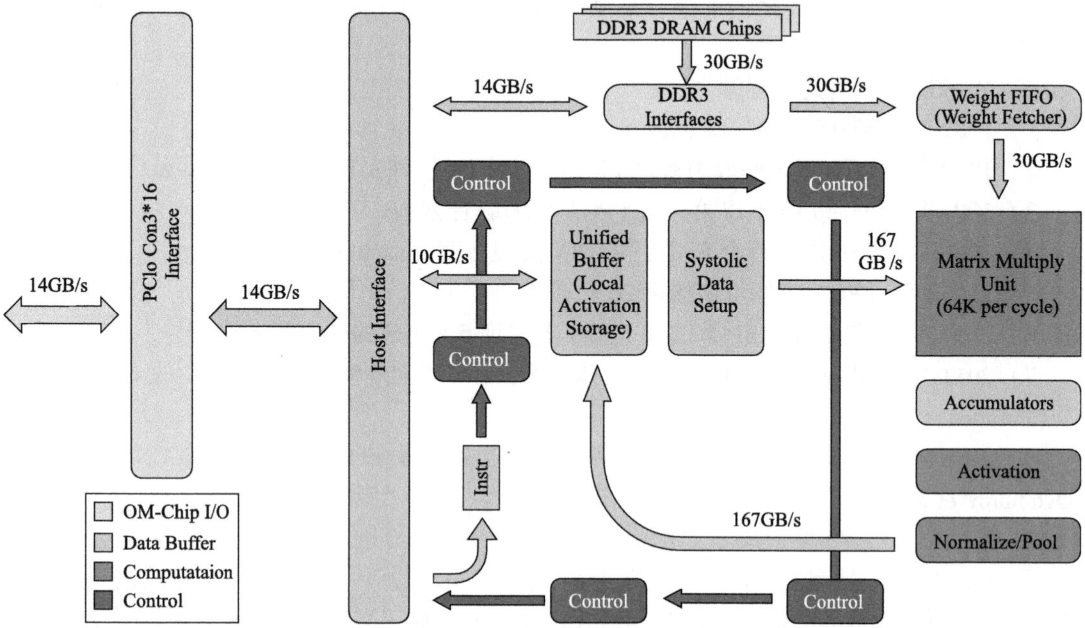

图 1.8　TPU 的内部结构

目前，类脑芯片的研究就是基于微电子技术和新型神经形态器件的结合，希望突破传统计算架构，实现存储与计算的深度融合，大幅提升计算性能、提高集成度、降低能耗。

与依靠冯·诺依曼结构的芯片相比，类脑芯片前景虽好，但仍处于研发，甚至是概念阶段。

1. 英特尔 Pohoiki Beach 芯片系统

2017 年 9 月，英特尔发布了全新的神经拟态芯片“Loihi”，之后不断取得新的突破和进展，还成立了英特尔神经拟态研究社区（INRC），推动神经拟态计算的发展。英特尔公司又宣布了全新神经拟态 Pohoiki Beach 芯片系统。该系统包含多达 64 颗 Loihi 芯片，集成了 1320 亿个晶体管，总面积 3840mm^2，拥有 800 多万个“神经元”（相当于某些小型啮齿动物的大脑）和 80 亿个“突触”。Intel Loihi 芯片采用 14nm 工艺制造，每颗集成 21 亿个晶体管，核心面积 60mm^2，内部集成 3 个 Quark x86 CPU 核心、128 个神经拟态计算核心、13 万个神经元、1.3 亿个突触，并有包括 Python API 在内的编程工具链支持。这种芯片不采用传统硅芯片的冯·诺依曼计算模型，而是模仿人脑原理的神经拟态计算方式，并且是异步电路，不需要全局时钟信号，而是使用异步脉冲神经网络。

英特尔宣称，该系统在人工智能任务中的执行速度要比传统 CPU 快 1000 倍，能效提高 10000 倍。该神经拟态系统的问世，预示着人类向“模拟大脑”迈出了一大步。与人脑中的神经元类似，Loihi 拥有数字“轴突”用于向临近神经元发送电信号，也有“树突”用于接收信号，在两者之间还有用于连接的“突触”。英特尔表示，基于这种芯片的系统已经被用于模拟皮肤的触觉感应、控制假腿、玩桌上足球游戏等任务。

最新的64芯片系统已分享给60多个INRC生态合作伙伴。测试表明，运行实时深度学习基准测试时，功耗约为传统CPU的1/100，特制的IoT推理硬件功的1/5，而且网络规模扩大50倍后仍能维持实时性能，功耗仅增加30%，而IoT硬件的功耗会增加5倍以上，并失去实时性。

2020年3月，英特尔宣布了其最新神经拟态研究系统Pohokisi Springs，该系统基于云系统，能提供1亿个神经元的计算能力，能解决更大规模、更复杂的问题。

2. IBM TrueNorth（SyNAPSE芯片）

2011年，IBM在模拟人脑结构的基础上，率先研发出了具有感知、认知功能的类脑硅芯片原型。但第一代的True North，性能并不高。2014年，第二代True North采用三星28nm工艺，共用54亿个晶体管，功耗仅为$20mV/cm^2$，性能得到了较大提升。而加载神经网络模型的True North芯片，可作为实时感知流推理引擎使用，分类准确、速度快、功耗超低。

IBM TrueNorth（SyNAPSE芯片）有4096个内核，每个核都简化模仿了人脑神经结构，包含256个“神经元”（处理器）、256个“轴突”（存储器）和64000个突触（神经元和轴突之间的通信）。不同芯片还可以通过阵列方式互联。

IBM称，如果48颗TrueNorth芯片组建有4800万个神经元的网络，那么48颗芯片带来的智力水平相当于普通老鼠。

2014年后，有报道称IBM公司开发由64个TrueNorth类脑芯片驱动的新型超级计算机，以进一步降低功耗、开展大型深度神经网络的实时分析并应用于高速空中目标识别。如果该系统功耗可以达到人脑级别，那么理论上就可以在64颗芯片原型基础上进一步扩展，从而能够同时处理任何数量的实时识别任务。

3. 高通Zeroth芯片

2013年，高通公布一款名为Zeroth的芯片，该芯片通过类似于神经传导物质多巴胺的学习（又名“正强化”）来完成对行为和结果进行预编程。为了让搭载该芯片的设备能随时自我学习，并从周围环境中获得反馈，高通开发了一套软件工具。高通用装载该芯片的机器小车在受人脑启发的算法下完成了寻路、躲避障碍等任务。

4. 西井科技DeepSouth芯片

上海西井科技推出自主研发的拥有100亿规模的神经元人脑仿真模拟器（Westwell Brain）和可商用化的5000万类脑神经元芯片（DeepSouth）两款产品。DeepSouth是一款可商用化的芯片，有50多亿“神经突触”，能模拟高达5000万级别的“神经元”，具备“自我学习、自我实时提高”能力，还可直接在芯片上无需网络完成计算，在同一任务下的功耗仅为传统芯片的几十分之一到几百分之一。

5. “达尔文”类脑芯片

2015年，“达尔文”类脑芯片是由浙江大学与杭州电子科技大学联合研发，是国内首款基于硅材料的脉冲神经网络类脑芯片。“达尔文”芯片面积为$25mm^2$，内含500万个晶体管，集成了2048个硅材质的仿生神经元，可支持超过400万个神经突触和15个不同的突触延迟。该款芯片可从外界接受并累计刺激，产生脉冲（电信号）进行信息的处理和传递，可识别不同人手写的1~10这10个数字。该款芯片在接受人类脑电波后可控制电脑屏幕上篮球的移动方向；在熟悉并学习了操作者的脑电波后会在后续接受相同刺激时做出同样反应。

6. AI-CTX 芯片

AI-CTX 是一款国内小型的类脑芯片，该芯片的每个神经元都具有与人脑神经元类似的电学特征与动态参数、简单的运算与存储功能。该芯片采用一种特殊的布线方式，使各芯片之间的交流突破物理限制，进而增加芯片群组的原有网络。该芯片擅长处理如温度、气压、人体信号、loT 等包含时间参数的数据而不适合处理静态硬盘数据。

1.4 主流深度学习框架

深度学习框架是专为深度学习领域开发的一套具有独立的体系结构、统一的风格模板、可以复用的解决方案，一般具有高内聚、严规范、可扩展、可维护、高通用等特点。随着深度学习的日益火热，越来越多的深度学习框架被开发出来。目前主流的深度学习框架，见表 1.1。

表 1.1　主流深度学习框架

框架	开发语言	适合模型	优　　点	缺　　点
Caffe 1.0[21]	C ++/CUDA	CNN	适合前馈网络和图像处理、微调已有的网络；定型模型，无须编写任何代码	不适合 RNN；用于大型 CNN 时操作过于频繁；扩展性差，不够精减；更新缓慢
TensorFlow[22]	C ++/CUDA/Python	CNN/RNN/RL	计算图抽象化，易于理解；编译时间快于 Theano；用 TensorBoard 进行可视化；支持数据并行和模型并行	速度较慢，内存占用较大；不提供商业支持；已预定型的模型不多；不易工具化；在大型软件项目中易出错
Torch[23]	Lua/C/CUDA	CNN/RNN	大量模块化组件，易于组合；易于编写定义层；预定型的模型很多	要学习 Lua 和使用 Lua 作为主语言；即插即用，代码相对较少；不提供商业支持；文档质量不高
Theano[22]	Python C ++/CUDA	CNN/RNN	Python + NumPy 实现，接口简单；计算图抽象化，易于理解；RNN 与计算图配合好；有很多高级包派生	原始的 Theano 级别较低；大型模型的编译时间较长；对已预定模型的支持不够完善；只支持单个 GPU
MXNet[24]	C ++/CUDA	CNN	适合前馈网络和图像处理、微调已有的网络；定型模型，无须编写任何代码；有更多学界用户对接模型；支持 GPU、CPU 分布式计算	不适合 RNN；群集运维成本比 DL4J 高
CNTK	Python C ++ Brain Script	RNN/CNN	具高度的可定制性，允许用户选择自己的参数、算法和网络，强拓展性；在 Babi RNN 和 MNIST RNN 测试上要比 TensorFlow 和 Theano 好得多，但在 CNN 测试上要比 TensorFlow 差一些	以一种新的语言——Network Description Language（NDL）来实现，缺乏可视化

1.5 本书内容与体系结构

本书内容与体系结构如图 1.9 所示。

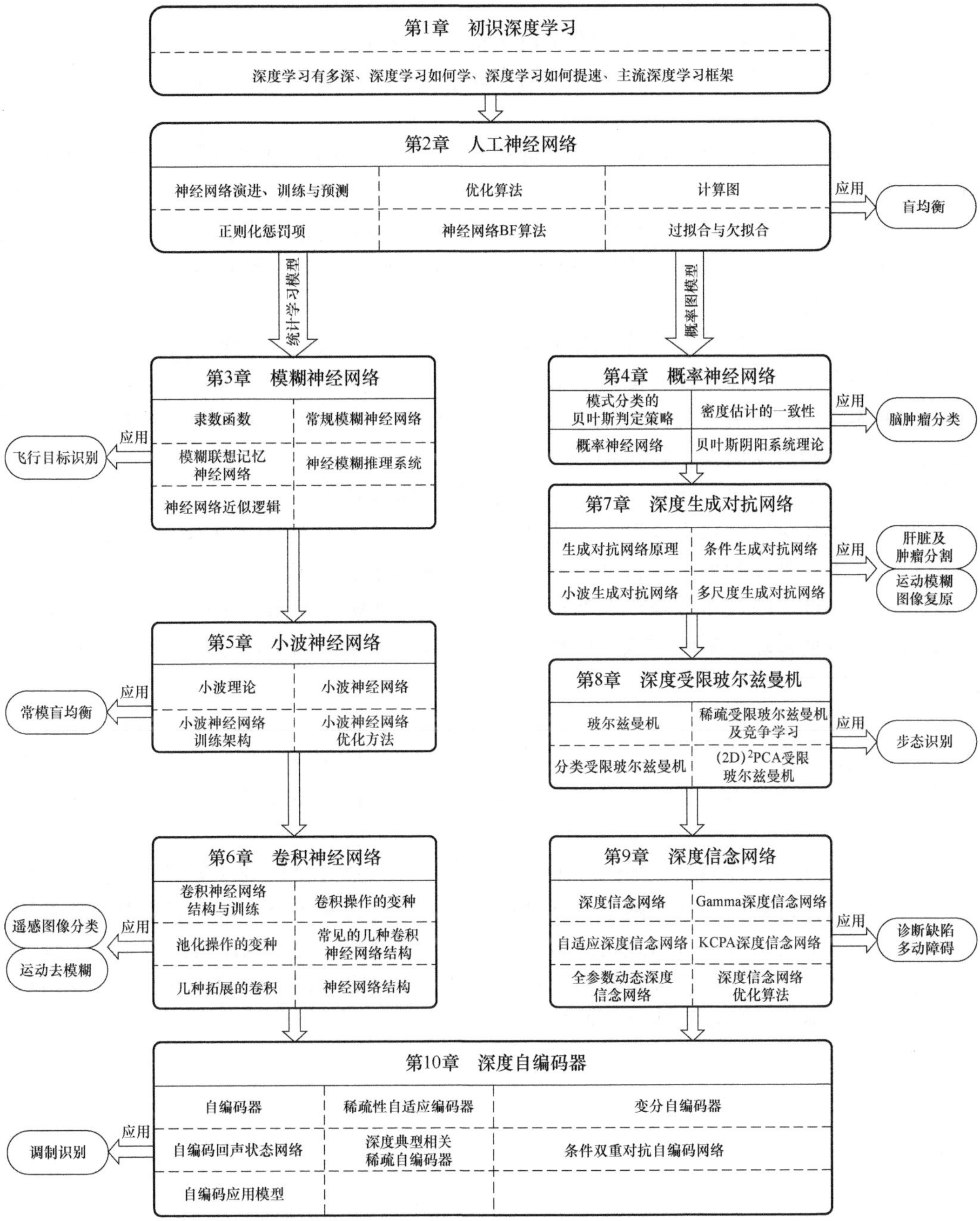

图 1.9　本书内容与体系结构

本书共分 10 章。第 1 章从深度学习的深度、学习方法、加速途径和支持系统等方面进行分析，使读者对深度学习有初步了解。

第 2 章为人工神经网络。本章内容包括神经网络结构、原理、训练与预测及优化算法，神经网络和激活函数的计算图及 BP 算法，过拟合概念及防止过拟合方法。本章是后续各章的基础。

第 3 章为模糊神经网络。本章从模糊数学与神经网络的结合点出发，分析了常规模糊神经网络、模糊联想记忆神经网络、神经模糊推理系统、神经网络近似逻辑等结构、原理、方法与应用。

第 4 章为概率神经网络。本章着重分析概率神经网络结构、原理与实现架构及其在脑肿瘤分类中应用。

第 5 章为小波神经网络。本章根据小波变换与常规神经网络结合紧密程度，分析了前置小波神经网络和嵌入小波神经网络的两种结构，讨论了训练优化、结构优化、小波函数优化等问题，并将其应用于信道盲均衡问题中。

第 6 章为卷积神经网络。本章从常规卷积神经网络（CNN）的输入层、卷积层、激励层、池化层和输出层功能出发，阐述了 LeNet-5、VGGNet、ResNets、DenseNet、AlexNet、Inception 等基本结构，研究了特征融合卷积神经网络和深度引导滤波网络等扩展模型，分析了遥感图像分类和运动模糊去除实例。

第 7 章为深度生成对抗网络。本章以生成对抗网络为基础，分析了自注意力机制条件生成对抗网络、小波深度卷积生成对抗网络和高频小波生成对抗网络、多尺度生成对抗网络，研究分析了三维肝脏及肿瘤区域自动分割和运动模糊图像复原实例。

第 8 章为深度受限玻尔兹曼机。本章讨论了玻尔兹曼机、受限玻尔兹曼机、稀疏受限玻尔兹曼机、竞争型稀疏受限玻尔兹曼机和分类受限玻尔兹曼机的工作原理，分析了步态特征提取及其识别实例。

第 9 章为深度信念网络。本章从常规深度信念网络出发，讨论了稀疏深度信念网络、Gamma 深度信念网络、自适应深度信念网络、全参数动态学习深度信念网络、KPCA 深度信念网络、深度信念网络优化算法，以及深度信念网络在注意缺陷多动障碍早期诊断中的应用。

第 10 章为深度自编码器。本章从自编码原理开始，分析与研究了稀疏自适应编码器、变分自编码器、自编码回声状态网络、深度典型相关稀疏自编码器、条件双重对抗自编码网络等原理模型，分析了基于互信息稀疏自编码的软测量模型、基于深度自编码网络的模糊推理模型、基于特征聚类的快速稀疏自编码模型及基于栈式降噪稀疏自编码器的极限学习机等应用模型，最后研究了特征提取及调制识别算法。

第 2 章　人工神经网络

概　要

本章从生物神经元与人工神经元出发，按神经网络结构演进方式，讨论了神经网络结构、原理、训练与预测过程，分析了优化算法，描述了神经网络和激活函数的计算图；从正则化惩罚项引入出发，分析了参数范数惩罚、L1/L2 参数正则化；以三层神经网络为例，分析了神经网络 BP 算法；从过拟合与欠拟合概念出发，分析了减少特征变量、权重正则化、交叉验证、Dropout 正则化和贝叶斯规则正则化等防止过拟合方法。本章是后续各章的基础。

神经网络是一门重要的机器学习技术，是目前较为火热的深度学习的基础。学习神经网络不仅可以掌握一种强大的机器学习方法，还可以更好地理解深度学习技术。

2.1 神经网络演进

现以一种简单、循序方式介绍神经网络。

神经网络是一种模拟人脑以期能够实现类人工智能的机器学习技术。人脑中的神经网络是一个非常复杂的组织。成人大脑中约有 1000 亿个神经元，如图 2.1 所示[25]。

那么机器学习中的神经网络是如何实现这种模拟，并达到一个良好效果的？

一个经典的神经网络包含输入层、输出层、中间层（也叫隐含层）三层网络，如图 2.2 所示。

图 2.2 中，输入层有 3 个输入单元，隐含层有 4 个单元，输出层有两个单元。设计一个神经网络时，输入层与输出层的节点数往往是固定的，中间层可以自由指定；神经网络结构图中的拓扑与箭头代表着预测过程中数据的流向，与训练时的数据流有一定的区别；结构图中的关键不是圆圈（代表“神经元”），而是连接线（代表“神经元”之间的连接）。每个连接线对应一个不同的权重（其值称为权值），这是需要训练的。

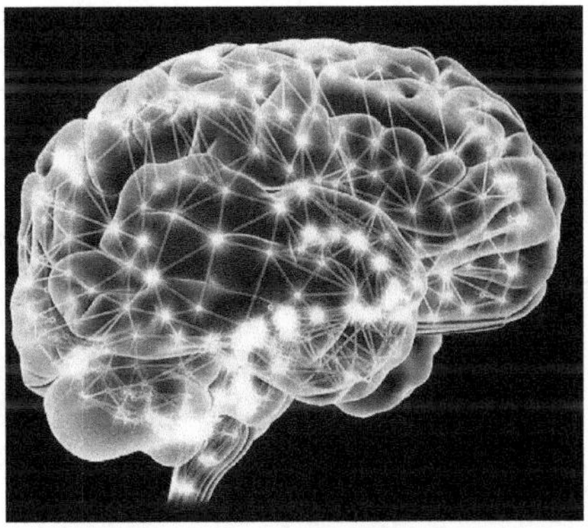

图 2.1　人脑示意[25]

人工神经网络由神经元模型构成，这种由许多神经元组成的信息处理网络具有并行分布结构。每个神经元具有单一输出，并且能够与其他神经元连接；存在许多（多重）输出连接方法，每种连接方法对应一个连接权系数。严格地说，人工神经网络是一种具有下列特性的有向图。

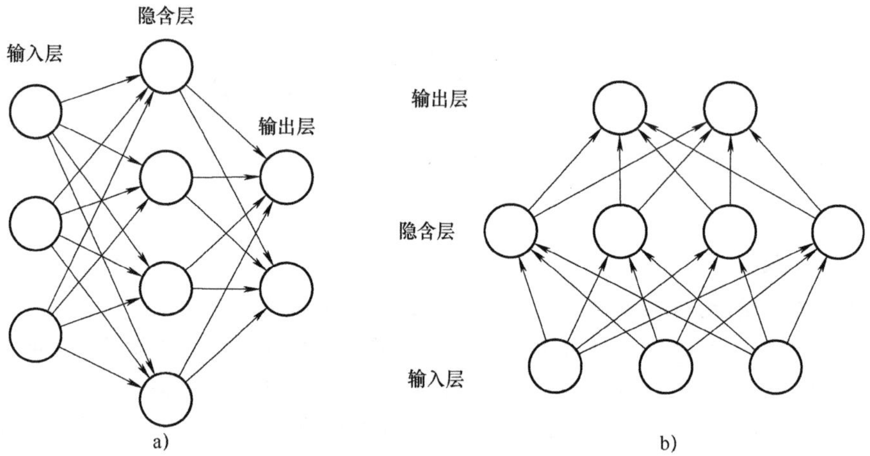

图 2.2　神经网络结构

a）横向　b）纵向

- 对于每个节点存在一个状态变量 x_i 。
- 从节点 i 至节点 j，存在一个连接权系数 w_{ji} 。
- 对于每个节点 j，存在一个阈值 b_j 。
- 对于每个节点 j，定义一个变换函数 $f_j(x_i, w_{ji}, b_j), i \neq j$ 。

2.1.1　神经元

1. 生物神经元

一个神经元通常具有多条树突，主要用来接收传入的信息；而轴突只有一条，轴突尾端有许多轴突末梢可以给其他多个神经元传递信息。轴突末梢与其他神经元的树突产生连接，从而传递信号；这个连接的位置在生物学上叫作“突触”，如图 2.3 所示[26]。

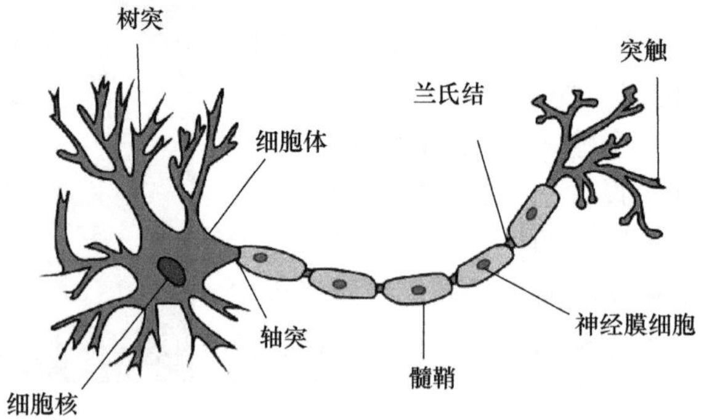

图 2.3　生物神经元

2. 人工神经元

1943 年，心理学家 McCulloch 和数学家 Pitts 参考了生物神经元的结构，发表了抽象的神经元模型，简称 MP 模型。MP 模型包含输入、输出与计算功能。输入可以类比为神经元的树突，而输出可以类比为神经元的轴突，计算则可以类比为细胞核。包含 3 个输入、1 个输出，以及两个有计算功能的神经元，如图 2.4 所示。

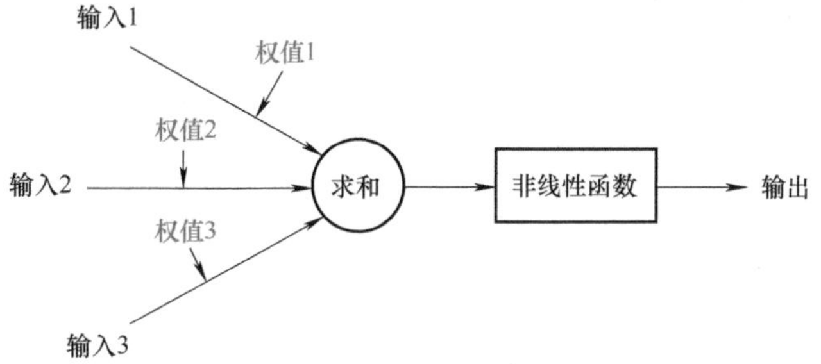

图 2.4 神经元模型

注意：中间的箭头线，称为“连接”，每一个连接上都有一个权值。一个神经网络的训练算法就是将权值调整到最佳，使整个网络的预测效果最好。

如果用 $\boldsymbol{x}$ 来表示输入、用 $\boldsymbol{w}$ 来表示权值，则一个表示连接的有向箭头可以这样理解：在初端，传递的信号大小仍然是 $\boldsymbol{x}$，端中间有加权参数 $\boldsymbol{w}$，经过这个加权后的信号会变成 $\boldsymbol{x}\cdot\boldsymbol{w}$，因此在连接的末端，信号大小变成 $\boldsymbol{x}\cdot\boldsymbol{w}$，如图 2.5 所示。

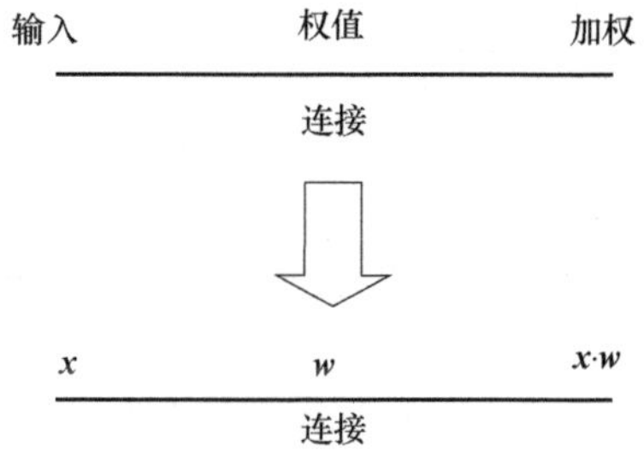

图 2.5 一个连接

在一些模型里，有向箭头可能表示的是值的不变传递。而在神经元模型，每个有向箭头表示值的加权传递。

如果将神经元中的所有变量用符号表示，则输出的计算过程如图 2.6 所示。

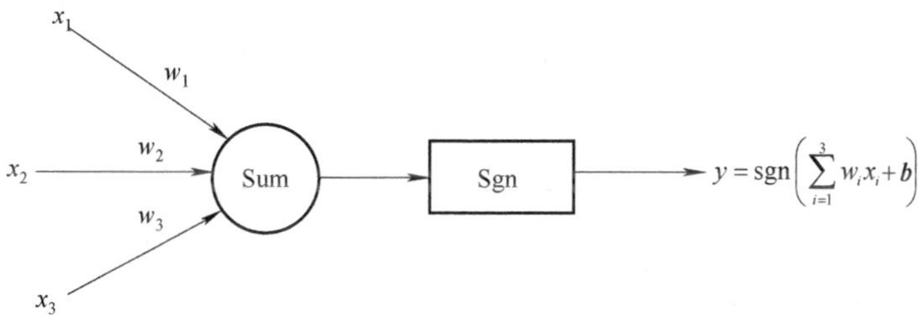

图 2.6 神经元计算

$$y(\boldsymbol{w},\boldsymbol{b}) = f\left(\sum_{i=1}^{N} w_i x_i + \boldsymbol{b}\right) \tag{2.1.1}$$

式中，$\boldsymbol{b}$ 为神经元单元的偏置（阈值）；$\boldsymbol{w}$ 为连接权向量；w_i 为 $\boldsymbol{w}$ 中的第 i 个连接权系数；N 为输入信号数目；y 为神经元输出；$f(\,)$ 为输出变换函数，有时也称激发或激励函数，往往采用 0 和 1 二值函数或 S 形函数。图 2.6 中，激励函数为符号函数 sgn。

可见，y 是输入和权值的线性加权和叠加了一个函数 f 的值。在 MP 模型里，函数 f 是 sgn 函数，也就是取符号函数。这个函数当输入大于 0 时，输出 1；否则，输出 0。

现对人工神经元模型作一些扩展。首先将 sum 函数与 sgn 函数合并到一个圆圈里，代表神经元的内部计算。其次，把输入 x 与输出 y 写到连接线的左上方；最后，一个神经元可以引出多个代表输出的有向箭头，但值都是一样的，如图 2.7 所示。

神经元可以看作一个计算与存储单元。计算是神经元对其输入进行计算的功能，存储是神经元暂存计算结果，并传递到下一层。

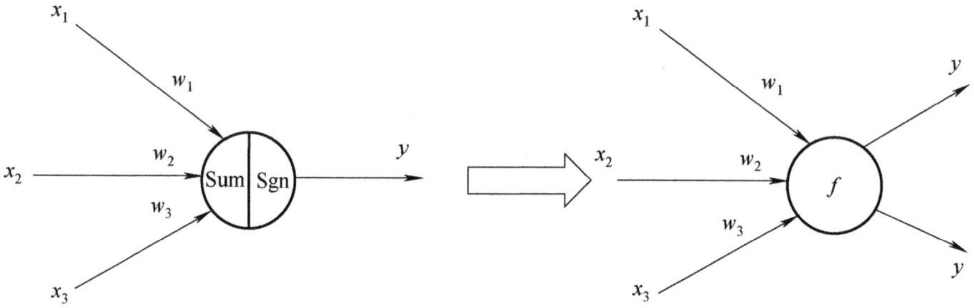

图 2.7　神经元扩展

当由“神经元”组成网络以后，描述网络中的某个“神经元”时，更多地用“单元”（Unit）来指代。同时由于神经网络的表现形式是一个有向图，有时也会用“节点”（Node）来表达同样的意思。

对神经元模型的理解：有一个数据，称之为样本；样本有 4 个属性，其中 3 个属性已知，一个属性未知，现需要通过 3 个已知属性预测未知属性。

具体办法就是使用神经元的公式进行计算。3 个已知属性值是 x_1，x_2，x_3，未知属性 y 可以通过公式计算出来。

这里，已知属性称之为特征，未知属性称之为目标。假设特征与目标之间是线性关系，并且已经得到表示这个关系的权值 w_1，w_2，w_3。那么，就可以通过神经元模型预测新样本的目标。

MP 模型是建立神经网络大厦的地基，但其权值是预先设置的，不能学习。而 Hebb 学习规则认为人脑神经细胞的突触（也就是连接）上的强度是可以变化的。因此，可以通过调整权值的方法让机器学习，这为后面的学习算法奠定了基础。

2.1.2　单层神经网络（感知器）

感知器（Perceptron）是一种早期的神经网络模型，由美国学者 F. Rosenblatt 于 1957 年提出，感知器中第一次引入了学习的概念，使人脑所具备的学习功能在基于符号处理的数学得到了一定程度的模拟，所以引起了广泛的关注。1958 年，Rosenblatt 提出由两层神经元组成的神经网络，如图 2.8 所示。

在原来 MP 模型的“输入”位置添加神经元节点，标识其为“输入单元”，并将权值 w_1，w_2，w_3 写到“连接线”的中间。在“感知器”中，有两个层次，分别是输入层和输出层。输入层里的“输入单元”只负责传输数据，不做计算；输出层的“输出单元”对前面一层的输入进行计算；将需要计算的层次称之为“计算层”，并把拥有一个计算层的网络称之为“单层神经网络”。如果要预测的目标不再是一个值，而是一个向量，那么可以在输出层再增加一个“输出单元”，形成带有两个输出单元的单层神经网络，如图 2.9 所示。

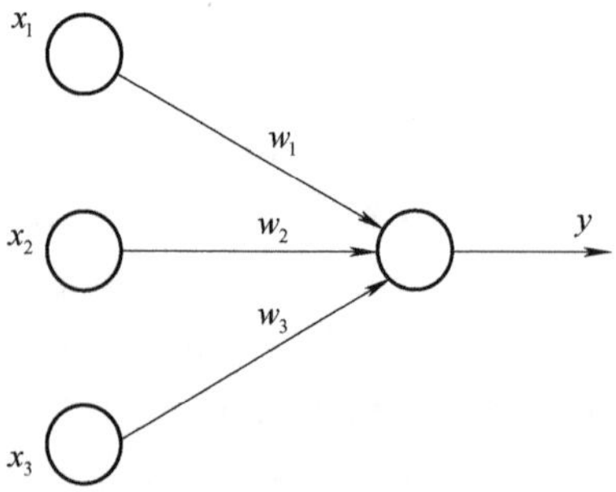

图 2.8　单层神经网络

图 2.9c 中，w_4，w_5，w_6 是后来加的，没有体现与 w_1，w_2，w_3 的关系。图 2.9d 中，w_{11}

（对应于 w_1）、w_{12}（对应于 w_2）、w_{13}（对应于 w_3）可视为一个权向量的3个分量、w_{21}（对应于 w_4）、w_{22}（对应于 w_5）、w_{23}（对应于 w_6）也可视为另一个权向量的3个分量。输出 y_1、y_2 也用向量表示。因此，输出公式可以改写为

$$y_j(w_j, b_j) = f(\sum_{i=1}^{N} w_{ji}x_i + b_j) \tag{2.1.2}$$

式中，b_j 为神经元单元的偏置（阈值）；w_{ji} 为连接权系数（对于激发状态，w_{ji} 取正值，对于抑制状态，w_{ji} 取负值）；N 为输入信号数目；y_j 为神经元输出。

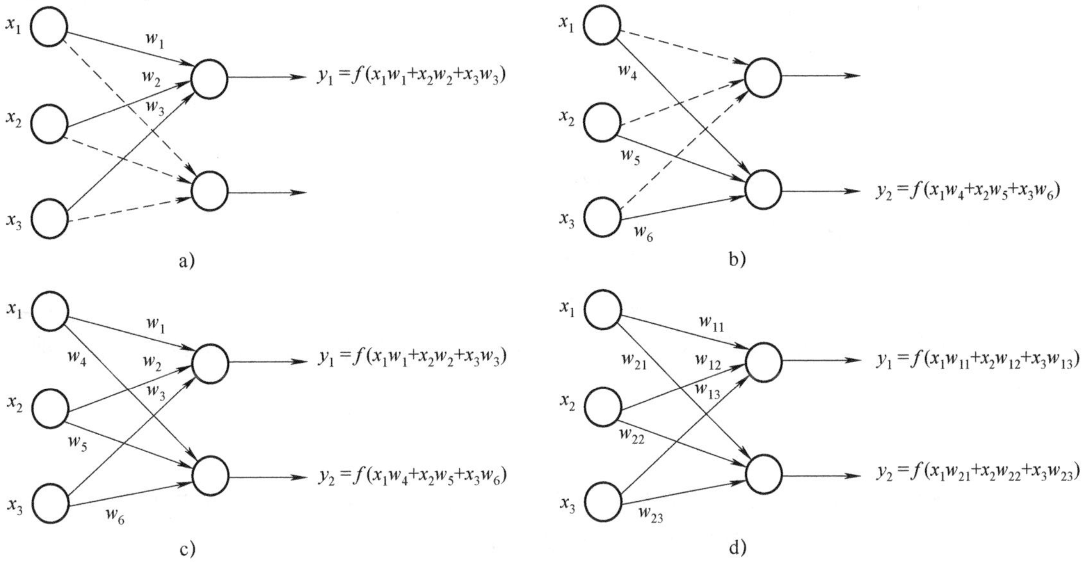

图2.9 单层神经网络

a）输出 y_1 b）输出 y_2 c）输出 y_1 和 y_2 d）输出 y_1 和 y_2

与神经元模型不同，感知器中权值是通过训练得到的，类似一个逻辑回归模型，可以做线性分类任务。可以用决策分界来形象地表达分类效果，决策分界就是在二维的数据平面中划出一条直线，如图2.10所示。当数据维数为3，就是划出一个平面（2维）；当数据维数为 N 时，就是划出一个 $N-1$ 维的超平面。

注意：感知器只能做简单的线性分类，对XOR（异或）这样的类型简单分类任务无法解决。

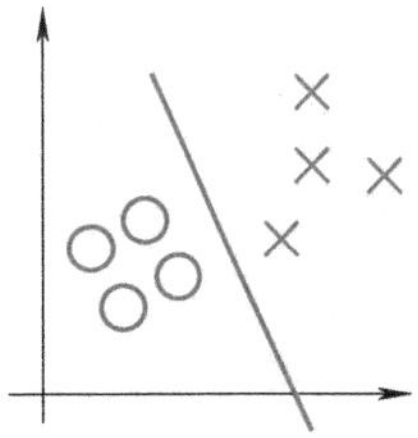

图2.10 单层神经网络（决策分界）

2.1.3 两层神经网络（多层感知器）

Minsky认为单层神经网络无法解决异或问题，但当增加一个计算层后，两层神经网络不仅可以解决异或问题，而且具有非常好的非线性分类效果，不过当时两层神经网络的计算是一个问题，没有一个较好的解法。

1986年，Rumelhar和Hinton等提出了反向传播（Backpropagation，BP）算法，解决了两层神经网络所需要的复杂计算量问题。两层神经网络包含一个输入层、一个输出层、一个中间层。此时，中间层和输出层都是计算层，如图2.11所示。用上标来区分不同层次之间的变量。

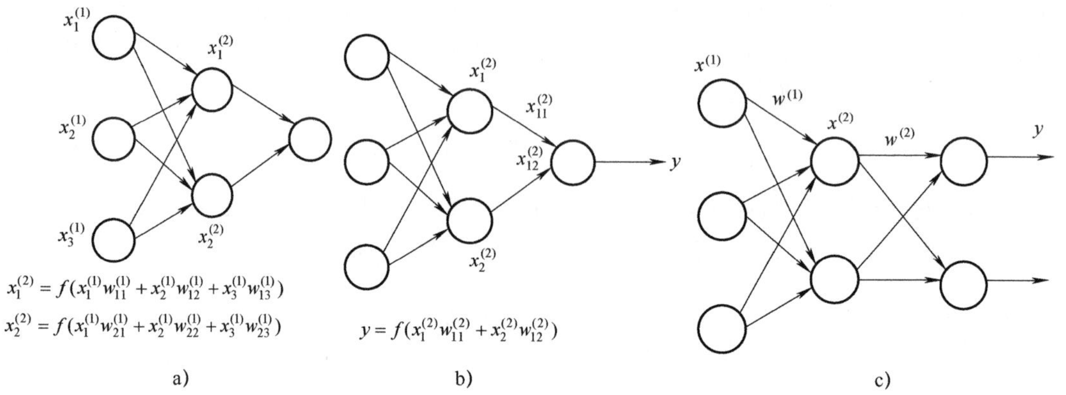

图 2.11　两层神经网络

a）中间层　b）输出层　c）向量形式

使用矩阵运算来表达整个计算公式为

$$x^{(2)} = f(x^{(1)}w^{(1)}) \tag{2.1.3}$$

$$y = f(x^{(2)}w^{(2)}) \tag{2.1.4}$$

可见，矩阵表示简洁，而且不受节点数增多的影响（无论有多少节点参与运算，乘法两端都只有一个变量）。

2.1.4　偏置单元

前面的神经网络结构，没有提及偏置节点（Bias Unit）。事实上，这些节点是默认存在的。它本质上是一个只含有存储功能，且存储值永远为 1 的单元。在神经网络的每个层次中，除了输出层以外，都含有偏置单元。偏置单元与后一层的所有节点都有连接，设偏置参数为向量 $\boldsymbol{b}$，如图 2.12 所示。

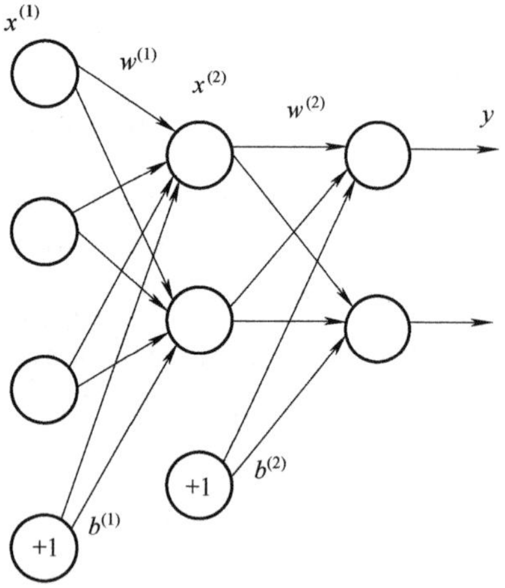

图 2.12　两层神经网络（考虑偏置节点）

图 2.12 表明，偏置节点没有输入（前一层中没有箭头指向它）。有些神经网络的结构图中会把偏置节点明显画出来，有些不会。一般情况下，不会明确画出偏置节点。

考虑偏置以后，一个神经网络的矩阵运算公式为

$$x^{(2)} = f(x^{(1)}w^{(1)} + b^{(1)}) \tag{2.1.5}$$

$$y = f(x^{(2)}w^{(2)} + b^{(2)}) \tag{2.1.6}$$

注意，在两层神经网络中，不再使用 sgn 函数作为函数 f，而是使用平滑函数 sigmoid 作为函数 f。

事实上，神经网络本质上是通过参数与激活函数来拟合特征与目标之间的真实函数关系。

与单层神经网络不同，两层神经网络可以无限逼近任意连续函数。也就是说，面对复杂的非线性分类任务，两层（带一个隐含层）神经网络可以很好地分类。图 2.13 中，深灰色的线与浅灰色的线代表数据；而深灰色区域和浅灰色区域代表由神经网络划开的区域，两者的分界线就是决策分界。

图 2.13 表明，两层神经网络的决策分界线非常平滑，分类效果很好。有趣的是，单层网络只能做线性分类任务，两层神经网络中的后一层也是线性分类层，应该只能做线性分类任务。但为什么两个线性分类任务结合起来就可以做非线性分类任务？

输出层的决策分界如图 2.14 所示。

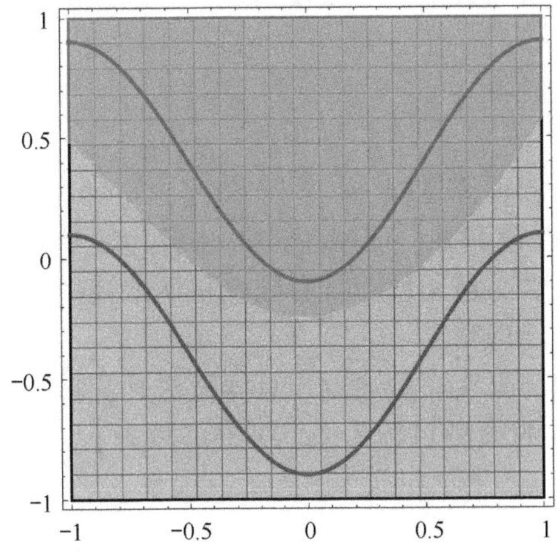

图 2.13　两层神经网络（决策分界）

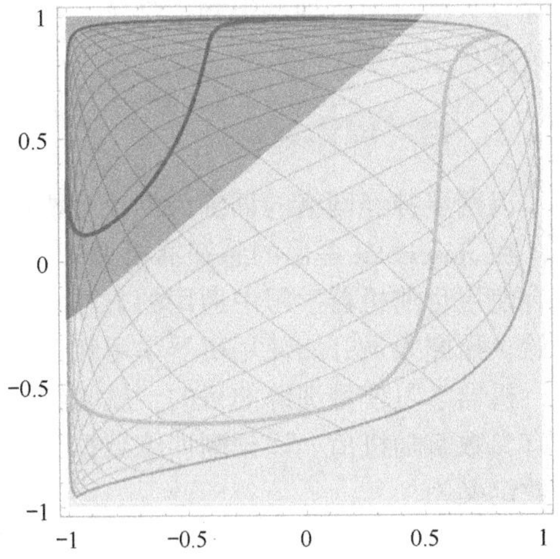

图 2.14　两层神经网络（空间变换）

图 2.14 表明，输出层的决策分界仍然是直线。关键是从输入层到隐含层，数据发生空间变换。也就是说，两层神经网络中，隐含层对原始的数据进行了一个空间变换，使其可以被线性分类，然后输出层的决策分界划出了一个线性分类分界线，对其进行分类。这就说明，两层神经网络可以做非线性分类的关键是隐含层，其参数矩阵的作用就是使数据的原始坐标空间从线性不可分转换成线性可分。

两层神经网络通过两层的线性模型模拟了数据内真实的非线性函数。因此，多层神经网络的本质就是复杂函数拟合。

对于隐含层节点数进行设计时，输入层节点数需要与特征的维度匹配；输出层节点数要与目标的维度匹配；中间层节点数由设计者指定。节点数的多少，会影响整个模型的效果。如何决定中间层的节点数呢？一般根据经验设置。较好的方法就是预先设定几个可选值，通过切换这几个值来观察整个模型的预测效果，选择效果最好的值作为最终选择。这种方法又叫作网格搜索（Grid Search，GS）。

了解了两层神经网络结构以后，就可以理解类似的网络。例如，EasyPR 字符识别网络架构，如图 2.15 所示[27]。

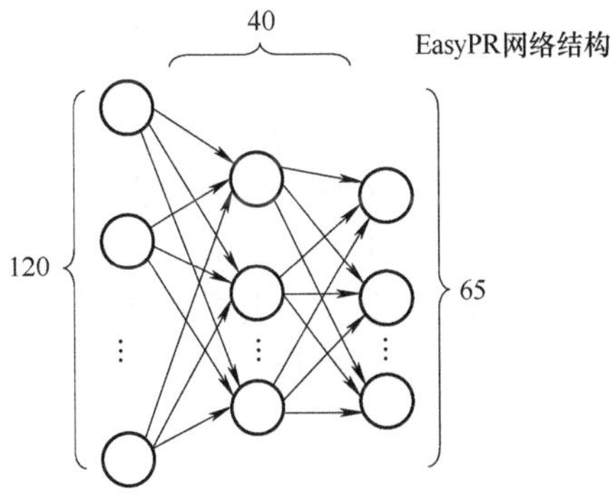

图 2.15　EasyPR 字符识别网络

EasyPR 使用了字符的图像去进行字符文字的识别。输入为 120 维向量，输出为要预测的文字类别，共有 65 类。实验表明，当隐含层数目为 40 时，整个网络在测试集上的效果较好。因此，选择网络的最终结构为 120、40 和 65。

2.2 神经网络训练与预测

神经网络一般分为训练与预测阶段。在训练阶段，需要准备好原始数据和与之对应的分类标签数据，通过训练得到模型 A。在预测阶段，对新的数据套用该模型 A，可以预测新输入数据所属类别。

2.2.1 神经网络训练

以两层神经网络的训练为例，分析整个神经网络的训练过程。

在 Rosenblat 提出的感知器模型中，模型参数可以被训练，但使用的方法较为简单，并没有使用目前机器学习中通用的方法，这导致其扩展性与适用性非常有限。从两层神经网络开始，研究人员开始使用机器学习相关技术来训练神经网络。

机器学习模型训练的目的，就是使参数尽可能地与真实模型逼近。具体做法是：首先给所有参数赋随机值，以预测训练数据中的样本。样本的预测目标为 $\hat{\boldsymbol{y}}$，期望目标为 $\boldsymbol{y}$。损失函数定义为

$$Loss = \frac{1}{2}(\boldsymbol{y} - \hat{\boldsymbol{y}})^2 \tag{2.2.1}$$

目标是使对所有训练数据的损失和数值尽可能的小。

如果将式（2.1.1）代入 $\hat{\boldsymbol{y}}$ 中，那么损失函数就定义为参数（Parameter）$\boldsymbol{\theta} = \{\boldsymbol{w}, \boldsymbol{b}\}$ 的函数。如何利用式（2.2.1）优化参数 $\boldsymbol{\theta}$，使损失函数的值最小呢？一般来说，使用梯度下降算法可以解决这个优化问题。梯度下降算法每次计算参数的随机梯度或瞬时梯度，然后让参数向着梯度的反方向前进一段距离，不断重复，直到梯度接近零时截止。这时，所有参数恰好使损失函数达到一个最低值的状态。

在神经网络模型中，由于结构复杂，每次计算梯度的代价很大。因此，还需要使用反向传播算法。反向传播算法利用神经网络结构进行计算，它不是一次计算所有参数的梯度，而是从后往前计算，一层一层反向传播。反向传播算法基于链式法则，链式法则是微积分中的求导法则，用于求一个复合函数的导数。按链式法则，首先计算输出层梯度，然后计算第二个参数矩阵的梯度，接着计算中间层的梯度，再然后计算第一个参数矩阵的梯度，最后计算输入层梯度。计算结束以后，就获得了两个参数矩阵的梯度。

机器学习问题之所以称为学习问题，而不是优化问题，就是因为它不仅要求数据在训练集上求得一个较小的误差，在测试集上也要表现好。因为模型最终是要部署到没有见过训练数据的真实场景。提升模型在测试集上的预测效果称为泛化（Generalization），相关方法被称作正则化（Regularization）。

2.2.2 神经网络预测

在训练阶段，通过算法修改神经网络的权向量 $\boldsymbol{w}$ 和偏置 $\boldsymbol{b}$，使损失函数最小。当损失函数收敛到某个阈值或等于零时，停止训练，可以得到确定的权向量和偏置。

到此为止，人工神经网络结构中所有参数（输入层、输出层及隐含层的节点数，权向量 $\boldsymbol{w}$、偏置 $\boldsymbol{b}$）都是已知的，只需要将向量化后的数据从人工神经网络的输入层开始输入，

顺着数据流动的方向在网络中进行计算，直到数据传输到输出层并输出（一次向前传播），就完成一次预测并得到分类结果。

2.3 优化算法

神经网络有五大超参数：学习率（Learning Rate）、权值初始化（Weight Initialization）、网络层数（Layers）、单层神经元数（Units）、正则惩罚项（Regularizer/Normalization）。

优化算法就是通过改善训练方式调整模型参数，来最小化（或最大化）损失函数 $Loss(x)$ 。

模型内部有些参数，是用来计算测试集中目标值的期望值 $\boldsymbol{y}$ 和预测值 $\hat{\boldsymbol{y}}$ 的偏差程度的，基于这些参数，就形成了损失函数 $Loss(x)$ 。例如，权向量（$\boldsymbol{w}$）和偏差（$\boldsymbol{b}$）就是这样的内部参数，一般用于计算输出值，在训练神经网络模型时起到主要作用。

在有效训练模型并产生准确结果时，模型内部参数起到了非常重要的作用。这也是为什么用各种优化策略和算法来更新和计算影响模型训练和模型输出的网络参数，以使其逼近或达到最优值。

优化算法分为两大类[28]。

（1）一阶优化算法

这种算法使用各参数的梯度值来最小化或最大化损失函数 $Loss(\boldsymbol{\theta})$ 。最常用的一阶优化算法是梯度下降算法。对于单变量函数，使用导数来分析；对于多变量函数，使用梯度取代导数，并使用偏导数来计算梯度。梯度和导数之间的一个主要区别是函数的梯度形成了一个向量场。

（2）二阶优化算法

二阶优化算法使用了二阶导数（也叫 Hessian 方法）来最小化或最大化损失函数。由于二阶导数的计算成本很高，所以这种方法并没有广泛使用。

神经网络优化算法主要有：梯度下降法、动量法、AdaGrad 算法、RMSProp 算法、AdaDelta 算法、Adam 算法等。

2.3.1 梯度下降法

在训练和优化系统时，梯度下降是一种最重要的技术和基础。

梯度下降的功能是：通过寻找最小值控制方差、更新模型参数，最终使模型收敛。

如今，梯度下降主要用于神经网络模型的参数更新，即通过在一个方向上更新和调整模型参数来最小化损失函数，这是神经网络中最常用的优化算法。反向传播算法使训练深层神经网络成为可能。反向传播算法在前向传播中计算输入信号与其对应的权重的乘积并求和，由激活函数将输入信号转换为输出信号；然后在反向传播过程中回传相关误差，计算误差函数相对于参数的梯度并在负梯度方向上更新模型参数。

对于非线性模型，基于误差函数的损失函数定义为

$$\mathrm{Loss}(\boldsymbol{y},\hat{\boldsymbol{y}}) = \frac{1}{2N}\sum_{j=1}^{N}\left[y_j - f\left(\sum_{i=1}^{N} w_{ji}x_i + b_j\right)\right]^2 = \frac{1}{M}\sum_{j=1}^{M} L(y_j - \hat{y}_j) \tag{2.3.1}$$

式中，$L(y_j,\hat{y}_j)$ 为第 j 个输出的损失函数，且

$$L(y_j,\hat{y}_j)=\frac{1}{2}\left[y_j-f\left(\sum_{i=1}^{N}\boldsymbol{w}_{ji}x_i+\boldsymbol{b}_j\right)\right]^2 \tag{2.3.2}$$

图 2.16 显示了权重更新过程与梯度向量误差的方向相反，其中 U 形曲线为梯度。注意：当权重值 $\boldsymbol{w}$ 太小或太大时，会存在较大的误差，需要更新和优化权重，使其转化为合适值，所以应该试图在与梯度相反的方向找到一个局部最优值。

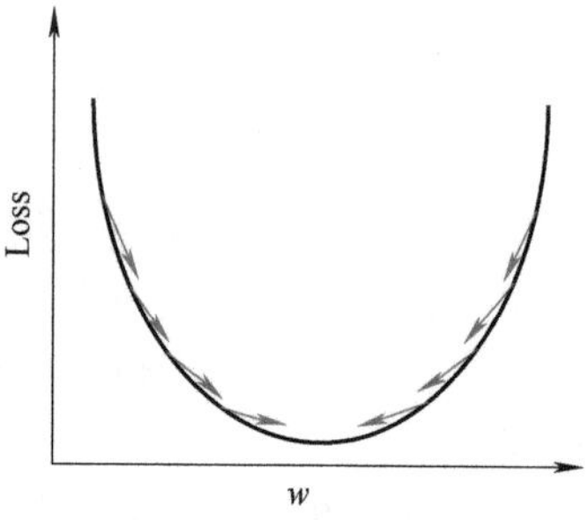

图 2.16　权重更新方向与梯度方向相反

梯度下降法的迭代公式为

$$\boldsymbol{\theta}(k)=\boldsymbol{\theta}(k-1)-\eta g(k) \tag{2.3.3}$$

式中，$\boldsymbol{\theta}=\{\boldsymbol{w},\ \boldsymbol{b}\}$ 是待训练的网络参数；η 是学习率，是一个常数；$g(k)$ 是梯度，即

$$g(k)=\frac{\partial \mathrm{Loss}(\boldsymbol{y},\hat{\boldsymbol{y}})}{\partial \boldsymbol{\theta}(k)} \tag{2.3.4}$$

以上是梯度下降法的最基本形式。

2.3.2　梯度下降法的变体

上面介绍的由梯度下降法更新模型参数（权重与偏置），每次的参数更新都使用了整个训练样本数据集，这种方式也就是批量梯度下降法（Batch Gradient Descent，BGD）。在 BGD 中，整个数据集都参与梯度计算，这样得到的梯度是一个标准梯度，易于得到全局最优解，总迭代次数少。但在处理大型数据集时速度很慢且难以控制，甚至导致内存溢出。

1. 随机梯度下降

随机梯度下降（Stochastic Gradient Descent，SGD）是每次从训练集中随机采样一个样本计算 Loss 的梯度，然后更新参数，即

$$\boldsymbol{\theta}(k)=\boldsymbol{\theta}(k-1)-\eta\frac{\partial \mathrm{Loss}(y_j,\hat{y}_j)}{\partial \boldsymbol{\theta}(k)} \tag{2.3.5}$$

但 SGD 的问题是，由于频繁更新和波动，最终将收敛到最小限度，并会因波动频繁存在超调量。

虽然已经表明，当缓慢降低学习率 η 时，标准梯度下降的收敛模式与 SGD 的模式相同。

2. 小批量梯度下降

小批量梯度下降是每次从训练集中随机采样 m 个样本，组成一个小批量（Mini-Batch）来计算损失函数 Loss 并更新参数。损失函数定义为

$$\mathrm{Loss}(\boldsymbol{w},\boldsymbol{b})=\frac{1}{2m}\sum_{j}^{j+m}\left[y_j-f\left(\sum_{i}^{i+m}w_{ji}x_i+b_j\right)\right]^2 \tag{2.3.6}$$

然后，再按式（2.3.5）更新。使用小批量梯度下降的优点如下。

- 可以减少参数更新的波动，最终得到效果更好和更稳定的收敛。
- 可以使用最新的深层学习库中通用的矩阵优化方法，使计算小批量数据的梯度更加高效。
- 通常来说，小批量样本的大小范围是 50 ~ 256，可以根据实际问题而有所不同。
- 在训练神经网络时，通常都会选择小批量梯度下降算法。

2.3.3 优化梯度下降算法

1. Momentum 算法[29-30]

在 SGD 方法中高方差振荡使网络很难稳定收敛，所以有研究者用动量（Momentum）技术，通过优化相关方向的训练和弱化无关方向的振荡加速 SGD 训练。换句话说，这种新方法将上一时间步中更新向量的分量 β 倍添加到当前更新向量。

Momentum 算法又叫作冲量算法，其迭代更新公式为

$$\boldsymbol{v}(k)=\beta\boldsymbol{v}(k-1)+\eta\boldsymbol{y}g(k) \tag{2.3.7}$$

$$\boldsymbol{\theta}(k)=\boldsymbol{\theta}(k-1)-\boldsymbol{v}(k) \tag{2.3.8}$$

式中，动量参数 $0\leqslant\beta\leqslant1$ 。通常设定为0.9，或相近的某个值。当 $\beta=0$ 时，动量法等价于小批量梯度下降。

这里的动量与经典物理学中的动量是一致的，就像从山上投出一个球，在下落过程中收集动量，小球的速度不断增加。在参数更新过程中，使网络能更优和更稳定地收敛，减少振荡过程。当其梯度指向实际移动方向时，动量项 β 增大；当梯度与实际移动方向相反时，β 减小。这种方式意味着动量项只对相关样本进行参数更新，减少了不必要的参数更新，从而得到更快且稳定的收敛，也减少了振荡过程。

在实际应用中，需要对有些杂乱的数据进行平滑处理，如图 2.17a 所示。

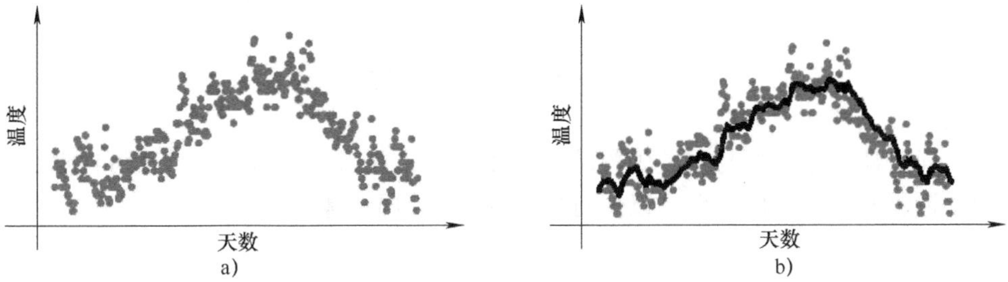

图 2.17 平滑处理

a）未平滑处理 b）一次平滑处理结果

图 2.17b 是进行一次平滑处理的结果。最常见的方法是用一个滑动窗口滑过各个数据点，计算窗口的平均值，从而得到数据的滑动平均值。也可以使用指数加权平均来对数据做平滑。

若

$$\begin{cases}\boldsymbol{v}(0)=0\\ \boldsymbol{v}(k)=\beta\boldsymbol{v}(k-1)+(1-\beta)\boldsymbol{t}(k)'\end{cases} \tag{2.3.9}$$

则其展开式为

$$\begin{aligned}\boldsymbol{v}(k)&=\beta\boldsymbol{v}(k-1)+(1-\beta)\boldsymbol{t}(k)=\beta^{k}\boldsymbol{v}(0)+\beta^{k-1}(1-\beta)\boldsymbol{t}(1)+\\ &\quad\beta^{k-2}(1-\beta)\boldsymbol{t}(2)+\cdots+\beta(1-\beta)\boldsymbol{t}(k-1)+(1-\beta)\boldsymbol{t}(k)\\ &=\beta^{k-1}(1-\beta)\boldsymbol{t}(1)+\beta^{k-2}(1-\beta)\boldsymbol{t}(2)+\cdots+\beta(1-\beta)\boldsymbol{t}(k-1)+(1-\beta)\boldsymbol{t}(k)\end{aligned} \tag{2.3.10}$$

式（2.3.10）称为指数加权移动平均。当 k 比较小时，其最近的数据太少，导致估计误差比较大，因此修正为

$$\boldsymbol{v}(k)=\frac{\beta\boldsymbol{v}(k-1)+(1-\beta)\boldsymbol{t}(k)}{1-\beta^k} \tag{2.3.11}$$

式中，$1-\beta^k$ 为所有权重之和，这相当于对权重做了一个归一化处理。图 2.18 中，灰色的线就是没有做修正的结果，彩色曲线是修正之后的结果。二者在前面几个数据点之间相差较大，后面基本重合。

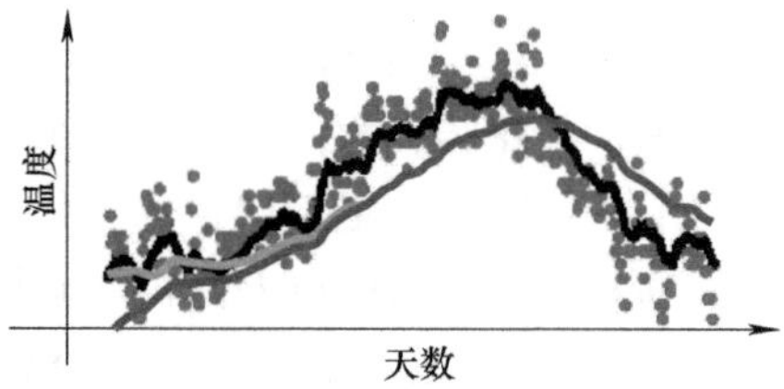

图 2.18　修正结果

2. Nesterov 梯度加速法

动量算法存在一个问题：

如果一个滚下山坡的球，盲目沿着斜坡下滑，这是非常不合适的。一个更聪明的球应该注意到它将要去哪，因此小球在上坡时应该进行减速。

实际上，当小球达到曲线上的最低点时，动量相当高。由于高动量可能会导致其完全错过最小值，因此小球不知道何时进行减速，故继续向上移动。

研究人员 Yurii Nesterov 提出解决动量问题的方法叫作 Nestrov 梯度加速法（NAG）。该方法是一种赋予了动量项预知能力的方法，通过使用动量项 $\beta\boldsymbol{v}(k-1)$ 来更改参数 $\boldsymbol{\theta}$。通过计算 $\boldsymbol{w}-\beta\boldsymbol{v}(k-1)$ 得到下一位置的参数近似值，这里的参数是一个粗略的概念。因此，不是通过计算当前参数 $\boldsymbol{w}$ 的梯度值，而是通过相关参数的大致未来位置来有效预知未来，即

$$\boldsymbol{v}(k)=\beta\boldsymbol{v}(k-1)+\eta\nabla_{w}Loss(\boldsymbol{w}-\beta\boldsymbol{v}(k-1)) \tag{2.3.12}$$

然后使用

$$\boldsymbol{\theta}(k)=\boldsymbol{\theta}(k-1)-\boldsymbol{v}(k) \tag{2.3.13}$$

来更新参数。

现在，通过使网络更新与误差函数的斜率相适应，并依次加速 SGD，也可根据每个参数的重要性来调整和更新对应参数，以执行更大或更小的更新幅度。

3. AdaGrad 算法

梯度下降和动量法由于使用统一的学习率，难以适应所有维度。引入 AdaGrad 算法，可根据自变量在每个维度的梯度值的大小来调整各个维度上的学习率。将小批量随机梯度 $g(k)$ 按元素平方后累加到变量 $\boldsymbol{s}(k)$，即

$$\boldsymbol{s}(k)=\boldsymbol{s}(k-1)+g(k)\odot g(k) \tag{2.3.14}$$

累加变量 $\boldsymbol{s}(k)$ 用于控制学习率 η，这时参数的更新公式为

$$\boldsymbol{\theta}(k)=\boldsymbol{\theta}(k-1)-\frac{\eta}{\sqrt{s(k)+\varepsilon}}\odot g(k) \tag{2.3.15}$$

式中，η 是学习率；ε 是为了维持数值稳定性而添加的常数。式（2.3.15）表明，s 是对梯度的平方做了一次平滑处理。在更新 $\boldsymbol{\theta}$ 时，先用梯度除以 $\frac{1}{\sqrt{s(k)+\varepsilon}}$，相当于对梯度做了一次归一化处理。如果某个方向上梯度振荡很大，应该减小其步长；而振荡大，则这个方向的 s 也较大，归一化的梯度就小。如果某个方向上梯度振荡很小，应该增大其步长；而振荡小，则这个方向的 s 也较小，归一化的梯度就大。因此，通过 AdaGrad 可以调整不同维度上的步长，加快收敛速度。

不过，当学习率在迭代早期降得较快且当前解依然不佳时，AdaGrad 算法在迭代后期由

于学习率过小，可能较难找到一个有用的解。

目标函数为

$$f(x) = 0.1x_1^2 + 2x_2^2 \quad (2.3.16)$$

时，AdaGrad 算法对自变量的迭代轨迹如图 2.19 所示。

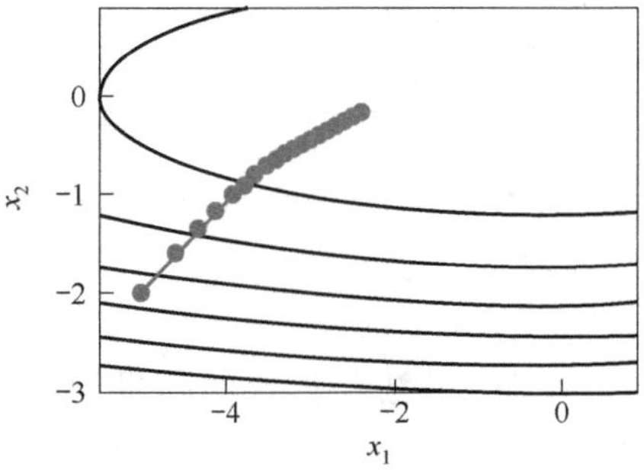

图 2.19 自变量迭代轨迹

4. RMSprop 算法

动量法中的指数加权移动平均与 AdaGrad 算法中的梯度累积状态变量 $s(k)$ 不同，$s(k)$ 是截止时间步 k 所有小批量随机梯度 $g(k)$ 按元素平方和。RMSProp 算法将这些梯度按元素平方累积状态变量 $s(k)$ 做指数加权移动平均计算。具体地说，给定超参数 $0 \leq \gamma < 1$，RMSProp 算法在时间步 $k > 0$，计算

$$\boldsymbol{s}(k) = \gamma \boldsymbol{s}(k) - (1-\gamma) g(k) \odot g(k) \quad (2.3.17)$$

这时，参数调整公式仍形如式（2.3.15）。由于 RMSProp 算法的状态变量 $s(k)$ 是对平方项 $g(k) \odot g(k)$ 的指数加权移动平均，所以可以看作是最近 $1/(1-\gamma)$ 个时间步的小批量随机梯度平方项的加权平均。如此一来，自变量每个元素的学习率在迭代过程中就不再一直降低(或不变)。

算法 2.1 RMSProp 算法[31]

参数：全局学习率 $\boldsymbol{\eta}$，衰减速率 $\boldsymbol{\gamma}$，小常数 $\boldsymbol{\varepsilon}$，通常设为 10^{-6}（用于被小数除时的数值稳定）

初始化：初始化参数 $\boldsymbol{\theta}$、初始化累积变量 $s(k) = 0$

While 没有达到停止准则 do

从训练集中采包含 m 个样本 $\{\boldsymbol{x}_1, \cdots, \boldsymbol{x}_m\}$ 的小批量，对应目标为 $\boldsymbol{y}_i$

计算梯度：$g \leftarrow \frac{1}{m} \nabla_\theta \sum_i Loss(f(x_i;\boldsymbol{\theta}), \boldsymbol{y}_i)$

累积平方梯度：$\boldsymbol{s} \leftarrow \gamma \boldsymbol{s} + (1-\gamma) g \odot g$

计算参数更新：$\Delta\boldsymbol{\theta} = -\frac{\eta}{\sqrt{s+\varepsilon}} \odot g$

应用更新：$\boldsymbol{\theta} \leftarrow \boldsymbol{\theta} + \Delta\boldsymbol{\theta}$

end While

对目标函数式（2.3.16），由 RMSProp 算法观察自变量迭代轨迹，如图 2.20 所示。

5. AdaDelta 算法

AdaDelta 算法也是针对 AdaGrad 算法的改进，使用了小批量随机梯度 $g(k)$，按元素平方的指数加权移动平均变量 $\boldsymbol{s}(k)$，即

$$\boldsymbol{s}(k) = \gamma \boldsymbol{s}(k) - (1-\gamma) g(k) \odot g(k) \quad (2.3.18)$$

与 RMSProp 算法相比，AdaDelta 算法维护了一个额外的状态变量 $\Delta\boldsymbol{u}(k)$。

$$\Delta\boldsymbol{u}(k) = \gamma \Delta\boldsymbol{u}(k-1) - (1-\gamma) g'(k) \odot g'(k) \quad (2.3.19)$$

然后更新自变量

$$g'(k)=\sqrt{\frac{\Delta u(k-1)+\varepsilon}{s(k)+\varepsilon}}\odot g(k) \quad (2.3.20)$$

$$\boldsymbol{u}(k)=\boldsymbol{u}(k-1)-g'(k) \quad (2.3.21)$$

上述算法表明，如不考虑 ε 的影响，AdaDelta 算法与 RMSProp 算法的不同之处在于使用 $\sqrt{\Delta u(k-1)}$ 来代替 η 。

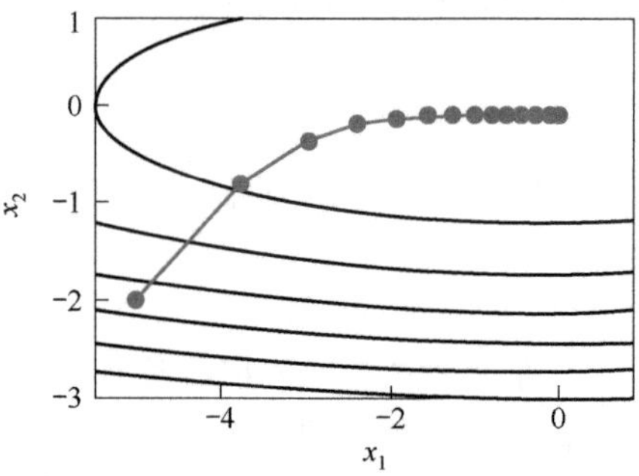

图 2.20　迭代轨迹

6. Adam 算法

Adam 算法与传统的随机梯度下降不同。随机梯度下降保持单一的学习率更新所有的权重，学习率在训练过程中并不会改变。而 Adam 算法通过计算梯度的一阶矩估计和二阶矩估计为不同的参数设计独立的自适应性学习率。Adam 算法集合了两种随机梯度下降扩展式的优点，即：

适应性梯度算法（AdaGrad）为每一个参数保留一个学习率以提升在稀疏梯度（即自然语言和计算机视觉问题）上的性能。

均方根传播（RMSProp）算法基于权重梯度最近量级的均值为每一个参数适应性地保留学习率。这意味着算法在非稳态和在线问题上有很优秀的性能。

Adam 算法不仅像 RMSProp 算法那样基于一阶矩均值计算适应性参数学习率，而且充分利用梯度的二阶矩均值即有偏方差（Uncentered Variance）。具体地说，算法计算了梯度的指数移动均值（Exponential Moving Average），超参数 β_1 和 β_2 控制了这些移动均值的衰减率。移动均值的初始值和 β_1 、β_2 值接近于 1（推荐值），因此矩估计的偏差接近于 0。该偏差通过先计算带偏差的估计而后计算偏差修正后的估计而得到提升。

Adam 算法使用动量变量 $\boldsymbol{v}(k)$ 和 RMSProp 算法中小批量随机梯度按元素平方的指数加权移动平均变量 $\boldsymbol{s}(k)$ ，并在时间步 0 将它们中每个元素初始化为 0。给定超参数 $0\leqslant\beta_1<1$ 时，时间步 k 的动量变量 $\boldsymbol{v}(k)$ 即小批量随机梯度 $g(k)$ 的指数加权移动平均为

$$\boldsymbol{v}(k)=\beta_1\boldsymbol{v}(k-1)+(1-\beta_1)g(k) \quad (2.3.22)$$

与 RMSProp 算法中一样，给定超参数 $0\leqslant\beta_2<1$ ，将小批量随机梯度按元素平方后的项 $g(k)\odot g(k)$ 做指数加权移动平均，得

$$\boldsymbol{s}(k)=\beta_2\boldsymbol{s}(k)+(1-\beta_2)g(k)\odot g(k)$$

由于将 $\boldsymbol{v}(0)$ 和 $\boldsymbol{s}(0)$ 中的元素都初始化为 0，在时间步 k，得

$$\boldsymbol{v}(k)=(1-\beta_1)\sum_{i=1}^{k}\beta_1^{k-i}g(i)$$

将过去各时间步小批量随机梯度的权值相加，得

$$(1-\beta_1)\sum_{i=1}^{k}\beta_1^{k-i}=1-\beta_1^k$$

注意，当 k 较小时，过去各时间步小批量随机梯度权值之和会较小。例如，当 $\beta_1=0.9$ 时，$v(1)=0.1g(1)$ 。

为了消除这样的影响，对于任意时间步 k，可以将 $\boldsymbol{v}(k)$ 再除以 $1-\beta_1^k$ ，从而使过去各时间步小批量随机梯度权值之和为 1，这也叫作偏差修正。在 Adam 算法中，对变量 $\boldsymbol{v}(k)$ 和

$s(k)$ 均作偏差修正，即

$$\hat{v}(k)=\frac{v(k)}{1-\beta_1^k} \tag{2.3.23}$$

$$\hat{s}(k)=\frac{s(k)}{1-\beta_2^k} \tag{2.3.24}$$

使用以上偏差修正后的变量 $\hat{v}(k)$ 和 $\hat{s}(k)$，将模型参数中每个元素的学习率通过按元素运算重新调整：

$$g'(k)=\frac{\eta\hat{v}(k)}{\sqrt{\hat{s}(k)}+\varepsilon} \tag{2.3.25}$$

与 AdaGrad 算法、RMSProp 算法及 AdaDelta 算法一样，目标函数自变量中每个元素都分别拥有自己的学习率。最后，使用 $g'(k)$ 迭代自变量：

$$\boldsymbol{\theta}(k)=\boldsymbol{\theta}(k-1)-g'(k) \tag{2.3.26}$$

算法 2.2 Adam 算法[31]

参数：步长 η（建议默认为：0.001）

矩估计的指数衰减速率，β_1 和 β_2 在区间 $[0,1)$ 内。（建议默认为：0.9 和 0.999）

用于数值稳定的小常数 ε（建议默认为：10^{-8}）

初始化：参数 $\boldsymbol{\theta}$

初始化一阶和二阶变量 $\boldsymbol{s}=0$，$\boldsymbol{v}=0$

初始化时间步 $k=0$

While 没有达到停止准则 do

从训练集中取包含 m 个样本 $\{\boldsymbol{x}_1,\cdots,\boldsymbol{x}_m\}$ 的小批量，对应目标为 $\boldsymbol{y}_i$

计算梯度：$g\leftarrow\frac{1}{m}\nabla_\theta\sum_i L(f(\boldsymbol{x}_i;\boldsymbol{\theta}),\boldsymbol{y}_i)$

$k\leftarrow k+1$

更新有偏一阶矩估计：$\boldsymbol{s}\leftarrow\beta_1\boldsymbol{s}+(1-\beta_1)g$

更新有偏二阶矩估计：$\boldsymbol{v}\leftarrow\beta_2\boldsymbol{v}+(1-\beta_2)g\odot g$

修正一阶矩的偏差：$\hat{\boldsymbol{s}}\leftarrow\frac{\boldsymbol{s}}{1-\beta_1^k}$

修正二阶矩的偏差：$\hat{\boldsymbol{v}}\leftarrow\frac{\boldsymbol{v}}{1-\beta_2^k}$

计算更新：$\Delta\boldsymbol{\theta}=-\eta\frac{\hat{\boldsymbol{s}}}{\sqrt{\hat{\mathrm{v}}}+\varepsilon}$（逐元素应用操作）

应用更新：$\boldsymbol{\theta}\leftarrow\boldsymbol{\theta}+\Delta\boldsymbol{\theta}$

end while

2.4 计算图

一个机器学习任务的核心是模型的定义，以及模型的参数求解方式，对这两者进行抽象之后，可以确定一个唯一的计算逻辑，将这个逻辑用图表示，称之为计算图。计算图表现为有向无环图，定义了数据的流转方式、数据的计算方式，以及各种计算之间的相互依赖关系等。

按照数据结构的定义，图由顶点集 $V(G)$ 和边集 $E(G)$ 组成，记为 $G=(V, E)$。其中 $E(G)$ 是边的有限集合，边是顶点的无序对（无向图）或有序对（有向图）。

对有向图来说，$E(G)$ 是有向边（也称弧（Arc））的有限集合，弧是顶点的有序对，记为 $<v, w>$，v、w 是顶点，v 为弧尾（箭头根部），w 为弧头（箭头处）。

对无向图来说，$E(G)$ 是边的有限集合，边是顶点的无序对，记为（v，w）或者（w，v），并且（v，w）=（w，v）。

2.4.1 计算图含义

计算图就是将计算过程图形化表示出来，是一种描述方程的“语言”，这个语言是用来描述一个函数，神经网络就是一个函数，所以需要描述函数的语言。其实图（Graph）有很多种定义方法，这里用节点（Node）表示一个操作（简单函数）、边（Edge）表示一个变量，可以是一个标量、向量甚至是张量[32]。

计算图和反向传播都是深度学习训练神经网络的重要核心概念。

1. 正向传播

正向传播，也称前向传播，是评估由计算图表示的数学表达式的值的过程。正向传播意味着将变量的值从左侧（输入）向前传递到输出所在的右侧。

神经网络的正向传播中进行的矩阵的乘积运算在几何学领域被称为“仿射变换”。因此，这里将进行仿射变换的处理实现称为“Affine 层”[33]。

2. 反向传播

反向传播是从右（输出）向左（输入）传递变量的值，目的是计算每个输入相对于最终输出的梯度，这些梯度对于使用梯度下降训练神经网络至关重要。

3. 加法/乘法节点正反向传播的计算图[34]

1）加法节点的正反向传播。其计算图如图 2.21 所示。

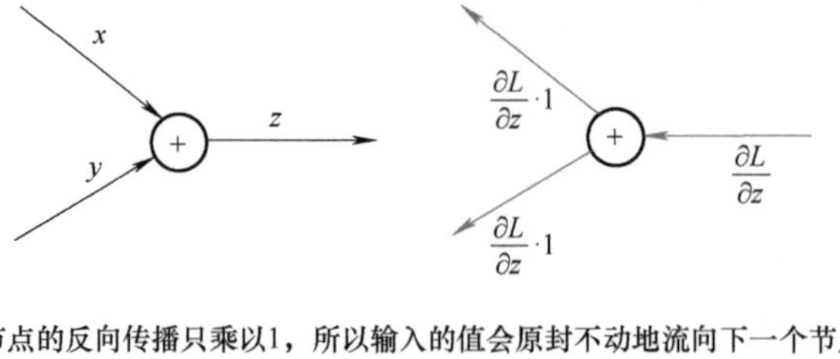

图 2.21　加法节点

2）乘法节点正反向传播。其计算图如图 2.22 所示。

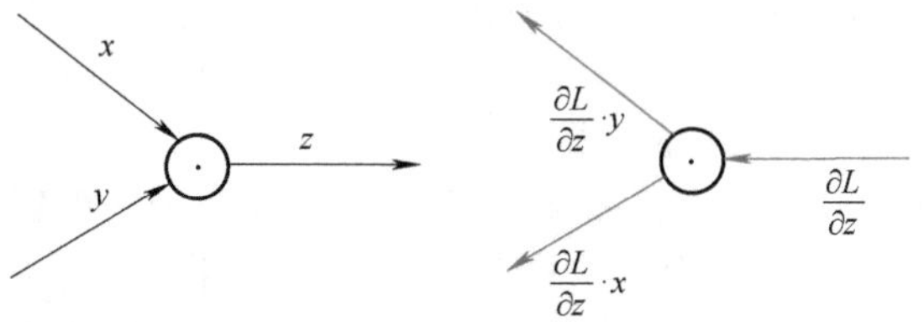

乘法的反向传播会将上游的值乘以正向传播时的输入信号的"翻转值"后传递给下游

图 2.22　乘法节点

2.4.2　Affine 层/Softmax 层的计算图

1. Affine 层的计算图

例如，$Y = X \cdot W + B$ 正向传播的计算图如图 2.23 所示。

图中，变量是矩阵，各个变量的上方标记了该变量的形状。X、W、B 分别是形状为 $(2,)$、$(2, 3)$、$(3,)$ 的多维数组。

$Y = X \cdot W + B$ 的反向传播计算图如图 2.24 所示。

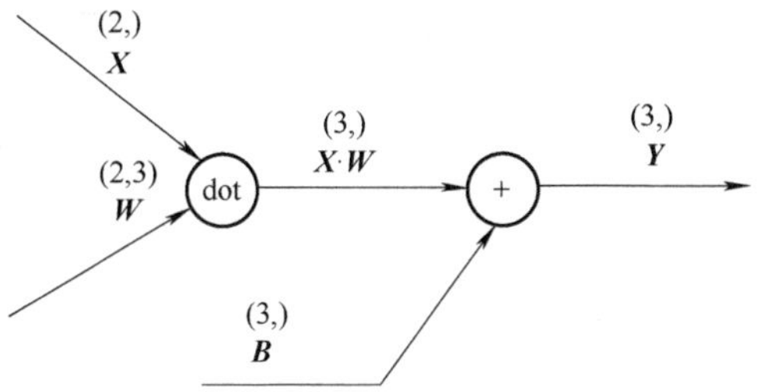

图 2.23　计算图

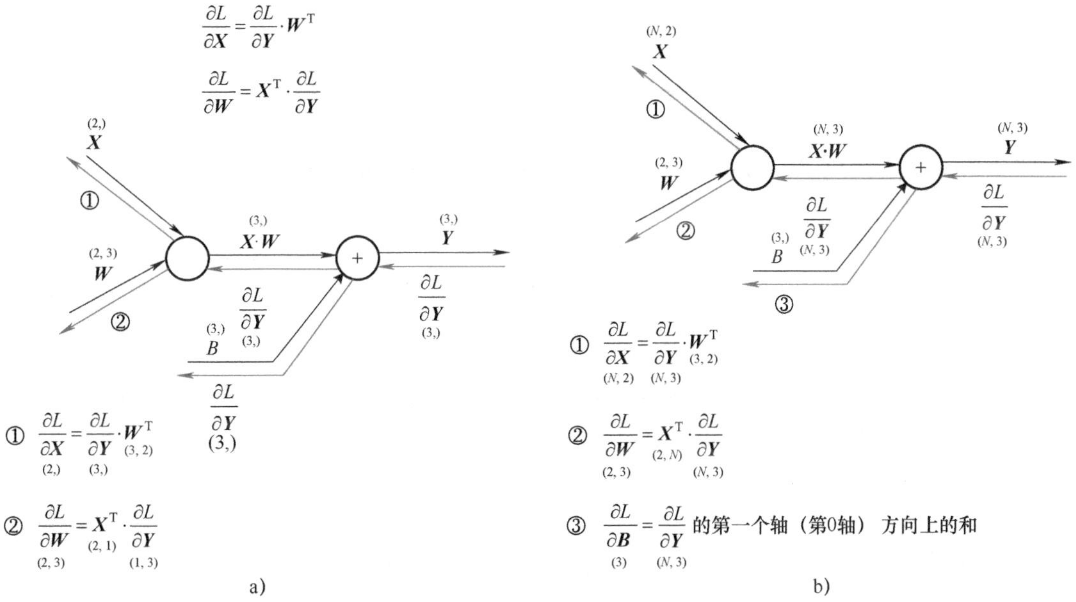

① $\underset{(2,)}{\dfrac{\partial L}{\partial X}} = \underset{(3,)}{\dfrac{\partial L}{\partial Y}} \cdot \underset{(3, 2)}{W^{\mathrm{T}}}$

② $\underset{(2, 3)}{\dfrac{\partial L}{\partial W}} = \underset{(2, 1)}{X^{\mathrm{T}}} \cdot \underset{(1, 3)}{\dfrac{\partial L}{\partial Y}}$

a)

① $\underset{(N, 2)}{\dfrac{\partial L}{\partial X}} = \underset{(N, 3)}{\dfrac{\partial L}{\partial Y}} \cdot \underset{(3, 2)}{W^{\mathrm{T}}}$

② $\underset{(2, 3)}{\dfrac{\partial L}{\partial W}} = \underset{(2, N)}{X^{\mathrm{T}}} \cdot \underset{(N, 3)}{\dfrac{\partial L}{\partial Y}}$

③ $\underset{(3)}{\dfrac{\partial L}{\partial B}} = \underset{(N, 3)}{\dfrac{\partial L}{\partial Y}}$ 的第一个轴（第0轴）方向上的和

b)

图 2.24　反向传播

a) X、W、B 分别是形状为 $(2,)$、$(2, 3)$、$(3,)$ 的多维数组
b) X、W、B 分别是形状为 $(N, 2)$、$(2, 3)$、$(3,)$ 的多维数组

2. Softmax-with-Loss 层的计算图

神经网络中进行的处理有推理（Inference）和学习两个阶段。神经网络的推理通常不使

用 Softmax 层。神经网络中未被正规化的输出结果有时被称为“得分”。也就是说，当神经网络的推理只需要给出一个答案的情况下，只对得分最大值感兴趣；所以不需要 Softmax 层，而神经网络的学习阶段则需要 Softmax 层。

使用交叉熵误差作为 softmax 函数的损失函数后，反向传播得到（$\hat{y}_1-y_1$，$\hat{y}_2-y_2$，$\hat{y}_3-y_3$）这样“漂亮”的结果。实际上，这样“漂亮”的结果并不是偶然的；而是为了得到这样的结果，特意设计了交叉熵误差函数。回归问题中输出层使用“恒等函数”，损失函数使用“平方和误差”也是出于同样的理由。也就是说，使用“平方和误差”作为“恒等函数”的损失函数，反向传播才能得到“漂亮”的结果。

softmax 函数会将输入值正规化之后再输出。现用计算图来表示 Softmax - with - Loss 层，如图 2.25 所示。

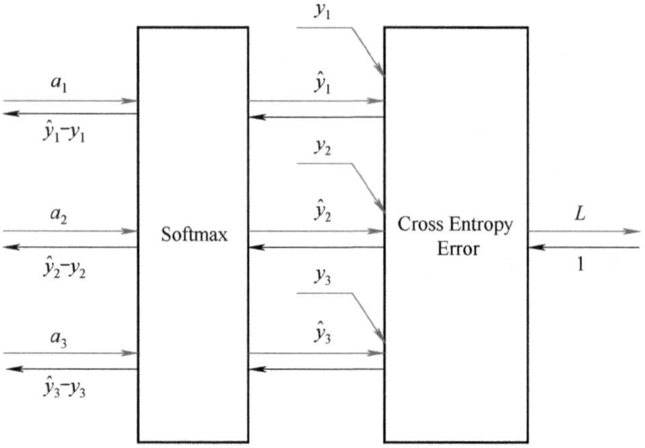

图 2.25　Softmax-with-Loss 层的计算图

图 2.25 计算图中省略了 Softmax 和 Cross Entropy Error 层的内容。

（1）正向传播

Softmax 函数可表示为

$$y_i = \frac{\exp(a_i)}{\sum_{n=1}^{N}\exp(a_n)} \tag{2.4.1}$$

Softmax 层的计算图如图 2.26 所示。图 2.26 中，指数的和（相当于式（2.4.1）的分母）简写为 S，最终的输出记为（y_{p1}, y_{p2}, y_{p3}）。

Cross Entropy Error 层的交叉熵误差为

$$L = -\sum_k y_k \log\hat{y}_k \tag{2.4.2}$$

Cross Entropy Error 层的计算图如图 2.27 所示。

（2）反向传播

Cross Entropy Error 层的反向传播计算图如图 2.28 所示。

注意：①反向传播的初始值（图 2.28 中最右边的值）是 1（因为 $\frac{\partial L}{\partial L}=1$）；②“×”节点的反向传播将正向传播时的输入值翻转，乘以上游传过来的导数后，再传给下游。③“+”节点将上游传来的导数原封不动地传给下游。④“log”节点的反向传播遵从的公式为

$$y = \log x$$

$$\frac{\partial y}{\partial x} = \frac{1}{x}$$

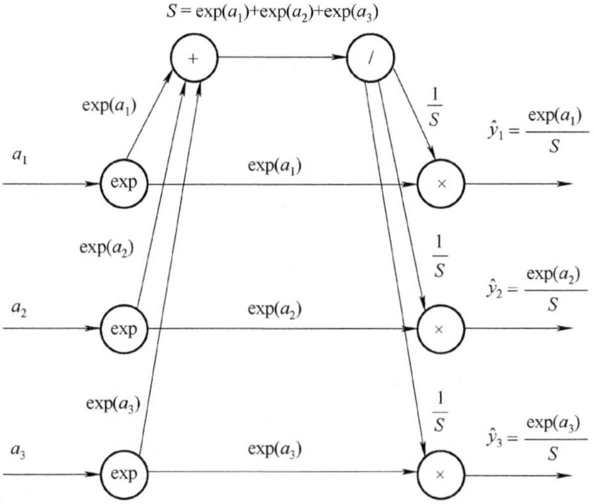

图 2.26　Softmax 层的计算图（仅正向传播）

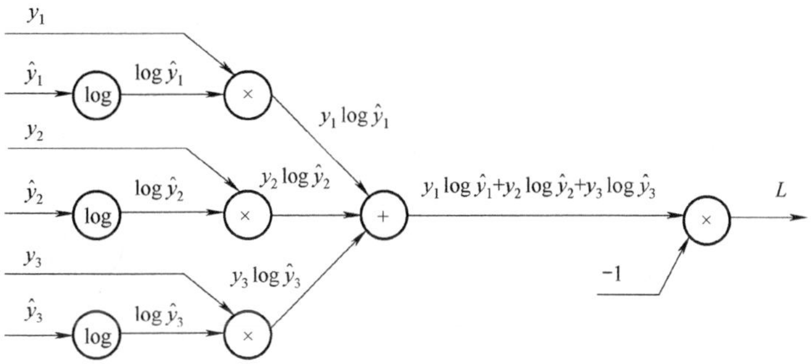

图 2.27　Cross Entropy Error 层的计算图（正向传播）

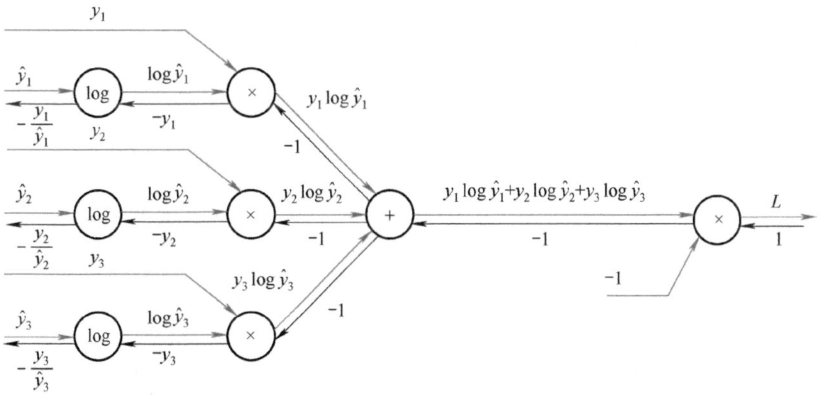

图 2.28　交叉熵误差的反向传播

Softmax-with-Loss 的反向传播计算图如图 2.29 所示[32]。

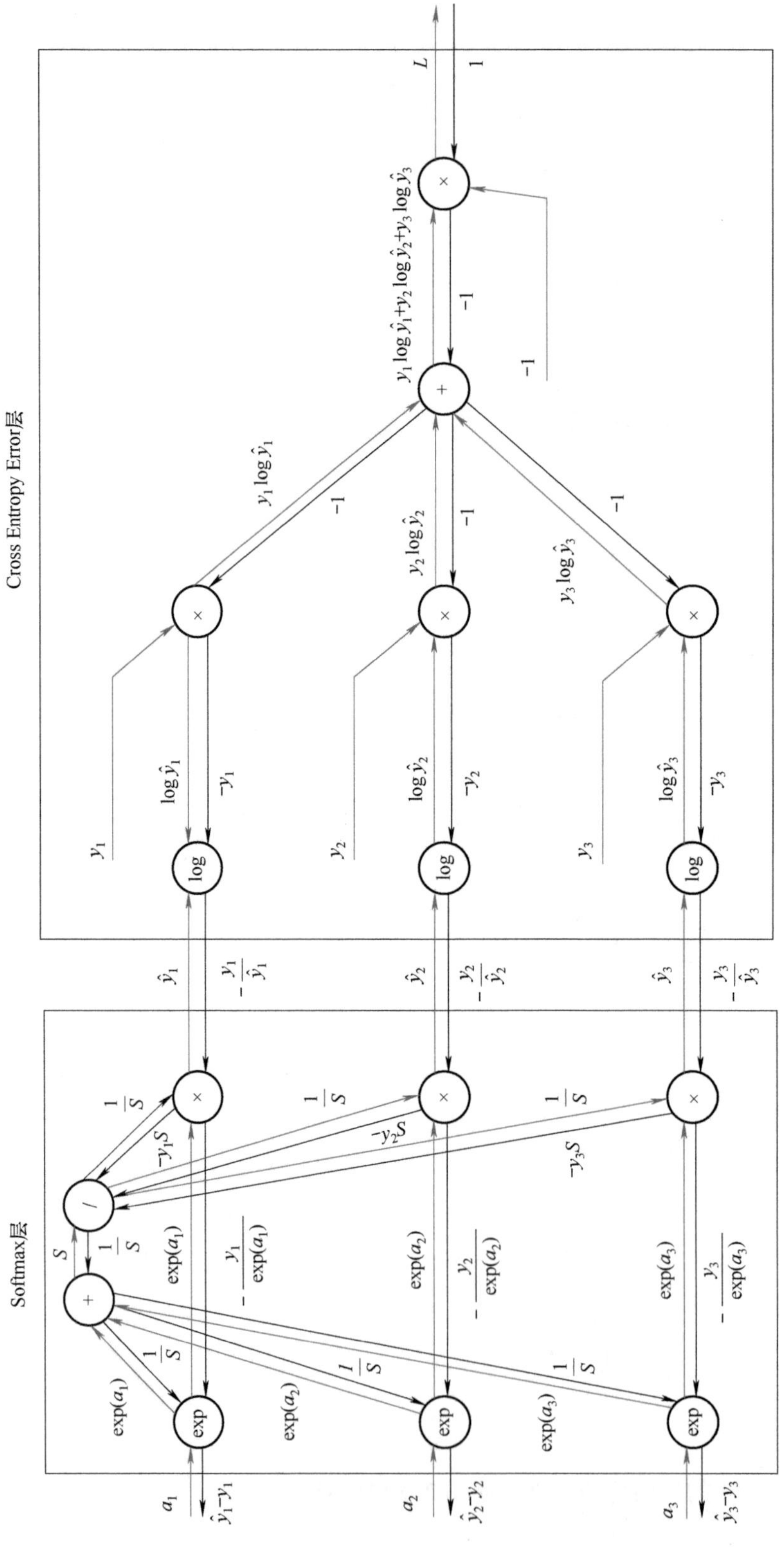

图2.29 Softmax-with-Loss层的计算函数

2.4.3　激活函数的计算图

1. Sigmoid 反向传播

（1）函数式

$$y=\frac{1}{1+\exp(-x)} \tag{2.4.3}$$

（2）计算图

式（2.4.3）的计算图如图 2.30 所示。

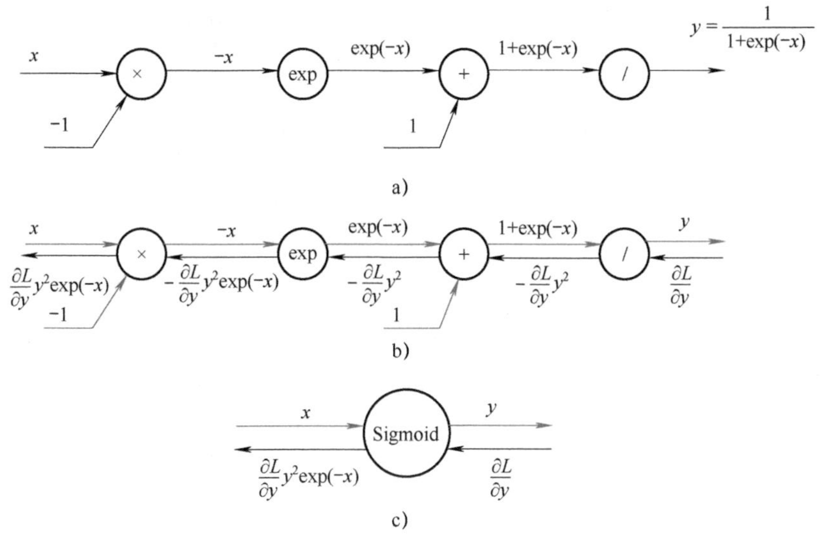

图 2.30　计算图

a）正向传播　b）反向传播　c）反向传播（简洁版）

“/”节点表示 $y=\frac{1}{x}$，它的导数为

$$\begin{aligned}\frac{\partial y}{\partial x}&=-\frac{1}{x^2}\\&=-y^2\end{aligned} \tag{2.4.4}$$

“exp”节点表示 $y=\exp(x)$，它的导数为

$$\frac{\partial y}{\partial x}=\exp(x) \tag{2.4.5}$$

（3）简化输出

$$\frac{\partial L}{\partial y}y^2\exp(-x)=\frac{\partial L}{\partial y}y(1-y) \tag{2.4.6}$$

2. ReLU 反向传播

ReLU 函数，其表达式为

$$f(x)=\max(0,x) \tag{2.4.7}$$

或

$$f(x)=\begin{cases}x & (x>0)\\0 & (x\leqslant 0)\end{cases} \tag{2.4.8}$$

通过式（2.4.8），可以求出$f(x)$关于x的导数为

$$\frac{\partial y}{\partial x}=\begin{cases}1 & (x>0)\\0 & (x\leqslant 0)\end{cases} \tag{2.4.9}$$

式（2.4.9）中，如果正向传播时的输入x大于0，则反向传播会将上游的值原封不动地传给下游。反过来，如果正向传播时的x小于等于0，则反向传播中传给下游的信号将停在此处。计算图如图2.31所示。

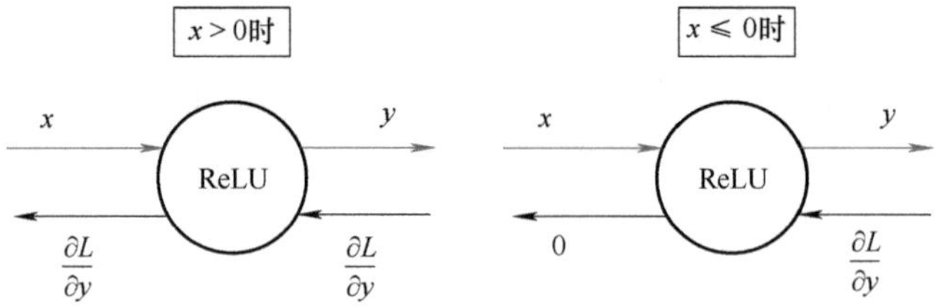

图2.31　ReLU层的计算图

注意：ReLU层像电路中的开关。

- 正向传播时，有电流通过，开关设为ON；没有电流通过，开关设为OFF。
- 反向传播时，开关为ON，电流会直接通过；开关为OFF，则不会有电流通过。

2.5 正则化惩罚项

神经网络的学习能力过强、复杂度过高、训练时间太久、激活函数不合适或数据量太少等情况常常会导致过拟合（Overfitting）。正则化方法即为在此时向原始模型引入额外信息，以便防止过拟合从而提高模型泛化性能的一类方法的统称。在实际的深度学习场景中，可以发现，最好的拟合模型（从最小化泛化误差的意义上）是一个适当正则化的大型模型。

2.5.1 参数范数惩罚

通过向目标函数添加一个参数范数惩罚$\Omega(\boldsymbol{w})$项来降低模型的容量，是一类常用的正则化方法。将正则化后的损失函数定义为

$$\overline{\text{Loss}}(\boldsymbol{w})=\text{Loss}(\boldsymbol{w})+\alpha\Omega(\boldsymbol{w}) \tag{2.5.1}$$

式中，$\alpha\in[0,\infty)$权衡范数惩罚项的相对贡献，越大的α对应越多的正则化。

通常情况下，深度学习中只对网络权重$\boldsymbol{w}$添加约束，对偏置项不加约束。主要原因是偏置项一般需要较少的数据就能精确拟合，不对其正则化也不会引起太大的方差。另外，正则化偏置参数反而可能会引起显著的欠拟合。

2.5.2 L2参数正则化

常用的L2参数正则化通过向目标函数添加一个正则项$\Omega(\boldsymbol{w})=\frac{1}{2}\|\boldsymbol{w}\|^2$，使权重更加

接近原点。L2 参数正则化方法也叫作权重衰减或岭回归（Ridge Regression）。

L2 参数正则化之后的损失函数定义为

$$\overline{\text{Loss}}(\boldsymbol{w}) = \text{Loss}(\boldsymbol{w}) + \frac{1}{2}\alpha \boldsymbol{w}\boldsymbol{w}^{\text{T}} \tag{2.5.2}$$

与之对应的梯度为

$$\nabla_w \overline{\text{Loss}}(\boldsymbol{w}) = \nabla_w \text{Loss}(\boldsymbol{w}) + \alpha \boldsymbol{w} \tag{2.5.3}$$

使用单步梯度下降更新权重，更新公式为

$$\boldsymbol{w}(k+1) = \boldsymbol{w}(k) - \eta(\alpha \boldsymbol{w}(k) + \nabla_w \text{Loss}(\boldsymbol{w})) \tag{2.5.4}$$

或

$$\boldsymbol{w}(k+1) = (1-\eta\alpha)\boldsymbol{w}(k) - \eta \nabla_w \text{Loss}(\boldsymbol{w})) \tag{2.5.5}$$

式（2.5.5）表明，加入权重衰减后会引起学习规则的修改，即在每步执行通常的梯度更新之前先收缩权重向量（将权重向量乘以一个常数因子）。由于 η 和 α 都是大于 0 的数，因此相对于不加正则化的模型而言，正则化之后的模型权重在每步更新之后的值都要更小。

假设 $Loss(w)$ 是一个二次优化问题（比如采用平方损失函数）时，模型参数可以进一步表示为 $\tilde{\boldsymbol{w}} = \dfrac{\lambda}{\lambda + \alpha}\boldsymbol{w}$，即相当于在原来的参数上添加一个控制因子，其中 λ 是参数 Hessian 矩阵的特征值。由此可见：

- 当 $\lambda \gg \alpha$ 时，惩罚因子作用比较小。
- 当 $\lambda \ll \alpha$ 时，对应的参数会缩减至 0。

图 2.32 中，实线表示未经过正则化的目标函数的等高线，虚线圆圈表示 L2 正则项的等高线。在点 $\tilde{\boldsymbol{w}}$ 处这两个互相竞争的目标达到均衡。在横轴这个方向，从点 $\boldsymbol{w}^*$ 处开始水平移动，目标函数并没有增加太多，也就是在这个方向上目标函数并没有很强的偏好，因而正则化在这个方向上有较强的效果，表现为把 $\boldsymbol{w}_1$ 往原点拉动了较长的距离。另一方面，在纵轴这个方向上，目标函数对应远离 $\boldsymbol{w}^*$ 的移动很敏感，即目标函数在这个方向的曲率很高，因此正则化对于 $\boldsymbol{w}_2$ 的影响就较小。

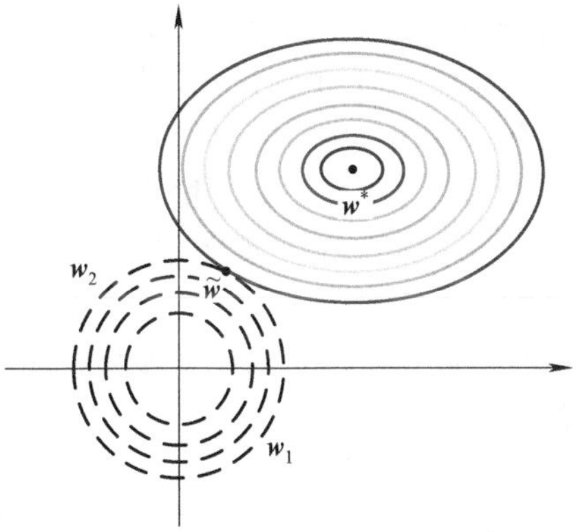

图 2.32　目标函数的等高线

在原目标函数的基础上增加 L2 范数惩罚，将原函数进行一定程度平滑的效果，由其梯度函数体现。

对于一类存在大量驻点（Stationary Point），即梯度为 0 的点，增加 L2 范数意味着将原本导数为零的区域，加入了先验知识进行区分（几何上，意味着原本一个平台的区域向 0 点方向倾斜），这样可以帮助优化算法至少收敛到一个局部最优解，而不是停留在一个鞍点上。

通过限制参数 $\boldsymbol{w}$ 在 0 点附近，加快收敛速度、降低优化难度。回忆一下，对于一类常见激活函数，如 Sigmoid 单调有界。根据单调有界定理，对于任意小的 $\eta > 0$，可以取得足够大的 z_0，使 $f'(z) = \eta(z < z_0)$。换句话说，对于该变量，可以找到一个足够大的区域 $(z, +\infty)$，使

其导数接近于0，这意味着通过梯度方法改进该变量会变得极其缓慢（回忆反向传播算法的更新），甚至收敛受浮点精度影响。而采用范数控制变量的大小在0附近，可以避免上述情况，从而在很大程度上可以让优化算法加快收敛。

2.5.3 L1 参数正则化

L2 参数正则化是权重衰减最常见的形式，还可以使用其他的方法限制模型参数的规模。例如，使用 L1 参数正则化。

对模型参数 w 的 L1 正则化，定义 $\Omega(\boldsymbol{w}) = \|\boldsymbol{w}\|_1 = \sum_i |\boldsymbol{w}_i|$，即各个参数的绝对值之和。

现讨论 L1 正则化对简单线性回归模型的影响。与分析 L2 正则化一样，不考虑偏置参数。

尤其感兴趣的是找出 L1 和 L2 正则化之间的差异。与 L2 权重衰减类似，也可以通过缩放惩罚项 $\Omega(\boldsymbol{w})$ 的正超参数 α 来控制 L1 权重衰减的强度。因此，正则化的目标函数定义为

$$\overline{\text{Loss}}(\boldsymbol{w}) = \text{Loss}(\boldsymbol{w}) + \alpha|\boldsymbol{w}|_1 \tag{2.5.6}$$

对应的梯度为

$$\nabla_w \overline{\text{Loss}}(\boldsymbol{w}) = \nabla_w \text{Loss}(\boldsymbol{w}) + \alpha \text{sgn}(\boldsymbol{w}) \tag{2.5.7}$$

式中，$\text{sgn}(\boldsymbol{w})$ 只是简单地取各个元素的正负号。

显然，L1 正则化效果与 L2 大不一样。具体地说，正则化对梯度的影响不再是线性缩放每个 $\boldsymbol{w}_i$；而是添加一项与 $\text{sgn}(\boldsymbol{w}_i)$ 同号的常数。使用这种形式的梯度之后，不一定能得到 $\text{Loss}(\boldsymbol{w})$ 二次近似的直接算术解（L2 正则化时可以）。

由于 $\alpha > 0$，因此 L1 参数正则化相对于不加正则化的模型而言，每步更新后的权重向量都向 0 靠拢。

特殊情况下，对于二次优化问题，假设对应的 Hessian 矩阵是对角矩阵，推导得出的参数递推公式为

$$w_i = \text{sgn}(\boldsymbol{w}_i^*)\max\left(|\boldsymbol{w}_i^*| - \frac{\alpha}{\boldsymbol{\lambda}_i}, 0\right) \tag{2.5.8}$$

式（2.5.8）表明，当 $\boldsymbol{w}_i^* < \alpha/\boldsymbol{\lambda}_i$，对应的参数会缩减到0，这也是与 L2 正则不同地方。因为 L2 不会直接将参数缩减为0，而是一个非常接近于0的值。

综上，L1 正则化和 L2 正则化的区别如下。

1）通过上面的分析，L1 相对于 L2 能够产生更加稀疏的模型，即当 L1 正则在参数 w 比较小时，能够直接缩减至0。因此，可以起到特征选择的作用，该技术也称之为 LASSO。

2）如果从概率角度进行分析，很多范数约束相当于对参数添加先验分布，其中 L2 范数相当于参数服从高斯先验分布，L1 范数相当于拉普拉斯分布。

图 2.33 表明，惩罚系数 $\boldsymbol{\lambda} = 0.001$ 时就是过拟合（由于惩罚的程度不够），$\boldsymbol{\lambda} = 0.1$ 时泛化能力强。

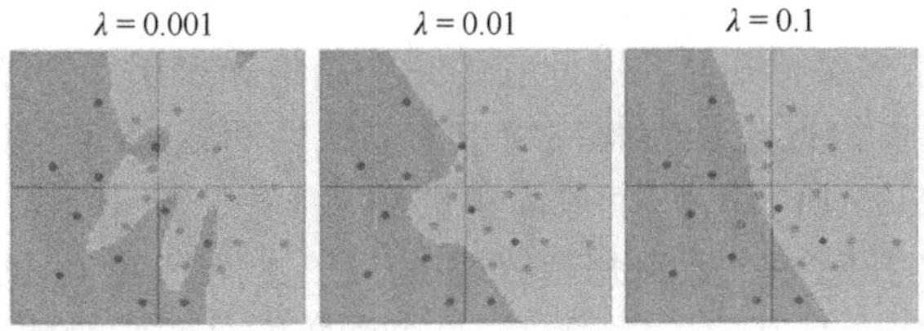

图 2.33 惩罚系数

2.6 神经网络 BP 算法

2.6.1 BP 算法思想

多层感知器在如何获取隐含层权值的问题上遇到了瓶颈。既然无法直接得到隐含层的权值，能否先通过输出层得到输出结果和期望输出的误差来间接调整隐含层的权值呢？BP 算法就是采用这样的思想设计出来的，它的基本思想是，学习过程由信号的正向传播与误差的反向传播两个过程组成。

正向传播时，输入样本从输入层传入，经各隐含层逐层处理后，传向输出层。若输出层的实际输出与期望的输出不符，则转入误差的反向传播阶段。

反向传播时，将输出以某种形式通过隐含层向输入层逐层反传，并将误差分摊给各层的所有单元，从而获得各层单元的误差信号，此误差信号即作为修正各单元权值的依据。

2.6.2 BP 网络特性分析——BP 三要素

分析一个 ANN 时，通常都是从它的三要素入手，即激活函数、网络拓扑结构和学习算法，如图 2.34 所示。

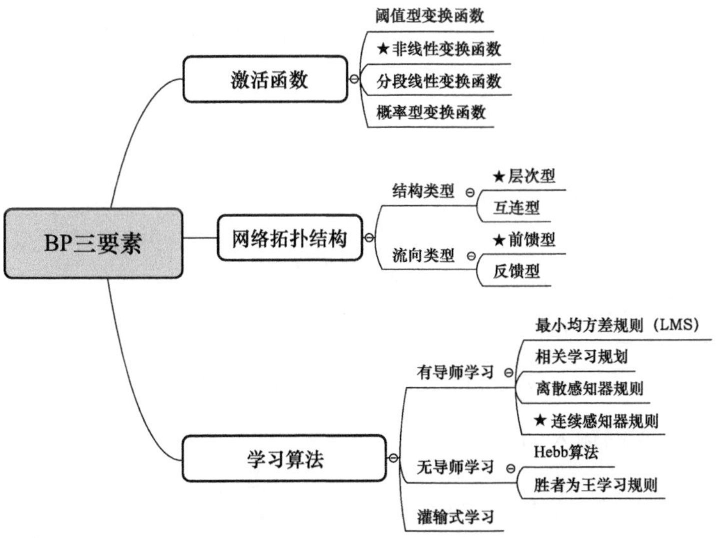

图 2.34 BP 三要素

1. BP 网络拓扑结构与激活函数

BP 网络实际上就是多层感知器，因此它的拓扑结构和多层感知器的拓扑结构相同。由于单隐含层（三层）感知器已经能够解决简单的非线性问题，因此应用最为普遍。三层感知器的拓扑结构如图 2.35 所示。一个最简单的三层 BP 结构中，每层都有若干个神经元(Neuron)，它与上一层的每个神经元都保持着连接，且它的输入是上一层每个神经元输出的线性组合。每个神经元的输出是其输入的函数，这个函数就是激活函数（Activation Function)，是非线性变换函数。其特点是函数本身及其导数都是连续的，因而在处理上十分方便。

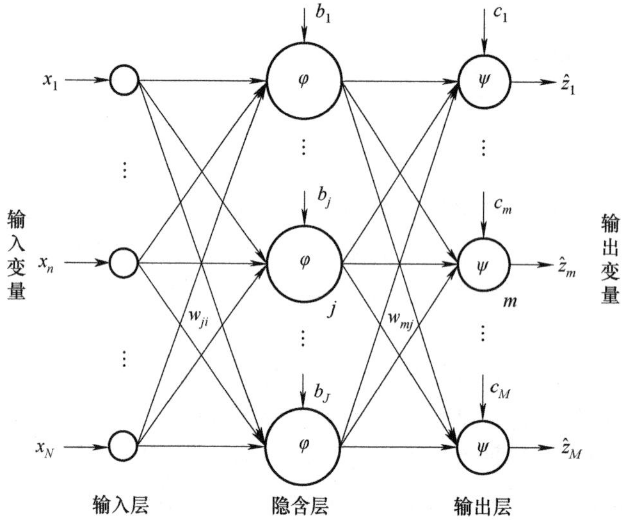

图 2.35　三层神经网络结构

图 2.35 中，x_n 表示输入层第 n 个节点的输入，$n=1, 2, \cdots, N$；w_{ji} 表示隐含层第 j 个节点到输入层第 i 个节点之间的权值；b_j 表示隐含层第 j 个节点的阈值；$\varphi(x)$ 表示隐含层的激励函数；w_{mj} 表示输出层第 m 个节点到隐含层第 j 个节点之间的权值，$j=1, 2, \cdots, J$；c_m 表示输出层第 m 个节点的阈值，$m=1, 2, \cdots, M$；$\psi(x)$ 表示输出层的激励函数；$\hat{z}_m$ 表示输出层第 m 个节点的输出。

2. BP 学习算法

(1) 信号前向传播过程

隐含层第 j 个节点的输入为

$$u_j = \sum_{i=1}^{N} w_{ji}x_i + b_j \tag{2.6.1}$$

隐含层第 j 个节点的输出为

$$v_j = \varphi(u_j) = \varphi\left(\sum_{i=1}^{N} w_{ji}x_i + b_j\right) \tag{2.6.2}$$

输出层第 m 个节点的输入为

$$\mathrm{net}_m = \sum_{j=1}^{J} w_{mj}v_j + c_m = \sum_{j=1}^{J} w_{mj}\varphi\left(\sum_{i=1}^{N} w_{ji}x_i + b_j\right) + c_m \tag{2.6.3}$$

输出层第 m 个节点的输出为

$$\hat{z}_m = \psi(\text{net}_m) = \psi\left(\sum_{j=1}^{J} w_{mj}v_j + c_m\right) = \psi\left(\sum_{j=1}^{J} w_{mj}\varphi\left(\sum_{i=1}^{N} w_{ji}x_i + b_j\right) + c_m\right) \tag{2.6.4}$$

(2) 误差的反向传播过程

误差的反向传播，即首先由输出层开始逐层计算各层神经元的输出误差，然后根据误差梯度下降法来调节各层的权值和阈值，使修改后网络的最终输出 $\hat{z}$ 能接近期望值 z 。

第 i 样本的二次型误差准则函数 E_i 为

$$E_i = \frac{1}{2}\sum_{m=1}^{M}(z_{im} - \hat{z}_{im})^2 \tag{2.6.5}$$

系统对 N 个训练样本的总误差准则函数为

$$E = \frac{1}{2}\sum_{i=1}^{N}\sum_{m=1}^{M}(z_{im} - \hat{z}_{im})^2 \tag{2.6.6}$$

根据误差梯度下降法依次修正输出层权值的修正量 Δw_{mj} 、输出层阈值的修正量 Δc_m 、隐含层权值的修正量 Δw_{ji} 及隐含层阈值的修正量 Δb_j 。

$$\Delta w_{mj} = -\eta\frac{\partial E}{\partial w_{mj}};\ \Delta c_m = -\eta\frac{\partial E}{\partial c_m};\ \Delta w_{ji} = -\eta\frac{\partial E}{\partial w_{ji}};\ \Delta b_j = -\eta\frac{\partial E}{\partial b_j} \tag{2.6.7}$$

输出层权值调整公式为

$$\Delta w_{mj} = -\eta\frac{\partial E}{\partial w_{mj}} = -\eta\frac{\partial E}{\partial \text{net}_m}\frac{\partial \text{net}_m}{\partial w_{mj}} = -\eta\frac{\partial E}{\partial \hat{z}_m}\frac{\partial \hat{z}_m}{\partial \text{net}_m}\frac{\partial \text{net}_m}{\partial w_{mj}} \tag{2.6.8}$$

输出层阈值调整公式为

$$\Delta c_m = -\eta\frac{\partial E}{\partial c_m} = -\eta\frac{\partial E}{\partial \text{net}_m}\frac{\partial \text{net}_m}{\partial c_m} = -\eta\frac{\partial E}{\partial \hat{z}_m}\frac{\partial \hat{z}_m}{\partial \text{net}_m}\frac{\partial \text{net}_m}{\partial c_m} \tag{2.6.9}$$

隐含层权值调整公式为

$$\Delta w_{ji} = -\eta\frac{\partial E}{\partial w_{ji}} = -\eta\frac{\partial E}{\partial u_j}\frac{\partial u_j}{\partial w_{ji}} = -\eta\frac{\partial E}{\partial v_j}\frac{\partial v_j}{\partial u_j}\frac{\partial u_j}{\partial w_{ji}} \tag{2.6.10}$$

隐含层阈值调整公式为

$$\Delta b_j = -\eta\frac{\partial E}{\partial b_j} = -\eta\frac{\partial E}{\partial u_j}\frac{\partial u_j}{\partial b_j} = -\eta\frac{\partial E}{\partial v_j}\frac{\partial v_j}{\partial u_j}\frac{\partial u_j}{\partial b_j} \tag{2.6.11}$$

又因为

$$\frac{\partial E}{\partial \hat{z}_m} = -\sum_{i=1}^{N}\sum_{m=1}^{M}(z_{im} - \hat{z}_{im}) \tag{2.6.12}$$

$$\frac{\partial \text{net}_m}{\partial w_j} = v_j\ ,\ \frac{\partial \text{net}_m}{\partial c_m} = 1\ ,\ \frac{\partial u_j}{\partial w_{ji}} = x_i\ ,\ \frac{\partial u_j}{\partial b_j} = 1 \tag{2.6.13}$$

$$\frac{\partial E}{\partial v_j} = -\sum_{i=1}^{N}\sum_{m=1}^{M}(z_{im} - \hat{z}_{im})\psi'(\text{net}_m)w_{mj} \tag{2.6.14}$$

$$\frac{\partial v_j}{\partial u_j} = \varphi'(u_j) \tag{2.6.15}$$

$$\frac{\partial z_m}{\partial \text{net}_m} = \psi'(\text{net}_m) \tag{2.6.16}$$

最后，得

$$\Delta w_{mj} = \eta \sum_{i=1}^{N} \sum_{m=1}^{M} (z_{im} - \hat{z}_{im}) \psi'(\text{net}_m) v_j \tag{2.6.17}$$

$$\Delta c_m = \eta \sum_{i=1}^{N} \sum_{m=1}^{M} (z_{im} - \hat{z}_{im}) \psi'(\text{net}_m) \tag{2.6.18}$$

$$\Delta w_{ji} = \eta \sum_{p=1}^{N} \sum_{k=1}^{K} (z_{pm} - \hat{z}_{pm}) \psi'(\text{net}_m) w_{mj} \cdot \varphi'(u_j) x_i \tag{2.6.19}$$

$$\Delta b_j = \eta \sum_{i=1}^{N} \sum_{m=1}^{M} (z_{im} - \hat{z}_{im}) \cdot \psi'(\text{net}_m) \cdot w_{mj} \cdot \varphi'(u_j) \tag{2.6.20}$$

BP 算法流程如图 2. 36 所示。

(3) BP 算法改进

BP 算法的实质是求解误差函数的最小值问题，由于它采用非线性规划中的最速下降方法，按误差函数的负梯度方向修改权值，存在学习效率低、收敛速度慢、易陷入局部极小状态等问题。为此，拟进行以下改进。

1) 附加动量法。

附加动量法使网络在修正权值时，不仅考虑误差在梯度上的作用，而且考虑在误差曲面上变化趋势的影响。在没有附加动量的作用下，网络可能陷入浅的局部极小值，利用附加动量的作用有可能滑过这些极小值。

该方法是在反向传播法中每一个权值（或阈值）的变化上加上一项正比于前次权值（或阈值）变化量的值，并根据反向传播法来产生新的权值（或阈值）变化。

带有附加动量因子的权值和阈值的调整公式为

$$\Delta w_{ji} \leftarrow (1 - m_c) \eta e_j y_i + m_c \Delta w_{ji} \tag{2.6.21}$$

$$\Delta b_j \leftarrow (1 - m_c) \eta e_j + m_c \Delta b_j \tag{2.6.22}$$

式中，$e_j = z_j - \hat{z}_j$ 为网络误差；m_c 为动量因子，一般取 0. 95 左右。

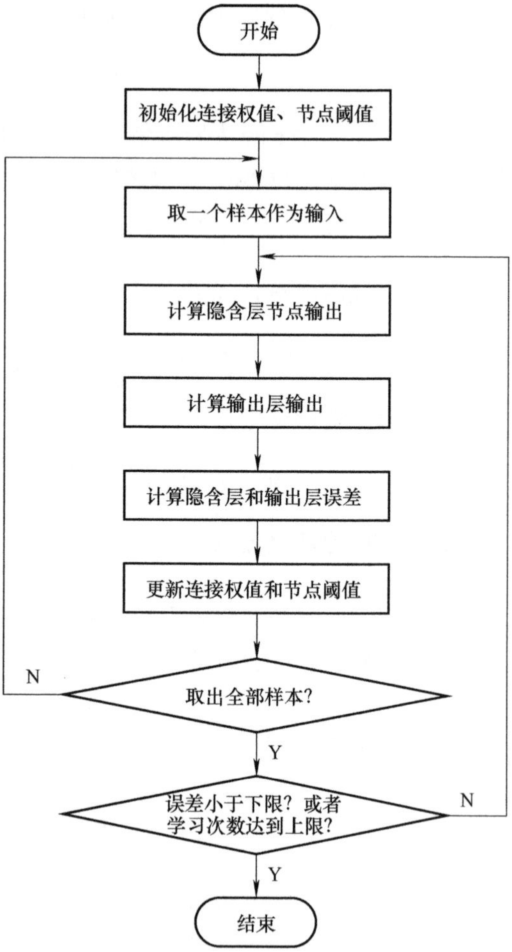

图 2. 36 BP 算法程序流程图

附加动量法的实质是将最后一次权值（或阈值）变化的影响，通过一个动量因子来传递。当动量因子取值为零时，权值（或阈值）的变化仅是根据梯度下降法产生；当动量因子取值为 1 时，新的权值（或阈值）变化则是设置为最后一次权值（或阈值）的变化，而依梯度法产生的变化部分则被忽略。以此方式，当增加动量项后，促使权值的调节向着误差曲面底部的平均方向变化，当网络权值进入误差曲面底部的平坦区时，e_j 将变得很小，于是 $\Delta w_{ji}(k+1) = \Delta w_{ji}(k)$，从而防止 $\Delta w_{ji} = 0$ 的出现，有助于使网络从误差曲面的局部极小值中跳出。

根据附加动量法的设计原则，当修正的权值在误差中导致出现太大的增长结果时，舍弃当前时刻的权值（即新的权值），并使动量失去作用，以使网络不进入较大误差曲面；当新的误差变化率对其旧值超过一个事先设定的最大误差变化率时，也得取消所计算的权值变化。其最大误差变化率可以大于或等于 1。典型的取值为 1.04。所以，当进行附加动量法的训练程序设计时，必须加入条件判断以正确使用其权值修正公式。

采用动量法的判断条件为

$$m_c = \begin{cases} 0 & E(k) > 1.04E(k-1) \\ 0.95 & E(k) < E(k-1) \\ m_c & \text{其他} \end{cases} \tag{2.6.23}$$

式中，$E(k)$ 为第 k 步误差平方和。

2）自适应学习速率。

对于一个特定的问题，选择适当的学习速率不是一件容易的事情。通常是凭经验或实验获取，但即使这样，对训练开始初期效果较好的学习速率，不一定对后来的训练合适。为了解决这个问题，在训练过程中，实行自动调节学习速率。通常调节学习速率的准则是：检查权值是否真正降低了误差函数，如果确实如此，则所选学习速率过小，可以适当增加一个量；若没有降低误差函数，就产生了过调，那么就应减小学习速率。一个自适应学习速率的调整公式为

$$\eta(k+1) = \begin{cases} 1.05\eta(k) & E(k+1) < E(k) \\ 0.7\eta(k) & E(k+1) > 1.04E(k) \\ \eta(k) & \text{其他} \end{cases} \tag{2.6.24}$$

初始学习速率 $\eta(0)$ 的选取范围可以有很大的随意性。

3）动量 - 自适应学习速率调整算法。

当采用前述的动量法时，BP 算法可以找到全局最优解；而当采用自适应学习速率时，BP 算法可以缩短训练时间。将这两种方法相结合训练神经网络，则得到动量 - 自适应学习速率调整算法。

2.7　过拟合与欠拟合

过拟合（Overfiting）和欠拟合（Underfiting），也被称为高方差（High Viarance）和高偏差（High Bias）。表征线性回归模型如图 2.37 所示。图 2.37a 使用一条直线来做预测模型，显然无论如何调整起始点和斜率，该直线都不可能很好地拟合给定的 5 个训练样本，更不用说用新数据进行测试。图 2.37c 使用高阶多项式完美地拟合了训练样本，当给出新数据时，很可能会产生较大误差；图 2.37b 既较完美地拟合训练数据，又不过于复杂，基本上清晰描绘了在预测 x_1 和 x_2 的关系。

对于逻辑回归，同样存在此问题，如图 2.38 所示。

在机器学习中，把描述从训练数据学习目标函数的学习过程称为归纳性的学习；把从机器学习模型学到的概念在遇到新的数据时表现得好坏（预测准确度等），称为泛化；拟合是指逼近目标函数的远近程度。

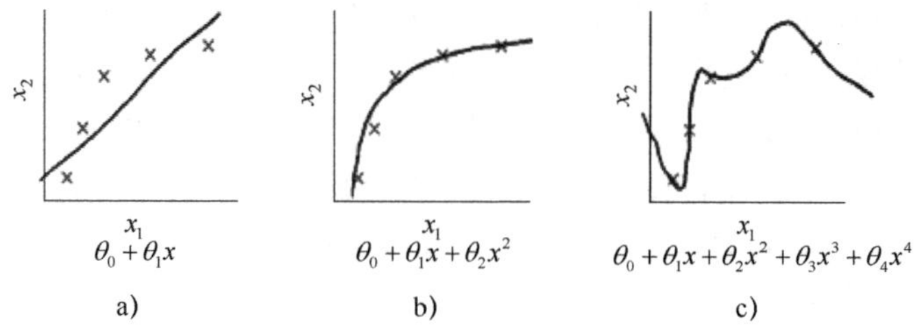

图 2. 37　拟合训练数据
a）线性拟合　b）最好拟合　c）过拟合

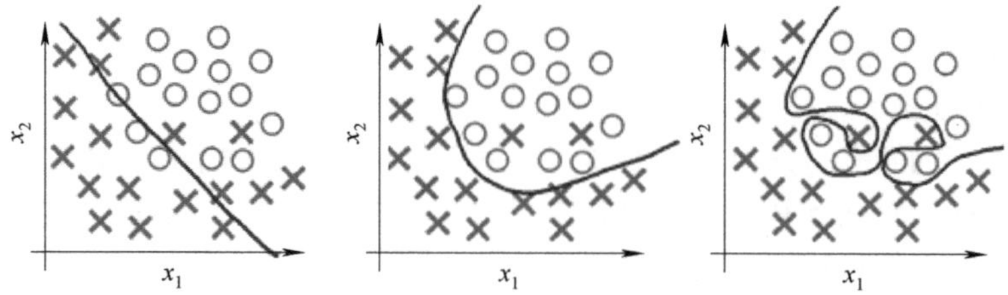

图 2. 38　逻辑回归问题

2. 7. 1　基本概念

1. 过拟合

模型过度拟合，在训练集（Training Set）上表现好；在测试集上效果差。也就是说，在已知的数据集中模型表现非常好，在添加一些新的数据时测试效果就会差很多。这是由于考虑的影响因素太多，超出自变量的维度过多导致的。

2. 欠拟合

模型拟合不够，在训练集上模型表现差，没有充分利用数据，预测的准确度低。

3. 偏差

首先误差 = 偏差 + 方差。偏差是模型在样本上的输出与期望值之间的误差，即模型本身的精确度。

4. 方差

方差是衡量模型输出与期望值相差的度量值，统计中的方差是模型每个样本值与全体样本值的平均数之差的平方值的平均数，即模型的稳定性。图 2. 39 给出了偏差值模型的输出值与模型输出期望（红色中心）的距离；而方差指模型的每一个输出结果与期望之间的距离。

就像打靶，低偏差指瞄准的点与靶心的距离很近；而高偏差指瞄准的点与靶心的距离很远。低方差是指瞄准一个点后，射出的子弹中靶子的位置与瞄准的点的位置距离比较近；高方差是指瞄准一个点后，射出的子弹中靶子的位置与瞄准的点的位置距离比较远。

- 低偏差低方差时，预测值正中靶心（最接近期望值），且比较集中（方差小），为期望的结果。
- 低偏差高方差时，预测值基本落在期望值周围，但很分散，此时方差较大，说明模型的稳定性不够好。

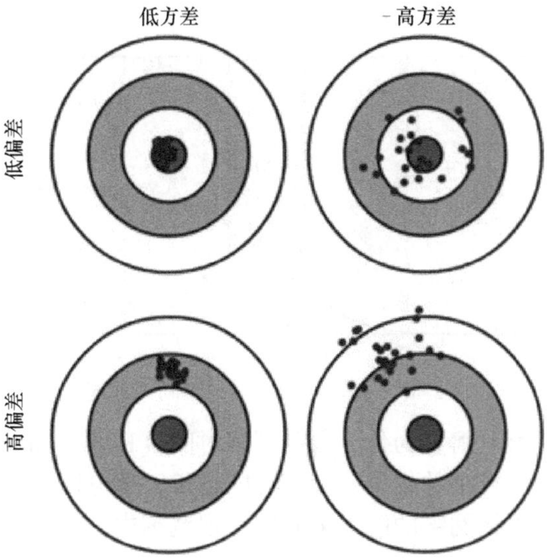

图 2.39 模型的输出值与模型输出期望（红色中心）的距离

- 高偏差低方差时，预测值与期望值有较大距离，但此时值很集中，方差小；模型的稳定性较好，但预测准确率不高，处于“一如既往地预测不准”的状态。
- 高偏差高方差时，是最不期望的结果，此时模型不仅预测不准确，而且还不稳定，每次预测值差别都比较大。

为了防止模型从训练数据中学到错误或无关紧要的模式，最优解决方案是获取更多数据。只要给足够多的数据，让模型训练到尽可能多的例外情况，它就会不断修正自己，从而得到更好的结果。

如何获取更多的数据，可以有以下几种方法。

- 从数据源头获取更多数据。这种方法最容易想到，但大多情况下，大幅增加数据本身就不容易；另外，也不清楚获取多少数据才能使模型表现较好。
- 根据当前数据集估计数据分布参数，使用该分布产生更多数据。一般不用此方法，因为估计分布参数的过程也会带入抽样误差。
- 数据增强（Data Augmentation）。通过一定规则扩充数据。例如，在物体分类问题中，物体在图像中的位置、姿态、尺度，整体图像明暗度等都不会影响分类结果，可以通过图像平移、翻转、缩放、切割等手段将数据库成倍扩充。

2.7.2 以减少特征变量方法防止过拟合

过拟合主要有两个原因造成：数据太少或模型太复杂。所以可以通过使用合适复杂度的模型来防止过拟合问题，让其足够拟合真正的规则，同时又不至于拟合太多抽样误差。

- 减少网络层数、神经元个数等均可以限制网络的拟合能力。
- 早停止（Early Stopping）。

对于每个神经元而言，其激活函数在不同区间的性能是不同的，如图 2.40 所示。

当网络权值较小时，神经元的激活函数工作在线性区，此时神经元的拟合能力较弱

（类似线性神经网络）。

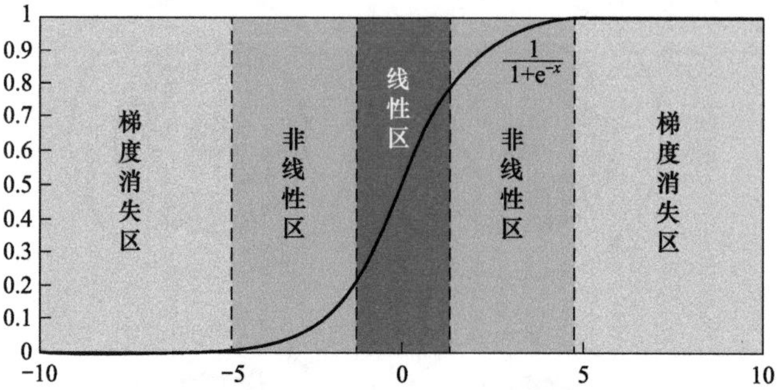

图 2.40　激活函数在不同区间的性能

有了上述共识之后，就可解释为什么限制训练时间（Early Stopping）有用：因为在初始化网络时一般都是初始化为较小的权值。训练时间越长，部分网络权值可能越大，如果在合适的时间停止训练，就可以将网络的能力限制在一定范围内。

2.7.3　以权重正则化方法防止过拟合

权重正则化（Weight Regularization）的简单模型（Simple Model）是指参数值分布的熵更小的模型，强制让模型权重只能取较小值，从而限制模型的复杂度，使权重值的分布更加规则。方法是向网络损失函数中添加与较大权重值相关的成本（Cost）。

对 L1 正则化（L1 Regularization），添加的成本与权重系数的绝对值［权重的 L1 范数（Norm）］成正比。

对 L2 正则化（L2 Regularization），添加的成本与权重系数的平方（权重的 L2 范数）成正比，又称权重衰减（Weight Decay）

正则化是基于 L1 与 L2 范数的，它们可以统一定义为 L-P 范数，即

$$L_p = \sqrt[p]{\sum_{p=1}^{N} x_l^p} \tag{2.7.1}$$

式中，$x_l = (x_1, x_2, \cdots, x_N)$ 。

L-P 范数不是一个范数，而是一组范数。根据 P 的变化，范数也有着不同的变化，一个经典的有关 P 范数的变化如图 2.41 所示。

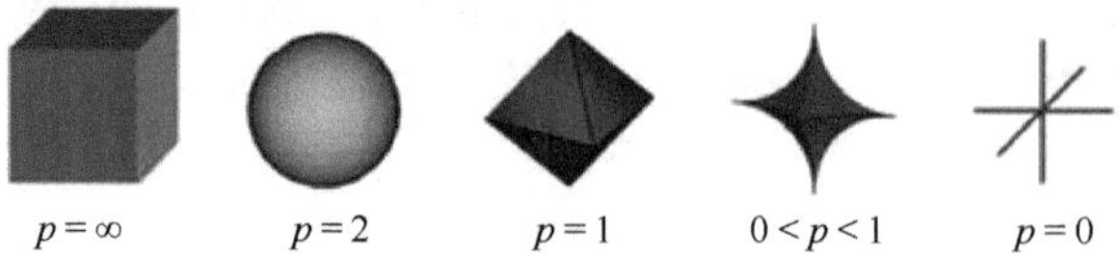

图 2.41　不同欧氏距离

图 2.40 表示 p 从无穷到 0 变化时，三维空间中到原点的距离（范数）为 1 的点构成的图形的变化情况。以常见的 L2 范数（$p=2$）为例，此时的范数也称欧氏距离，空间中到原点的欧氏距离为 1 的点构成了一个球面。

权重衰减（L2 正则化）可以避免模型过拟合。其原理如下。

- 从模型的复杂度上解释：更小的权值 w，从某种意义上说，表示网络的复杂度更低，对数据的拟合更好（这个法则也叫作奥卡姆剃刀）。
- 从数学方面的解释：过拟合时，拟合函数的系数往往非常大，最终形成的拟合函数波动也很大。也就是说，在某些很小的区间里函数值的变化很剧烈。这意味着函数在某些小区间里的导数值（绝对值）非常大，由于自变量值可大可小，所以只有系数足够大，才能保证导数值很大。而正则化是通过约束参数的范数使其不要太大，所以可以在一定程度上减少过拟合情况。

2.7.4　以交叉验证方式防止过拟合

交叉验证就是将样本数据进行切分，组合为不同的训练集和测试集，用训练集来训练模型，用测试集来评估模型预测的好坏。

交叉的含义就是某次训练集中某样本可能成为测试集中的样本。交叉验证分为以下几种。

1. 简单的交叉验证

将样本数据分为两部分（一般 70% 训练集，30% 测试集），然后用训练集来训练模型，在测试集上验证模型及参数。它只需要将原始数据打乱后分成两组即可，但没有交叉；随机分组，验证集分类的准确率与原始数据分组关系很大；有些数据可能从未做过训练或测试数据，而有些数据不止一次选为训练或测试数据。

2. S 折交叉验证

S 折交叉验证会把样本随机分成 S 份，每次随机选择 S-1 份作为训练集，剩下的一份作为测试集，如图 2.42 所示。

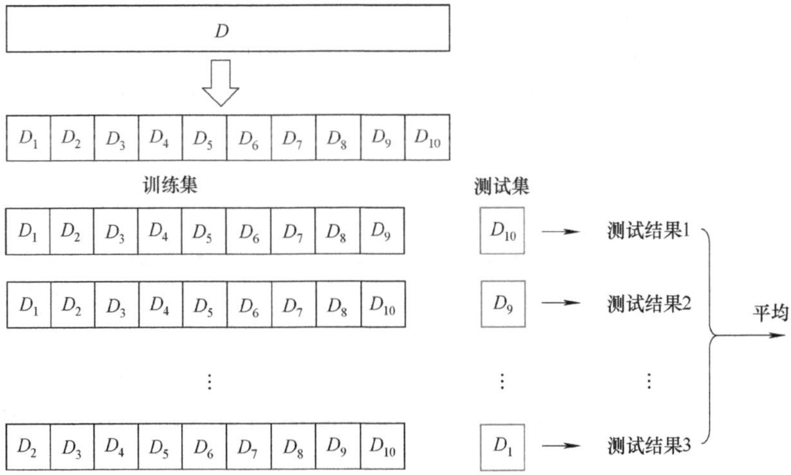

图 2.42　S 折交叉验证原理

k 的选取：数据量小时，k 可以设大一点；数据量大时，k 可以设小一点。这里，k 的选择考虑两种极端情况。

- 完全不使用交叉验证，即 $k=1$，模型很容易出现过拟合，可以理解为模型学习了全部数据的特征，导致模型对训练数据拟合得很好，即偏差很小，但实际上有些特征是没有必要学习的，结果就是低偏差、高方差。

- 留一法，即 $k=n$，随着 k 值不断升高，单一模型评估的方差逐渐加大而偏差减小（即趋于出现过拟合，因为又用到了全部数据），而且计算量也会大增。

总之，使用部分数据集相对于全部数据集而言，偏差变大、方差降低。也就是说，k 的选取就是偏差和方差之间的取舍。

3. 留一交叉验证

当 S 等于样本数 N，对于 N 个样本，每次选择 $N-1$ 个样本来训练数据，留一样本来验证模型的好坏。

4. 自助法

如果样本实在是太少，可以使用自助法（Bootstrapping），将有放回的 N 个样本组成训练集（有重复的），没有被采样的作为测试集。

交叉验证的目的如下。

- 根本原因是数据有限，当数据量不够大时，如果把所用数据都用于训练模型，容易导致模型的过拟合，交叉验证用于评估模型的预测性能，尤其是训练好的模型在新数据上的表现，可以在一定程度上减小过拟合。
- 通过交叉验证对数据的划分及对评估结果的整合，可以有效降低模型选择中的方差。

2.7.5 以 Dropout 正则化防止过拟合

Dropout 正则化是防止模型过拟合的一种新方法。其思想是在每个训练批次中，通过忽略一半的特征检测器（使一半的隐含层节点值为 0），减少过拟合现象。

1. Dropout 方法

（1）训练阶段

1）Dropout 是在常规 BP 网络结构上，使隐含层激活值以一定的比例变为 0。即按照一定比例随机地使一部分隐含层节点失效；测试时，使隐含层节点失效基础上，使输入数据也以一定比例（试验用 20%）失效，得到更好的结果。

2）不加权值惩罚项而给每个权值设置一个上限范围。如果在训练更新过程中，权值超过了这个上限，就将权值设置为这个上限的值。

这样处理，不论权值更新量有多大，权值都不会过大。此外，还可以使算法使用一个比较大的学习速率来加快学习速度，从而使算法在一个更广阔的权值空间中搜索更好的权值，而不用担心权值过大。

3）带 Dropout 的训练过程。为了达到 ensemble 的特性，带 Dropout 的神经网络（见图 2.43）其训练和预测会发生一些变化。这里，Dropout 可以采用不同的保留概率来确定神经元取舍。

按图 2.43，对没有 Dropout 的神经网络，有

$$y_i^{(l+1)} = w_i^{(l+1)} x_i^{(l)} + b_i^{(l+1)} \tag{2.7.2}$$

$$\hat{z}_i^{(l+1)} = f(y_i^{(l+1)}) \tag{2.7.3}$$

有 Dropout 的神经网络

$$r_i^{(l)} \sim \text{Bernoulli}(p) \tag{2.7.4}$$

$$\tilde{x}_i^{(l)} = r_i^{(l)} \otimes x_i^{(l)} \tag{2.7.5}$$

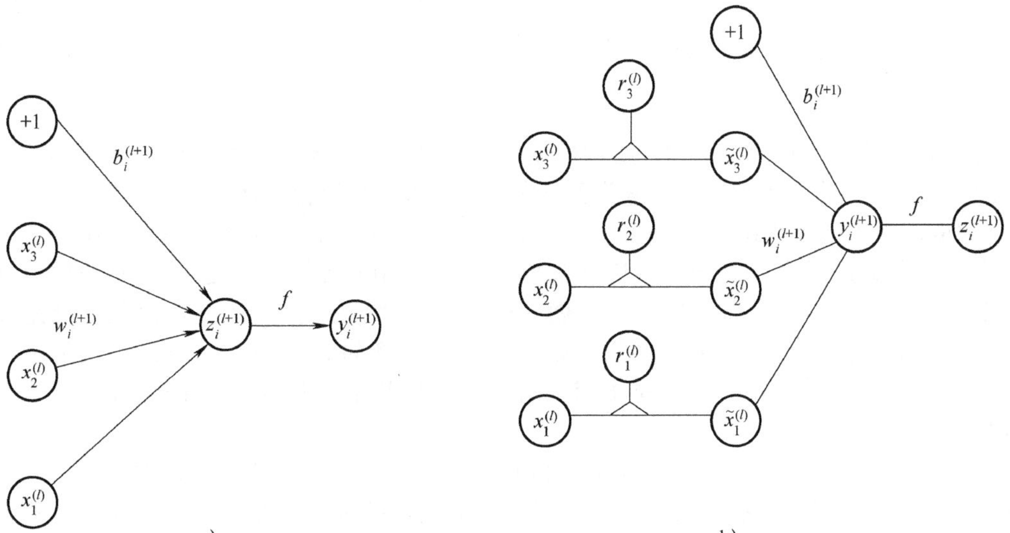

a)　　　　b)

图 2.43　带 Dropout 的神经网络

a）标准网络　b）Dropout 网络

$$y_i^{(l+1)} = w_i^{(l+1)} \tilde{x}_i^{(l)} + b_i^{(l+1)} \tag{2.7.6}$$

$$\hat{z}_i^{(l+1)} = f(y_i^{(l+1)}) \tag{2.7.7}$$

无可避免地，训练网络的每个单元要添加一道概率流程。

(2) 测试阶段

在网络前向传播到输出层前时，隐含层节点的输出值都要缩减到（$1 - v$）倍。例如，正常的隐含层输出为 y，此时需要缩减为 $y(1 - v)$。预测时，每一个单元的参数要预乘以 p，如图 2.44 所示。

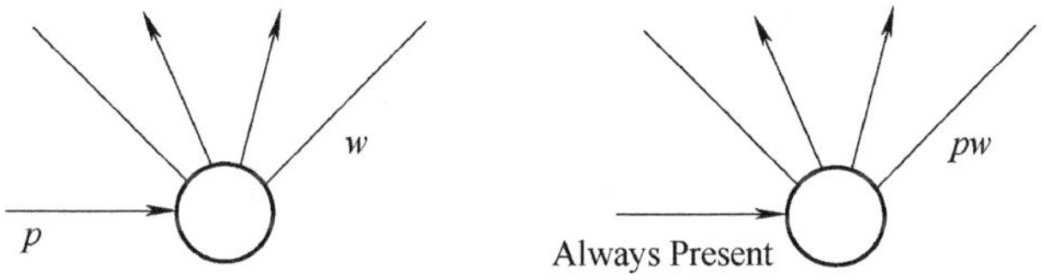

图 2.44　隐含层节点的输出值缩减

除此之外还有一种方式是，在预测阶段不变而训练阶段改变。

逆 Dropout 的比例因子为 $\frac{1}{1-p}$，则

$$r_i^{(l)} \sim \text{Bernoulli}(p) \tag{2.7.8}$$

$$\tilde{x}_i^{(l)} = r_i^{(l)} \otimes x_i^{(l)} \tag{2.7.9}$$

$$y_i^{(l+1)} = w_i^{(l+1)} \tilde{x}_i^{(l)} + b_i^{(l+1)} \tag{2.7.10}$$

$$\hat{z}_i^{(l+1)} = \frac{1}{1-p} f(y_i^{(l+1)}) \tag{2.7.11}$$

2. Dropout 原理分析[36-37]

Dropout 可视为一种模型平均。所谓模型平均就是把来自不同模型的估计或者预测通过一定的权重平均起来。模型平均也称为模型组合，一般包括组合估计和组合预测。

在 Dropout 中能体现出“不同模型”的特征，原因在于随机选择忽略隐含层节点，在每个批次的训练过程中，由于每次随机忽略的隐含层节点都不同，这样就使每次训练的网络都是不一样的，每次训练都可以单做一个“新”的模型；此外，隐含节点都是以一定概率随机出现，因此不能保证每两个隐含节点每次都同时出现，这样权值的更新不再依赖于有固定关系隐含节点的共同作用，阻止了某些特征仅仅在其他特定特征下才有效果的情况。

可见，Dropout 过程就是一个非常有效的神经网络模型平均方法，通过训练大量的不同的网络来平均预测概率。不同的模型在不同的训练集上训练（每个批次的训练数据都是随机选择），最后在每个模型用相同的权重来“融合”，类似于 Boosting 算法。

2.7.6 贝叶斯正则化

1. 贝叶斯理论

贝叶斯决策理论是主观贝叶斯派归纳理论的重要组成部分。贝叶斯决策就是在不掌握完全情报下，对部分未知的状态用主观概率估计，然后用贝叶斯公式对发生概率进行修正，最后再利用期望值和修正概率做出最优决策。

贝叶斯决策理论方法是统计模型决策中的一个基本方法，其基本思想如下。

1）已知类条件概率密度和先验概率。

2）利用贝叶斯公式转换成后验概率。

3）根据后验概率大小进行决策分类。

设 $S_1, S_2, \cdots, S_N$ 为样本空间 S 的一个划分，如果以 $p(S_i)$ 表示事件 S_i 发生的概率，且 $p(S_i) > 0$ $(i=1, 2, \cdots, N)$，则

$$p(S_j|x) = \frac{p(x \mid S_j)p(S_j)}{\sum_{i=1}^{N} p(x \mid S_i)p(S_i)} \tag{2.7.12}$$

2. 从贝叶斯角度理解正则化[38-39]

给定观察数据 S，贝叶斯方法通过最大化后验概率估计参数 $\boldsymbol{w}$。

$$\tilde{\boldsymbol{w}} = \underset{\boldsymbol{w}}{\operatorname{argmax}} p(\boldsymbol{w}|S) = \underset{\boldsymbol{w}}{\operatorname{argmax}} \frac{p(S|\boldsymbol{w})p(\boldsymbol{w})}{p(S)} = \underset{\boldsymbol{w}}{\operatorname{argmax}} p(S|\boldsymbol{w})p(\boldsymbol{w}) \tag{2.7.13}$$

式中，$p(S \mid \boldsymbol{w})$ 是似然函数（Likelihood Function），也即已知参数向量 $\boldsymbol{w}$ 时观测数据 S 出现的概率；$p(\boldsymbol{w})$ 是参数向量 $\boldsymbol{w}$ 的先验概率。

对似然函数，有

$$p(S|\boldsymbol{w}) = \prod_{n=1}^{N} p(S_n \mid \boldsymbol{w}) \tag{2.7.14}$$

对后验概率取对数，有

$$\tilde{\boldsymbol{w}} = \underset{\boldsymbol{w}}{\operatorname{argmax}} p(S|\boldsymbol{w})p(\boldsymbol{w}) = \underset{\boldsymbol{w}}{\operatorname{argmax}} \prod_{n=0}^{N} p(S_n \mid \boldsymbol{w})p(\boldsymbol{w}) \tag{2.7.15}$$

$$\tilde{\boldsymbol{w}} = \underset{\boldsymbol{w}}{\operatorname{argmax}} \sum_{n=0}^{N} \log p(S_n|\boldsymbol{w}) + \log p(\boldsymbol{w})$$

$$= \underset{\boldsymbol{w}}{\operatorname{argmin}} \left[-\log \sum_{n=0}^{N} p(S_n \mid \boldsymbol{w}) - \log p(\boldsymbol{w}) \right] \tag{2.7.16}$$

当概率分布满足正态分布时，即

$$p(\boldsymbol{w}_i) = N(\boldsymbol{w}_i|m_{\boldsymbol{w}_i},\sigma^2) = \frac{1}{\sqrt{2\pi\sigma^2}}\mathrm{e}^{-\frac{(w_i - m_{w_i})^2}{2\sigma^2}} \tag{2.7.17}$$

$$p(\boldsymbol{w}) = \prod_{i=1}^{N} p(\boldsymbol{w}_i) \tag{2.7.18}$$

$$\tilde{\boldsymbol{w}} = \underset{\boldsymbol{w}}{\operatorname{argmin}} \left[-\log \sum_{n=0}^{N} p(S_n|\boldsymbol{w}) - \log p(\boldsymbol{w}) \right]$$

$$= \underset{\boldsymbol{w}}{\operatorname{argmin}} \left[-\log \sum_{n=0}^{N} p(S_n|\boldsymbol{w}) - \sum_{m=0}^{M} \log p(\boldsymbol{w}_m) \right]$$

$$= \underset{\boldsymbol{w}}{\operatorname{argmin}} \left[-\log \sum_{n=0}^{N} p(S_n|\boldsymbol{w}) + \sum_{m=0}^{M} \frac{1}{\sigma^2}(\boldsymbol{w}_m - m_{\boldsymbol{w}_m})^2 \right]$$

$$= \underset{\boldsymbol{w}}{\operatorname{argmin}} \left[-\log \sum_{n=0}^{n} p(S_n|\boldsymbol{w}) + \lambda \sum_{m=0}^{M} \boldsymbol{w}_m^2 \right] \quad \left(m_{\boldsymbol{w}_m} = 0, \sigma = \sqrt{\frac{1}{\lambda}} \right) \tag{2.7.19}$$

对比下式

$$\tilde{w} = \arg\min_{w} \sum_{i} \mathrm{Loss}(y_i, f(x_i; w)) + \lambda\Omega(w)$$

可以看到，似然函数部分对应于损失函数（经验风险），而先验概率部分对应于正则项。L2正则等价于参数 w 的先验概率分布满足正态分布。

$$p(w_i) = N(w_i|m_{w_i}, b) = \frac{1}{2b}\mathrm{e}^{-\frac{|w_i - m_{w_i}|}{b}} \tag{2.7.20}$$

当先验概率分布满足拉普拉斯分布时，得

$$\tilde{w} = \underset{w}{\operatorname{argmin}} \left[-\log \sum_{n=0}^{N} p(S_n|w) - \log p(w) \right]$$

$$= \underset{w}{\operatorname{argmin}} \left[-\log \sum_{n=0}^{N} p(S_n|w) - \sum_{m=0}^{M} \log p(w_m) \right]$$

$$= \underset{w}{\operatorname{argmin}}\left[-\log \sum_{n=0}^{N} p(S_n | \boldsymbol{w}) + \sum_{m=0}^{M} \frac{1}{b} | \boldsymbol{w}_m - m_{w_m} |\right]$$

$$= \underset{w}{\operatorname{argmin}}\left[-\log \sum_{n=0}^{N} p(S_n | \boldsymbol{w}) + \lambda \sum_{m=0}^{M} | \boldsymbol{w}_m |\right] \quad \left(m_{w_m} = 0, b = \frac{1}{\lambda}\right) \tag{2.7.21}$$

L1 正则等价于参数 $\boldsymbol{w}$ 的先验概率分布满足拉普拉斯分布。

图 2.45 显示了拉普拉斯分布和高斯分布曲线。该图表明，拉普拉斯分布在 0 值附近突出；而高斯分布在 0 值附近分布平缓，两边分布稀疏。对应地，L1 正则倾向于产生稀疏模型，L2 正则对权值高的参数惩罚重。

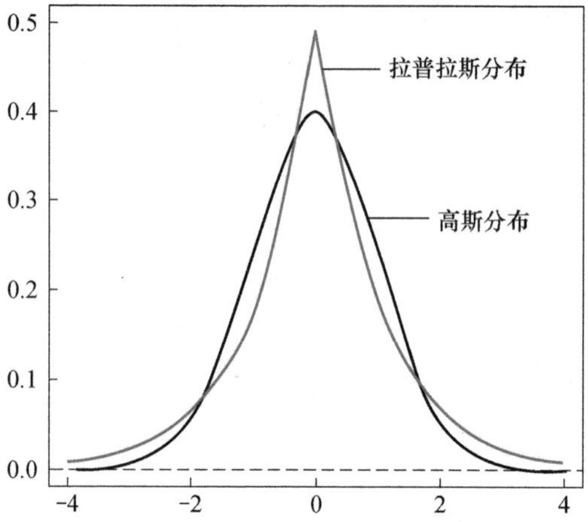

图 2.45　拉普拉斯分布和高斯分布曲线

从贝叶斯角度，正则项等价于引入参数的先验概率分布。常见的 L1/L2 正则分别等价于引入先验信息：参数符合拉普拉斯分布/高斯分布。

2.8 实例 1：基于前馈神经网络的动量盲均衡算法

前馈神经网络在结构上采用分层形式，信号从输入层单元到它的下一层，并且后一层的任一单元与上一层的每个单元都有连接，其传统的训练方法是反向传播算法（BP 算法）；从系统角度讲，前馈神经网络表示非线性系统的稳态特性，其良好的线性分类功能使其被广泛地应用于信号处理中。在本节中，将在前馈神经网络盲均衡算法中加入动量项，研究了基于前馈神经网络的动量盲均衡算法性能[40]。

2.8.1 算法原理

前馈神经网络盲均衡算法原理，如图 2.46 所示，其中 $\boldsymbol{a}(k)$ 为发送序列，$\boldsymbol{c}(k)$ 为信道，$\boldsymbol{n}(k)$ 为噪声（一般为加性噪声），$\boldsymbol{y}(k)$ 为接收序列也是神经网络的输入序列，$z(k)$ 为神经网络的输出序列，$\hat{a}(k)$ 为判决器的输出序列。

Cybenc 已经证明：用含有一个隐含层的前馈神经元网络可以以任意精度逼近任意的连

续函数，所以采用三层前馈神经网络（FNN）结构，如图2.47所示[41]。

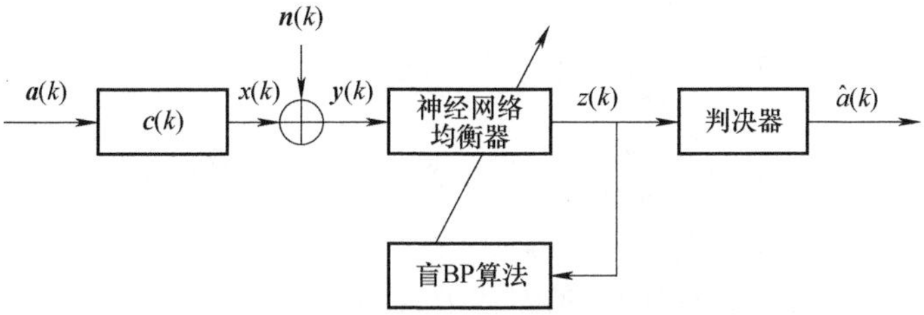

图2.46 神经网络盲均衡算法原理

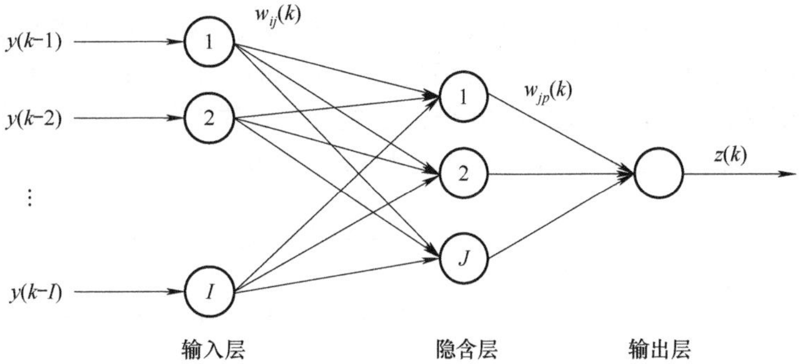

图2.47 三层前馈神经网络结构图

图2.47中，$w_{ji}(k)$ 为输入层与隐含层的连接权值，i 表示输入层神经元个数，$i=1,2,\cdots,N$；j 表示隐含层神经元个数，$j=1,2,\cdots,J$；$w_{pj}(k)$ 为隐含层与输出层连接权值，p 表示第 p 个输出层神经元；输入层的输入为 $\boldsymbol{y}(k)=\{y(k-1),y(k-2),\cdots,y(k-I)\}^{\mathrm{T}}$；第 j 个隐含层的输入为 $u_j^J(k)$，$j=1,2,\cdots,J$；第 j 个隐含层输出为 $v_j^J(k)$；第 p 个输出层单元的输入为 $u_p^P(k)$，$p=1,2,\cdots,P$；神经网络的总输出为 $\hat{z}(k)$。神经元激励函数选为

$$F(x)=x+\alpha\sin(\pi x) \tag{2.8.1}$$

式中，$-\infty<x<\infty$，$0<\alpha<1$，x 代表是 $u_j^J(k)$ 和 $u_p^P(k)$，该函数对输入信号具有良好的识别能力。

根据图2.46，得

$$\boldsymbol{x}(k)=\boldsymbol{c}^{\mathrm{T}}\boldsymbol{a}(k) \tag{2.8.2}$$

$$\boldsymbol{y}(k)=\boldsymbol{x}(k)+\boldsymbol{n}(k) \tag{2.8.3}$$

$$z(k)=\boldsymbol{w}^{\mathrm{T}}(k)\boldsymbol{y}(k) \tag{2.8.4}$$

$$\hat{a}(k)=\mathrm{dec}(z(k)) \tag{2.8.5}$$

CMA误差函数为

$$e(k)=[|z(k)|^2-R^2] \tag{2.8.6}$$

式中

$$R^2=E(|a(k)|^4)/E(|a(k)|^2) \tag{2.8.7}$$

为发射信号 $a(k)$ 的模值。

代价函数定义为

$$J(k)=E[e^2(k)] \tag{2.8.8}$$

代价函数梯度的瞬时值为

$$\frac{\partial J(k)}{\partial \boldsymbol{w}(k)}=2e(k)\frac{\partial e(k)}{\partial \boldsymbol{w}(k)}$$

$$=2e(k)\frac{\partial}{\partial \boldsymbol{w}(k)}[z(k)z^*(k)-R^2]$$

$$=2e(k)\frac{\partial}{\partial \boldsymbol{w}(k)}[z(k)z^*(k)]$$

$$=2e(k)\frac{\partial}{\partial \boldsymbol{w}(k)}[\boldsymbol{w}^H(n)\boldsymbol{y}(k)(\boldsymbol{y}^H(k)\boldsymbol{w}(k))]$$

$$=4e(k)\boldsymbol{y}(k)z^*(k) \tag{2.8.9}$$

根据最速下降法，可得到网络的权值迭代公式为

$$\boldsymbol{w}(k+1)=\boldsymbol{w}(k)-\mu\frac{\partial J(k)}{\partial \boldsymbol{w}(k)} \tag{2.8.10}$$

式中，μ 为步长。μ 的选取很重要，μ 值越大，算法收敛速度越快，但稳态误差越大，μ 过大还将会引起算法不稳定；μ 值越小，虽然可以避免不稳定，不会使稳态误差增大，但收敛速度变慢。为了在 μ 值越小的情况下，能加快收敛速度，最简单有效的方法就是加入“动量项”。

根据图 2.47，得前馈神经网络的状态方程为

$$u_j^J(k)=\sum_{i=1}^{I}\boldsymbol{w}_{ji}(k)y(k-i) \tag{2.8.11}$$

$$v_j^J(k)=F\Big(\sum_{i=1}^{I}\boldsymbol{w}_{ji}(k)y(k-i)\Big) \tag{2.8.12}$$

$$u_p^P(k)=\sum_{j=1}^{J}\boldsymbol{w}_{pj}(k)v_j^J(k) \tag{2.8.13}$$

$$z(k)=F\Big(\sum_{j=1}^{J}\boldsymbol{w}_{pj}(k)v_j^J(k)\Big) \tag{2.8.14}$$

引入“动量项”后，前馈神经网络盲均衡算法中 $\boldsymbol{w}_{ji}(k)$ 的迭代公式为

$$\boldsymbol{w}_{ji}(k+1)=\boldsymbol{w}_{ji}(k)+\mu_{ji}\frac{\partial J(k)}{\partial \boldsymbol{w}_{ji}(k)}+\mu_{jim}[\boldsymbol{w}_{ji}(k)-\boldsymbol{w}_{ji}(k-1)] \tag{2.8.15}$$

式中，μ_{jim} 为动量项，通常都是常数，且 $0<\mu_{jim}<1$，μ_{ji} 为权向量的迭代步长。

$$\frac{\partial J(k)}{\partial \boldsymbol{w}_{ij}(k)}=\frac{\partial J(k)}{\partial z(k)}\frac{\partial z(k)}{\partial u_p^P(k)}\frac{\partial u_p^P(k)}{\partial v_j^J(k)}\frac{\partial v_j^J(k)}{\partial u_j^J(k)}\frac{\partial u_j^J(k)}{\partial \boldsymbol{w}_{ij}(k)} \tag{2.8.16}$$

式中

$$\frac{\partial J(k)}{\partial z(k)}=2|z(k)|(|z(k)|^2-R^2) \tag{2.8.17}$$

$$\frac{\partial z(k)}{\partial u_p^P(k)}=f'(u_p^P(k)) \tag{2.8.18}$$

$$\frac{\partial u_p^P(k)}{\partial v_j^J(k)}=\boldsymbol{w}_{pj}(k) \tag{2.8.19}$$

$$\frac{\partial v_j^J(k)}{\partial u_j^J(k)}=f'(u_j^J(k)) \tag{2.8.20}$$

$$\frac{\partial v_j^J(k)}{\partial \boldsymbol{w}_{ij}(k)}=\boldsymbol{y}_i(k) \tag{2.8.21}$$

输出层的权向量迭代过程不变，仍为

$$w_{pj}(k+1)=w_{pj}(k)-\mu_{pj}\frac{\partial J(k)}{\partial w_{pj}(k)} \tag{2.8.22}$$

式中，μ_{pj} 为步长。

$$\frac{\partial J(k)}{\partial w_{pj}(k)}=\frac{\partial J(k)}{\partial z(k)}\frac{\partial z(k)}{\partial u_p^P(k)}\frac{\partial u_p^P(k)}{\partial w_{pj}(k)} \tag{2.8.23}$$

式中

$$\frac{\partial u_p^P(k)}{\partial w_{pj}(k)}=v_j^J(k) \tag{2.8.24}$$

式（2.8.1）~式（2.8.12）构成基于前馈神经网络的动量盲均衡算法（Momentum Term Based Feed – Forward Neural Network Blind Equalization Algorithm，MFNN）[41]。

2.8.2　仿真实验与结果分析

为验证MFNN算法的性能，将MFNN算法与前馈神经网络常模盲均衡算法（FNN）的性能进行比较。

【实验2.1】　多径水声信道 $\boldsymbol{h}$ = [0.35 0 0 1]；发射信号为4QAM，信噪比为20dB；前馈神经网络均衡器长度为16，采用中心抽头初始化，$\mu_{MFNN}=0.4\times10^{-3}$，$\mu_{FNN}=0.2\times10^{-2}$，$\mu_{ijm}=0.6$，$\mu_{jp}=0.001$。600次蒙特卡罗仿真结果，如图2.48所示。

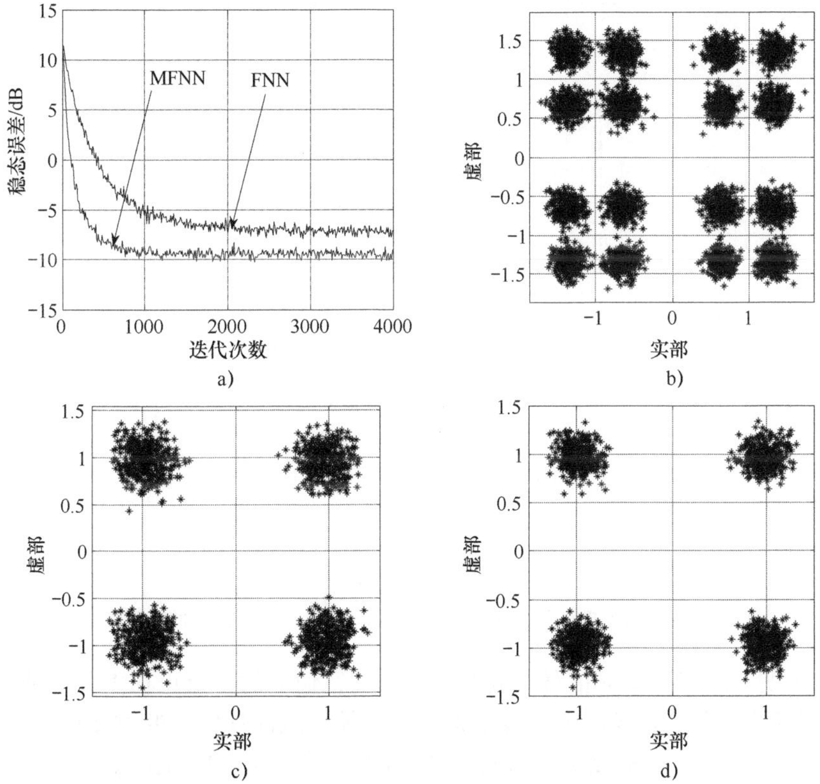

图2.48　仿真结果

a）误差曲线　b）均衡器输入　c）FNN输出　d）MFNN输出

图 2.48 表明，MFNN 的稳态误差约为 10dB，且迭代 1000 次左右就收敛到稳定状态，而 FNN 的稳态误差约为 7dB，在约迭代 2100 次才达到稳定状态；MFNN 输出星座图更为紧凑、清晰。因此，MFNN 的性能更佳。

【实验 2.2】 采用将三条信道进行组合的方法来构造一条时变信道。发射机一共发射 15000 个信号采样点。在发射机将信号刚发射时，将其通过最小相位水声信道 h_1 = [1 0.5 0.25 0.125]；在第 $n_1 = 4000$ 个采样点的时刻，信道发生变化，变为两径水声信道 h_2 = [0.35 0 0 1]；在第 $n_2 = 8000$ 个采样点的时刻，信道再次发生变化，变为混合相位水声信道 h_3 = [0.3122 −0.1040 0.8908 0.3134]。3 条信道的零极点图，如图 2.49 所示。

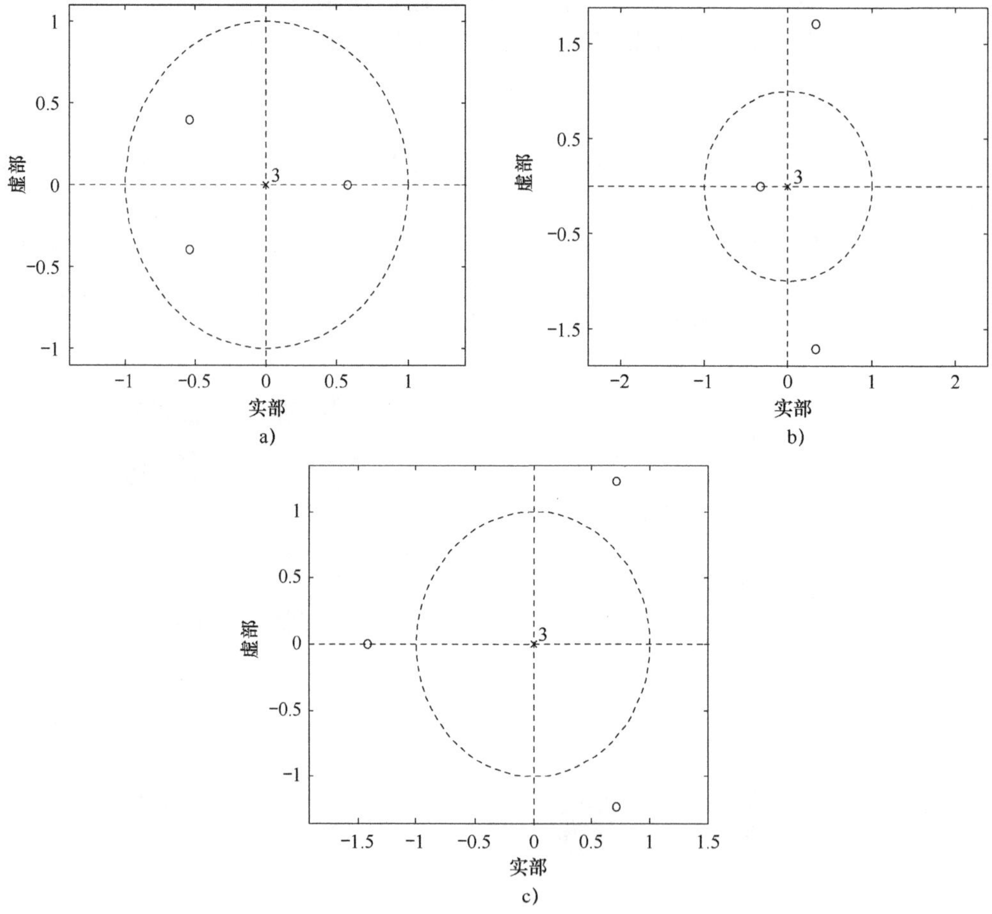

图 2.49 3 条信道零极点图

a）信道 c_1 的零极点图 b）信道 c_2 的零极点图 c）信道 c_3 的零极点图

图 2.49 表明，随着对发射信号不同时刻的采样，信道的零点正在由单位圆内向外散开。所以，由这三条水声信道模拟一条时变信道，可以较好地体现信道的时变特性。

发射信号为 8PSK，信噪比为 20dB，均衡器权长是 16；步长 $\mu_{\mathrm{MFNN}} = 0.00007$，$\mu_{\mathrm{FNN}} = 0.00006$，$\mu_{ijm} = 0.8$，$\mu_{jp} = 0.001$；第 4 个抽头系数设置为 1，其余为 0。600 次蒙特卡罗仿真结果，如图 2.50 所示。

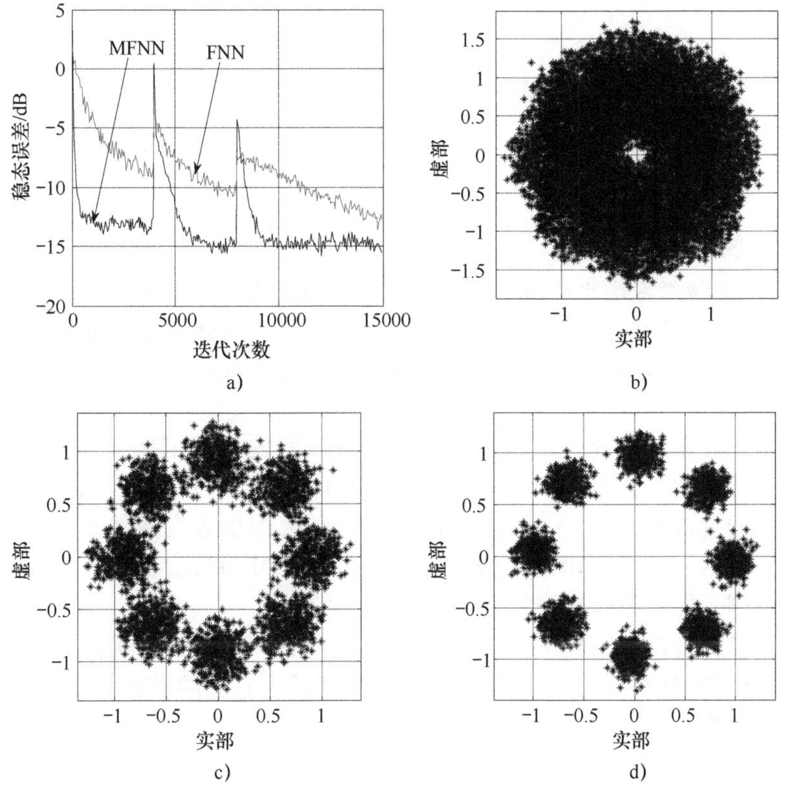

图 2.50　仿真结果

a）误差曲线　b）均衡器输入　c）FNN 输出　d）MFNN 输出

图 2.50a 表明，在时变信道中，当信道发生变化时，与 FNN 相比，MFNN 有较强的重新启动能力，能快速跟踪时变信道。而且，MFNN 输出星座图更加紧密集中，眼图张开更加清晰。因此，MFNN 更具有实际价值。

第 3 章　模糊神经网络

概　要

从模糊数学与神经网络比较出发，给出了隶属函数的计算方法，分析了常规模糊神经网络、模糊联想记忆神经网络、神经模糊推理系统、神经网络近似逻辑等结构、原理与方法，分析了智能模糊神经网络在导弹防御系统未知飞行目标识别中的应用实例。

为了解决大而复杂的系统中难以精确化的模糊性问题（所谓模糊性，主要是指客观事物差异的中间过渡中的不分明性，该类事物没有明确的外延，可以按其程度分级描述），美国控制论学者查德（Zadeh. Z. A）提出了模糊集[43]和模糊语言变量等重要概念。马利诺斯（Marinos. P. N）发表了模糊逻辑研究报告。而马丹尼（Mamdani. E. H）把模糊逻辑与模糊语言用于工业控制，提出了模糊控制论。

模糊数学和模糊逻辑是用数学和逻辑的理论和方法研究模糊性问题，并不是将数学和逻辑加以模糊化。模糊理论和神经网络是两个不同的领域，它们的基础理论相差较远，表 3.1 列出了神经网络和模糊理论的比较。

表 3.1　神经网络和模糊理论的比较[44]

项　目	神经网络	模糊理论
知识表示	分布式表示	隶属函数
容错性	是	是
不完全数据处理	是	是
操作	神经元的叠加	隶属函数的最大 - 最小
推理	学习函数的自控制	组合规则
功能	特征抽取 优化问题 联想记忆 多重传感器自治 非线性变换	简单的计算处理 语言值和数值的处理 输出的非模糊化 非线性隶属函数 模糊控制
缺点	计算时间太长	主观隶属函数

模糊神经网络是由模糊理论和神经网络相结合而形成的新技术领域，其理论的发展历程就是神经元的发展历程。起初，研究人员用 0 和 1 之间的中间值推广了 McCulloch-Pitts 神经网络模型。其次，将模糊隶属函数和感知器算法相结合，提出的初始模糊神经元具有模糊权值系数但输入为实信号；再次，提出了新的模糊神经元，其每个输入端不是具有单一的权系数，而是模糊权系数和实权系数串联的集合；之后进一步提出了具有实数权系数、模糊阈值和模糊输入的模糊神经元。再后来，出现的多种模糊神经元模型中有类同上面的模糊神经元

模型，还有含模糊权系数并可以输入模糊量的模糊神经元。

3.1 隶属函数

在经典集合论中，一个元素 x 和一个集合 A 的关系只能有两种情况，即 $x \in A$ 或 $x \notin A$。如果用特征函数 $\Phi_A(x)$ 来刻画集合，则有

$$\Phi_A(x) = \begin{cases} 1, x \in A \\ 0, x \notin A \end{cases} \tag{3.1.1}$$

由于经典集合论的特征函数只允许取 {0, 1} 两个值，故与二值逻辑相对应，可以采用布尔代数进行处理。模糊数学将二值逻辑 [0,1] 推广到 [0,1] 闭区间，可取无穷多个值，因此必须把特征函数做适当推广，这就是隶属函数 $\mu(x)$ 。

设给定论域 U，U 到 [0, 1] 闭区间的任一映射 $\mu_{\underset{\sim}{A}}$，即

$$\mu_{\underset{\sim}{A}}(x): U \rightarrow [0,1]$$
$$x \rightarrow \mu_{\underset{\sim}{A}}(x) \tag{3.1.2}$$

都确定 U 的一个模糊子集 $\underset{\sim}{A}$，$\mu_{\underset{\sim}{A}}(x)$ 叫作 $\underset{\sim}{A}$ 的隶属函数或叫作 x 对 $\underset{\sim}{A}$ 的隶属度。

隶属函数是用于表征模糊集合的数学工具。对于普通集合 A，它可以理解为某个论域 U 上的一个子集。为了描述论域 U 中任一元素 x 是否属于集合 A，通常可以用 0 或 1 标志。用 0 表示 x 不属于 A，而用 1 表示属于 A，从而得到 U 上的一个二值函数 $\Phi_A(x)$ ，它表征了 U 的元素 x 对普通集合的从属关系，通常称为 A 的特征函数。为了描述元素 x 对 U 上的一个模糊集合的隶属关系，它将用从区间 [0, 1] 中所取的数值代替 0 和 1 这两个值来描述，记为 $\mu_{\underset{\sim}{A}}(x)$ ，用其表示元素 x 隶属于模糊集 $\underset{\sim}{A}$ 的程度，论域 U 上的函数 $\mu_{\underset{\sim}{A}}(x)$ 即为模糊集的隶属函数。

应用模糊数学理论解决实际问题，首先需要建立模糊集的隶属函数。现讨论确定隶属函数的一些方法[45]，以及要注意的事项。

3.1.1 专家调查法

专家调查法，又称德尔菲法。其特点是集中专家的经验与意识，并通过反馈不断修改，直到得到比较满意的结果。

设论域 $X = \{x_1, x_2, \cdots, x_n, \cdots, x_N\}$ ，$\underset{\sim}{A}$ 是 X 中待确定其隶属函数的模糊集。

步骤1：给出 $\underset{\sim}{A}$ 的影响因素及详细资料，请多位专家独立地对给定的 $x_0 \in X$ 给出隶属度 $\mu_{\underset{\sim}{A}}(x)$ 的估计值。

步骤2：选定 M 位专家，设第 m 位专家第 l 次给出的估计值为 m_{lm}（$l = 1,2,\cdots,L$；$m = 1,2,\cdots,M$），则隶属度的平均值为

$$\overline{m_l} = \frac{1}{M}\sum_{m}^{M} m_{ml} \tag{3.1.3}$$

隶属度的离差为

$$\Delta_l = \frac{1}{M}\sum_{m}^{M} | m_{ml} - \overline{m}_l |^2 \tag{3.1.4}$$

步骤3：修正第 l 次估计值。将第 l 次所得数据不记名地送交各专家，并由其给出新的估计值 m'_{lm}，共进行 L 次重复实验。

步骤4：设定离差标准 $\varepsilon > 0$，直至离差小于或等于 ε。

步骤5：再将离差小于或等于 $\varepsilon > 0$ 时的 $\overline{m_l}$ 和 $\overline{\Delta_l}$ 送交各位专家，请他们给出最终估计值 $m_1, m_2, \cdots, m_m, \cdots, m_M$，其中 m_m 是第 m 位专家给出的最终估计值。同时，要求各位专家给出对自己估计的把握程度 $e_1, e_2, \cdots, e_m, \cdots, e_M$，其中 $e_m \in [0,1]$。当 $e_m = 1$ 时，表示该专家很有把握；当 $0 < e_m < 1$ 时，表示该专家有充分把握；当 $e_m = 0$ 时，表示该专家根本无把握。

步骤6：最终估计值与把握度的加权平均化处理。请各位专家根据自己学术地位加权处理，即

$$\overline{m} = \frac{1}{M}\sum_{m}^{M} w_m m_m \tag{3.1.5}$$

$$\bar{e} = \frac{1}{M}\sum_{m}^{M} w_m e_m \tag{3.1.6}$$

式中，$w_m > 0$ 为加权因子，$\sum_{m=1}^{M} w_m = 1$。称 $\overline{m}$ 为 $\mu_{\underset{\sim}{A}}(x)$ 在把握度 $\bar{e}$ 之下的估计值。当 $w_m = 1$ 时，就是平均化处理。

3.1.2 模糊统计法

利用集值统计估计模糊集的隶属函数的方法是用确定性的手段研究不确定性的问题，通过统计频数来确定隶属度。与概率统计属于两种不同的数学模型。

1. 随机试验法

在每次试验中，事件 A 发生或不发生必须是确定的。在各次试验中，A 是确定的。在 N 次试验中，事件 A 发生出现的次数为 k，则事件 A 的概率为

$$p(A) = \frac{k}{N} \tag{3.1.7}$$

随着 N 增大，事件 A 的概率呈现稳定性。用事件 A 的稳定概率作为事件 A 的隶属度。

2. 模糊统计法

（1）模糊统计法有四要素

- 论域 $X = \{x_1, x_2, \cdots, x_n, \cdots, x_N\}$。
- 固定元素 $x_0 \in X$。
- 论域 X 上的一个可变动普通集合 A 是模糊集 $\underset{\sim}{A}$ 的弹性疆域，作为对模糊集 $\underset{\sim}{A}$ 所做的一个确定的划分。
- 环境条件：划分过程中全部客观及心理的因素。

模糊统计法的要求是：在每次试验中，A 必须是一个取定的普通集合。而且 $x_0 \in X$ 是固定的，A 则是由被试者根据自己主观意见取定的，即被试者对 A 的确定，不能施加任何人为的外界影响。

（2）模糊统计法的具体过程

1）做 N 次试验，然后计算 $x_0 \in X$ 对 $\underset{\sim}{A}$ 的隶属频率，即

$$f(x_0) \triangleq x_0 \text{ 对 } \underset{\sim}{A} \text{ 的隶属频率} \frac{x_0 \in A \text{ 的次数}}{N}$$

随着 N 增大，隶属频率也会呈现稳定性，频率稳定值叫作 x_0 对 $\underset{\sim}{A}$ 的隶属度，即

$$\mu_{\underset{\sim}{A}}(x_0) = \lim_{N \to \infty} f(x_0)$$

2）对论域 X 上的每个元素所得的隶属度 $\mu_{\underset{\sim}{A}}(x)(x \in X)$，按其递增的顺序进行排列，得 $\mu_{\underset{\sim}{A}}(x)$ 的分布。

3）连续画出 x 对 $\underset{\sim}{A}$ 的隶属度，得隶属度曲线。

4）若能对隶属曲线进行拟合，就可得隶属函数。

在实际应用中，常用二相统计法和多相统计法。

1）二相统计：设 X 是论域，$\underset{\sim}{A}$ 是论域 X 上的模糊集，通过模糊统计求出隶属函数 $\mu_{\underset{\sim}{A}}(x)$，$x \in X$。

可以采用德尔菲法，不过这里只是让每个专家根据 $\underset{\sim}{A}$ 的含义每次给出一个确定的集合 $A \in X$。当 A 给定时，A 的补集 $A^c = X - A$，这就是二相统计。

对于选定的 $x_1, x_2, \cdots, x_n, \cdots, x_N \in X$，计算各自的隶属频率。经过多次重复调查，当隶属频率比较稳定时，对隶属频率进行最后的加工。当对 x_i 进行 N 次重复调查的隶属频率为 $f_1, f_2, \cdots, f_n, \cdots, f_N$ 时，隶属度 $\mu_{\underset{\sim}{A}}(x_i)$ 的估计有下列两种方法。

方法 1：将 $f_1, f_2, \cdots, f_n, \cdots, f_N$ 中最大值作为对 $\mu_{\underset{\sim}{A}}(x_i)$ 的估计，即

$$\mu_{\underset{\sim}{A}}(x_i) = \max\{f_1, f_2, \cdots, f_n, \cdots, f_N\}$$

方法 2：将 $f_1, f_2, \cdots, f_n, \cdots, f_N$ 的平均值作为对 $\mu_{\underset{\sim}{A}}(x_i)$ 的估计，即

$$\mu_{\underset{\sim}{A}}(x_i) = \frac{1}{N}\sum_{n=1}^{N} f_n$$

2）多相统计：对于若干紧密联系着的模糊集可以经过同一个模糊统计试验而一并求出。具体做法是，让每个专家在每次调查中，对每个模糊集都给出一明确的集合。而且这些明确的集合构成 X 的一个划分。

对于 K 个模糊集 $\underset{\sim}{A}_1, \underset{\sim}{A}_2, \cdots, \underset{\sim}{A}_K$，在每次调查中每位专家给出 K 个明确集 $A_1, A_2, \cdots, A_K$，且构成 X 的一个划分。这种划分随专家的不同和调查的变更而不同。

对于取定的 $x \in X$，可以计算 x 关于 $\underset{\sim}{A}_k$ 的隶属频率 $f_k(x)$，$k = 1, 2, \cdots, K$，且 $\sum_{k=1}^{K} f_k(x) = 1$。

对 $\underset{\sim}{A}_k$ 可以采用二相统计法做出估计。需要注意的是：由二相统计方法 1 得到的 K 个估计值为 $\hat{\mu}_{\underset{\sim}{A}_1}(x), \hat{\mu}_{\underset{\sim}{A}_2}(x), \cdots, \hat{\mu}_{\underset{\sim}{A}_K}(x)$，但不一定满足

$$\sum_{k=1}^{K} \hat{\mu}_{\underset{\sim}{A}_k}(x) = 1 \tag{3.1.8}$$

采用方法 2，则 $\sum_{k=1}^{K} \hat{\mu}_{\underset{\sim}{A}_k}(x) = 1$。这是因为

$$\hat{\mu}_{\underset{\sim}{A}_k}(x) = \bar{f}_k(x) = \frac{1}{N} \sum_{n=1}^{N} f_{kn}(x), n = 1, 2, \cdots, N, k = 1, 2, \cdots, K$$

于是

$$\sum_{k=1}^{K}\hat{\mu}_{\underset{\sim}{A}_k}(x)=\sum_{k=1}^{K}\frac{1}{N}\sum_{n=1}^{N}f_{kn}(x)=\frac{1}{N}\sum_{n=1}^{N}\left(\sum_{k=1}^{K}f_{kn}(x)\right)=\frac{1}{N}\sum_{n=1}^{N}1=1$$

式中，$f_{kn}(x)$ 是在 N 次重复调查中，第 n 次调查时，x 关于 $\underset{\sim}{A}_k$ 的隶属频率。

3.1.3 二元对比排序法

二元对比排序法主要是利用各指标两两对比，构造判断矩阵，利用其最大特征值得到各因素的权重。

有些模糊概念不仅外延是模糊的，其内涵也不十分清晰，如“舒适性”“满意度”等。对于这样的模糊集建立隶属函数，实际上可以看成是对论域中每个元素隶属于这个模糊概念的程度进行比较、排序。但一般来讲，人们对多个对象的同时比较存在着度量上的困难，为此 Saaty 教授在设计层次分析法时提出了两两比较的策略。借鉴两两比较排序的思想，提出了确定隶属函数的二元对比排序法。

1. 两个元素的优劣比较

对于论域 X 中的两个元素 x_i,x_j，就某个性质比较优劣，或者对某个模糊集比较隶属度的大小。这种方法的基本思路如下。

设 $\underset{\sim}{A}$ 是论域 $X=\{x_1,x_2,\cdots,x_N\}$ 上的模糊集，通过对 $x_i,x_j\in X$ 的某种属性进行比较，就能确定 $\mu_{\underset{\sim}{A}}(x_i),\mu_{\underset{\sim}{A}}(x_j)$ 的大小。

令 r_{ij} 表示 x_i 对于 $\underset{\sim}{A}$ 比 x_j 对于 $\underset{\sim}{A}$ 的优先程度，r_{ij} 是将 x_i 与 x_j 进行比较后确定的。假设

① $0\leqslant r_{ij}\leqslant 1,i,j=1,2,\cdots,I$。

② $r_{ij}+r_{ji}=1,\forall i\neq j$。

③ $r_{ii}=0$ 或 $r_{ii}=0.5,i=1,2,\cdots,I$。

④ $r_{ii}=1,i=1,2,\cdots,I$。

对于 $\underset{\sim}{A}$ 的优先程度，在第③点假设中，表示 x_i 与 x_j 进行严格优越的比较，也就是说 x_i 对 x_i 自己并不优越。在 $r_{ii}=0$ 时，具有反自反性和互补性；在 $r_{ii}=0.5,i=1,2,\cdots,N$ 时，具有拟反自反性和互补性。在第④点假设中，表示 x_i 与 x_j 进行“优于或等价于”比较，也就是说 x_i 对 x_i 自己是等价的，这时模糊关系矩阵 $\underset{\sim}{\boldsymbol{R}}$ 具有自反性和互补性。

2. 二元对比排序法架构

设论域 $X=\{x_1,x_2,\cdots,x_N\}$，$\underset{\sim}{A}$ 是某一模糊概念。二元对比排序法架构如下。

步骤 1： 对任取的一对元素 $x_i,x_j\in X$ 进行比较，得到以 x_j 为标准 x_i 隶属于 $\underset{\sim}{A}$ 的程度值 $\mu_{x_j}(x_i)$，以及以 x_i 为标准 x_j 隶属于 $\underset{\sim}{A}$ 的隶属函数 $\mu_{x_i}(x_j)$。

步骤 2： 计算相对优先度函数。

$$\mu(x_i/x_j)=\frac{\mu_{x_j}(x_i)}{\max\{\mu_{x_i}(x_j),\mu_{x_j}(x_i)\}},\forall x_i,x_j\in X \tag{3.1.9}$$

或

$$\mu(x_i/x_j)=\frac{\mu(x_j/x_i)}{\mu(x_i/x_j)+\mu(x_j/x_i)},\forall x_i,x_j\in X \tag{3.1.10}$$

显然，$0\leqslant\mu(x_i/x_j)\leqslant 1$，$\forall x_i,x_j\in U$，“/”表示相对于。

步骤 3： 以 $\mu(x_i/x_j)$ 为元素构造一个矩阵 $\boldsymbol{R}$，称为相对优先矩阵。且

$$
\boldsymbol{R}=\begin{bmatrix}
\mu(x_1/x_1) & \mu(x_1/x_2) & \mu(x_1/x_3) & \cdots \\
\mu(x_2/x_1) & \mu(x_2/x_2) & \mu(x_2/x_3) & \cdots \\
\mu(x_3/x_1) & \mu(x_3/x_2) & \mu(x_3/x_3) & \cdots \\
\vdots & \vdots & \vdots & \vdots
\end{bmatrix} \tag{3.1.11}
$$

步骤4：对相对优先矩阵 $\boldsymbol{R}$ 的每一行取最小值或平均值，即得 $\underset{\sim}{A}$ 的隶属函数为

$$
\mu_{\underset{\sim}{A}}(x_i)=\min_{x_j\in X}\{\mu(x_i/x_j)\},\ \forall x_i\in X \tag{3.1.12}
$$

或

$$
\mu_{\underset{\sim}{A}}(x_i)=\frac{1}{|X|}\sum_{x_j\in X}\mu_{x_j}(x_i),\ \forall x_i\in X \tag{3.1.13}
$$

3.1.4 模糊分布

在客观事物中，最常见的是以实数 R 作论域的情形。把实数 R 上模糊集的隶属函数称为模糊分布。这里，将常用的几种模糊分布列出来，如表3.2所示[45]。如果可以根据问题的性质选择适当（即符合实际情况）分布，那么隶属函数的确定便显得十分简便。

表3.2 常用的几种模糊分布

分布类型	分布函数与图形		
矩形分布或半矩形分布	偏小型	$\mu_{\underset{\sim}{A}}(x)=\begin{cases}1 & x\leqslant a\\ 0 & x>a\end{cases}$	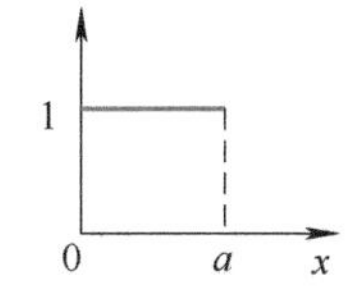
	偏大型	$\mu_{\underset{\sim}{A}}(x)=\begin{cases}1 & x\leqslant a\\ 0 & x>a\end{cases}$	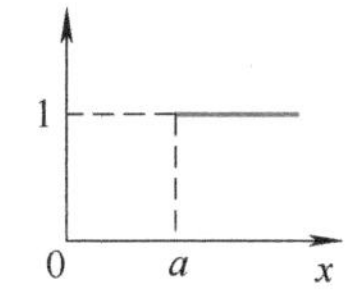
	中间型	$\mu_{\underset{\sim}{A}}(x)=\begin{cases}0 & x<a\\ 1 & a\leqslant x<b\\ 0 & b\leqslant x\end{cases}$	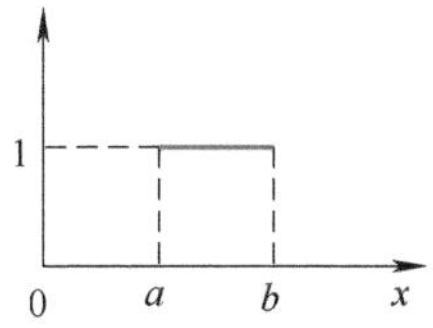
半梯形分布与梯形分布	偏小型	$\mu_{\underset{\sim}{A}}(x)=\begin{cases}1 & x<a\\ \dfrac{b-x}{b-a} & a\leqslant x\leqslant b\\ 0 & b<x\end{cases}$	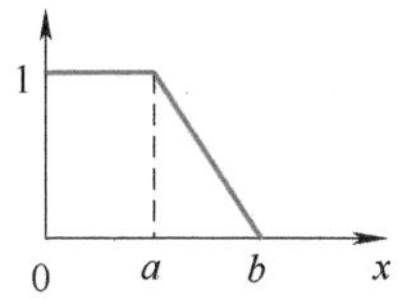
	偏大型	$\mu_{\underset{\sim}{A}}(x)=\begin{cases}1 & x<a\\ \dfrac{x-a}{b-a} & a\leqslant x\leqslant b\\ 0 & b<x\end{cases}$	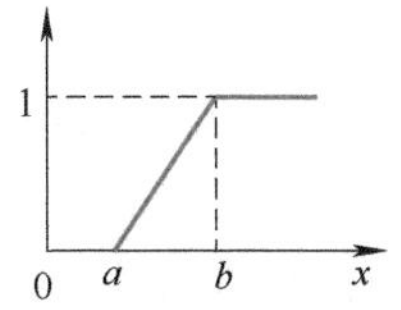

（续）

分布类型	分布函数与图形		
半梯形分布与梯形分布	中间型	$\mu_{\underset{\sim}{A}}(x)=\begin{cases}0 & x<a\\ \dfrac{x-a}{b-a} & a\leqslant x<b\\ 1 & b\leqslant x<c\\ \dfrac{d-x}{d-c} & c\leqslant x<d\\ 0 & d\leqslant x\end{cases}$	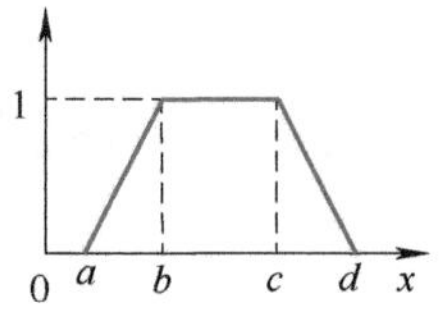
抛物线型分布	偏小型	$\mu_{\underset{\sim}{A}}(x)=\begin{cases}1 & x<a\\ \left(\dfrac{b-x}{b-a}\right)^k & a\leqslant x<b\\ 0 & b\leqslant x\end{cases}$	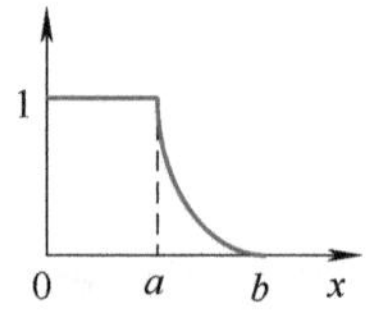
	偏大型	$\mu_{\underset{\sim}{A}}(x)=\begin{cases}0 & x<a\\ \left(\dfrac{x-a}{b-a}\right)^k & a\leqslant x<b\\ 1 & b\leqslant x\end{cases}$	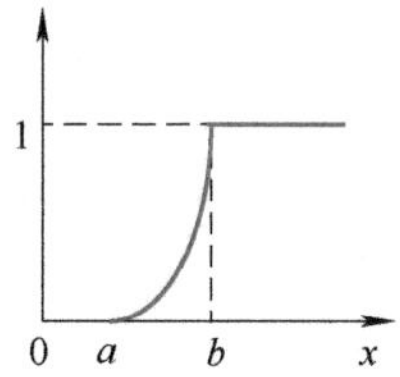
	中间型	$\mu_{\underset{\sim}{A}}(x)=\begin{cases}0 & x<a\\ \left(\dfrac{x-a}{b-a}\right)^k & a\leqslant x<b\\ 1 & b\leqslant x<c\\ \left(\dfrac{d-x}{d-c}\right)^k & c\leqslant x<d\\ 0 & d\leqslant x\end{cases}$	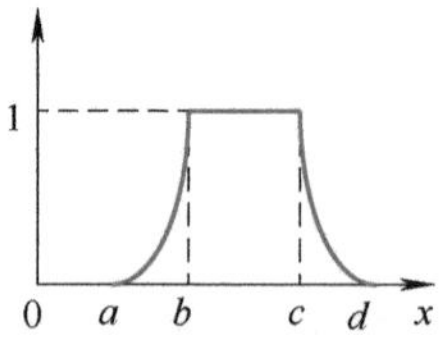
正态分布	偏小型	$\mu_{\underset{\sim}{A}}(x)=\begin{cases}1 & x\leqslant a\\ e^{-\left(\frac{x-a}{\sigma}\right)^2} & x>a\end{cases}$	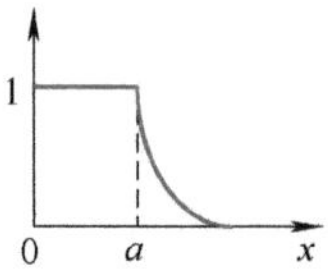
	偏大型	$\mu_{\underset{\sim}{A}}(x)=\begin{cases}0 & x\leqslant a\\ 1-e^{-\left(\frac{x-a}{\sigma}\right)^2} & x>a\end{cases}$	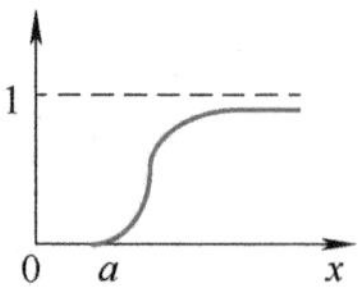
	中间型	$\mu_{\underset{\sim}{A}}(x)=e^{-\left(\frac{x-a}{\sigma}\right)^2}\quad -\infty<x<+\infty$	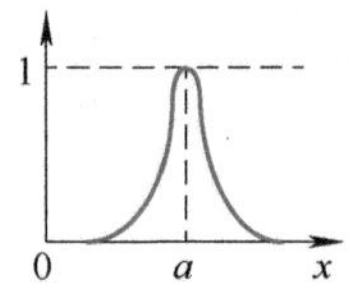

（续）

分布类型	分布函数与图形		
柯西分布	偏小型	$\mu_{\underset{\sim}{A}}(x)=\begin{cases}1 & x\leqslant a\\ \dfrac{1}{1+a(x-a)^{\beta}} & x>a(a>0,\beta>0)\end{cases}$	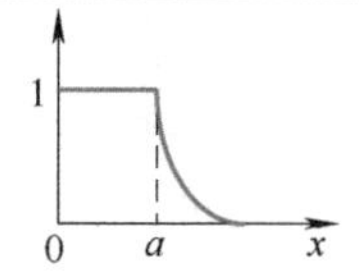
	偏大型	$\mu_{\underset{\sim}{A}}(x)=\begin{cases}0 & x<a\\ \dfrac{1}{1+a(x-a)-\beta} & x>a(a>0,\beta>0)\end{cases}$	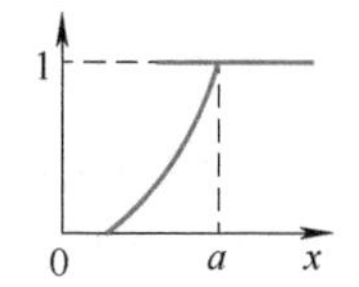
	中间型	$\mu_{\underset{\sim}{A}}(x)=\dfrac{1}{1+a(x-a)-\beta}$ $(a>0,\beta$ 正偶数)	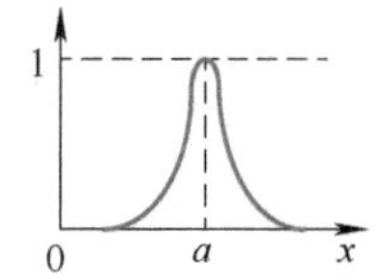
岭形分布	偏小型	$\mu_{\underset{\sim}{A}}(x)=\begin{cases}1 & x\leqslant a_1\\ \dfrac{1}{2}-\dfrac{1}{2}\sin\dfrac{\pi}{a_2-a_1}\left(x-\dfrac{a_1+a_2}{2}\right) & a_1<x\leqslant a_2\\ 0 & a_2<x\end{cases}$	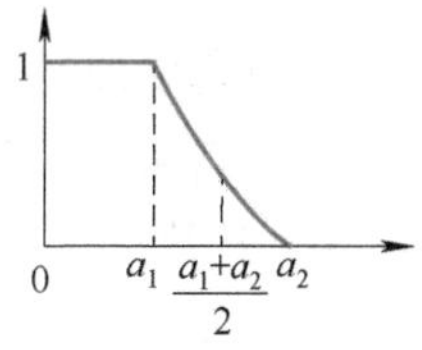
	偏大型	$\mu_{\underset{\sim}{A}}(x)=\begin{cases}0 & x\leqslant a_1\\ \dfrac{1}{2}+\dfrac{1}{2}\sin\dfrac{\pi}{a_2-a_1}\left(x-\dfrac{a_1+a_2}{2}\right) & a_1<x\leqslant a_2\\ 1 & a_2<x\end{cases}$	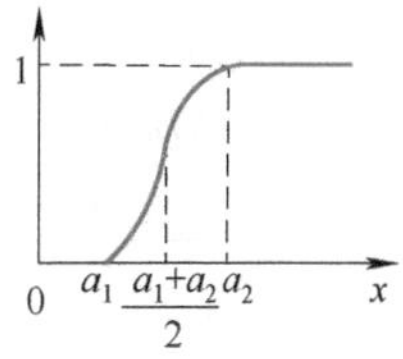
	中间型	$\mu_{\underset{\sim}{A}}(x)=\begin{cases}0 & x\leqslant -a_2\\ \dfrac{1}{2}+\dfrac{1}{2}\sin\dfrac{\pi}{a_2-a_1}\left(x-\dfrac{a_1+a_2}{2}\right) & -a_2<x\leqslant -a_1\\ 1 & -a_1<x\leqslant a_1\\ \dfrac{1}{2}-\dfrac{1}{2}\sin\dfrac{\pi}{a_2-a_1}\left(x-\dfrac{a_1+a_2}{2}\right) & a_1<x\leqslant a_2\\ 0 & a_2<x\end{cases}$	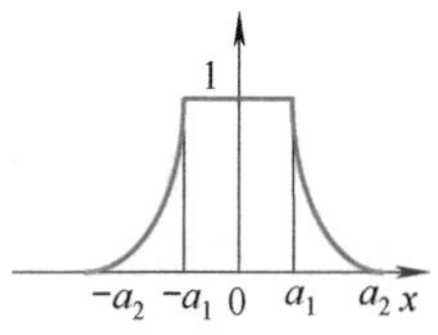

在表3.2所示的6种模糊分布中，根据对象所具有的特点加以选择。或通过统计资料画出大致曲线，将它与给出的6种模糊分布进行比较，选择最接近的一个，再根据实验确定较符合实际的参数。这样，便可比较容易地写出隶属函数表达式。

3.1.5　确定隶属函数的注意事项

隶属函数的确定虽然带有浓重的主观色彩，但还是有一定的客观规律性与科学性。因此，应注意以下几点。

- 从实际问题的具体特性出发，在长期积累的实践经验上，重视那些专家和操作人员的意见。虽然隶属函数的确定允许有一定的人为技巧，但最终还是要以符合客观实际为标准。
- 在某些场合，隶属函数可通过模糊统计试验来确定。一般来说，这种方法是较为有效的。
- 在一定的条件下，隶属函数也可以作为推理的产物，只要试验符合实际即可。
- 有些隶属函数可以经过模糊运算“并、交、余”求得。
- 在许多应用中，由于人们认识事物的局限性，因此开始只能建立一个近似的隶属函数，然后通过“学习”逐步修改使之完善。
- 判断隶属函数是否符合实际，主要看它是否正确地反映了元素隶属集合到不属于这一变化过程的整体特性，而不在于单个元素的隶属度数值如何。

3.2 常规模糊神经网络

常规模糊神经网络[44]可以对输入模糊信号执行模糊算术运算，并含有模糊权系数的神经网络，或称算术模糊神经网络。模糊算术运算包括模糊并运算、模糊交运算和模糊余运算3种基本运算。

在笛卡儿乘积 $X \times Y \triangleq \{(x,y) \mid x \in X, y \in Y\}$ 中，模糊关系 $\underset{\sim}{R}$ 是 $X \times Y$ 中的模糊集，$\underset{\sim}{R}$ 的隶属函数 $\mu_{\underset{\sim}{R}}(x,y) \in [0,1]$。$\triangleq$ 表示定义为，下同。

一般情况下，$X = X_1 \times X_2 \times \cdots \times X_N \triangleq \{(x_1,x_2,\cdots,x_N) \mid x_1 \in X_1, x_2 \in X_2, \cdots, x_N \in X_N\}$ 的 N 项模糊关系 $\underset{\sim}{R}$ 是 $X_1 \times X_2 \times \cdots \times X_N$ 的模糊集，$\underset{\sim}{R}$ 的隶属函数 $\mu_{\underset{\sim}{R}}(x_1,x_2,\cdots,x_N) \in [0,1]$。

并集关系：$\underset{\sim}{R}_1 \cup \underset{\sim}{R}_2 \Leftrightarrow \mu_{\underset{\sim}{R}_1}(x,y) \vee \mu_{\underset{\sim}{R}_2}(x,y) = \max[\mu_{\underset{\sim}{R}_1}(x,y), \mu_{\underset{\sim}{R}_2}(x,y)], \forall x,y \in X$。

交集关系：$\underset{\sim}{R}_1 \cap \underset{\sim}{R}_2 \Leftrightarrow \mu_{\underset{\sim}{R}_1}(x,y) \wedge \mu_{\underset{\sim}{R}_2}(x,y) = \min[\mu_{\underset{\sim}{R}_1}(x,y), \mu_{\underset{\sim}{R}_2}(x,y)], \forall x,y \in X$。

补集关系：$\bar{\underset{\sim}{R}} \Leftrightarrow \mu_{\bar{\underset{\sim}{R}}}(x,y) = 1 - \mu_{\underset{\sim}{R}}(x,y), \forall x,y \in X$。

常规模糊神经网络最典型的结构是：权系数和输入信号都是模糊数，而神经元对信息的处理采用模糊加、模糊乘和非线性S函数。常规模糊神经网络结构如图3.1所示。它是一个3层神经网络，含有两个神经元的输入层、两个神经元的隐含层和1个神经元的输出层。网络中的神经元分别由编号1~5标出。

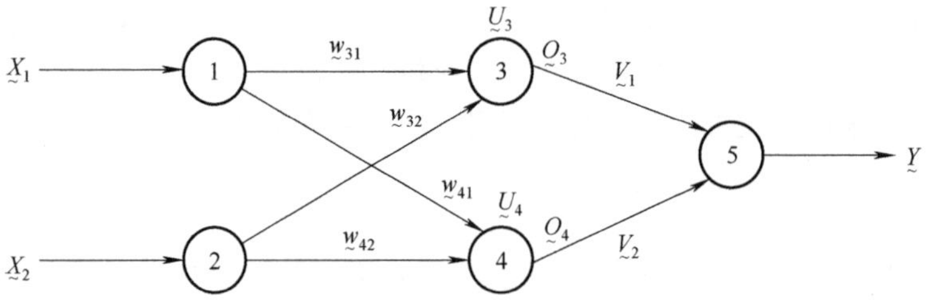

图3.1 算术模糊神经网络

很明显，对神经元3，它的输入为 $\underset{\sim}{U}_3$

$$\underset{\sim}{U}_3=(\underset{\sim}{X}_1\cap\underset{\sim}{W}_{31})\cup(\underset{\sim}{X}_2\cap\underset{\sim}{W}_{32}) \tag{3.2.1}$$

对于神经元4，其输入为 $\underset{\sim}{U}_4$

$$\underset{\sim}{U}_4=(\underset{\sim}{X}_1\cap\underset{\sim}{W}_{41})\cup(\underset{\sim}{X}_2\cap\underset{\sim}{W}_{42}) \tag{3.2.2}$$

用 $\underset{\sim}{O}_3$，$\underset{\sim}{O}_4$ 分别表示神经元3和神经元4的输出，则有

$$\underset{\sim}{O}_3=f(\underset{\sim}{U}_3),\ \underset{\sim}{O}_4=f(\underset{\sim}{U}_4)$$

对于神经元5，其输入为 $\underset{\sim}{U}_5$，输出为 $\underset{\sim}{Y}$，则有

$$\underset{\sim}{U}_5=(\underset{\sim}{O}_3\cap\underset{\sim}{V}_1)\cup(\underset{\sim}{O}_4\cap\underset{\sim}{V}_2) \tag{3.2.3}$$

$$\underset{\sim}{Y}=f(\underset{\sim}{U}_5) \tag{3.2.4}$$

最后的输出 $\underset{\sim}{Y}$，是由传递函数S函数求出的。

3.3 模糊联想记忆神经网络

3.3.1 模糊逻辑

模糊逻辑是研究模糊命题演算和模糊推理的一种非布尔逻辑。在布尔逻辑中，其真值集合 $L_0=\{0,1\}$。每一个命题只能取两个值，即真值1或假值0。在模糊逻辑中，对于模糊命题，只能谈论其真假程度，而不能简单地判断其真假，其真值集合 L 比 L_0 复杂。最简单的情形是 $L_1=[0,1]$，这样的模糊逻辑就是连续值逻辑，仅使实际背景变得明确些。在多因素或多目标的应用场合，常取 $L_n=[0,1]_n$。

查德在20世纪70年代初提出模糊语言变量的概念，并将其用于似然推理。模糊语言是一种含义不清晰的单词语言，它的隶属度函数不是绝对的“0”或“1”，而是在［0，1］闭区间取值。查德用五元组定义模糊语言变量（X，$T(X)$，U，G，M），其中各参数的含义如下。

- X 是语言变量名称。例如，雨量、论文、图、数的大小等。
- $T(X)$ 是语言真值的集合。例如

$$T(X)=T(\text{雨量})=\{\text{很小,小雨,中雨,大雨,暴雨}\}。$$

- U 是论域，当 X 为“雨量”时，U 可取值为［0，600］，单位为mm。
- G 是语法规则，根据原子单词来求词组的隶属函数。
- M 是语义规则，根据语义规则给出模糊子集 $\underset{\sim}{A}$ 的隶属函数。

在布尔逻辑中，其运算规则构成布尔代数。而模糊逻辑公式的运算规则构成德·摩根（Augustus De Morgan）代数，亦即对任意 F 有

$$\begin{cases}F\vee(\overline{F})\neq1\\F\wedge(\overline{F})\neq0\end{cases} \tag{3.3.1}$$

其余都满足布尔代数的公理。$F(x_1,x_2,\cdots,x_N)$ 的递归定义为：

令 $x_1,x_2,\cdots,x_N$ 为一组取值于［0，1］闭区间的变量，模糊公式 $F(x_1,x_2,\cdots,x_N)$ 实际为

$$\underbrace{[0,1]\times[0,1]\times\cdots\times[0,1]}_{N}\rightarrow[0,1] \tag{3.3.2}$$

的一个映射，简记为f公式，可以递归地定义如下。

① 数0、1是f公式。

② 模糊变量 x_i 本身是f公式。

③ 若 F 是f公式，则 $\overline{F}$ 也是f公式。

④ 若 F，$\overline{F}$ 是f公式，则 $F \vee \overline{F}$，$F \wedge \overline{F}$ 也是f公式。

⑤ 所有的f公式，均由有限次使用规则①~④所给出。

若以 T（F）表示模糊逻辑公式 F 的真值，则有

$$T(\overline{F})=1-T(F) \tag{3.3.3}$$

$$T(F\vee\overline{F})=\max(T(F),T(\overline{F})) \tag{3.3.4}$$

$$T(F\wedge\overline{F})=\min(T(F),T(\overline{F})) \tag{3.3.5}$$

$$T(F\rightarrow\overline{F})=\max(T(1-T(F)),T(\overline{F})) \tag{3.3.6}$$

模糊逻辑的特点如下。

- 其真值本身是模糊的，即允许一个命题取［0，1］闭区间的任意实数值。
- 其是一种局部性的逻辑，连接词与真值具有可变的意义。
- 其推理规则是似然的，不是确定的。

3.3.2 模糊联想记忆系统

模糊联想记忆（Fuzzy Associative Memory，FAM）[44-46]神经网络是将模糊控制规则隐含地分布在整个网络中，在神经网络基础上通过学习训练产生模糊规则，一次模糊联想记忆就是一次模糊逻辑推理。

一般模糊系统 S 将一簇模糊集合映射到另一簇模糊集合，即

$$I^{N_1}\times\cdots\times I^{N_r}\rightarrow I^{P_1}\times\cdots\times I^{P_s} \tag{3.3.7}$$

这种行为将相近的输入映射到相近的输出，是一种联想记忆功能，因此称该系统为模糊联想记忆系统。最简单的模糊联想记忆编码是（$\underset{\sim}{A}_i,\underset{\sim}{B}_i$），表示 P 维模糊集合 $\underset{\sim}{B}_i$ 与 N 维模糊集合 $\underset{\sim}{A}_i$ 的关系。最小模糊联想记忆系统将 I^N 空间的球映射到 I^P 空间的球。这基本上与简单的神经网络功能相似，其差别是不需要适应性训练。

在模糊联想记忆系统中，规则库可以写成（$\underset{\sim}{A}_1,\underset{\sim}{B}_1$），…，（$\underset{\sim}{A}_M,\underset{\sim}{B}_M$）。每个输入 A 可以不同的程度作用模糊联想记忆系统中的规则。最小模糊联想记忆系统（$\underset{\sim}{A}_i$，$\underset{\sim}{B}_i$）映射输入 A 到 $\underset{\sim}{B}'_i$，$\underset{\sim}{B}'_i$ 是 $\underset{\sim}{B}_i$ 的一部分。相应的输出模糊集合 $\underset{\sim}{B}$ 可以通过各部分作用的模糊集合结果的组合得到，即

$$\underset{\sim}{B}=w_1\underset{\sim}{B}'_1+\cdots+w_M\underset{\sim}{B}'_M \tag{3.3.8}$$

式中，w_i 反映模糊联想（$\underset{\sim}{A}_i,\underset{\sim}{B}_i$）的可信度、频率或强度。实际上，将输出波形 $\underset{\sim}{B}$ 通过去模糊变成单个数值 y_i 输出。图3.2给出了模糊联想记忆系统的一般结构[44]。

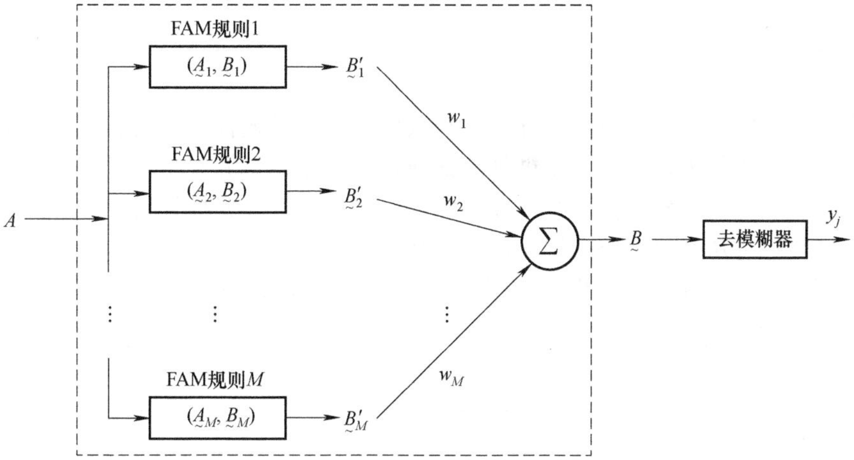

图3.2 模糊联想记忆系统的一般结构

3.3.3 自适应模糊联想记忆系统

自适应模糊联想记忆（Adaptive Fuzzy Associative Memories，AFAM）是一种随时间变化的模糊联想记忆系统，系统参数随样本和处理的数据而逐渐变化。原则上，通过学习来修改模糊联想记忆的权值。经典的 Hebb 学习规则学习（作为一种非监督训练）有

$$\dot{m}_{ij} = -m_{ij} + S_i(x_i)S_j(y_j) \tag{3.3.9}$$

对于一给定的双极值行向量（$\boldsymbol{X}$，$\boldsymbol{Y}$），神经网络权值可以用外积关系矩阵编码

$$\underset{\sim}{\boldsymbol{M}} = \underset{\sim}{\boldsymbol{X}}^{\mathrm{T}} \circ \underset{\sim}{\boldsymbol{Y}} \tag{3.3.10}$$

在给定的模糊外积矩阵中，即

$$\underset{\sim}{\boldsymbol{M}} = \underset{\sim}{\boldsymbol{A}}^{\mathrm{T}} \circ \underset{\sim}{\boldsymbol{B}} \tag{3.3.11}$$

通过相关最小编码，将模糊 Hebb 矩阵定义为信号 a_i 和 b_j 的最小值

$$m_{ij} = \min(a_i, b_j) \tag{3.3.12}$$

说明：① 每列的元素是每个 b_j 相对于 $\underset{\sim}{\boldsymbol{A}}$ 的最小值，每行是每个 a_i 相对于 $\underset{\sim}{\boldsymbol{B}}$ 的最小值；② 如果 $\underset{\sim}{\boldsymbol{A}}$ 中的某个元素比 $\underset{\sim}{\boldsymbol{B}}$ 中的所有元素都大，则 $\underset{\sim}{\boldsymbol{M}}$ 矩阵中的该行就是 $\underset{\sim}{\boldsymbol{B}}$ 行向量；③ 如果 $\underset{\sim}{\boldsymbol{B}}$ 中某个元素比 $\underset{\sim}{\boldsymbol{A}}$ 中的所有元素都大，则 $\underset{\sim}{\boldsymbol{M}}$ 矩阵中的该列就是整个 $\underset{\sim}{\boldsymbol{A}}$ 向量的转置。

如果 $\underset{\sim}{A}$ 是模糊集，令 $\boldsymbol{H}(\underset{\sim}{A}) = \max\limits_{1\leqslant i\leqslant n} a_i$，把 $\boldsymbol{H}(\underset{\sim}{A})$ 叫作模糊集 $\underset{\sim}{A}$ 的高度。$\underset{\sim}{A}$ 是一个模糊集，若 $\boldsymbol{H}(\underset{\sim}{A})=1$，则称 $\underset{\sim}{A}$ 正则。用最小关系编码构造的模糊 Hebb FAM 进行联想记忆时，其精度依赖于 $\boldsymbol{H}(\underset{\sim}{A})$ 和 $\boldsymbol{H}(\underset{\sim}{B})$，它们的关系如下。

如果 $\underset{\sim}{\boldsymbol{M}} = \underset{\sim}{\boldsymbol{A}}^{\mathrm{T}} \circ \underset{\sim}{\boldsymbol{B}}$，则有

- $\underset{\sim}{\boldsymbol{A}} \circ \underset{\sim}{\boldsymbol{M}} = \underset{\sim}{\boldsymbol{B}}$，当且仅当 $H(\underset{\sim}{A}) \geqslant H(\underset{\sim}{B})$。
- $\underset{\sim}{\boldsymbol{B}} \circ \underset{\sim}{\boldsymbol{M}}^{T} = \underset{\sim}{\boldsymbol{A}}$，当且仅当 $H(\underset{\sim}{B}) \geqslant H(\underset{\sim}{A})$。
- $\underset{\sim}{\boldsymbol{A}}' \circ \underset{\sim}{\boldsymbol{M}} \subset \underset{\sim}{\boldsymbol{B}}$，对任意的 $\underset{\sim}{\boldsymbol{A}}'$。
- $\underset{\sim}{\boldsymbol{B}}' \circ \underset{\sim}{\boldsymbol{M}} \subset \underset{\sim}{\boldsymbol{A}}$，对任意的 $\underset{\sim}{\boldsymbol{B}}'$。

3.4 神经模糊推理系统

逻辑模糊神经网络是由逻辑模糊神经元组成的。逻辑模糊神经元具有模糊权值，并且可对输入的模糊信号执行逻辑操作。模糊神经元所执行的模糊运算有逻辑运算、算术运算和其他运算。模糊神经元的基础是传统神经元，它们可由传统神经元推导得出。可执行模糊运算的模糊神经网络也可从一般神经网络发展而得到。

在经典逻辑中，推理句“如果…，则…”属于条件命题，并用符号 $P\rightarrow Q$ 表示。其真值表，如表 3.3 所示。

表 3.3　二值逻辑真值表

P	Q	$P\rightarrow Q$
1	1	1
1	0	0
0	1	1
0	0	1

表 3.3 表明，“$P\rightarrow Q$”的真值和“$\overline{P}\vee Q$”的真值相同，由此得到

$$P\rightarrow Q=\overline{P}\vee Q$$

对普通命题 $P\rightarrow Q$，可通过二元关系 $X\times Y$ 求出特征函数

$$P\rightarrow Q(x,y)=\mu_P(x)\wedge\mu_Q(y)\vee(1-\mu_P(x)) \tag{3.4.1}$$

式中，$x\in\boldsymbol{X}$，$y\in\boldsymbol{Y}$，命题 $\mu_P(x)$ 和 $\mu_Q(y)$ 仅能取 0 或 1 两个值。

把式（3.4.1）推广到模糊逻辑，$P\rightarrow Q$ 是 $X\times Y$ 的一个模糊关系，式（3.4.1）需写为隶属函数的形式

$$\mu_P\rightarrow\mu_Q(x,y)=\mu_P(x)\wedge\mu_Q(y)\vee(1-\mu_P(x)) \tag{3.4.2}$$

式中，模糊命题 $\mu_P(x)$，$\mu_Q(y)$ 可取［0，1］区间的任何值，符号“$\vee$”“$\wedge$”分别为最大、最小运算。

模糊推理系统的基本结构如图 3.3 所示。图中，输入向量 $\boldsymbol{X}$ 和输出向量 $\boldsymbol{Y}$ 都是模糊值。设论域 U 中语言变量 x 用特征 $\boldsymbol{T}(x)=\{T_x^1,T_x^2,\cdots,T_x^k\}$ 和 $\boldsymbol{\mu}_x=\{\mu_x^1,\mu_x^2,\cdots,\mu_x^k\}$ 表示，其中称 $\boldsymbol{T}(x)$ 为 x 的语言词集，$\boldsymbol{\mu}_x$ 是与每个数的意义有关的语义规则。例如，当 x 表示速度时，$\boldsymbol{T}(x)$ 可以使｛慢、中、快｝。在此基础上，图 3.3 中的输入向量 $\boldsymbol{X}$ 和输出向量 $\boldsymbol{Y}$ 可以定义为

$$\boldsymbol{X}=\{(x_i,U_i,\{T_{xi}^1,T_{xi}^2,\cdots,T_{xi}^{ki}\}\{\mu_{xi}^1,\mu_{xi}^2,\cdots,\mu_{xi}^{ki}\})|_{i=1,\cdots,N}\} \tag{3.4.3}$$

$$\boldsymbol{Y}=\{(y_i,U'_i,\{T_{yi}^1,T_{yi}^2,\cdots,T_{yi}^{li}\}\{\mu_{yi}^1,\mu_{yi}^2,\cdots,\mu_{yi}^{li}\})|_{i=1,\cdots,M}\} \tag{3.4.4}$$

图 3.3 中，模糊器模块把输入观察向量映射到一定输入论域的模糊集合。对 k 时刻的具体值 $x_i(k)$ 映射成模糊集合 T_{xi}^1，具有隶属函数 μ_{xi}^1；模糊集合 T_{xi}^2 具有隶属函数 μ_{xi}^2 等。模糊规则库包含一组模糊规则 R。对于多个输入和多个输出的系统，模糊规则库 R 为

$$R=\{R_{\text{MIMO}}^1,R_{\text{MIMO}}^2,\cdots,R_{\text{MIMO}}^N\} \tag{3.4.5}$$

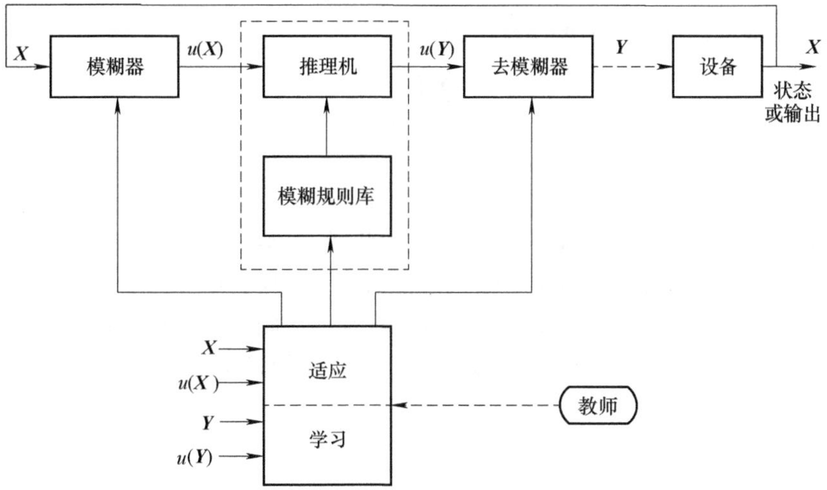

图 3.3 模糊推理系统的基本结构[44]

式中，第 i 条模糊逻辑规则为

$$R_{\text{MIMO}}^{i}:\begin{array}{l}\text{IF}(x_i \text{ 是 } T_{xi} \text{且}\cdots\text{且 } x_p \text{ 是 } T_{xp})\\ \text{THEN}(y_i \text{ 是 } T_{yi}\text{且}\cdots\text{且 } y_q \text{ 是 } T_{yq})\end{array} \tag{3.4.6}$$

R_{MIMO}^{i} 的前提条件形成了一个模糊集合 $T_{x1}\times\cdots\times T_{xp}$，$R_{\text{MIMO}}^{i}$ 的结论是 q 个独立输出的析取。用模糊逻辑蕴含式表示规则为

$$R_{\text{MIMO}}^{i}:(T_{x1}\times\cdots\times T_{xp})\rightarrow(T_{y1}+\cdots+T_{yq}) \tag{3.4.7}$$

式中，"+"表示独立变量的析取。

图 3.3 中，推理机对输入状态语言词与模糊规则库中的规则前提进行匹配和推理。

例如，现有两条规则

$$\begin{array}{l}R_1:\text{IF}(x_1 \text{ 是 } T_{x1}^{1} \text{且 } x_2 \text{ 是 } T_{x2}^{1})\ \text{THEN } y \text{ 是 } T_{y}^{1}\\ R_2:\text{IF}(x_1 \text{ 是 } T_{x1}^{2} \text{且 } x_2 \text{ 是 } T_{x2}^{2})\ \text{THEN } y \text{ 是 } T_{y}^{2}\end{array} \tag{3.4.8}$$

然后，定义规则 R_1 和 R_2 的点火强度分别为 α_1 和 α_2。

$$\alpha_i=\mu_{x1}^{i}(x_1)\wedge\mu_{x2}^{i}(x_2)=\min(\mu_{x1}^{i}(x_1),\mu_{x2}^{i}(x_2))\text{ 或者 }\mu_{x1}^{i}(x_1)\mu_{x2}^{i}(x_2) \tag{3.4.9}$$

式中，$i=1,2$；$\wedge$ 是模糊与操作。模糊与操作一般采用交集和代数乘。由规则 R_1 和 R_2 推理结果的隶属函数 $\hat{\mu}_{y}^{i}(w)$，$(i=1,2)$ 为

$$\hat{\mu}_{y}^{i}(w)=\alpha_i\wedge\mu_{y}^{i}(w)=\min(\alpha_i,\mu_{y}^{i}(w))\text{ 或者 }\alpha_i\mu_{y}^{i}(w) \tag{3.4.10}$$

式中，变量 w 表示隶属函数的支持值。将上面的两个结果结合起来，得到总输出结果的隶属函数

$$\hat{\mu}_{y}(w)=\hat{\mu}_{y}^{1}(w)\vee\hat{\mu}_{y}^{2}(w) \tag{3.4.11}$$

式中，符号 $\vee$ 是模糊或运算。最常见的模糊或运算是组合和边界求和。因此，输出结果为

$$\hat{\mu}_{y}(w)=\hat{\mu}_{y}^{1}(w)\vee\hat{\mu}_{y}^{2}(w)=\max(\hat{\mu}_{y}^{1}(w),\hat{\mu}_{y}^{2}(w)),\text{或者 }\min(1,(\hat{\mu}_{y}^{1}(w)\vee\hat{\mu}_{y}^{2}(w))) \tag{3.4.12}$$

注意，最后结果是隶属函数曲线。信号送给执行模块之前，必须在去模糊器中去模糊。

通用的去模糊方法是产生上限结果的面积中心法。设 w_j 是隶属函数 $\hat{\mu}_\gamma^j(w)$ 达到最大 $\hat{\mu}_\gamma^j(w)|_{w=w_j}$ 的支持值，那么，去模糊输出为

$$\gamma = \frac{\sum_j \hat{\mu}_\gamma^j(w_j)w_j}{\sum_j \hat{\mu}_\gamma^j(w_j)} \tag{3.4.13}$$

在传统的模糊推理系统中，模糊函数的确定是主观的，而采用神经网络可以克服这个问题。图 3.4 所示为一种神经模糊推理系统[44]，它将神经网络和模糊逻辑结合起来。该系统分 5 层。第 1 层为输入语言层，直接将输入值传送到下一层。第 2 层为输入语言词层，输出的是隶属函数。第 3 层为规则层，实现模糊逻辑规则前提条件的匹配，执行模糊与操作。第 4 层为输出语言词层，该层通过模糊或操作，实现点火规则的综合。第 5 层相当于去模糊器，形成语言结果输出。

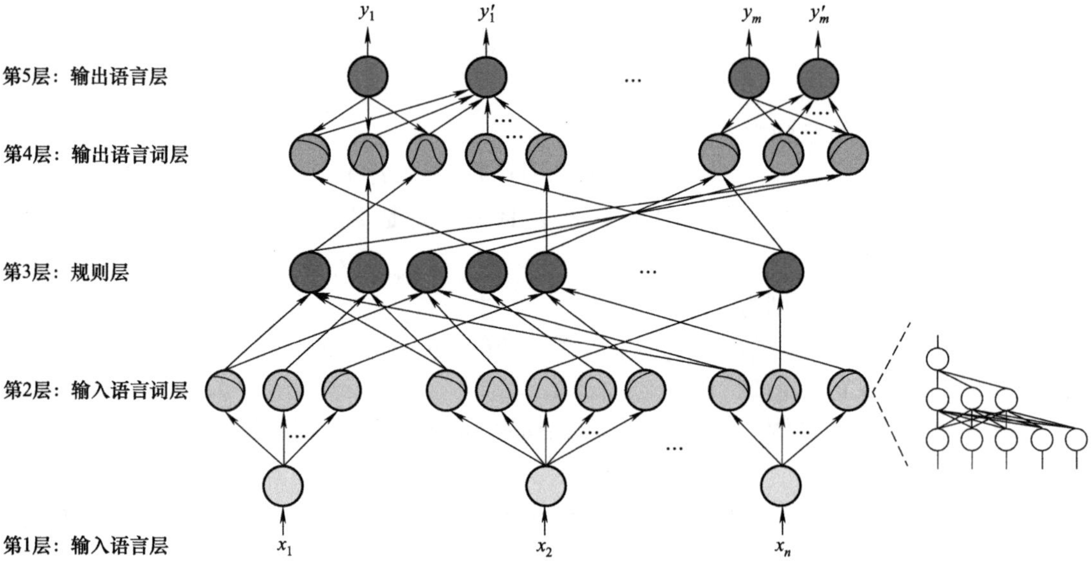

图 3.4　神经模糊推理系统

3.5 神经网络近似逻辑

神经网络在处理知识方面有很大的局限性，一种近似逻辑[47]能较好地描述神经网络。该逻辑不仅有模糊的逻辑值，而且逻辑运算符也是模糊的。

在近似逻辑的系统中，逻辑值取值位于 [0, 1] 之间。通过改变一些参数，使函数从“或”变为“与”，或从“肯定”变为“否定”。与模糊逻辑不同之处在于它不仅有模糊的函数值，而且运算符也是模糊的。令 A_1，A_2，…，A_k 为近似逻辑的变量，tr_i 为常数，称为阈值，w_i 称为权值（$i=1$，…，k），权值位于 [−1, 1] 之间，函数 F 定义为

$$F = \sum_{i=1}^{k} w_i A_i \tag{3.5.1}$$

则近似逻辑值为

$$AF(A_1,A_2,\cdots,A_k)=\begin{cases}F,\ 0\leqslant F\leqslant 1\ \text{且}\ F\geqslant \mathrm{tr}\\ 1,\ 0<F\ \text{且}\ F\geqslant \mathrm{tr}\\ 0,\ \text{其他}\end{cases} \tag{3.5.2}$$

设 A_i 仅能有两个值 0 或 1，则 AF 的取值将会有 4 种情况。

- 如 $\mathrm{tr}=1$，$w_i=1$，则

$$AF(A_1,A_2,\cdots,A_k)=A_1\vee A_2\vee\cdots\vee A_k \tag{3.5.3}$$

- 如 $\mathrm{tr}=k$，$w_i=1$，则

$$AF(A_1,A_2,\cdots,A_k)=A_1\wedge A_2\wedge\cdots\wedge A_k \tag{3.5.4}$$

- 如 $w_1=-1$，$w_2=1$，$\mathrm{tr}=1$，则

$$AF(A_1,1)=\bar{A}_1 \tag{3.5.5}$$

- 如 $w_1=1$，$\mathrm{tr}=0$，则

$$AF(A_1)=A_1 \tag{3.5.6}$$

因此，每一个布尔函数都能由 AF 表达。

如果 N 个变量的函数权值属于 [0，1]，阈值 $0\leqslant \mathrm{tr}\leqslant N$，则运算符的与或度定义为

$$\mathrm{aod}(AF)=\frac{\mathrm{tr}}{\sum_{n=1}^{N}w_n} \tag{3.5.7}$$

易知 aod 从 0 变到 1 时，函数从 $\vee_{n=1}^{N}A_n$ 变为 $\wedge_{n=1}^{N}A_n$，通过 aod 可以把模糊操作离散为相应的布尔操作。

3.6 实例 2：基于智能模糊神经网络的导弹防御系统未知飞行目标识别方法

雷达自动目标识别（Radar Automatic Target Recognition，RATR）[48-50]是数据通信领域中一个非常实用的研究领域。高分辨距离像（High Resolution Range Profile，HRRP）雷达可以产生雷达功率信号包络（Radar Power Signal Envelope，RPSE）形式的雷达回波信号，用于雷达目标的分类和识别，而神经网络（NN）具有更好的识别性能。因此，文献研究了智能模糊神经网络（FNN），以使其适用于该研究领域。现介绍该方法及应用。

3.6.1 问题描述

文献 [51] 利用高频结构模控器（High Frequency Structure Simulator，HFSS）在不同的方位角（$AA=0^{\circ},30^{\circ},\cdots,270^{\circ}$）和仰角（$EA=20^{\circ},30^{\circ},40^{\circ}$）下，产生一组来自 5 个不同飞行目标的仿真雷达回波信号，如图 3.5 所示。利用训练良好的模糊神经网络（FNN）对来袭飞行目标进行识别，训练数据（雷达功率大小）是从仿真雷达回波信号中提取的，用雷达功率大小作为训练数据。

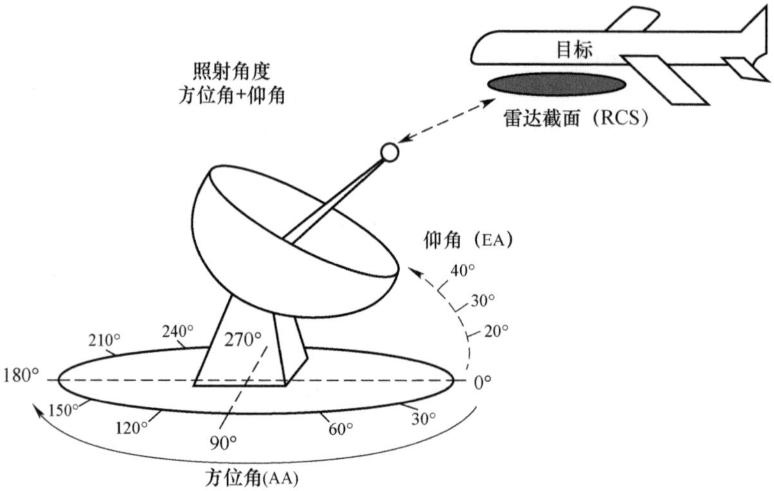

图 3.5　不同照射角度下来袭飞行目标的雷达探测

3.6.2　雷达回波信号产生

产生雷达回波信号[52-53]，并使用 HFSS 进行仿真。在 HFSS 中，雷达回波信号产生算法架构如下。

步骤 1：建立带有每个目标表面材质属性的三维模型。

步骤 2：获取目标的电磁反射模型。

步骤 3：计算目标的雷达截面（RCS），定义发射波形。

步骤 4：通过雷达波形与目标电磁反射模型卷积得到雷达回波信号。

文献［51］使用 Ku 波段的单脉冲雷达生成 5 个不同的飞行目标，信号带宽为 15MHz，采样率为 20MHz。通过在每个目标的电磁散射信息之间进行卷积，在不同的观察（照射）角（仰角 $EA = 20^{\circ},30^{\circ},40^{\circ}$ 和方位角 $AA = 0^{\circ},30^{\circ},\cdots,270^{\circ}$）下产生雷达回波信号。因此，有 30 组观察角（$AA$，$EA$），图 3.6 中显示了二维（2D）雷达回波信号之一。图 3.7 中显示了在一定条件下（AA，EA）下 5 个不同飞行目标的三维（3D）雷达回波信号图。请注意，尽管生成的雷达回波信号不是真实的，但它们的特性类似于实际的雷达回波信号。

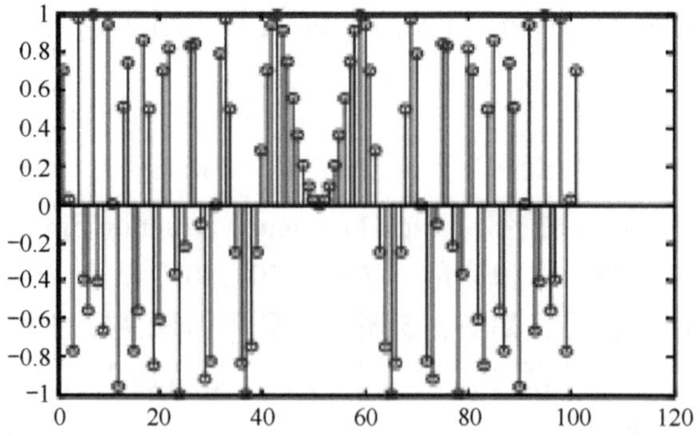

图 3.6　一个二维雷达波形

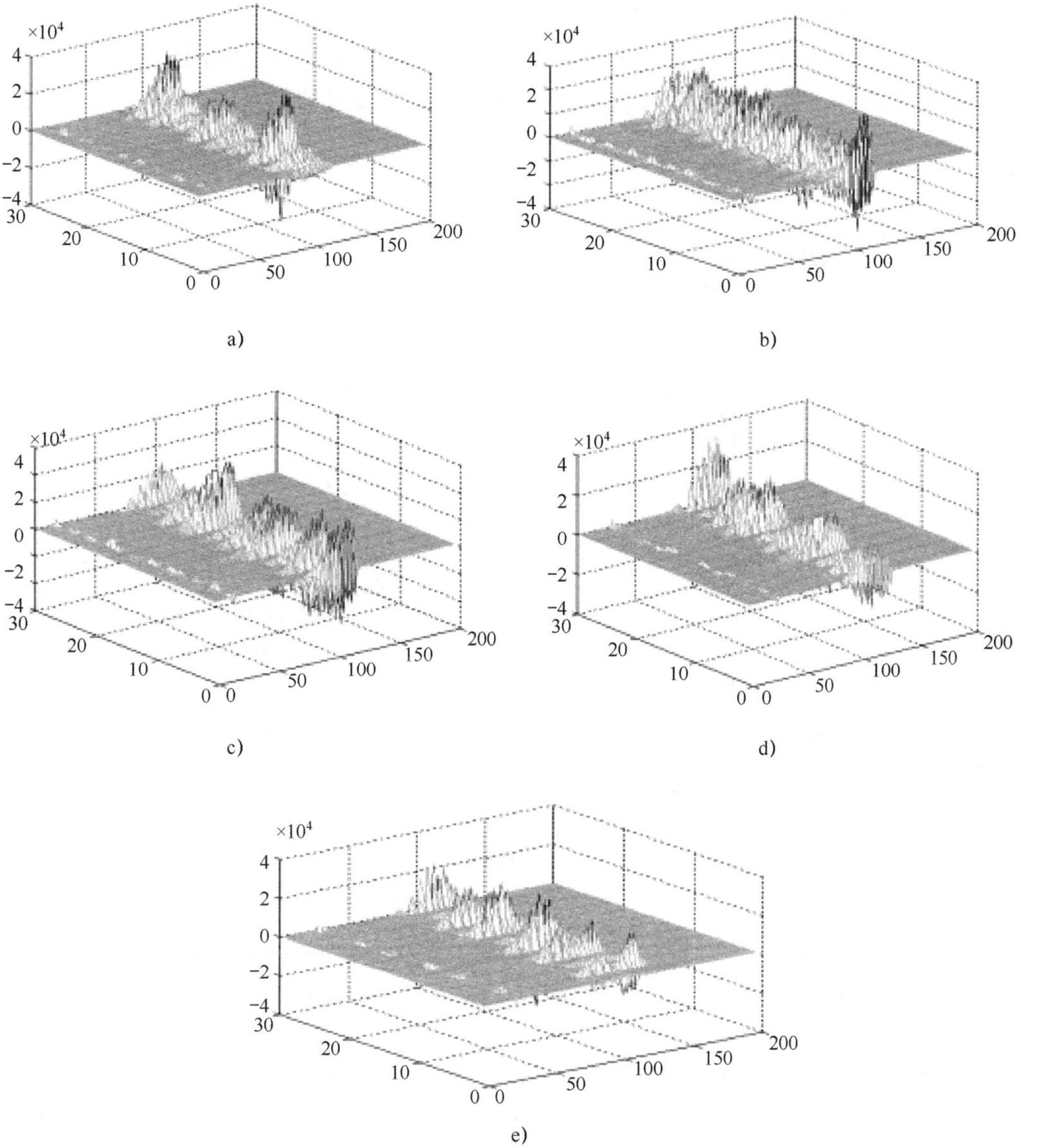

图 3.7　不同目标三维雷达回波信号

a）目标 1　b）目标 2　c）目标 3　d）目标 4　e）目标 5

3.6.3　智能模糊神经网络

1. 模糊神经网络结构

模糊神经网络结构，如图 3.8 所示。第一层是输入层，由输入模糊变量组成，输入向量为 $\{x_i(k), i=1,2,\cdots,N; k=1,2,\cdots,P\}$ 。第二层是隶属函数层，其中隶属函数的映射值对输入的语言变量进行量化。第三层是模糊规则层，通过考虑隶属函数的所有情况，其中每个节点代表一个模糊规则。最后一层是输出层，输出为 $\{y_j(k), j=1,2,\cdots,M; k=1,2,\cdots,$

P}。现采用模糊 Mamdani 模型[54-55]，其表示形式如下。

$$\text{规则 } l\text{：如果 } x_1 \text{ 是 } A_{1r_1},\cdots,x_N \text{ 是 } A_{Nr_N}\text{；那么 } y_1 \text{ 是 } B_{l1},\cdots,y_M \text{ 是 } B_{lM} \tag{3.6.1}$$

式中，l 是规则编号。将 $\mu_{\underset{\sim}{A}}(s)$ 和 $\mu_{\underset{\sim}{B}}(s)$ 记为输入和输出变量的隶属函数。

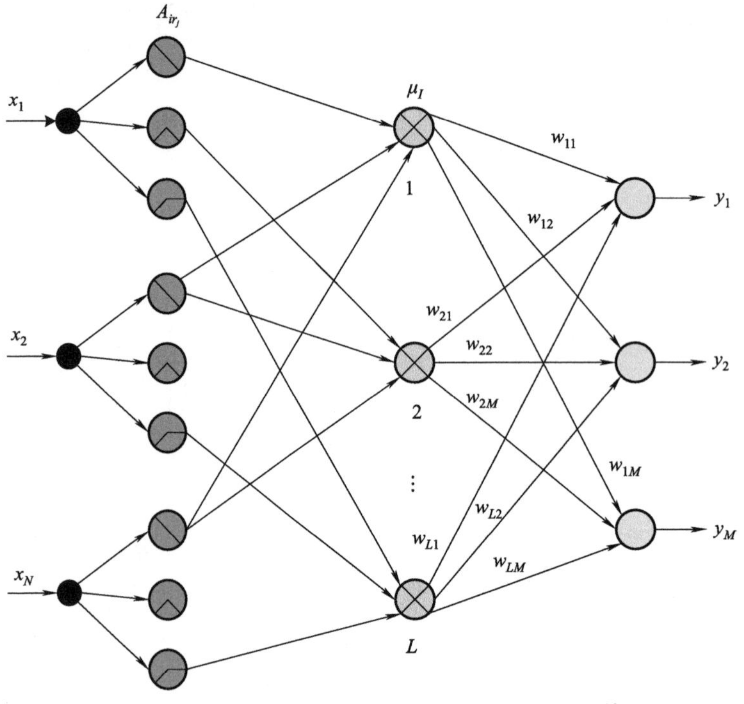

图 3.8　模糊神经网络结构[51]

图中，x_n 为模糊变量，r_n 为模糊变量隶属函数的序数指标，A_{n_n} 为模糊变量 x_n 的第 r_n 个隶属函数，R_n 为模糊变量 x_n 的隶属函数总数，μ_l 为第 l 个规则的真值，L 为模糊规则总数，w_{LM} 为对应部分的权重，y_M 为输出。

给定输入变量时，第 l 个模糊规则的第三层真值 μ_l 定义为

$$\mu_l = A_{1r_1}(x_1)\times\cdots\times A_{Nr_N}(x_N) \tag{3.6.2}$$

式中，$l=1,2,\cdots,L;r_i=1,2,\cdots,R_i$。

模糊神经网络的输出采用中心平均去模糊化方法，即

$$y_m = \sum_{j=1}^{L}\mu_j w_{jm} / \sum_{j=1}^{L}\mu_j \tag{3.6.3}$$

式中，$m=1,2,\cdots,M$。

在第三层和第四层之间的后续部分中，经过训练的加权因子可以解释为输入/输出训练数据的特征。当在后面的部分中针对雷达回波信号训练 FNN 时，这一点将变得更加明显。

2. FNN 中高斯隶属函数的完整集合

给定 P 个训练输入输出对 $\{[\boldsymbol{x}_p,\boldsymbol{y}_p],p=1,\cdots,P\}$，这里

$$\boldsymbol{x}_p=[x_1\quad x_2\quad\cdots\quad x_N]^{\mathrm{T}}_{N\times1};\boldsymbol{y}_p=[y_1\quad y_2\quad\cdots\quad y_N]^{\mathrm{T}}_{M\times1},\forall p$$

期望找到一组完整的高斯隶属函数来覆盖 x_p 的最大和最小范围。将所有数据值都考虑在内，以确保 FNN 训练的完整性。对于特定的第 p 个模糊输入变量，假定

$$x_{p,\min} = \min\{x_i, \forall i\};\quad x_{p,\max} = \max\{x_p, \forall p\} \tag{3.6.4}$$

必须首先定义 $[x_{p,\min}, x_{p,\max}]$ 区域内 x_p 的高斯隶属函数个数（NoMF）。由于高斯隶属函数具有两个控制参数，即中心（C）和方差（σ），因此很容易在 $[x_{p,\min}, x_{p,\max}]$ 内平均分布所有高斯隶属函数的中心，并将其命名为均匀分布的高斯隶属函数（UDGMF）。为了说明起见，如果对于一个特定的 x_i，NoMF = 5，则 5 个高斯隶属函数为

$$\begin{cases} C_k = x_{\min}, k = 1 \\ C_k = C_1 + (k-1)\Delta C, 2 \leqslant k \leqslant \text{NoMF} \end{cases} \tag{3.6.5}$$

$$\Delta C = (x_{p,\max} - x_{p,\min})/(\text{NoMF} - 1)$$

为了确定控制参数 σ，假设所有高斯隶属函数 $\{\mu_1(x), \cdots, \mu_{\text{NoMF}}(x)\}$ 都具有相等的方差，并且必须允许它们与相邻隶属函数之间的重叠索引 OVP 重叠。首先，应找到相邻隶属函数的交点。而具有相等方差的相邻高斯隶属函数的交点将为相邻高斯隶属函数中心的中点，现加以论述。

证明：令 m 为图 3.9 中相邻高斯隶属函数的交点，则

$$\mu_l(m) = \exp\left(-\frac{(m - C_l)^2}{2\sigma^2}\right); \mu_{l+1}(m) = \exp\left(-\frac{(m - C_{l+1})^2}{2\sigma^2}\right) \tag{3.6.6}$$

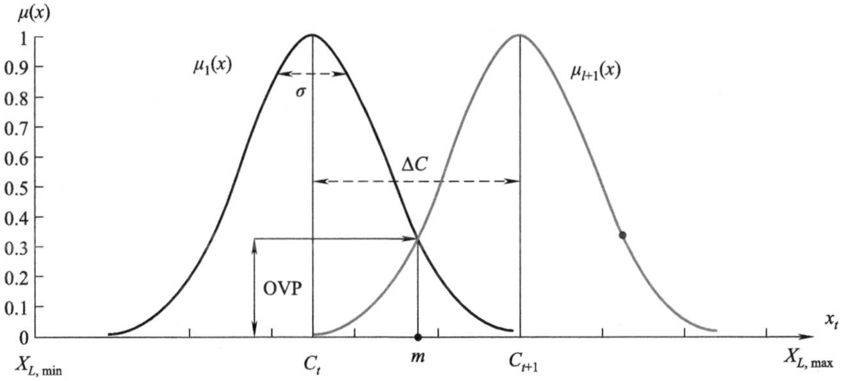

图 3.9 高斯 MFs

由 $\mu_l(m) = \mu_{l+1}(m)$，故

$$(m - C_l)^2 = (m - C_{l+1})^2 \tag{3.6.7}$$

得

$$m = (C_{l+1} + C_l)/2 \tag{3.6.8}$$

在图 3.9 中，如果使 OVP 等于 $\mu_l(m) = \mu_{l+1}(m)$，那么重叠区域将与 OVP 成正比。这时，令 OVP $= \mu_l(m) = \mu_{l+1}(m)$，所以有

$$\exp\{-(m - C_l)^2/2\sigma^2\} = \text{OVP} \tag{3.6.9}$$

又 $m = (C_{l+1} + C_l)/2$，故得

$$\sigma = \frac{|C_{l+1} - C_l|}{2\sqrt{-2 * \ln(\text{OVP})}} = \frac{\Delta C}{2\sqrt{-2 * \ln(\text{OVP})}};\quad \text{Q. E. D} \tag{3.6.10}$$

例如，图 3.10 显示了 5 个（NoMF = 5）具有特定重叠索引 OVP 的完整 UDGMF。

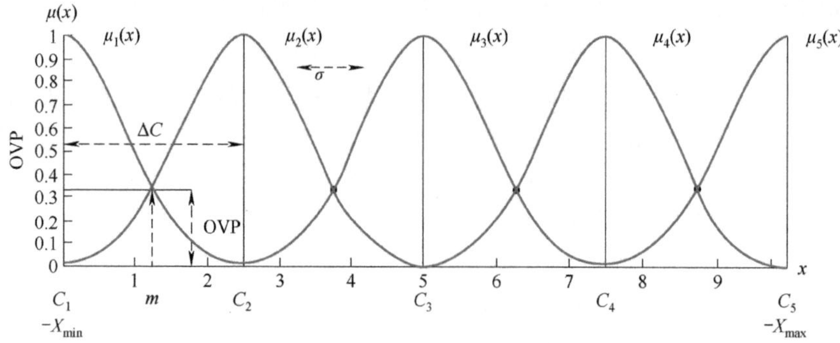

图 3.10　具有指定 OVP 的 5 个 UDGMFs 的完整集合

因此，可以选择几个具有共振峰值 RPSE 值的频率（ω_p's）来表示飞行目标，即

$$L \leqslant N \leqslant \left(\sum_{i=1}^{N} R_i N_{cp} + LM\right)/M; L = \prod_{i=1}^{N} R_i \tag{3.6.11}$$

式中，L 是模糊规则神经元的数量；N 是输入样本的数量；N 是输入的数量；M 是输出的数量；R_i 是每个输入语言变量的 NoMFs，并且在文献［11］中 N_{cp} 应为 1，与文献［4］中的不同。

3. 完整的模糊神经网络训练算法

重要的是要注意，FNN 的界限值是足以保证任何训练算法的训练收敛性。收敛训练过程中的最终加权因子是实际应用中所需的真实参数。尽管文献［55］和文献［56］采用了传统的反向传播算法，但在实际编码中仍然太复杂了。因此，文献［51］提出了一种简化而有效的 FNN 训练算法。

完整 FNN 训练算法是在前体部分采用完整的高斯隶属函数，以确保训练数据的完整覆盖。然后，通过 DOTA 进行后续的训练[5]。给定输入训练数据 X 和输出训练数据 Y，即

$$X = [\underline{x}_1, \underline{x}_2, \cdots, \underline{x}_P]^{\mathrm{T}}_{N\times P}; Y = [\underline{y}_1, \underline{y}_2, \cdots, \underline{y}_P]^{\mathrm{T}}_{M\times P} \tag{3.6.12}$$

现希望在图 3.8 所示的 FNN 的后续部分中找到收敛的加权因子。文献［53］规定，图 3.8所示的 FNN 的后续部分可以是由两层神经网络构成，如图 3.11 所示。

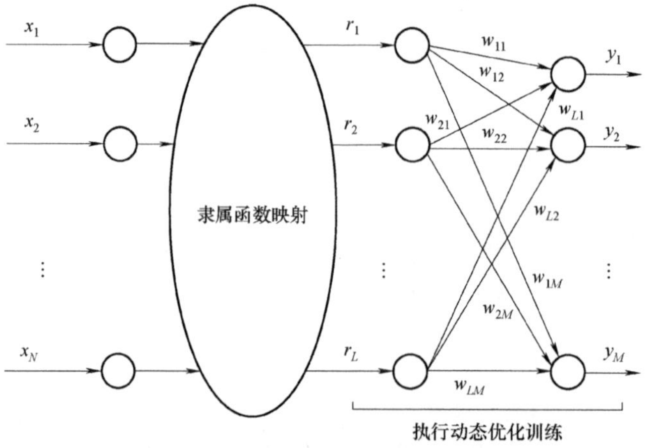

图 3.11　FNNs 中的两层神经网络

在图 3.11 中

$$r_i = \mu_i \Big/ \sum_{j=1}^{L} \mu_j, (i = 1,2,\cdots,L) \tag{3.6.13}$$

然后

$$y_k = \sum_{j=1}^{L} \mu_j w_{jk} \Big/ \sum_{j=1}^{L} \mu_j, (k = 1,2,\cdots,M) \tag{3.6.14}$$

最终的矩阵形式为

$$\boldsymbol{Y}^{\mathrm{T}} = \boldsymbol{R}^{\mathrm{T}} \boldsymbol{W} \tag{3.6.15}$$

这里，

$$\boldsymbol{R} = \begin{bmatrix} r_{11} & r_{12} & \cdots & r_{1P} \\ r_{21} & r_{22} & \cdots & r_{2P} \\ \vdots & \vdots & & \vdots \\ r_{L1} & r_{L2} & \cdots & r_{LS} \end{bmatrix}_{L\times P} \quad \boldsymbol{W} = \begin{bmatrix} w_{11} & w_{12} & \cdots & w_{1M} \\ w_{21} & w_{22} & \cdots & w_{2M} \\ \vdots & \vdots & & \vdots \\ w_{L1} & w_{L2} & \cdots & w_{LM} \end{bmatrix}_{L\times M} \tag{3.6.16}$$

然后，通过 DOTA 可以求出解 $\boldsymbol{W}$ 矩阵（3.6.16）。注意，文献［57］中提出的动态最优速率可以产生收敛的解，而不管初始加权因子是否随机。这是一种非常有效的完整 FNN 训练算法来训练 FNN 的方法。

模糊神经网络的完整训练算法架构如下。

步骤 1：给出式（3.6.12）中的 P 个训练数据输入/输出向量。

步骤 2：找出 $\{x_i(k), i = 1,2,\cdots,N; k = 1,2,\cdots,P\}$ 的每一个最大值和最小值 $\{x_{n,\min}$ 和 $x_{n,\max}, n = 1,\cdots,N\}$ 。然后，给定指定的重叠索引 OVP 和 NoMF，并为每个 x_n 生成一个完整的高斯隶属函数。设置计数器 $Counter = 1$ 。

步骤 3：让输入的训练数据 $\{x_n(k), n = 1,2,\cdots,N; k = 1,2,\cdots,S\}$ 穿过训练层（即隶属函数层）以生成 $\{r_l, l = 1,2,\cdots,L\}$ ，并作为 FNN 中两层神经网络的输入数据，如图 3.11 所示。

步骤 4：遵循批处理的顺序，使用文献［58］中的动态最佳训练算法找到 $\boldsymbol{W}$ 矩阵。令 $\boldsymbol{W}(Counter) = \boldsymbol{W}$。

步骤 5：检查当前的 $\boldsymbol{W}(Counter)$ 是否在容错范围内。如果是，请转到**步骤 6**。否则，$Counter = Counter + 1$ ，然后转到**步骤 4**。

步骤 6：结束训练。

3.6.4 构建训练数据

现从 5 个不同飞行目标生成的雷达回波信号构建训练数据。

首先，必须借其雷达回波信号的同相和正交（In－phase 和 quadrature，I 和 Q）转换为一定频率下的实际功率。将雷达功率谱包络（RPSE）定义为

$$\mathrm{RPSE}(k) = \sqrt{I(k)^2 + Q(k)^2} \quad \forall k \tag{3.6.17}$$

例如，图 3.12 显示了在 $(AA, EA) = (0^\circ, 20^\circ)$ 处所有频率的飞行目标 1 的 RPSE。

图 3.12 表明，有几个容易找到的峰值，这些峰值显然将保留飞行目标的特性。因此，可以选择具有共振峰值 RPSE 值的多个沿振频率点（ω_p's）来表示飞行目标。因此，从

图 3.13中所有 5 个飞行目标的 150 个重叠 RPSE 中，直观地选择 5 个 ω_p's（$p=1$，…，5），即 $\omega_1=300$MHz，$\omega_2=540$MHz，$\omega_3=1800$MHz，$\omega_4=2220$MHz，$\omega_5=2520$MHz。

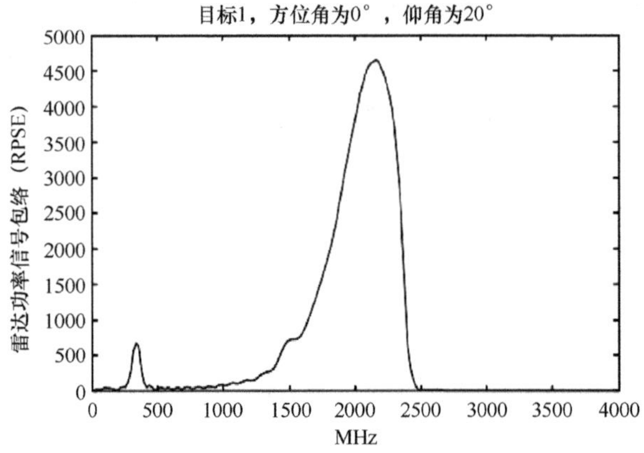

图 3.12　在 $(AA,EA)=(0°,20°)$ 处飞行目标 1 的 RPSE

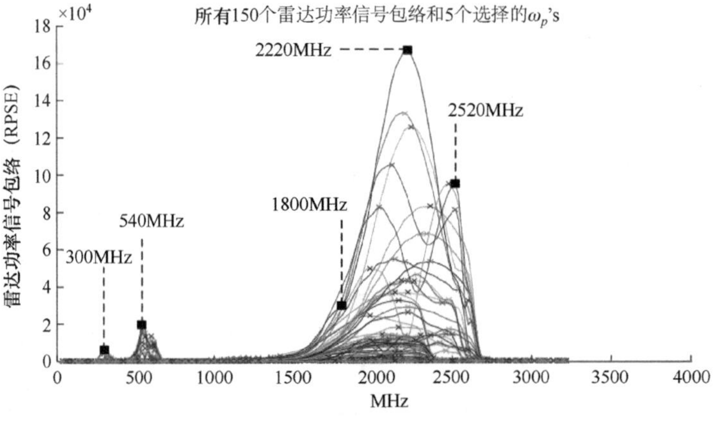

图 3.13　所有的 150 个 RPSE 和 5 个选择的 ω_p's

注意，5 个 ω_p's 将产生其各自的 5 个 RSPE，即（$RPSE_1$，$RPSE_2$，$RPSE_3$，$RPSE_4$，$RPSE_5$）。这 5 个 RPSE 是针对特定飞行目标的特定（*AA*，*EA*）下 FNN 的实际训练数据。这意味着对于某个特定飞行目标（AA，EA），将有一组独特的经过训练的加权因子来表示该飞行目标。因此，FNN 中有 30 套经过训练的加权因子，分别对应于它们各自的（*AA*，*EA*）。因此，最终的训练数据矩阵为

$$F_{obj}(i,j)=[\mathrm{RPSE}_1\quad \mathrm{RPSE}_2\quad \mathrm{RPSE}_3\quad \mathrm{RPSE}_4\quad \mathrm{RPSE}_5]_{obj} \tag{3.6.18}$$

式中，i 是 $AA(i=1,\cdots,10)$ 的索引；j 是 $EA(j=1,\cdots,3)$ 的索引；obj 是某些飞行物体（$obj=1,\cdots,5$）的索引。发送到 FNN(i,j) 的实际训练数据（输入/期望输出）可以表示为 $[\boldsymbol{F}_{obj}(i,j)\quad obj]$。

3.6.5 仿真实验与结果分析

将式（3.6.18）中的 RPSE 设置为 FNN（$N=5$）和一个输出（$M=1$）的输入变量，并

且输出 y 是目标的类别，且

$$y \in \{1 = \text{Target } 1;2 = \text{Target } 2;3 = \text{Target } 3;4 = \text{Target } 4;5 = \text{Target } 5\}$$

隶属函数为均匀分布高斯隶属函数（UDGMF），输出节点是线性求和单元。现用模糊神经网络的完整训练算法训练 FNN，并将阈值识别误差值（e_i）设置为 $e_i \leqslant 0.1$。首先，将所有 5 个语言输入变量设置为 3 个 UDGMF，即 $R_1 = R_2 = R_3 = R_4 = R_5 = 3$，因此有 $3^5 = 243$ 条规则，即 $L = 243$，表 3.4 显示了 UDGMF 的所有宽度和中心（以 MHz 为单位），图 3.14显示了此示例的 FNN 配置。在本例中，从式（3.6.11）知，FNN 输入样本范围为 $243 \leqslant P \leqslant 258$，并且在每个照射角度只有 5 个训练数据向量，可以保证 FNN 训练收敛。表 3.5 显示了在每个特定照射角度下经过 200 次迭代的均方误差（MSE）的训练结果，训练表现优秀，MSE 很低，图 3.15 显示了在（$AA = 0°$，$EA = 20°$）下训练误差与迭代之间的关系。

表 3.4　$F_1(1, 1)$ 所有 5 个输入 UDGMFS 的宽度和中心（MHz）

输入变量	宽度（σ）	中心 1	中心 2	中心 3
$RPSE_1$	188.53	36.08	480.04	924
$RPSE_2$	1071.9	9.42	2533.5	5057.6
$RPSE_3$	2378.5	660.17	6260.1	11862
$RPSE_4$	8573.5	2543.5	22773	42922
$RPSE_5$	5610	4.9	13215	26426

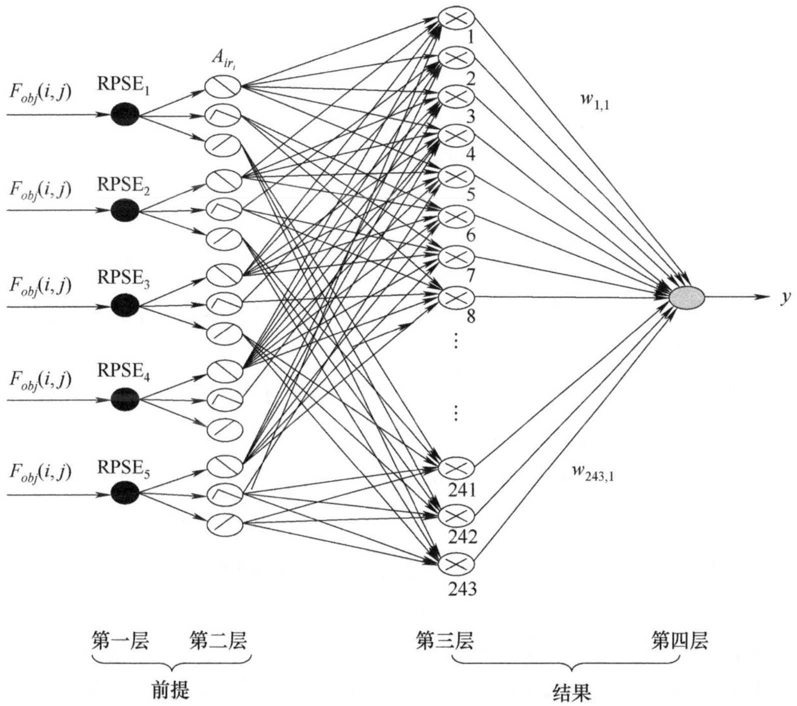

图 3.14　FNN 配置，在 $F_{obj}(i,j)$ 中具有 5 个输入变量，每个变量具有 3 个 UDGMF 和一个输出

表 3.5 各照射角度下的训练误差（MSE）

AA \ EA	20°	30°	40°
0°	3.99443×10^{-09}	4.9304×10^{-33}	2.4652×10^{-32}
30°	3.1677×10^{-31}	1.9722×10^{-32}	2.7473×10^{-26}
60°	2.7191×10^{-31}	2.9372×10^{-19}	3.0861×10^{-26}
90°	1.9721×10^{-31}	9.8608×10^{-32}	1.2326×10^{-33}
120°	1.2326×10^{-33}	1.2326×10^{-31}	1.9722×10^{-32}
150°	9.8608×10^{-32}	7.8886×10^{-32}	8.4439×10^{-14}
180°	5.0183×10^{-04}	1.5331×10^{-05}	9.938×10^{-09}
210°	1.5777×10^{-31}	1.5331×10^{-05}	4.9304×10^{-33}
240°	1.9772×10^{-32}	1.5331×10^{-05}	1.9722×10^{-32}
270°	1.9843×10^{-05}	1.6440×10^{-05}	4.7261×10^{-05}

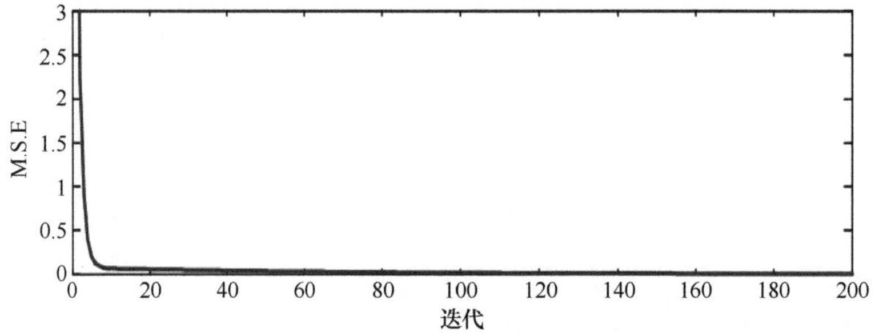

图 3.15 在（AA =0°，EA =20°）下训练误差与迭代之间的关系

因此，对应于辐照角训练数据集，将分别有 30 组唯一的训练后的加权因子矩阵，即训练后的加权因子库（$\boldsymbol{T}$）为

$$\boldsymbol{T}=\begin{bmatrix} W(1,1) & W(1,2) & \cdots & W(1,j) \\ \vdots & \vdots & & \vdots \\ W(i,1) & W(i,2) & \cdots & W(i,j) \end{bmatrix} \tag{3.6.19}$$

$$w(i,j)=[\underline{w}_1,\underline{w}_2,\cdots,\underline{w}_M]\in\Re^{L\times M} \tag{3.6.20}$$

式中，i 是 AA 的索引；j 是 EA 的索引；L 为模糊规则的数量；M 为输出的数量。构造完 $\boldsymbol{T}$ 后，即可完成对未知飞行目标的识别任务。首先，雷达以一定角度收集雷达回波信号并作为 FNN 的输入，如图 3.14 所示。然后，系统选择与输入雷达回波信号在 $\boldsymbol{T}$ 中的照射角（AA，EA）相对应的训练加权因子矩阵 $\boldsymbol{w}(i,j)$ 。例如，$\boldsymbol{w}(10,3)$ 是 AA =270°和 EA =40°下的训练加权因子，应用于 FNN 的结果部分（图 3.14）作为加权因子，FNN 通过执行前馈算法并通过输出输入目标的类号来识别输入目标。此外，真实的雷达回波信号将始终包含噪声，因此

白高斯噪声（图3.16）将被添加到输入RPSE中以模拟这种情况。

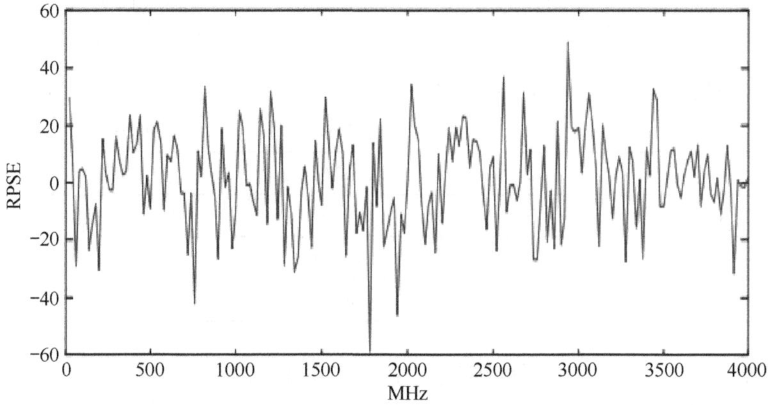

图3.16　在 $AA=0°$，$EA=20°$时，将SNR=40dB的白高斯噪声（WGN）添加到目标1的RPSE中

表3.6为辐照角 $AA=0°$、$EE=20°$时不同情况下的所有鉴定结果。案例1~5是在不加入高斯白噪声的情况下，对未知来袭飞行目标进行识别的结果，5种不同的来袭飞行目标的识别率均为100%。在案例6~10中，通过将SNR=60dB的高斯白噪声加入到相应的输入RPSE中，识别结果保持在100%。案例11~15给出了高斯白噪声SNR=50dB下飞行目标的RPSE，当目标4识别错误时，识别率为75%。案例15-20表明，由于识别误差值 $e_i>0.1$，作为白高斯噪声SNR=40dB飞行目标的RPSE，FNN无法识别所有来袭未知飞行目标。因此，当RPSE的噪声不超过一定量的高斯白噪声强度（SNR≤50dB）时，获得了很好的一致性和较高的识别率。

表3.6　在 $AA=0°$，$EE=20°$下的飞行目标识别基准

案例	SNR（dB）	实际目标	FNN输出	识别误差值（$\|\varepsilon_i\|$）	状态
1	-	1	1.0001	0.0001	√
2	-	2	1.9999	0.0001	√
3	-	3	3	0	√
4	-	4	4	0	√
5	-	5	5	0	√
6	60	1	1.0272	0.0272	√
7	60	2	2.0206	0.0206	√
8	60	3	3.0155	0.0155	√
9	60	4	3.9183	0.0817	√
10	60	5	4.9884	0.0116	√
11	50	1	1.0853	0.0853	√
12	50	2	2.0651	0.0651	√
13	50	3	3.0468	0.0468	√

（续）

案例	SNR（dB）	实际目标	FNN 输出	识别误差值（$\|\varepsilon_i\|$）	状态
14	50	4	3. 6873	0. 3127	×
15	50	5	4. 9619	0. 0381	√
16	40	1	1. 2636	0. 2636	×
17	40	2	2. 2032	0. 2032	×
18	40	3	3. 128	0. 128	×
19	40	4	2. 4569	1. 5431	×
20	40	5	4. 8651	0. 1349	×

综上，文献［51］探讨了用模糊神经网络方法识别未知飞行目标。雷达回波信号用 HFSS 软件包模拟并转换成 RPSE 形式，对多个共振频率的 RPSEs 进行采样，生成训练数据，采用动态优化训练算法对 FNN 进行训练。因此，在不同的辐照角度下，由训练好的加权因子矩阵构成加权因子库。由该方法对飞行目标进行识别，在输入训练数据中噪声强度较低的情况下，识别精度较高。

第 4 章　概率神经网络

概　要

从贝叶斯决策理论出发，给出了模式分类的贝叶斯判定策略，分析了概率神经网络结构原理，讨论了贝叶斯阴阳系统。将离散余弦变换和概率神经网络结合应用于脑肿瘤分类，通过脑肿瘤样本特征提取、分类模型建立，给出模糊神经网络用于解决实际问题的途径和技术路线。

概率神经网络是由 Specht 博士在 1988 年提出的[59]，在结构上类似于反向传播网络。它用统计方法推导的激活函数替代 S 型激活函数，以贝叶斯判定策略及概率密度函数的非参数估计为基础，将统计方法映射到前馈神经网络结构。网络结构以许多简单处理器（神经元）为代表，所有处理器都是并行运行。

贝叶斯网络是用来表示变量间连接概率的图形模式，提供了一种自然的表示因果信息的方法，用来发现数据间的潜在关系。该网络用节点表示变量、用有向边表示变量间的依赖关系。贝叶斯理论给出了信任函数在数学上的计算方法，具有稳固的数学基础，同时刻画了信任度与证据的一致性及其信任度随证据而变化的增量学习特性。在数据挖掘中，贝叶斯网络可以处理不完整和带有噪声的数据集，它用概率测度的权重来描述数据间的相关性，从而解决了数据间的不一致性，甚至是相互独立的问题；用图形的方法描述数据间的相互关系，语义清晰、可理解性强，这有助于利用数据间的因果关系进行预测分析。贝叶斯方法正在以其独特的不确定性知识表达形式、丰富的概率表达能力、综合先验知识的增量学习特性等成为当前数据挖掘众多方法中最为引人注目的焦点之一。

贝叶斯决策理论方法是统计模型决策中的一个基本方法，其基本思想如下。

1）已知类条件概率密度参数表达式和先验概率。

2）利用贝叶斯公式转换成后验概率。

3）根据后验概率大小进行决策分类。

许多研究表明，概率神经网络的主要特性有：训练容易、收敛速度快，从而非常适用于实时处理；可以完成任意非线性变换，所形成的判决曲面与贝叶斯最优准则下的曲面相接近；具有很强的容错性；模式层的传递函数可以选用各种用来估计概率密度的核函数，并且分类结果对核函数的形式不敏感；各层神经元的数目比较固定，易于硬件实现。这种网络已较广泛地应用于非线性滤波、模式分类、联想记忆和概率密度估计中。

4.1 模式分类的贝叶斯判定策略

用于模式分类的判定规则或策略的公认标准是：在某种意义上，使预期风险最小。这样的策略称之为贝叶斯策略，并适用于包含许多类别的问题。

现在考查两类情况，其中，已知类别状态 $\boldsymbol{\theta}$ 为 $\boldsymbol{\theta}_A$ 或 $\boldsymbol{\theta}_B$。如果想要根据 N 维向量 $\boldsymbol{X}^{\mathrm{T}}=[X_1\cdots X_n\cdots X_N]$ 描述的一组测量结果，判定 $\boldsymbol{\theta}=\boldsymbol{\theta}_A$ 或 $\boldsymbol{\theta}=\boldsymbol{\theta}_B$，贝叶斯判定规则变为

$$d(X)=\begin{cases}\theta_A,\ p_AJ_Af_A(\boldsymbol{X})>p_BJ_Bf_B(\boldsymbol{X})\\ \theta_B,\ p_AJ_Af_A(\boldsymbol{X})<p_BJ_Bf_B(\boldsymbol{X})\end{cases}\tag{4.1.1}$$

式中，$f_A(\boldsymbol{X})$ 和 $f_B(\boldsymbol{X})$ 分别为类别 A 和 B 的概率密度函数；J_A 为 $\boldsymbol{\theta}=\boldsymbol{\theta}_A$ 时判定 $d(\boldsymbol{X})=\boldsymbol{\theta}_B$ 的代价函数；J_B 为 $\boldsymbol{\theta}=\boldsymbol{\theta}_B$ 时判定 $d(\boldsymbol{X})=\boldsymbol{\theta}_A$ 的代价函数（取正确判定的损失等于0）；p_A 为模式来自类别 A 出现的先验概率；$p_B=1-p_A$ 为 $\boldsymbol{\theta}=\boldsymbol{\theta}_B$ 的先验概率。于是，贝叶斯判定规则 $d(\boldsymbol{X})=\boldsymbol{\theta}_A$ 的区域与贝叶斯判定规则 $d(\boldsymbol{X})=\boldsymbol{\theta}_B$ 的区域间的界限，可由

$$f_A(\boldsymbol{X})=Kf_B(\boldsymbol{X})\tag{4.1.2}$$

求得。式中

$$K=p_BJ_B/p_AJ_A\tag{4.1.3}$$

一般地，由式（4.1.2）确定的两类判定面可以是任意复杂的，因为对密度没有约束，只是所有概率密度函数都必须满足的那些条件，即它们处处为非负，是可积的，在全空间的积分等于1。同样的判定规则可适用于多类问题。

使用式（4.1.2）的关键是根据训练模式估计概率密度函数的能力。通常，先验概率为已知，或者可以准确地加以估计，代价函数需要主观估计。然而，如果将要划分类别的模式的概率密度未知，并且给出的是一组训练模式（训练样本），那么，提供未知的基础概率密度的唯一线索是这些样本。

4.2 密度估计的一致性

判别边界的准确度取决于所估计基础概率密度函数的准确度。Parzen 构造 $f(x)$ 的一簇估值为[60]

$$f_N(\boldsymbol{x})=\frac{1}{N\lambda}\sum_{n=1}^{\mathrm{N}}\overline{w}\left(\frac{x-x_{An}}{\lambda}\right)\tag{4.2.1}$$

其在连续概率密度函数的所有点 X 上都是一致的。令 $\boldsymbol{x}_{A1},\cdots,\boldsymbol{x}_{An},\cdots,\boldsymbol{x}_{AN}$ 为恒等分布的独立随机变量，因为随机变量 $\boldsymbol{X}$ 的分布函数 $F(x)=P\{X\leqslant x\}$ 是绝对连续的。关于权重函数 $\overline{w}(y)$ 的 Parzen 条件为

$$\sup_{-\infty<y<+\infty}|\overline{w}(y)|<\infty\tag{4.2.2}$$

式中，sup 为上确界

$$\int_{-\infty}^{+\infty}|\overline{w}(y)|\mathrm{d}y<\infty\tag{4.2.3}$$

$$\lim_{y\to\infty}|\overline{yw}(y)|=0\tag{4.2.4}$$

和

$$\int_{-\infty}^{+\infty}\overline{w}(y)\mathrm{d}y=1\tag{4.2.5}$$

式（4.2.1）中，选择 $\lambda=\lambda(N)$ 作为 N 的函数，且

$$\lim_{N\to\infty}\lambda(N)=0\tag{4.2.6}$$

和

$$\lim_{N\to\infty} N\lambda(N) = \infty \tag{4.2.7}$$

Parzen 证明，在

$$\lim_{N\to\infty} E[\,|f_N(x) - f(x)|^2\,] = 0 \tag{4.2.8}$$

意义上，$f(x)$ 估值的均方值一致。

根据一致性的定义，一般认为当根据较大数据集估计时，预计误差变小，这是特别重要的，因为这意味着，真实分布可以按平滑方式近似。Murthy 放宽了分布 $f(x)$ 绝对连续的假定并说明，类别估计器仍然一致地估计连续分布 $F(x)$ 所有点的密度，这里密度 $f(x)$ 也是连续的[61]。

Cacoullos 还扩展了 Parzen 的结果，适用于多变量情况[62]。在 Gaussian 核的特殊情况下，多变量估计为

$$f_A(\boldsymbol{x}) = \frac{1}{(2\pi)M/2\sigma^M} \frac{1}{N} \sum_{n=1}^{N} \exp\left[- \frac{(\boldsymbol{x} - \boldsymbol{x}_{An})^{\mathrm{T}}(\boldsymbol{x} - \boldsymbol{x}_{An})}{2\sigma^2} \right] \tag{4.2.9}$$

式中，n 表示样本号，N 表示训练样本总数，$\boldsymbol{x}_{An}$ 表示类别 $\boldsymbol{\theta}_A$ 的第 i 个训练样本向量，σ 表示平滑参数，M 表示度量空间的维数。

请注意，$f_A(\boldsymbol{x})$ 简单地为中心位于每个训练样本的小的多变量 Gaussian 分布之和。然而，这个和不限于 Gaussian 分布。实际上，可以近似为任意平滑密度函数。

4.3 概率神经网络

文献［63］表明，利用概率神经网络进行检测和模式分类时，可以得到贝叶斯最优估计。概率神经网络通常由 4 层组成，如图 4.1 所示。

第 1 层为输入层。每个神经元均为单输入单输出，其传递函数也为线性的，这一层的作用只是将输入信号用分布的方式表示。

第 2 层称之为模式层。它与输入层之间通过连接权值 w_{ij} 相连接。模式层神经元的传递函数不再是通常的 S 型函数，而是 $g(Z_i) = \exp[(Z_i - 1)/(\theta_z \times \theta_z)]$，$Z_i$ 为该层第 i 个神经元的输入，θ_z 为均方差。

第 3 层称之为累加层。具有线性求和的功能。这一层的神经元数目与欲分类的模式数目相同。

第 4 层即输出层。具有判决功能，它的神经元输出为离散值 1 和 -1（或 0），分别代表着输入模式的类别。

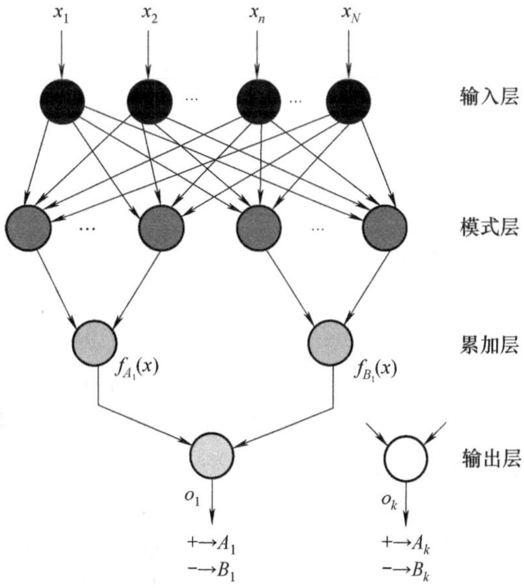

图 4.1 模式分类的结构

采用概率密度函数非参数估计进行模式分类的并行模拟网络与用于其他训练算法的前馈神经网络，它们之间有惊人的相似性[63]。图 4.1 为输入模式 $\boldsymbol{x}$ 划分成两类神经网络结构。

图4.1中，输入单元只是分配单元，把同样的输入值提供给所有模式单元。每个模式单元（图4.2所示为更详细的表示）生成输入模式向量 $\boldsymbol{x}$ 与权值向量$\boldsymbol{w}_n$ 的标量积$\boldsymbol{Z}_n=\boldsymbol{x}\cdot\boldsymbol{w}_n$，然后，在将其激活水平输出到求和单元之前，对$\boldsymbol{Z}_n$ 进行非线性运算。代替反向传播所通用的模式单元按不同求和单元聚集，以在输出向量中提供附加的类别对和附加的二进码信息。这里采用的非线性运算是 $\exp[(Z_n-1)/\sigma^2]$。假设 $\boldsymbol{x}$ 和 $\boldsymbol{w}$ 均归一化成单位长度，这相当于使用 $\exp\left[-\frac{(\boldsymbol{w}_n-\boldsymbol{x})^{\mathrm{T}}(\boldsymbol{w}_n-\boldsymbol{x})}{2\sigma^2}\right]$。其形式等同于式（4.2.9）。这样，标量积是在相互连接中自然完成的，后面是神经元激活函数（指数）。求和单元简单地把来自模式单元的输入相累加，该模式单元已对应于所选定训练模式的类别。

输出或判定单元为两个输入神经元，如图4.3所示。这两个单元产生二进制输出。它们有单一的变量权值 w_k

$$w_k=-\frac{p_{B_k}J_{B_k}}{p_{A_k}J_{A_k}}\cdot\frac{N_{A_k}}{N_{B_k}} \tag{4.3.1}$$

式中，N_{A_k} 为来自 A_k 类的训练样本数；N_{B_k}为来自 B_k 类的训练样本数。

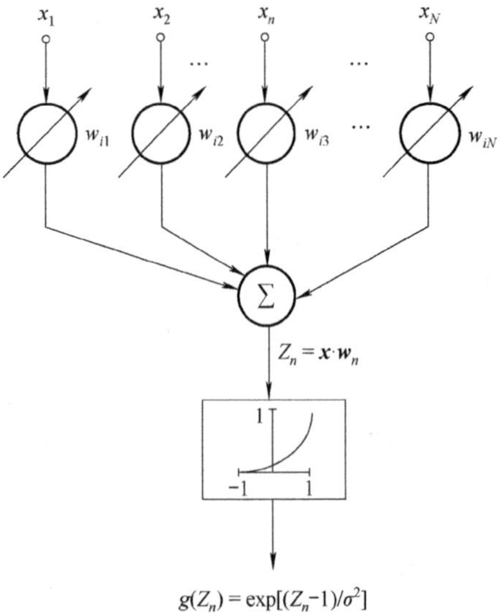

图4.2 模式单元

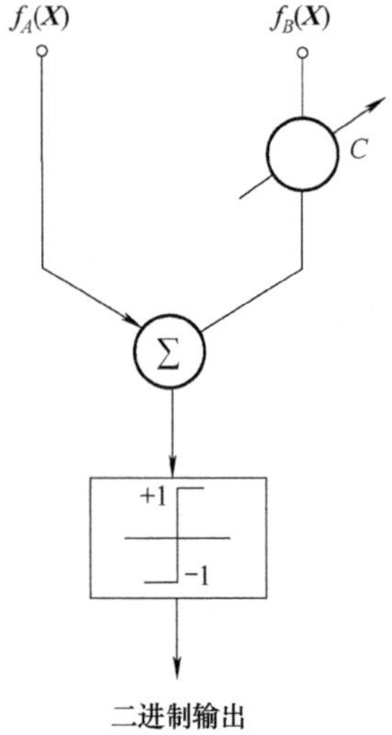

图4.3 输出单元

注意，w_k 为先验概率 p_{B_k}/p_{A_k} 除以样本比并乘以损失比。任何问题，其均可与它的先验概率成比例地从类别 A 和 B 获得训练样本的数量，其变量权值 $w_k=-J_{B_k}/J_{A_k}$。不能根据训练样本的统计量，而只能根据判定的显著性来估计最终的比值。如果没有偏重判定的特殊理由，可简化为 −1（变换器）。

训练网络的方法是：首先指定模式单元之一的权向量$\boldsymbol{w}_n$ 等于训练集内每个 $\boldsymbol{x}$ 模式；然后，将模式单元的输出连接到适当的求和单元。每个训练模式需要一个单独的神经元（模式单元），正如图4.1所示相同模式单元按不同求和单元聚集，以在输出向量中提供附加的类别对和附加的二进码信息。

在所给的方法中，唯一要调整的参数是平滑参数 σ。因为它控制指数激活函数的标度系数，故对于每个模式单元，它的值应相同。

激活函数是一个神经网络的核心，网络解决问题的能力与功效除了与网络的结构有关，在很大程度上取决于所采用的激活函数。Cacoullos[62] 和 Parzen[60] 给出的激活函数，如表 4.1 所示。即

$$f_A(\boldsymbol{x}) = \frac{1}{N\lambda^p} K_p \sum_{n=1}^{N} w_n(y) \tag{4.3.2}$$

式中

$$y = \frac{1}{\lambda} \sqrt{\sum_{n=1}^{N} (x_n - x_{A_{in}})^2} \tag{4.3.3}$$

K_p 为常数，以使

$$\int K_p w(y)\,\mathrm{d}y = 1 \tag{4.3.4}$$

表 4.1 权值函数及其等效的神经网络激活函数

$W(y)$	激活函数	$W(y)$	激活函数
$1, y \leqslant 1$ $0, y \geqslant 1$	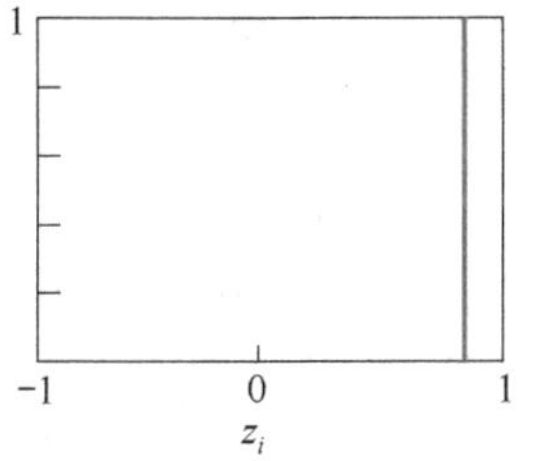	$e^{-\lvert y \rvert}$	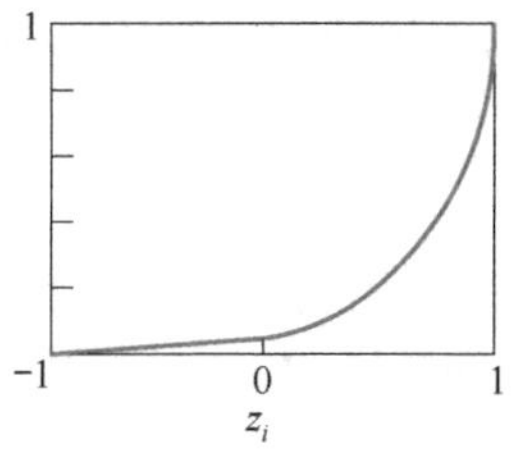
$1-y, y \leqslant 1$ $0, y \geqslant 1$	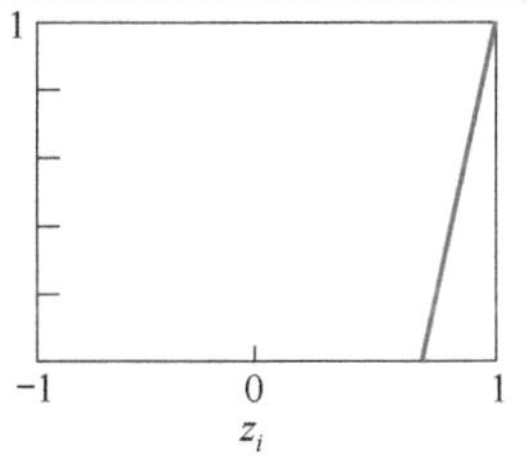	$\frac{1}{1+y^2}$	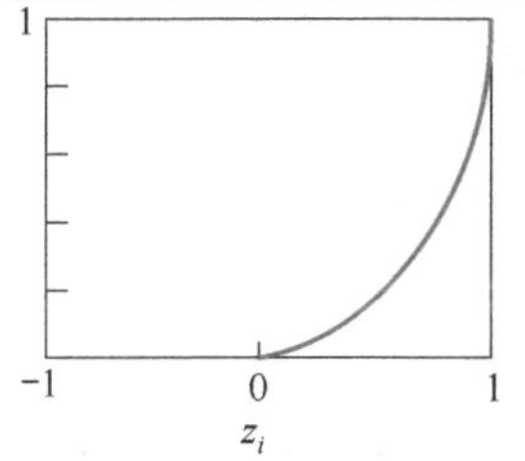
$e^{-1/2y^2}$	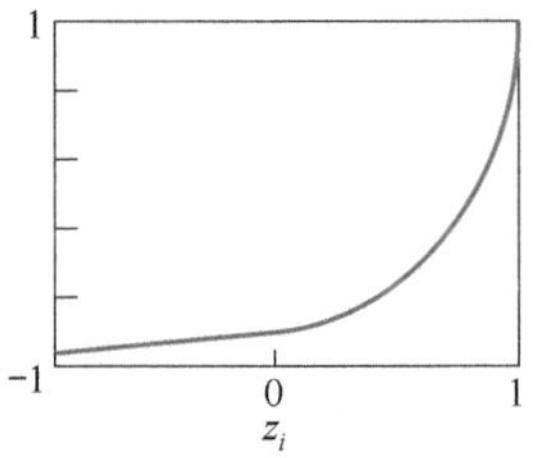	$\left(\frac{\sin(y/2)}{y/2}\right)^2$	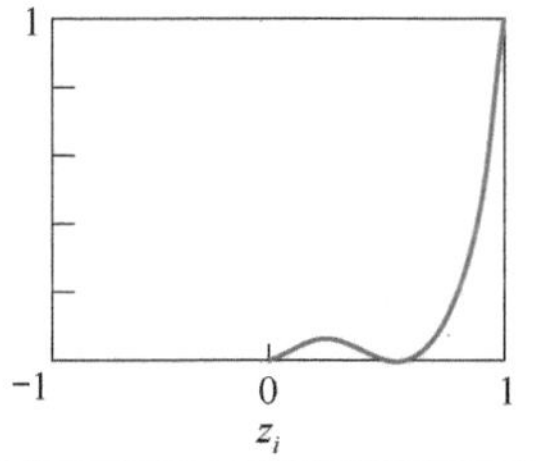

与之前相同，$Z_n = \boldsymbol{x} \cdot \boldsymbol{w}_n$。当 $\boldsymbol{x}$ 和 $\boldsymbol{w}_n$ 都归一化成单位长度时，Z_n 范围变化在 -1 至 $+1$ 之间，且激活函数为表 4.1 所列的形式之一。请注意，所有估计器都表达成标量积，输入到激活函数，因为都包含 $y = -1/\lambda \sqrt{2 - 2\boldsymbol{x} \cdot \boldsymbol{x}_{An}}$。

表 4.1 所示的全部 Parzen 窗口，连同式（4.1.1）的贝叶斯判定规则，应能逐渐达到贝叶斯最优的判定面。与神经网络相一致，唯一差别是模式单元内非线性激活函数的形式。这就让人们怀疑，精确形式的激活函数不是网络效能的关键。所有神经网络的普通单

元是：激活函数在 $Z_n = 1$ 处取最大值，或在输入模式 $\boldsymbol{x}$ 与模式单元存储的模式之间最相似；当模式变得不尽相似时，激活函数值降低；随着训练模式数 N 增大，整个曲线向 $Z_n = 1$ 直线靠近。

4.4 贝叶斯阴阳系统理论

人脑智能活动的两个基本功能是感知与联想。给定外部世界的一个对象 x，感知的任务是在智能（学习）系统的内部表示域建立一个对 $\boldsymbol{x}$ 的表示 $\boldsymbol{y}$ 作为进一步智能活动的基础。按不同任务 y 可有不同形式，它包括模式识别、编码、特征抽取等。给定 $x \in \boldsymbol{X}$ 和 $z \in \boldsymbol{Z}$，联想的任务是建立 x 与 z 间的一个对应关系，它可包括分类、回归、函数逼近和控制等。完成上述任务的具体形式可用监督或非监督学习方法。文献［44］提出了一种贝叶斯阴阳系统理论，尝试用一种统一的理论来表示不同的模型和算法。

从概率论的观点看，x 与 y 和 z 间的关系的全部信息都在其联合概率密度函数 $f(x,y)$ 中，按贝叶斯理论，联合概率密度函数 $f(x,y)=f(y|x)f(x)$ 或 $f(x,y)=f(x|y)f(y)$。这样，可以用模型 $M_1=\{M_{y|x},M_x\}$ 或模型 $M_2=\{M_{x|y},M_y\}$ 来实现，即

$$f_{M_1}(x,y)=f_{M_{y|x}}(y|x)f_{M_x}(x) \tag{4.4.1}$$

$$f_{M_2}(x,y)=f_{M_{x|y}}(x|y)f_{M_y}(y) \tag{4.4.2}$$

称 M_x 为阳（可见）模型，M_y 为阴（不可见）模型。用于 $x \to y$ 的通道 $M_{y|x}$ 是阳通道，用于 $y \to x$ 的通道 $M_{x|y}$ 是阴通道。这样，可用一个阳模型 M_1 来实现 $f_{M_1}(x,y)$ 和一个阴模型 M_2 来实现 $f_{M_2}(x,y)$，这样的一个阴阳对称为一个贝叶斯阴阳系统，意味任何事物都是阴阳的相互工作，如图 4.4 所示。

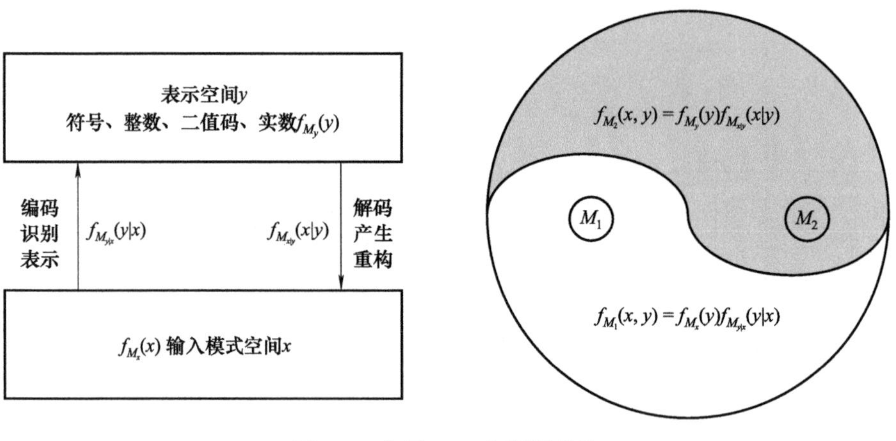

图 4.4　空间 x，y 和阴阳系统

阴阳系统理论在不同情况下的实现是通过一个广义的学习过程进行的，此学习架构如下。

步骤 1：按具体问题确定合适的表示方式 Y。

步骤 2：设计模型的基本结构形式。

步骤 3：确定上述模型的规模。

步骤 4：学习模型中的参数。

根据阴阳学习理论，和谐度量定义为

$$F_s(M_1, M_2) = F_s(f_{M_{y|x}}(y|x) f_{M_x}(x), f_{M_{x|y}}(x|y) f_{M_y}(y)) \geqslant 0 \tag{4.4.3}$$

阴阳学习理论的核心是指一个阴阳系统的体现过程是通过使式（4.4.3）所示的和谐度量达到最小化，以达到阴阳和谐。

当且仅当 $f_{M_{y|x}}(y|x) f_{M_x}(x) = f_{M_{x|y}}(x|y) f_{M_y}(y)$ 时，$F_s(M_1, M_2) = 0$。这一理论可作为监督与非监督学习的统一理论，从它出发运用贝叶斯公式、各种监督与非监督学习算法，诸如 K 均值聚类、EM 学习算法、Helmholz、主成分分析法等学习方法是该理论的一种具体实现方式。

4.5 实例 3：基于离散余弦变换和概率神经网络的脑肿瘤分类方法

脑瘤是颅内实体瘤或脑、中枢椎管内细胞的异常生长。脑肿瘤是世界上最常见的致命性疾病之一。早期发现脑肿瘤是其治愈的关键。有许多不同类型的脑肿瘤使这一决定变得非常复杂。因此，脑肿瘤的分类非常重要。良好的分类过程可以做出正确的决定，并提供正确的处理方法。各种类型的脑肿瘤的治疗主要取决于脑肿瘤的类型。每种类型的治疗方法可能不同，通常取决的因素如下。

- 年龄、整体健康状况和医疗状况。
- 肿瘤的类型、位置和大小。
- 条件范围。
- 对特定药物、程序或疗法的耐受性。
- 对病程的期望。
- 意见和偏好。

肿瘤的合理分类有利于确定肿瘤的类型。通常，早期脑肿瘤诊断方法主要包括计算机断层扫描（CT）、磁共振成像（MRI）扫描、神经检查及活检等。人工智能技术的迅速发展，在生物医学中，计算机辅助诊断越来越受到关注。文献［64］利用概率神经网络（Probabilistic Neural Network，PNN）提出了一种计算机辅助的脑肿瘤分类方法，它利用前馈神经网络从磁共振成像（MRI）和计算机断层（CT）扫描图像，识别患者脑肿瘤类型，并将脑肿瘤图像作为网络的输入。该方法在诊断每个患者的脑肿瘤类型时，医生通常会参考 MRI 图像并做出患者 MRI 分析的报告，这有助于医生诊断脑肿瘤患者。在该方法中，医生可以使用一些已知数据训练系统，然后利用测试数据，使该系统生成患者的 MRI 报告。该方法的流程图如图 4.5 所示。

在任何分类系统中，降维和特征提取都是非常重要的方面。虽然图像尺寸较小，但维数较大，这会产生很大的计算和空间复杂性。任何分类器的性能主要取决于图像的高分辨特征。文献［65］提出用离散余弦变换进行降维和特征提取。

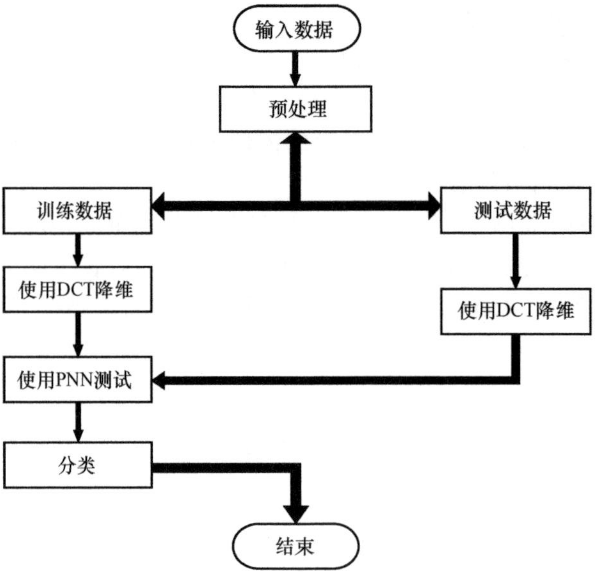

图 4.5　分类流程图

4.5.1　离散余弦变换与概率神经网络

1. 离散余弦变换

离散余弦变换（Discrete Cosine Transform，DCT）是与傅里叶变换相关的一种变换，由一组基向量组成，这些基向量是采样的余弦函数。图像具有较高的相关性和冗余信息，在处理速度和内存利用率方面造成计算负担。DCT 变换的特点是，对于一个典型的图像，大部分视觉上有意义的信息只集中在少数几个系数上，这些系数可以作为一种特征，对人脸识别有用。

人脸图像 $f(x,y)$ 的 $M \times N$ 灰度矩阵的 DCT 定义为

$$T(u,v) = \sum_{x=0}^{M-1} \sum_{y=0}^{N-1} f(x,y)\alpha(u)\alpha(v) \times \cos\left[\frac{(2x+1)u\pi}{2M}\right]\cos\left[\frac{(2y+1)v\pi}{2N}\right] \tag{4.5.1}$$

$$\alpha(u) = \begin{cases} \sqrt{\dfrac{1}{M}} & u = 0 \\ \sqrt{\dfrac{2}{M}} & u = 1,2,\cdots,M-1 \end{cases} \tag{4.5.2}$$

$T(u,v)$ 是 DCT 系数。这种技术对于小方块输入（如 8×8 像素的图像块）非常有效。

2. 概率神经网络

本节所用概率神经网络的基本结构，如图 4.6 和图 4.7 所示。基本体系结构具有三层，即输入层、模式层和输出层。

模式层构成了贝叶斯分类器的神经实现，其中使用 Parzen 估计器对与类相关的概率密度函数（PDF）进行近似[65-66]。Parzen 估计器通过最小比训练集错误分类的预期风险来确定 PDF。使用 Parzen 估计器，随着训练样本数量的增加，分类更加接近真实的隐含层类密度函数。

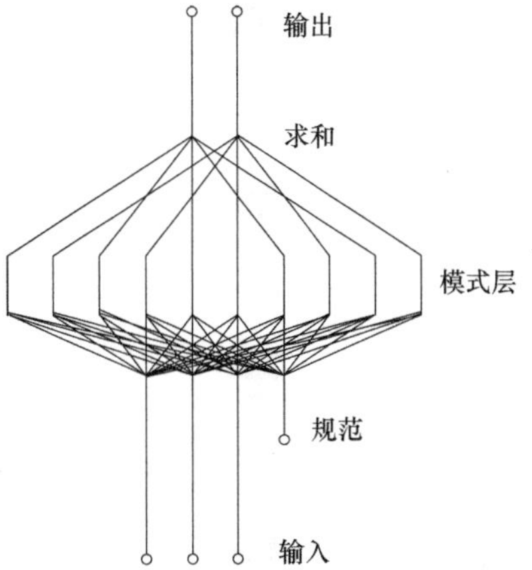

图 4.6 概率神经网络

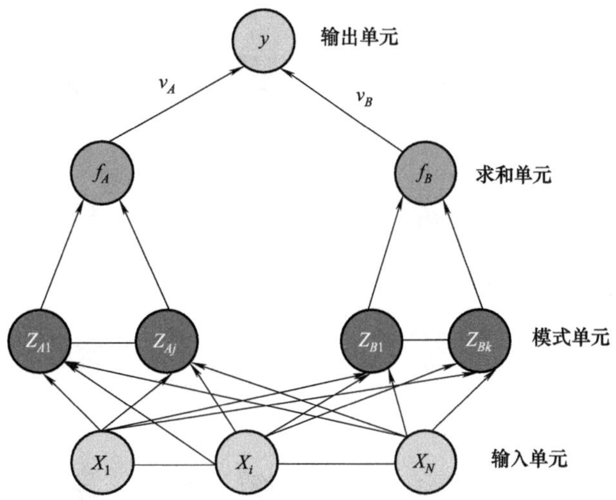

图 4.7 概率神经网络的结构

模式层由对应于训练集中每个输入向量的处理元素组成。每个输出类别应由相等数量的处理元素组成，否则一些类别可能会产生错误的倾向，从而导致分类结果不佳。模式层中每个处理元素都训练一次。当输入向量与训练向量匹配时，元素被训练成返回高输出值。为了获得广泛的泛化，在训练网络时加入了平滑因子。

模式层采用竞争机制对输入向量进行分类，其中只有与输入向量的最高匹配时才能生成输出。因此，对于任何给定的输入向量，仅产生一个分类类别。如果在模式层中输入模式与编程到模式层中不同，就不会产生任何输出。

与前馈传播网络相比，概率神经网络的训练要简单得多。由于概率网络是利用贝叶斯理论进行分类的，因此必须以贝叶斯最优方式将输入向量分类为两个类别之一。该理论提供一个代价函数来包含这样一个事实：即错误分类实际上是 A 类成员的向量可能比错误分类属于 B 类向量的情况要糟糕。贝叶斯规则将一个输入向量 $\boldsymbol{x}$ 分类属于类 A 的条件和概率密度函数分别为式（4.1.1）和式（4.2.9）。

4.5.2 仿真实验与结果分析

将该方法应用于脑肿瘤图像数据库中，每类包含4幅不同背景条件下的 70×60 图像。

脑肿瘤图像数据库，如图4.8所示；其归一化结果如图4.9所示。在进行模拟之前，脑肿瘤图像的大小减小到 4×4。这些缩小尺寸的图像用作离散余弦变换的输入，并且每图像提供16个特征作为输出。对于该数据库，图4.10显示了图像大小与识别率之间的关系图，图4.11显示了每个样本的特征数量（样品尺寸）与识别率之间的关系图。这些图表明，对样本尺寸为6的 4×4 图像，最大识别率为100%。

脑肿瘤图像经离散余弦变换后，其特征向量作为概率神经网络的输入向量，可对脑肿瘤图像进行快速准确的分类。图4.10a ~ e 显示了来自5个类别的测试样本以及从分类器获得的等效图像。在仿真中，训练样本和测试图像样本的三种不同组合如下。

1）15张训练图像和5张测试图像。

2）10张训练图像和10张测试图像。

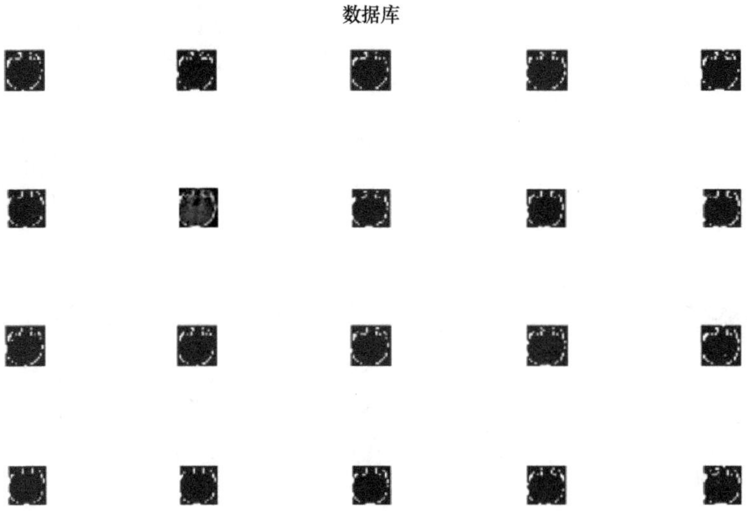

图 4.8 脑瘤图像数据库

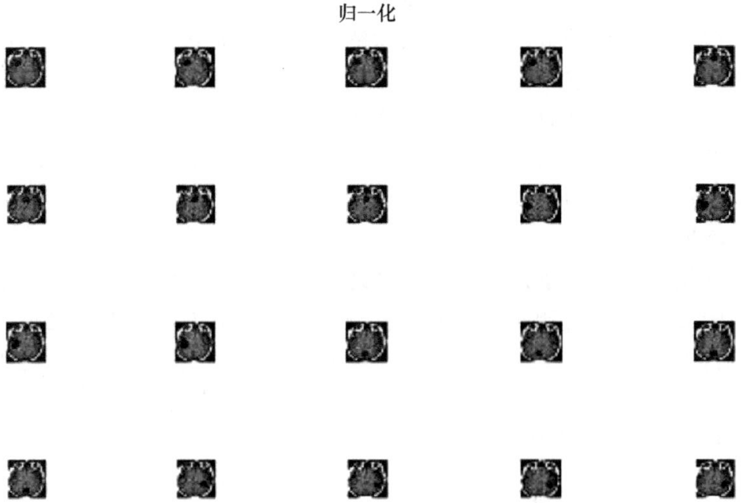

图 4.9 归一化脑瘤影像资料库

3）5 张训练图像和 15 张测试图像。

使用上述三组数据进行了仿真，结果如表 4.2 和图 4.12 所示。

表 4.2 AT&T（ORL）数据库的不同训练和测试样本的识别率

分类	训练样本总数	每类样本数	测试样本总数	每类样本数	识别率（最大）
5	15	3	5	1	100
5	10	2	10	2	100
5	5	1	15	3	100

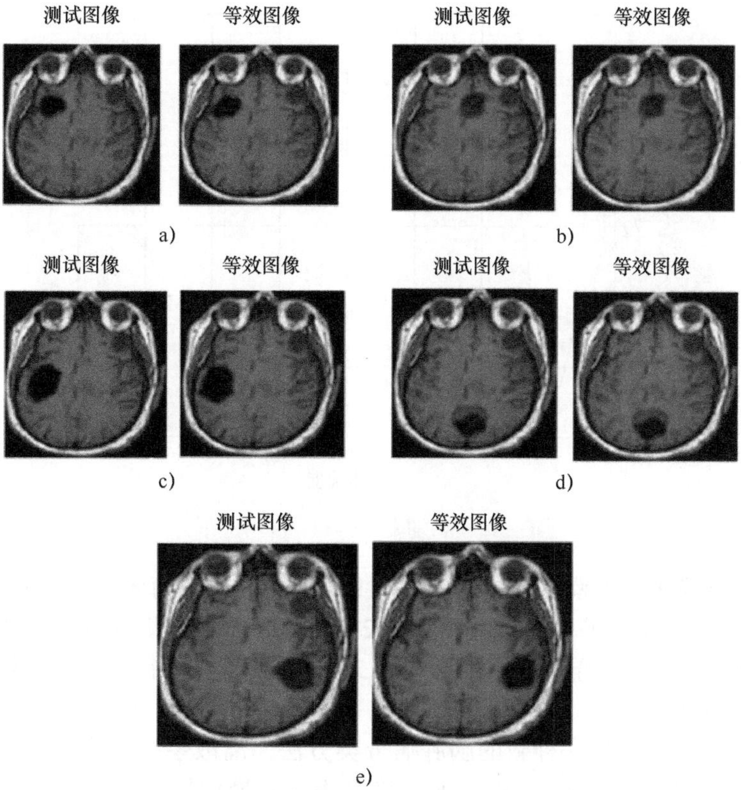

图 4.10　图像分类

a）类 1　b）类 2　c）类 3　d）类 4　e）类 5

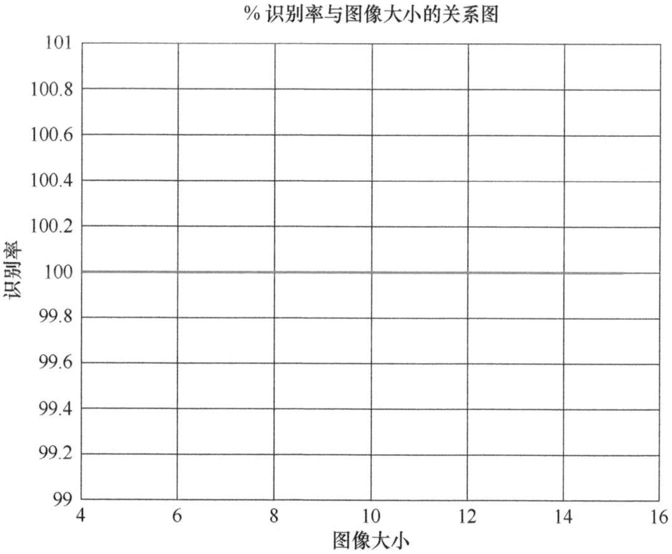

图 4.11　识别率与图像大小的关系图

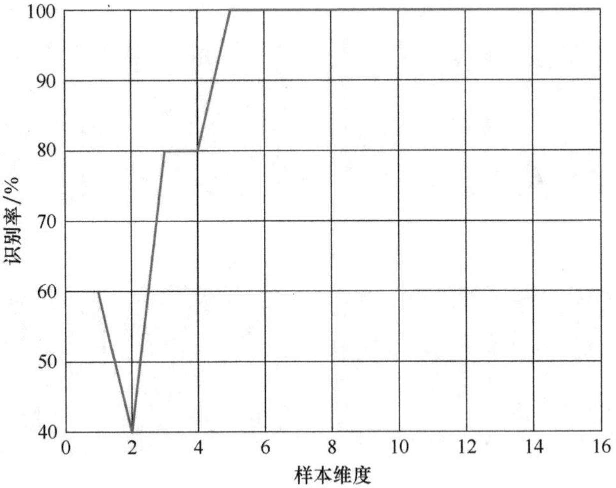

图 4.12　识别率与样本维度的关系

在离散余弦变换中，每幅图像的特征数为 16，用于分类的每张图像特征数为 6。

对于 15 个训练样本，平均训练时间为 3.2760s；对于 5 个测试样本，平均测试时间为 1.076s，这意味着测试一个样本的时间为 0.2152s。与其他任何神经网络分类时间相比，这是非常小的分类时间。

综上，文献［64］给出一种新的脑肿瘤分类方法，离散余弦变换和概率神经网络的脑肿瘤分类，最大识别率为 100%。这表明，该方法具有最佳特征提取和有效脑肿瘤分类的能力。

第 5 章　小波神经网络

概　要

从小波变换基本理论开始，根据小波变换与常规神经网络结合紧密程度，分析了前置小波神经网络和嵌入小波神经网络的两种结构。在小波神经网络（WNN）结构基础上，分析了 WNN 学习过程与训练方法，讨论了提高网络收敛性与准确性的学习训练优化、结构优化、小波函数优化等问题。最后，以前置小波神经网络为例，将其应用于解决通信信道盲均衡问题，分析了应用效果。

小波神经网络（Wavelet Neural Networks，WNN）是小波理论和人工神经网络相互结合的产物，充分发挥了小波变换和神经网络的优点，具有并行处理大规模数据、自学习、容错和非线性逼近等能力[42]。研究表明，无论是逼近问题还是分类问题，小波神经网络都表现出良好的性能。本章在小波神经网络分类特性基础上，研究了几种小波神经网盲均衡算法。

5.1 小波理论

小波分析是在短时傅里叶变换的基础上发展起来的一种具有多分辨率分析特点的时频分析方法。通过小波分析，可以将各种交织在一起的由不同频率组成的混合信号分解成不同频率的块信号，能够有效解决诸如噪音分离、编码解码、数据压缩、模式识别、非线性化问题线性化、非平稳过程平稳化等问题。也正是因为如此，小波分析在水声信道盲均衡中有应用前景。

5.1.1 小波变换

小波变换有连续小波变换和离散小波变换之分。

1. 连续小波变换

小波是函数空间 $L^2(\mathbb{R})$ 中满足下述条件的一个函数或者信号 $\varphi(t)$

$$C_\varphi = \int_{\mathbb{R}} \frac{|\hat{\varphi}(\omega)|^2}{|\omega|} \mathrm{d}\omega < \infty \tag{5.1.1}$$

$\varphi(t)$ 也称为基本小波或母小波函数，而式（5.1.1）称为小波函数的可容许条件。通常 $\varphi(t)$ 在时域和频域都是一个有限长或近似有限长的信号。

将函数 $\varphi(t)$ 进行伸缩和平移，就可得到函数

$$\varphi_{a,b}(t) = \frac{1}{\sqrt{a}}\varphi\left(\frac{t-b}{a}\right) \qquad a,b \in \mathbb{R}\ ;a>0 \tag{5.1.2}$$

式中，$\varphi_{a,b}(t)$ 为分析小波或连续小波。a 为伸缩因子（尺度参数）且 $a>0$，b 为平移因子（位移参数），由于伸缩因子 a 和平移因子 b 是连续变化的值。

将 $L^2(\mathbb{R})$ 空间中的任意信号 $f(t)$ 在小波基函数 $\varphi_{a,b}(t)$ 下展开，这种展开称为信号 $f(t)$ 的连续小波变换（Continue Wavelet Transform，CWT），其表达式为

$$WT_f(a,b)=\frac{1}{\sqrt{a}}\int_{-\infty}^{+\infty}f(t)\varphi^*\left(\frac{t-b}{a}\right)\mathrm{d}t = < f(t),\varphi_{a,b}(t) > \tag{5.1.3}$$

等效的频域表示为

$$WT_f(a,b)=\frac{\sqrt{a}}{2\pi}\int_{-\infty}^{+\infty}\hat{f}(\omega)\hat{\varphi}^*(a\omega)\mathrm{e}^{\mathrm{j}\omega b}\mathrm{d}\omega \tag{5.1.4}$$

式中，$\hat{f}(\omega)$、$\hat{\varphi}(\omega)$ 分别为 $f(t)$、$\varphi(t)$ 的傅里叶变换；“ * ” 表示复共轭；$WT_f(a,b)$ 称为小波变换系数。

可以证明，若采用的小波满足式（5.1.1）的容许条件，则连续小波变换存在着逆变换，逆变换公式为

$$\begin{aligned}f(t)&=\frac{1}{C_\varphi}\int_{0}^{+\infty}\frac{\mathrm{d}a}{a^2}\int_{-\infty}^{+\infty}WT_f(a,b)\varphi_{a,b}(t)\mathrm{d}b\\&=\frac{1}{C_\varphi}\int_{0}^{+\infty}\frac{\mathrm{d}a}{a^2}\int_{-\infty}^{+\infty}WT_f(a,b)\frac{1}{\sqrt{a}}\varphi\left(\frac{t-b}{a}\right)\mathrm{d}b\end{aligned} \tag{5.1.5}$$

通常粗略的将小波变换（Wavelet Transform，WT）的作用比喻为用镜头观察目标 $f(t)$（即待分析的信号），$\varphi(t)$ 代表镜头所起的作用（如滤波和卷积），b 相当于使镜头相对于目标平行移动，a 的作用相当于镜头向目标推进和远离，即小波具有类似于调焦距的伸缩能力。从这个意义上讲，小波变换是一架“变焦镜头”，既是“望远镜”，又是“显微镜”，而 a 是“变焦旋钮”。

由于母小波函数 $\varphi(t)$ 及其傅里叶变换 $\hat{\varphi}(\omega)$ 都是窗函数，设其窗口中心分别为 t_0、ω_0，窗口半径分别为 Δt、$\Delta\omega$。

由于 $\varphi(t)$ 是一个窗函数，经伸缩和平移后小波基函数 $\varphi_{a,b}(t)$ 也是一个窗函数，其窗口中心为 at_0+b，窗口半径为 $a\Delta t$，则式（2.1.3）表明，WT_f（a，b）给出了信号 $f(t)$ 在一个“时间窗” $[b+at_0-a\Delta t,\ b+at_0+a\Delta t]$ 内的局部信息，其窗口中心为 at_0+b，窗口宽度为 $2a\Delta t$，即小波变换具有“时间局部化”。

令

$$\eta(\omega)\hat{\varphi}(\omega+\omega_0) \tag{5.1.6}$$

则 η 也是一个窗函数，其窗口中心为0，半径为 $\Delta\omega$。由 Parseval 恒等式，可得积分小波变换为

$$WT_f(a,b)=\frac{a\,|\,a\,|^{-1/2}}{2\pi}\int_{-\infty}^{+\infty}\hat{f}(\omega)\mathrm{e}^{\mathrm{i}\omega b}\eta_0\left(a\left(\omega-\frac{\omega_0}{a}\right)\right)\mathrm{d}\omega \tag{5.1.7}$$

因为

$$\eta_0\left(a\left(\omega-\frac{\omega_0}{a}\right)\right)=\eta_0(a\omega-\omega_0)=\hat{\varphi}_0(a\omega) \tag{5.1.8}$$

显然，$\eta_0\left(a\left(\omega-\frac{\omega_0}{a}\right)\right)$是一个窗口中心在$\frac{\omega_0}{a}$，窗口半径为$\frac{\Delta\omega}{a}$的窗函数。式（5.1.7）表明，除了具有一个倍数 $a\,|\,a\,|^{1/2}/2\pi$ 与线性相位位移 $\mathrm{e}^{\mathrm{i}\omega b}$之外，$WT_f(a,b)$ 还给出了信号 $f(t)$ 的频谱 $\hat{f}(\omega)$ 在“频率窗” $\left[\frac{\omega_0}{a}-\frac{1}{a}\Delta\omega,\frac{\omega_0}{a}+\frac{1}{a}\Delta\omega\right]$ 内的局部信息，其窗口中心在$\frac{\omega_0}{a}$，窗口宽度

为$\frac{2}{a}\Delta\omega$，即小波变换具有“频率局部化”。

综上可知，$WT_f(a,b)$ 给出了信号$f(t)$ 在时间－频率平面（$t-\omega$平面）中一个矩形的时间－频率窗 $[b+at_0-a\Delta t, b+at_0+a\Delta t]\times\left[\frac{\omega_0}{a}-\frac{1}{a}\Delta\omega, \frac{\omega_0}{a}+\frac{1}{a}\Delta w\right]$上的局部信息，即小波变换具有时－频局部化特性。此外

$$\text{时间宽度}\times\text{频率宽度}=2a\Delta t\times\frac{2\Delta\omega}{a}=4\Delta t\Delta\omega \tag{5.1.9}$$

即时间－频率窗的“窗口面积”是恒定的，而与时间和频率无关。

上述时间－频率窗公式的重要性是，当检测高频信息时（即对于小的 $a>0$），时间窗会自动变窄；而当检测低频信息时（即对于大的 $a>0$），时间窗会自动变宽。而窗的面积是固定不变的，如图5.1所示。

图5.1表明，“扁平”状的时－频窗是符合信号低频成分的局部时－频特性的，而“瘦窄”状的时－频窗是符合信号高频成分的局部时－频特性的。

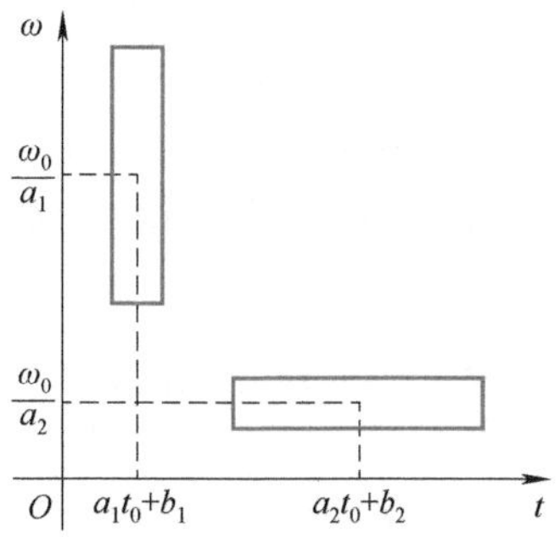

图5.1　时间－频率窗（$0<a_1<a_2$）

2. 离散小波变换

在信号处理中，特别是在数字信号处理和数值计算等方面，为了方便计算机实现，连续小波必须进行离散化，通常的方法是将式（5.1.2）中的参数 a、b 都取离散值，取 $a=a_0^j, b=kb_0a_0^j, k\in\mathbb{Z}$，固定尺度参数 $a_0>1$，位移参数 $b_0\neq 0$，从而把连续小波变成离散小波，即 $\varphi_{a,b}(t)$ 改成

$$\varphi_{j,k(t)}=a_0^{-j/2}\varphi[t-ka_0^jb_0]=a_0^{-j/2}\varphi(a_0^{-j}t-kb_0) \qquad j,k\in\mathbb{Z} \tag{5.1.10}$$

离散小波变换为

$$WT_t(j,k)=<f(t),\varphi_{j,k}(t)>=\int f(t)\varphi_{j,k}^*(t)\mathrm{d}t \qquad j=0,1,2,\cdots,k\in\mathbb{Z} \tag{5.1.11}$$

式中，待分析信号$f(t)$ 和分析小波 $\varphi_{j,k(t)}$ 中的时间变量 t 并没有被离散化，所以也称此变换为离散 a，b 栅格下的小波变换。通常取 $a_0=2$，$b_0=1$，则有

$$\varphi_{j,k}(t)=2^{-\frac{j}{2}}\varphi(2^{-j}t-k) \qquad j=0,1,2,\cdots;k\in\mathbb{Z} \tag{5.1.12}$$

与之对应的小波变换 $WT_f(j,k)$ 也称为二进小波变换，相应的小波为二进小波。

5.1.2　多分辨率分析

多分辨分析是构造小波基函数的理论基础，也是 Mallat 信号分解与重构塔形算法的基础。其基本思想是把 $L^2(\mathbb{R})$ 中的函数$f(t)$ 表示成一个逐级逼近的极限，每一个逼近都具有不同的分辨率和尺度，因此称为多分辨分析。

设 $\{U_j|\ \in\mathbb{Z}\}$ 为空间 $L^2(\mathbb{R})$ 中一列闭子空间列，如果 $\{U_j|j\in\mathbb{Z}\}$ 满足以下条件，则称 $\{U_j|j\in\mathbb{Z}\}$ 为多分辨率分析，又称多尺度分析。

1）一致单调性：

$$\cdots\subset U_{j-1}\subset U_j\subset U_{j+1}\subset\cdots \tag{5.1.13}$$

2）渐进完全性：

$$\bigcap_{j\in\mathbb{Z}} U_j = \{0\}; \overline{\bigcap_{j\in\mathbb{Z}} U_j} = L^2(\mathbb{R}) \tag{5.1.14}$$

3）伸缩规则性：

$$f(t)\in U_j \Leftrightarrow f(2t)\in U_{j+1}(\forall j\in\mathbb{Z}) \tag{5.1.15}$$

4）平移不变性：

$$f(t)\in U_0 \Rightarrow f(t-k)\in U_0,\text{对所有 } k\in\mathbb{Z} \tag{5.1.16}$$

5）Riesz 基存在性：存在 $\phi(t) \in U_0$，使得 $\{\phi(t-k) \mid k\in\mathbb{Z}\}$ 构成 U_0 的 Riesz 基，其中，$\phi(t)$ 称为尺度函数。

1. 尺度函数与尺度空间

由于 $\phi(t)\in U_0$，且 $\{\phi(t-k) \mid k\in\mathbb{Z}\}$ 构成 U_0 的一个 Riesz 基，则由多分辨分析定义，$\phi(t)$ 经过伸缩和平移后的函数集合为

$$\phi_{j,k}(t) = \{2^{-\frac{j}{2}}(2^{-j}t-k) \mid k\in\mathbb{Z}\} \tag{5.1.17}$$

必构成子空间 U_j 的 Riesz 基。$\phi_{j,k}(t)$ 是尺度为 j、平移为 k 的尺度函数，U_j 是尺度为 j 的尺度空间。

2. 小波函数与小波空间

定义 W_j 为 U_j 在 U_{j-1} 中的直交补空间（又称小波空间），即

$$U_{j-1} = W_j \oplus U_j \tag{5.1.18}$$

式中，$\oplus$表示直和运算。上式也可表示为

$$W_j = U_{j-1} - U_j \tag{5.1.19}$$

该式表明，小波空间 W_j 是两个相邻尺度空间的差，即 W_j 代表了空间 U_j 与 U_{j-1} 之间的细节信息，因此也称小波空间为细节空间。

若函数 $\varphi(t)\in V_0$，且 $\{\varphi(t-k) \mid k\in\mathbb{Z}\}$ 构成 W_0 的 Riesz 基，则称 $\varphi(t)$ 为小波函数。显然，此时有

$$\varphi_{j,k}(t) = \{2^{j/2}\varphi(2^{-j}t-k) \mid k\in\mathbb{Z}\} \tag{5.1.20}$$

构成 W_j 的 Riesz 基。$\varphi_{j,k(t)}$ 是尺度为 j、平移为 k 的小波函数，W_j 是尺度为 j 的小波空间。

如果 $W_j \perp U_j$（$\perp$代表正交），相应的多分辨率分析称为正交多分辨率分析。如果尺度函数 $\phi(t)$ 满足 $<\phi(t), \phi(t-l)> = \delta(l)$，$l\in\mathbb{Z}$，即 $\{\phi(t-l) \mid l\in\mathbb{Z}\}$ 是 U_0 一个正交基，则称 $\phi(t)$ 为正交尺度函数。

由于 $U_j \subset U_{j-1}$，$W_j \perp U_j$，因而有 $W_j \perp W_i$（当 $j\neq 1$ 且 $j, i\in\mathbb{Z}$），即对任意子空间 W_j 与 W_i 是相互正交的（空间不相交）。结合式（5.1.13）和式（5.1.14）可知

$$L^2(\mathbb{R}) = \bigoplus_{j\in\mathbb{Z}} W_j \tag{5.1.21}$$

即 $\{W_j\}$ 构成了 $L^2(\mathbb{R})$ 的一系列正交子空间。如果小波函数 $<\varphi(t), \varphi(t-l)> = \delta(l)$，$l\in\mathbb{Z}$ 即 $\{\phi(t-l) \mid l\in\mathbb{Z}\}$ 构成 W_0 的一个正交基，则称 $\phi(t)$ 为正交小波函数。

如果 $\phi(t)$ 为正交小波函数，$\varphi(t)$ 为正交尺度函数，则 $\{\phi(t), \varphi(t)\}$ 构成了一个正交小波系统。

3. 两尺度方程

由于 $\phi(t)\in U_0 \subset U_{-1}$，且 $\{\phi(t-k) \mid k\in\mathbb{Z}\}$ 是 U_0 的一个正交基，所以，必存在唯一

的序列 $\{h(k) \mid k \in \mathbb{Z}\} \in l^2(\mathbb{Z})$，使得 $\phi(t)$ 满足的双尺度方程为

$$\phi(t) = \sum_{k \in \mathbb{Z}} h(k) \cdot \sqrt{2}\phi(2t - k) \tag{5.1.22}$$

通常称它为尺度方程。其中展开系数 $h(k)$ 为

$$h(k) = \langle \phi(t), \phi_{-1,k}(t) \rangle \tag{5.1.23}$$

$h(k)$ 为低通滤波器系数，由尺度函数 $\phi(t)$ 和小波函数 $\varphi(t)$ 决定的，与具体尺度无关。

另外，由于小波函数 $\varphi(t) \in W_0 \subset U_{-1}$，且 $\varphi(t)$ 为小波空间 W_0 的一个正交基函数，所以，必存在唯一序列 $\{g(k) \mid k \in \mathbb{Z}\} \in l^2(\mathbb{Z})$，使得 $\varphi(t)$ 满足的双尺度方程为

$$\varphi(t) = \sum_{k} g(k) \cdot \sqrt{2}\phi(2t - k) \tag{5.1.24}$$

上式称之为构造方程或小波方程。其中展开系数 $g(k)$ 为

$$g(k) = \langle \phi(t), \varphi_{-1,k}(t) \rangle \tag{5.1.25}$$

$g(k)$ 是高通滤波器系数，也仅由尺度函数 $\phi(t)$ 和小波函数 $\varphi(t)$ 决定的，与具体尺度无关。

$\{\phi(t), \varphi(t)\}$ 构成了一个正交小波系统，可以从正交尺度函数构造出正交小波函数，其方法是令

$$g(k) = (-1)^k h^*(1 - k) \tag{5.1.26}$$

由于式（5.1.22）与（5.1.24）的双尺度方程是描述相邻二尺度空间基函数之间的关系，所以称之为二尺度方程，并且二尺度差分关系存在于任意两个相邻尺度 j 和 $j-1$ 之间，则上述二尺度方程可写为

$$\phi_{j,0}(t) = \sqrt{2} \sum_{k} h(k)\phi_{j-1,k}(t) \tag{5.1.27}$$

$$\phi_{j,0}(t) = \sqrt{2} \sum_{k} g(k)\phi_{j-1,k}(t) \tag{5.1.28}$$

5.2 小波神经网络

小波神经网络根据小波分析方法与神经网络的结合方式可分为两类[42]。

- 前置小波神经网络。它是小波变换与传统神经网络的结合，主要通过小波分析方法对信号进行特征提取、去除噪声等处理，并将所得结果作为神经网络输入从而实现函数逼近、模式识别等过程。称这一类为混合型小波神经网络或前置小波神经网络。
- 嵌入小波神经网络。它是小波基函数与传统神经网络的紧密融合，主要包括小波基函数作隐含层激励函数；根据多分辨分析建立相应的隐含层结构；通过自适应小波的线性组合得到“叠加小波”，构成能够自适应调节参数的小波神经网络。这类小波神经网络也称为融合型小波神经网络。它主要包括以小波函数为激励函数的小波神经网络、以尺度函数为激励函数的小波神经网络、多分辨小波神经网络以及自适应型小波神经网络。

本节将对混合型小波神经网络以及嵌入小波神经网络等模型进行分析研究。

5.2.1 前置小波神经网络

前置小波神经网络用小波基函数对信号进行特征提取、去除噪声等预处理工作，如图 5.2 所示。离散输入信号 $\boldsymbol{y}(k)$ 被分解为相对低频的近似分量和高频的细节分量，即尺度

系数和小波系数。一方面，由于有效信号与噪声信号在小波变换的各尺度上具有不同的传播特性，因此，可通过模极大值法、阈值法等方法实现对信号的去噪作用；另一方面，近似分量与细节分量分别包含原始信号的不同信息，对信号分解的过程也是对信号进行特征提取的过程。因此，通过小波逆变换过程可得到重构的近似成分和细节成分，并将其部分作为原始信号的特征输入至常规神经网络，进一步实现神经网络功能。

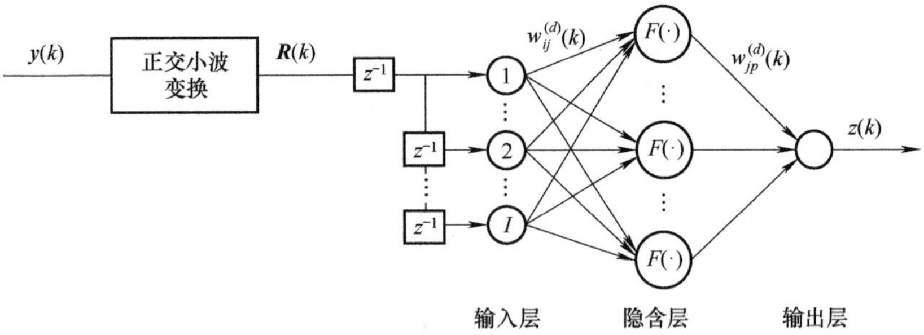

图 5.2　前置小波神经网络示意图

由小波分析进行信号处理的过程，如图 5.3 所示[67]。该过程包括 Mallat 算法、离散小

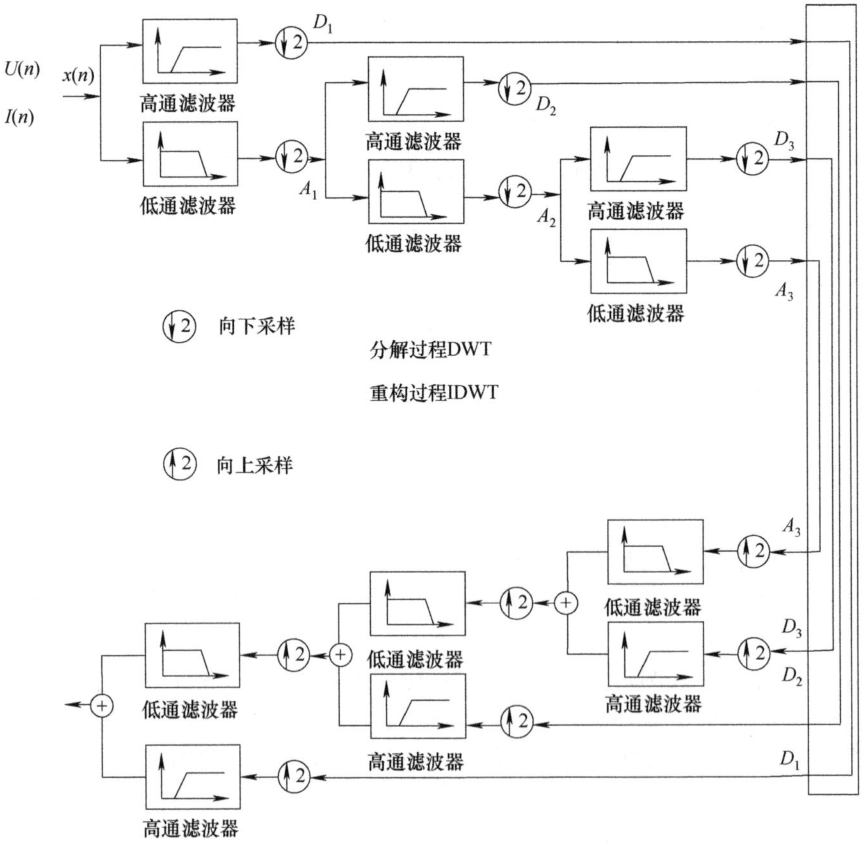

图 5.3　基于 Mallat 算法的信号分解与重构过程示意图

波变换和离散小波逆变换的信号分解与重构过程。图中向上采样与向下采样算子与↑2，↓2相同。

在图 5.2 中，输入信号 $\boldsymbol{y}(k)$ 经过小波变换后就是神经网络的输入信号 $\boldsymbol{R}(k)$，即

$$\boldsymbol{R}(k) = \boldsymbol{V}_{WT}\boldsymbol{y}(k) \tag{5.2.1}$$

此时隐层的输入、输出修正为

$$u_j^J(k) = \sum_{i=1}^{I} \boldsymbol{w}_{ij}(k)\boldsymbol{R}_i(k) \tag{5.2.2}$$

$$v_j^J(k) = f\left(\sum_{i=1}^{I} w_{ij}(k)\boldsymbol{R}_i(k)\right) \tag{5.2.3}$$

$$u_p^P(k) = \sum_{j=1}^{J} w_{jp}(k)v_j^J(k) \tag{5.2.4}$$

$$z(k) = f\left(\sum_{j=1}^{J} w_{jp}(k)v_j^J(k)\right) \tag{5.2.5}$$

如果采用均方误差函数定义损失函数，则

$$Loss(k) = (T(k) - z(k))^2 \tag{5.2.6}$$

式中，$T(k)$ 表示目标输出。

输出层权值迭代公式为

$$\boldsymbol{w}_{jp}(k+1) = \boldsymbol{w}_{jp}(k) - \mu_{jp}\frac{\partial Loss(k)}{\partial \boldsymbol{w}_{jp}(k)} \tag{5.2.7}$$

而

$$\frac{\partial J(k)}{\partial \boldsymbol{w}_{jp}(k)} = \frac{\partial J(k)}{\partial z(k)} \cdot \frac{\partial z(k)}{\partial u_p^P(k)} \cdot \frac{\partial u_p^P(k)}{\partial \boldsymbol{w}_{jp}(k)} \tag{5.2.8}$$

从而得到

$$\begin{aligned}\boldsymbol{w}_{jp}(k+1) &= w_{jp}(k) - \mu_{jp}\frac{\partial Loss(k)}{\partial \boldsymbol{w}_{jp}(k)}\\ &= \boldsymbol{w}_{jp}(k) - \mu_{jp}\frac{\partial Loss(k)}{\partial z(k)} \cdot \frac{\partial z(k)}{\partial u_p^P(k)} \cdot \frac{\partial u_p^P(k)}{\partial w_{jp}(k)}\end{aligned} \tag{5.2.9}$$

式中

$$\frac{\partial Loss(k)}{\partial z(k)} = -(T(k) - z(k)) \tag{5.2.10}$$

$$\frac{\partial z(k)}{\partial u_p^P(k)} = f'(u_p^P(k)) \tag{5.2.11}$$

$$\frac{\partial u_p^P(k)}{\partial \boldsymbol{w}_{jp}(k)} = v_j^J(k) \tag{5.2.12}$$

同理可得，输入层权值迭代公式为

$$\begin{aligned}\boldsymbol{w}_{ij}(k+1) &= \boldsymbol{w}_{ij}(k) - \mu_{ij}\frac{\partial Loss(k)}{\partial \boldsymbol{w}_{ij}(k)}\\ &= \boldsymbol{w}_{ij}(k) - \mu_{ij}\frac{\partial Loss(k)}{\partial z(k)} \cdot \frac{\partial z(k)}{\partial u_p^P(k)} \cdot \frac{\partial u_p^P(k)}{\partial v_j^J(k)} \cdot \frac{\partial v_j^J(k)}{\partial u_j^J(k)} \cdot \frac{\partial u_j^J(k)}{\partial \boldsymbol{w}_{ij}(k)}\end{aligned} \tag{5.2.13}$$

式中

$$\frac{\partial u_p^P(k)}{\partial v_j^J(k)}=\boldsymbol{w}_{jp}(k) \tag{5.6.14}$$

$$\frac{\partial v_j^J(k)}{\partial u_j^J(k)}=f'(u_j^J(k)) \tag{5.6.15}$$

$$\frac{\partial v_j^J(k)}{\partial \boldsymbol{w}_{ij}(k)}=\boldsymbol{R}_i(k) \tag{5.6.16}$$

5.2.2 嵌入小波神经网络

图 5.4 中，第一层为输入层，输入层输入单元的数量取决于具体问题的已知条件数目，设输入层的输入值 $[y_1,y_2,\cdots,y_N]=[y(k),y(k-1),\cdots,y(k-N+1)]$；第二层为隐含层，隐含层每一个节点与输入层每一个连接节点之间都有连接关系，每一条连接关系在输入层与输出层间所占的权重依赖于网络权值衡量。

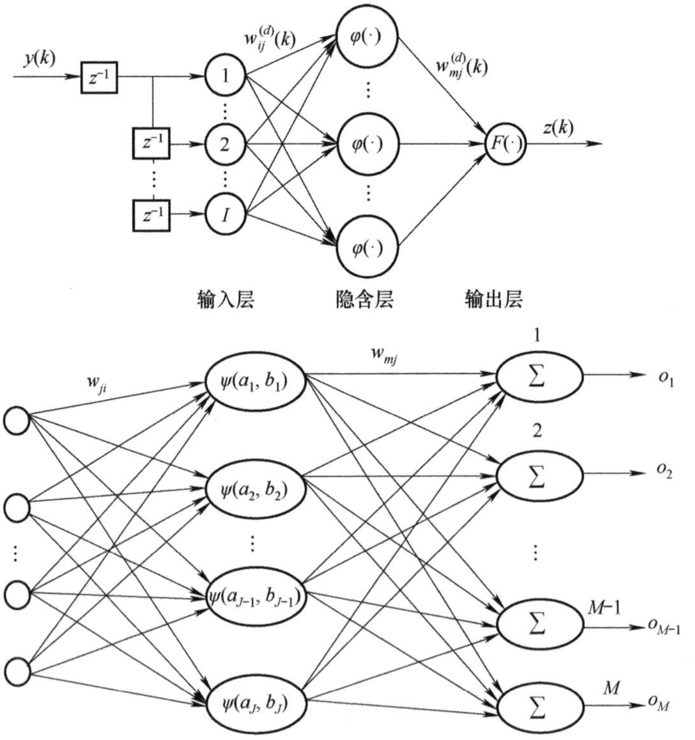

图 5.4 嵌入小波神经网络结构

设输入层、隐含层、输出层分别含有 N，J，M 个神经元，y_i，z_m 分别代表输入数据与输出数据，w_{ji}，w_{mj} 分别表示输入层、隐含层权值与隐含层、输出层权值，$\psi(x)$ 代表小波函数，而 a_j，b_j 分别代表小波函数的伸缩因子与平移因子。

1）对于隐含层神经元，其加权输入用 u_j $(j=1,2,\cdots,J)$ 表示，其输出用 v_j 表示为

$$v_j=\psi_{a_j,b_j}(u_j) \tag{5.2.17}$$

$$u_j = \frac{\sum_{i=1}^{N} w_{ji} y_i - b_j}{a_j} \tag{5.2.18}$$

2）对于输出层神经元，其加权输入用 s_m（$m = 1, 2, \cdots, M$）表示，其输出用 z_m 表示为

$$s_m = \sum_{j=1}^{J} w_{mj} v_j \tag{5.2.19}$$

$$z_m = \varphi(s_m) = \varphi\left(\sum_{j=1}^{J} w_{mj} v_j\right) \tag{5.2.20}$$

式中，$\varphi(x)$ 为输出层的激励函数。

负梯度算法基于误差反传思想，按照梯度下降方向调节神经网络各项参数。自适应型小波神经网络学习过程如下。

1）网络输出的均方误差定义为

$$E = \frac{1}{2} \sum_{m=1}^{M} (T_m - z_m)^2 \tag{5.2.21}$$

式中，T_m 为目标输出。

2）网络权重与小波系数的更新公式为

$$w_{ji}(k+1) = w_{ji}(k) + \Delta w_{ji}(k) \tag{5.2.22}$$

$$w_{mj}(k+1) = w_{mj}(k) + \Delta w_{mj}(k) \tag{5.2.23}$$

$$a_j(k+1) = a_j(k) + \Delta a_j(k) \tag{5.2.24}$$

$$b_j(k+1) = b_j(k) + \Delta b_j(k) \tag{5.2.25}$$

式中，各参数按链式求导法则进行更新，即

$$\Delta w_{ji} = -\eta \frac{\partial E}{\partial w_{ji}} = -\eta \frac{\partial E}{\partial u_j} \frac{\partial u_j}{\partial w_{ji}} = -\eta \frac{\partial E}{\partial v_j} \frac{\partial v_j}{\partial u_j} \frac{\partial u_j}{\partial w_{ji}} \tag{5.2.26}$$

$$\Delta w_{mj} = -\eta \frac{\partial E}{\partial w_{mj}} = -\eta \frac{\partial E}{\partial v_j} \frac{\partial v_j}{\partial w_{mj}} \tag{5.2.27}$$

$$\Delta a_j = -\eta \frac{\partial E}{\partial a_j} = -\eta \frac{\partial E}{\partial u_j} \frac{\partial u_j}{\partial a_j} = -\eta \frac{\partial E}{\partial v_j} \frac{\partial v_j}{\partial u_j} \frac{\partial u_j}{\partial a_j} \tag{5.2.28}$$

$$\Delta b_j = -\eta \frac{\partial E}{\partial b_j} = -\eta \frac{\partial E}{\partial u_j} \frac{\partial u_j}{\partial b_j} = -\eta \frac{\partial E}{\partial v_j} \frac{\partial v_j}{\partial u_j} \frac{\partial u_j}{\partial b_j} \tag{5.2.29}$$

各偏微分计算式为

$$-\frac{\partial E}{\partial v_j} = \sum_{m=1}^{M} (s_m - z_m) w_{mj} \tag{5.2.30}$$

$$\frac{\partial v_j}{\partial u_j} = \psi'(u_j) \tag{5.2.31}$$

$$\frac{\partial u_j}{\partial w_{ji}} = \frac{y_i}{a_j} \tag{5.2.32}$$

$$\frac{\partial u_j}{\partial a_j} = -\frac{\sum_{i=1}^{N} w_{ji} y_i - b_j}{a_j^2} \tag{5.2.33}$$

$$\frac{\partial u_j}{\partial b_j} = \frac{1}{a_j} \tag{5.2.34}$$

$$-\frac{\partial E}{\partial s_m}=(s_m-z_m) \tag{5.2.35}$$

$$\frac{\partial s_m}{\partial w_{mj}}=v_j \tag{5.2.36}$$

式中，ψ' 代表小波函数 ψ 的一阶导数。

3）将式（5.2.30）~式（5.2.36）代入式（5.2.26）~式（5.2.29）得到各参数更新值：

$$\Delta w_{ji} = \eta\sum_{m=1}^{M}(s_m - z_m)w_{mj}\cdot\psi'(u_j)\frac{y_i}{a_j} \tag{5.2.37}$$

$$\Delta a_j = \eta\sum_{m=1}^{M}(s_m - z_m)w_{mj}\cdot\psi'(u_j)\cdot\left(-\frac{\sum_{i=1}^{N}w_{ji}y_i - b_j}{a_j^2}\right) \tag{5.2.38}$$

$$\Delta b_j = \eta\sum_{m=1}^{M}(s_m - z_m)w_{mj}\cdot\psi'(u_j)\cdot\left(-\frac{1}{a_j}\right) \tag{5.2.39}$$

$$\Delta w_{mj} = \eta(s_m - z_m)v_j \tag{5.2.40}$$

4）进一步地，式（5.2.37）~式（5.2.40）可改写为

$$\Delta w_{ji} = \eta\sum_{m=1}^{M}e_m w_{mj}\cdot\psi'(u_j)\frac{y_i}{a_j} = \eta e_j y_i \tag{5.2.41}$$

$$\begin{aligned}\Delta a_j &= \eta\sum_{m=1}^{M}e_m w_{mj}\cdot\psi'(u_j)\cdot\left(-\frac{\sum_{i=1}^{N}w_{ji}y_i - b_j}{a_j^2}\right)\\ &= \eta e_j\cdot\left(-\frac{\sum_{i=1}^{N}w_{ji}y_i - b_j}{a_j}\right) = -\eta e_j u_j\end{aligned} \tag{5.2.42}$$

$$\Delta b_j = \eta\sum_{m=1}^{M}e_m w_{mj}\cdot\psi'(u_j)\cdot\left(-\frac{1}{a_j}\right) = -\eta e_j \tag{5.2.43}$$

$$\Delta w_{mj} = \eta e_m v_j \tag{5.2.44}$$

其中，e_m 和 e_j 表示等效误差：

$$e_m = (s_m - z_m) \tag{5.2.45}$$

$$e_j = \sum_{m=1}^{M}e_m w_{mj}\cdot\psi'(u_j)\cdot\frac{1}{a_j} \tag{5.2.46}$$

基于式（5.2.22）~式（5.2.25）及式（5.2.41）~式（5.2.46）即可计算自适应型小波神经网络的权值及小波系数，从而实现通过数据对小波神经网络进行训练的目的。

5.3 小波神经网络训练架构

小波神经网络（WNN）自身有非线性拟合能力，其利用自身衍生于生物神经的结构与网络参数调整，模拟网络输入值与输出值之间的关系，并利用迭代调整自身的参数，当 WNN 的迭代次数等于预设最大迭代值、网络的误差值小于或预设误差值时，WNN 结束训练工作，网络训练步骤如下。

步骤 1：样本预处理。将所有样本值分为两组，分别为训练样本（包括训练输入样本与

训练预期输出样本）与测试样本（包括测试输入样本与测试预期输出样本）。训练样本与测试样本内部数据不相同，训练样本负责对 WNN 进行训练，当 WNN 训练结束后，由于测试样本与训练样本不相同，所以测试样本可以验证训练后的小波神经网络模型的泛化能力。

步骤 2：初始化。影响 WNN 收敛性能与泛化能力的两个重要因素是小波神经网络的结构与网络参数，初始化工作主要是确定 WNN 输入层、隐含层、输出层每层的节点数，在小波神经网络程序中对权值随机赋予初始值；同时，由于 WNN 隐含层使用的函数为小波基函数，因此，初始化还包括对小波函数的参数比如尺度因子、位移因子等随机赋予初始值；WNN 在 BP 神经网络基础上得到，而 BP 神经网络在使用最速梯度下降法进行学习时，学习步长也在初始化工作中赋予初始值；由于小波神经网络结束训练工作的标志是：训练过程中网络的输出误差值小于预设值或者小波神经网络在模型修正过程中的最大迭代次数大于等于网络预设最大迭代次数，因此，在初始化工作中需人为设定小波神经网络的最大迭代次数，需根据网络多次训练的经验确定。

步骤 3：网络训练。网络训练过程将训练输入样本输入 WNN，使用训练样本对小波神经网络进行训练，调整更新网络参数，提升小波神经网络的泛化能力，使 WNN 成为更有针对性、目的性的小波神经网络模型；对小波基函数的参数如平移因子、伸缩因子等更新，增强 WNN 的收敛性，改进 BP 神经网络收敛性较差的缺点。根据 WNN 的误差公式，在程序的迭代过程中累计小波神经网络误差和，并通过误差输出函数输出。

步骤 4：结束。WNN 的训练过程需要设定条件做标准用以结束训练程序，在小波神经网络训练程序中，当 WNN 训练的输出误差小于程序预设值或迭代过程中迭代次数大于等于程序预设最大迭代次数，则训练程序结束工作。如果未结束，返回步骤 3。

5.4 小波神经网络优化方法

虽然 WNN 作为小波分析与人工神经网络的结合兼具了二者的优点，但是还有一些改进空间，比如提高收敛速度等。本节从 WNN 的学习算法等角度出发，简要分析如何提高小波神经网络性能。

5.4.1 小波神经网络学习算法优化

ANN 学习方式按照输入样本的差异可以分成有监督学习与无监督学习，也可以称为有教师学习与无教师学习。有监督学习方式中每一个输入的训练样本都对应了一个教师信号，即训练输出值，该训练输出值为小波神经网络训练样本的期望输出值，小波神经网络以网络权值为自变量，以训练输入样本与训练期望输出样本作为环境变量，训练时根据实际输出值与期望输出值的误差值大小与方向调整权值大小，这样的调整动作在小波神经网络的每次迭代过程中都会发生，直至网络的输出误差值符合预设误差水平值以下为止，有监督学习方式在整个计算更新的过程中，网络为封闭的闭环系统，在有监督学习方式下形成的网络可以完成模式分类、函数拟合等工作。

当系统在无监督学习模式下时，小波神经网络只需要训练输入样本，无须得知每个训练输入样本应对应的期望输出样本值，网络的权值更新只根据各个输入样本之间的关系进行，无监督式学习适合联想记忆工作，但无法进行函数逼近工作。

WNN 结构并非固定，其学习算法也并非只有一种。有监督方式与无监督方式又可以延伸对应多种学习方式。

- Hebb 学习规则，它是根据网络权值两端连接神经元的激活方式（异步激活或同步激活）选择性的将该权值增大或减小。
- Widrow-Hoff 准则又称为纠错准则，权值的调整以误差公式为依据，调整量与误差大小成正比；随机学习规则来源于统计力学，实际上为模拟退火算法。
- 竞争学习规则下的 WNN 其输出神经元之间竞争，只有一个单元可以进行权值调整，其他网络权值保持不变，体现了神经元之间的侧向抑制。

WNN 的泛化能力与收敛速度取决于小波神经网络设计与模型修正，优化算法就是优化网络模型修正的算法，通过对传统算法的修正。基于梯度的学习算法中，步长即学习率、权值修正量或函数及权向量优化方法都是优化方向。这里仅就权向量优化方法作一些讨论分析。

现以粒子群优化算法（Particle Swarm Optimization，PSO）为例[68-69]，说明如何优化权向量。粒子群优化算法的基本思想为：首先需对粒子进行初始化，每个粒子都可能是潜在问题的最优解，每个粒子可以用位置、速度、适应度三个特征值表征，三个特征值用以衡量粒子的好坏，在可解空间内通过跟踪个体极值与群体极值作为衡量标准更新粒子的位置，其中个体极值指的是经过计算后的个体适应度值最优位置，相应的群体极值便为所有粒子搜索到的适应度值最优解。在具体的计算中，粒子每更新一次，适应度值便重新计算一次，并且通过比较个体极值与种群极值的适应度值更新个体极值与种群极值的位置。

在由 M 个粒子组成的 D 维粒子群空间中，$\boldsymbol{x}_i = [x_{i1}, x_{i2}, \cdots, x_{iD}]$ 表示第 i 个粒子的位置向量，$\boldsymbol{v}_i = (v_{i1}, v_{i2}, \cdots, v_{iD})$ 表示第 i 个粒子的速度，其个体极值点位置为 $\boldsymbol{p}_i = (p_{i1}, p_{i2}, \cdots, p_{iD})$ 整个群体极值点位置为 $\boldsymbol{p}_g = (p_{g1}, p_{g2}, \cdots, p_{g3})$。粒子的更新公式为

$$\begin{cases} v_{id}(k+1) = wv_{id}(k) + c_1 r_1 (p_i(k) + x_{id}(k)) + c_2 r_2 (p_g(k) - x_{id}(k)) \\ x_{id}(k+1) = x_{id}(k) + v_{id}(k) \end{cases} \tag{5.4.1}$$

式中，w 为惯性权重；c_1、c_2 为学习因子，一般取分布于 $[0,4]$ 之间的非负常数；r_1、r_2 为 $[0,1]$ 之间的随机数。

借鉴变异思想补足粒子群算法自身的缺陷时，具体体现在小波神经网络的模型修正的过程为：在 WNN 的初始化工作结束后，针对改进后的粒子群算法，通过已赋予了初始值的小波神经网络的误差公式确定每个粒子的适应度值；对粒子极值进行更新，通过粒子更新模型更新粒子的速度与位置，根据遗传算法思想，以一定的概率重新初始化粒子，与此同时更新粒子极值与群体极值。

5.4.2　小波基函数优化

小波函数肯定会影响小波神经网络的性能，通过对小波基函数分析，包括 Morlet 函数，从其函数的特性尤其是代入 ANN 后的小波神经网络的收敛性出发，分析函数的优化选择。

1. Haar 小波

Haar 函数公式为

$$\Psi(t)=\begin{cases}1 & 0\leqslant t\leqslant 0.5\\ -1 & 0.5<t\leqslant 1\\ 0 & \text{其他}\end{cases}\tag{5.4.2}$$

该小波属于正交小波，函数使用广泛。但是该小波函数不连续、频域局部分辨率差等缺点导致其适用范围受限。

2. Morlet 小波

Morlet 函数是高斯网络下的单频率复正弦函数，Morlet 小波是应用比较多的小波函数，但是它不具备正交性、不具备紧支撑集，因此在时域与频域内都比较集中。

3. Mcxican hat 小波

Mcxican hat 又名“墨西哥草帽”小波，该小波定义为

$$\Psi(t)=\frac{2}{\sqrt{3}}\pi^{\frac{1}{4}}(1-t^2)e^{\frac{t^2}{2}}\tag{5.4.3}$$

Mcxican hat 小波具有良好的时频局部特性，不存在尺度函数、不具备正交性，但可用于连续小波变换。

4. Daubcchics 小波

Daubcchics 简称为 db 小波，它是对尺度取 2 时整次幂条件下进行小波变换的一类小波，该小波具有正交性、紧支撑，但是并不是对称小波。

对于小波神经网络，选择小波基函数时，应在保证网络性能的前提下，尽量减少计算时间，也就是说，在保证 WNN 训练后在一定误差范围内，小波神经网络要加快收敛速度，提高 WNN 模型的实时性。将不同的小波基函数代入 WNN 中，最终得到的函数拟合误差，如图 5.5 所示。

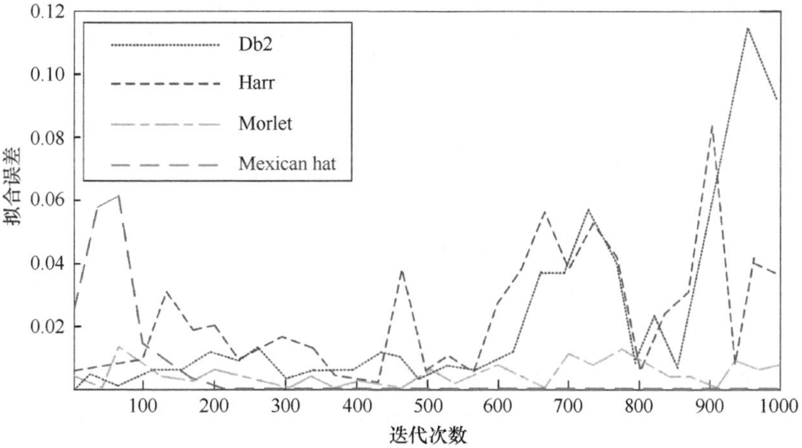

图 5.5 小波函数对小波神经网络的拟合误差影响

不同的小波函数代入 WNN 中，由于每个小波函数特性不相同，因此针对函数的非线性拟合问题，图 5.5 表明，虽然分析了多种函数，但最终结果依然是 Morlet 小波函数作为 WNN 的隐含层激励函数时，其误差值更小，再进一步分析，根据程序中小波神经网络的收敛速度，还可以得出 Morlet 小波基函数收敛性更好的结论。

5.4.3 小波神经网络结构优化

WNN 的结构主要由输入层、隐含层、输出层与彼此相连的节点网络权值组成，WNN 的

输入层与输出层都为单层，且输入层与输出层的节点数只与小波神经网络解决的具体问题有关。因此，WNN 结构对性能的影响体现在隐含层的层数与隐含层节点数的选取是否适宜待解决问题。

隐含层是 WNN 的输入层与输出层之间的中间层，它负责对小波神经网络输入层输入的数据进行特征提取工作，随着隐含层层数的增加，相应的小波神经网络结构的复杂度也会增加，数据处理的时间变长，甚至于随着小波神经网络隐含层层数增加，小波神经网络还可能会出现过拟合现象，因此小波神经网络的结构选择一般会优先选择三层结构网络，即选择只有一层隐含层的小波神经网络。然而，在工程过程中，如果增加隐含层节点数已不能提升小波神经网络的非线性拟合能力，或者是小波神经网络隐含层节点数过多导致网络运行困难等缺陷，就可以考虑适当增加小波神经网络隐含层的层数、减少单层隐含层的节点数。

如何确定小波神经网络中隐含层节点数呢？隐含层与输入节点的网络联系，以及隐含层与输出层之间的网络联系共同组成了小波神经网络的核心，其中隐含层可以提取 WNN 输入层中的泛化信息，起到了体现输入层与输出层之间映射关系的作用，因此隐含层节点数的选择十分重要。隐含层节点过多，造成网络冗余度增加、计算量增大、时间增长等后果；而隐含层节点数过少，则小波神经网络可能最基本的实现输入层与输出层之间的映射关系、非线性拟合能力无法完整体现出来。因此，需从小波神经网络功能的实现，网络训练的快速性、结构的精炼性等方面考虑隐含层节点数的选择。

1）为了提高小波神经网络性能，因此应该在保证小波神经网络模型的泛化能力前提下，尽量减少计算时间，即要在保证网络训练后准确度的前提下，尽可能精简 WNN 结构，这其中包括减少 WNN 隐含层的层数，也包括在准确度保证的前提下尽量减少小波神经网络隐含层的节点数。因为隐含层的作用是对信息进行提取归纳，故其节点数一般远远小于训练的样本数，训练样本数需要高于网络的连接权数，否则网络没有泛化能力。

2）为了减小小波神经网络模型在模型修正过程中的计算量，提高计算速度，在一定范围内增加小波神经网络的隐含层节点数可以提高小波神经网络的非线性拟合能力，然而当隐含层节点数超过这个范围后，增加 WNN 隐含层节点数对于提高小波神经网络模型的性能影响不大。文献［32］给出了一种确定隐含层节点数的方式：隐含层节点数等于输入层节点个数与输出层节点个数之和的一半加一，利用输入层节点数与输出层节点个数，借鉴两个隐含层节点数的计算公式，计算出隐含层的可能值后，将可能值分别向左向右分别拓宽取值范围，将取值范围内的所有可能的数目进行试验验证，最终选取最适宜值作为 WNN 隐含层节点个数。

5.5 实例 4：基于嵌入小波神经网络的常模盲均衡算法

根据前面分析，现研究嵌入小波神经网络的盲均衡算法。本节研究将小波嵌入神经网络与空间分集技术、分数间隔相结合的常模盲均衡算法，提出了基于空间分集技术的小波神经网络盲均衡算法和基于小波神经网络的分数间隔盲均衡算法。这两类算法与标准的前馈神经网络盲均衡算法相比较，均能体现出明显的优越性。

5.5.1 算法描述[41,71-72]

由于小波神经网络具有很高的模拟精度和很快的训练速度，现将小波神经网络引入至空间分集盲均衡算法中，得到的基于空间分集的小波神经网络盲均衡算法（SDE-WNN），该算法将在提高接收端信噪比、降低误码率的同时，加快收敛速度。SDE-WNN 如图 5.6 所示。

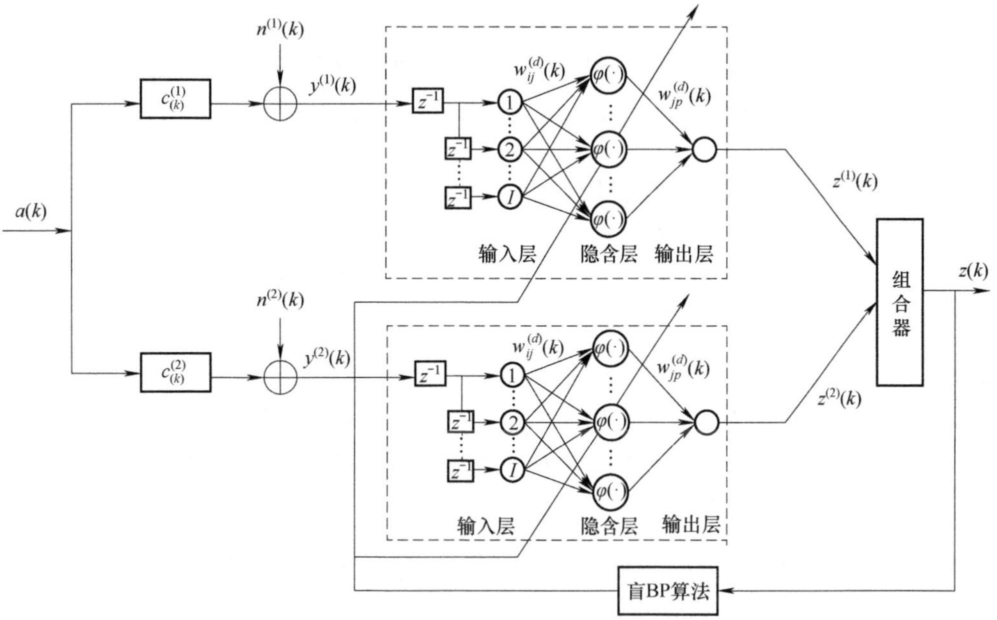

图 5.6 基于小波嵌入神经网络的空间分集盲均衡结构

在复数系统下，SDE-WNN 的输入信号、输入层与隐含层的连接权值、隐层与输出层连接权值表示为复数形式，即

$$\boldsymbol{y}^{(d)}(k)=\boldsymbol{y}_R^{(d)}(k)+\mathrm{j}\boldsymbol{y}_I^{(d)}(k) \tag{5.5.1}$$

$$\boldsymbol{w}_{ij}^{(d)}(k)=\boldsymbol{w}_{ij,R}^{(d)}(k)+\mathrm{j}\boldsymbol{w}_{ij,I}^{(d)}(k) \tag{5.5.2}$$

$$\boldsymbol{w}_{jp}^{(d)}(k)=\boldsymbol{w}_{jp,R}^{(d)}(k)+\mathrm{j}\boldsymbol{w}_{jp,I}^{(d)}(k) \tag{5.5.3}$$

式中，$d=1,2,\cdots,D$，为空间分集的支路个数，R 表示实部，I 表示虚部。

第 d 路小波神经网络的状态方程为

$$u_j^{J(d)}(k)=\sum_{i=1}^{I}\boldsymbol{w}_{ij}^{(d)}(k)\boldsymbol{y}_i^{(d)}(k) \tag{5.5.4}$$

$$v_j^{(d)}(k)=\varphi_{a,b}(u_{j,R}^{J(d)}(k))+\mathrm{j}\varphi_{a,b}(u_{j,I}^{J(d)}(k)) \tag{5.5.5}$$

$$u_p^{P(d)}(k)=\sum_{j=1}^{J}\boldsymbol{w}_{jp}^{(d)}(k)v_j^{J(d)}(k) \tag{5.5.6}$$

$$z^{(d)}(k)=F(u_{p,R}^{P(d)}(k))+\mathrm{j}F(u_{p,I}^{P(d)}(k)) \tag{5.5.7}$$

式中，$\varphi_{a,b}(\cdot)$ 为小波基函数。

第 d 路常数模（CMA）代价函数为

$$\text{Loss}(k)=\frac{1}{2}[\,|z^{(d)}(k)|^2-R^2\,]^2 \tag{5.5.8}$$

式中，$z^{(d)}(k)$ 为第 d 路输出信号；R^2 是发射信号序列的模。根据最速梯度下降法，可得到输出层与隐含层的权值迭代公式为

$$\boldsymbol{w}_{jp}^{(d)}(k+1)=\boldsymbol{w}_{jp}^{(d)}(k)-\mu_{jp}^{(d)}\cdot\frac{\partial\text{Loss}(k)}{\partial\boldsymbol{w}_{jp}^{(d)}(k)} \tag{5.5.9}$$

$$\frac{\partial\text{Loss}(k)}{\partial\boldsymbol{w}_{jp}^{(d)}(k)}=\frac{\partial\text{Loss}(k)}{\partial z^{(d)}(k)}\cdot\frac{\partial z^{(d)}(k)}{\partial\boldsymbol{w}_{jp}^{(d)}(k)} \tag{5.5.10}$$

$$\frac{\partial\text{Loss}(k)}{\partial z^{(d)}(k)}=2\cdot|z^{(d)}(k)|\cdot[\,|z^{(d)}(k)|^2-R^2\,] \tag{5.5.11}$$

$$\begin{aligned}\frac{\partial z^{(d)}(k)}{\partial\boldsymbol{w}_{jp}^{(d)}(k)}&=\frac{\partial|z^{(d)}(k)|}{\partial\boldsymbol{w}_{jp}^{(d)}(k)}+\mathrm{j}\frac{\partial|z^{(d)}(k)|}{\partial\boldsymbol{w}_{jp}^{(d)}(k)}\\&=\frac{1}{|z^{(d)}(k)|}\{F[u_{p,R}^{P(d)}(k)]F'[u_{p,R}^{P(d)}(k)]+\mathrm{j}F[u_{p,I}^{P(d)}(k)]F'[u_{p,I}^{P(d)}(k)]\}v_j^{J(d)*}(k)\end{aligned} \tag{5.5.12}$$

从而得到

$$\begin{aligned}\boldsymbol{w}_{jp}^{(d)}(k+1)=\boldsymbol{w}_{jp}^{(d)}(k)-2\cdot\mu_{jp}^{(d)}\cdot[\,|z^{(d)}(k)|^2-R^2]\cdot\{F[u_{j,R}^{J(d)}(k)]\\\cdot F'[u_{p,R}^{P(d)}(k)]+\mathrm{j}F[u_{p,I}^{P(d)}(k)]F'[u_{p,I}^{P(d)}(k)]v_j^{J(d)*}(k)\}\end{aligned} \tag{5.5.13}$$

同理可得，输入层权值迭代公式为

$$\boldsymbol{w}_{ij}^{(d)}(k+1)=\boldsymbol{w}_{ij}^{(d)}(k)-\mu_{ij}^{(d)}\cdot\frac{\partial J(k)}{\partial z^{(d)}(k)}\cdot\frac{\partial z^{(d)}(k)}{\partial\boldsymbol{w}_{ij}^{(d)}(k)} \tag{5.5.14}$$

$$\begin{aligned}\frac{\partial z^{(d)}(k)}{\partial\boldsymbol{w}_{ij}^{(d)}(k)}&=\frac{\partial z^{(d)}(k)}{\partial\boldsymbol{w}_{ij,R}^{(d)}(k)}+\mathrm{j}\frac{\partial z^{(d)}(k)}{\partial\boldsymbol{w}_{ij,I}^{(d)}(k)}\\&=\frac{1}{|z^{(d)}(k)|}\{[\varphi'_{a,b}[u_{j,R}^{J(d)}(k)]\mathrm{Re}\{\{F[u_{p,R}^{P(d)}(k)]F'[u_{p,R}^{P(d)}(k)]\\&\quad+\mathrm{j}F[u_{p,I}^{P(d)}(k)]F'[u_{p,I}^{P(d)}(k)]\}\boldsymbol{w}_{jp}^{(d)*}(k)\}\boldsymbol{y}(d)*(k-i)\\&\quad+\mathrm{j}[\varphi'_{a,b}{}'[u_{j,I}^{J(d)}(k)]\mathrm{Im}\{\{F[u_{p,R}^{P(d)}(k)]F'[u_{p,R}^{P(d)}(k)]+\mathrm{j}F[u_{p,I}^{P(d)}(k)]\\&\quad\cdot F'[u_{p,I}^{P(d)}(k)]\}\boldsymbol{w}_{jp}^{(d)*}(k)\boldsymbol{y}(d)*(k-i)\}\end{aligned} \tag{5.5.15}$$

那么，引入空间分集后，伸缩因子 $a^{(d)}$ 经过小波神经网络训练迭代公式为

$$\begin{aligned}a^{(d)}(k+1)&=a^{(d)}(k)-\mu_a^{(d)}\cdot\frac{\partial\text{Loss}(k)}{\partial|z^{(d)}(k)|}\cdot\frac{\partial|z^{(d)}(k)|\,\partial u_{p,R}^{P(d)}(k)}{\partial u_{p,R}^{P(d)}(k)\;\partial a^{(d)}(k)}\\&=a^{(d)}(k)-2\cdot\mu_a^{(d)}\cdot|z^{(d)}(k)|\cdot[\,|z^{(d)}(k)|^2-R^2]\cdot\frac{\partial|z^{(d)}(k)|\,\partial u_{p,R}^{P(d)}(k)}{\partial u_{p,R}^{P(d)}(k)\;\partial a^{(d)}(k)}\end{aligned} \tag{5.5.16}$$

$$\begin{aligned}\frac{\partial|z^{(d)}(k)|}{\partial u_{p,R}^{P(d)}(k)}&=\frac{\partial\sqrt{z^{(d)}(k)z^{*(d)}(k)}}{\partial u_{p,R}^{P(d)}(k)}=\frac{1}{2|z^{(d)}(k)|}\frac{\partial[F^2(u_{p,R}^{P(d)}(k)+F^2(u_{p,I}^{P(d)}(k)]}{\partial u_{p,R}^{P(d)}(k)}\\&=\frac{1}{|z^{(d)}(k)|}F(u_{p,R}^{P(d)}(k))F'(u_{p,R}^{P(d)}(k))\end{aligned}$$

$$\frac{\partial u_{p,R}^{P(d)}(k)}{\partial a^{(d)}(k)}=\frac{\sum_{j=1}^{J}[w_{jp,R}(k)v_{j,R}^{J}(k)-w_{jp,I}(k)v_{j,I}^{J}(k)]}{\partial a^{(d)}(k)}$$
$$=w_{jp,R}(k)\frac{\partial v_{j,R}^{J}(k)}{\partial a^{(d)}(k)}-w_{jp,I}(k)\frac{\partial v_{j,I}^{J}(k)}{\partial a^{(d)}(k)}$$
$$=w_{jp,R}(k)\frac{\partial \varphi_{a,b}(u_{j,R}^{J}(k))}{\partial a^{(d)}(k)}-w_{jp,I}(k)\frac{\partial \varphi_{a,b}(u_{j,I}^{J}(k))}{\partial a^{(d)}(k)}$$

所以

$$\frac{\partial|z(k)|}{\partial a^{(d)}(k)}=\frac{1}{|z^{(d)}(k)|}F(u_{p,R}^{P(d)}(k))F'(u_{p,R}^{P(d)}(k))[f_{jp,R}^{(d)}(k)\frac{\partial \varphi_{a,b}[u_{j,R}^{J(d)}(k)]}{\partial a^{(d)}(k)}$$
$$-w_{jp,I}^{(d)}(k)\frac{\partial \varphi_{a,b}[u_{j,I}^{J(d)}(k)]}{\partial a^{(d)}(k)}]+F(u_{p,I}^{P(d)}(k))F'(u_{p,I}^{P(d)}(k))$$
$$\cdot[w_{jp,I}^{(d)}(k)\frac{\partial \varphi_{a,b}[u_{j,I}^{J(d)}(k)]}{\partial a^{(d)}(k)}+w_{jp,R}^{(d)}(k)\frac{\partial \varphi_{a,b}[u_{j,I}^{J(d)}(k)]}{\partial a^{(d)}(k)}] \tag{5.5.17}$$

式中，$\mu_a^{(d)}$ 为伸缩因子的迭代步长。

同理，平移因子 $b^{(d)}(k)$ 迭代公式为

$$b^{(d)}(k+1)=b^{(d)}(k)-\mu_b^{(d)}\cdot\frac{\partial J(k)}{\partial|z^{(d)}(k)|}\cdot\frac{\partial|z^{(d)}(k)|}{\partial b^{(d)}(k)}$$
$$=b^{(d)}(b)-2\cdot\mu_b^{(d)}\cdot|z^{(d)}(k)|\cdot[|z^{(d)}(k)|^2-R^2]\cdot\frac{\partial|z^{(d)}(k)|}{\partial b^{(d)}(k)} \tag{5.5.18}$$

$$\frac{\partial|z^{(d)}(k)|}{\partial b^{(d)}(k)}=\frac{1}{|z^{(d)}(k)|}\{F(u_{p,R}^{P(d)}(k))F'(u_{p,R}^{P(d)}(k))[f_{jp,R}^{(d)}(k)\frac{\partial \varphi_{a,b}[u_{j,R}^{J(d)}(k)]}{\partial b^{(d)}(k)}$$
$$-w_{jp,I}^{(d)}(k)\frac{\partial \varphi_{a,b}[u_{j,I}^{J(d)}(k)]}{\partial b^{(d)}(k)}]+F(u_{p,I}^{P(d)}(k))F'(u_{p,I}^{P(d)}(k))$$
$$\cdot[w_{jp,I}^{(d)}(k)\frac{\partial \varphi_{a,b}[u_{j,I}^{J(d)}(k)]}{\partial b^{(d)}(k)}+w_{jp,R}^{(d)}(k)\frac{\partial \varphi_{a,b}[u_{j,I}^{J(d)}(k)]}{\partial b^{(d)}(k)}] \tag{5.5.19}$$

其中，$\mu_b^{(d)}$ 为平移因子的迭代步长。式（5.5.1）~式（5.5.19）称为基于空间分集的小波神经网络盲均衡算法（Spatial Diversity Equalizer based Wavelet Neural Network，SDE-WNN）。该算法利用空间分集技术能够消除信道衰落和提高输出信噪比，从而对小波神经网络均衡器达到优化的性能，进而达到提高收敛速度和降低均方误差的效果。

5.5.2　仿真实验与结果分析

【实验5.1】　采用典型稀疏两径水声信道 $C_1(z)=1+0.4z^{-12}$ 和均匀介质两径水声信道 $C_2(z)=1+0.59997z^{-20}$；发射信号为4QAM，信噪比为20dB，实验中采用 $D=2$，用WNN1和WNN2表示信道1和信道2的小波神经网络盲均衡器，采用三层小波神经网络，且均衡器的长度为11，采用中心抽头系数初始化，WNN1中小波伸缩因子步长 $\mu_a=0.0005$，平移因子的步长 $\mu_b=5.5\times10^{-3}$，权向量步长 $\mu_{\mathrm{WNN1}}=0.0001$；WNN2中伸缩因子步长 $\mu_a=0.009$，平移因子的步长 $\mu_b=5.5\times10^{-3}$，权向量步长 $\mu_{\mathrm{WNN2}}=0.0003$，仿真结果，如图5.7所示。

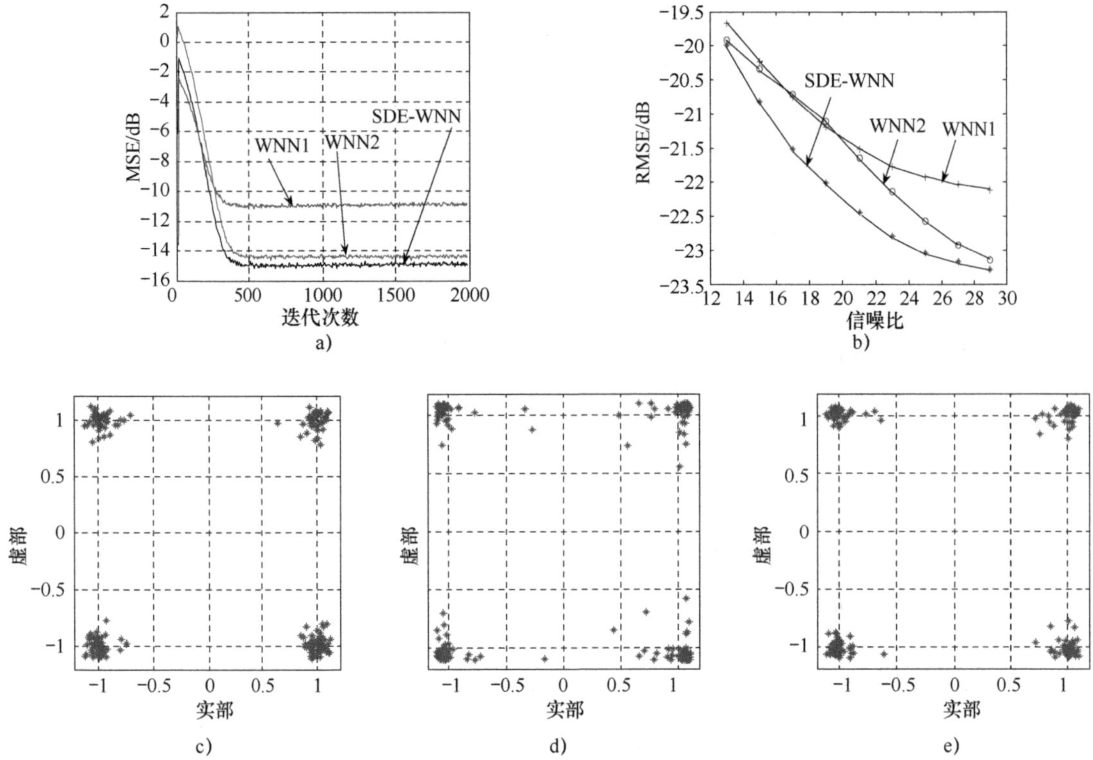

图 5.7　仿真结果

a）误差曲线　b）均方根误差曲线　c）WNN1 输出　d）WNN2 输出　e）SDE-WNN 输出

图 5.7 表明，SDE-WNN 的收敛速度要快于 WNN1 和 WNN2，从图 5.7a 可知，SDE-WNN 均方误差比 WNN1 小 1dB，而比 WNN2 明显小 4dB；图 5.7b 表明，在不同信噪比的情况下，SDE-WNN 的均方根误差最小；在相同信噪比情况下，更能显示 SDE-WNN 的优越性，图 5.7c～图 5.7e 表明，SDE-WNN 的星座图更加清晰、紧凑。

【实验 5.2】 仍采用实验 5.1 的信道，发射信号为 2PAM，信噪比为 20dB，实验中采用 $D=2$，用 WNN1 和 WNN2 表示信道 1 和信道 2 的小波神经网络盲均衡器，小波神经网络盲均衡器的长度为 11，采用中心抽头系数初始化，WNN1 中小波伸缩因子步长 $\mu_a=0.0005$，平移因子的步长 $\mu_b=5.5\times10^{-3}$，权向量步长 $\mu_{\text{WNN1}}=0.0001$；WNN2 中伸缩因子步长 $\mu_a=0.009$，平移因子的步长 $\mu_b=5.5\times10^{-3}$，权向量步长 $\mu_{\text{WNN2}}=0.0003$。仿真结果，如图 5.8 所示。

图 5.8 表明，SDE-WNN 的收敛速度要快于 WNN1 和 WNN2，并且均方误差明显比 WNN1 和 WNN2 小 2dB 和 5dB，图 5.8b 表明，在不同信噪比的情况下，SDE-WNN 的均方根误差减小的幅度更大；在相同信噪比情况下，更能显示 SDE-WNN 的优越性；图 5.8c～图 5.8e 表明，SDE-WNN 的星座图更加清晰、紧凑、均衡效果更优。

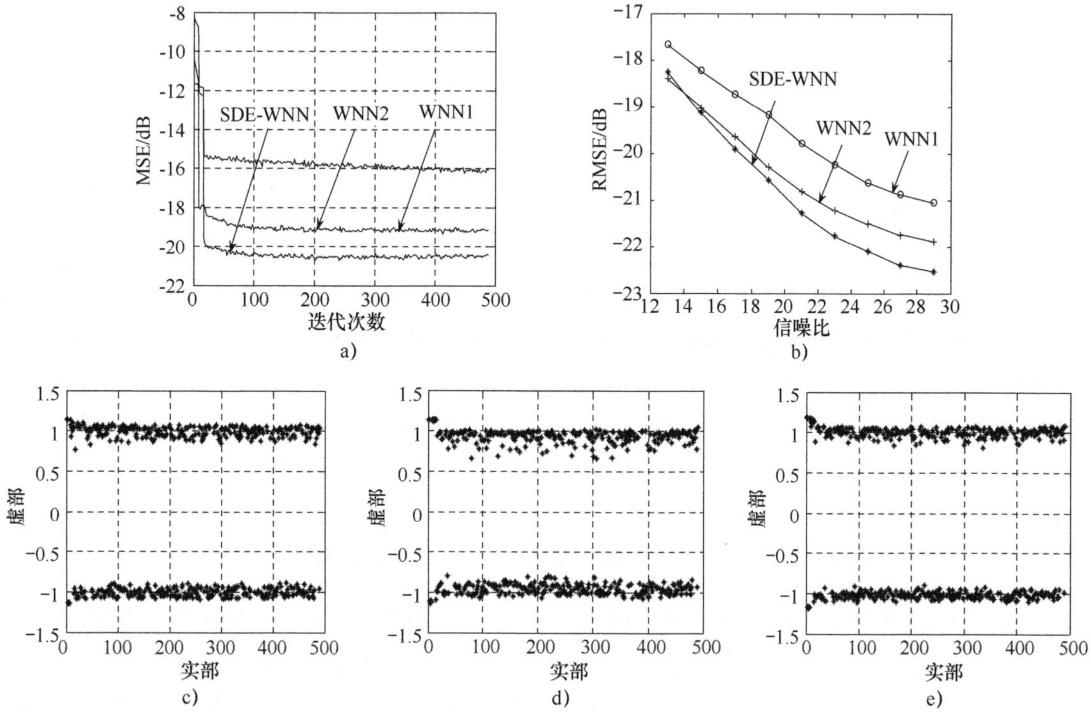

图5.8　仿真结果

a）误差曲线　b）均方根误差曲线　c）WNN1 输出星座图　d）WNN2 输出星座图　e）SDE-WNN 的输出星座图

第 6 章　卷积神经网络

· 概　要 ·

本章从常规卷积神经网络（CNN）基本结构出发，结合图示阐述了卷积核、步长、填充、深度、卷积与相关等基本概念，重点分析了输入层、卷积层、激励层、池化层和输出层的功能，讨论了维度变化过程及卷积操作和池化操作的变种；分析了几种常见的CNN 结构原理，包括 LeNet－5、VGGNet、ResNets、DenseNet、AlexNet、Inception 等，在此基础上，研究了特征融合卷积神经网络和深度引导滤波网络结构与原理。以基于深度卷积神经网络的遥感图像分类和运动模糊去除方法为例，详细阐述了如何扩展卷积神经网络应用模型、构建 CNN 原理与应用领域之间的联系，建立解决问题的方法。

在传统神经网络学习过程中，网络输入基本是一维特征，也就是一维向量。在输入多维特征时，往往会采取降低维度来操作。虽然这种压缩特征学习方法也能满足研究目的，但在分类识别领域，会忽略样本特征的空间特征，导致识别准确率较低。卷积神经网络（Convolutional Neural Network，CNN）自提出以来已应用于图像分割、图像风格转换、图像识别和语音识别等诸多领域。

本章将详细分析卷积神经网络的结构、原理方法与应用。

6.1　卷积神经网络结构

卷积神经网络（CNN）之所以在图像领域表现突出，是因为其能保留数字化图像的原有空间特征，并能减少计算数据量。

典型的 CNN 由输入层、卷积层、池化层、全连接层、输出层[9,73]等构成。其思维导向如图 6.1 所示；其结构示意如图 6.2 所示。卷积层提取样本中的局部特征，池化层降低卷积层输出的样本维度，全连接层是传统神经网络的基本结构，用来输出结果。

6.1.1　基本概念

1. 卷积核（kernel）

卷积核（又称过滤器 Filter）就是观察的范围，与人眼不同，计算机的观察范围要比人眼小得多，一般使用3×3，5×5，7×7 等矩阵作为卷积核，如图 6.3 所示。应该使用多大的卷积核，一般由输入图片的大小来决定，输入图片越大，使用的卷积核也越大。

注意：卷积核一般都是奇数。

2. 步长（Strides）

人眼可以很容易直接找到目标内容，而计算机需要一行一行把整张图片扫描一遍才能找到目标，扫描的间距就是步长。一般为了不遗漏特征值，扫描的步长通常都会设定成1（针对大图时也会将步长设大），如图6.4所示。

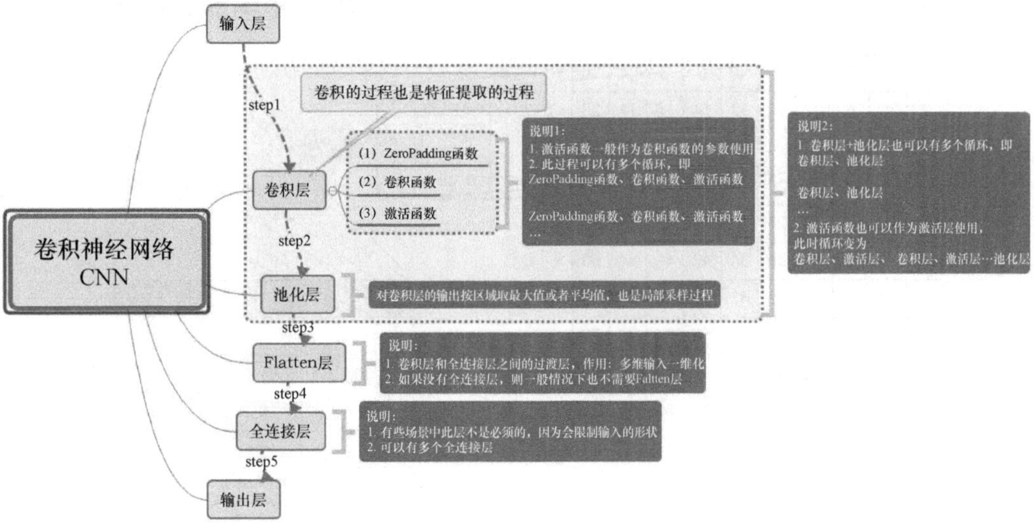

图6.1　CNN思维导向

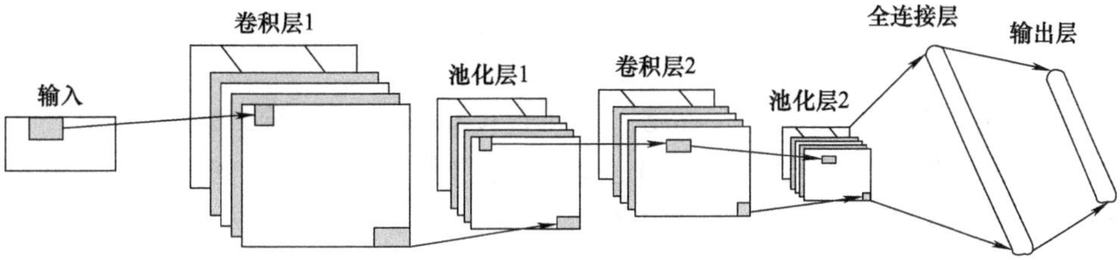

图6.2　CNN结构示意图

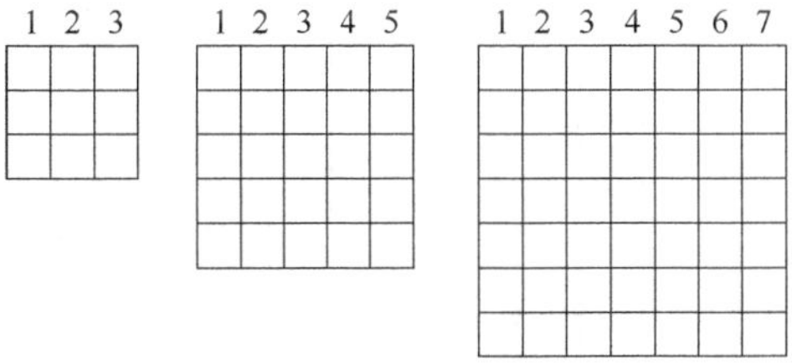

图6.3　卷积核

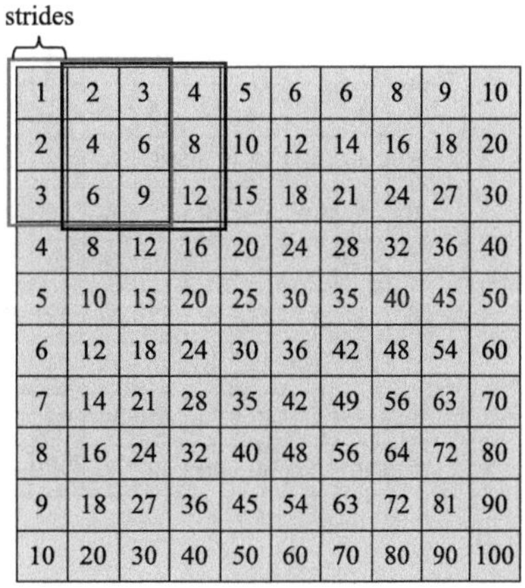

图6.4　步长为1的含义

3. 填充（Padding）

1）只扫描可卷积的像素（padding =' valid '），如图6.5所示。

如果使用 3×3 的卷积核进行卷积，那么通常需从（2，2）的位置开始（此处下标从 1 开始），因为如果从（1，1）开始，则该点的左面和上面都没有数据，同理最终以（$n-1$，$n-1$）结束；如果步长为 1，卷积操作以后得到的结果会比原来的图片长宽各少两个像素。

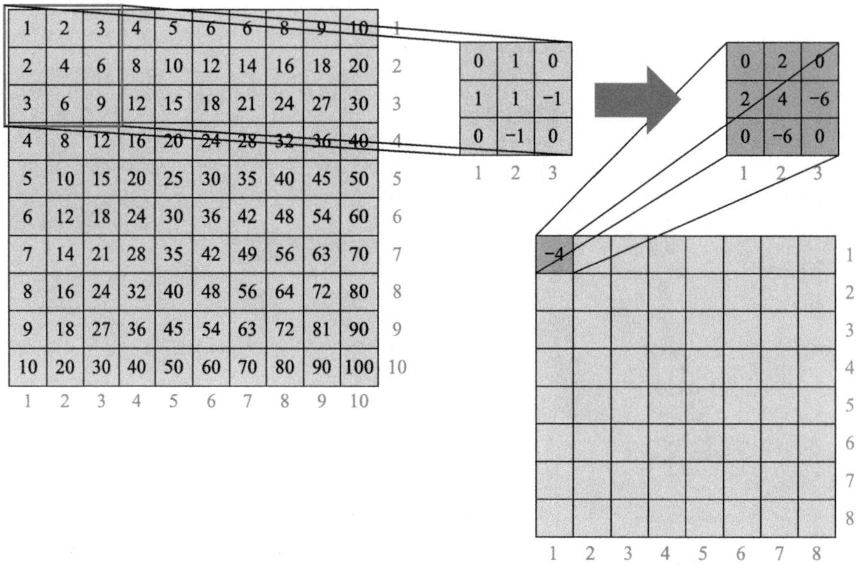

图 6.5　只扫描可卷积的像素，扫描从（2，2）的位置开始

2）扫描所有像素（进行边缘 0 填充，padding ='same'），如图 6.6 所示。

这种方式不管卷积核多大，都从（1，1）开始操作，周边不足的地方以 0 进行填充，所以步长为 1 时，卷积以后得到的结果和原图大小是一样的。

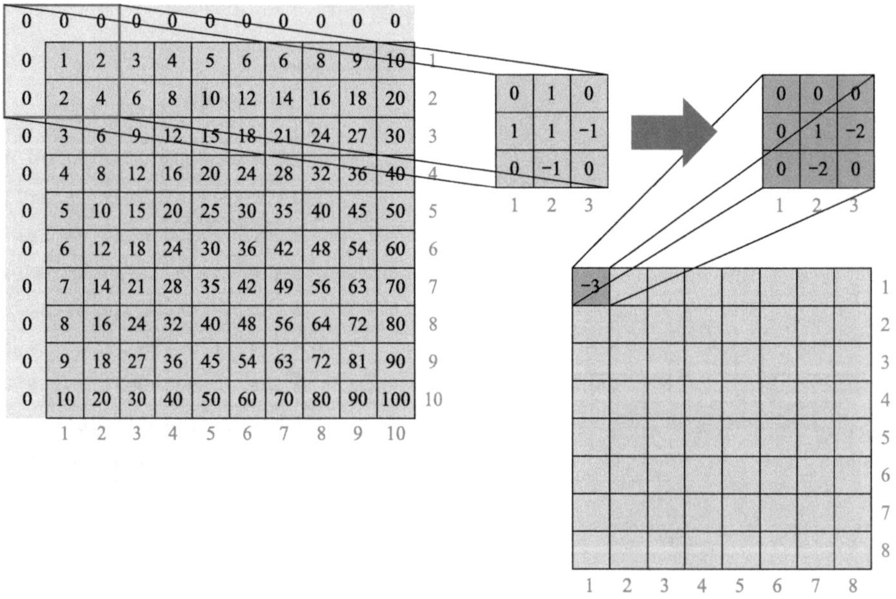

图 6.6　扫描所有的像素，扫描从（1，1）的位置开始

4. 深度（Depth）

用一个卷积核对图片进行一次卷积操作，将会得到一个结果；用多个卷积核对图片进行多次卷积操作就会得到多个结果，这个结果的数量就是深度。

为什么要对同一张图片进行多次卷积操作呢？

首先，在全连接层中，上层神经元到本层某个神经元的权重是 w，两层之间的参数 w 的数量就是两层神经元个数的乘积；而对图片进行卷积操作时，使用同一个卷积核，那么这个卷积核就与全连接层中的一个 w 是相同的意义，一个卷积核就是一个参数（或者也可以理解为一个卷积核就对应一个或一组神经元），在神经网络训练中，每个卷积核的值都会被调整。

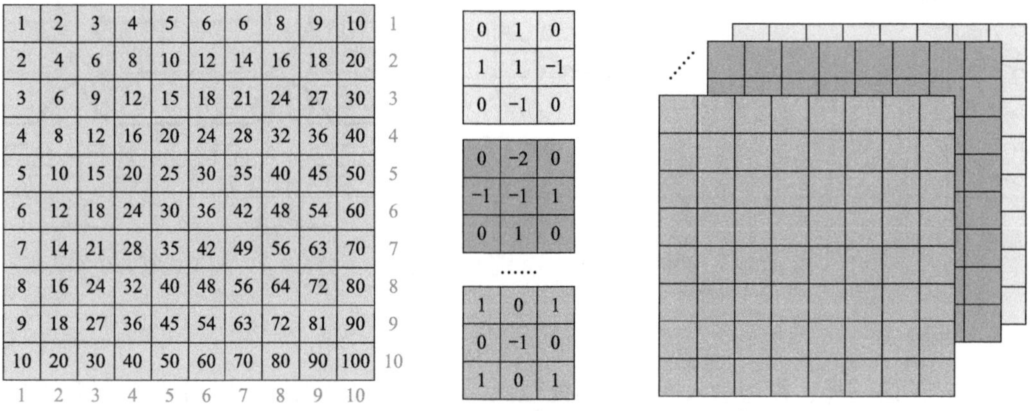

图 6.7　全连接层中参数数量

5. 卷积和互相关

卷积神经网络由卷积操作得名，卷积操作是信号处理、图像处理和其他领域最常用的一种操作。在深度学习领域，卷积操作使用互相关运算来代替。虽然在 CNN 中效果一样，但是卷积运算和互相关运算有一些细微差别，有必要仔细了解。

首先看卷积运算的定义为

$$f(t)\otimes g(t) = \int_{-\infty}^{\infty} f(\tau)g(t-\tau)\mathrm{d}\tau \tag{6.1.1}$$

该定义表明，卷积操作是两个函数的积分，其中一个函数经过颠倒和位移操作。图 6.8 是卷积操作的可视化演示。左上角的两个图片是原始的 $f(t)$，$g(t)$ 过滤器，首先将其颠倒如左下角两图所示，然后沿着水平坐标轴滑动过滤器如图右上角两图所示。在每一个位置，计算 $f(t)$ 和颠倒后的 $g(t)$ 交叉范围的面积，每一个具体点的交叉面积就是该点的卷积值，整个操作的卷积是所有卷积值的累加。

互相关运算的定义是两个函数的滑动点乘或者滑动内积，过滤器不需要经过颠倒操作。过滤器和函数的交叉区域的面积和就是互相关，图 6.9 显示了互相关运算和卷积运算的区别。

在深度学习中，卷积运算中的过滤器并没有经过颠倒操作，因此实际上就是互相关运算。但是由于卷积神经网络中的卷积核（过滤器）是随机初始化的，所以在此互相关运算和卷积运算没有本质的区别，可以把经过学习后得到的互相关过滤器视为实际的卷积过滤器的颠倒。

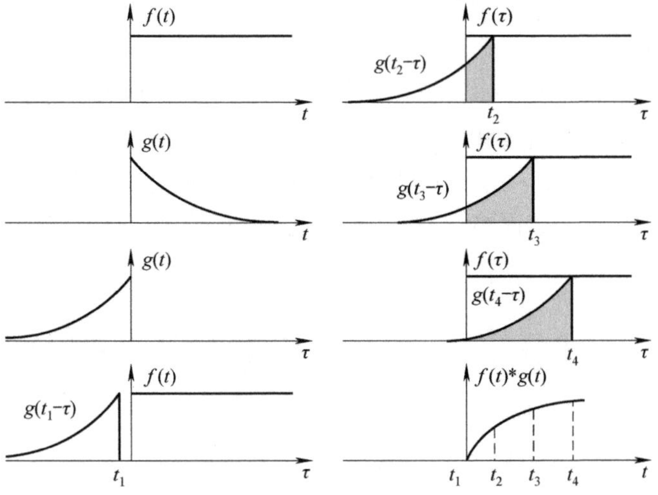

图 6.8　颠倒与位移操作

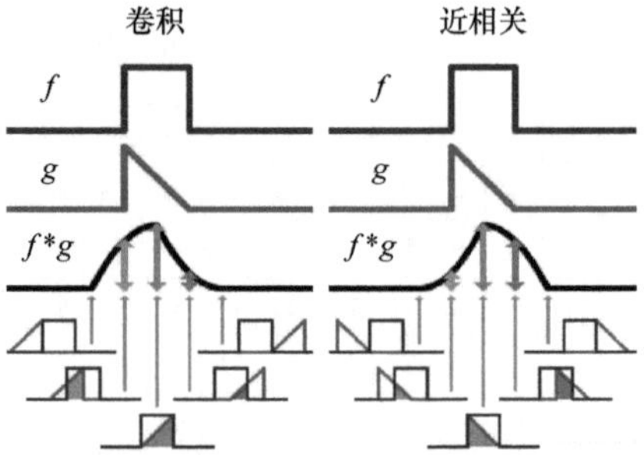

图 6.9　互相关运算和卷积运算

6.1.2　输入层

与神经网络一样，模型输入需进行预处理操作。常见的输入层中对图像预处理方式有：去均值、归一化、主成分分析（Principal Component Analysis，PCA）/支持向量（Support Vector Machine，SVM）降维等，如图 6.10 所示。

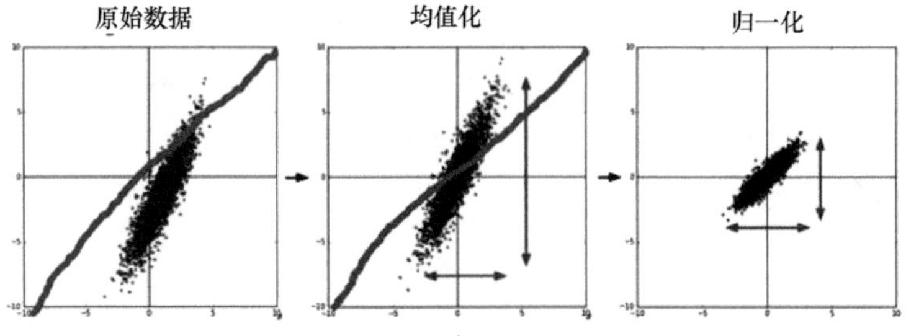

a)

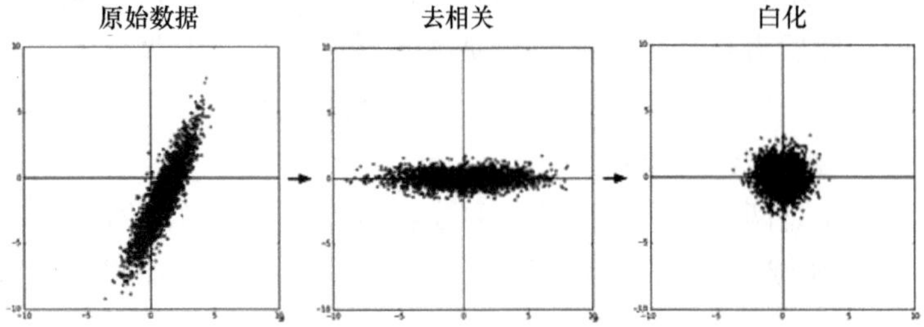

b)

图 6.10　输入预处理

a）均值化与归一化　b）去相关与白化

1. 均值化

把输入数据各个维度都中心化到0，所有样本求和求平均，然后用所有的样本减去这个均值样本就是去均值。

2. 归一化

数据幅度归一化到同样的范围，对于每个特征而言，范围值区间为［-1，1］。

3. PCA/白化

用主成分分析法（PCA）进行降维，让每个维度的相关性消失，特征和特征之间相互独立。白化是对数据每个特征轴上的幅度归一化。

6.1.3　卷积层

1. 常规卷积

假设有一个3×3大小的卷积层，其输入通道为3、输出通道为4。那么一般的操作就是用4个3×3×3的卷积核来分别同输入数据卷积，得到的输出只有一个通道的数据。之所以会得到一通道的数据，是因为刚开始3×3×3的卷积核的每个通道会在输入数据的每个对应通道上做卷积，然后叠加每一个通道对应位置的值，使之变成单通道，那么4个卷积核一共需要（3×3×3）×4＝108个参数。

2. 局部感知

在大脑识别图像的过程中，大脑并不是整张图同时识别，而是对于图片中的每一个特征首先局部感知，然后更高层次对局部进行综合操作，从而得到全局信息。局部感知过程，如图6.11所示。

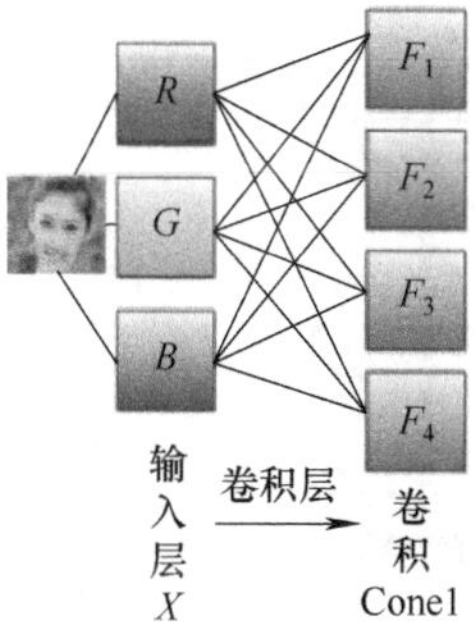

图6.11　局部感知过程

卷积层的计算公式为

$$
\begin{aligned}
F_1 &= w_{11}\otimes R + w_{12}\otimes G + w_{13}\otimes B + b_1\\
F_2 &= w_{21}\otimes R + w_{22}\otimes G + w_{23}\otimes B + b_2\\
F_3 &= w_{31}\otimes R + w_{32}\otimes G + w_{33}\otimes B + b_3\\
F_4 &= w_{41}\otimes R + w_{42}\otimes G + w_{43}\otimes B + b_4
\end{aligned}
\tag{6.1.2}
$$

式中，F表示每一张特征图；w表示卷积核；$\otimes$表示卷积运算。

卷积操作的含义是什么？例如，一张 32×32×3 的图像，进行卷积核大小为 5×5×3 的计算过程，如图 6.12 所示。

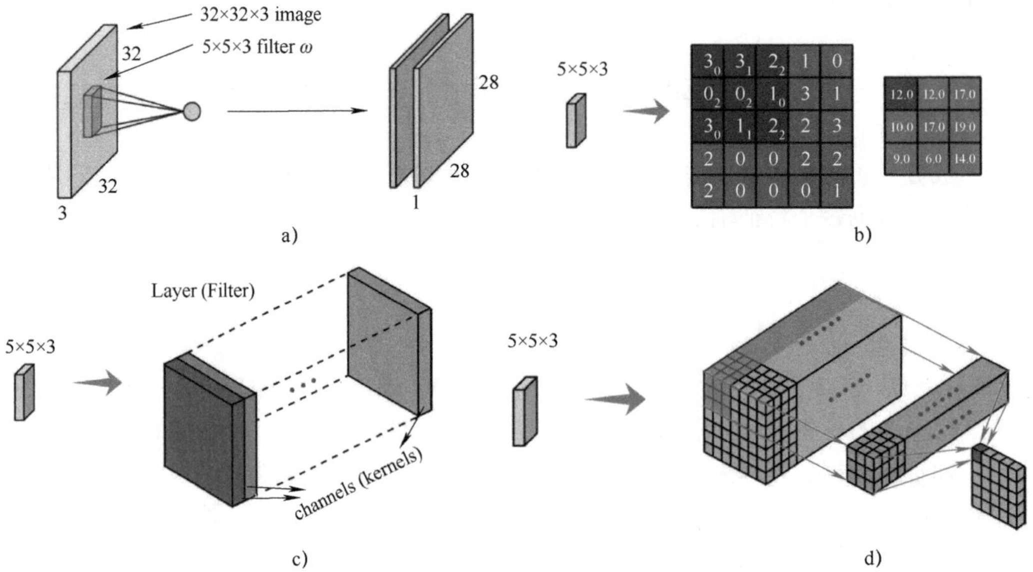

图 6.12　卷积操作

a）卷积条件与结果　b）卷积计算　c）卷积核　d）逐层卷积

对于三通道卷积计算，如一张 7×7×3 的图像，卷积核为 3×3×3，padding = 2，卷积计算过程，如图 6.13 所示。

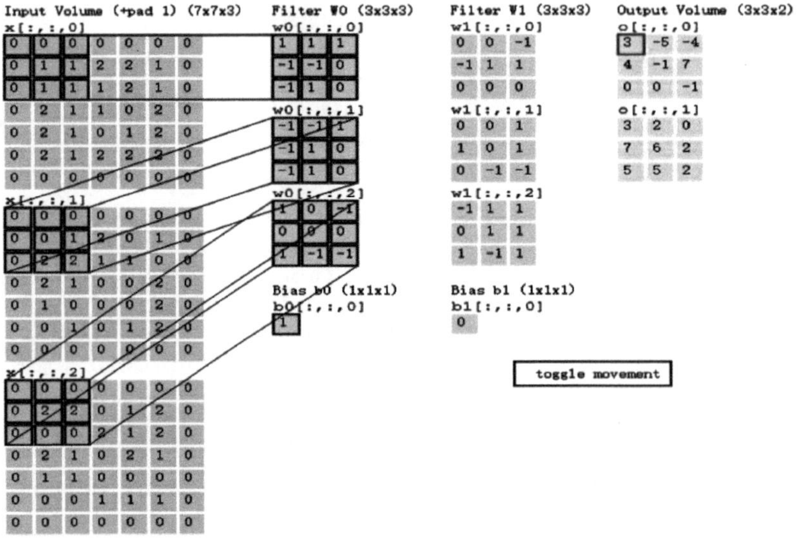

a)

图 6.13　三通道卷积计算过程

a）左上角 3×3 区域与卷积核卷积

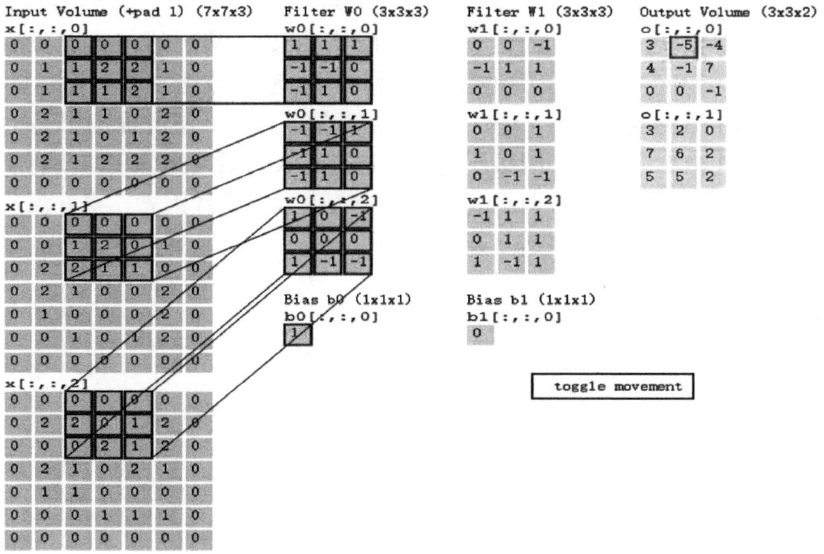

b)

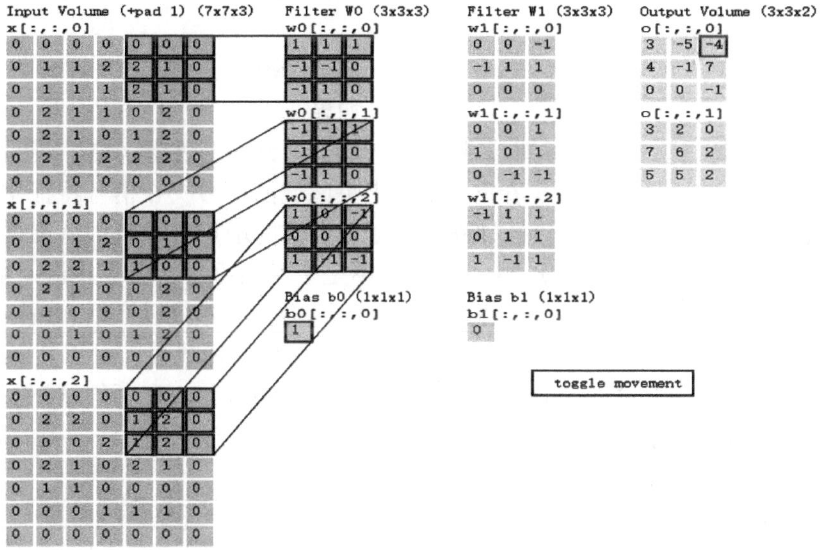

c)

图6.13　三通道卷积计算过程（续）

b）向右滑移两步后的3×3区域与卷积核卷积　c）继续向右滑移两步后的3×3区域与卷积核卷积

6.1.4　激励层

所谓激励，实际上是对卷积层的输出结果做一次非线性映射。卷积层的输出可表示为

$$\boldsymbol{X}_n^{(l)} = f\left(\sum_n \boldsymbol{W}_{mn}^{(l)} \otimes \boldsymbol{X}_m^{(l-1)} + \boldsymbol{b}_n^{(l)}\right) \tag{6.1.3}$$

式中，$\boldsymbol{X}_n^{(l)}$ 表示第 l 层第 n 个输出特征图；$\boldsymbol{W}_{mn}^{(l)}$ 表示第 l 层第 n 个特征图与第 $l-1$ 层第 m 个特

征图之间的连接权重；⊗ 表示卷积计算；$\boldsymbol{X}_m^{(l-1)}$ 表示第 $l-1$ 层第 m 个输出特征图；$\boldsymbol{b}_n^{(l)}$ 表示第 l 层第 n 个偏置。另外，$f(\cdot)$ 表示当层卷积层的激活函数，常用的非线性激活函数有 Sigmoid、Tanh、ReLU、LReLU 等。激活函数经常被作用在输入数据加权之后，如果不用激励函数（其实就相当于激励函数是 $f(x)=x$），这种情况下，每一层的输出都是上一层输入的线性函数。因此，无论有多少神经网络层，输出都是输入的线性组合，与没有隐层的效果是一样的，这就是最原始的感知机。网络通过激活函数引入非线性因素，提升深层神经网络拟合任意函数的能力，协助卷积层表达复杂特征。

Sigmod：

$$\text{sigmoid}(x)=\frac{1}{1+\mathrm{e}^{-x}} \tag{6.1.4}$$

Tanh：

$$\text{Tanh}(x)=\frac{\mathrm{e}^{x}-\mathrm{e}^{-x}}{\mathrm{e}^{x}+\mathrm{e}^{-x}} \tag{6.1.5}$$

ReLU：

$$\text{ReLU}(x)=\begin{cases}x & \text{如果}x\geqslant 0\\ 0 & \text{如果}x\leqslant 0\end{cases} \tag{6.1.6}$$

LReLU：

$$\text{LReLU}(x)=\begin{cases}x & \text{如果}x\geqslant 0\\ \alpha x & \text{如果}x\leqslant 0\end{cases} \tag{6.1.7}$$

式中，α 为较小的非零常数项，表示非零斜率。它们的曲线分别如图 6.14 ~ 图 6.17 所示。双端饱和的激活函数 Sigmoid 与 Tanh 着重于增益中央区域的信号，在信号特征空间映射上，具有较好的效果。但在递推式反向传播过程中，随着层数的增加会导致训练梯度逐渐消失，即存在梯度为 0 的可能。与它们相比，ReLU 虽然不是全区间可导，但在正区间能够更有效地完成梯度下降以及反向传播，其输入超出特定阈值时神经元才得以激活。ReLU 函数训练时将特征图中所有的负值都设置为 0，以此引入可动态变化的稀疏性，由于其斜率为 1，且单端饱和，梯度在反向传播过程中能够较好地进行传递；同时，ReLU 函数避免了复杂的幂运算，因此在深层神经网络中可加速求解。为解决输入值为负而产生无法学习的静默神经元

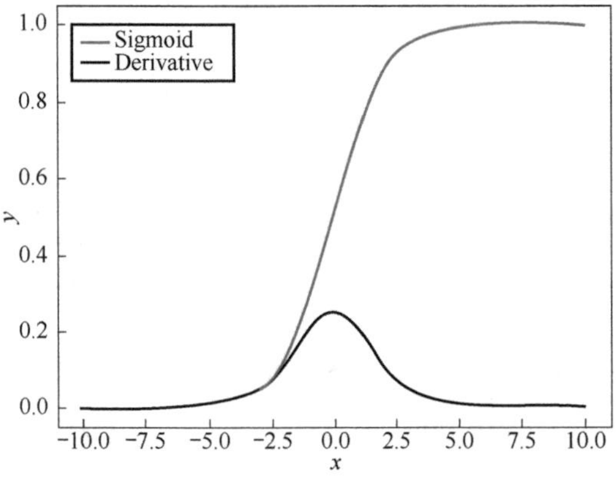

图 6.14　Sigmoid 原函数及导函数曲线

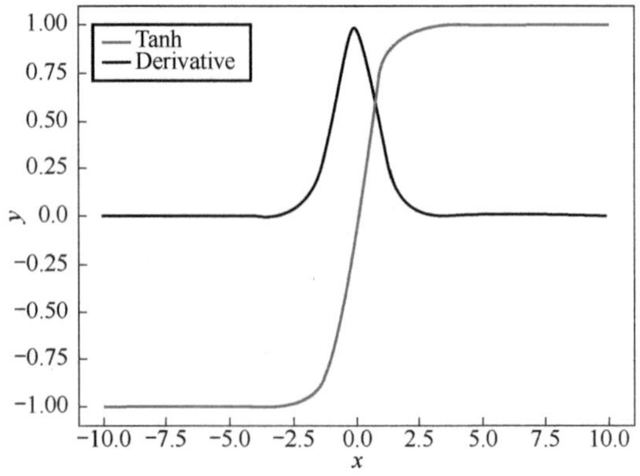

图 6.15　Tanh 原函数及导函数曲线

(Dead Neuron)，LReLU 函数在 ReLU 函数的负半区间引入泄露（Leaky）值 α，即非零斜率。由于全区间内导数不为零，LReLU 激活函数能够有效减少静默神经元的出现，改善基于梯度的学习过程。

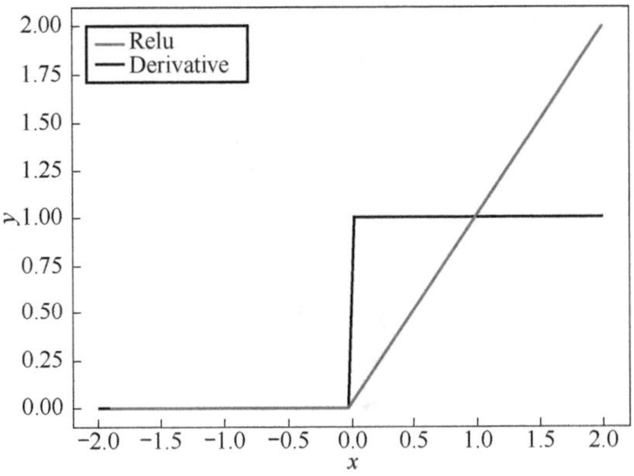

图 6.16　ReLU 原函数及导函数曲线

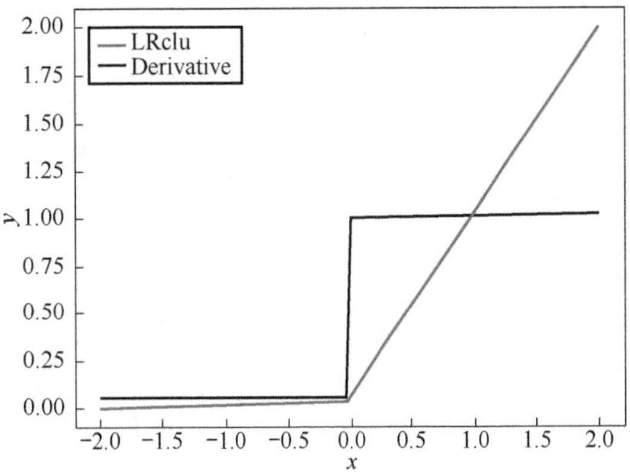

图 6.17　Leaky ReLU 原函数及导函数曲线

对于激励层，首先 ReLU 因为迭代速度快，有可能效果不佳。如果 ReLU 失效，考虑使用 LReLU 或者 Maxout 来解决。Tanh 函数在文本和音频处理有比较好的效果。

6.1.5　池化层

池化层（Pooling Layer）：也称为子采样（Subsampling）或降采样（Downsampling）。主要用于特征降维、压缩数据和参数的数量、减小过拟合，同时提高模型的容错性。

1. 池化层功能

池化操作（Pooling）往往会用在卷积层之后，通过池化来降低卷积层输出的特征维度，有效减少网络参数、防止过拟合现象。主要功能如下。

（1）增大感受野

所谓感受野，即一个像素对应回原图的区域大小。假如没有 pooling，一个 3×3、步长为 1 的卷积，输出一个像素的感受野就是 3×3 的区域；再加一个 stride =1 的 3×3 卷积，则感受野为 5×5。假如在每一个卷积中间加上 3×3 的 pooling 呢？很明显感受野迅速增大，这就是 pooling 的一大用处。感受野的增加对于模型能力的提升是必要的，正所谓“一叶障目则不见泰山也”。

（2）平移不变性

在池化层，池化函数使用某一位置相邻输出的总体统计特征来代替网络在该位置的输出。希望不管采用什么样的池化函数，当对输入进行少量平移时，经过池化函数后的大多数输出并不会发生改变，这就是平移的不变性。因为 pooling 不断地抽象了区域的特征而不关心位置，所以 pooling 一定程度上增加了平移不变性。池化的平移不变性（Translation Invariant）如图 6.18 所示。

右上角为 3 幅横折位置不一样的图像，分别同左上角的卷积核进行运算，然后再进行 3×3大小池化操作，最后得到的识别结果相同。

(3) 降低优化难度和参数

可以用步长大于 1 的卷积来替代池化，但是池化每个特征通道单独做降采样，与基于卷积的降采样相比，不需要参数，更容易优化。全局池化更是可以大大降低模型的参数量和优化工作量。

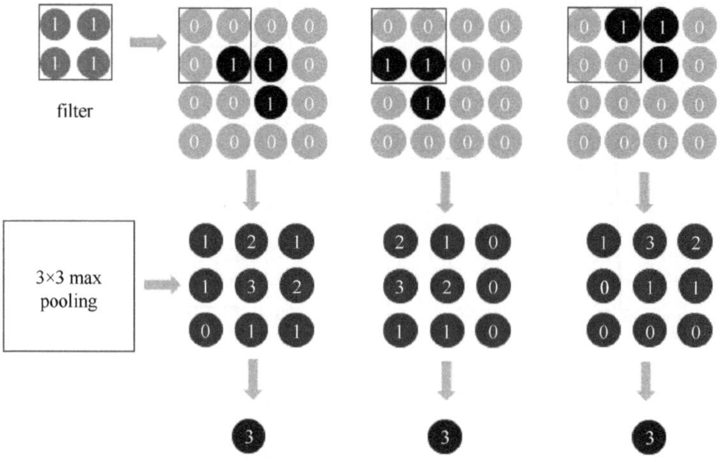

图 6.18　平移不变性

2. 最常见的池化操作

最常见的池化操作为最大池化（Max Pooling）和平均池化（Mean Pooling）。最大池化是选图像区域的最大值作为该区域池化后的值。平均池化是计算图像区域的平均值作为该区域池化后的值。

(1) 最大池化

最大池化又分为重叠池化和非重叠池化。例如，常见的 stride = kernel size，属于非重叠池化；如果 stride < kernel size，则属于重叠池化。与非重叠池化相比，重叠池化不仅可以提升预测精度，同时在一定程度上可以缓解过拟合。

最大池化的具体操作：整个图片被不重叠的分割成若干个同样大小的小块（Pooling Size）。每个小块内只取最大的数字，再舍弃其他节点后，保持原有的平面结构得到输出，如图 6.19 所示。

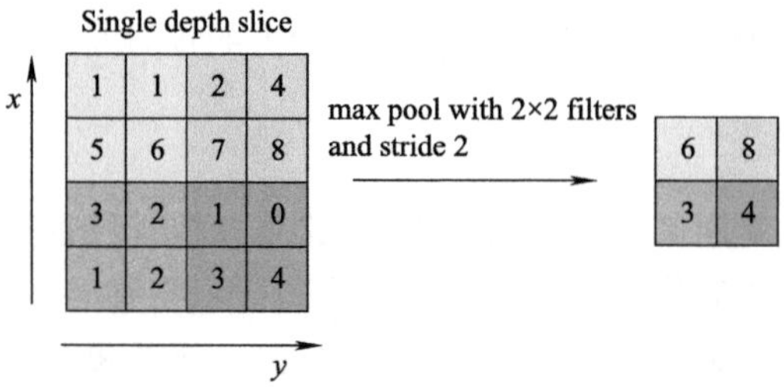

图 6.19　最大池化

相应的，对于多个特征映射（Feature Map），原本 64 张 224 × 224 的图像，经过最大池化后，变成了 64 张 112 × 112 的图像，如图 6.20 所示，从而实现了降采样（Downsampling）的目的。

(2) 平均池化

图6.21 表示一个4 ×4 特征映射邻域内的值用一个2 ×2 的滤波器 (Filter)、步长为2 进行扫描，计算平均值输出到下一层，这叫作平均池化。

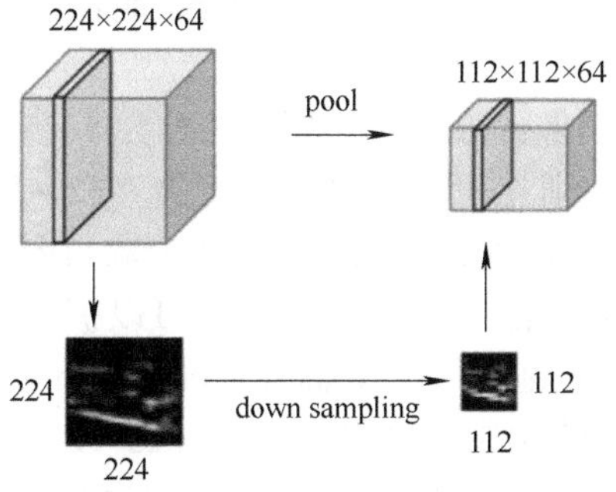

图6.20　多个特征映射池化

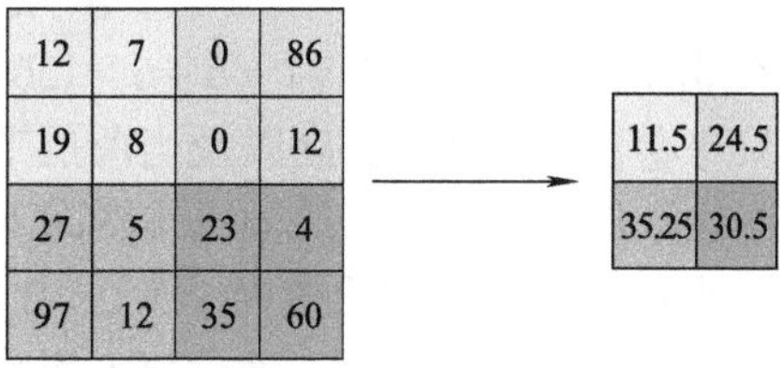

图6.21　平均池化

6.1.6　输出层 (全连接层)

输入经过若干次卷积 + 激励 + 池化后，就到了输出层。模型会将学到的一个高质量的特征图送到全连接层。其实在全连接层之前，如果神经元数目过大，学习能力强，有可能出现过拟合。因此，可以引入 dropout 操作，通过随机删除神经网络中的部分神经元，来解决此问题。还可以进行局部响应归一化 (Local Response Normalization, LRN)、数据增强等操作来增加鲁棒性。

当来到了全连接层之后，可以理解为一个简单的多分类神经网络 (如 BP 神经网络)，通过 softmax 函数得到最终的输出。整个模型训练完毕。

两层之间所有神经元都有权重连接，通常全连接层在卷积神经网络尾部。也就是与传统的神经网络神经元的连接方式一样，如图6.22 所示。

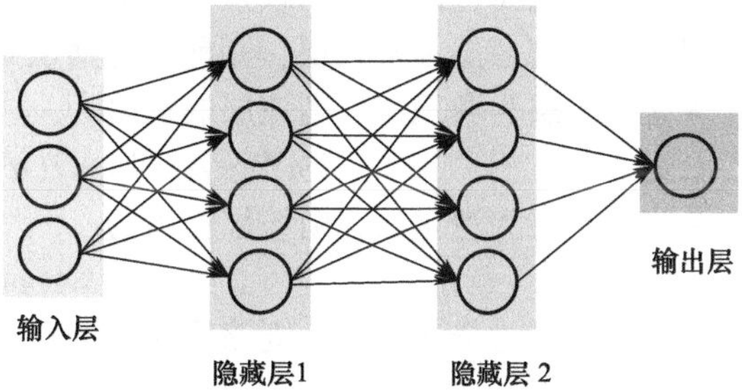

图6.22　输出层

6.1.7　维度变化过程

在 CNN 中，通过卷积核对上一层进行卷积操作，完成特征抽取，在下一层进行池化。本节主要分析卷积层和池化层的维度变化过程，在使用全0 填充 (如果步长为1，则可避免节点矩阵通过卷积层后尺寸发生变化) 时，卷积层/池化层的输出维度计算公式为

$$out_{\text{length}} = \lceil in_{\text{length}} / \text{stride}_{\text{length}} \rceil \tag{6.1.8}$$

$$out_{\text{width}} = \lceil in_{\text{width}} / \text{stride}_{\text{width}} \rceil \tag{6.1.9}$$

式中，out_{length} 表示卷积层输出矩阵的长度，它等于输入层矩阵长度除以在长度方向上的步长的向上取整值，out_{width} 表示卷积层输出矩阵的宽度，它等于输入层矩阵宽度除以在宽度方向上步长的向上取整值。

如果不使用全 0 填充，则卷积层/池化层的输出维度计算公式为

$$out_{\text{length}} = \lceil (in_{\text{length}} - \text{filter}_{\text{length}} + 1)/stride_{\text{length}} \rceil \tag{6.1.10}$$

$$out_{\text{width}} = \lceil (in_{\text{width}} - \text{filter}_{\text{width}} + 1)/\text{stride}_{\text{width}} \rceil \tag{6.1.11}$$

式中，$\text{filter}_{\text{length}}$表示卷积核/池化核在长度方向上的大小，$\text{filter}_{\text{width}}$表示卷积核/池化核在宽度方向上的大小。

假如输入层矩阵的维度为 32 ×32 ×1，1 代表灰度图像，第一层卷积核尺寸为 5 ×5，深度为 6（即有 6 个卷积核），不使用全 0 填充，步长为 1，则卷积层的输出维度为（32 −5 +1 = 28），卷积层的参数共 5 ×5 ×1 ×6 +6 =156 个，这里可以发现，卷积层的参数个数与图片大小无关，只与卷积核尺寸、深度以及当前层节点矩阵的深度有关，这使得 CNN 可以扩展到任意大小的图像数据上，卷积层的输出维度即下一层（通常是池化层）的输入维度有 28 ×28 ×6 = 4704 个节点；池化层的池化核大小为 2 ×2，步长为 2，池化层的输出维度为（28 −2 +1)/2 = 13.5，向上取整的结果为 14，池化层不影响节点矩阵的深度，池化层的输出维度为 14 ×14 ×6。

6.2 卷积神经网络

卷积神经网络包括由它延伸出的深度神经网络的训练过程都由两个部分组成：前向传播和反向传播。

假设网络共有 L 层，其中卷积层的卷积核个数为 K，卷积核的尺寸为 F，padding 的尺寸为 P，卷积步长为 S。前向传播的步骤如下。

步骤 1：根据 padding 尺寸 P 填充样本维度。

步骤 2：初始化网络层的权重 $\boldsymbol{w}$ 和偏置 $\boldsymbol{b}$。

步骤 3：第一层为输入层，则前向传播从第二层 $l=2$ 开始到 $L-2$ 层结束

- 若第 l 层为卷积层，则该层的输出为

$$a^{(l)} = f(z^{(l)}) = f(\boldsymbol{a}^{(l-1)} \otimes \boldsymbol{w}^{(l)} + b^{(l)}) \tag{6.2.1}$$

- 若第 l 层为池化层，则该层输出为

$$a^{(l)} = \text{Pool}(a^{(l-1)}) \tag{6.2.2}$$

- 若第 l 层为全连接层，则该层输出为

$$a^{(l)} = \boldsymbol{\sigma}(z^{(l)}) = \boldsymbol{\sigma}(\boldsymbol{w}^{(l)} \boldsymbol{a}^{(l-1)} + b^{(l)}) \tag{6.2.3}$$

步骤 4：网络最后层激活函数若选为 Softmax，则第 L 层的输出为

$$a^{(L)} = \text{Softmax}(\text{z}^{(L)}) = \text{Softmax}(\boldsymbol{w}^{(L)} \boldsymbol{a}^{(L-1)} + b^{(L)}) \tag{6.2.4}$$

以上是 CNN 前向传播的过程，为了防止过拟合，在网络设置时，会设置 Dropout 系数。该参数作用是使网络中神经元随机失活，即神经元强迫置零，达到防止过拟合的目的。

在反向传播中，网络损失函数为交叉熵损失函数（Categorical Crossentropy Loss），它描述网络输出概率与实际输出概率的距离，即交叉熵越小，两者概率分布越接近。假设该损失函数为 $Loss(\boldsymbol{w},\boldsymbol{b})$，学习率为 $\boldsymbol{\eta}$。反向传播中第 l 层权重和偏置的更新公式为

$$\boldsymbol{w}^{(l)}(k+1) = \boldsymbol{w}^{(l)}(k) - \eta \frac{\partial}{\partial \boldsymbol{w}^{(l)}} \text{Loss}(\boldsymbol{W},\boldsymbol{b}) \tag{6.2.5}$$

$$\boldsymbol{b}^{(l)}(k+1) = \boldsymbol{b}^{(l)}(k) - \eta \frac{\partial}{\partial \boldsymbol{b}^{(l)}} \text{Loss}(\boldsymbol{W},\boldsymbol{b}) \tag{6.2.6}$$

在反向传播中，网络会随着迭代次数的增加不断调优权重和偏置，使得交叉熵损失函数最小，直到它不再变化或达到迭代次数停止。

6.3 卷积操作的变种

6.3.1 深度可分离卷积操作

为了便于比较，这里仍先给出常规卷积过程，如图 6.23 所示。

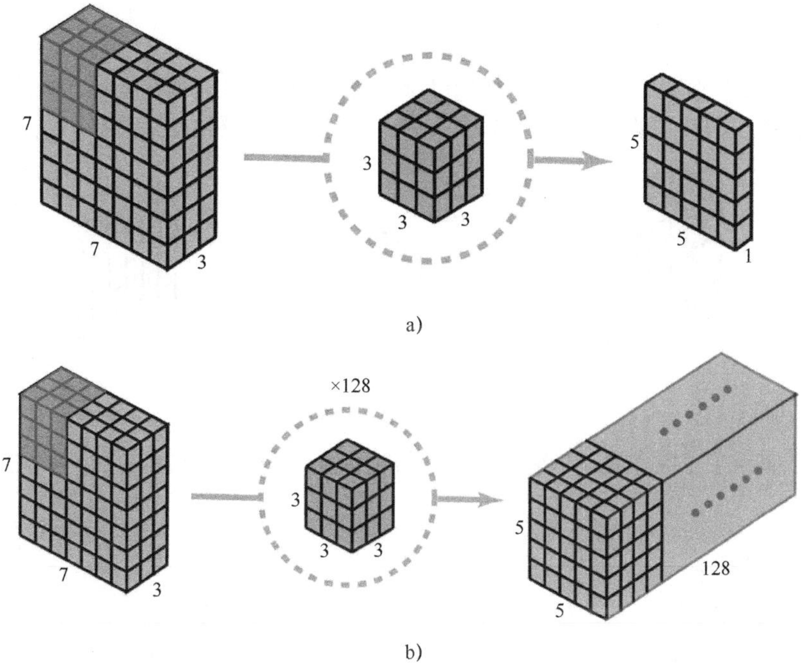

图 6.23　常规卷积

a）1 层的输出标准 2D 卷积，使用 1 个过滤器　b）有 128 层的输出的标准 2D 卷积，要使用 128 个过滤器

1. 逐层卷积（Depthwise Convolution，DWC）[74]

逐层卷积的一个卷积核负责一个通道，一个通道只被一个卷积核卷积。前面的常规卷积每个卷积核同时操作输入图片的每个通道。现在不使用 2D 卷积中大小为 3 ×3 ×3 的单个过滤器，而是分开使用 3 个核。每个过滤器的大小为 3 ×3 ×1。每个核与输入层的一个通道卷积（仅一个通道，而非所有通道）。每个这样的卷积都能提供大小为 5 ×5 ×1 的映射图。然后，将这些映射图堆叠在一起，创建一个 5 ×5 ×3 的图像。经过这个操作之后，得到大小为 5 ×5 ×3 的输出，如图 6.24 所示。逐层卷积完成后的特征映射数量与输入层的通道数相同，无法扩展特征映射；而且这种运算对输入层的每个通道独立进行卷积运算，没有有效利用不同通道在相同空间位置上的特征信息。因此，需要逐层卷积将这些特征映射组合生成新的特征映射。

2. 逐点卷积（Pointwise Convolution，PWC）

逐点卷积的运算与常规卷积运算非常相似，它的卷积核的尺寸为 1 ×1 × C，C 为上一层的通道数。所以这里的卷积运算会将上一步的映射在深度方向上进行加权组合，生成新的特征映射，有几个卷积核就有几个输出特征映射。

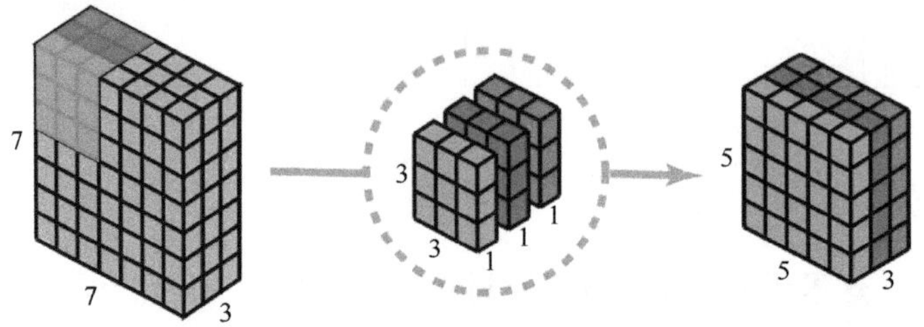

图 6.24　逐层卷积

为了扩展深度，应用一个核大小为 1×1×3 的 1×1 卷积。将 5×5×3 的输入图片与每个 1×1×3 的核卷积，可得到大小为 5×5×1 的映射图，如图 6.25 所示。

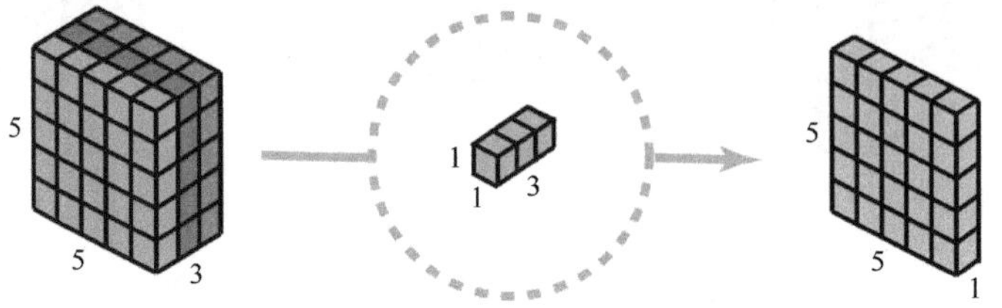

图 6.25　结果为 5×5×1 的映射图

因此，在应用了 128 个 1×1 卷积之后，得到大小为 5×5×128 的层，如图 6.26 所示。

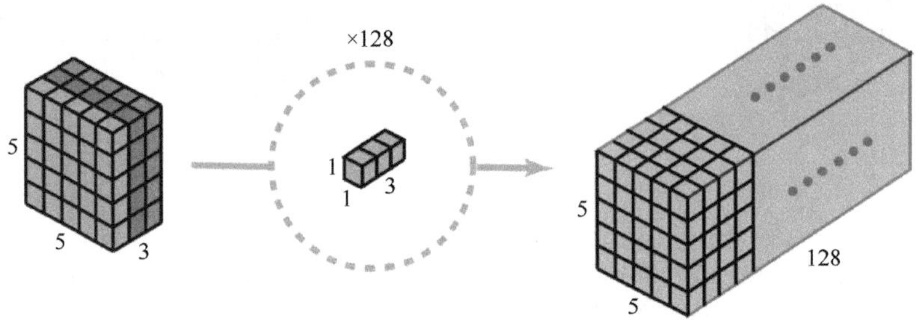

图 6.26　结果为 5×5×128 的映射图

3. 深度可分卷积

通过上述两个步骤，深度可分卷积也会将输入层（7×7×3）变换到输出层（5×5×128）。深度可分卷积的整个过程如图 6.27 所示。

与 2D 卷积相比，深度可分卷积所需的操作要少得多。对于大小为 $H \times W \times C$ 的输入图像，如果使用 Nc 个大小为 $h \times h \times C$ 的核执行 2D 卷积（步幅为 1，填充为 0，其中 h 是偶数）。为了将输入层（$H \times W \times C$）变换到输出层（$H-h+1$）×（$W-h+1$）$\times Nc$，所需的总乘法次数为

$$N_{1Eol} = Nc \times h \times h \times C \times (H-h+1) \times (W-h+1) \tag{6.3.1}$$

另一方面，对于同样的变换，深度可分卷积所需的乘法次数为

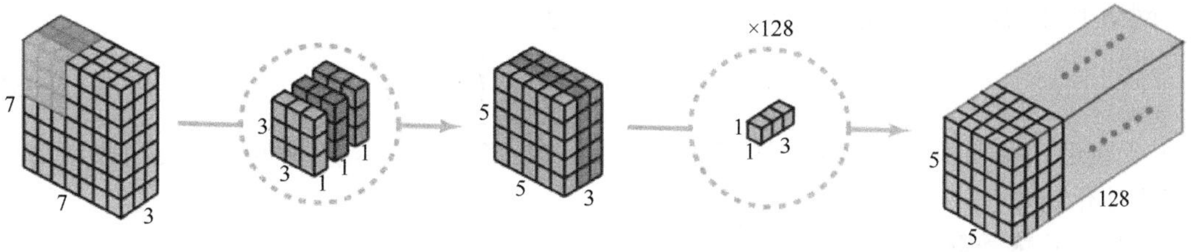

图 6.27　深度可分卷积的整个过程

$$N_{2Eol} = C \times h \times h \times 1 \times (H-h+1) \times (W-h+1) + Nc \times 1 \times 1 \times C \times (H-h+1) \times (W-h+1)$$
$$= (h \times h + Nc) \times C \times (H-h+1) \times (W-h+1) \tag{6.3.2}$$

深度可分卷积与 2D 卷积所需的乘法次数比为

$$\frac{N_{1Eol}}{N_{2Eol}} = \frac{1}{Nc} + \frac{1}{h^2} \tag{6.3.3}$$

当 $Nc >> h$ 时，则式（6.3.3）可约简为 $1/h^2$。基于此，如果使用 3×3 过滤器，则 2D 卷积所需的乘法次数是深度可分卷积的 9 倍。如果使用 5×5 过滤器，则 2D 卷积所需的乘法次数是深度可分卷积的 25 倍。

使用深度可分卷积会降低卷积中参数的数量。因此，对于较小的模型而言，如果用深度可分卷积替代 2D 卷积，模型的能力可能会显著下降。这样得到的模型可能是次优的。当然如果使用得当，深度可分卷积能在不降低模型性能的前提下帮助用户实现效率提升。

6.3.2　空洞卷积

空洞卷积也叫扩张卷积或者膨胀卷积，简单来说就是在卷积核元素之间加入一些空格（零）来扩大卷积核的过程[74]。通过这种方式，可以在不做池化损失信息的情况下，增大图像的感受野，并且与常规卷积核的大小相同，参数量不变。

假设以一个变量 rate 来衡量空洞卷积的扩张系数，则加入空洞之后的实际卷积核尺寸与原始卷积核尺寸之间的关系为

$$K \leftarrow K + (k-1)(\text{rate}-1) \tag{6.3.4}$$

式中，k 为原始卷积核大小；rate 为卷积扩张率；K 为经过扩展后实际卷积核大小。除此之外，空洞卷积的卷积方式跟常规卷积一样。不同扩展率 rate，卷积核的感受野不同。例如，rate = 1，2，4 时卷积核的感受野如图 6.28 所示。

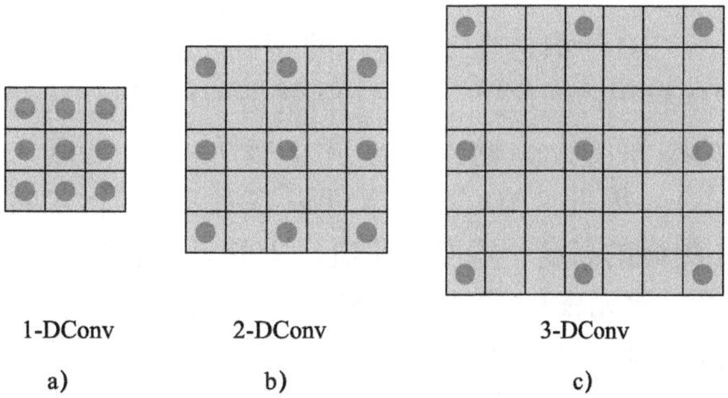

图 6.28　空洞卷积扩张率与感受野的关系

a）扩张率为 1　b）扩张率为 2　c）扩张率为 3

图 6.28 中，卷积核没有红点标记位置为 0，圆点标记位置同常规卷积核。3×3的圆点表示经过卷积后，输出图像为 3×3 像素。尽管所有这三个扩张卷积的输出都是同一尺寸，但模型观察到的感受野有很大的不同。

网络中第 l 层卷积层或池化层的感受野大小为

$$r^{(l)} = r^{(l-1)} + \left((k-1) \cdot \prod_{i=1}^{l-1} s^{(i)}\right) \tag{6.3.5}$$

式中，k 表示该层卷积核或池化层所用核的大小；$r^{(l-1)}$ 表示上一层感受野大小；$s^{(i)}$ 表示第 i 层卷积或池化的步长。

如果初始感受野大小为 1，则

3×3 卷积（stride = 1）：r = 1 + (3 − 1) = 3，感受野为 3×3。

2×2 池化（stride = 2）：r = 3 + (2 − 1) = 4，感受野为 4×4。

3×3 卷积（stride = 3）：r = 4 + (3 − 1) ×2 ×1 = 8，感受野为 8×8。

3×3 卷积（stride = 2）：r = 8 + (3 − 1) ×3 ×2 ×1 = 20，感受野为 20×20。

空洞卷积的感受野计算方法和上面相同，所谓的空洞可以理解为扩大了卷积核的大小，下面来介绍一下空洞卷积的感受野变化（卷积核大小为 3×3，stride = 1，下面的卷积过程中后面的以前面的为基础）。

1 − dilated conv：rate = 1 的卷积其实就是普通 3×3 卷积，因此，$r = 1 + (3-1) = 3$（$r = 2^{\log_2 1+2} - 1 = 3$），因此感受野为 3×3。

2 − dilated conv：rate = 2 可以理解为将卷积核变成了 5×5，因此，$r = 3 + (5-1) \times 1 = 7$（$r = 2^{\log_2 2+2} - 1 = 7$），感受野大小为 7×7。

4 − dilated conv：rate = 4 可以理解为将卷积核变成了 9×9，因此，$r = 7 + (9-1) \times 1 \times 1 = 15$（$r = 2^{\log_2 4+2} - 1 = 15$），感受野大小为 15×15。

可见，将卷积以上面的过程叠加，感受野变化会指数增长，感受野大小 $r = 2^{\log_2 \text{rate}+2} - 1$，该计算公式是基于叠加的顺序，如果单用三个 3×3 的 2 − dilated 卷积，则感受野使用卷积感受野计算公式计算（如 2 − dilated，相当于 5×5 卷积）：

第一层 3×3 的 2 − dilated 卷积：r = 1 + (5 − 1) = 5。

第二层 3×3 的 2 − dilated 卷积：r = 5 + (5 − 1) ×1 = 9。

第三层 3×3 的 2 − dilated 卷积：r = 9 + (5 − 1) ×1 ×1 = 13。

6.3.3 3D 卷积

3D 卷积是在 2D 卷积的基础上建立的，是 2D 卷积的泛化[75]。图 6.29 就是 3D 卷积，其过滤器深度小于输入层深度（核大小 < 通道大小）。因此，3D 过滤器可以在所有三个方向（图像的高度、宽度、通道）上移动。在每个位置，逐元素的乘法和加法都会提供一个数值。因为过滤器是滑过一个 3D 空间，所以输出数值也按 3D 空间排布。也就是说，输出是一个 3D 数据。

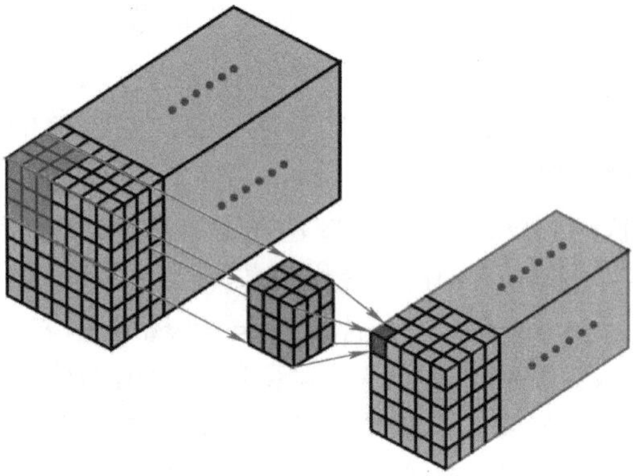

图 6.29 3D 卷积

与 2D 卷积（编码了 2D 域中目标的空间关系）类似，3D 卷积可以描述 3D 空间中目标的空间关系。对某些应用（比如生物医学影像中的3D分割/重构），这样的3D关系很重要，如在CT和MRI中，血管之类的目标会在3D空间中蜿蜒曲折。

6.3.4 分组卷积

1. 分组卷积原理[76]

分组卷积（Group Convolution，GC）最早出现在AlexNet，常规的卷积操作对输入图像进行整体的卷积计算，如图6.23所示。具有两个滤波器组的卷积层，如图6.30所示。

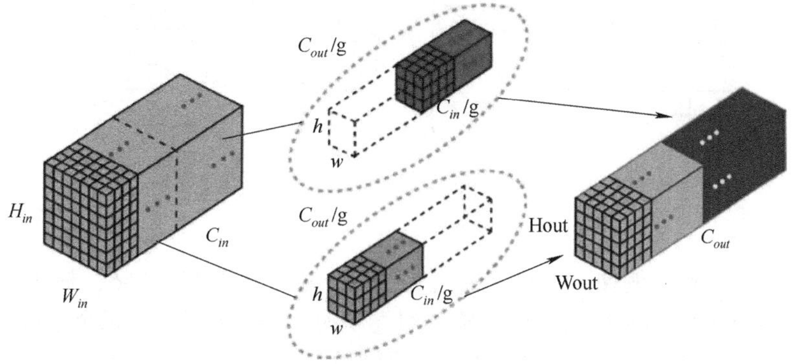

图6.30 分组卷积示意图

图6.30中，将输入数据分成了两组（组数为g）。

注意：这种分组只是在深度（C_{in}）上进行划分，即某几个通道编为一组，这个具体的数量由C_{in}决定。因为输出数据的改变，相应的卷积核也需要做出同样的改变。如果分成g组，则每组中卷积核的深度为C_{in}/g，而卷积核的大小不变，此时每组的卷积核的个数为C_{out}/g个，而不是原来的C_{out}。然后用每组的卷积核同它们对应组内的输入数据卷积，得到输出数据以后，再用concatenate的方式组合起来，最终的输出数据的通道仍旧为C_{out}。也就是说，分组数g确定后，将并行运算g个相同的卷积过程，每个过程中（每组），输入数据为$H_{in}\times W_{in}\times C_{in}$，卷积核大小为$h_1\times w_1\times C_{in}$，一共有$C_{out}$个，输出数据为$H_{out}\times W_{out}\times C_{out}$。

（1）参数量分析

输入特征图的尺寸为$H\times W\times C_{in}$，输出特征图的通道数为C_{out}。如果被分成g组，则每组的输入特征图的通道数为C_{in}/g，每组的输出通道数为C_{out}/g（因为预先定义了输出的通道数为C_{out}，那么平均分给每个组的输出特征图数就应该为C_{out}/g）。

（2）卷积核参数量

也就是说每组需要有C_{out}/g个卷积核，则共有C_{out}个卷积核（总的卷积核数量同普通卷积是相同的，不过由于稀疏连接，每个卷积核的参数量减少为$C/g\times K\times K$，卷积核的总参数量为$C_{out}\times C/g\times K\times K$）。

（3）计算量分析

假设经过卷积层特征图的大小不变，则卷积层的计算量为

$$N_{con}=C_{out}\times H\times W\times\frac{C_{in}}{g}\times(2\times K^2-1) \tag{6.3.6}$$

式（6.2.10）表明，分组卷积可以使得卷积层的参数量和计算量都减为原来的 $1/g$。常规卷积与分组卷积对照，如图 6.31 所示。

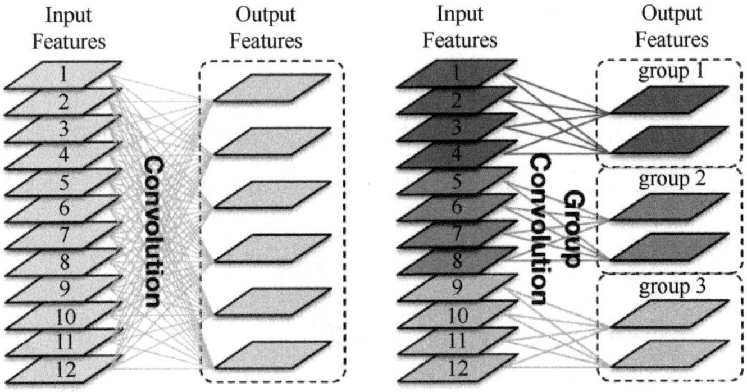

图 6.31　常规卷积与分组卷积示意图

2. 分组卷积优点

极大地减少了参数。例如，当输入通道为 256，输出通道也为 256，核大小为 3×3，不做分组卷积参数为 256×3×3×256。实施分组卷积时，若组数为 8，每个组的输入信道和输出信道均为 32，参数为 8×32×3×3×32，是原来的八分之一。而分组卷积最后每一组输出的特征映射应该是以连接的方式组合。

Alex 认为分组卷积的方式能够增加滤波器之间的对角相关性，而且能够减少训练参数，不容易过拟合，这类似于正则化效果。

6.3.5　转置卷积

转置卷积（Transposed Convolutions）又称反卷积（Deconvolution）。注意：此处的反卷积不是数学意义上的反卷积，或者是分数步长卷积（Fractionally Strided Convolutions）。之所以叫转置卷积是因为它将常规卷积操作中的卷积核做一个转置，然后把卷积的输出作为转置卷积的输入，而转置卷积的输出，就是卷积的输入。

卷积与转置卷积的计算过程正好相反，如图 6.32 所示。

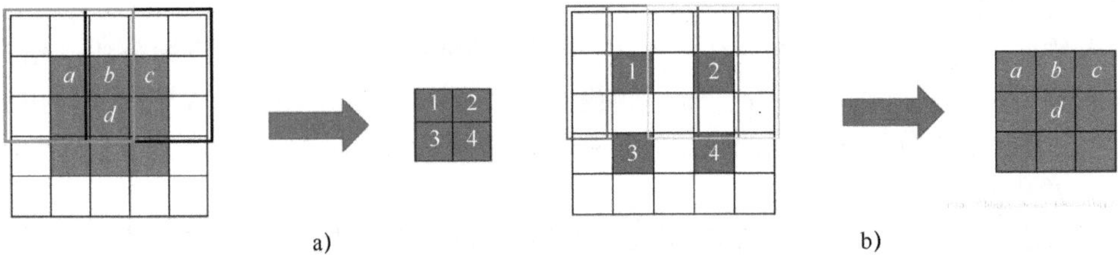

图 6.32　卷积过程
a）普通卷积（正）　b）转置卷积（反）

常规卷积的卷积核大小为 3×3，步长为 2，填充为 1。卷积核在蓝框位置时输出元素 1，在黑框位置时输出元素 2。可以发现，输入元素 a 仅与一个输出元素有运算关系，也就是元素 1，而输入元素 b 与输出元素 1、2 均有关系。同理，c 只与一个元素 2 有关，而 d 与 1、

2、3、4 四个元素都有关；那么在进行转置卷积时，依然应该保持这个连接关系不变。

转置卷积（反卷积）需要将图 6.32a 中黑色的特征图作为输入、蓝色的特征图作为输出，并且保证连接关系不变。也就是说，a 只与 1 有关，b 与 1、2 两个元素有关，其他类推。怎么才能达到这个效果呢？可以先用 0 给黑色特征图做插值，插值的个数就是使相邻两个黑色元素的间隔为卷积的步长，同时边缘也需要进行与插值数量相等的补 0，如图 6.32b 所示。

这时，卷积核的滑动步长不是 2 而是 1，步长体现在插值补 0 的过程中。

一般在 CNN 中，转置卷积用于对特征图进行上采样，比如想将特征图扩大两倍，那么就可以使用步长为 2 的转置卷积。

为了更好地理解转置卷积，定义 w 为卷积核，Large 为输入图像，Small 为输出图像。经过卷积（矩阵乘法）后，将大图像下采样为小图像。这种矩阵乘法的卷积实现 $w \times \text{Large} = \text{Small}$，如图 6.33 所示。它将输入平展为 16×1 的矩阵，并将卷积核转换为一个（4×16）稀疏矩阵。然后，在稀疏矩阵和平展的输入之间使用矩阵乘法。之后，再将所得到的矩阵（4×1）转换为 2×2 的输出。

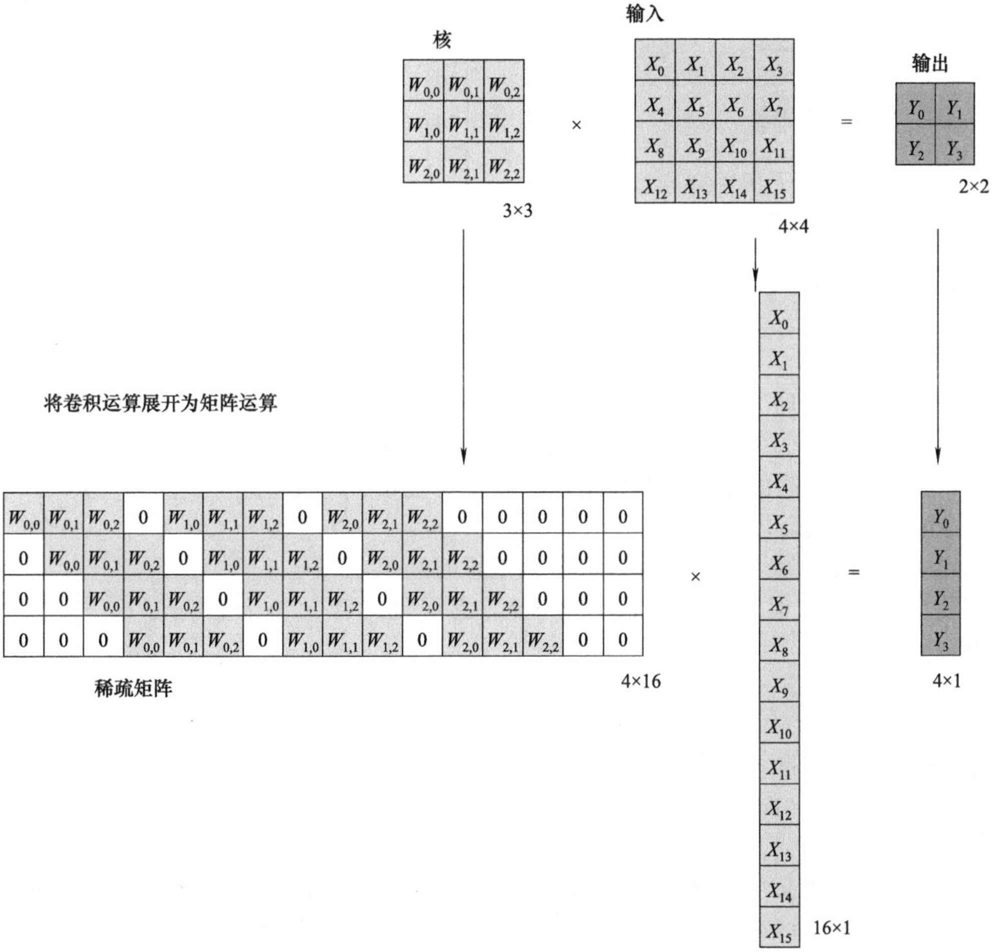

图 6.33　矩阵乘法的卷积实现

卷积的矩阵乘法：将 Large 输入图像（4×4）转换为 Small 输出图像（2×2）。

现在，如果在图 6.32 等式的两边都乘上矩阵的转置 T，并借助“一个矩阵与其转置矩阵的乘法得到一个单位矩阵”这一性质，那么就能得到 T×Small = Large，如图 6.34 所示。

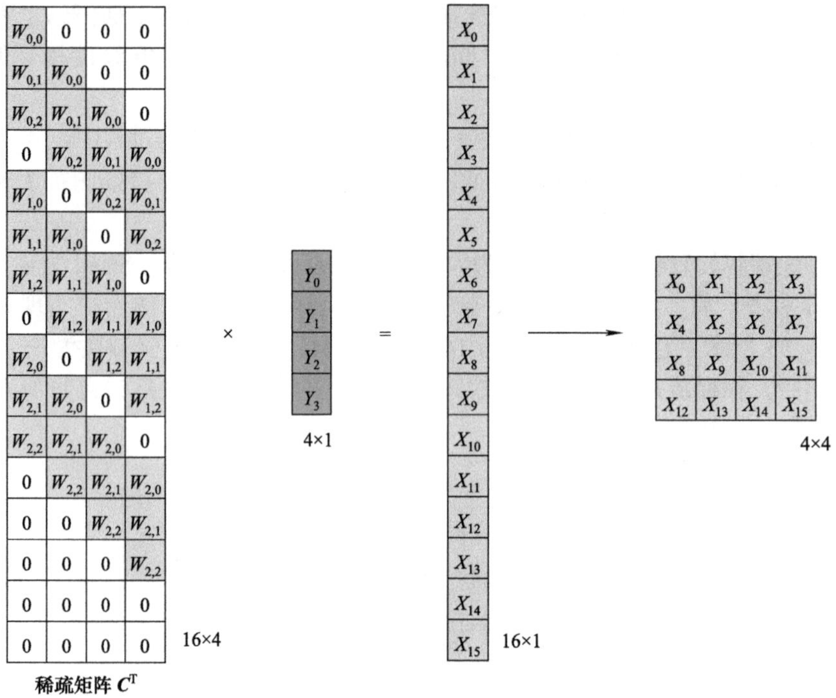

图 6.34 矩阵乘法的转置卷积实现

6.3.6 平铺卷积

平铺卷积是介于局部卷积和常规卷积之间，与局部卷积相同之处在于相邻的单元具有不同的参数；与其区别在于，会有 t 个不同的卷积核循环使用，也就是说相隔为 t 的卷积核，就会共享参数。

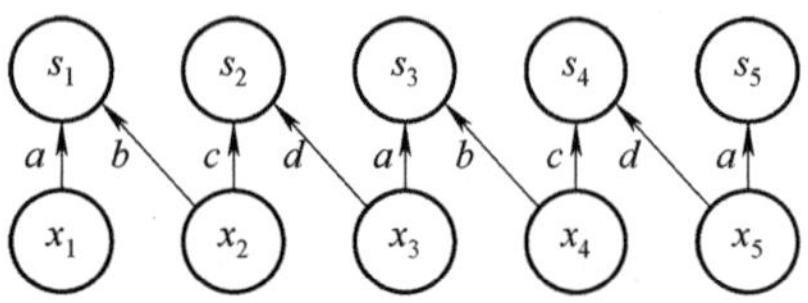

图 6.35 平铺卷积

图 6.35 中，S 为卷积核；x 为特征值；相邻的卷积核都有各自的参数；但每隔 t 个（图中 $t=2$）卷积核，参数就会重复使用。

6.3.7 卷积运算的核心思想

卷积运算主要通过三个重要的思想来帮助改进机器学习系统：稀疏交互（Sparse Inter－Actions）、参数共享（Parameter Sharing）、等变表示（Equivariant Representations）。

1. 稀疏交互

卷积网络的稀疏交互（也叫稀疏连接或者稀疏权重），是通过使卷积核的大小远小于输入的大小来达到的。这就区别于全连接层的矩阵相乘运算，卷积核就只接受有限个输入，使得参数量减小。

例如，3 ×3 大小的卷积核，就只接受 9 个像素点上的输入。这个块的大小叫作感受野（Receptive Field），或者 FOV（field of view）。这说明，卷积核主要是在学习局部相关性。

CNN 可以处理时间序列，因为 CNN 利用数据的局部相关性，语音和文本具备局部相关性。

CNN 中的卷积操作主要是为了获得图片或文本的局部特征，在计算机视觉里，将这种操作称为滤波，都是为了获得局部领域的输出。常规卷积操作本质上就是加权平均，其线性运算是获取局部特征最简单的操作，利用 BP 算法也显得特别直接。

2. 参数共享

参数共享是指在一个模型的多个函数中使用相同的参数。在卷积网络中，一般情况下一个卷积核会作用在输入的每一个位置，这种参数共享保证了只需要学习一个参数集合，而不是对每一个输入位置都需要学习一个单独的参数。

通俗来讲，在运用卷积操作时，用一个卷积核从左往右、从上到下按照步长 stride 去遍历特征图的所有位置。

3. 等变表示

参数共享使得神经网络层对平移具有等变性质。所谓等变，如果一个输入作了改变，输出也以同样的方式改变。如果对输入进行轻微的平移，卷积运算得到的结果是一样的。然而，卷积对其他的一些变换并不是天然等变的。例如，对于图像的放缩或者旋转变换，需要其他的一些机制来处理这些变换。

6.4 池化操作的变种

除了最大池化，还有一些其他的池化操作。

6.4.1 随机池化

根据相关理论，特征提取的误差主要来自两个方面。

1）邻域大小受限造成的估计值方差增大。

2）卷积层参数误差造成估计均值的偏移。

一般来说，平均池化能减小第一种误差，更多的保留图像的背景信息；最大池化能减小第二种误差，更多的保留纹理信息。

随机池化（Stochastic Pooling）则介于上述两种操作之间，通过对像素点按照数值大小赋予概率，再按照概率进行采样，在平均意义上，与平均池化近似；在局部意义上，服从最大池化的准则。

1. 随机池化

随机池化可以看作在一个池化窗口内对特征图数值进行归一化，按照特征图归一化后的概率值大小随机采样选择，即元素值大的被选中的概率也大。而不像最大池化那样，永远只取那个最大值元素。

随机池化过程，如图 6.36 所示，特征区域越大，代表其被选择的概率越高，比如左下角的本应该是选择 7，但是由于引入概率，5 也有一定概率被选中。

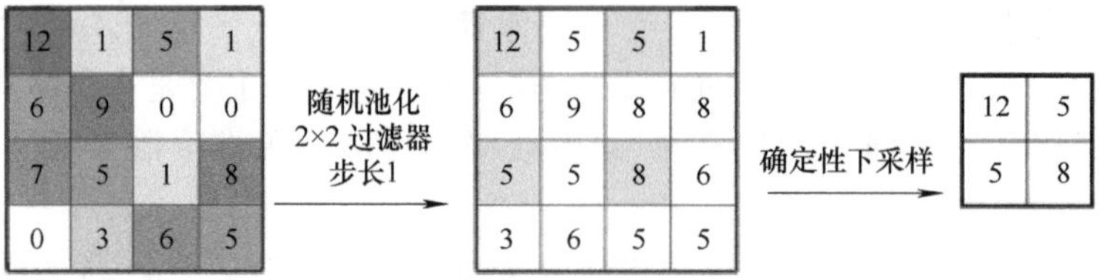

图 6.36　随机池化

通过改变网络大小 g 来控制失真/随机性（Distortion/Stochasticity），如图 6.37 所示。

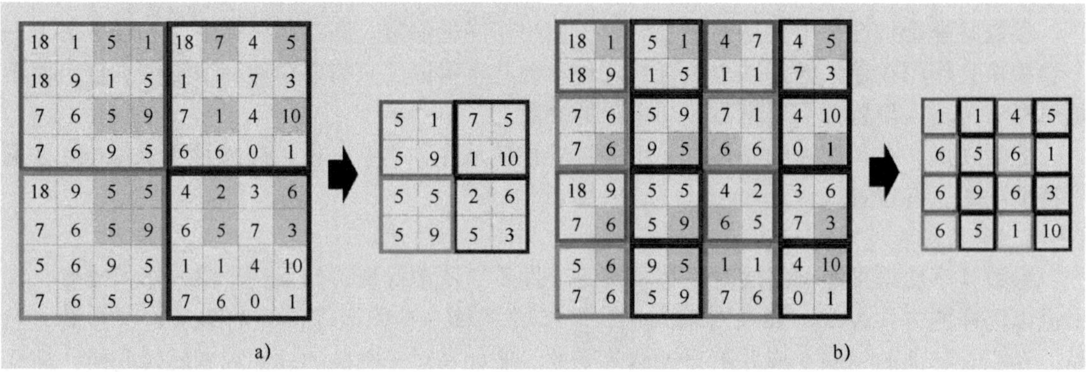

图 6.37　改变网络大小 g

通过增加网络尺寸，训练误差变大，对应更多的随机性。测试误差先降低（Stronger Regularization），后来升高（当训练误差太高时）。随机池化与最大/平均池化的比较，如图 6.38 所示。

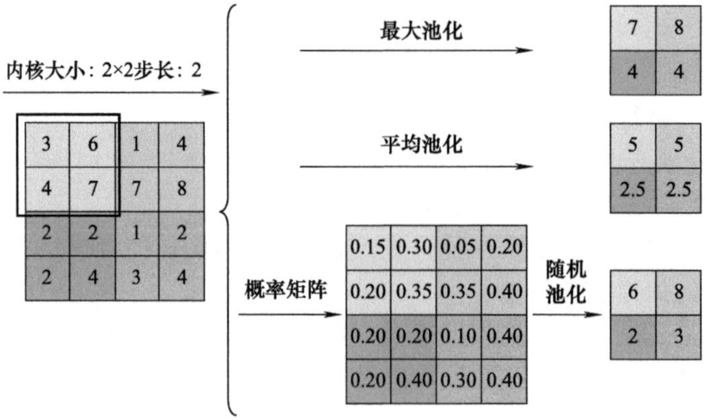

图 6.38　随机池化与平均池化、最大池化的比较

2. 随机池化计算

随机池化的计算步骤如下。

步骤 1：先将方格中的元素同时除以它们的和 sum，得到概率矩阵。

步骤 2：按照概率随机选中方格。

步骤 3：池化得到的值就是方格位置的值。

使用随机池化时（即 test 过程），其推理过程也很简单，对矩阵区域求加权平均即可。

在反向传播求导时，只需保留前向传播已经记录被选中节点的位置的值，其他值都为 0，这与最大池化的反向传播非常类似。

6.4.2 双线性池化

双线性池化（Bilinear Pooling）[77]主要用在细粒度分类网络中，目标是特征融合。对于同一个样本提取得到的特征 x 和特征 y，通过双线性池化来融合两个特征（外积），进而提高模型分类的能力。

1. 双线性池化思想

双线性池化的主要思想是对于两个不同图像特征的处理方式不同。通常情况下，对于图像的不同特征，进行串联（连接）、求和或者最大池化。而人类的视觉处理主要有两个路径（Pathway），其中腹侧通路（Ventral Stream）是进行物体识别的，背侧通路（Dorsal Stream）是发现物体位置的。基于这一原理，希望两个特征能分别表示图像的位置和对图形进行识别，共同发挥两个不同特征的作用，以提高细粒度图像的分类效果。

2. 双线性池化实现

如果特征 x 和特征 y 来自两个特征提取器，则被称为多模双线性池化（Multimodal Bilinear Pooling，MBP）。如果特征 x = 特征 y，则被称为同源双线性池化（Homogeneous Bilinear Pooling，HBP）或者二阶池化（Second - order Pooling）。双线性池化原理，如图 6.39 所示；双线性 CNN 模型中梯度计算，如图 6.40 所示。

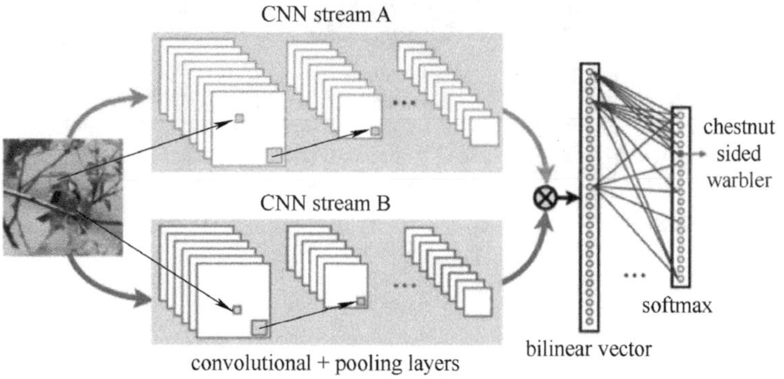

图 6.39 双线性池化

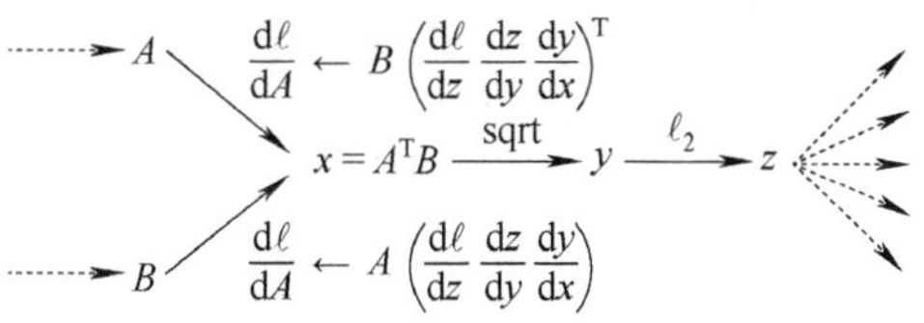

图 6.40 双线性 CNN 模型中梯度计算

6.4.3 非池化

非池化是一种上采样操作，如图 6.41 所示。

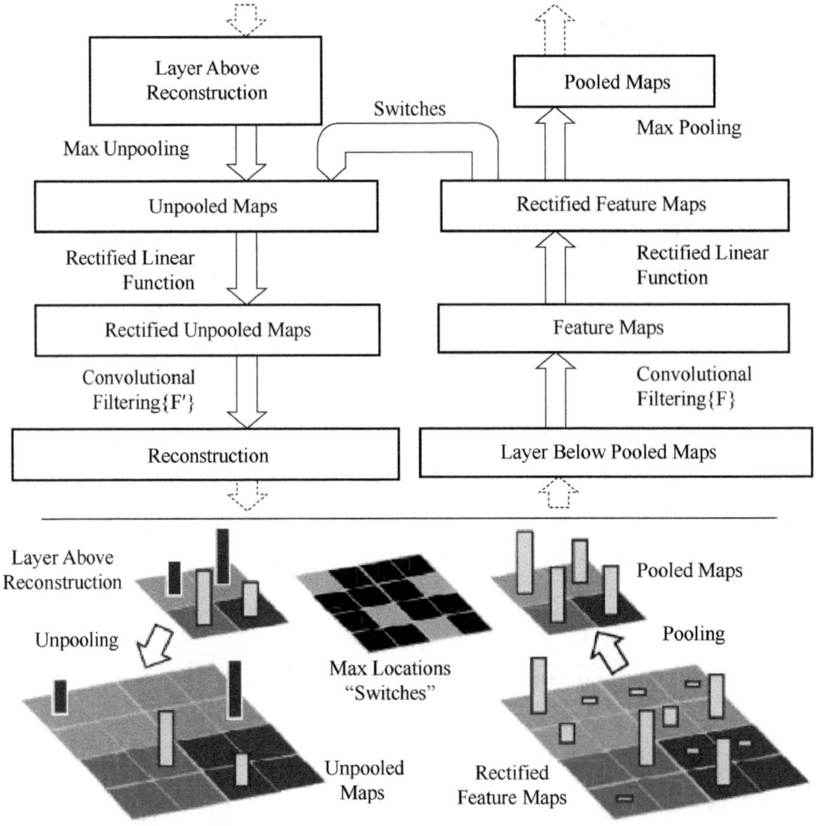

图 6.41 UnPooling

上采样流程描述如下。

1）在池化（一般是最大池化）时，保存最大值的位置。

2）中间经历若干网络层的运算。

3）上采样阶段，利用第 1 步保存的最大位置（Max Location），重建下一层的特征映射。

非池化不完全是池化的逆运算，池化之后的特征映射要经过若干运算，才会进行非池化操作；对于非最大位置的地方以零填充。然而，这样并不能完全还原信息。

6.4.4 全局平均/最大池化

1. 全局平均池化（Global Average Pooling）

(1) 池化原理

全局平均池化一般是用来替换全连接层。在分类网络中，全连接层几乎成了标配，在最后几层，特征映射会被改变成向量，接着对这个向量做乘法，最终降低其维度，然后输入到 softmax 层中得到对应的每个类别的得分。过多的全连接层，不仅会使网络参数变多，也会产生过拟合现象。针对过拟合现象，全连接层一般会搭配 dropout 操作；而全局平均池化直接把整幅特征映射（它的个数等于类别个数）进行平均池化，然后输入到 softmax 层中得到对应的每个类别的得分。在反向传播求导时，它的参数更新类似于平均池化[78-80]。

如果要预测 K 个类别，在卷积特征抽取部分的最后一层卷积层，就会生成 K 个特征图，然后通过全局平均池化就可以得到 K 个 1×1 的特征图，如图 6.42 所示。

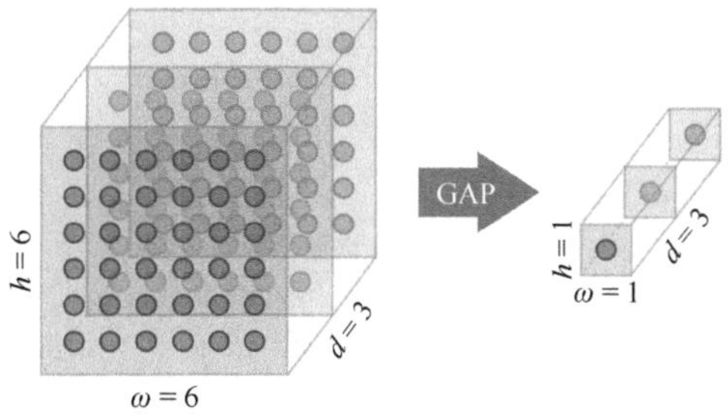

图 6.42　全局平均池化得到 1×1 的特征图

将这些 1×1 的特征图输入全连接层，因为全局池化后的值相当于一像素，所以最后的全连接其实就成了一个加权相加的操作。这种结构比起直接的全连接更加直观，并且泛化性能更好，如图 6.43 所示。

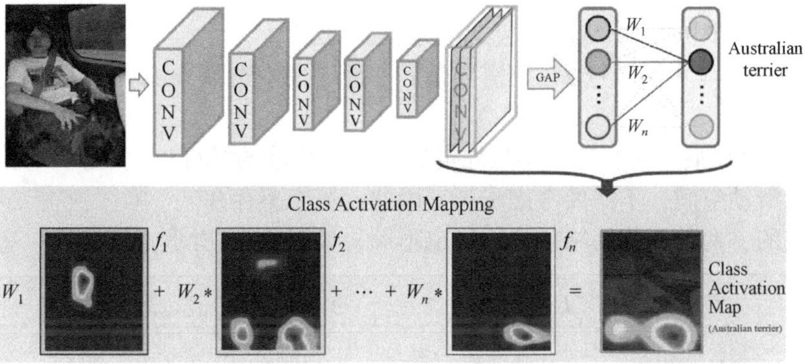

图 6.43　加权相加操作

（2）优点

大幅度减少网络参数（对于分类网络，全连接的参数占了很大比例），同时理所当然地减少了过拟合现象、赋予了输出特征映射的每个通道类别意义，剔除了全连接黑箱操作。具体有以下优点。

- 与全连接层相比，使用全局平均池化技术，对于建立特征图和类别之间的关系，是一种更朴素的卷积结构选择。
- 全局平均池化层不需要参数，避免在该层产生过拟合。
- 全局平均池化对空间信息进行求和，对输入的空间变化的鲁棒性更强。
- 全局平均池化就是对最后一层卷积的特征图，每个通道求整个特征图的均值。

2. 全局最大池化（Global Max Pooling）[81]

（1）1D 最大池化（1D Max Pooling）

顾名思义，Max Pooling 是指在池化的窗口中选择最大值。图 6.44 表明，1D 全局最大化和1D最大池化相比少了三个参数，其实这三个参数描述的是一件事情：池化时的窗口大小。

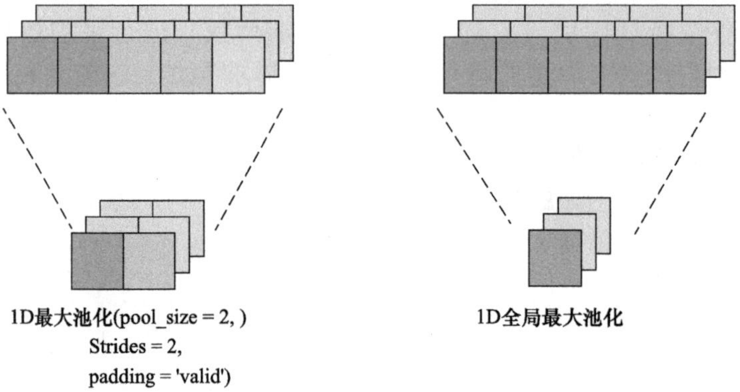

图6.44　1D最大池化

图6.44表明，在1×1×5的网络上进行1D最大池化时，如果选择窗口大小为2，则面临两个问题。

- 滑动窗口的步长选多少？（一般默认为pool_size）
- 如果在图6.44中步长选2，还需要最后一行（图中选择valid，即不做填充，放弃最后一行）。

而对于1D全局最大化，池大小是固定的，即最长域的维度（“全局”最大池化）。所以，由于没有滑动空间，不需要考虑步长；因此，填充不存在。

与此相应的，两种池化后结果的维度也不同，如图6.45所示。

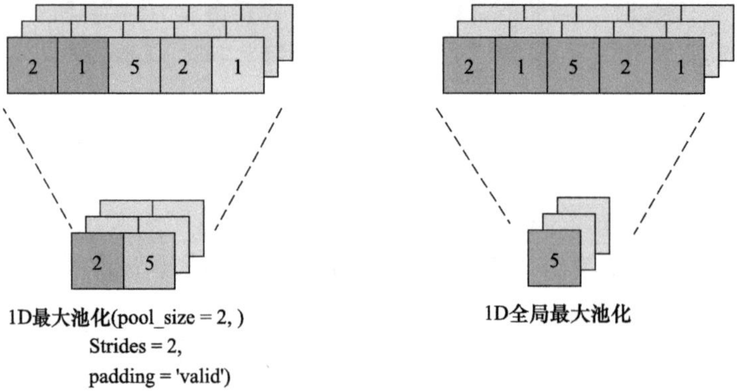

图6.45　1D最大池化

（2）2D最大池化（2D Max Pooling）

与1D一样，2D全局最大池化对全局做最大池化，如图6.46所示。

在NLP领域更常使用全局最大池化，计算机视觉领域更常使用最大池化（非全局最大池化）。

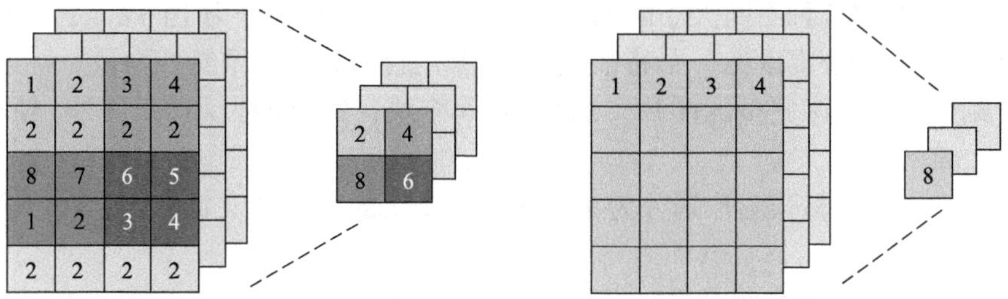

图 6.46 2D 最大池化

6.4.5 空间金字塔池化

空间金字塔池化（Spatial Pyramid Pooling in deep convolutional Networks，SPP – Net）要解决的就是从卷积层到全连接层之间的一个过渡层，如图 6.47 所示[80]。在 CNN 中，卷积和池化对图片输入大小没有要求，显然全连接层对图片结果就有要求。因为全连接层的连接权值矩阵 ***w*** 经过训练后，其大小是固定的。例如，从卷积到全连层，输入和输出的大小分别是 50、30 个神经元，那么权值矩阵为（50，30）。因此空间金字塔池化，要解决的就是从卷积层到全连接层之间的一个过渡。

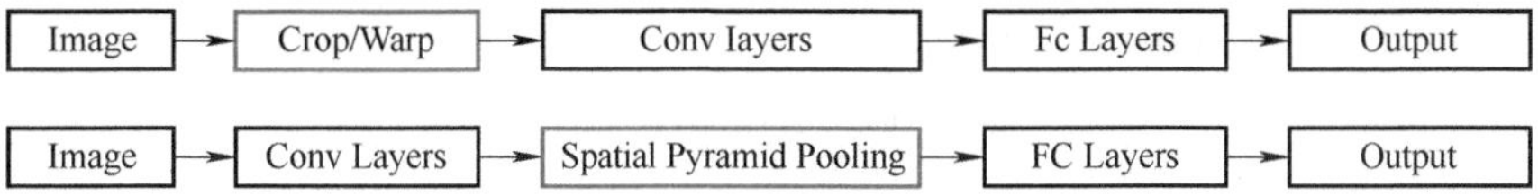

图 6.47 空间金字塔池化层位置

为了简单起见，假设一个很简单的两层网络：输入层为一张任意大小的厚度为 256 的图片；输出层是厚度为 256 的 21 维向量。现输入的一张图片利用不同大小的刻度进行了划分，如图 6.48 所示。

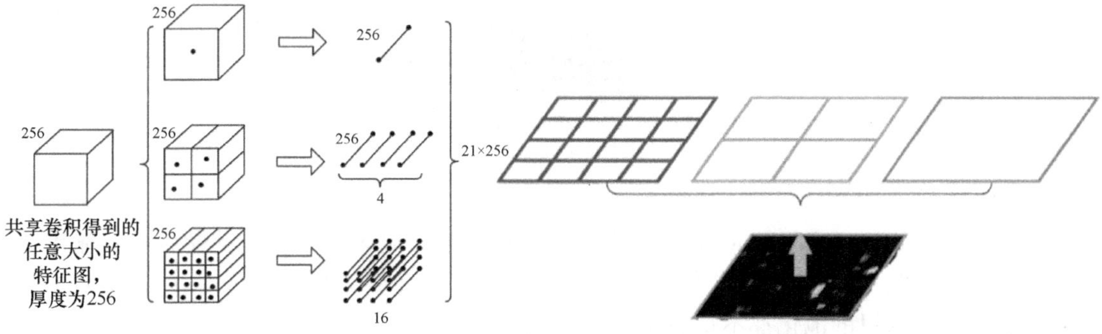

a) b)

图 6.48 图片尺度划分

a）立体图（厚度为 256） b）平面图（厚度为 1）

图 6.47 中，利用三种不同大小的刻度，将一张输入图片划分为 16 +4 +1 =21 个块。再从这 21 个块中，每个块提取出一个特征，这样刚好就提取了 21 维特征向量。

第一种刻度：将一张完整的图片，划分为 16 个块，每块的大小为（$w/4$，$h/4$）；输出为 16 个 1 ×256 向量。

第二种刻度：将一整张图片划分为 4 个块，每个块的大小为（$w/2$，$h/2$）；输出为 4 个 1 ×256 向量。

第三种刻度：将一整张图片作为了 1 个块，该块的大小为（w，h），输出为 1 ×256 向量。

将三种划分方式池化得到的结果进行拼接，得到（1 +4 +16）×256 =21 ×256 个特征。

空间金字塔最大池化的过程，其实就是从这 21 个图片块（厚度为 256）中，分别计算每个块（厚度为 256）的最大值，从而得到一个输出神经元。最后把一张任意大小的图片（厚度为 256）转换成了一个固定大小的厚度为 256 的 21 维特征（也可以设计其他维数的输出，增加金字塔的层数，或者改变划分网格的大小）。

上述三种不同刻度的划分，每一种刻度称之为金字塔的一层，每一个图片块大小称之为窗大小（Windows Size）。如果需要金字塔的某一层输出 $n \times n$ 个特征，那么就需要用窗大小为（W/n，H/n）进行池化。

当有很多层网络时，给网络输入一张任意大小的图片，这时可以一直进行卷积、池化，直到网络的倒数几层时，也就是即将与全连接层连接时，采用金字塔池化，使得任意大小的特征图都能够转换成固定大小的特征向量，这就是空间金字塔池化（多尺度特征提取出固定大小的特征向量），如图 6.49 所示。

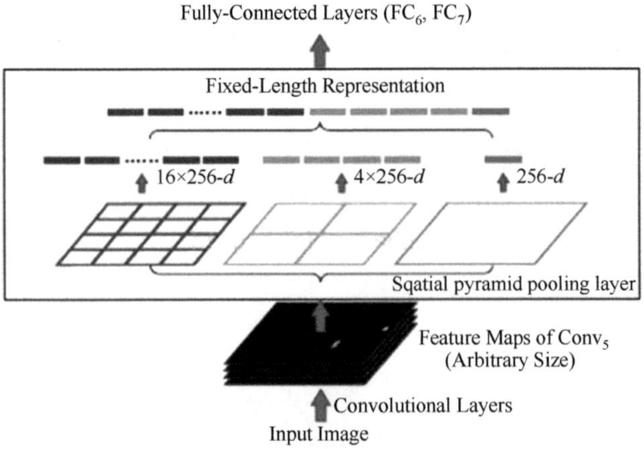

图 6.49　金字塔池化流程

卷积层（Convolutional Layers）包括卷积、激活函数、池化操作，假设最后一层输出 N_f 个 $a \times b$ 的特征图。空间金字塔池化层包括三组动态参数（核大小、步长由 a，b 决定）的最大池化操作。这里的池化都不是 padding、允许重叠的。

第一组（最右）为每个特征图生成一个 1 ×1 的池化图；换言之，采用核大小为 $a \times b$、步长为 $[a,b]$ 的最大池化。

第二组（中间）为每个特征图生成一个 2 × 2 的池化图；换言之，采用核大小为

$\lceil a/2 \rceil \times \lceil b/2 \rceil$、步长为 $\lfloor a/2 \rfloor$，$\lfloor b/2 \rfloor$ 的最大池化。

第三组（最左）为每个特征图生成一个 4 × 4 的池化图；换言之，采用核大小为 $\lceil a/4 \rceil \times \lceil b/4 \rceil$、步长为 $\lfloor a/4 \rfloor$，$\lfloor b/4 \rfloor$ 的最大池化。

最后将三组池化图展开拼接起来，得到一个 $(1+4+16) \times N_f$ 的固定大小输出。

6.4.6　多尺度重叠滑动池化

常规池化使用池化核为 2 ×2，步长为 2 的参数，其最主要的作用是缩小特征图大小，达到加速的目的。但在卷积网络的高层使用这种单一尺度的池化参数，没有考虑不同尺度下特征的显著性和相邻特征元素之间的关系，以致准确率下降。为了解决这一问题，使用多尺度重叠滑动池化（Scalable Overlapping Slide Pooling，SOSP）方法从粗粒度到细粒度进行池化[81]。SOSP 方法主要通过若干种尺度的池化核对输入特征图进行池化。图 6.50 中，第一种尺度，使用核大小为（n，m）、填充为（$n/2$，$m/2$）、步长为（1，1），通过该尺度对输入特征图进行池化，得到粗粒度特征图。第二种尺度，使用核大小为（n，$m/2$）、填充为（$n/2$，$m/4$）、步长为（1，1），通过该尺度对输入特征图进行池化，得到中粒度特征图。第三种尺度，使用核大小为（$n/2$，m）、填充为（$n/4$，$m/2$）、步长为（1，1），通过该尺度对输入特征图进行池化，得到中粒度特征图。第四种尺度，使用核大小为（$n/2$，$m/2$）、填充为（$n/4$，$m/4$）、步长为（1，1），通过该尺度对输入特征图进行池化，得到细粒度特征图。以此类推，通过尺度 5、尺度 6 等可以得到细粒度特征图。由于池化的步长为（1，1）、填充大小为池化核大小的一半，故经过多尺度重叠池化后的特征图尺寸相同，最终将得到的若干尺度特征图按通道合并到一起输出。

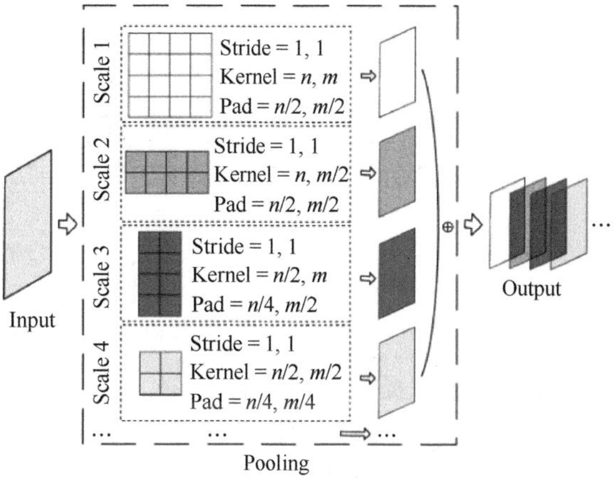

图 6.50　多尺度重叠滑动池化

6.5　常见的几种卷积神经网络结构

6.5.1　LeNet-5 模型

LeNet-5 模型是 1998 年 Yann LeCun 教授提出的，是第一个成功应用于数字识别问题的卷积神经网络。在 MNIST 数据集上，LeNet 模型识别的正确率高达 99.2%。LeNet-5 模型如图 6.51 所示[82-83]。

LeNet-5 架构基于这样的观点：（尤其是）图像的特征分布在整张图像上，以及带有可学习参数的卷积是一种用少量参数在多个位置上提取相似特征的有效方式。

LeNet-5 的特点如下。

- 卷积神经网络使用三个层作为一个系列，即卷积、池化、非线性。

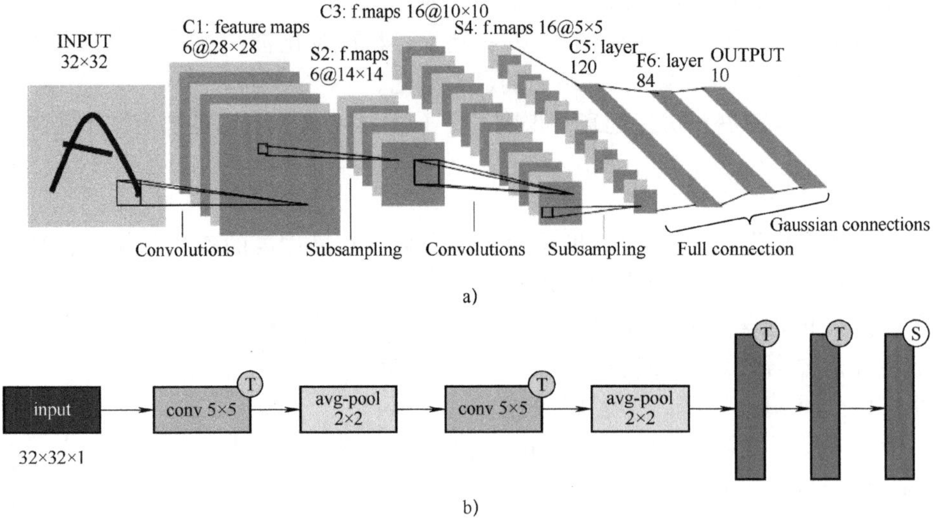

图 6.51 LeNet-5 模型

a）LeNet-5 结构 b）原理框架

- 使用卷积提取空间特征。
- 使用映射到空间均值下采样（Subsample）。
- 具有双曲线正切（Tanh）或 S 型（Sigmoid）形式的非线性。
- 多层神经网络作为最后的分类器。
- 层与层之间的稀疏连接矩阵，避免大的计算成本。

LeNet-5 是最简单的架构之一，它有两个卷积层和 3 个全连接层（因此是“5”，它是神经网络中卷积层和全连接层的数量之和）。现在所知道的平均池化层被称为子采样层，它具有可训练的权重（和当前设计 CNN 不同）。这个架构大约有 60000 个参数。

LeNet-5 架构已成为标准的“模板”：叠加卷积层和池化层，并以一个或多个全连接层结束网络。

6.5.2 VGGNet 模型

VGGNet 是由牛津大学的视觉几何组（Visual Geometry Group）和 Google DeepMind 公司的研究员一起研发的深度卷积神经网络，其主要贡献是展示出网络的深度（Depth），这是算法优良性能的关键部分。在此网络结构基础上，出现了 ResNet（152 ~ 1000 层）、GooleNet（22 层）、VGGNet（19 层）。它们采用新的优化算法、多模型融合等技术。到目前为止，VGGNet 依然经常被用来提取图像特征。VGGNet16 结构如图 6.52 所示。

输入是大小为 224 × 224 的 RGB 图像，预处理（Preprocession）时计算出三个通道的平均值，在每个像素上减去平均值（处理后迭代更少，更快收敛）。

图像经过一系列卷积层处理，在卷积层中使用了非常小的 3 × 3 卷积核，在有些卷积层使用 1 × 1 的卷积核。

卷积层步长（Stride）设置为 1 个像素，3 × 3 卷积层的填充（Padding）设置为 1 个像素。池化层采用最大池化，共有 5 层，在一部分卷积层后，最大池化的窗口为 2 × 2、步长为 2。

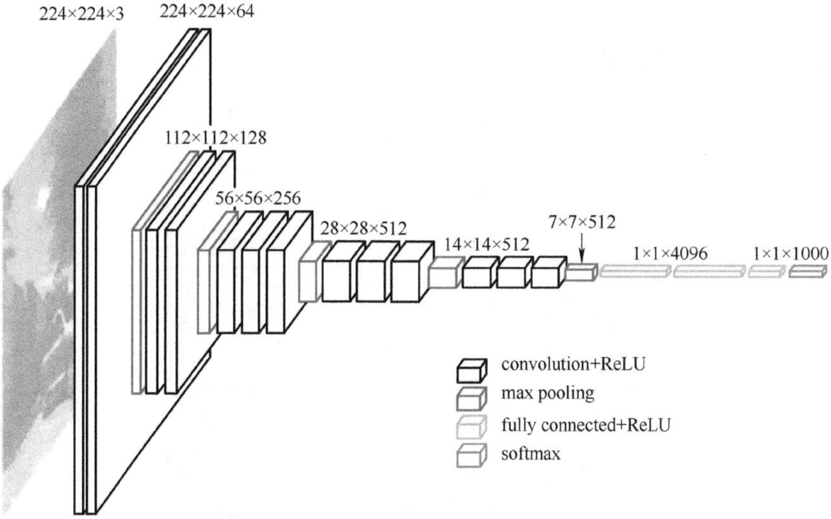

图 6.52 VGG16 结构图

卷积层之后是三个全连接层（Fully-Connected Layers，FC）。前两个全连接层均有 4096 个通道，第三个全连接层有 1000 个通道，用于分类。所有网络的全连接层配置相同。

全连接层后是 Softmax，用来分类。

所有隐含层（每个 conv 层中间）都使用 ReLU 作为激活函数。VGGNet 不使用局部归一化（LRN），这种标准化并不能在 ILSVRC 数据集上提升性能，却导致更多的内存消耗和计算时间。

6.5.3 ResNets 模型

对于深度神经网络来说，VGGNets 证明加深网络层次是提高精度的有效手段，但由于梯度弥散的问题导致网络深度无法持续加深[84]。梯度弥散问题是由于在反向传播过程中误差不断累积，导致在最初的几层梯度值几乎为 0，从而无法收敛。测试结果表明，对 20 层以上的深层网络，随着层数的增加，收敛效果越来越差。50 层网络是 20 层网络错误率的一倍。这一现象称为深度网络的退化问题。

退化问题表明，不是所有的系统都能很容易地被优化。难道网络深度就不能再增加了吗？ResNets 残差网络就是一种避免梯度消失且更容易优化的结构。

神经网络实际上是将一个空间维度向量 $\boldsymbol{x}$ 经过非线性变换 $H(\boldsymbol{x})$ 映射到另外一个空间维度中。但 $H(\boldsymbol{x})$ 非常难以优化，所以转而求 $H(\boldsymbol{x})$ 的残差 $F(\boldsymbol{x})=H(\boldsymbol{x})-\boldsymbol{x}$。假设求解 $F(\boldsymbol{x})=H(\boldsymbol{x})-\boldsymbol{x}$ 比求 $H(\boldsymbol{x})$ 简单，就可以通过 $F(\boldsymbol{x})+\boldsymbol{x}$ 来达到最终输出 $\boldsymbol{x}$ 的目标，如图 6.53 所示。图 6.54所示为一个残差网络和平整网络。34-layer 表示含

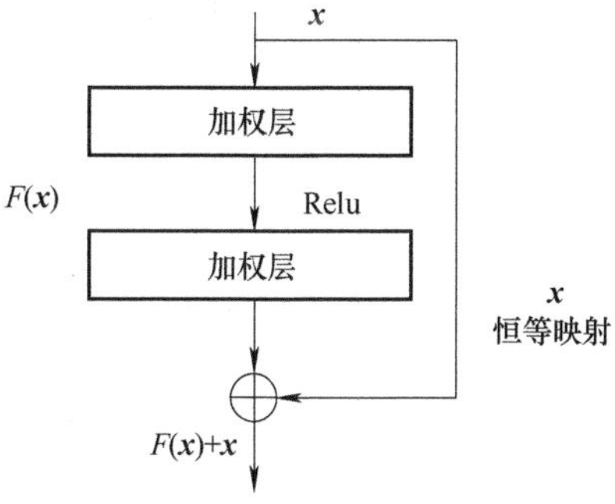

图 6.53 残差网络基本结构

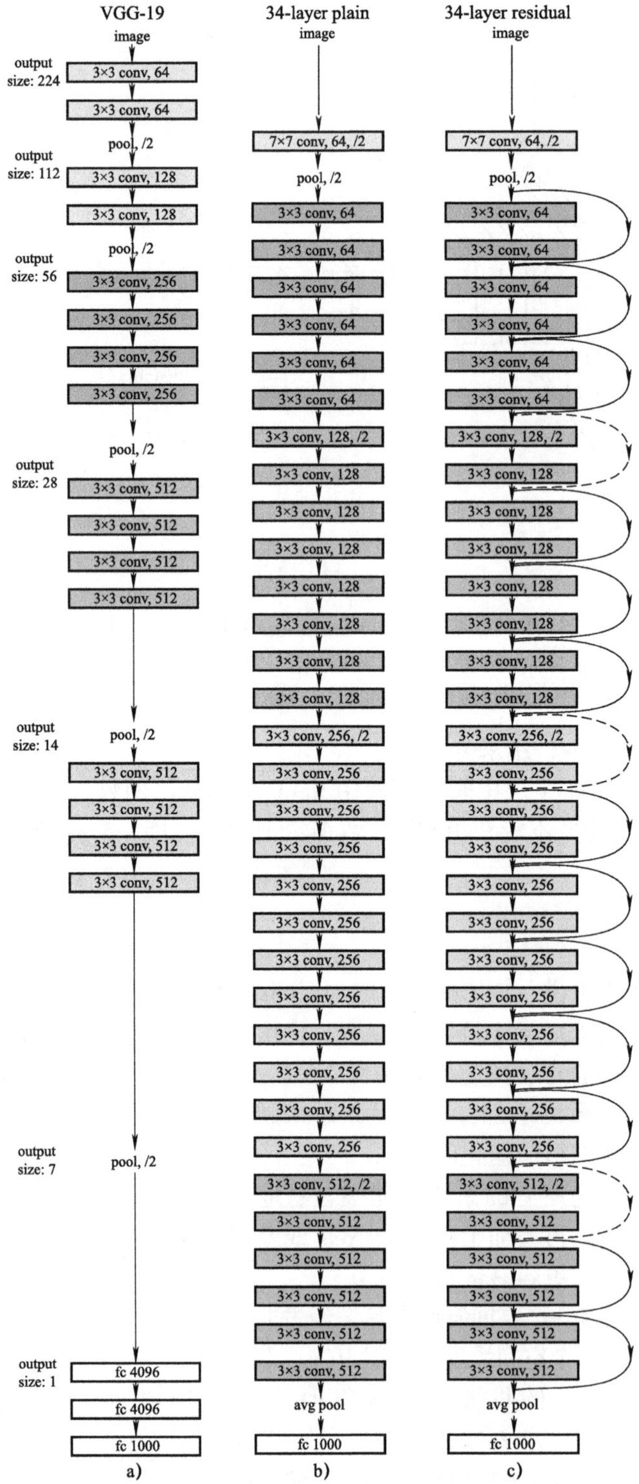

图 6.54　残差网络和平整网络[80]

a）VGC-19　b）34 层平整网络　c）34 层残差网络

可训练参数的层数为34层，池化层不含可训练参数。图6.54a所示的残差网络和图6.54b所示的平整网络唯一的区别就是快捷连接。这两个网络都是当特征映射减半时，滤波器的个数翻倍，这样保证了每一层的计算复杂度一致。

ResNet因为使用恒等映射，在快捷连接上没有参数，所以图6.54中平整网络和残差网络的计算复杂度都是一样的，都是 3.6×10^9 FLOPs。

残差网络的引入使神经网络深度在尽可能加深的情况下，不会出现准确率下降等问题，广泛运用在计算机视觉任务中。

6.5.4 DenseNets 模型

DenseNets是一种具有密集连接性的深度神经网络。在该网络中，每个卷积层从之前层获得额外的输入，并将自己的输出特征传输到后面的所有的卷积层。换句话说，就是某层的输入是它之前所有层输出的集合，该层输出为后面所有层输入的一部分。这种密集连接结构的优点在于每一层都加强了特征的传播，并且显著解决了梯度爆炸和消失问题。一个DenseNet框架，如图6.55所示。

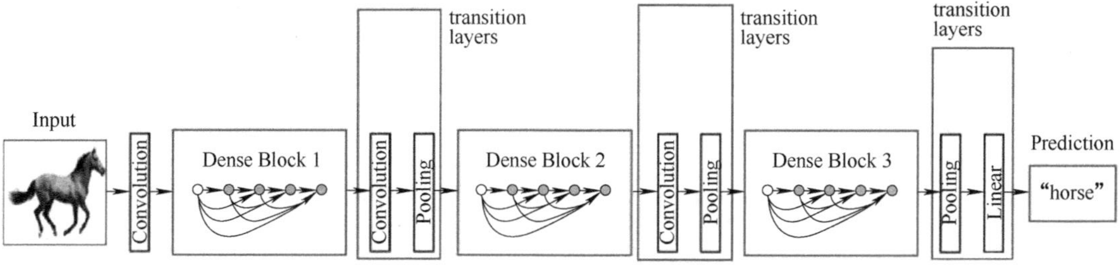

图6.55　DenseNets框架

图6.55包含了三个稠密块（Dense Block）。该结构将DenseNet分成多个稠密块，就是希望各个稠密块内的特征映射的大小统一，这样做连接就不会有大小的问题。稠密块结构如图6.56所示。

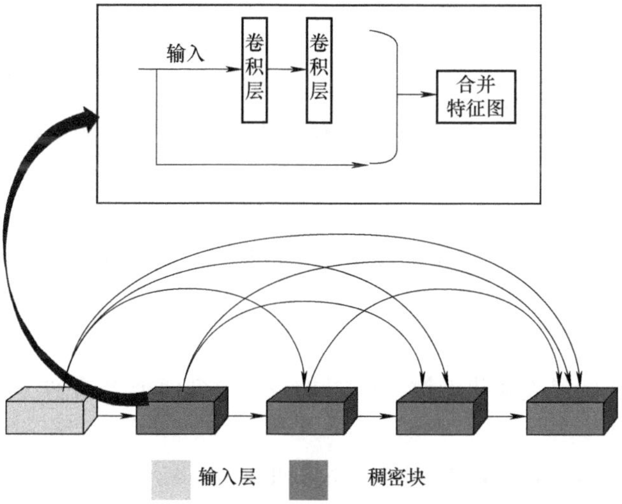

图6.56　稠密块结构

6.5.5　AlexNet 模型

2012 年，Hinton 的学生 Alex Krizhevsky 提出了深度卷积神经网络模型 AlexNet，它可以算是 LeNet 的一种更深更宽的版本。AlexNet 模型中包含了几个比较新的技术点，也是首次在 CNN 中成功应用了 ReLU、Dropout 和 LRN 等 Trick。同时 AlexNet 也使用了 GPU 进行运算加速，作者开源了他们在 GPU 上训练卷积神经网络的 CUDA 代码。AlexNet 包含了 6 亿 3000 万个连接、6000 万个参数和 65 万个神经元，拥有 5 个卷积层，其中 3 个卷积层后面连接了最大池化层，最后还有 3 个全连接层，如图 6.57 所示[26]。

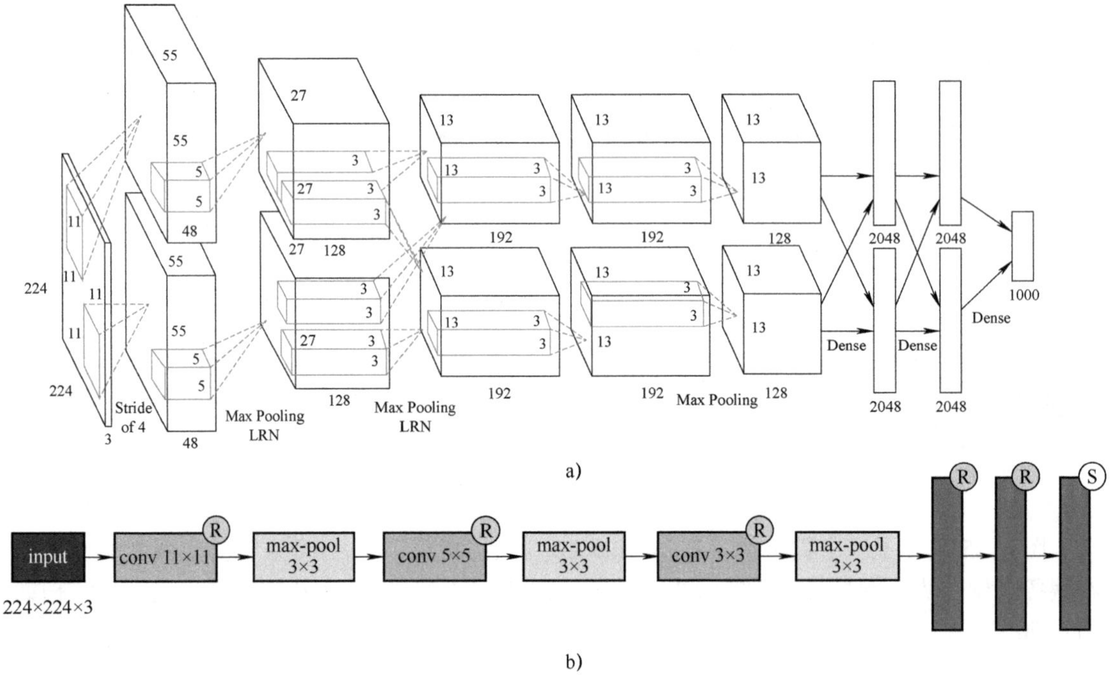

图 6.57　AlexNet 网络结构
a）AlexNet 结构　b）AlexNet 原理框架

AlexNet 的输入为 224 ×224 ×3 的图像，输出为 1000 个类别的条件概率。整个网络呈一个金字塔结构。

1. 第一个卷积层

使用两个大小为 11 ×11 ×3 ×48 的卷积核，步长 $S=4$，零填充 $P=3$，得到两个大小为 55 ×55 ×48 的特征映射组。

2. 第一个池化层

使用大小为 3 ×3 的最大池化操作，步长 $S=2$，得到两个 27 ×27 ×48 的特征映射组。

3. 第二个卷积层

使用两个大小为 5 ×5 ×48 ×128 的卷积核，步长 $S=1$，零填充 $P=2$，得到两个大小为 27 ×27 ×128 的特征映射组。

4. 第二个池化层

使用大小为 3×3 的最大池化操作，步长 $S=2$，得到两个大小为 $13\times13\times128$ 的特征映射组。

5. 第三个卷积层

该层为两个路径的融合，使用一个大小为 $3\times3\times256\times384$ 的卷积核，步长 $S=1$，零填充 $P=1$，得到两个大小为 $13\times13\times192$ 的特征映射组。

6. 第四个卷积层

使用两个大小为 $3\times3\times192\times192$ 的卷积核，步长 $S=1$，零填充 $P=1$，得到两个大小为 $13\times13\times192$ 的特征映射组。

7. 第五个卷积层

使用两个大小为 $3\times3\times192\times128$ 的卷积核，步长 $S=1$，零填充 $P=1$，得到两个大小为 $13\times13\times128$ 的特征映射组。

8. 第三个池化层

使用大小为 3×3 的最大池化操作，步长 $S=2$，得到两个大小为 $6\times6\times128$ 的特征映射组。

9. 三个全连接层

神经元数量分别为4096、4096和1000。

此外，AlexNet还在前两个池化层之后进行了局部响应归一化，以增强模型的泛化能力。

AlexNet将LeNet的思想发扬光大，把CNN的基本原理应用到了很深很宽的网络中。AlexNet主要使用到的新技术点如下。

- 成功使用ReLU作为CNN的激活函数，并验证其效果在较深的网络超过了Sigmoid，成功解决了Sigmoid在网络较深时的梯度弥散问题。AlexNet的出现将ReLU激活函数发扬光大。
- 训练时使用Dropout随机忽略一部分神经元，避免了模型过拟合。在AlexNet中，最后几个全连接层使用Dropout，将Dropout实用化。
- 在CNN中，使用重叠最大池化，避免了平均池化的模糊化效果，并且步长比池化核的尺寸小，这样池化层的输出之间会有重叠和覆盖，提升了特征的丰富性。
- 提出局部响应归一化（Local Response Normalization，LRN），对局部神经元的活动创建竞争机制，使得其中响应比较大的值变得相对更大，并抑制其他反馈较小的神经元，增强了模型的泛化能力。
- 使用CUDA加速深度卷积网络的训练，利用GPU强大的并行计算能力，处理神经网络训练时大量的矩阵运算。将AlexNet分布在两个GPU上，在每个GPU的显存中存储一半的神经元的参数。因为GPU之间通信方便，可以互相访问显存，而不需要通过主机内存，所以同时使用多块GPU非常高效。同时，AlexNet的设计让GPU之间的通信只在网络的某些层进行，控制了通信的性能损耗。
- 数据量扩增，大大减轻过拟合，提升泛化能力，同时对图像的RGB数据进行PCA处理，并对主成分做一个标准差为0.1的高斯扰动，增加一些噪声，这个Trick可以让错误率再下降1%。

6.5.6 Inception 模型

1. Inception V1

在卷积网络中，如何设置卷积层的卷积核大小是一个十分关键的问题，在 Inception 网络中，一个卷积层包含多个不同大小的卷积操作，称为 Inception 模块，Inception 网络是由多个 Inception 模块和少量的池化层堆叠而成。

Inception 模块同时使用 1 ×1、3 ×3、5 ×5 等不同大小的卷积核，并将得到的特征映射在深度上拼接（堆叠）起来作为输出特征映射。

图 6.58 所示的 Inception V1 模块结构有 4 个分支。

- 第一个分支对输入进行 1 ×1 的卷积，这其实也是 NIN（Network in Network）中提出的一个重要结构。1 ×1 的卷积是一个非常优秀的结构，它可以跨通道组织信息，提高网络表达能力，同时可以对输出通道升维和降维。Inception 模块的 4 个分支都用了 1 ×1 卷积来进行低成本（计算量比 3 ×3 小很多）、跨通道的特征变换。
- 第二个分支先使用 1 ×1 卷积，然后连接 3 ×3 卷积，相当于进行了两次特征变换。
- 第三个分支先是 1 ×1 的卷积，然后连接 5 ×5 卷积。
- 第四个分支是 3 ×3 最大池化后直接使用 1 ×1 卷积。

由此可见，有的分支只使用 1 ×1 卷积，有的分支使用了其他尺寸的卷积时也会再使用 1 ×1 卷积，这是因为 1 ×1 卷积的性价比很高，用很小的计算量就能增加一层特征变换和非线性化。Inception 模块的 4 个分支在最后通过一个聚合操作合并（在输出通道数这个维度上聚合）。Inception 模块中包含了 3 种不同尺寸的卷积和 1 个最大池化，增加了网络对不同尺度的适应性。Inception 模块可以让网络的深度和宽度高效率地扩充，提升准确率且不致于过拟合。

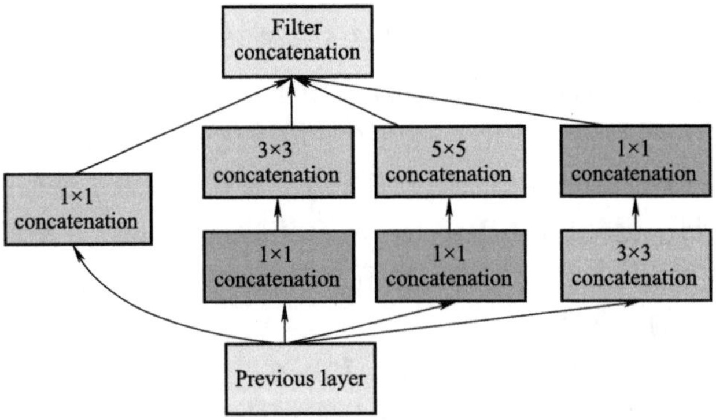

图 6.58 Inception V1 模块结构

在 Inception 网络中，最早的 Inception V1 版本就是非常著名的 GoogLeNet，它由 9 个 Inception V1 模块和 5 个池化层以及其他一些卷积层和全连接层构成，总共为 22 层网络，如图 6.59 所示。

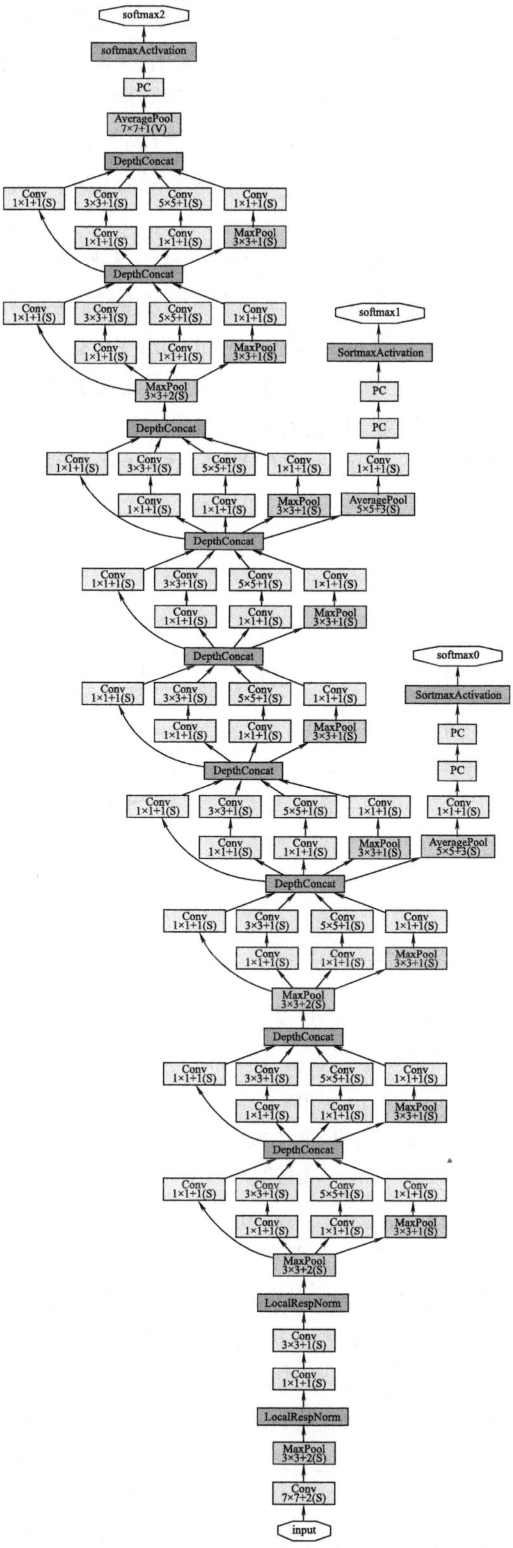

图 6.59　GoogLeNet 网络结构

为了解决梯度消失问题，GoogLeNet 在网络中间层引入两个辅助分类器来加强监督信息。在 Inception 网络中，比较有代表性的改进版本为 Inception V3 网络，它用多层的小卷积核来替换大的卷积核，减少了计算量和参数量，并保持感受野不变。具体包括：使用两层 3×3 的卷积来代替 Inception V1 中的 5×5 的卷积；使用连续的 $K\times1$ 和 $1\times K$ 来代替 $K\times K$ 的卷积。此外，Inception V3 网络同时也引入了标签平滑及批归一化等优化方法进行训练。

2. Inception V2

2015 年 2 月，Batch-Normalized Inception（BN）被引入作为 Inception V2。

Batch-Normalization 在一层的输出上计算所有特征映射的均值和标准差，并且使用这些值规范化它们的响应。这相当于数据增白（Whitening），因此使得所有神经图（Neural Maps）在同样范围有响应，而且是零均值。在下一层不需要从输入数据中学习 offset 时，这有助于训练，还能重点关注如何最好地结合这些特征。

在 Inception V2 中，用两个 3×3 的卷积代替 5×5 的大卷积（用以降低参数量并减轻过拟合），如图 6.60 所示。

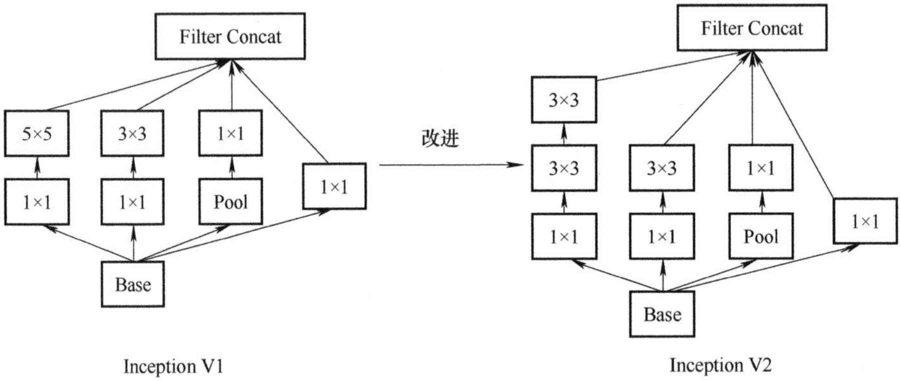

图 6.60　Inception V2 模块

BN 是一个非常有效的正则化方法，可以使大型卷积网络的训练速度加快很多倍，同时收敛后的分类准确率也可以得到大幅提高。BN 用于神经网络某层时，会对每一个 mini-batch 数据的内部进行标准化（Normalization）处理，使输出规范化到 N（0，1）的正态分布，减少了 Internal Covariate Shift（内部神经元分布的改变）。

传统的深度神经网络在训练时，每一层输入的分布都在变化，导致训练变得困难，只能使用一个很小的学习速率解决这个问题。而对每一层使用 BN 之后，就可以有效地解决这个问题，学习速率可以增大很多倍，达到之前的准确率所需要的迭代次数只有 1/14，训练时间大大缩短。而达到之前的准确率后，可以继续训练，并最终取得远超于 Inception V1 模型性能 top-5 错误率 4.8%，优于人眼水平。因为 BN 某种意义上还起到了正则化的作用，所以可以减少或者取消 Dropout，简化网络结构。

当然，只是单纯地使用 BN 获得的增益还不明显，还需要一些相应的调整：增大学习速率并加快学习衰减速度，以适用 BN 规范化后的数据、去除 Dropout 并减轻 L2 正则化（因 BN 已起到正则化的作用），去除 LRN、更彻底地对训练样本进行 shuffle，减少数据增强过程中对数据的光学畸变（因为 BN 训练更快，每个样本被训练的次数更少，因此更真实的样本对训练更有帮助)。在使用了这些措施后，Inception V2 在训练达到 Inception V1 的准确率时快了 14 倍，并且模型在收敛时的准确率上限更高。

3. Inception V3

Inception V3 的一个最重要的改进是分解（Factorization)，将 7 ×7 分解成两个一维的卷积（1 ×7，7 ×1)，3 ×3 分解为（1 ×3，3 ×1）（见图 6.61)，以加速计算（多余的计算能力可以用来加深网络)，并通过将 1 个 conv 拆成两个 conv 进一步增加网络深度和非线性，而且网络输入从 224 ×224 变成了 299 ×299，更加精细设计了 35 ×35/17 ×17/8 ×8 的模块。

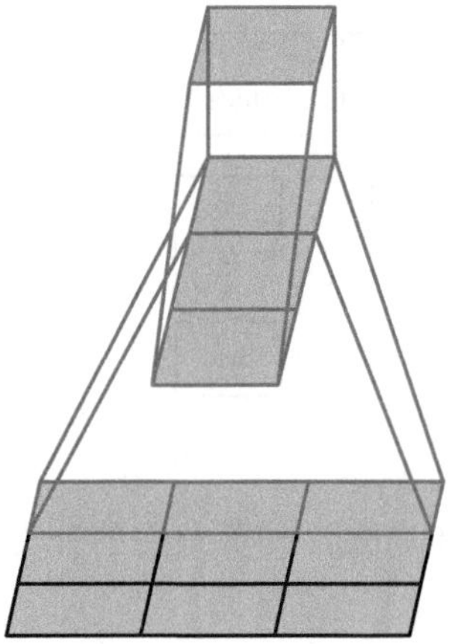

图 6.61　将一个 3 ×3 卷积拆成 1 ×3 卷积和 3 ×1 卷积

Inception V3 优化了 Inception 模块结构，现在 Inception 模块有 35 ×35、17 ×17 和 8 ×8 三种不同结构，如图 6.62 所示。这些 Inception 模块只在网络的后部出现，前部还是常规的卷积层。并且 Inception V3 除了在 Inception 模块中使用分支，还在分支中使用了分支（8 ×8

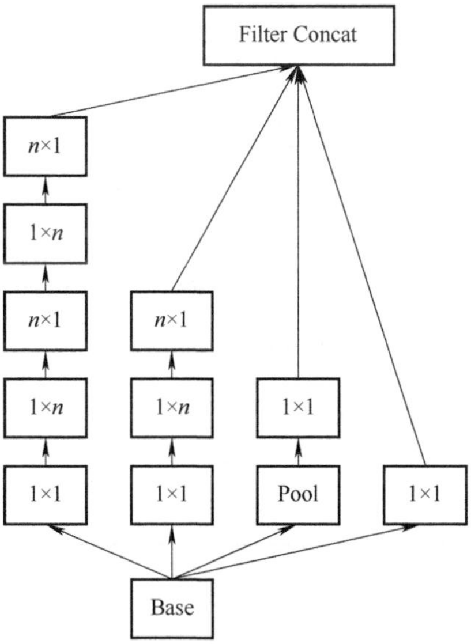

图 6.62　Inception V3 中三种结构的 Inception 模块

结构中)，可以说是 NIN。

在进行 inception 计算的同时，Inception 模块也能通过提供池化降低数据的大小。这基本类似于在运行一个卷积时并行一个简单的池化层，如图 6.63 所示。

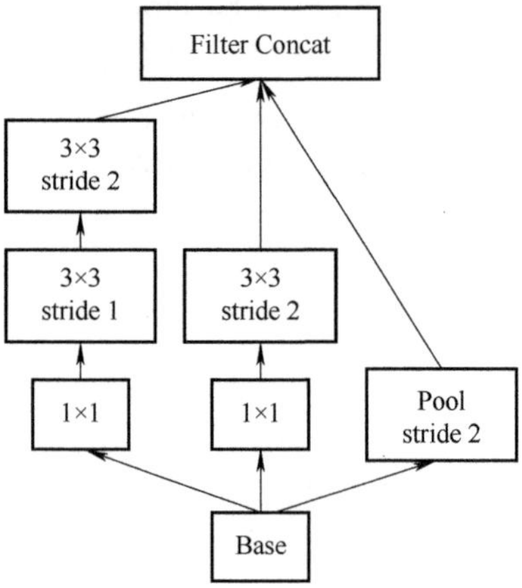

图 6.63　池化层

Inception 也使用一个池化层和 softmax 作为最后的分类器，见表 6.1。

表 6.1　Inception V3 网络结构

类　型	kernel 尺寸/步长（或注释）	输入尺寸
卷积	3 ×3/2	299 ×299 ×3
卷积	3 ×3/1	149 ×149 ×32
卷积	3 ×3/1	147 ×147 ×32
池化	3 ×3/2	147 ×147 ×64
卷积	3 ×3/1	73 ×73 ×64
卷积	3 ×3/2	71 ×71 ×80
卷积	3 ×3/1	35 ×35 ×192
Inception 模块组	3 个 Inception Module	35 ×35 ×288
Inception 模块组	5 个 Inception Module	17 ×17 ×768
Inception 模块组	3 个 Inception Module	8 ×8 ×1280
池化	8 ×8	8 ×8 ×2048
线性	logits	1 ×1 ×2048
Softmax	分类输出	1 ×1 ×1000

4. Inception V4

Inception V4 模块结构如图 6.64 所示[84]。

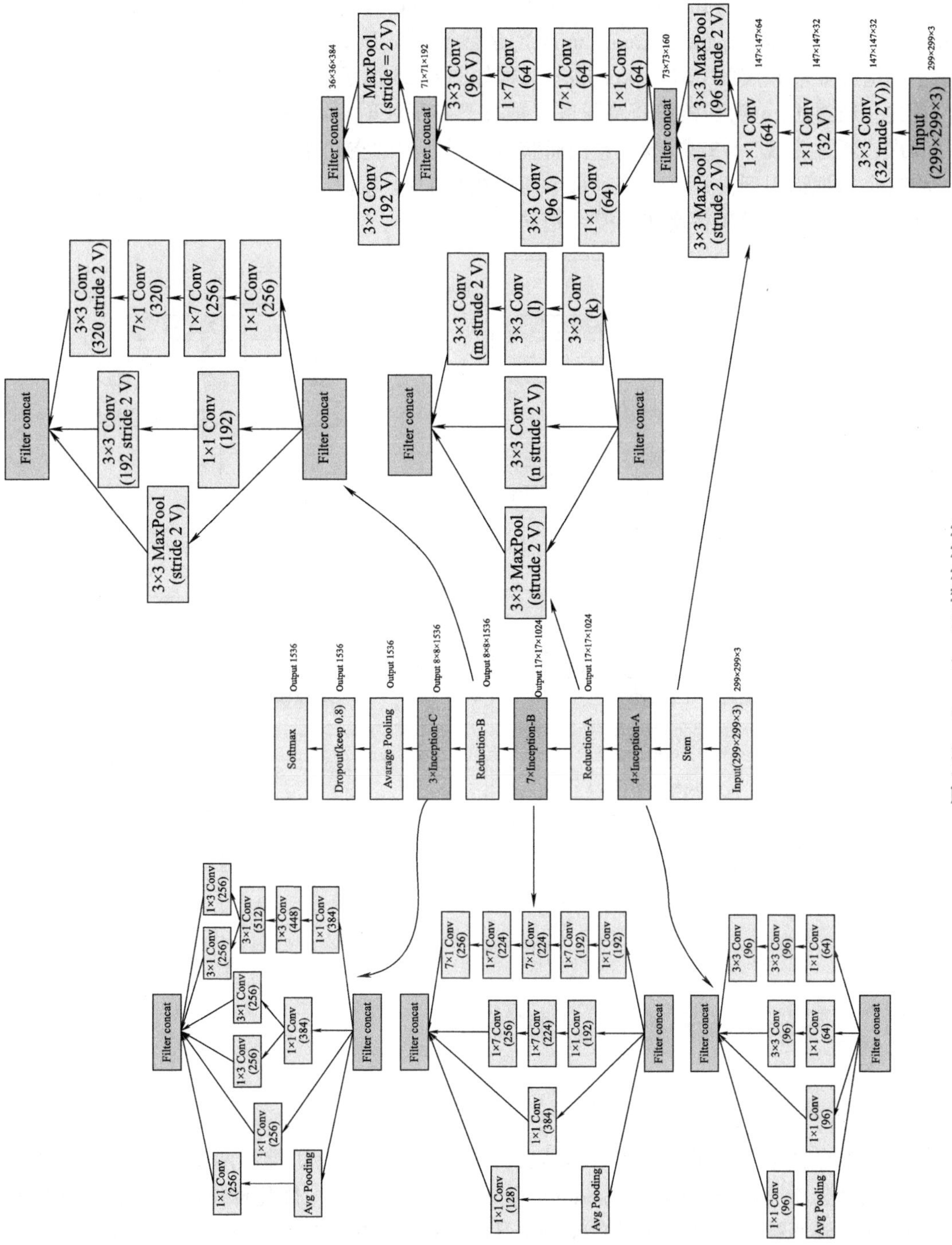

图 6.64　Inception V4模块结构

6.5.7　Xception 模型

Xception 是 Google 继 Inception 后提出的对 Inception V3 的另一种改进，主要是采用深度可分卷积（Depthwise Separable Convolution）来替换原来 Inception V3 中的卷积操作，引入完全基于通道独立卷积层的 CNN。Xception 架构如图 6.65 所示。其基本思想如下。

首先，通过 1 ×1 卷积核捕获跨通道（或交叉特征映射）相关性。

其次，通过常规 3 ×3 或 5 ×5 卷积捕获每个通道内的空间相关性。

将这个思想运用到极致意味着对每个通道执行 1 ×1 卷积，然后对每个输出执行 3 ×3 卷积。这与用通道独立卷积替换初始模块相同。

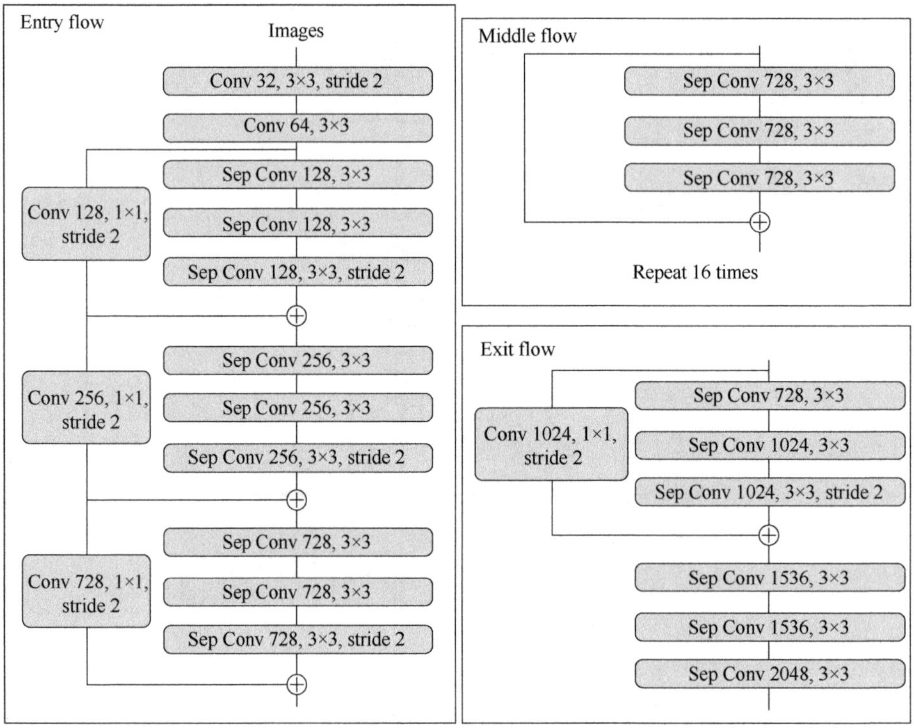

图 6.65　Xception 架构

6.6　几种拓展的卷积神经网络结构

6.6.1　特征融合卷积神经网络结构

将特征融合技术和卷积神经网络相结合，得到特征融合卷积神经网络[85]。该网络采用深度线性判别分析（Deep Linear Discriminant Analysis，DLDA）优化样本特征，将优化后的统计特征输入卷积神经网络，让网络自动学习样本特征的重要性，以便更好地分类。

将线性判别分析（Linear Discriminant Analysis，LDA）的线性判别式作为神经网络的目标函数一直是研究的热点[86]，目的是将非线性神经网络融入经典的 LDA 方法。网络权重的不断更新会使输入的同类样本特征方差更小，异类样本特征有更好的分离性。假设 N 个样本 $x_1, x_2, \cdots, x_N$ 属于 C 种类别 $c \in \{1,2,\cdots,C\}$，每个样本维度为 $D_n(n = 1,2,\cdots,N)$。LDA 的目的是找寻最佳投影矩阵 $\boldsymbol{w}$ 使

$$\underset{W}{\operatorname{argmax}} \frac{|\boldsymbol{w}\boldsymbol{S}_b \boldsymbol{w}^{\mathrm{T}}|}{|\boldsymbol{w}\boldsymbol{S}_w \boldsymbol{w}^{\mathrm{T}}|} \tag{6.6.1}$$

最大。式中，$\boldsymbol{S}_b$ 为类间散度矩阵；$\boldsymbol{S}_w$ 为类内散度矩阵，定义为

$$\boldsymbol{S}_b = \boldsymbol{S}_t - \boldsymbol{S}_w \tag{6.6.2}$$

$$\boldsymbol{S}_t = \frac{1}{N-1}(\boldsymbol{X}-\boldsymbol{m})(\boldsymbol{X}-\boldsymbol{m})^{\mathrm{T}} \tag{6.6.3}$$

$$\boldsymbol{S}_c = \frac{1}{N_c-1}(\boldsymbol{X}_c-\boldsymbol{m}_c)(\boldsymbol{X}_c-\boldsymbol{m}_c)^{\mathrm{T}} \tag{6.6.4}$$

$$\boldsymbol{S}_w = \frac{1}{C}\Sigma_c \boldsymbol{S}_c \tag{6.6.5}$$

式中，$\boldsymbol{S}_t$ 为散度矩阵；$\boldsymbol{X}$ 和 $\boldsymbol{X}_c$ 分别为样本数据和 C 类样本数据；$\boldsymbol{m}$ 和 $\boldsymbol{m}_c$ 分别为所有样本均值和 C 类样本均值；N 为样本数。求优化目标最大值就是求 $\boldsymbol{S}_b\boldsymbol{\beta} = \boldsymbol{\lambda}\boldsymbol{S}_w\boldsymbol{\beta}$ 的最大特征值 λ。

为了克服优化目标中大特征值会被重视、小特征值会被忽视的问题，J H Friedman 等人提出通过添加单位矩阵的倍数来正则化类间散度矩阵，其表达式为

$$\boldsymbol{S}_b\boldsymbol{\beta}_i = \lambda_i(\boldsymbol{S}_w + \alpha\boldsymbol{I})\boldsymbol{\beta}_i \tag{6.6.6}$$

式中，$\lambda_i(i = 1,2,\cdots,C-1)$ 为计算得到的特征值；$\boldsymbol{\beta}_i(i=1, 2, \cdots, C-1)$ 为对应的特征向量。

将 LDA 作为神经网络的优化目标算法是通过神经网络训练不断使特征值最大。将优化目标定义为

$$\underset{\Theta}{\operatorname{argmax}} \frac{1}{C-1}\sum_{i=1}^{C-1}\lambda_i \tag{6.6.7}$$

式（6.6.7）存在的问题是会使原本距离较远的类别有更好的分离效果，而相毗邻的类别样本难以分离。为了解决此问题，设置阈值来关注 J 个特征值以重视小特征值的存在，具体计算公式为

$$\operatorname{argmax} \frac{1}{J}\sum_{i=1}^{J}\lambda_i \qquad \{\lambda_1,\lambda_2,\cdots,\lambda_J\} = \{\lambda_j \mid \lambda_j < \min\{\lambda_1,\lambda_2,\cdots,\lambda_{C-1}\} + \varepsilon\} \tag{6.6.8}$$

利用 DLDA 优化样本统计特征的操作步骤，如图 6.66 所示。

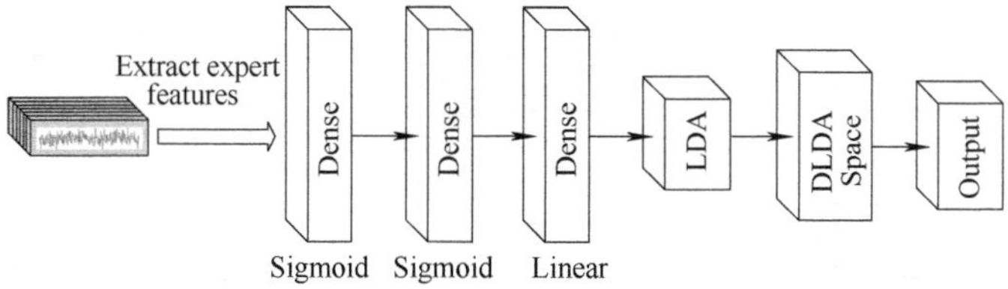

图 6.66 基于 DLDA 的特征优化网络

该网络由三层全连接层组成，前两层的激活函数为 Sigmoid，最后一层为 Linear。第三层全连接层的神经元个数可通过补零操作与信号采样点个数保持一致，如果使用的样本采样点

较少，第三层神经元个数与样本信号长度保持一致。通过不断训练网络，会使输入样本的统计特征呈现更好的分离性，且输出的特征维度是可以控制的，为特征融合提供了方便。

6.6.2　深度引导滤波网络结构

针对原始低动态范围图像纹理细节信息有限导致在恢复亮度和对比度时，难以恢复图像细节的问题，本节研究了使用深度快速引导滤波将图像分解为低频基础层和高频细节层，再通过卷积神经网络学习相应特征，使网络分别专注于对图像色彩转换和高频细节的恢复，最终融合高低频特征，恢复高质量图像。

1. 可微的快速引导滤波层

引导滤波（Guided Filter）属于保边滤波器的一种，其参考引导图像（可以是输入图像本身或其他特定任务图像）的内容信息来计算滤波输出，利用优化方法保持图像边缘梯度的相似性，引导滤波应用于去雨、去雾和增强等多种计算机视觉任务。快速引导滤波为传统引导滤波的改进版本，通过联合采样方法，在保持效果的前提下，减少计算复杂度、提升应用性能[87-88]。

给定一张全分辨率图像 I_h，以及其对应的低分辨率图像 I_l 和低分辨率输出 O_l，利用快速引导滤波器产生高分辨率输出 O_h。由局部线性模型驱动引导滤波的优化过程，即

$$O_l^i = a_l^k I_l^i + b_l^k \ , \ \forall i \in W_k \tag{6.6.9}$$

式中，i 表示图像像素点的索引；k 是半径为 r 的局部正方形窗口 W 的索引；a_l 和 b_l 都是通过最小化 I_l 和 O_l 之间的重构误差计算。a_l 和 b_l 分别利用双线性上采样得到 a_h 和 b_h。最终通过线性变换获得高分辨率输出 O_h，即

$$O_h = a_h \odot I_h + b_h \tag{6.6.10}$$

式中，$\odot$ 为逐元素相乘操作。通常低分辨率输出 O_l 通过转换函数 $f(x)$ 生成。现将引导滤波公式化为完全可微的模块，并与转换函数 $f(x)$ 联合进行端到端的训练。可微引导滤波层的计算图如图 6.67 所示，具体计算过程见表 6.2。图 6.67 中，a_l 和 b_l 由均值滤波器 f_m 和给定输入 I_l 和 O_l 的局部线性模型计算，然后利用双线性上采样操作 f_{mp} 生成 a_h 和 b_h 作为线性变换层的输入来生成 O_h。r 是 f_m 的半径，默认设定为 1；ε 为控制平滑度的正则项参数，默认值为 $1e^{-8}$；$F(I)$ 为转换函数，由两个 1×1 卷积层以及卷积之间的批量归一化层和 ReLU 激活函数组成，其中第一个卷积输出通道数为 16，第二个为 3。$F(I)$ 分别作用于 I_h 和 I_l 生成三通道引导图 G_h 和 G_l，使得引导滤波层适应图像增强任务。

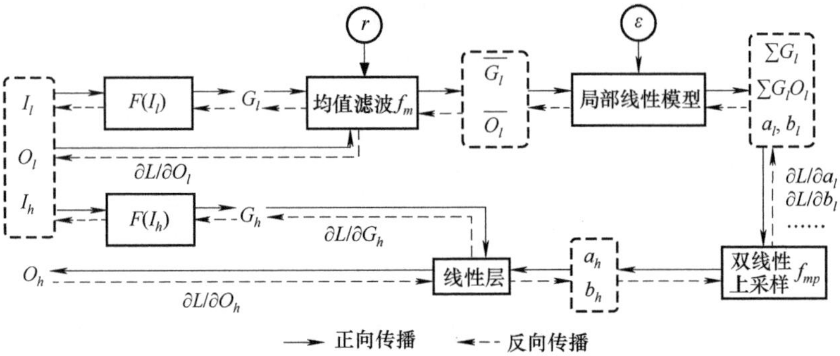

图 6.67　可微引导滤波层的计算图

表 6.2 可微引导滤波层计算过程

输入：低分辨率图像 I_l，高分辨率图像 I_h

低分辨率输出 O_l，半径 r 和正则项 ε

输出：高分辨率输出 O_h

1 $G_l = F(I_l)$，$G_h = F(I_h)$

2 $\overline{G_l} = f_m(G_l, r)$，$\overline{O_l} = f_m(O_l, r)$

$\overline{G_l^2} = f_m(G_l \odot G_l, r)$，$\overline{G_l O_l} = f_m(G_l \odot O_l, r)$

3 $\sum_{G_l} = \overline{G_l^2} - \overline{G_l} \odot \overline{G_l}$，$\sum_{G_l O_l} = \overline{G_l O_l} - \overline{G_l} \odot \overline{O_l}$

4 $a_l = \sum_{G_l O_l} / (\sum_{G_l} + \varepsilon)$，$b_l = \overline{O_l} - a_l \odot \overline{G_l}$

5 $a_h = f_{mp}(a_l)$，$b_h = f_{mp}(b_l)$

6 $O_h = a_h \odot G_h + b_h$

可微引导滤波层反向梯度传播方程见表 6.3。通过将每个操作建模为一个可微函数，O_h 的梯度可以通过计算图反向传播到 O_l、I_l 和 I_h 来进一步优化 $f(x)$ 函数。

表 6.3 可微引导滤波层反向梯度传播方程

输入：低分辨率图像 I_l，高分辨率图像 I_h

低分辨率输出 O_l，高分辨率输出的倒数 ∂O_h

输出：所有输入的梯度

1 $\partial b_l = \partial O_h \cdot \nabla_{b_l} f_{mp}$，$\partial a_l = \partial O_h \odot G_h \cdot \nabla_{a_l} f_{mp} - \partial b_l \odot \overline{G_l}$

2 $\partial \sum_{G_l O_l} = \partial a_l / (\sum_{G_l} + \varepsilon)$

$\partial \sum_{G_l} = - \partial a_l \odot \partial \sum_{G_l O_l} / (\sum_{G_l} + \varepsilon)^2$

3 $\partial \overline{O_l} = \partial b_l - \partial \sum_{G_l O_l} \odot \overline{G_l}$

$\partial O_l = \partial \sum_{G_l O_l} \cdot \nabla_{G_l \otimes O_l} f_m \odot G_l + \partial \overline{O_l} \cdot \nabla O_l f_m$

4 $\partial \overline{G_l} = - \partial b_l \odot a_l - \partial \sum_{G_l O_l} \odot \overline{O_l} - 2\partial \sum_{G_l} \odot \overline{G_l}$

$\partial G_l = \partial \sum_{G_l O_l} \cdot \nabla_{G_l * O_l} f_m \odot O_l + 2\partial \sum_{G_l} \cdot \nabla_{G_l * G_l} f_m \odot G_l + \partial \overline{G_l} \cdot \nabla_{G_l} f_m$

5 $\partial I_l = \partial G_l \cdot \nabla_{I_l} F$，$\partial I_h = \partial O_h \odot a_h \cdot \nabla_{I_h} F$

2. 深度引导滤波网络结构

将可微的快速引导滤波层集成到卷积神经网络中，以一种由粗到精的方式训练。该框架在低计算成本时，生成具有一定边缘保持的输出。深度引导滤波总体框架如图 6.68 所示。图 6.68 中，首先给定一张原始输入图像 I_h，由下采样操作获得低分辨率图像 I_l；再通过低分辨率卷积神经网络 $LC(I_l)$ 转换函数 $f(x)$ 学习从 I_l 向 O_l 映射，将 I_h、I_l 和 O_l 输入引导滤波层获得高分辨率输出 O_h。低分辨率卷积神经网络由多个卷积层组成，并通过逐元素相乘操作调制图像信号，提升网络的空间可变性，使用残差结构稳定训练。网络中的注意力模块以及残差模块补充注意力模块。

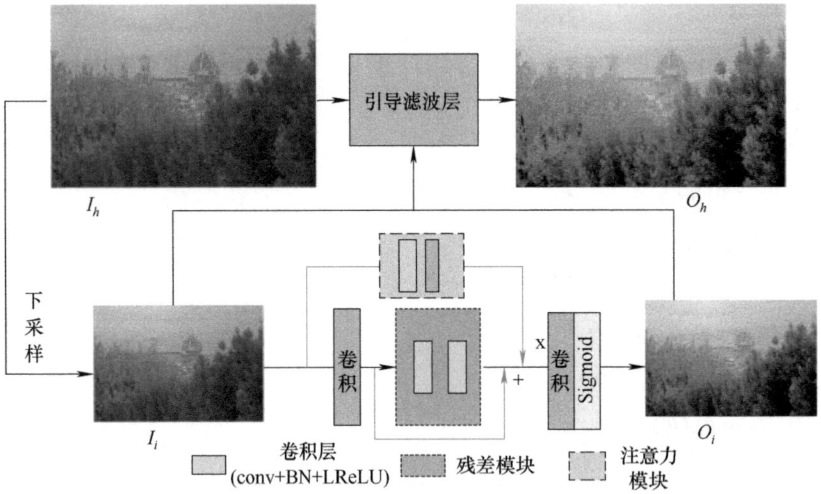

图 6.68　深度引导滤波层网络框架

6.7　实例 5：基于深度卷积神经网络的遥感图像分类

本节将 CNN 模型用于遥感图像的识别和分类，设计了有关农田识别的神经网络，以经典 AlexNet[86] 为原型进行网络的改进和调整。改变卷积层的数量和滤波器的大小以提高模型的识别准确率；通过实验证明在分类类别较少的情况下，减少全连接层的层数来降低网络的参数，可提高网络的训练速度；在减层后的网络中加入 BN（Batch Normalization）可以提高网络的收敛速度和分类识别的准确率[89]。

6.7.1　遥感图像识别的卷积神经网络基本框架

基于 CNN 的遥感图像识别流程，如图 6.69 所示。CNN 框架的识别图像是经过融合处理后的高光谱国土资源遥感图像，包含多种不同土地类别。所以，在遥感图像尺寸尽可能小的前提下，对遥感图像进行均匀裁剪。CNN 需要对输入图片进行多次卷积，而卷积神经网络对图像特征提取时，要求图像的大小不小于网络的局部感受野，要求图片有合适的大小。根据以上两个方面和实验对比，本节选择 41 × 41 的遥感图片进行分类。

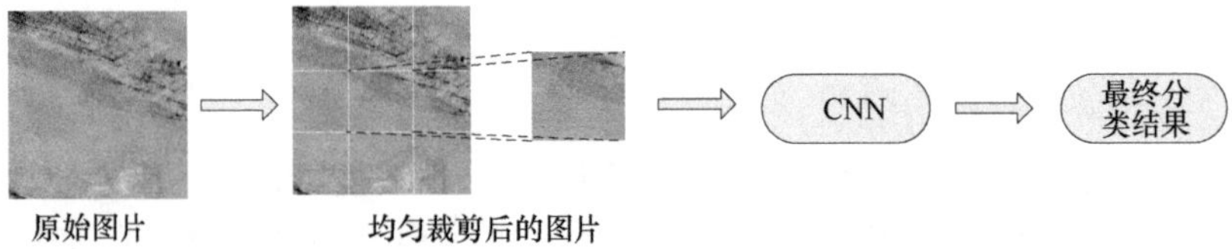

图 6.69　基于 CNN 的遥感图像农田识别流程

6.7.2　基于改进 Alexnet 网络的遥感图像分类

1. 网络结构

遥感图像识别改进的 CNN 结构，如图 6.70 所示。与经典 AlexNet 网络结构类似，网络由输入层、卷积层、采样层、全连接层和输出层构成，其中卷积层和采样层交替连接。网络输入为均匀裁剪后的遥感图像。

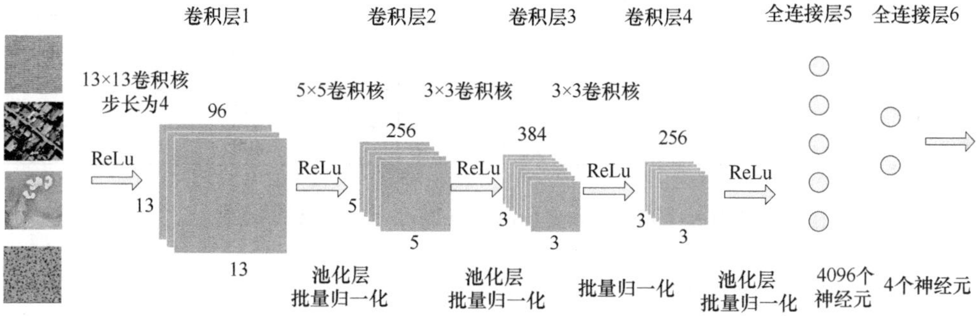

图 6.70 遥感图像识别改进的 CNN 结构

在深层网络中，第一层的卷积层使用 96 个大小为 13 × 13、步长为 4 个像素（这是同一核映中临近神经元的感知域中心之间的距离）的核，对输入图像进行滤波。在第一层使用 13 × 13 滤波器，可以从遥感图像中提取更多特征。第 1 卷积层的输出图像输入 96 个大小为 3 × 3 的最大池化层进行滤波，再经过 BN 层。第 2 卷积层和第 1 个最大池化层输出相连接，其卷积核大小为 5 × 5，数量是 256 个。第 3 和第 4 层的卷积核大小都是 3 × 3，其个数分别为 384 和 256。整个网络卷积层只有第 3 层和第 4 层之间没有最大池化层。由于与 AlexNet 处理的图片大小不同，如果保留第 5 层卷积层，会增加网络的数据量、提高运算成本，还可能造成因图像过度卷积，导致识别准确率下降。因此，考虑到训练效率和准确率，在训练网络时去掉了一组个数为 384 的 3 × 3 的卷积层。

在经过最后一层卷积层后，将生成的 256 个 1 × 1 的特征图输入到全连接层。由于本节所需分类目标只有 4 类，相较于 ImageNet 的识别任务较少。在全连接层使用两层全连接层，其中两层网络的神经元个数分别为 4096 和 4 个。

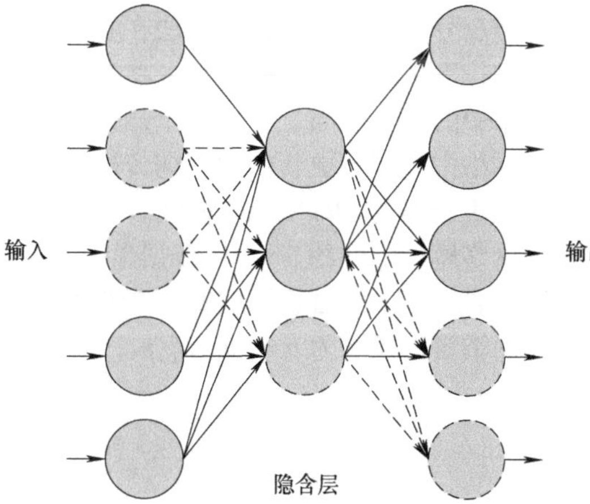

图 6.71 Dropout 原理示意图

AlexNet 使用 Dropout[90] 避免网络对于数据的过拟合。每次训练随机丢弃 50% 全连接层中的神经元，Dropout 原理图如图 6.71 所示。图中虚线部分即为随机丢弃的神经元。这点在改进的网络中也得到保留。网络使用较少的神经元和全连接层的同时也结合与 AlexNet 不同的 Dropout 率。

Simonyan 在文献［90］中 VGG 网络里使用两组 3 × 3 滤波器代替一组 5 × 5 滤波器，取得了较好的效果。在网络结构选择中，对比了不同层数网络，使用了不同大小的卷积核。不同网络卷积核参数如表 6.4 所示。

表 6.4 不同网络卷积核参数

网络模型	Conv1	Conv2	Conv3	Conv4	Conv5	Conv6	Fc7	Fc8	Fc9
网络 1	13 × 13	3 × 3	3 × 3	3 × 3	3 × 3	3 × 3	4096	4096	4
AlexNet	11 × 11	5 × 5	3 × 3	3 × 3	3 × 3	–	4096	4096	4
网络 2	13 × 13	3 × 3	3 × 3	3 × 3	–	–	4096	4096	4
网络 3	13 × 13	3 × 3	3 × 3	3 × 3	3 × 3	–	4096	4	–
本文算法	13 × 13	5 × 5	3 × 3	3 × 3	–	–	4096	4	–

网络使用线性修正单元（Rectified Linear Unit，ReLU）作为激活函数。

2. 训练和学习方法

第一层网络对图像特征的提取和表示为

$$\boldsymbol{y}_1 = \max(0, \boldsymbol{w}_1 \otimes \boldsymbol{x} + \boldsymbol{b}_1) \tag{6.7.1}$$

式中，$\boldsymbol{x}$ 表示输入图片，$\boldsymbol{w}_1$ 和$\boldsymbol{b}_1$ 表示局部感受野和偏置，$\otimes$ 表示卷积运算。$\boldsymbol{w}_1$ 表示 n_1 个$f_1 \times f_1$ 的滤波器，f_1 为局部感受野大小，即使用$\boldsymbol{w}_1$ 对图像进行了 n_1 次卷积，所使用卷积核为 $c \times f_1 \times f_1$，本层对应输出 n_1 个特征映射。$\boldsymbol{b}_1$ 为 n_1 维的向量，他的每个元素对应一个局部感受野，激活函数使用 ReLU，即 $\max(0,x)$ 。本层 $n_1 = 96$，滤波器尺寸$f_1 = 13$。

第 1 层网络对图像进行 n_1 维度的特征提取，第 2 层网络将前一层网络的 n_1 的特征映射到本层 n_2 维的特征向量上。第 2～4 层结构与第 1 层相似

$$\begin{cases} \boldsymbol{y}_2 = \max(0, \boldsymbol{w}_2 \otimes \boldsymbol{y}_1 + \boldsymbol{b}_2) \\ \boldsymbol{y}_4 = \max(0, \boldsymbol{w}_4 \otimes \boldsymbol{y}_3 + \boldsymbol{b}_3) \end{cases} \tag{6.7.2}$$

式中，$\boldsymbol{w}_2$ 包含 n_2 个滤波器，$n_2 = 256$，滤波器数变多的情况下，滤波器尺寸换为5×5；同理第3、4 层滤波器个数依次为 $n_3 = 384$，$n_4 = 256$，滤波器大小固定为3×3，激活函数使用 ReLU。

与经典分类网络相同，本算法在卷积层中交替使用了池化层。池化层通过对卷积后输出的向量进行下采样，从而减少部分参数。本节采用最大池化操作。

网络中的输出层与上一层完全连接，其产生的特征向量可以被送到逻辑回归层完成识别任务。网络中的权重更新使用反向传播算法学习。

不同于经典的 AlexNet 以及 VGG 网络，本节使用两层全连接层。在分类准确率不变的情况下，网络模型降低约 5×10^7 数据量。其中第 2 层全连接层，即网络的第 6 层为网络输出层，其包含对应 q 类遥感用地的 m 个神经元，本算法针对 4 种类型遥感图像进行分类，此时 $q=4$。网络输出概率为 $p = [p_1, p_2, p_3, p_4]$，使用 softmax 回归公式为

$$p_j = \frac{\exp(\boldsymbol{y}_6^j)}{\sum_{i=1}^{4} \exp(\boldsymbol{y}_6^i)} \tag{6.7.3}$$

式中，$\boldsymbol{y}_6$是 softmax 函数的输入，j 是被计算的当前类别，$j = 1,2,3,4$；p_j 表示第 j 类的真实输出。

6.7.3 仿真实验与结果分析

1. 数据集

可以直接获取的遥感图像数据集部分源于 UC Merced Land Use Dataset[91]，数据集一共

有 10 个种类选取其中 4 个种类为数据集，分别为农田、建筑、绿地以及荒漠，UC Merced Land Use 数据集如图 6.72 所示。

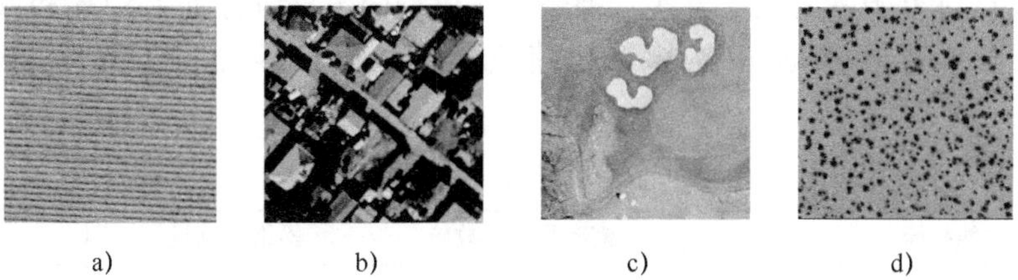

图 6.72 UC Merced Land Use 数据集

a）绿地 b）建筑 c）农田 d）荒漠

由于数据集的稀缺，选取文献［89］部分三、四章融合的部分遥感图像作为数据集。神经网络对于遥感图像的分类是对 RGB 图像进行分类。故选取文献［89］第三章融合后的部分 MS 图像，无法直接作为数据集进行使用，需对其进行一定的预处理。将处理后的 MS 影响去除其中的 NIR 通道后，再进行裁剪和分割。这大大增加了数据量，提高了网络的拟合能力，避免过拟合的实验结果。美国地质调查局网站以及从文献［89］三、四章中选取的融合后的遥感图像，分为农田、建筑、荒漠以及植被四个类型（每类 4500 张）共 18000 张 41 × 41 的图像，每类选取 3750 张图像作为训练模型的训练集，剩余 750 张图像作为测试集。从融合后的图像中获取待分类图像，如图 6.73 所示。

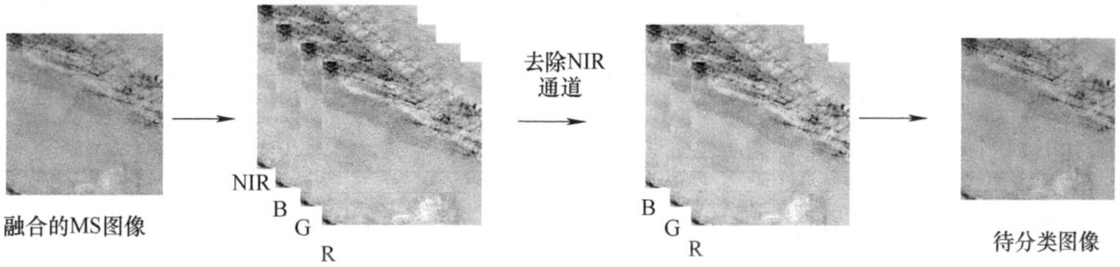

图 6.73 从融合后的图像中获取待分类图像

针对数据集图片的大小进行多次实验，选取 10000 次迭代训练生成的模型进行结果比较如表 6.5 所示。

表 6.5 网络对不同大小图片的识别准确率

图片大小	35 × 35	37 × 37	39 × 39	41 × 41	43 × 43
识别准确率	94.75%	85.72%	95.62%	97.75%	95.89%

表 6.5 表明，模型对 41 × 41 大小的图片识别准确率较高，现采用 41 × 41 的图片进行训练。

与经典 ImageNet 识别任务相比，本节算法每类使用更多的数据集来训练网络。在后面的实验部分将证明使用大量数据集能充分发挥算法的优势。

2. 模型验证

改进模型以 AlexNet 作为原型，以识别准确率、模型数据量大小和训练收敛次数作为性能指标，针对网络整体结构、滤波器大小和训练超参数进行了一系列的实验。

（1）加入 BN 的模型

表6.6 表明，原模型和加入BN 模型的识别准确率分别为92.1% 和87.3%；训练模型的收敛次数分别为14.9 万次和3.5 万次；神经网络模型的数据量分别为83M 和102M。由此可知，直接加入 BN 的 AlexNet 虽然算法快速收敛，但识别准确率下降 4.8%、数据量增加22.8%。

表 6.6 加入 BN 前后 AlexNet 模型的性能对比

性能指标		模型收敛次数	网络数据量	识别准确率
网络模型	原模型	14.9×10^5次	7.33×10^8	92.14%
	加 BN 模型	3.5×10^5次	10.3×10^8	87.39%

（2）减少层数的模型

由于遥感图像的尺寸不同，相应的 CNN 模型结构也有所不同。经典的 AlexNet 分类图像大小为256 ×256。本网络处理图片的大小为41 ×41。相对识别任务为大图片的 AlexNet，本节使用4 层网络模型对较小的图片进行分类。采用两层全连接层，在前四层卷积层网络中分别加入 BN，有效提高识别准确率，大幅降低训练迭代次数。对比加入 BN 前后的 AlexNet，不同类型模型的性能，如表6.7 所示。

表 6.7 不同类型模型的性能对比

性能指标		模型收敛次数	网络数据量	识别准确率
网络模型	原模型	149 × 104 次	7.33×10^8	92.14%
	加入 BN 模型	3.5×10^4次	10.3×10^8	87.39%
	改进模型	0.45×10^4次	8.35×10^8	98.15%

改进模型的网络层数从8 层降低到6 层，网络收敛次数从 149×10^4次降低到 0.45×10^4次，大大减少了训练网络所需的时间；识别准确率也由原网络的 92.14% 提升到 98.15%；加入 BN 层的网络数据量从 7.33×10^8 提高到 8.35×10^8。通过性能对比可知，改进模型的综合性能得到了提升。

（3）卷积核大小的改变

现在改进网络模型中，对模型第一层卷积核大小对识别正确率的影响做了实验。由于识别图像的大小为41 ×41，在保证后续网络结构不变的情况下，改变第一层卷积层的卷积核大小。分别选取了10 ×10、11 ×11、12 ×12 以及13 ×13 四种大小的卷积核进行实验。在网络结构类似的情况下，仅仅改变卷积核大小进行实验，其网络数据量是相同的。不同大小的卷积核对网络识别准确率的影响，如图6.74 所示。

图6.74 表明，经典的 AlexNet 中11 ×11 的卷积核模型的波动性较大；四种不同大小卷积核的网络在收敛后的识别准确率比较接近；迭代7500 次后，13 ×13 大小的卷积核网络的识别准确率要明显高于其他三种卷积核网络；在网络整体结构不变的情况下，选择网络的第一层滤波器时，卷积核大小应为13 ×13。

（4）不同网络的对比

Simonyan 在文献［90］中指出使用多个小滤波器代替一个大滤波器将网络层数做深，

可以获得更好的分类效果。几种网络性能对比实验结果，如表6.8所示。

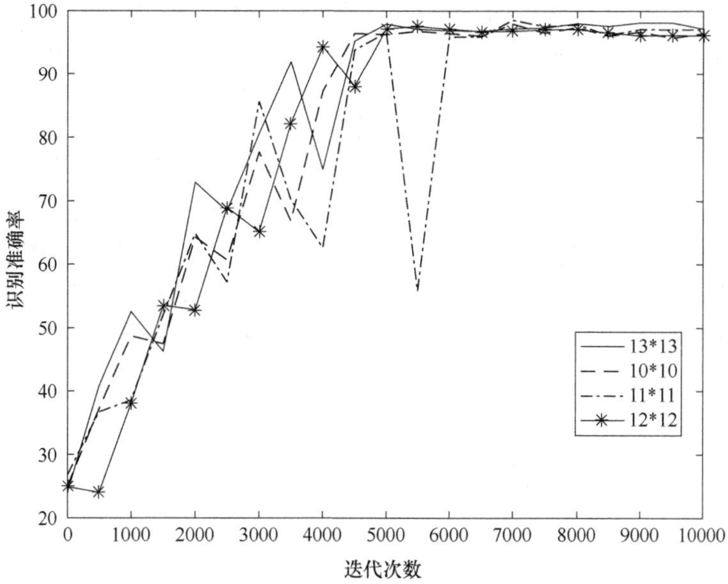

图6.74　不同卷积核大小对模型识别准确率的影响

表6.8　不同深度网络模型性能对比

性能指标		模型收敛次数	网络数据量	识别准确率
网络模型	网络1	1.9×10^4次	9.82×10^8	90.33%
	AlexNet	149×10^4次	7.33×10^8	92.14%
	网络2	3.6×10^4次	8.74×10^8	94.70%
	网络3	1.2×10^4	7.78×10^8	98.21%
	本文算法	0.45×10^4次	8.35×10^8	98.15%

表6.8表明，使用两个3×3的滤波器代替一个5×5滤波器可以在减少数据量的情况下增加模型的深度、提高网络的识别准确率。但在网络层数增加时，也增加了训练网络所需的网络次数，且识别准确率增长不明显，所以本节在选择网络层数选择4层卷积层和两层全连接层和较大卷积核的网络。

3. 超参数的设置

选用合适的超参数可以加快模型的收敛速度并提高模型识别准确率。采用4层卷积层和两层全连接层构建模型时，选取识别效果最好的13×13模型。为增加模型鲁棒性，针对每种设定的迭代次数，重复做10次实验，研究迭代次数对模型识别准确率的影响。学习率为0.001时，不同迭代次数的识别准确率如表6.9所示。

表6.9　学习率为0.001时，不同迭代次数的识别准确率

迭代次数	实验1	实验2	实验3	实验4	实验5	实验6	实验7	实验8	实验9	实验10
2000	63.15	61.17	62.89	65.74	64.89	63.22	54.74	75.63	74.56	67.38
4000	85.87	78.34	80.75	52.39	73.38	81.37	82.03	91.07	80.72	84.58

（续）

迭代次数	实验 1	实验 2	实验 3	实验 4	实验 5	实验 6	实验 7	实验 8	实验 9	实验 10
6000	93.81	92.88	95.36	98.11	49.72	95.36	97.28	97.41	95.95	95.07
8000	93.17	95.35	97.27	98.52	85.48	95.73	98.70	97.70	95.82	98.45
10000	95.74	97.69	98.17	99.23	89.33	95.67	99.32	98.58	98.29	98.37

为便于对比分析，将表 6.9 各实验数据按由小到大顺序排列，学习率为 0.001 时，迭代次数对识别准确率的影响如图 6.75 所示。图 6.75 表明，当学习率为 0.001 时，2000 次和 4000 次模型的识别正确率较低，6000 次模型的鲁棒性较差，8000 次和 10000 次迭代模型的识别准确率比较接近，其中 10000 次迭代模型的识别准确率略高于 8000 次迭代的模型。

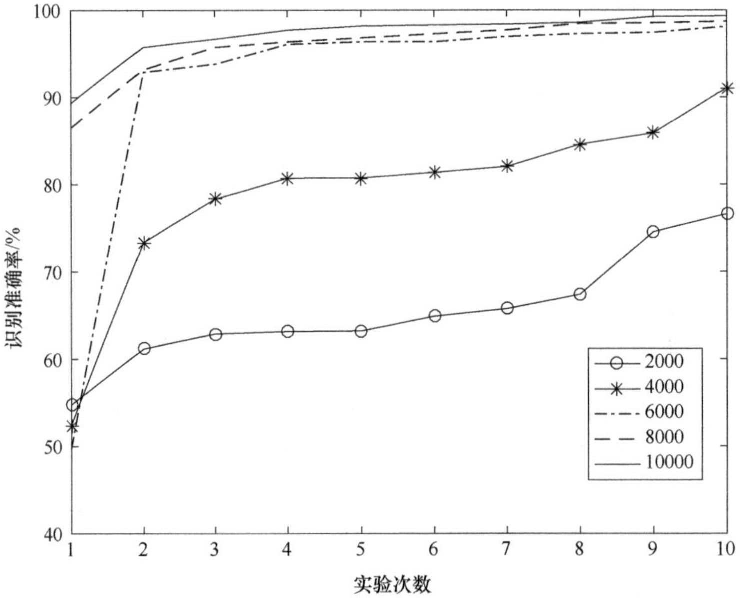

图 6.75　学习率为 0.001 时，迭代次数对识别准确率的影响

另外，以 10000 次迭代模型为参考对象，学习率分别为 0.001、0.003、0.005、0.01 和 0.015 时进行 10 次实验。识别准确率，如表 6.10 所示。

表 6.10　迭代次数为 10000 次时，不同学习率的识别准确率

学习率	实验 1	实验 2	实验 3	实验 4	实验 5	实验 6	实验 7	实验 8	实验 9	实验 10
0.001	93.11	95.32	97.24	98.57	85.48	95.74	98.77	97.79	95.84	98.42
0.003	98.85	97.94	98.62	98.13	97.69	98.57	97.66	98.24	97.52	98.64
0.005	97.68	98.87	97.35	95.80	98.66	97.27	91.73	98.24	93.15	95.96
0.01	81.31	77.74	75.43	77.45	25.71	47.98	75.52	55.77	88.24	31.40
0.015	70.89	53.98	25.52	40.74	75.23	41.95	69.67	39.46	70.82	64.22

为便于对比分析，将表 6.10 实验数据按由小到大的顺序排列，迭代次数为 10000 次时，不同学习率的准确率如图 6.76 所示。图 6.76 表明，学习率为 0.01 和 0.015 时，因代价函

数振荡导致模型的鲁棒性较差、识别准确率较差。学习率为 0.001、0.003 和 0.005 时，识别准确率比较接近，其中 0.003 学习率模型的鲁棒性最好。

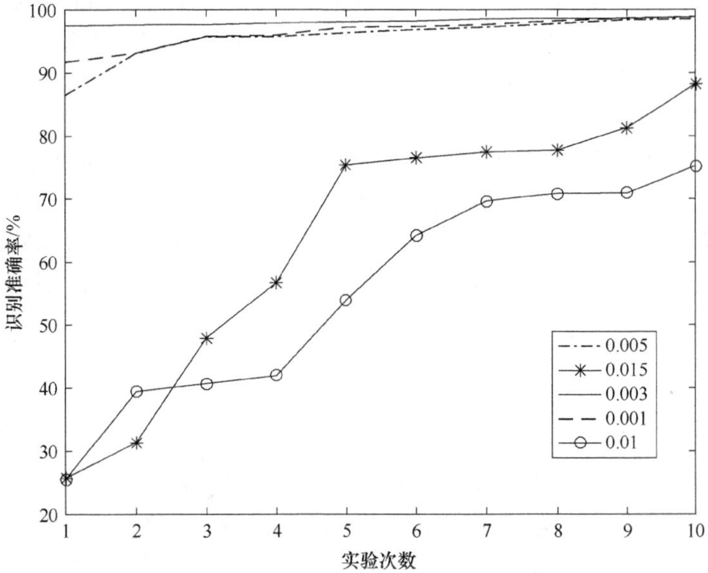

图 6.76　迭代次数为 10000 次时，不同学习率的准确率

4. Dropout 值对模型识别准确率的影响

Dropout[91]是经典 AlexNet 网络用来防止过拟合的一种技术。文献［92］在最后一个全连接层中只保留 30% 数量的神经元，取得了较好的效果；而结合 BN 的神经网络可以适当增加全连接层神经元的数量。结合以上两点，对不同 dropout 模型的识别准确率进行验证，不同 dropout 模型的识别准确率如图 6.77 所示。

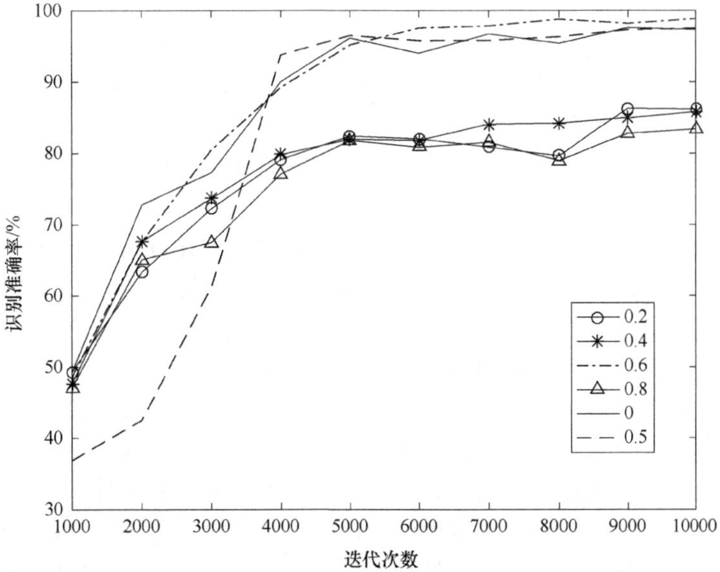

图 6.77　不同 dropout 下模型的识别准确率

图 6.77 表明，dropout 值为 0.2、0.4 和 0.8 时，比其他 dropout 值的模型识别准确率低。dropout 值为 0 和 0.6 时，在 3500 迭代次数前的识别准确率有明显的优势；3500 迭代次数后，dropout 值为 0 的模型准确率，收敛后开始振荡，且效果比 dropout 值为 0.5 和 0.6 时差；dropout 值为 0.6 时的模型识别准确率最高。因此，dropout 不仅可以避免神经网络过拟合，还可以有效增强网络模型的鲁棒性，与文献［91］所述结论一致。综上可知，用 BN 配合 dropout 的模型识别效果更好。

综上，在基于深度卷积神经网络的小块遥感图像分类方法中，网络使用较大的 13 × 13 滤波器以及更少的网络层数。在降低数据量的同时，充分利用了卷积神经网络的特征学习能力，极大扩展了数据集，避免了过拟合现象的出现、提高了 CNN 模型识别准确率、增强了 CNN 模型的鲁棒性。与经典的 AlexNet 模型相比，改进 AlexNet 模型的识别精度更高、收敛速度更快。

6.8 实例 6：基于深度卷积神经网络的运动模糊去除

针对现有图像去模糊方法难以处理大面积模糊、难以兼顾复原效果与处理速度、难以充分利用图像特征信息等问题，本节提出了基于深度卷积神经网络的运动模糊去除方法[93-94]。以图像高斯金字塔中的多尺度图像为依据，构建了基于自动编码器的网络模型，在扩大图像感受野方面，采用空洞卷积模块提取图像的多尺度特征信息以及残差模块拓宽网络深度以解决训练过程中图像细节丢失的问题，并由递归模块强化边缘特征最终完成运动模糊图像的端到端去模糊任务。GOPRO 数据集与真实运动模糊图像集的测试表明，本节方法在保证去模糊效果的情况下，参数量更少、运行速度更快，并且能够处理不同尺寸下的运动模糊图像。

6.8.1 多尺度策略在神经网络中的运用

1. 传统算法中的多尺度策略

在以往的算法中，在处理大模糊核时通常采取一种由粗到细（Coarse-to-Fine）的处理方式，在最粗（Coarsest）的层次先初始化一个尺寸较小的模糊核 K，然后在保持模糊核 K 固定不变的情况下，通过运行迭代推理方案生成梯度潜像 ∇P，然后在每一层的图像金字塔上进行模糊核和梯度潜像的推断，其中每一层的初始值为前一层模糊核 K 和梯度潜像 ∇P 的上采样值，最后推导出收敛至全分辨率图像对应的模糊核 K_L，再通过非盲去模糊的方法得到复原图像。

此外由于图像中遇到的模糊大小差异很大，从几像素到几百像素的模糊处理方法都有所不同，如果采用非常大的模糊核进行初始化那么小的模糊区域将很难被处理到，相反如果使用的初始化模糊核太小，大的模糊区域就会被进行裁剪，因此在对于初始模糊核的设定中，可以通过观察模糊伪像来确定初始模糊核的大小。

在由粗到细的处理方式中一方面由于图像边缘特征的提取是人为设定的，会存在一定的偏差与不同方法间的选择差异，另一方面由于选择整张图片的图像金字塔作为迭代对象，即使是在尺寸较小的图片上进行也会由于参数量过大导致模糊核的估计过程越来越长，影响整体模糊核的正确估计。因此相对于提取梯度图像作为参考值，采用图像像素值直接作为参考值更为方便，另外在处理时使用图像块处理效果更好。图 6.78 为多尺度模糊核的估计过程。

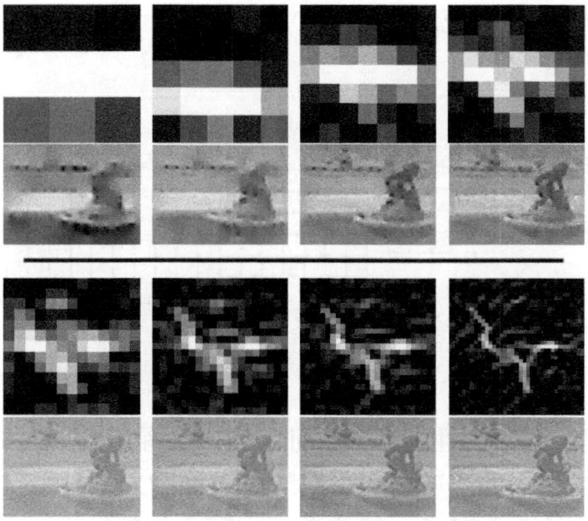

图 6.78 多尺度模糊核的估计过程

2. CNN 中的多尺度图像信息提取

在 CNN 中，依据上文对于传统算法由粗到细的处理方式，本节在图像预处理阶段构造了图像高斯金字塔框架，将模糊图像和清晰图像对的不同分辨率版本作为输入依次迭代送入神经网络中，再由预处理阶段随机裁剪成图像块以获取多尺度图像信息。

为了证明采取多尺度图像信息的有效性，图 6.79 为高/低分辨率下的图像、图像块及模糊核关系对应图。其中，X_S 和 B_S 分别为对清晰图像 X 和模糊图像 B 进行下采样得到的低分辨率图像，P'_X、P'_B 和 P_X、P_B 为从对应图像中裁剪出的相同位置图像块，根据文献［95］的方法测得对应模糊核 k 和 k_S。图中可以看出多尺度图像信息提取方法一方面依据传统的由粗到细的处理方式，由于低分辨率图像中的模糊被缩小并且边缘定位误差更小，因此在低分辨率下对潜像和模糊核进行处理和预测较为准确；另一方面清晰图像在低分辨率的细节重现要远比模糊图像强，清晰图像的下采样部分也可以用作图像的先验部分[96]。

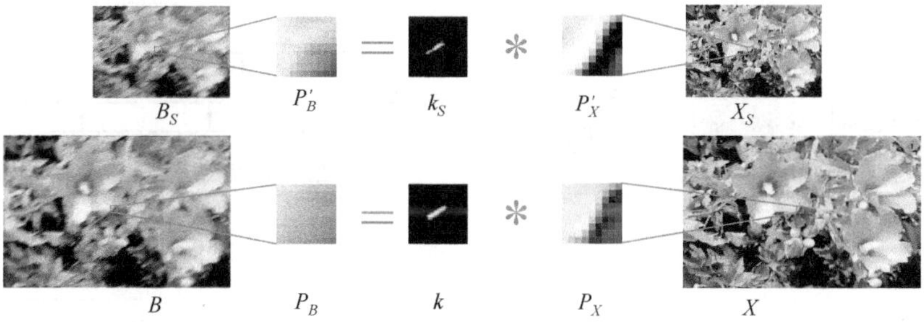

图 6.79 高/低分辨率下的图像、图像块及模糊核关系

6.8.2 基于深度卷积神经网络的运动模糊去除方法

1. CNN 中的多尺度特征提取

空洞卷积（Dilated Convolution）通过在卷积核之间补入空洞，即补“0”的方式，在不做池化损失信息的情况下增大图像的感受野，并且与普通卷积核的大小相同，参数量不

变[97]。空洞卷积的感受野随着扩充率参数（Dilate Rate）的增加呈指数增加，图 6.80 为不同感受野的空洞卷积示意图。

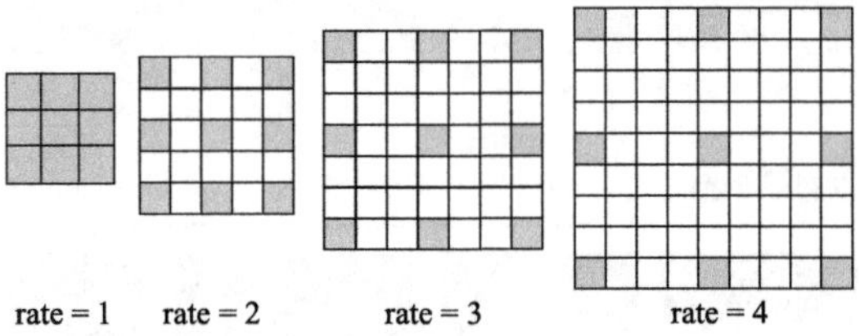

图 6.80　核大小为 3 * 3 时扩充率参数分别为 1，2，3，4 时的空洞卷积

更深的网络显然会提升网络的性能，在保证一定网络深度的同时对网络进行纵向拓展，同样能够提升网络的性能[98-99]，稠密连接卷积网络（Dense Convolutional Network，DenseNet）结构虽然在对特征信息进行了堆叠拓展，但信息过度冗余收敛过慢，并且只能提取单尺度的特征信息。对于需要多尺度的视觉任务，如超分辨率、去模糊等，多尺度特征信息显得尤为重要[100]，除了在预处理阶段进行多尺度处理外，不同大小的卷积核同样能够带来不同尺度的特征，Inception 中分离 - 转换 - 融合的策略与本节方法契合。图 6.81 分别给出了残差结构、DenseNet 结构、Inception 结构和 DCB 结构示意图。

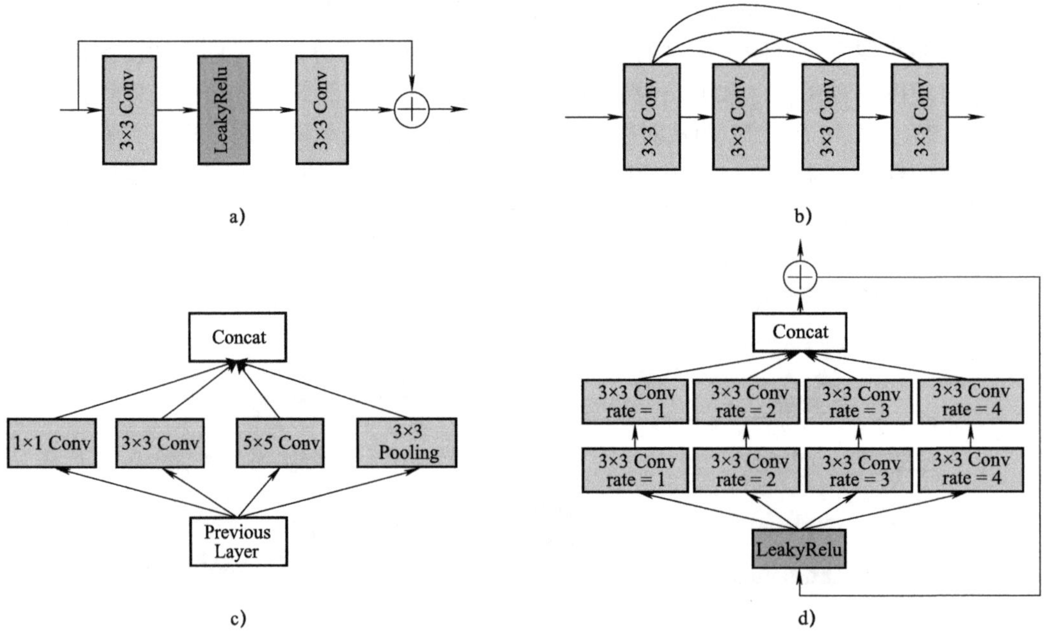

图 6.81　ResNet、DenseNet、Inception、DCB 的网络结构示意图
a）ResNet　b）DenseNet　c）Inception　d）DCB

在网络纵向拓展层面，Xception 在假设通道联系和空间联系不相关时，参照 Inception 的特征融合方法将卷积分解成深度卷积（Depthwise Convolution）和逐点（Pointwise Convolution）卷积的连接[101]，ResNext 结构也通过聚合多条结构相同的拓扑结构进而减少参数量并提高准确率[102]。此外在融合策略上通过级联形式（Concatenate）得到的融合特征要比起特

征相加得到的聚合特征包含更多有效的空间信息表征，能更有效地增强边缘细节。同时，在底层图像复原任务中，残差学习通过对不同层次的卷积层之间建立残差连接能够让信息直接跳到输出层，让网络学习到输入的某些特征映射并减缓深度神经网络里的梯度消失问题。结合以上各点，DCB 每条分支上通过利用扩张率不同的空洞卷积，在保证分辨率相同的情况下对特征层进行融合，最后建立残差连接完成对不同尺度特征层的学习，并且拥有更大的感受野和更少的参数量。

2. 基于卷积神经网络的运动图像去模糊结构设计

在图像去模糊任务中，保持一个较大的感受野是处理较大模糊区域的关键，感受野反映为卷积神经网络每一次输出的特征图上的像素点在原始图像上映射的区域大小。增加感受野通常有以下三种方式：增加池化层、扩大卷积核尺寸以及增加卷积层层数，与此同时，也会面临信息损失、参数过多以及梯度消失等问题，为解决上述问题，本节构建了如下神经网络模型。

图 6.82 为本节提出的深度卷积神经网络整体框架，整体上采用了编码 - 解码器（Eocoder-Decoder）结构，输入为不同分辨率的模糊图像与清晰图像的级联形式。在编码器阶段，采用了 5 ×5 卷积层提取图像特征层信息和 3 ×3 空洞卷积模块获取多个特征层的不同表达信息，两层步长为 2 的卷积层用作下采样以增加图像的感受野并学习高维的信息表达特征。过渡阶段采用了 10 个权重共享的残差块（Residual Block，ResBlock）作为编解码间的信息过渡框架。在解码部分，相对应地采用两层步长为 2 的反卷积和同样的空洞卷积模块来逐步增加特征层的分辨率，最后通过将初始输入与 5 ×5 卷积层的输出相加得到潜像。每个卷积层和反卷积层后都连接着负半区斜率为 0. 2 的泄露整流线性单元（Leaky Rectified Linear Unit，LReLU）激活函数。在底层信息和高层信息之间添加了跳跃连接（Skip Connection）以弥补下采样时带来的信息丢失问题；过渡框架添加了卷积长短期记忆[103]（Convolutional Long Short-Term Memory，CLSTM）模块作为递归模块对底层信息进行特征性提取以加深复原图像的边缘特征信息。

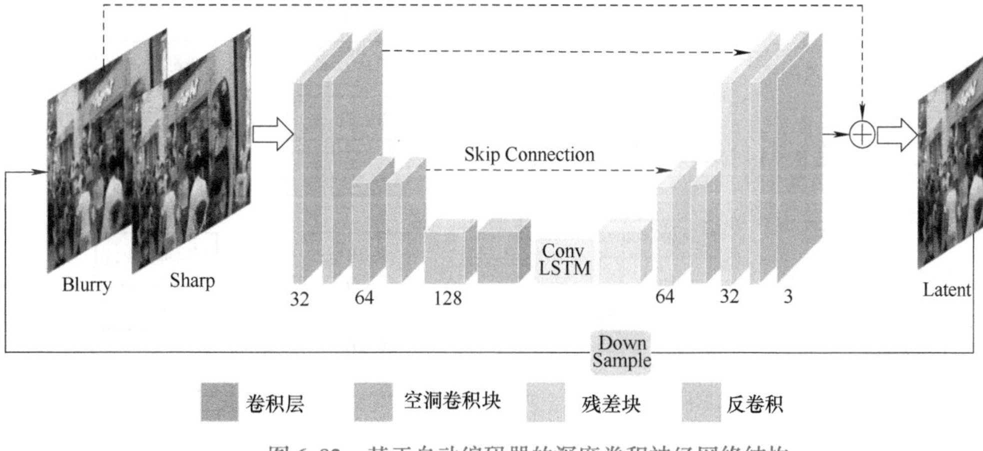

图 6.82　基于自动编码器的深度卷积神经网络结构

3. 权重共享型残差网络

残差块 ResBlock 在从底层信息向高层信息的传播中展现出了良好的优越性，在传统

ResBlock 的构成上移除了批归一化（Batch Normalization，BN）层和输出层后的 LReLU 层，一方面当训练数据与测试数据分布相差过多时，添加 BN 往往会产生伪像，另一方面输出层后的 LReLU 承担线性变换的作用，仅在低维时才能保留所有完整信息，添加后会损失部分特征层的精度。图 6. 82 为传统残差块和本节采用残差块。

传统的残差网络（ResNet）结构通过堆叠多个参数独立的 ResBlock 增加网络参数量并加深网络深度，然而网络参数量主要来自于残差块，因此在 ResNet 结构上采用了权重共享，通过多次循环一个残差块在不增加参数量的前提下加深网络深度，每个残差块参数共享，在参数量呈指数倍增加的前提下减小了参数量的增长幅度，并且复原结果精度损失较小。对应于尺度的递归，编码阶段的递归层 CLSTM 可以结合每个尺度独立的特征信息对图像模糊起到一定的去除作用，具体见实验部分。图 6. 83 为传统 ResNet 和本节采用的 ResNet。

4. 训练过程和损失函数

在给定一系列模糊图片 $\boldsymbol{B}(i)$ 以及其对应的清晰图片 $\boldsymbol{X}(i)$ 的情况下，其中 i 为对应图片序号，$\boldsymbol{\theta}$ 为优化得出的网络参数，网络在尺度 S 下的输出为

$$\boldsymbol{I}_s^{(i)} = \text{Net}_{ED}(\boldsymbol{B}_s^{(i)};\boldsymbol{\theta}) \tag{6.8.1}$$

训练目标是在每个尺度下使得模糊图片与真实图片相近，这个过程可以描述为

$$\min\text{Loss}_{db}(\boldsymbol{I}_s^{(i)},\boldsymbol{X}_s^{(i)}) \tag{6.8.2}$$

式中，Loss_{db} 为去模糊的损失函数，定义为

$$\text{Loss}_{db} = \sum_{s=1}^{S} C(\boldsymbol{I}_s^{(i)} - \boldsymbol{X}_s^{(i)}) \tag{6.8.3}$$

式中，S 为采用的尺度量级；$C(x)$ 为 Carbonnier Loss，表示为 $C(z) = \sqrt{z^2 + \varepsilon}$；$\varepsilon$ 为超参数，设为 1e^{-3}。常用的 MSE 对 PSNR 有着较强的约束效果，但往往会丢失高频细节，L1 范数具有更好的抗噪声抗干扰能力，鲁棒性更强，对高频特征和图像重构更有利。

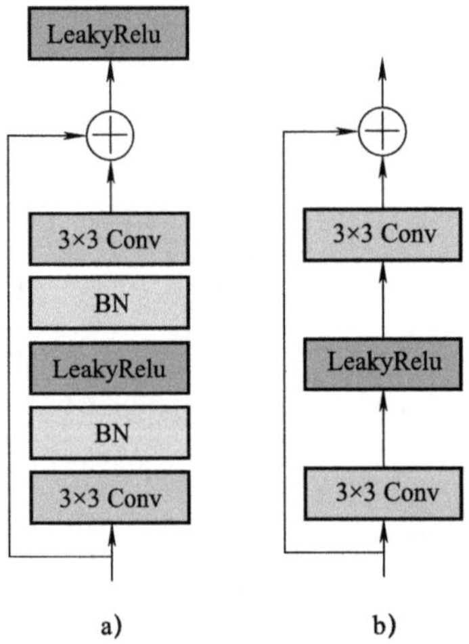

图 6. 83　传统残差块和本节模块

a）传统残差块　b）MS－CNN[9]

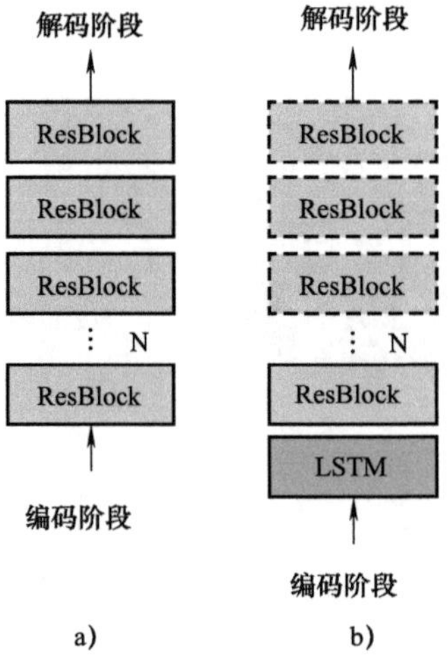

图 6. 84　传统残差网络和本节网络

a）残差网络　b）递归型 ResNet

6.8.3 实验结果和对比分析

本实验基于 Tensorflow 框架在 Intel i7 - 8700 和 NVIDIA 1080Ti 配置下进行，使用 GOPRO 数据集[100]中由高速相机拍摄出的真实清晰图片以及对应模拟出的模糊图片共 2103 对作为训练集，并用剩余的 1111 对 GOPRO 数据集和真实运动模糊数据集[104]作为测试集。在训练参数方面，随机裁取 256×256 的图像块作为初始输入，使用初始学习率为 $1e^{-5}$ 的 Adam 优化器最小化损失函数，在 Batchsize 为 16 的情况下训练 2000 个 epoch 达到收敛，并基于 PSNR 和 SSIM 两项客观指标对复原结果进行比较与评估。

1. 网络结构合理性验证

为了验证本节提出网络结构的合理性，以 U-Net[105]结构作为基准框架模型，即在编码阶段采用每两个 3×3 卷积层后接最大池化的操作，并在每次降采样后增加一倍通道数，在解码阶段采用上采样后接两个 3×3 卷积层的操作，卷积核个数与本节网络结构相对应，并在相同通道数的特征层之间采用跳跃连接的方式，最后通过将初始输入与 3×3 卷积层的输出相加得到复原图像。将基准模型在 GOPRO 数据集下作了相同参数的训练，并依次添加不同网络模块验证结构的可行性。图 6.84 和表 6.11 分别为添加不同模块下的实验示例和指标评价。

在递归模块中，CLSTM 中的隐含层状态象征着图片的运动，核的大小与拍摄时物体运动的速度有关，用于提取图片在最佳分辨率下的运动信息。在同一张图片的不同尺度下，特征信息会从高分辨率图像中进行保留并传到下个尺度的细胞状态中，图 6.85 表明，添加递归模块后的特征层不仅消除了部分模糊并且增强了区域轮廓。

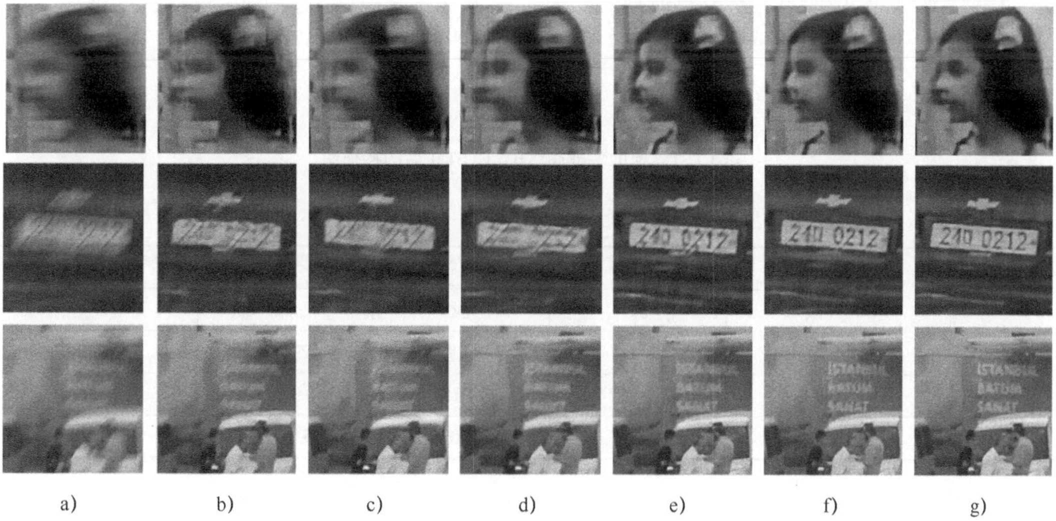

图 6.85

a) 输入模糊图像 b) ~ d) 尺度 S 分别为 1，2，3 时的复原图像

e) ~ g) $S=3$ 时，依次添加 DCB、ResBlock 和 CLSTM 时的复原结果

表 6.11 不同方法实验结果（分别对应图 6.85b ~ 图 6.85g）

方法	PSNR	SSIM	参数量
$s=1$ U	25.61	0.8361	0.59M
$s=2$ U	26.01	0.8489	1.18M
$s=3$ U	25.87	0.8474	1.77M
$s=3$ U+D	27.56	0.8900	2.44M
$s=3$ U+D+R	28.38	0.9072	2.84M
$s=3$ U+D+R+A	28.53	0.9141	3.24M

2. 与 ResNet 和 DenseNet 的对比

为了分析多尺度特征融合策略的有效性，本实验分别对以 DenseBlock、ResBlock 以及 DCB 作为主体的网络结构作了实验分析[106-107]。在超参数相同的情况下，首先基于 ResNet（6 个 ResBlock）和 DenseNet（12 个 DenseBlock）两种同样以特征融合为目的的模块做了实验，并参考 U-Net 框架和文献［108］的框架，在 GOPRO 数据集下作了实验评估。然后增加 ResNet（18 个 ResBlock）和 DenseNet（24 个 DenseBlock）的深度。图 6.86 和表 6.12 分别为不同深度下各种网络结构的实验示例和指标评价。图表表明网络深度的加深对性能有着明显的提升，但随着模型参数量和计算负担大幅增长的情况下也只会对复原图像边缘产生一定的改善，在参数量近似的情况下本节方法相比另外两种方法复原效果较好。

a)

b)

图 6.86 通过 CLSTM 前后的特征图示例

a）CLSTM 前的特征图 b）CLSTM 后的特征图

表 6.12 在 GOPRO 数据集上与 ResNet 和 DenseNet 的指标对比

	ResNet		DenseNet		本节方法
	浅	深	浅	深	-
PSNR	24.31	28.69	26.89	27.48	28.38
SSIM	0.8094	0.9152	0.8754	0.8845	0.9072
参数量	3.42M	6.19M	3.20M	5.52M	3.24M

3. 多尺度特征融合方式

针对不同尺度特征的融合方式，本实验分别对编码树（DCB-e）、解码树（DCB-d）以及 DCB 结构做了对比实验。图 6.87 与图 6.88 分别为编码树和解码树的结构示意图和指标图。图 6.87 与图 6.88 表明，对特征层先进行多个尺度的特征提取要比逐层编码表现更好，同时增加信息间的通道交流也会在一定程度上提升网络的性能，因此选择 DCB 作为主体模块。

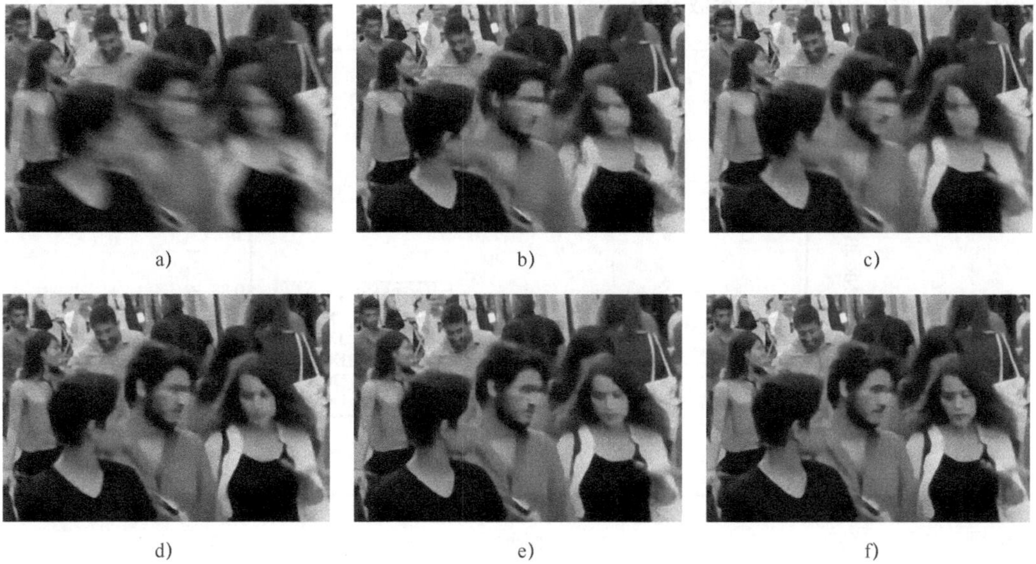

图 6.87 本节方法与 DenseNet、ResNet 在 GOPRP 数据集上的图像对比

a）模糊输入 b）DenseNet（浅） c）DenseNet（深） d）ResNet（浅） e）ResNet（深） f）本节方法

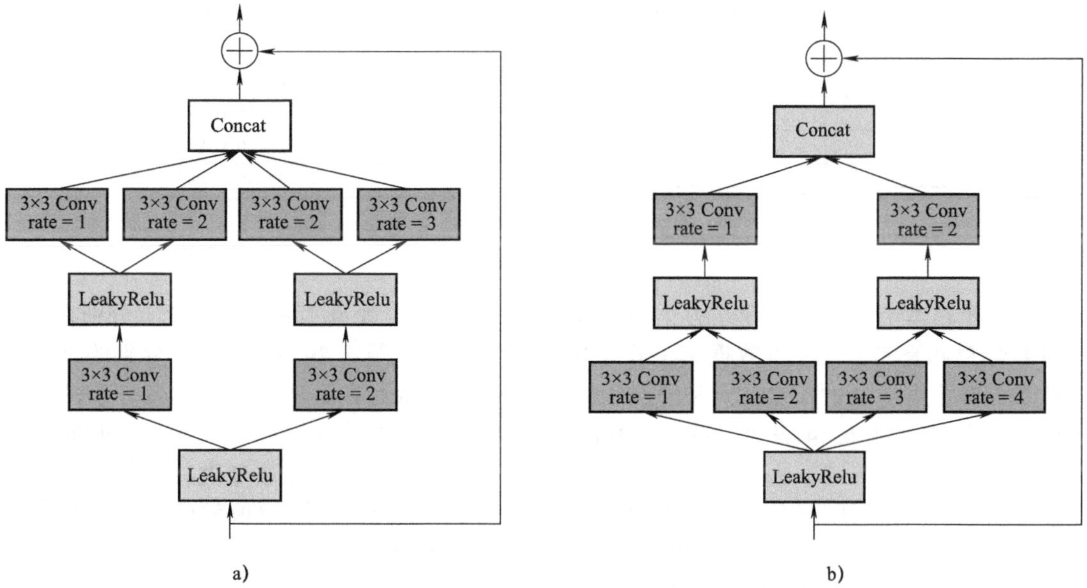

图 6.88 编码树 DCB-e、解码树 DCB-d 结构示意图

a）编码树结构 DCB-e b）解码树结构 DCB-d

4. 扩张率和 block 数量

针对扩张率系数 r 和 Block 数量对实验结果的影响，本实验测试了 r 在 1，2，3，4 和 1，4，8，16 情况下以及 DCB 数量 $N1$ 和 ResBlock 数量 $N2$ 对实验的影响。表 6.13 为不同超参数下的试验指标。表 6.9 表明，r 和 $N1$ 的增加均会导致网络收敛变慢性能下降，在高深度

情况下 $N2$ 的提升只会略微提升边缘效果，为了保证网络的高效性，最终选择 $r=1$，2，3，4 和 $N1=1$，$N2=10$ 作为超参数选择。

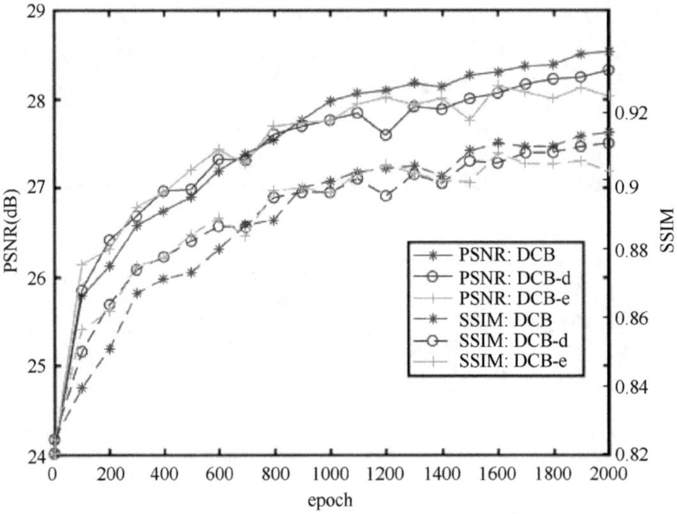

图 6.89　DCB-e、DCB-d 和 DCB 在 GOPRO 上的指标图

表 6.13　不同扩张率 r、DCB 数量 $N1$、ResBlock 数量 $N2$ 下的实验指标

	PSNR/SSIM（$r=1$，2，3，4）	PSNR/SSIM（$r=1$，4，8，16）
$N1=1$，$N2=3$	27.56/0.8900	26.89/0.8760
$N1=2$，$N2=3$	27.09/0.8803	26.64/0.8713
$N1=1$，$N2=5$	27.66/0.8939	27.06/0.8794
$N1=1$，$N2=10$	28.38/0.9072	27.30/0.8911
$N1=1$，$N2=15$	28.41/0.9088	27.39/0.8954

6.8.4　实验结果与对比分析

本实验将本节方法与现有方法［30，34，35，55］做了大量实验结果对比，分别在 GOPRO 数据集和真实运动模糊数据集上作了定性定量分析。图 6.89 和表 6.10 分别为在 GOPRO 数据集上各方法的实验示例和评价指标，图 6.89 所示为在真实数据集上各方法的实验示例。图 6.89 和表 6.14 表明，对于 GOPRO 测试集，本节方法在复原效果和运行时间上都有着良好的表现，传统算法[106]在局部模糊处理方面性能尚可，但无法处理相机抖动带来的整体模糊并且运行时间过长；基于 CNN 的方法[100]通过预测模糊图像模糊核进行运动去模糊，在处理较大模糊面积与复杂模糊核场景往往会产生伪像；端到端的 CNN 方法[108]由于网络感受野的限制对细节恢复能力较差。图 6.90 表明，本节方法在真实数据集上有着较好的去模糊效果。

表 6.14　在 GOPRO 数据集上各方法评价指标与运行时间对比

方法	PSNR	SSIM	运行时间
Pan 等[106]	23.71	0.8216	1h
Chakrabarti[108]	24.18	0.8337	15min

（续）

方法	PSNR	SSIM	运行时间
Dong[107]	25. 31	0. 8549	20min
Nah[100]	28. 34	0. 9054	4. 33s
本节方法	28. 53	0. 9141	0. 3s

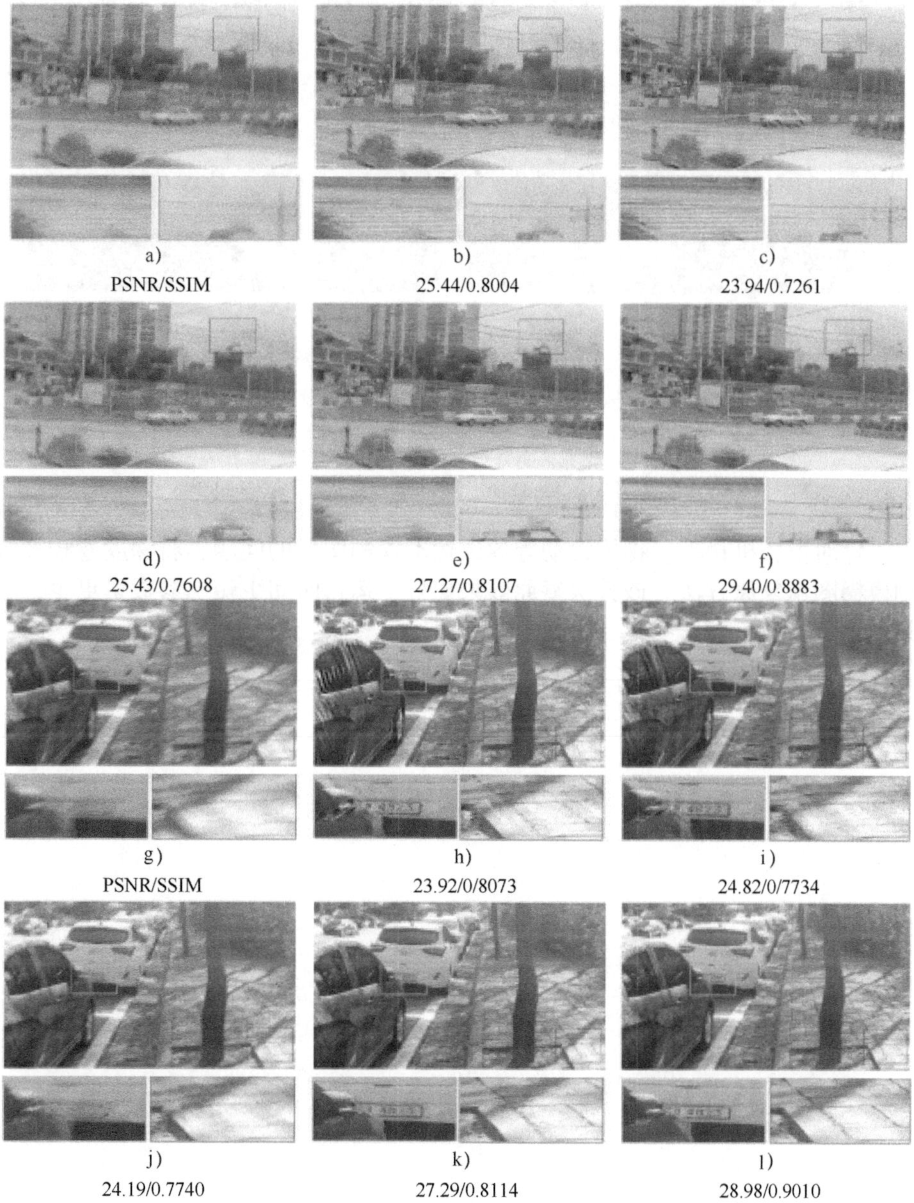

图 6. 90　本节方法和其他方法在 GOPRO 数据集上的测试结果对比

a）模糊输入　b）Pan[106]　c）Chakrabarti[108]　d）Dong[107]　e）Nah[100]　f）本节方法

g）模糊输入　h）Pan[106]　i）Chakrabarti[108]　j）Dong[107]　k）Nah[100]　l）本节方法

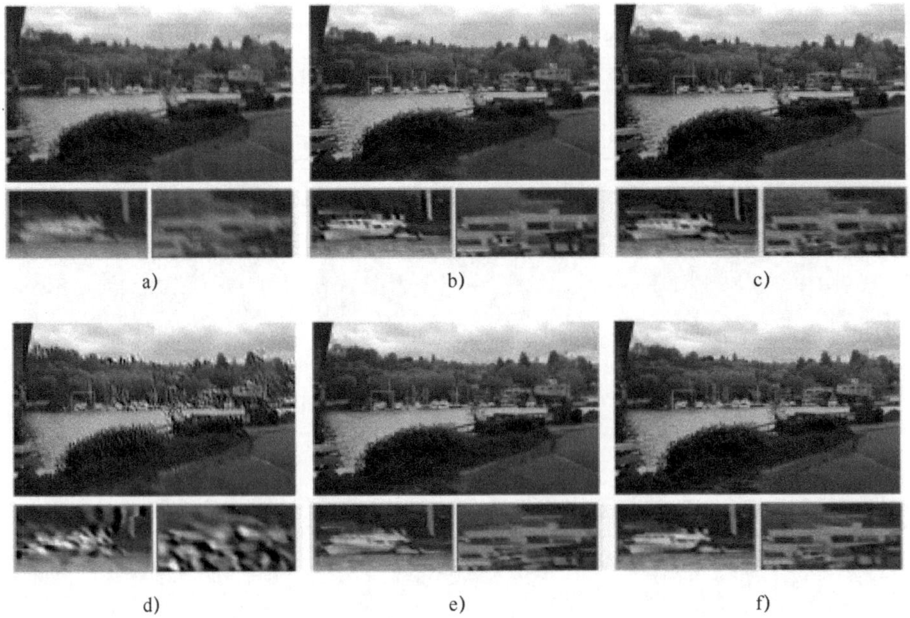

图 6.91　本节方法和其他方法在真实运动模糊数据集上的测试结果对比
a）模糊输入　b）Pan[106]　c）Chakrabarti[107]　d）Dong[108]　e）Nah[100]　f）本节方法

综上，针对由相机抖动、物体运动等导致运动模糊图像的问题，将深度卷积神经网络应用于运动模糊图像复原方法。该方法复原效果更好、运行时间更短、参数量更少，有更好的视觉效果和评价指标。

第 7 章　深度生成对抗网络

概　要

本章在分析生成对抗网络原理与实现架构的基础上，将自注意力机制引入条件生成对抗网络，形成了自注意力机制条件生成对抗网络；将小波变换引入深度卷积生成对抗网络，得到了小波深度卷积生成对抗网络和高频小波生成对抗网络，分析研究了基于湍流退化图像的多尺度生成对抗网络。以基于条件生成对抗网络的三维肝脏及肿瘤区域自动分割为例，讨论了建立三维肝脏及肿瘤区域自动分割的条件生成对抗网络模型方法，分析了仿真实验结果；以基于深度残差生成对抗网络的运动模糊图像复原为例，讨论了利用深度残差生成对抗网络进行运动模糊图像复原方法，分析了仿真实验结果。

生成对抗网络（Generative Adversarial Networks，GAN）是 Goodfellow[109]等在 2014 年提出的一种生成模型，也是一种无监督学习模型。目前，GAN 在图像与视觉领域已经用于人脸检测、分割图像恢复、低分辨率图像生成高分辨率图像、语音处理、隐私保护和病毒检测等问题。深度卷积生成对抗网络（Deep Convolutional Generative Adversarial Network，DCGAN）[110]是在 GAN 基础上提出的全新的架构，该架构在训练过程中状态稳定，并且能够有效实现高质量的图像生成及相关的生成模型应用。由于其具有非常强的实用性，之后的大量 GAN 模型都是基于 DCGAN 进行的改良版本。DCGAN 将 GAN 中的生成模型和判别模型替换为两个卷积神经网络（Convolutional Neural Networks，CNN）。在卷积神经网络中，通常在卷积层之后加入激活函数，之后传递到下一层神经网络，在解决非线性问题时，激活函数起到了关键作用，它使得神经网络能更好地解决较为复杂的问题。

7.1　生成对抗网络原理

7.1.1　网络结构

生成对抗网络（GAN）由生成器（Generator，G）和判别器（Discriminator，D）组成，如图 7.1 所示[111]。G 通过随机噪声 z 生成图像 $G(z)$。D 负责对输入的样本进行判别，判断样本是真实的数据还是生成的数据 $G(z)$。训练过程中，生成模型 G 的任务是尽量生成真实的图片以达到欺骗判别模型 D 的目的，而判别模型 D 则需要尽量将生成模型 G 生成的图片与真实图片区分开，二者构成了一个动态的博弈，直至达到均衡。

GAN 目标函数定义为

$$\min_{G}\max_{D}\mathrm{Loss}(D,G)=\mathbb{E}_{x\sim f_{\mathrm{data}(x)}}[\log D(x)]+\mathbb{E}_{z\sim f_z(z)}[\log(1-D(G(z)))] \tag{7.1.1}$$

式中，$f_z(z)$ 表示随机噪声 z 的概率密度，$f_{\mathrm{data}}(x)$ 表示参数数据 x 的概率密度。

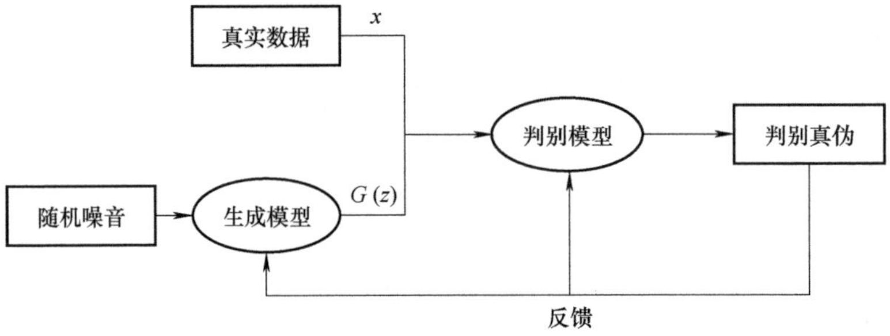

图 7.1 GAN 的工作原理

第一项中的 $\log D(x)$ 表示判别器对真实数据的判断结果，第二项表示数据的合成和判断。通过极大值与极小值的双边博弈，对生成器和判别器进行交替训练，直到达到平衡。给定任意生成器 G，判别器 D 的训练准则都是使 $\text{Loss}(D,G)$ 最大化。因此，假设生成器是固定的，则最大化的目标函数为

$$\begin{aligned}\text{Loss}(D,G) &= \int_x f_{data}(x)\log(D(x))\mathrm{d}x + \int_z f_z(z)\log(1-D(g(z)))\mathrm{d}z \\ &= \int_x f_{\text{data}}(x)\log(D(x)) + f_g(x)\log(1-D(x))\mathrm{d}x\end{aligned} \tag{7.1.2}$$

最优判别器的计算公式为

$$D_{\text{G-opt}}(x) = \frac{f_{\text{data}}(x)}{f_{\text{data}}(x)+f_g(x)} \tag{7.1.3}$$

将最优判别器代入目标函数 $\text{Loss}(D,G)$ 中，消去 D，获得 G 的目标函数为

$$\begin{aligned}\text{Loss}(G) &= \max_D \text{Loss}(G,D) \\ &= \mathbb{E}_{x\sim f_{\text{data}}}[\log D_{G-opt}(x)] + \mathbb{E}_{z\sim f_z}[\log(1-D_{G-opt}(G(z)))] \\ &= \mathbb{E}_{x\sim f_{\text{data}}}[\log D_{G-opt}(x)] + \mathbb{E}_{x\sim f_g}(\log(1-D_{G-opt}(x))) \\ &\mathbb{E}_{x\sim f_{\text{data}}}\left[\log\frac{f_{\text{data}}(x)}{f_{\text{data}}(x)+f_g(x)}\right] + \mathbb{E}_{x\sim f_g(x)}\left[\log\frac{f_g(x)}{f_{\text{data}}(x)+f_g(x)}\right]\end{aligned} \tag{7.1.4}$$

当 $f_g = f_{\text{data}}$，$D = 0.5$ 时，判别器无法区分真实样本和生成样本，此时目标函数 $\text{Loss}(G) = -\log(4)$。将目标函数 $\text{Loss}(G)$ 转换为 KL 散度的形式，得

$$\text{Loss}(G) = -\log(4) + KL\left(f_{\text{data}} \,\|\, \frac{f_{\text{data}}+f_B}{2}\right) + KL\left(f_g \,\|\, \frac{f_{\text{data}}+f_g}{2}\right) \tag{7.1.5}$$

将目标函数中的两个 KL 散度转换为 JS 散度，得

$$\text{Loss}(G) = -\log(4) + 2\cdot JSD(f_{\text{data}} \,\|\, f_g) \tag{7.1.6}$$

由于两个分布之间的 JS 散度始终是非负的，并且只有当它们完全重合时值为零，因此 $\text{Loss}(G)$ 的最小值为 $-\log(4)$，唯一的解是 $f_g = f_{\text{data}}$。此时生成器完美地复制了数据生成过程。

7.1.2 实现架构

生成对抗网络实现的具体步骤如下[111]。

步骤 1：G 接收一个随机的噪声 z 并生成数据，D 判断生成的数据是不是"真实的"。

步骤 2：计算生成模型 G 的损失函数 $\log(1-D(G(z)))$。其中，$G(z)$ 表示生成模型的输出，$D(G(z))$ 表示判别模型 D 判断生成模型 G 生成的数据是否为真实的概率。

步骤 3：计算判别模型 D 的损失函数 $\log(1-D(G(z)))+\log D(x)$。其中，$x$ 表示输入参数，即真实样本数据，$D(x)$ 表示判别模型的输出，即输入 x 为真实数据的概率。

步骤 4：计算优化函数

$$\min_G\max_D \mathrm{Loss}(\mathrm{D},\mathrm{G}) = \mathbb{E}_{X\sim f_{\mathrm{data}}(x)}[\log \mathrm{D}(\mathrm{x})] + \mathbb{E}_{Z\sim f_z(z)}[\log(1-D(G(z)))] \quad (7.1.7)$$

步骤 5：在训练过程当中，G 尽可能生成真实的数据去欺骗 D，而 D 则尽量把 G 生成的数据和真实的数据区分开来，最终生成模型和判别模型形成了一个动态的"博弈过程"。

步骤 6：判断 D 是否能判别 G 所生成的数据为真实，若能，则得到训练好的数据，否则，需要调整输入参数 x 后继续执行步骤 2。

步骤 7：理想状态下，G 生成足以"以假乱真"的 $G(z)$，对于 D 而言，无法判定 G 所生成的数据是否真实，即 $D(\mathrm{G}(z))=0.5$。

7.2 条件生成对抗网络

CGAN 是 GAN 的早期变体之一，是在 GAN 基础上的改进，通过将额外信息添加到原始 GAN 的生成器 G 和判别器 D 中，将类别标签引入生成对抗网络，其中额外信息是类别标签之类的辅助信息。原始 GAN 生成器的输入是随机噪声，CGAN 的生成器可以将类别标签与随机噪声组合起来作为隐含层输入。原始 GAN 判别器的输入是图片数据，CGAN 判别器的输入是类别标签和图片数据拼接以后的结果，将其作为判断是生成器生成的数据还是实际数据的基础。其工作机制，如图 7.2 所示[112]。

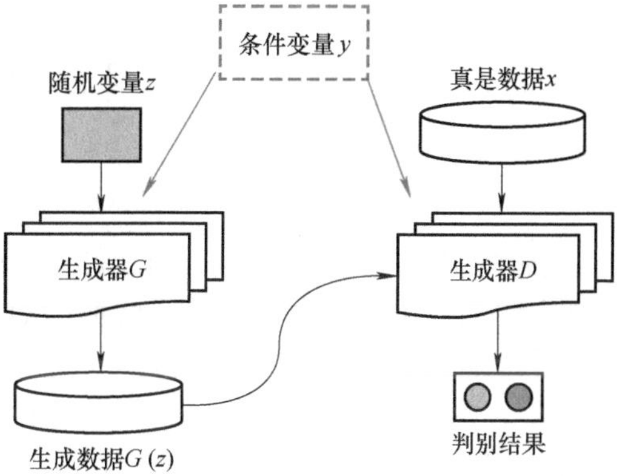

图 7.2　CGAN 的工作原理

CGAN 与 GAN 的最大区别在于，CGAN 将 GAN 目标函数中的概率更改为条件概率。CGAN 的目标函数定义为

$$\min\max \mathrm{Loss}(D,G) = \mathbb{E}_{x\sim f_{\mathrm{data}}(x)}[\log D(x|y)] + \mathbb{E}_{z\sim f_z(z)}[\log(1-D(G(z|y)))] \quad (7.2.1)$$

式中，y 是额外信息。CGAN 将额外信息 y 作为生成器和判别器输入的一部分。在生成器中，先验输入噪声 $f(z)$ 和额外信息 y 共同构成隐含层输入。

7.2.1　自注意力机制条件生成对抗网络

为了进一步提高 GAN 生成图像的质量，将自注意力机制引入到 GAN 中是一种有效的办法。自注意力机制计算图像中任意两个像素点之间的关系，以获得图像的全局几何特征。它是一种使内部细节与外部感官保持一致的机制，以提高某些区域的观察精度。自注意力机制是对注意力机制的改进，能够快速提取稀疏数据的重要特征，并且减小对外部信息的依赖，能够更好地捕获数据或特征的内部相关性。

本节将自注意力机制应用于 GAN，得到 SA - GAN（Self - Attention GAN），以提高 GAN 生成的图像的质量；进而获得自注意力机制条件生成对抗网络（SA - CGAN）[113]。该网络与 CGAN 的主要区别在于，使用自注意力机制来改善图像中远距离特征的相关性，而且可以更好地解决 GAN 无法生成大量不同类别图像的问题，生成图像的质量显著提高。

1. 自注意力机制

由于卷积核大小的限制，GAN 的生成器只能捕获局部区域的关系。传统的卷积 GAN 生成高分辨率细节，并且其只能作为低分辨率特征映射中局部点的函数来使用。自注意力机制可以为图像生成任务提供基于自注意力的远程依赖关系建模。在自注意力机制中，来自所有要素位置的信息可用于生成详细信息。另外，判别器可以检查图像中距离较远的高分辨率细节特征是否一致。同时，对生成模型进行调整将影响 GAN 整体的性能。自注意力的工作机制如图 7.3 所示[114]。

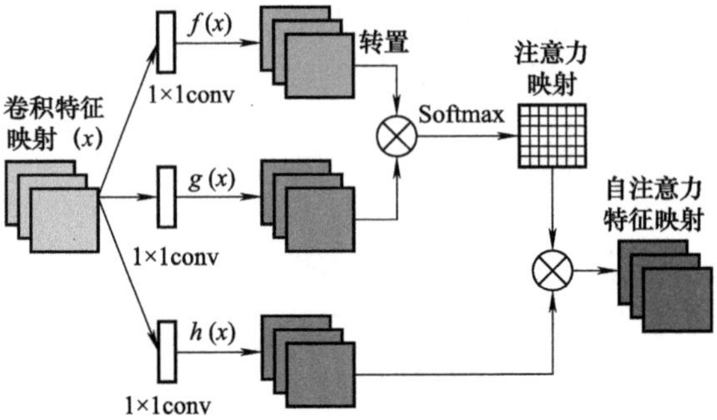

图 7.3　自注意力机制的工作原理

图 7.3 给出了自注意力机制。首先，使用两个 1 ×1 卷积对卷积特征映射执行线性变换和通道压缩；其次，将两个张量转换为矩阵形式，进行转置并相乘后通过 softmax 得到注意力映射，同时使用 1 ×1 卷积对原始特征映射进行线性变换，然后乘以先前获得的注意力映射矩阵，相加后获得自注意力特征映射；最后，将自注意力特征映射和原始卷积特征映射加权并求和，作为最终输出。其中，自注意力特征映射可以看作是特征映射与其自身转置的乘积，此操作可以增强图像中距离较远特征间的关联，从而可以学习任意两个像素点之间的依赖关系，进而获得全局特征。

在自注意力机制中，$\boldsymbol{x} \in \mathbf{RC} \times N$表示前一个隐含层中的图像特征。$f(\boldsymbol{x}) = \boldsymbol{W}_f\boldsymbol{x}$ ，$g(\boldsymbol{x}) = \boldsymbol{W}_g\boldsymbol{x}$ 表示将具有不同权重矩阵的图像特征相乘而获得的两个特征空间。经过 softmax 处理后，$f(x) \otimes g(x)$ 表示模型合成区域 j 的图像内容区域 i 的参与度（或相关性）。其数学表达式为

$$\beta_{j,i} = \frac{\exp(s_{ij})}{\sum_{i=1}^{N} \exp(s_{ij})} \tag{7.2.2}$$

将全局空间信息和局部信息整合到一起，得

$$o_j = \sum_{i=1}^{N} \beta_{j,i} h(x_i) \tag{7.2.3}$$

式中，$o_1, o_2, \cdots, o_j, \cdots, o_N \in \mathbf{R}^{C\times N}$ 。

注意力层的最终输出为

$$y_i = \gamma o_i + x_i \tag{7.2.4}$$

为了兼顾邻域信息和远距离特征相关性，这里引入了一个从 0 开始初始化的参数 γ，目的是让网络首先关注邻域信息，之后再逐渐把权重分配到其他远距离特征上。

同时，生成器 G 和判别器 D 的损失函数分别为

$$\text{Loss}_G = -\mathbb{E}_{z\sim f_z, y\sim f_{\text{data}}}[D(G(z), y)] \tag{7.2.5}$$

$$\text{Loss}_D = -\mathbb{E}_{(x,y)\sim f_{\text{data}}}[\min(0, -1 + D(x,y))] - \mathbb{E}_{z\sim f_z\cdot y\sim f_{\text{data}}}[\min(0, -1 - D(G(z), y))] \tag{7.2.6}$$

简而言之，卷积运算的接受域是有限的。为了使生成器 G 和判别器 D 能够提取高分辨率特征，可以在卷积运算中引入全局信息，从而使各部分之间的联系更紧密。

在生成图像时，传统模型大多使用卷积运算来模拟图像不同区域之间的依赖性。每个卷积运算都有一个接受域，因此只能在多次卷积运算之后才能确定图像中长距离特征之间的依赖关系。这导致生成模型的学习效率低下，并且可能会丢失细节。SA－CGAN 通过增强图像各部分之间的关系来提高 CGAN 生成的图像的质量。

将 w 定义为额外信息，则可以得到 SA－CGAN 的目标函数，即

$$\min_G \max_D \text{Loss}(D,G) = \mathbb{E}_{x\sim f_{\text{data}}(x)}[\log D(x, y|w)] + \mathbb{E}_{z\sim f_z(z)}[\log(1 - D(G((z|w), y)))] \tag{7.2.7}$$

SA－CGAN 的网络结构如图 7.4 所示。

2. 基于自注意机制的 CGAN 架构

For 训练迭代次数 do

　For 第 t 步训练 do

　　来自数据集的小批量 m 个正样本 $\{(c_1, x_1), (c_2, x_2), \cdots, (c_m, x_m)\}$

　　来自数据分布的小批量 m 个噪声样本 $\{z_1, z_2, \cdots, z_m\}$

　　$\breve{x}_1 = G(c_i, z_i)$ 生成数据 $\{\breve{x}_1, \breve{x}_2, \cdots, \breve{x}_m\}$

　　来自数据集的小批量样本 $\{\widehat{x}_1, \widehat{x}_2, \cdots, \widehat{x}_m\}$ 更新鉴别器参数 θ_{d}

　　通过最大化 $\breve{V}$

$$\breve{V} = \frac{1}{m}\sum_i^m \log D(c_i, x_i) + \frac{1}{m}\sum_i^m \log[1 - D(c_i, x_i)] + \frac{1}{m}\sum_i^m \log[1 - D(c_i, \widehat{x}_i)]$$

　　更新参数

$$\theta_d \leftarrow \theta_d + \eta \nabla \breve{V}(\theta_d)$$

　End for

　小批量 m 个噪声样本 $\{z_1, z_2, \cdots, z_m\}$

　小批量 m 个条件 $\{c_1, c_2, \cdots, c_m\}$

　通过最大化 $\breve{V}$ 来更新生成器 θ_g

$$\breve{V} = \frac{1}{m}\sum_{i=1}^m \log D[G(c_i, z_i)]$$

　更新参数

$$\theta_g \leftarrow \theta_g + \eta \nabla V\breve{V}(\theta_g)$$

　End for

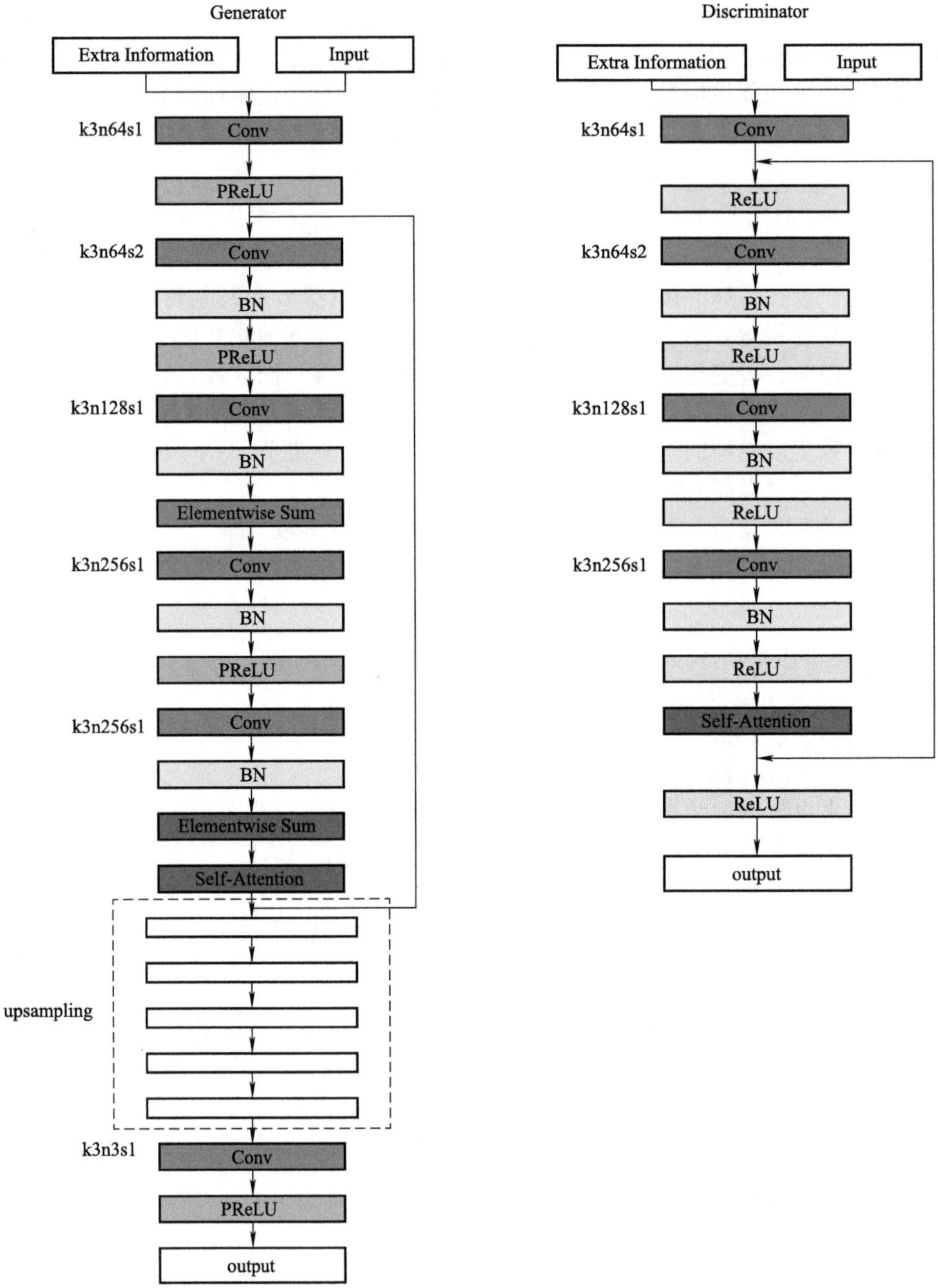

图 7.4　SA-CGAN 的网络结构

7.2.2　基于条件生成对抗网络的模型化强化学习

深度强化学习（Deep Reinforcement Learning，DRL）[114]是一种以试错机制与环境交互并最大化累积回报获得最优策略的机器学习范式。为得到最优策略，DRL 要求智能体能够对周围环境有所认知、理解并根据任务要求做出符合环境情境的决策动作。根据学习过程中环境模型是否可用，强化学习可分为模型化强化学习（Model-based Reinforcement Learning，Mb-RL）和模型强化学习（Model free Reinforcement Learning，Mf-RL）[115]。

1. 模型化强化学习与模型强化学习

环境模型即系统动力学模型，是对状态转移函数的描述。在 Mf-RL 方法中，环境模型是未知的，智能体必须与真实环境进行大量交互获得足够多的训练样本才能保证智能体的决策性能，样本收集过程还对系统硬件配置提出了较高要求，甚至存在损坏智能系统的风险；另外，训练样本不足会导致智能体无法从少量训练样本中提取有用信息进行准确策略更新。因此，Mf-RL 方法样本利用率较低。相比之下，Mb-RL 方法在对环境精准建模后，智能体无须与真实环境互动就可以进行策略学习，可直接与环境模型交互生成所需训练样本，从而在一定程度上缓解强化学习在实际应用中学习效率低、样本利用率低的问题。

模型化强化学习方法（Mb-RL）的基本思想是首先对环境动态建模，学习环境模型参数，当模型参数训练收敛得到稳定环境模型后，智能体便可直接与预测环境模型交互进行策略学习[116]。整个过程中，仅在学习模型参数时需要一定的训练样本，样本需求量相对较小。然而，受环境噪声、系统动态性等因素影响，预测的环境模型通常难以准确描述真实环境，即学到的环境模型与真实环境间存在模型误差[117]。使用存在模型误差的环境模型生成数据进行策略学习将会产生更大误差，最终导致任务失败。为减小模型误差、提高环境模型准确性方法，研究者针对不同的应用场景提出了一系列基于 Mb-RL 的环境模型，但面向大规模复杂动态环境如何得到准确环境模型，仍是该领域亟待解决的问题。

文献［112］借助生成对抗网络（GAN）在数据生成方面的优势，研究了一种基于 GAN 的环境模型强化学习方法。该方法是将 CGAN 与 Mb-RL 结合，应用于学习状态转移模型；将 CGAN 与擅长处理连续动作空间的策略搜索方法结合，得到基于 CGAN 的模型化策略搜索方法。

2. 问题模型

强化学习是指智能体在未知环境中，通过不断与环境交互，学习最优策略的学习范式。智能体是具有决策能力的主体，通过状态感知、动作选择和接收反馈与环境互动。通常，智能体与环境的交互过程可建模为马尔可夫决策过程（Markov Decision Process，MDP）[118]，一个完整的 MDP 由状态、动作、状态转移函数、回报构成的五元组（S、A、P、$P0$、R）表示，其中 S 表示状态空间，是所有状态的集合，s_k 为 k 时刻所处状态；A 表示动作空间，是所有动作的集合，a_k 为 k 时刻所选择的动作；P 表示状态转移概率，即环境模型，根据状态转移概率是否已知，强化学习方法分为 Mb-RL 和 Mf-RL；$P0$ 表示初始状态概率，是随机选择某一初始状态的可能性表示；R 表示智能体的累积回报；R_k 为 k 时刻的瞬时回报。

在每个时间步 k，智能体首先观察当前环境状态 s_k，根据当前策略函数决策选择并采取动作 a_k，所采取动作一方面与环境交互，依据状态转移概率 $p(s_{k+1} \mid s_k, a_k)$ 实现状态转移，另一方面获得瞬时回报 r_k，该过程不断迭代 T 次直至最终状态，得到一条路径 $h^n = [s_1^n, a_1^n, \cdots, s_T^n, a_T^n]$。

强化学习的目标是找到最优策略，从而最大化期望累积回报。当得到一条路径后，便可计算该路径的累积回报。

$$R(h) = \sum_{k=1}^{T} \gamma^{k-1} r(s_k, a_k, s_{k+1}) \tag{7.2.8}$$

式中，$0 \leqslant \gamma < 1$，决定回报的时间尺度。

累积回报的期望衡量策略好坏，累积回报期望为

$$J_\pi = \int f(h) R(h) \mathrm{d}h \tag{7.2.9}$$

式中，$f(h) = f(s_1) \prod_{k=1}^{T} f(s_{k+1} \mid s_k, a_k) \pi(a_k \mid s_k)$ 为发生路径的概率密度函数。强化学习的目标是找到最优策略 π_{opt}，最大化期望回报 J_π。

$$\pi_{opt} = \arg \max_{\pi} J_\pi \tag{7.2.10}$$

3. 策略搜索方法

策略搜索方法是一种策略优化方法，能直接对策略进行学习，适用于解决具有连续动作空间的复杂决策任务。

策略搜索方法的学习目的是找到可最大化累积回报期望值 $J(\theta)$ 的参数 θ，即最优策略参数 θ_{opt} 为

$$\theta_{opt} = \arg \max_{\pi} J(\theta) \tag{7.2.11}$$

式中，θ 是策略参数，累积回报期望 $J(\theta)$ 是策略参数 θ 的函数。

$$J(\theta) := \int f(h \mid \theta) R(h) \mathrm{d}h \tag{7.2.12}$$

式中，$f(h \mid \theta) = f(s_1) \prod_{k=1}^{T} f(s_{k+1} | s_k, a_k) \pi(a_k | s_k, \theta)$；$R(h) = \sum_{k=1}^{T} \gamma^{k-1} r(s_k, a_k, s_{k+1})$，$0 \leqslant \gamma < 1$，决定回报的时间尺度。

目前，最具代表性的策略搜索算法有 PEGASUS[119]、0 策略梯度方法[120-121]、自然策略梯度方法[122]等。其中，策略梯度方法寻找最优策略参数最简单、最常用。鉴于策略梯度方法中的近端策略优化方法（Proximal Policy Optimization，PPO）的优越性能，现介绍 PPO 算法进行策略学习[123]。

（1）算法实现架构

Mb-RL 方法需要首先学习得到精准的状态转移模型，策略学习阶段利用该模型生成所需样本，减少智能体与环境的交互次数。而基于 CGAN 的模型化策略搜索方法，首先通过用 CGAN 学习序列数据 $\{s_0, a_0, s_1, a_1, \cdots\}$，得到状态转移函数的预测，即 $\hat{f}(s_{k+1} \mid s_k, a_k)$。之后，当输入一个状态动作对 $[s_k, a_k]$ 时，无须等待真实环境反馈，可直接利用学到的状态转移函数 $\hat{f}(s_{k+1} \mid s_k, a_k)$ 预测下一状态 s_{k+1}。

基于 CGAN-MbRL 算法架构如下。

步骤 1：收集真实状态转移样本 $\{(s_k, a_k, s_{k+1})\}_{k=1}^{T}$。

步骤 2：利用 CGAN 对状态转移函数 $f_T(s_{k+1}|s_k, a_k)$ 进行建模，利用样本 $\{(s_k, a_k, s_{k+1})\}_{k=1}^{T}$ 进行模型训练。

步骤 3：智能体与状态转移模型 $f_T(s_{k+1}|s_k, a_k)$ 交互，得到足够多的样本序列 $\{h_k\}_{k=1}^{N}$ 进行策略学习。

步骤 4：更新策略模型中的参数直至收敛，最终得到最优策略 π_{opt}。

(2) 基于 CGAN 的环境模型学习策略

Mb-RL 方法中，当状态转移模型能够完全模拟真实环境时，智能体只需与学到的状态转移模型 $\hat{f}(s_{k+1}|s_k,a_k)$ 交互便可得到下一状态 $\hat{s}_{k+1}$ ，从而减少智能体与真实环境的交互. 因此，如何得到真实环境的状态转移函数是 Mb-RL 方法的关键。这里使用 CGAN 捕捉真实环境的状态转移函数分布，如图 7.5 所示[112]

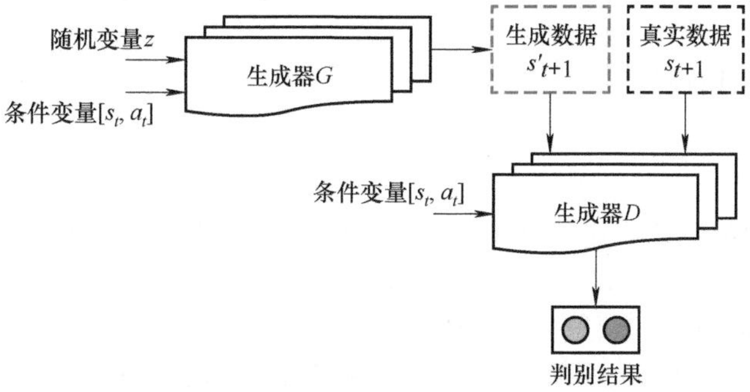

图 7.5　基于 CGAN 的环境模型学习策略

状态转移函数中下一状态 s_{k+1} 受当前状态 s_k 和当前状态下采取动作 a_k 的限定，是一个条件概率密度模型，表示为 $f_T(s_{k+1}|s_k,a_k)$ 。因此，将当前状态 s_k 和当前状态下采取动作作为 CGAN 的条件变量 y 对生成器 G 和判别器 D 同时增加限定，指导下一状态 s_{k+1} 生成，该条件变量 y 和随机变量 z 同时作为生成器 G 的输入，此时生成器 G 的输出是当前状态下执行动作 a_k 到达的下一状态 s_{k+1} 。将该输出与真实样本数据连同条件变量 y 同时输入到判别器 D 中，可估计一个样本来自于训练数据的概率。上述过程的损失函数可表示为

$$\min_G \max_D \mathrm{Loss}(D,G) = \mathbb{E}_{s_{k+1}\sim f_{\mathrm{data}}(s_{k+1})}[\log D(s_{k+1}|(s_k,a_k))] + \mathbb{E}_{z\sim f_z(z)}[\log(1-D(G(z|(s_k,a_k))))] \tag{7.2.13}$$

在 CGAN 模型训练稳定后，可直接将训练稳定的生成器 G 作为环境预测模型，与智能体交互生成大量样本数据用于策略学习。

(3) 策略搜索方法

为得到稳定高效的状态转移模型 $\hat{f}(s_{k+1}|s_k,a_k)$ ，选择经典近端策略优化（Proximal Policy Optimization，PPO）方法进行策略的学习。PPO 方法是策略梯度方法的改进，传统策略梯度方法存在参数更新慢，每次更新均需重新采样的问题，而 PPO 方法结构简单，一次采样可多次更新策略参数，样本利用率高，且能够自动调整参数空间步长达到策略空间均匀变化的目的，其期望累积回报为

$$\mathrm{Loss}_{clip}(\rho) = \hat{\mathbb{E}}_k[\min(r_k(\rho)\hat{A}_k, \mathrm{clip}(r_k(\rho),1-\varepsilon,1+\varepsilon)\hat{A}_k)] \tag{7.2.14}$$

式中，ρ 为策略参数；$\hat{\mathbb{E}}_k$ 为期望；ε 为常数，通常取 0.1 或 0.2；r_k 为新策略与旧策略的比值；$\hat{A}_k$ 为 k 时刻的优越性；clip 项使得 r_k 不偏离 $[1-\varepsilon,1+\varepsilon]$ 所定义的区间。

综上，在将 CGAN 与 PPO 结合寻找最优策略中，CGAN 将状态动作空间模型化为状态转移模型 $\hat{f}(s_{k+1}|s_k,a_k)$ ，随后利用学到的状态转移模型生成样本用于 PPO 的策略学习，从而得到最优策略 π_{opt} 。

7.3 小波生成对抗网络

7.3.1 深度卷积生成对抗网络

为了使得 GAN 能够很好地适应卷积神经网络架构，DCGAN 提出四点架构设计规则[124]分别如下。

- 使用卷积层替代池化层。
- 去除全连接层。
- 使用批归一化。
- 使用恰当的激活函数。生成器中使用 ReLU 函数，判别器中使用 LReLU 函数。

生成器 G 的输入是 1 个 100 维的随机数据 z，服从在 $[-1, 1]$ 的均匀分布。生成器 G 网络的第一层为全连接层，其任务是将 100 维的噪声向量变成 $4\times4\times1024$ 维的向量，并从第二层开始使用步长卷积做上采样操作，逐步减少通道数，最终的输出为 $64\times64\times3$ 的图像。生成器 G 的网络结构如图 7.6 所示。

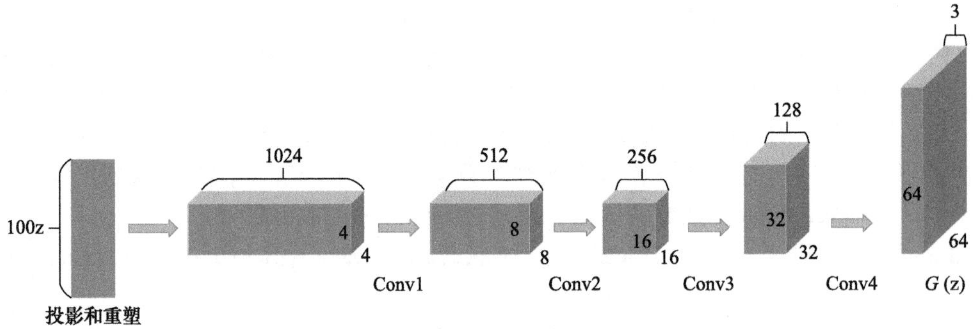

图 7.6　DCGAN 中生成器 G 的网络结构

对于判别器 D 的结构，基本是生成器 G 的反向操作，如图 7.7 所示。输入层为 $64\times64\times3$ 的图像数据，经过一系列的卷积降低数据维度，最终输出是一个二分类数据。

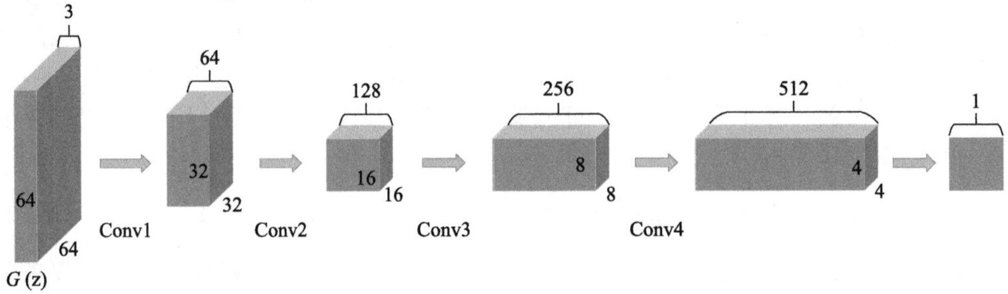

图 7.7　DCGAN 中判别器 D 的网络结构

在 DCGAN 中，一张图像经判别器 D 处理后，其输出结果表示此图像是真实图像的概率。而判别器 D 通过若干层对输入图像卷积后，提取卷积特征，并将得到的特征输入 Logistic 函数中，输出可看作是概率。

7.3.2　小波深度卷积生成对抗网络

1. 小波函数构造

小波变换具有多分辨分析的特点，在时频两域都具有表征信号局部特征的能力，本节在 DCGAN 网络的生成模型中，为了获得原始图像的更多局部特征，用非线性小波基取代了 DCGAN 生成模型第一个卷积层激活函数，在小波函数的选取上考虑传统激活函数有相似性质的小波基。

小波中母小波种类很多，其中 Morlet 小波振幅光滑且连续，如果选择 Morlet 小波作为激活函数来构建小波深度卷积生成对抗网络，其函数表达式为

$$\psi(t) = Ce^{-\frac{t^2}{2}}\cos(5t) \tag{7.3.1}$$

式中，C 是重构时的归一化常数。Morlet 小波没有尺度函数，而且是非正交分解，时域波形如图 7.8 所示。

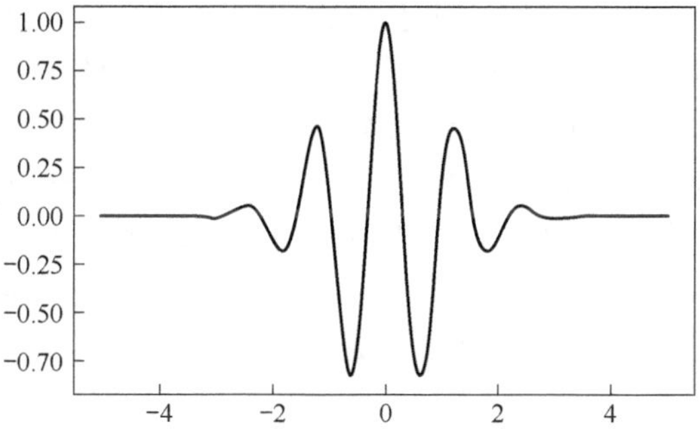

图 7.8　小波基函数时域图

为了更好地适应激活函数的特征，将 Morlet 小波系数修改为

$$\psi(t) = -\frac{7}{4}\sin\left(\frac{7}{4}t\right)e^{-\frac{t^2}{2}} - t\cos\left(\frac{7}{4}t\right)e^{-\frac{t^2}{2}} \tag{7.3.2}$$

相应的时域波形如图 7.9 所示。

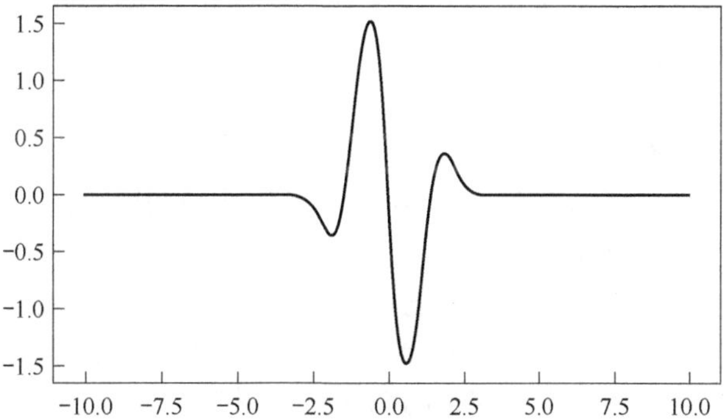

图 7.9　修改的小波时域图

2. 小波函数生成模型

将修改的小波函数加入到生成器中的第一个卷积层代替激活函数，如图 7.10 所示。

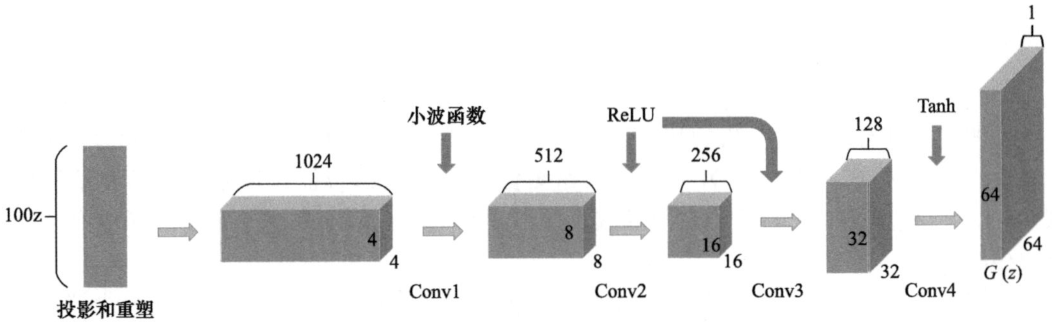

图 7.10　加入小波函数的生成器结构

7.3.3　高频小波生成对抗网络

图像补全一直以来是计算机视觉领域研究和应用的热点。针对人脸有遮挡的部分，研究人员提出了各种图像补全算法。例如，基于扩散的方法[125]、使用局部直方图的统计方法、基于稀疏性的方法等。这些方法对于被遮挡面积较大或纹理缺失区域较多的图像容易效果不佳。本节介绍以 GAN 及其变形作为基于深度学习模型的图像补全主要算法。

上下文编码器（Context Encoders，CE）算法[126]设计了一种编码器到解码器的网络结构，用于生成图像中缺失部分，并结合了生成对抗网络的训练方式，提高了生成图像的质量。全局和局部一致的映像完成（Globally and Locally Consistent Image Completion，GLCIC）算法[127]使用空洞卷积增加网络的感受野，并通过全局和局部两个判别器，提高了生成的图像在局部的一致性。

针对有遮挡的图像补全问题，文献［128］结合生成对抗架构设计了一个图像补全框架，用于修复图像遮挡区域的图像，在网络层引入了空洞卷积来提升感受野的基础上，定义基于小波分解的高频损失函数，用于提高生成图像的清晰度。首先，将图像从图像空间转换为小波空间，图像分解为高频分量和低频分量，修复后图像的模糊与缺乏高频信息有关，所以损失函数中使用小波分解图的 L1 损失进行网络训练，有效提升了生成图像的质量。通过生成网络将有遮挡的图像补全成全图像；再采用 ArcFace[129]模型作为图像识别框架对修复后的图像进行图像识别验证。

1. 图像补全 GAN 网络

（1）图像补全生成器网络结构

在图像识别任务中，遮挡物覆盖了真实图像区域，导致识别的信息有缺损，网络无法做出准确判断。而图像补全可以在一定程度上弥补这种信息缺损，让网络对完整的图像信息进行识别。如果考虑的遮挡区域相对固定，则在训练网络时，可预先定义遮挡物的位置，而不考虑对遮挡物的识别与定位。图像补全 GAN 网络由生成网络和判别网络构成。其中，生成网络的目标是将有遮挡的图像补全成完整的图像，如图 7.11所示[128]。

图 7.11 中，K 表示网络卷积核大小，N 表示通道数目，S 表示卷积核的步长，D 表示空洞率。网络的输入是一幅被掩码遮挡的半脸图像，分别经过编码层、中间层和解码层，最后输出一幅补全后的全脸图像。编码层的设计是为了缩小网络输入图像的空间尺寸，保证后续的网络运算能够在较小的空间尺寸下进行，提升网络的运行效率。因为空间尺寸的缩小伴随

着一定的量化误差，误差越小生成的图像质量越好，所以编码层先采用 K7N64S1 的结构设计，即卷积核大小为 7 ×7 ×64，步长为 1 的卷积层在不缩小网络空间尺寸大小时提取图像全局特征。之后再使用两个卷积核空间大小为 4 ×4，步长为 2 的卷积层将网络尺寸缩小到原来的 1/4。中间层由 M 个类 ResNet 模块[130]组成，更深的网络是为了得到更好的泛化能力以及特征的表达能力。同时模块采用空洞率为 2 的空洞卷积代替常规卷积，增加了网络的感受野，增强网络感受全局特征的能力。类 ResNet 模块如图 7. 12 所示[128]。

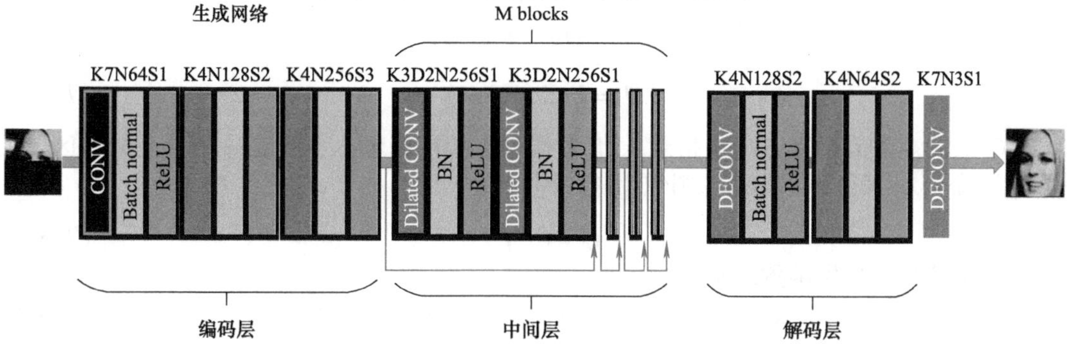

图 7. 11　生成网络

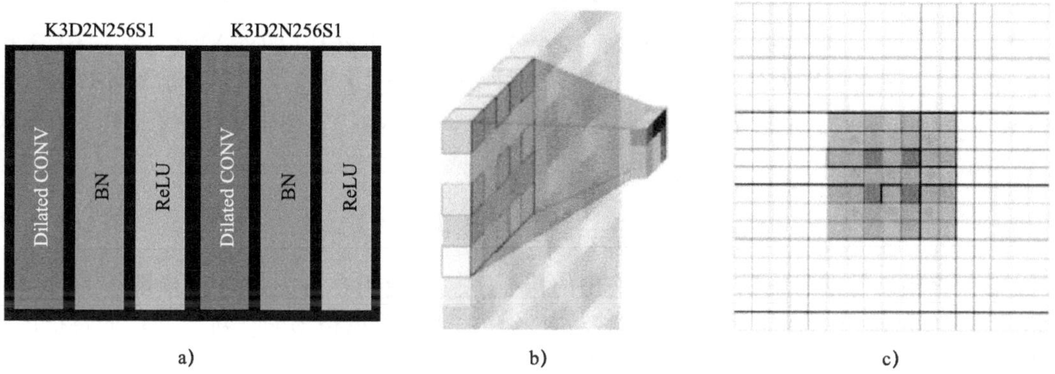

图 7. 12　类 ResNet 模块

a）类 ResNet 模块结构　b）空洞率为 2 的空洞卷积　c）空洞率为 2 的空洞卷积的感受野

解码层将前面提取的特征解码成完整的人脸图像，主要通过两个反卷积层将图像尺寸大小扩大 4 倍，恢复成原图尺寸大小；最后再经过一个 7 ×7 ×3 的卷积层将通道恢复成三通道。

（2）判决器设计

判别器是一个二分类网络，如图 7. 13 所示[128]。输入是原始完整的图像或者生成器生成的图像；输出为一个二分类结果，判断是原始图像还是生成图像。

2. 损失函数

（1）总损失设计

设 I_{gt} 为真实样本图像，M 为掩膜，使用掩膜 M 掩盖真实样本图像得到部分区域缺失的图像 $\tilde{I}$ ，即

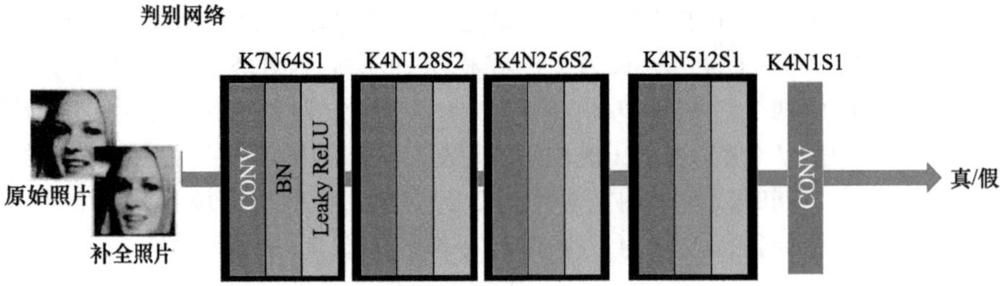

图 7.13　判别网络

$$\tilde{I} = I_{gt} \odot (1 - M) \tag{7.3.3}$$

式中，$\odot$ 表示矩阵元素逐点对应相乘。将 $\tilde{I}$ 作为生成网络输入，得到一个填充缺失区域后的彩色图像 I_P，其分辨率与输入图像相同，即

$$I_P = G(\tilde{I}) \tag{7.3.4}$$

网络训练的总损失函数定义为

$$\text{Loss} = \alpha \text{Loss}_{l_1} + \beta \text{Loss}_{\text{adv}} + \gamma \text{Loss}_{\text{pere}} + \mu \text{Loss}_{\text{style}} + \delta \text{Loss}_{\text{wavelet}} \tag{7.3.5}$$

式中，α、β、γ、μ、δ 为损失系数；Loss_{l_1} 表示重构的 l_1 损失。除重构的 l_1 损失外，在网络训练的过程中对抗损失定义保证了生成对抗的过程，使补全后的图片更加接近原图，即

$$\text{Loss}_{\text{adv}} = \mathbb{E}_{I_{\text{gt}} \sim f(I_{\text{gt}})}[\log D(I_{\text{gt}})] + \mathbb{E}_{I_{\text{comp}} \sim f(I_{\text{comp}})}[\log(1 - D(\tilde{I}_p))] \tag{7.3.6}$$

式中，$f(I_{\text{gt}})$ 表示真实样本的分布；$D(\cdot)$ 表示判决器的输出；$f(I_{\text{comp}})$ 表示生成补全图像后的生成样本分布。$\text{Loss}_{\text{pere}}$ 为感知损失，它是以预训练网络中特征图之间的距离度量作为在感知上生成图 $\tilde{I}_p$ 与真实图 I_{gt} 上不同的惩罚，定义为

$$\text{Loss}_{\text{pere}} = \frac{1}{H_i W_i C_i} \| \varphi^{(i)}(I_{\text{gt}}) - \varphi^{(i)}(\tilde{I}_p) \|_1 \tag{7.3.7}$$

式中，$\varphi^{(i)}$ 为预训练网络中第 i 层网络输出的特征图，如使用在 ImageNet 上预训练的 VGG19 网络的 ReLU 层输出的特征图。同时这些特征图还用于计算风格损失，对于给定的特征图尺寸 $H_i \times W_i \times C_i$，风格损失使用 Gram 矩阵计算：

$$\text{Loss}_{\text{style}} = \| (\varphi^{(i)}(I_{gt})^{\mathrm{T}} \varphi^{(i)}(I_{gt}) - \varphi^{(i)}(\tilde{I}_p)^{\mathrm{T}} \varphi^{(i)}(\tilde{I}_p)) \|_1 \tag{7.3.8}$$

为了补充生成图像中所缺乏的高频信息，现利用小波分解设计一种高频损失函数 $\text{Loss}_{\text{wavelet}}$。

（2）小波损失

像素方式的损失有 l_1 损失和均方误差（MSE）损失[131]，然而在实现较高的峰值信噪比（PSNR）的同时，往往缺乏图像的高频信息，从而导致生成图像的纹理过度平滑，生成出的图像在视觉上不满意。针对这一问题，利用小波分解定义一个高频小波损失，如图 7.14 所示。

设一个二维图像为 $f(u,v)$，其中 u 和 v 分别是二维图像的宽和高的像素，现利用小波[132]对二维图像进行 $f(u,v)$ 一层分解，得

$$\begin{aligned} f(u,v) = & \frac{1}{\sqrt{MN}} \sum_{\tilde{u}} \sum_{\tilde{v}} W_{\varphi}(\tilde{u},\tilde{v}) \varphi_{\tilde{u},\tilde{v}}(u,v) + \frac{1}{\sqrt{MN}} \sum_{\tilde{u}} \sum_{\tilde{v}} W_{\psi}^{H}(\tilde{u},\tilde{v}) \psi_{\tilde{u},\tilde{v}}^{H}(u,v) + \\ & \frac{1}{\sqrt{MN}} \sum_{\tilde{u}} \sum_{\tilde{v}} W_{\psi}^{V}(\tilde{u},\tilde{v}) \psi_{\tilde{u},\tilde{v}}^{V}(u,v) + \frac{1}{\sqrt{MN}} \sum_{\tilde{u}} \sum_{\tilde{v}} W_{\psi}^{D}(\tilde{u},\tilde{v}) \psi_{\tilde{u},\tilde{v}}^{D}(u,v) \end{aligned} \tag{7.3.9}$$

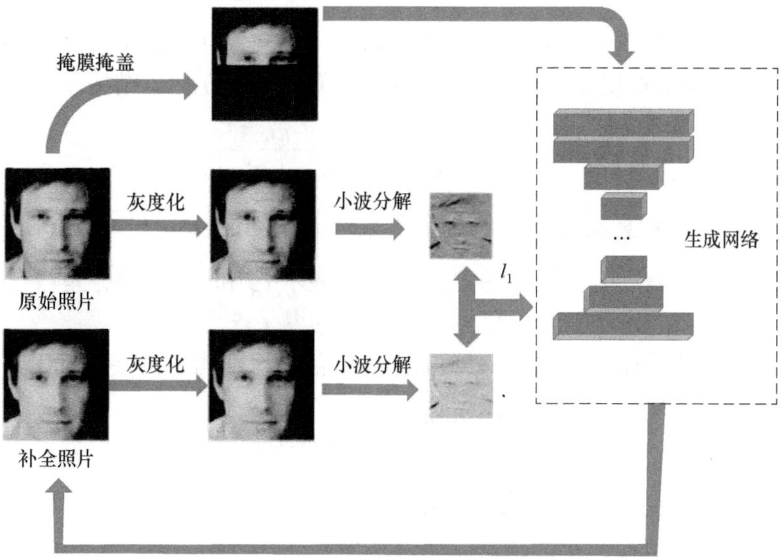

图 7.14　小波损失[128]

式中，MN 表示输入图像的像素总数；u 和 v 表示小波分解后的系数；$\varphi_{\tilde{u},\tilde{v}}(u,v)$ 为尺度函数；$\psi^{H}_{\tilde{u},\tilde{v}}(u,v)$ 、$\psi^{V}_{\tilde{u},\tilde{v}}(u,v)$ 和 $\psi^{D}_{\tilde{u},\tilde{v}}(u,v)$ 分别是沿水平、垂直和对角方向的敏感小波。三个方向敏感的小波系数 W^{H}_{ψ} 、W^{V}_{ψ} 、W^{D}_{ψ} 分别表示原图像沿水平、垂直和对角方向的细节部分信息，即原二维图像可以分解得到水平、垂直和对角方向的高频信息。同样，尺度系数 $W_{\varphi}(\tilde{u},\tilde{v})$ 表示原图像分解后的近似

$$W_{\varphi}(\tilde{u},\tilde{v}) = \frac{1}{\sqrt{MN}}\sum_{u}\sum_{v} f(u,v)\varphi_{\tilde{u},\tilde{v}}(u,v) \tag{7.3.10}$$

为了提取其中水平和垂直方向上的高频信息，对一个二维图像 I，重定义 $\xi(I)^{j}$ 为原图像 I 的一层小波分解的高频信息部分。根据小波中对二维图像的分解将小波损失定义为灰度化后的补全图像 $\tilde{I}_p$ 的小波分解与灰度化后的真实图像 I_{gt} 的小波分解之间的 l_1 距离，即

$$\mathrm{Loss}_{\mathrm{wavelet}} = \| \zeta(I_{\mathrm{gt}})^{j} - \zeta(\tilde{I}_{\mathrm{p}})^{j} \|_{1} \tag{7.3.11}$$

3. 网络训练架构

两个网络的训练架构如下。

输入：初始化判别器 D 和生成器 G 网络参数 θ_d 、θ_g，全图像（无遮挡）数据 data。

输出：判别器 D 和生成器 G。

步骤 1：从全图像数据 data 中采样 $I_{gt1}, I_{gt2}, \cdots, I_{gtm}$ 作为一个批量；遮挡下半图像，得到 $\tilde{I}_1, \tilde{I}_2, \cdots, \tilde{I}_{\mathrm{m}}$ 经过生成器 G 得到补全后的全图像数据 $\tilde{I}_{\mathrm{p1}}, \tilde{I}_{\mathrm{p2}}, \cdots, \tilde{I}_{\mathrm{pm}}$，其中 $\tilde{I}_{pi} = G(\tilde{I}_i)$ 。将全图像数据和补全后的全图像数据通过判别器更新判别器 D 的网络参数 θ_d 。

步骤 2：从全图像数据 data 中采样 $I_{gt1}, I_{gt2}, \cdots, I_{gtm}$ 作为一个批量；遮挡下半图像，得到 $\tilde{I}_1, \tilde{I}_2, \cdots, \tilde{I}_m$，经过生成器 G 得到补全后的全图数据 $\tilde{I}_{p1}, \tilde{I}_{p2}, \cdots, \tilde{I}_{pm}$，再经过判别器 D，更新生成器 G 的网络参数 θ_g 。

4. 评价指标

图像补全的通用指标衡量模型生成图像的质量，包括结构相似性指数（SSIM）、峰值信噪比（PSNR）和平均绝对误差（MAE）。假设像素间相互独立性，结构相似性指数定义为

$$\mathrm{SSIM}=\frac{(2m_{I_{gt}}m_{I_p}+c_1)(2C_{I_{gt}I_p}+c_2)}{(m_{I_{gt}}^2+m_{I_p}^2+c_1)(\sigma_{I_{gt}}^2+\sigma_{I_p}^2+c_2)} \tag{7.3.12}$$

式中，$m_{I_{gt}}$ 和 $m_{\tilde{I}_p}$ 分别表示真实图像 I_{gt} 和补全图像的 $\tilde{I}_p$ 的均值；$\sigma_{I_{gt}}$ 和 $\sigma_{\tilde{I}_p}$ 分别表示 I_{gt} 和 $\tilde{I}_p$ 的标准差；$\sigma_{I_{gt}}$ 和 $\sigma_{\tilde{I}_p}$ 分别表示 I_{gt} 和 $\tilde{I}_p$ 的方差；$C_{I_{gt}\tilde{I}_p}$ 表示 I_{gt} 和 $\tilde{I}_p$ 的协方差；c_1 和 c_2 是常数。

$$c_1=(k_1\times L)^2, c_2=(k_2\times L)^2 \tag{7.3.13}$$

C、W、H 分别为图像的通道数、宽和高，峰值信噪比由均方误差（MSE）定义为

$$\mathrm{PSNR}=20\cdot\log_{10}\left(\frac{255}{\mathrm{MSE}}\right) \tag{7.3.14}$$

$$\mathrm{MSE}=\frac{1}{\mathrm{CWH}}\|I_{gt}-\tilde{I}_p\|^2 \tag{7.3.15}$$

同时，真实图像和补全图像的平均绝对误差定义为

$$\mathrm{MAE}=\frac{1}{\mathrm{CWH}}\|I_{gt}-\tilde{I}_p\|_1 \tag{7.3.16}$$

准确率和召回率分别定义为

$$\mathrm{Accuracy}=\frac{\sum TP+\sum TN}{\mathrm{AllSamples}} \tag{7.3.17}$$

$$\mathrm{Recall}=\frac{TP}{TP+FN} \tag{7.3.18}$$

式中，TP 表示正确判断为真；FP 表示错误的判断为真；TN 表示正确判断为假；FN 表示错误的判断为假；AllSamples 表示样本数量。

7.4 多尺度生成对抗网络

在光波传输路径中，大气折射率受到大气湍流的影响发生随机变化，导致光学成像系统捕获的图像几何形变与像素模糊，严重影响图像质量。因此，对湍流退化图像进行复原十分必要。在湍流退化图像复原中，同时移除大气湍流造成的形变与模糊是一项困难的任务。近年来，使用深度生成模型将湍流引起的畸变分解为模糊和形变分量，分别利用去模糊生成器和变形矫正生成器进行复原，通过融合函数输出复原图像。然而，在模型训练过程中需要准备复杂的训练数据，在模糊分解与特征融合的过程中会引入额外损失。

本节分析一种基于多尺度 GAN，GAN 生成器在 U-Net 网络结构中添加了多尺度注意力特征提取单元和多层次特征动态融合单元。多尺度注意力特征提取单元嵌套在 U-Net 网络的全卷积部分中，进行退化图像特征的提取与编码，然后在上采样部分对特征图进行重建，并使用从粗到细的特征融合单元实现湍流退化图像的恢复[133]。

7.4.1 湍流退化图像

大气湍流退化效果主要包括湍流畸变算子和传感器光学模糊，描述湍流退化过程的数学

模型为

$$f(u) = D_u(H(I(u))) + n_u \tag{7.4.1}$$

式中，$I(u)$ 为需要复原的清晰图像，$f(u)$ 为成像设备获取的湍流退化图像；$u = (x, y)^T$ 为图像中像素的空间位置；H 为传感器光学模糊算子；D_u 为湍流畸变算子，包含局部形变和空间模糊；n_u 为加性噪声。由于湍流畸变算子同时包含模糊和形变两种模糊核，使用卷积神经网络提取像素特征时，需要设计足够大的感受野来覆盖像素区域，对提取的特征进行动态权重调节有助于模型关注重要信息。在生成对抗网络极大极小博弈的目标函数式（7.1.1）中，$\mathbb{E}_{x \sim f_{data}}$ 为输入清晰图像时的期望；$x \sim f_{data}(x)$ 为真实图像分布；$\mathbb{E}_{z \sim f(z)}$ 为输入生成图像时的期望；$z \sim f(z)$ 为生成图像分布。在常规 GAN[134] 中，对抗损失采用 Sigmoid 交叉熵损失函数，容易出现梯度归零的饱和状态，导致训练过程中出现模型坍塌、梯度消失、爆炸等问题。最小二乘 GAN（LSGAN）的判别器使用 L2 损失函数衡量输入 x 到决策边界的距离，提供了与该距离成比例的梯度，有助于进一步减小损失生成更高质量的图像。同时，LSGAN 不容易达到饱和，具有更好的训练稳定性。

在训练过程中，将湍流退化图像作为生成器 G 的输入，并将生成图像与训练数据中的清晰图像共同作为判别器 D 的输入。判别器与生成器采取单独交替训练的训练方式，通过误差回传更新网络参数，直至设定的迭代次数。

7.4.2　多尺度 GAN

1. 多尺度 GAN 结构

针对湍流图像复原任务需要同时去除几何畸变和模糊，采用多尺度生成对抗网络模型，如图 7.15 所示。生成器是一个对称的 U-Net 网络结构[105]，判别器采用 PatchGAN 结构[135-136]，由 4 个卷积核大小为 4×4 的卷积层构成。多尺度网络模型表现为：在图像特征提取上，多尺度注意力特征提取单元使用不同大小的卷积核在更大的感受野范围内提取多尺度特征信息；在模型结构上，多层次特征融合单元对不同比例的特征图进行权重调节的动态融合，挖掘不同级别的语义信息。

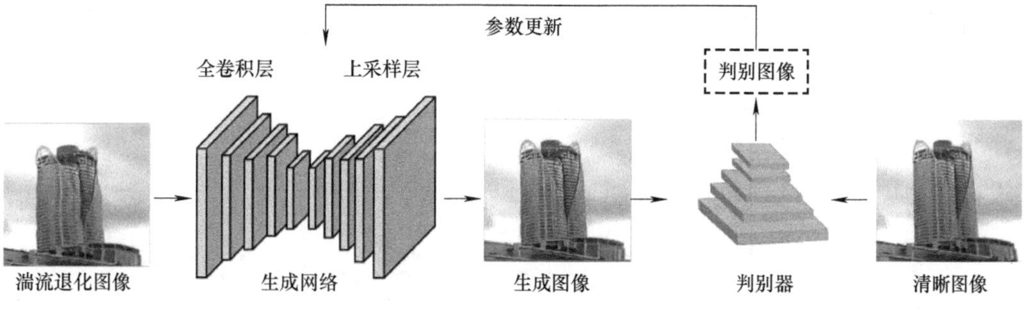

图 7.15　多尺度 GAN[133]

生成器网络结构如图 7.16 所示。U-Net 网络全卷积部分由预训练卷积模块和多尺度注意力特征提取单元组成，预训练卷积模块使用 Inception-ResNet-v2 网络中的卷积层与最大池化层，多尺度注意力特征提取单元提供多尺度特征信息并使用特征注意来挖掘通道的相关性。上采样部分由卷积层与上采样层组成，插入多比例特征动态融合单元将不同比例的特征图上采样到相同的输入大小，并动态调节权重连接成一个张量，加强不同尺度特征图的信息共享。输入图像经过全卷积层后转变为具有更小空间尺寸和更多压缩语义信息的特征图，获得的特征图在上采样部分经过融合映射，从语义丰富的特征层重构更高的空间分辨率，逐渐恢复到目标图像的尺寸。在 U-Net 网络执行编码解码过程中会损失图像的细节特征，增加跳跃连接作为分层语义指导，将具有更多局部信息的浅层网络与对应的深层网络结合起来，更加充分地利用高层特征的语义信息和底层特征的细粒度特征，提升重建图像的视觉细节特征。生成器引入了一个直接从输入到输出跳跃连接，促使模型重点学习残差。

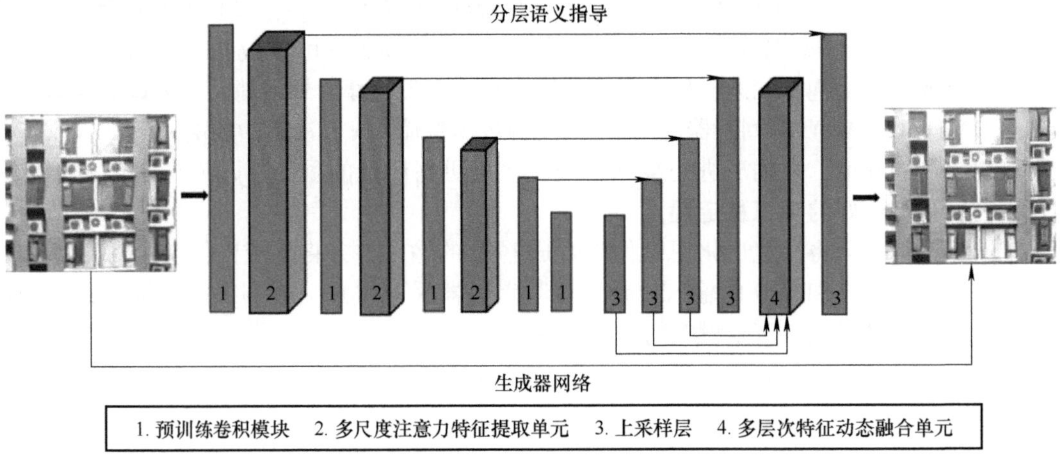

图 7.16　多尺度 GAN 的生成器结构[133]

2. 多尺度注意力特征提取单元

在湍流图像复原算法中，几何畸变与模糊具有不同尺度的结构信息，使用常规卷积进行特征提取不足以完全恢复图像，因此采用多尺度注意力特征提取模块在不同尺度的感受野上处理特征信息，通道注意力机制关注通道特征间的关系，挖掘和学习图像的关键内容。图 7.17所示的多尺度注意力特征提取单元由多分支卷积层和注意力层连接而成。多分支卷积层对应不同尺寸的感受野，能够提取到多种特征[137]，注意力层[138]充分学习到退化图像中的重要信息，保证重建图像的准确清晰。

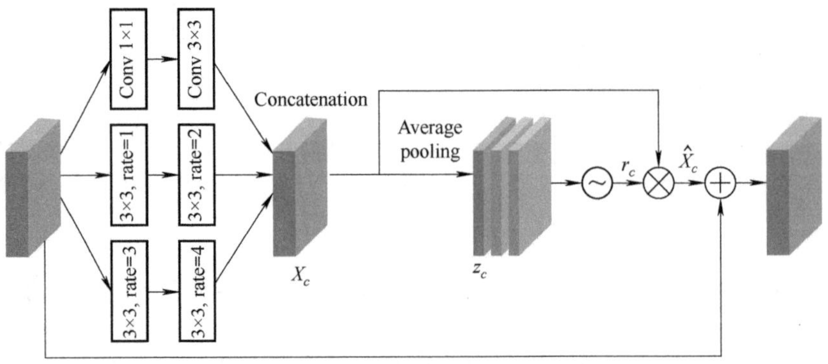

图 7.17　多尺度注意力特征提取单元结构[133]

多分支卷积层由不同尺寸的空洞卷积并列组成，三条支路的感受野分别为 3×3、7×7 和 15×15，同时对输入特征图进行特征提取，获得不同尺度的信息特征图后，通过卷积操作将级联的特征图重新调整为输入尺寸。

特征提取中，为区别对待图像的低频部分（平滑或平坦的区域）和高频部分（如线、边、纹理），关注和学习图像的关键内容，引入注意力机制对每个通道特征产生不同的注意力。首先利用每个通道的全局上下文信息，采用全局平均池化来压缩每个通道的空间信息，表达式为

$$z_c = G_p(X_c) = \frac{1}{H \times W}\sum_{i=1}^{H}\sum_{j=1}^{W} X_c(i,j) \tag{7.4.2}$$

式中，X_c 表示聚合卷积特征图，其尺寸为 $H \times W \times C$；z_c 表示压缩后的全局池化层，其尺寸减小为 $1 \times 1 \times C$。使用 ReLU 和 Sigmoid 激活函数实现门控原理来学习通道间的非线性协同效应和互斥关系，注意力机制可表示为

$$r_c = \mathrm{sigmoid}(\mathrm{Conv}(\mathrm{ReLU}(\mathrm{Conv}(z_c)))) \tag{7.4.3}$$

$$\hat{X}_c = r_c \times X_c \tag{7.4.4}$$

式中，r_c 为激励权重，X_c 代表注意力机制调整后的特征图。全局池化层 z_c 依次经过下采样卷积层和 ReLU 激活函数，并通过上采样卷积层恢复通道数，最后由 Sigmoid 函数激活，获得通道的激励权重 r_c。将聚合卷积层 X_c，通道的值乘上不同的权重，从而得到自适应调整通道注意力的输出 $\hat{X}_c$。

3. 多层次特征动态融合单元

在生成器网络的上采样部分，不同层次的特征图蕴含着不同的实例信息[139]。为了加强不同层次特征图之间的信息传递，采用多层次特征融合单元。不同层次特征图对应区域的激活程度存在较大差异，进行多层次特征图融合时，不同层次特征之间的冲突会干扰信息传递，降低特征融合的有效性。针对不同层次特征冲突的问题，采用动态融合的网络结构，该结构对特征图的空间位置分配不同权重，通过学习筛选有效特征和过滤矛盾信息。首先把不同尺度的特征图上采样调整得到相同的尺寸，并在融合时对不同层次的特征图设置空间权重，寻找最优融合策略，具体可表示为

$$F^{*} = w_1 \cdot F^{1\uparrow} + w_2 \cdot F^{2\uparrow} + w_3 \cdot F^{3\uparrow} + w_4 \cdot F^{4\uparrow} \tag{7.4.5}$$

式中，$F^{i\uparrow}$ 代表第 i 个特征图经过上采样调整到统一尺寸后的标准特征图，所有层次的特征经过自适应权重分配的动态融合输出最后的特征图 F^{*}。

权重 w_i 的学习方式如图 7.18 所示。标准特征图的空间信息经过下采样卷积层被压缩，将对应的四个不同层次特征图的压缩卷积层级联起来，使用 1×1 的卷积映射同一位置的特征信息，最后通过 Softmax 函数标准化网络参数得到空间权重信息，即

$$w_i = \frac{\exp(w'_i)}{\sum \exp(w'_i)} \tag{7.4.6}$$

经过学习得到的特征图自适应空间权重 $w_i \in [0,1]$ 且总和为1。

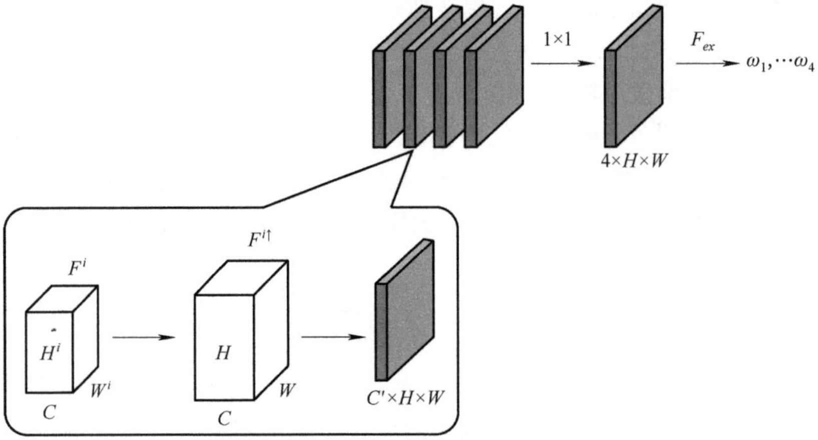

图 7.18　多层次特征动态融合单元结构

4. 损失函数

在训练过程中，损失函数衡量生成图像与真实图像的差别，GAN 损失函数包括对抗损失与内容损失。其中对抗损失采用 LSGAN 中的对抗损失，即

$$\text{Loss}_{\text{GAN}}=\mathbb{E}[\|\log(D(I_{gt}))-1\|_2^2]+\mathbb{E}[\|\log(D(I_{\text{gen}}))\|_2^2] \tag{7.4.7}$$

式中，I_{gt} 代表真实图像，I_{gen} 代表生成图像。在图像重建的内容损失上，选择生成图像和目标图像的均方差损失 Loss_{MSE} 以获得较高的峰值信噪比，同时为了消除伪影，促进图像高频细节的恢复，使得重构图像具有较高的视觉逼真度，引入视觉损失 $\text{Loss}_{\text{pere}}$。感官损失是通过预先训练的 VGG19 网络实现的，将生成图像和目标图像分别输入到 VGG 网络中，然后计算经过 VGG 网络后对应特征图的欧氏距离。

$$\text{Loss}_{\text{MSE}}=\frac{1}{M\times N}\sum_{i=1}^{m}\sum_{j=1}^{n}\|I_{gt,ij}-I_{\text{gen},ij}\|^2 \tag{7.4.8}$$

$$\text{Loss}_{\text{pere}}=\sum_{i=1}^{L}\frac{1}{H_iW_iC_i}\|\varphi^{(i)}(I_{gt})-\varphi^{(i)}(I_{\text{gen}})\|_2^2 \tag{7.4.9}$$

式中，φ 代表预训练的 VGG19 网络。总的损失函数定义为

$$\text{Loss}=\alpha\text{Loss}_{\text{MSE}}+\beta\text{Loss}_{\text{pere}}+\gamma\text{Loss}_{\text{adv}} \tag{7.4.10}$$

7.5　实例 7：基于条件生成对抗网络的三维肝脏及肿瘤区域自动分割

肝脏是承担人体代谢功能的重要器官，肝脏一旦出现恶性肿瘤病变将会严重威胁人体生命健康。计算机断层扫描成像（Computed Tomography，CT）可以反映肝脏肿瘤的形态、数目、部位、边界等信息，但由于 CT 图像中肝脏与周边脏器的灰度值非常接近，且不同患者个体差异大等原因，导致肝脏与肝脏肿瘤的三维（Three Dimensional，3D）分割非常困难。传统的肝脏分割方法效率很低、鲁棒性比较差，而且需要根据经验调节大量的参数。与传统的肝脏肿瘤分割方法相比，基于深度学习的分割方法在分割效率和准确率上都有很大提升，

但是也普遍存在以下几个问题：①直接进行3D分割的模型计算量太大，因此大部分3D分割模型都是基于将2D分割结果拼接成3D的分割结果。基于2D分割结果再拼接成3D分割结果的分割方法虽然可以减少模型的运算量，但是分割的结果却不如直接以3D分割模型进行分割的结果。因为2D分割模型的优化目标是感兴趣区域（Region-of-Interest，ROI）边界曲线，而3D分割模型可以优化ROI的整个曲面。②需要大量的预处理和后处理操作。在肝脏肿瘤的2D切面中，由于肝脏肿瘤的大小、位置、纹理等信息在不同的病例中差异较大，如果使用端到端的网络很难直接定位到肿瘤区域。③需要很多标记数据进行模型的训练。因为肿瘤的分割检测比较困难，提升模型的性能就需要增加模型的复杂度和可训练参数量，如果训练集的数量过少就会导致模型分割性能不足或者过拟合。

本节介绍肿瘤3D分割条件对抗生成网络（Tumor 3D segmentation Conditional Generative Adversarial Networks，T3sCGAN）对3D肝脏区域和3D肝脏肿瘤区域进行分割的方法[137]。

7.5.1　肝脏肿瘤分割框架

在CT影像中，肝脏肿瘤的全自动精准分割对分割算法具有较大的挑战性，主要原因是不同病例的肝脏肿瘤之间位置、形态和纹理特征差异性很大。因此，采用一个由粗到细的3D分割框架来精确分割肝脏肿瘤。分割框架流程图，如图7.19所示。首先，当输入一个3D的CT测试病例时，整个分割框架首先进行自动数据预处理。其次，用训练好的肝脏分割T3sCGAN模型对肝脏区域进行自动3D分割，得到肝脏区域3D分割结果。再次，基于肝脏分割的结果结合预处理后的CT图像进行自动肝脏3D ROI提取。最后，用训练好的肝脏肿瘤分割T3sCGAN模型对肝脏肿瘤区域进行自动3D分割。

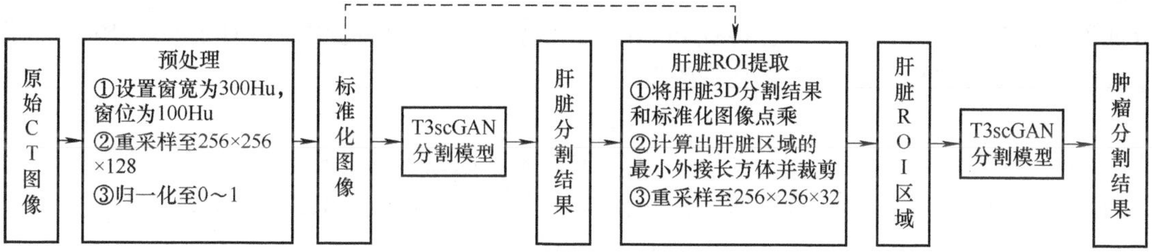

图7.19　由粗到细的肝脏肿瘤3D分割框架[137]

1. 图像预处理

在训练和测试过程中，首先将原始CT影像的窗宽设置为300，窗位设置为100。之后重新采样到256×256×128大小，再将重采样的数据归一化至0～1区间作为网络的输入。

2. T3sCGAN

传统的3D分割模型都有一个预定义的损失函数作为优化目标来训练网络，因此损失函数的选择对网络的性能影响较大。CGAN提供了可训练的损失函数机制[138]。像素点到像素点（pixel to pixel，pix2pix）的图像转换模型[133]首次应用这种机制完美地解决了图像转换问题。受CGAN和pix2pix模型的启发，构建了一种新型的3D条件对抗网络模型（T3sCGAN）来分割肝脏及肿瘤区域，模型结构如图7.20所示。

T3sCGAN包含1个生成器和1个判别器。生成器是一个端到端的3D分割结构，判别器是一个多层的分类模型。

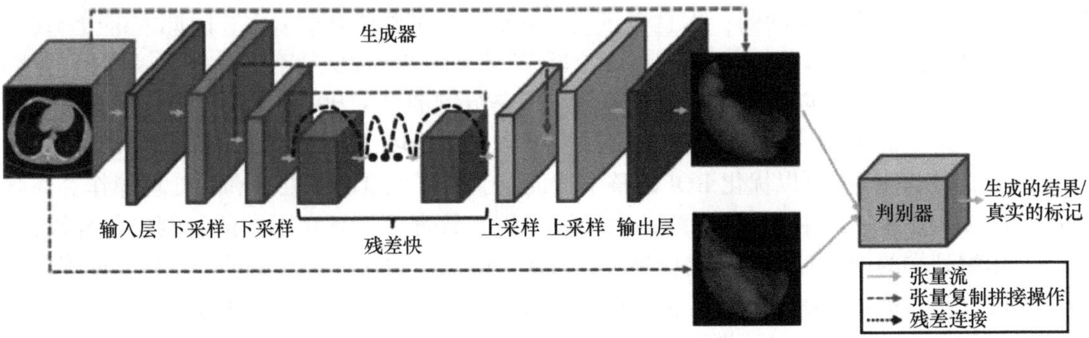

图 7.20　T3sCGAN 结构[137]

（1）生成器结构

在医学图像分割任务中，U-Net 将多个尺度下提取的深度特征进行融合，但不同于全卷积神经网络（Fully Convolutional Networks，FCN）直接拼接融合方式，U-Net 采用了相同尺度的编码器和解码器结构，将编码器不同尺度下的深度特征和相同尺度的解码器特征相融合，可以将原始图像的细节信息尽可能地保留下来，同时 U-Net 在编码器部分采用了最大池化操作，使得快速下采样的同时又能够保证分割的精度。3D U-Net 模型是基于 U-Net 的 3D 分割版本模型。

受 3DU-Net 结构的启发，T3sCGAN 生成器中也使用了一系列的跳跃式连接，从而保留一些细节部分。生成器中对特征的下采样和上采样均使用卷积和转置卷积操作，这样可以更加平滑地融合各个部分的细节信息。然而，在 U-Net 中直接将编码器部分的低维特征拼接到解码器部分的高维特征进行操作会导致语义代沟[138]。为了缓解这个问题，采用 ResNet 模型特征深度融合方式来使低维形态特征和高维语义特征之间尽可能相似。对于一个 ResNet 残差块的输入 x 和输出 y 之间的映射关系为

$$y = F(x, W_x, \sigma) + x \tag{7.5.1}$$

式中，F 表示整个残差块的映射，x 和 W_x 代表输入和对应输入的卷积操作，σ 表示残差块中的激活函数。为了方便反向传播求梯度，一般 σ 为线性整流单元（ReLU）函数，即

$$f(x) = \max(0, x) \tag{7.5.2}$$

ReLU 激活函数仅保留输入特征中大于 0 的部分，并且直接将大于 0 的部分输出，所以在反向传播求梯度的过程中，该激活函数对大于 0 的输入 x 的偏导数恒等于 1，因此使用 ReLU 激活函数可以加快网络的训练。

在 W_x 操作中一般会用一个标准化层来对卷积的输出进行标准化。标准化层的作用非常大，它会将网络的输出一直保持在相同的分布区间，避免梯度消失，同时正则化网络，提高网络的泛化能力。在卷积操作之后常用的标准化方式为批量标准化，该标准化方式的表达式为

$$z_i = \frac{z_i - m(x)}{\sqrt{D(x)}} \tag{7.5.3}$$

式中，z 代表 3D 卷积层（3D convolutional layer，Conv3d）输出的特征张量 $B \times C \times H \times W \times D$；$B$ 表示批量样本的数量；C 表示特征张量的通道数；$H \times W \times D$ 指的是特征张量中的 3D 特征矩阵。但是受限于计算机图形处理器（Graphics Processing Unit，GPU）的显存大小，批量样本的

数量只能设置很小，这对于 BN 的方式非常不利，所以采用组标准化（Group Norma-lization, GN）[35] 替代 BN。GN 和 BN 的主要区别为 GN 首先将特征张量的通道分为许多组，然后对每一组做归一化。即将特征张量矩阵的维度由 $[B, C, H, W, D]$ 改变为 $[B, C, G, C/G, H, W, D]$，然后归一化的维度（求均值和方差的维度）为 $[C/G, H, W, D]$。

因此，在加入 ResNet 连接的反向传播中，如果对式（7.5.1）求 x 的偏导数为

$$df/dx = dF/dx + 1 \tag{7.5.4}$$

当网络很深时，dF/dx 有可能变为 0，此时 df/dx 恒等于 1，对于整个网络的前向传播，仍然有效。T3sCGAN 在编码器和解码器之间采用 3D 残差结构过渡（即将原始的残差块结构中的操作由 2D 全部替换成 3D），既保证编码器输出的深度特征充分融合并且通过增加网络可训练参数来增加网络的鲁棒性，又可以避免梯度消失。在保证 3D 分割准确率的条件下，T3sCGAN 只采用两个尺度下的特征融合，尽可能地减少网络参数和网络计算量，同时避免下采样尺度过多而导致对尺寸小的肿瘤区域造成不可恢复的细节损失，从而保留更多的细节信息在相等大小输入输出的残差连接中深度融合。在生成器的编码部分，从左到右相邻两个尺度的特征图谱之间的尺寸为正 2 倍的关系，滤波器数量为负 2 倍的关系。对应于生成器的解码部分，从左到右相邻两个尺度的特征图谱之间的尺寸为负 2 倍的关系，滤波器数量为正 2 倍的关系。在输入层中，T3sCGAN 采用一组卷积操作将输入 CT 映射至特征，同时将原始数据的单通道快速增加为多通道，并且采用卷积核大小为 $7\times7\times7$，卷积步长为 $1\times1\times1$ 的大卷积核来快速地对原始数据进行降维。输出层同样用大卷积核来快速过渡，其主要的作用是与输入层对称，将深度特征的多通道平滑地减少为单通道，并且在输出层的末尾采用双曲正切（Hyperbolic Tangent，Tanh）激活函数对卷积输出进行激活，而且 Tanh 激活函数是零均值输出。在输入和输出层中，为了保证特征的大小不变，在卷积前单独做 $3\times3\times3$ 的特征图 3D 填充（3D Padding，Pad3d）。T3sCGAN 采用边缘复制的方式对输入的特征图进行 Pad3d。在两个下采样层中使用 $3\times3\times3$ 的小卷积核有助于平滑有效地提取特征，同时为了将输入特征图下采样 2 倍，卷积步长为 $2\times2\times2$，在卷积后进行了大小为 $1\times1\times1$ 的 Pad3d。同样，在上采样层中 T3sCGAN 采用相同的卷积核大小，卷积步长以及 Pad3d 保证输入和输出的特征图之间的 2 倍关系。不同的是，在上采样层中所有的卷积操作都被替换为 3D 转置卷积（3Dtransposed Convolution，TConv3d）操作。在残差块中同样采用 $3\times3\times3$ 的小卷积核，同时为了保证输入输出特征图的大小不变，卷积步长为 $1\times1\times1$，而且在卷积后进行大小为 $1\times1\times1$ 的 Pad3d。

在图 7.21 所示的 T3sCGAN 生成器结构中，从左到右依次为图 7.20 中生成器的 5 个主要部分。卷积滤波器的通道数量由输入层的基本通道数量决定，即相邻的下采样层后一层是前一层的 2 倍。

（2）判别器结构

在 CGAN 中判别器的主要作用是判断一张图是真实图像还是生成器生成图像。因此，判别器可以从深层的数据分布上比较生成器生成的结果和真实数据之间的差异。所以判别器就等价于给生成器训练提供一个可训练的损失函数。同时判别器的输出只是真实/生成（1/0），所以判别器可以用一个二分类的卷积神经网络替代。

为了让网络适应多尺度的输入，采用 pix2pix 中图像块 GAN 技术。该技术的核心是在判别器中，去掉了传统分类网络的特征扁平化操作和全连接层，直接让判别器输出一个

单通道的特征图，然后用真实数据得到的特征图和生成数据得到的特征图进行误差计算。同时为了尽可能有效匹配小肿瘤区域的特征，T3sCGAN 的判别器都采用 1×1×1 的小卷积核和 1×1×1 的卷积步长保证了特征张量只在通道数量上进行变化，所以判别器最终输出的特征张量维度为 $[B, 1, H, W, D]$。为了使判别器的判别有效，采用 CGAN 框架将生成器的输入原始 CT 图像作为判别条件，与生成图像或真实标记在通道维度上进行拼接之后输入判别器网络，所以判别器的输入维度为 $[B, 2, H, W, D]$。同时为了保证判别器结构中不会出现“死神经元”现象，所以在判别器网络中卷积层之间使用 LReLU 激活函数，即

$$f(x)=\begin{cases}x, x>0\\ \varepsilon x, x\leqslant 0\end{cases} \tag{7.5.5}$$

式中，ε 为泄露值，设置为 0.2。

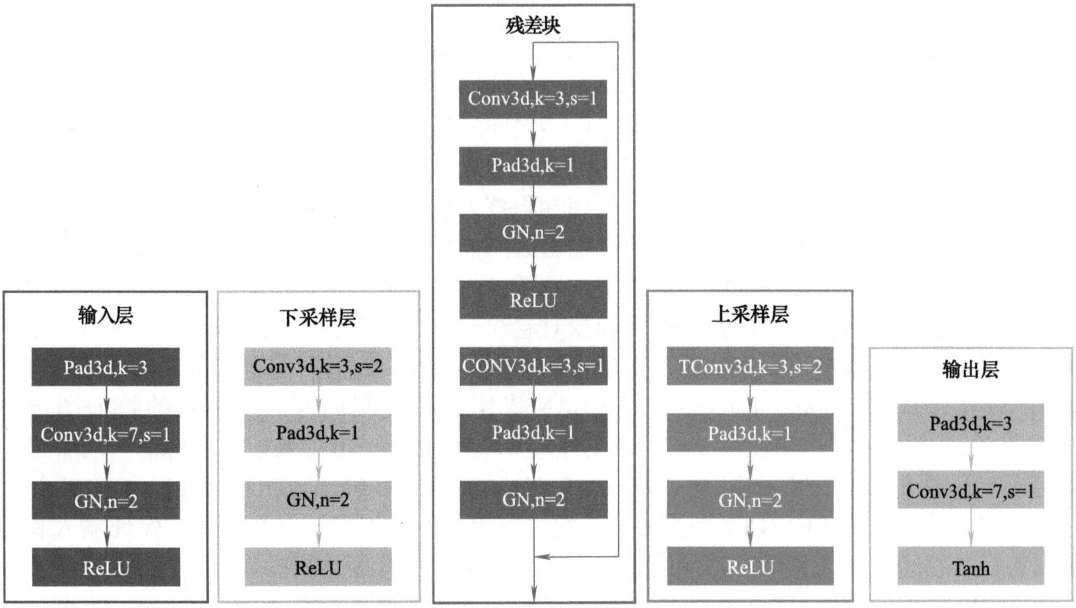

图 7.21　T3sCGAN 生成器模块结构

判别器结构如图 7.22 所示。为了避免判别器判别能力过强而导致生成器的训练崩溃，并且考虑到判别器参数过多可能会导致判别器过拟合，本节采用了一个只有 3 层卷积的判别器。

3. 损失函数

对于整个 CGAN 模型而言，优化目标函数为

$$\mathrm{Loss}_{\mathrm{CGAN}}(G,D)=\mathbb{E}_{I,L}[\log D(I,M)]+\mathbb{E}_{I}[\log(1-D(I,G(I)))] \tag{7.5.6}$$

式中，I 是生成器的输入原始数据；M 是真实的标记数据；G 和 D 分别代表生成器网络和判别器网络。为了增加生成器网络的泛化性，提高其生成能力，T3sCGAN 使用 L1 损失函数[139]来优化生成器。$L1$ 损失函数为

$$\mathrm{Loss}_{\mathrm{L1}}(G)=\mathbb{E}_{I,L}[\parallel M-G(I)\parallel_1] \tag{7.5.7}$$

最终的损失函数表达式为

$$G_{\mathrm{opt}} = \arg \min_{G} \max_{D} \mathrm{Loss}_{\mathrm{CGAN}}(G,D) + \lambda \mathrm{Loss}_{L1}(G) \qquad (7.5.8)$$

式中，λ 为 $L1$ 损失函数的惩罚系数，取 $\lambda=10$。

7.5.2　仿真实验与结果分析

1. 实验数据

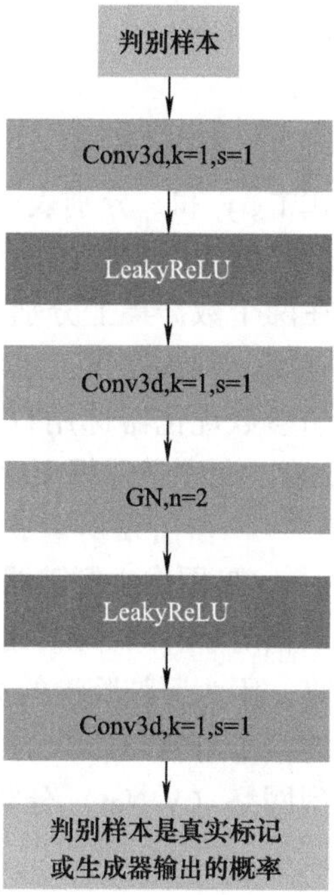

图 7.22　T3sCGAN 判别器结构

文献［137］采用 2017 肝脏和肿瘤分割挑战赛（Liver Tumor Segmentation Challenge，LiTS）公开数据集中的训练集进行实验。该数据集总共有 131 例标记了 3D 肝脏及 3D 肝脏肿瘤的 CT 病例，所有的 CT 维度均为 $512\times512\times D$（D 的范围在 75 ~ 750 之间）。从中挑选 130 例 3D 肝脏区域标记清晰的病例作为肝脏分割数据集，然后又从挑选的 130 例肝脏分割数据集中挑选出 75 例肿瘤标记清晰并且准确的病例作为肝脏肿瘤分割数据集。

为了尽量保持肝脏肿瘤的完整性，尤其是体积比较小的肝脏肿瘤，采用 $256\times256\times128$ 的尺寸作为肝脏 3D 分割的标准尺寸。然后用标记的肝脏区域和原始的 CT 数据点乘提取出肝脏的 3D ROI，并根据最小外接长方体裁剪出 ROI。裁剪之后的 ROI 维度［H，W，D］大致为 H：185 ~ 235、W：135 ~ 190、D：20 ~ 41，所以将裁剪的 ROI 重采样为 $256\times256\times32$，作为肝脏肿瘤分割的标准尺寸。随机地在肝脏分割数据集中取 10 个病例作为验证集，然后随机取 20 个病例作为测试集，剩下的 100 个病例作为训练集。对于肝脏肿瘤分割数据集划分，仍然按随机的 10：1：2 分为训练集、验证集和测试集。在训练过程中，每个迭代周期结束后都在验证集上做一次验证。T3sCGAN 在两个数据集上训练和验证的过程记录曲线如图 7.23 所示，其中蓝色曲线代表生成器的损失曲线，黑色代表判别器的损失曲线，灰色代表验证集的准确率曲线。

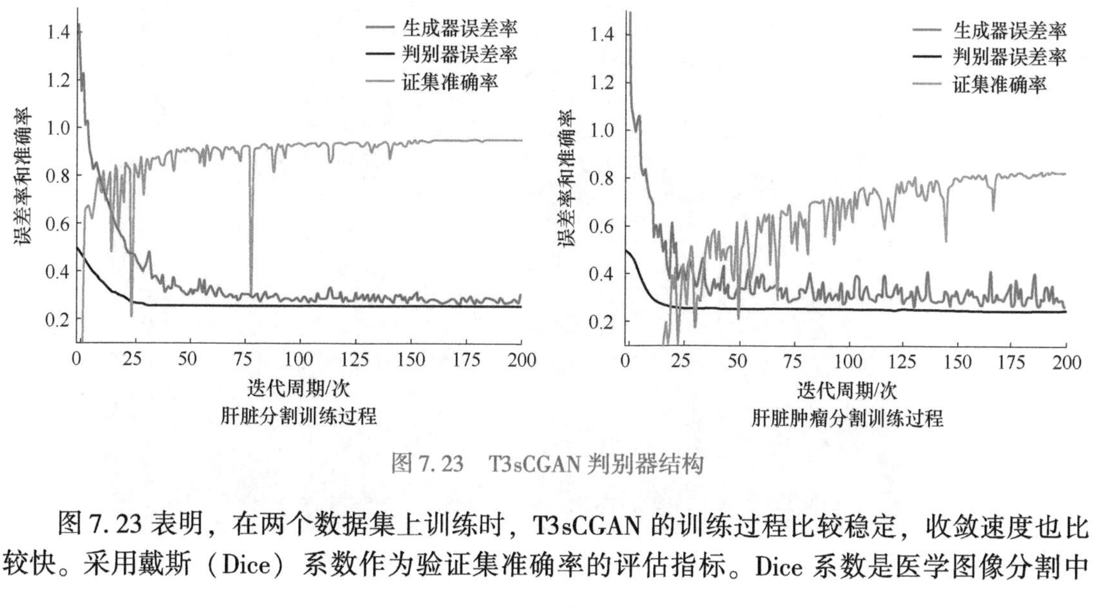

图 7.23　T3sCGAN 判别器结构

图 7.23 表明，在两个数据集上训练时，T3sCGAN 的训练过程比较稳定，收敛速度也比较快。采用戴斯（Dice）系数作为验证集准确率的评估指标。Dice 系数是医学图像分割中

常用来评估分割结果和人工标记之间相似度的评估矩阵，Dice 系数（以符号 Dice 表示）的计算公式为

$$Dice = \frac{2|y_i \cap z_i|}{|y_i| + |z_i|} \tag{7.5.9}$$

式中，y_i 和 z_i 分别表示真实标记和模型预测输出。当 T3sCGAN 训练稳定时，在肝脏数据集和肝脏肿瘤数据集的验证集中 Dice 系数分别为 0.983 和 0.814。为了验证 T3sCGAN 的稳定性，在两个数据集上分别对 T3sCGAN 进行 3 折 20 次的交叉验证，最后在肝脏分割数据集和肝脏肿瘤分割数据集上 T3sCGAN 的交叉验证 Dice 系数分别为 98.3 ±0.02 和 82.4 ±0.03。网络超参数优化器选用自适应的 Adam128-291，初始化学习率为 0.0002，训练的总迭代次数为 200，深度学习框架 Pytorch 1.0。

2. 肝脏及肿瘤 3D 分割实验评估

CT 图像中肝脏器官的边界清晰、尺寸较大，并且在不同病例之间的纹理相似度较高，所以相对于肿瘤分割、肝脏区域分割比较简单；相对于肝脏区域分割，肝脏肿瘤区域分割更加困难，因为肝脏肿瘤的边界模糊，并且肿瘤的尺寸、位置、纹理等特征差异性大，因此对模型的精准分割是很大的挑战。文献［137］在两个数据集上同时对比 3D U-Net 分割模型和 V 型网络（V-Net）分割模型，不同模型在肝脏区域及对应的肿瘤区域分割结果，如图 7.24 所示。

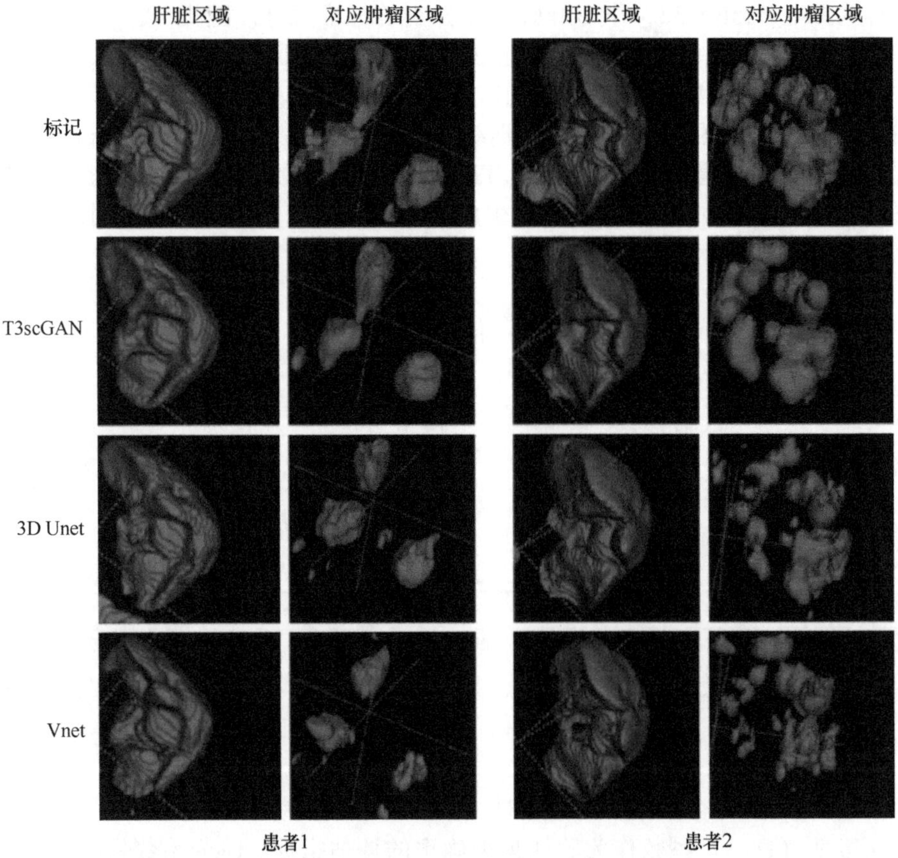

图 7.24　肝脏及对应肿瘤分割测试对比结果[137]

与肿瘤区域分割相比，肝脏区域分割的数据输入尺寸较大，受限于 GPU 显存，所以将基本通道数量设置为 4，批量的样本数为 5。肝脏肿瘤分割时，基本通道数为 8，批量的样本数为 4。

图 7.24 的 3D 可视化结果表明，3 种模型在肝脏分割数据集上的分割性能类似，但在肝脏肿瘤分割数据集上，3 种模型的分割性能差异较大，T3sCGAN 可以达到最好的性能。一些分割结果的 2D 图像细节，如图 7.25 所示。其中，红、绿、蓝、黄线分别代表：标记、T3sCGAN 的分割结果、3D U-Net 分割结果和 V-Net 分割结果。

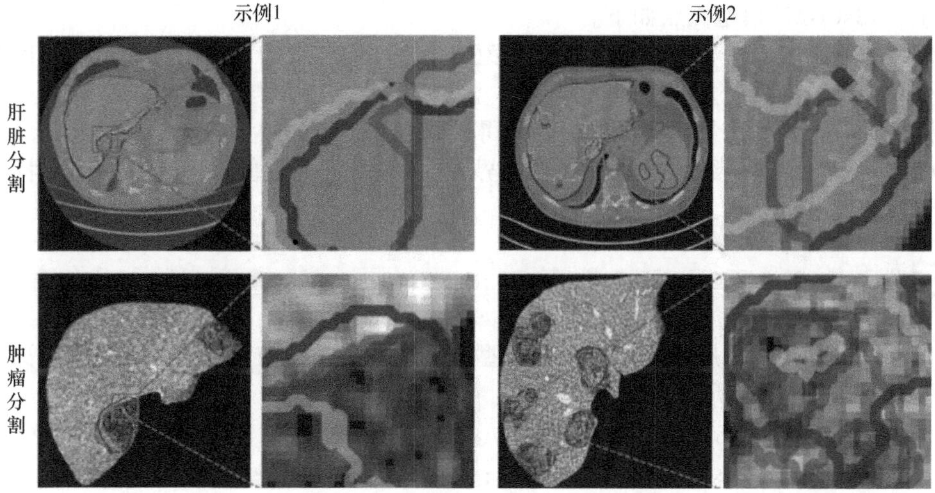

图 7.25　2D 切面细节展示[137]

图 7.25 表明，3D U-Net 对肝脏肿瘤区域的识别假阳率较高，V-Net 不能很好地分割出肿瘤的边界。从这两种模型结构分析，3D U-Net 使用的过多跳跃连接，可以在分割中很好地保留细节信息，但也造成了模型的敏感度很高，所以会将很多相似的非肿瘤小区域预测为肿瘤区域。V-Net 的分割性能要比 3D U-Net 好，V-Net 结构中不仅使用了许多跳跃连接，而且网络的参数容量更大，所以数量较少的肿瘤分割训练集会导致 V-Net 训练不充分，无法精确地分割出肿瘤区域的边界。同时 3D U-Net 和 V-Net 模型的参数容量较多，3 种模型的网络参数量对比，如表 7.1 所示。

表 7.1　模型参数量对比[137]

模型	参数量/k	
T3sCGAN	肝脏区域：71.5	肿瘤区域：279.5
3D U-Net	16 300	
V-Net	19 400	

表 7.1 表明，3D U-Net 和 V-Net 模型的参数容量要远大于 T3sCGAN 的模型参数容量，所以 3D U-Net 和 V-Net 对训练集的数量要求更大。因此在语义信息和空间信息较差，并且数据量较少的肿瘤分割数据集上，3D U-Net 和 V-Net 的分割效果都比较差。

文献［137］分别计算了肝脏和肝脏肿瘤测试集中所有样本的 Dice 系数及其平均值，如表 7.2 所示。表 7.2 表明，与 3D U-Net 和 V-Net 相比，T3sCGAN 模型以及由粗到细的肿瘤分割框架对肝脏区域和肝脏肿瘤区域均具有更高的分割精度。

表 7.2　不同模型的分割结果评估对比

分割区域	测试样本数量/例	平均 Dice 系数		
		T3sCGAN	3D U-Net	V-Net
肝脏 3D 分割	20	0.961	0.949	0.908
肝脏肿瘤 3D 分割	12	0.796	0.595	0.616

综上，T3sCGAN 模型优点如下。

- 模型的复杂度低、参数量少，可以避免网络太深而导致的训练困难和过拟合问题，减少对训练数据量的要求。
- 模型具有很好的监督损失函数机制使得模型得到了充分的训练。
- 模型不仅能优化低维的空间信息（边界、曲面等），而且能保留高维的语义特征（细节、位置等）。

7.6　实例 8：基于深度残差生成对抗网络的运动模糊图像复原

早期模糊图像复原问题往往假设退化模型已知，通过搭建数学模型和算法来解决。一般图像退化模型如图 7.26 所示。

$$B = I \otimes K + N \tag{7.6.1}$$

式中，B 表示模糊图像；I 表示清晰图像；K 表示模糊核；$\otimes$为卷积操作；N 表示噪声。通常根据模糊核是否已知，将图像去模糊问题分为两类：图像非盲去模糊和图像盲去模糊。图像非盲去模糊即已知某些先验信息，如模糊核 K，这时可以通过依靠一些经典算法，如 Lucy-Richardson 算法、Wiener 滤波或 Tikhonov 滤波，利用反卷积运算获得对清晰图像 I 的估计，实现图像复原。在图像成像过程中，相机或者物体的运动轨迹未知时，模糊图像的复原过程叫作图像盲去模糊。由于图像盲去模糊缺少图像的先验信息，因此比非盲去模糊具有更高的病态性。在图 7.26 中，清晰图像里所有像素点都和相同的模糊核进行卷积，这就表明图像的模糊程度是全局一致的，但 Levin 等[140]提出的全局一致模糊核的假设与相机或者物体抖动产生的运动模糊并不一致，实际生活中的模糊大多都是非均匀模糊。因此，本节主要研究非均匀模糊图像的盲复原问题。

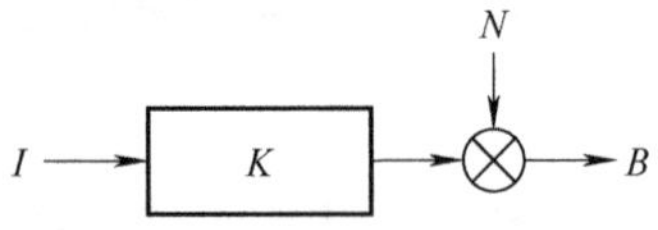

图 7.26　一般图像退化模型

找到非均匀模糊图像中每个像素对应的模糊核是严重的不适定问题，因此现有算法大部分都依赖于图像的先验信息和对模糊源的假设。这些方法通过考虑图像上的模糊均匀来解决由相机抖动引起的模糊。例如，Whyte 等[141]提出了非均匀模糊的代表性传统方法，Gupta 等[142]假设模糊仅由 3D 相机运动引起。Kim 和 Lee[143]将模糊核近似为局部线性，提出了一种共同估计潜像和局部线性运动的方法。近几年，Pan 等[144]提出的基于暗通道的图像去模糊方法效果较好，但估计的模糊核仍不准确，尤其是在突然的运动和有遮挡时。不准确的模糊核会直接影响复原图像的质量，易使图像产生振铃伪影。最近，CNN（卷积神经网络）已被应用于图像去模糊，效果良好[145-146]。由于监督学习缺少真实的模糊图像和真实清晰图像，因此通常使用合成模糊核与清晰图像卷积而生成的模糊图像。Sun 等[147]提出的分类

CNN，用以估计局部线性模糊核。因此，基于 CNN 的模型在某些特定类型的模糊图像中表现良好，不适用于常见的空间变化模糊。

通过上述图像去模糊的方法发现，要实现模糊图像复原，必须要精确估计模糊核，但是估计模糊核的方法对图像噪声很敏感，因此估计模糊核的过程需要精心设计。此外，错误的模糊核会直接影响复原图像的质量，使之产生振铃现象；利用 CNN 实现图像去模糊只在特定的模型下有效，使用范围有限。因此，基于生成对抗网络（Generative Adversarial Networks，GAN）的卷积神经网络模型，采用端对端（End-to-End）的方式，输入模糊图像可以直接得到复原图像，避免了模糊核估计不准确的问题，同时利用 CNN 去模糊不再局限于特定的模糊模型。

7.6.1　深度残差生成对抗网络

在 GAN 模型中，生成网络 G 捕捉样本数据 x 的分布，用服从某一分布（均匀分布，高斯分布等）的噪声 z 生成一个类似真实训练数据的样本，追求效果是越像真实样本越好；判别网络 D 是一个二分类器，估计一个样本来自于训练数据（而非生成数据）的概率，如果样本来自于真实的训练数据，D 输出大概率；否则，D 输出小概率。利用经典生成对抗网络模型设计的深度残差生成对抗网络模型，如图 7.27 所示。

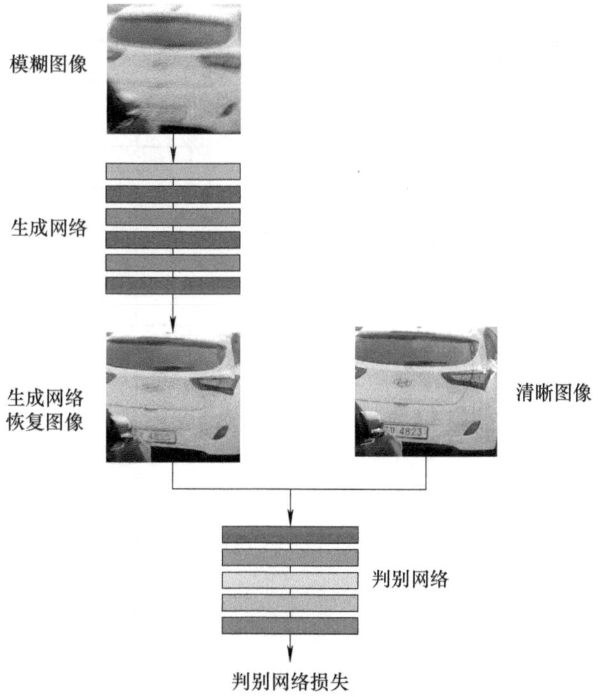

图 7.27　深度残差生成对抗网络模型

1. 生成网络

在生成网络中，将原始模糊图像替换为随机噪声输入到网络中，并且图像维度在整个网络中保持不变。保持图像维度不变虽然会占用较多的计算机内存，但是可以避免图像由于使用反卷积操作而产生棋盘效应。本节所设计的生成网络如图 7.28 所示，采用 U-Net 编码自编码的网络结构，主要包括 ResBlock、EBlock 和 DBlock 三个部分。

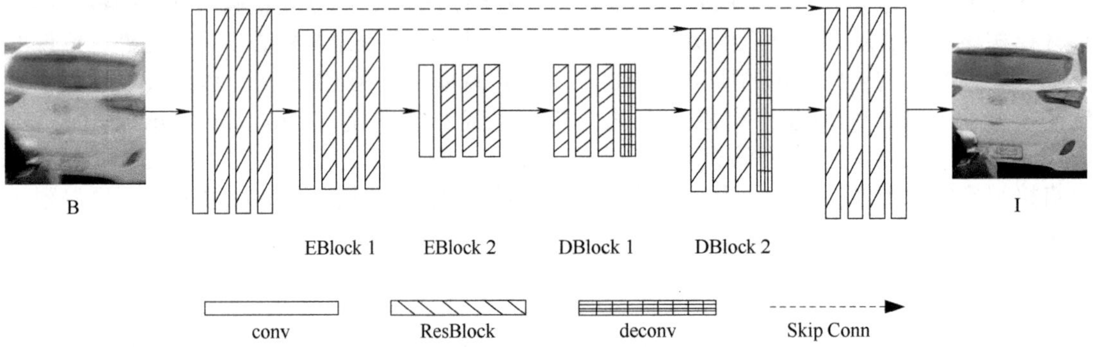

图 7.28 生成网络结构

本节 ResBlock 的结构与传统的残差块结构，如图 7.29 所示。在 ResBlock 中，去除传统残差块中的 Batch Normalization，并且由于模糊和清晰的图像对的值相似，通过残差网络可以学习到模糊图像和清晰图像之间的映射关系。此外，将移除原始残差块的快捷连接后的整流线性单元，可以提高训练时的收敛速度。

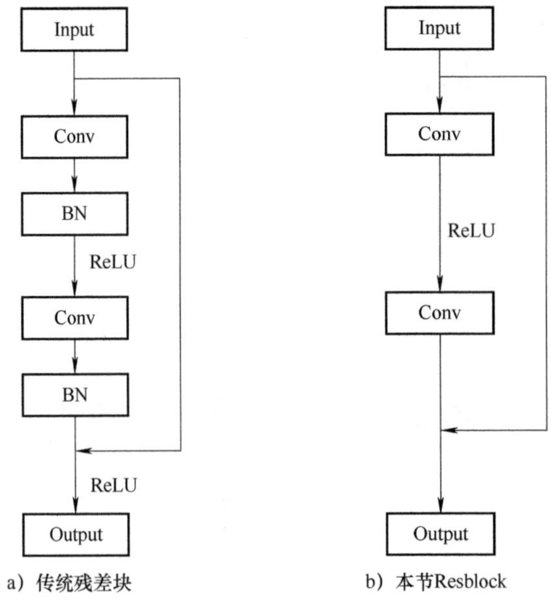

图 7.29 传统的残差块结构与本节 Resblock 的结构
a）传统残差块 b）本节 Resblock

EBlock 与 DBlock 组成了一个 U-Net 网络结构，其中 EBlock 主要由一个卷积层和三个 ResBlock 组成。DBlock 与 EBlock 相对应，由三个 ResBlock 和一个解卷积层组成。采用 U-Net 结构，可以利用 EBlock 与 DBlock 之间的跳跃连接（Skip Connection）组合特征映射之间的信息，并且有利于梯度传播和加速模型收敛。

生成网络均采用5×5的卷积核，每层卷积核的个数分别为前三层的卷积核个数为32，EBlock1卷积核个数为64，EBlock2卷积核个数为128，DBlock1卷积核个数为128，DBlock2卷积核个数为64，最后4层卷积核的个数为32。在生成网络中，有两处采用跳跃连接（Skip Connection），目的是防止网络层数增加而导致的梯度弥散与退化。

2. 判别网络

判别网络是一个二分类器，用来估计一个样本来自于训练数据（而非生成数据）的概率。判别网络结构如表7.3所示。

表7.3 判别器网络结构

卷积层	卷积核个数	卷积核大小	Stride	激活函数
Conv1	64	4	2	Leaky-ReLU
Conv2	128	4	2	Leaky-ReLU
Conv3	256	4	2	Leaky-ReLU
Conv4	512	4	1	Leaky-ReLU
Conv5	512	1	1	Leaky-ReLU
Sigmoid	–	–	–	–

本节判别网络一共有5个卷积层，每个卷积层后面都包含批标准化BN，激活函数采用LReLU。前3层采用大小为4×4的卷积核，步长为2，第4层的卷积核大小不变，步长变为1，第5层采用1×1的卷积核并且步长为1，接着通过Sigmoid激活函数得到一个0或1的分类标签。

3. 损失函数

GAN中的生成网络可以产生清晰逼真的图像，然后通过判别网络判断一张图片是否是“真实的”。将真实图像的输出作为鉴别网络的输入，并根据是清晰图像还是去模糊图像进行分类。在整个训练过程中，生成网络的目标就是尽量生成真实的图片去欺骗判别网络。而判别网络的目标就是尽量辨别出生成网络生成的假图像和真实的图像。生成网络和判别网络构成了一个动态的“博弈过程”，最终达到一个平衡点。因此本节的损失函数主要由生成损失和鉴别损失两部分构成。

判别网络损失为

$$\mathrm{Loss}_D = -\lambda \times (\mathbb{E}[\log D(I)] + \mathbb{E}[\log(1 - D(G(B)))]) \tag{7.6.2}$$

式中，λ取值为0.001，I表示清晰真实图像，$D(I)$表示判别网络判断图片是否真实的概率；B表示模糊图像，$D(G(B))$表示判别网络对生成网络生成的图片是否真实的概率。

生成网络损失为

$$\mathrm{Loss}_G = -\eta\,\mathbb{E}[\log(1 - D(B))] + \mathrm{Loss}_{\mathrm{MSE}} \tag{7.6.3}$$

$$\mathrm{Loss}_{\mathrm{MSE}} = \frac{1}{HWC}\| G(B) - I \|_2^2 \tag{7.6.4}$$

式中，η取值为0.001，$G(B)$表示生成器生成的图像；C、W和H分别表示图像的通道数、图像的宽度以及图像的高度。本节生成网络损失由两部分组成，即传统判别网络损失函数和均方误差函数，目的是减轻复原图像的振铃效应。

7.6.2 仿真实验与结果分析

1. 实验设置

通过 TensorFlow 框架来实现本节模型。所有的实验在一台配有 Inter Core i7-7700 处理器和 NVIDIA GTX 1070Ti 显卡的工作站上实现。

采用 Nah 公开的 GoPro 数据集，包括 3214 对模糊清晰图像对，利用其中的 2103 对模糊清晰图像对作为训练数据集，剩下的 1111 对模糊清晰图像对作为测试数据集。输入网络中的图像是从数据集中随机裁剪的大小为 $128\times128\times3$ 的彩色图像。

训练过程中采用 Adam 算法优化损失函数，并通过随机梯度下降（SGD）算法使模型收敛。在实验中，设定全局的学习率为 1e－4、动量为 0.3。经过 73000 次迭代后此卷积神经网络模型收敛。

2. 实验结果

本节与其他具有代表性的非均匀图像运动模糊复原方法都采用 GoPro 数据集，在训练网络模型时均采 2103 对图像对作为训练数据集，1111 对图像对作为测试图像集。本节选取了近几年图像运动模糊复原效果较好的方法进行比较，如图 7.30 和图 7.31 所示。

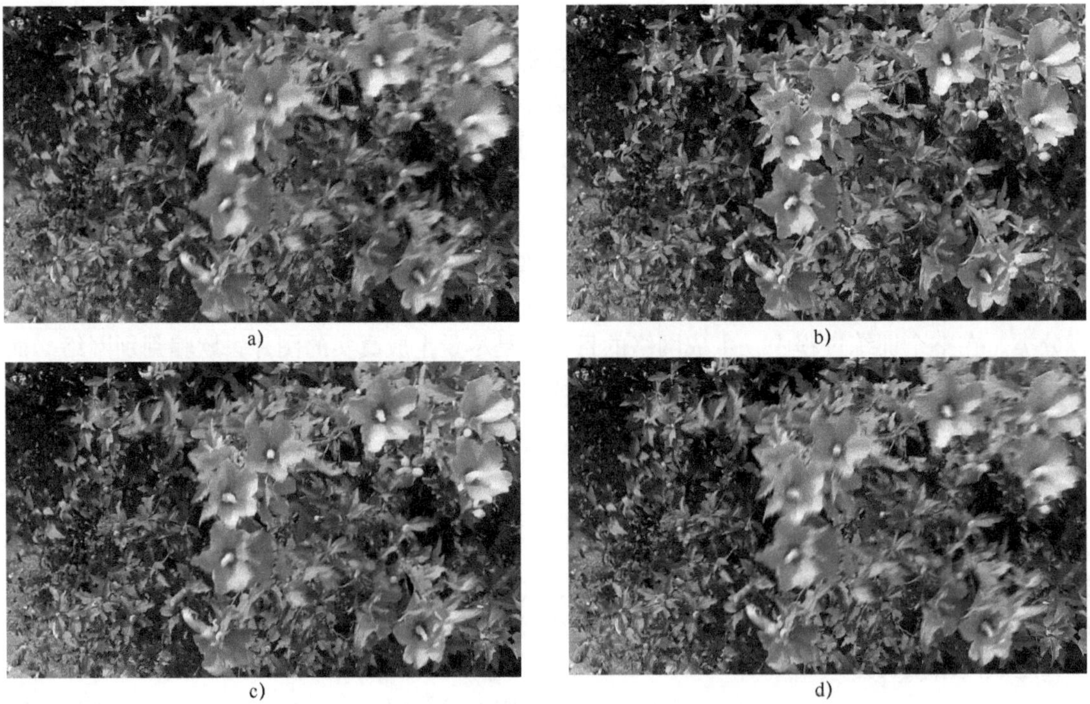

a) b) c) d)

图 7.30　图像 flower

a）模糊图像　（b）原始图像　c）本节恢复图像　d）文献［141］的实验结果

e)

f)

图 7.30　图像 flower（续）

e）文献［144］的实验结果　f）文献［148］的实验结果

a)

b)

c)

d)

e)

f)

图 7.31　图像 road

a）模糊图像　b）原始图像　c）本节恢复图像　d）文献［141］的实验结果

e）文献［144］的实验结果　f）文献［148］的实验结果

图 7. 30 和图 7. 31 表明，去除图像运动模糊的效果比其他方法更好。文献［141］和文献［148］的复原图像的振铃效应比较明显，对图像细节的恢复不是很好，文献［144］复原图像振铃效应不太明显，但细节恢复也较差。采用 PSNR 与 SSIM 作为评价指标，如表 7. 4 所示。该表表明，本节方法图像去模糊效果较好。

表 7. 4　图像复原质量评价结果

	评价指标	文献［141］	文献［144］	文献［148］	本节方法
图像 flower	PSNR（dB）	24. 0860	23. 4903	23. 4616	27. 3588
	SSIM	0. 7669	0. 7836	0. 7587	0. 8905
图像 road	PSNR（dB）	23. 6357	22. 5833	24. 5398	26. 9535
	SSIM	0. 7631	0. 7414	0. 7387	0. 9194

本节考虑了生成对抗网络是由生成网络和判别网络两个卷积神经网络构成的，为了表明本节生成对抗网络要比直接使用卷积神经网络效果更好，现讨论有无鉴别网络对实验结果的影响。将判别网络去除使生成网络单独作为一个实验与本节完整的有判别网络进行对比，如图 7. 32 所示。表 7. 5 是评价图像的两个指标，即 PSNR 和 SSIM。从视觉效果和评价指标都

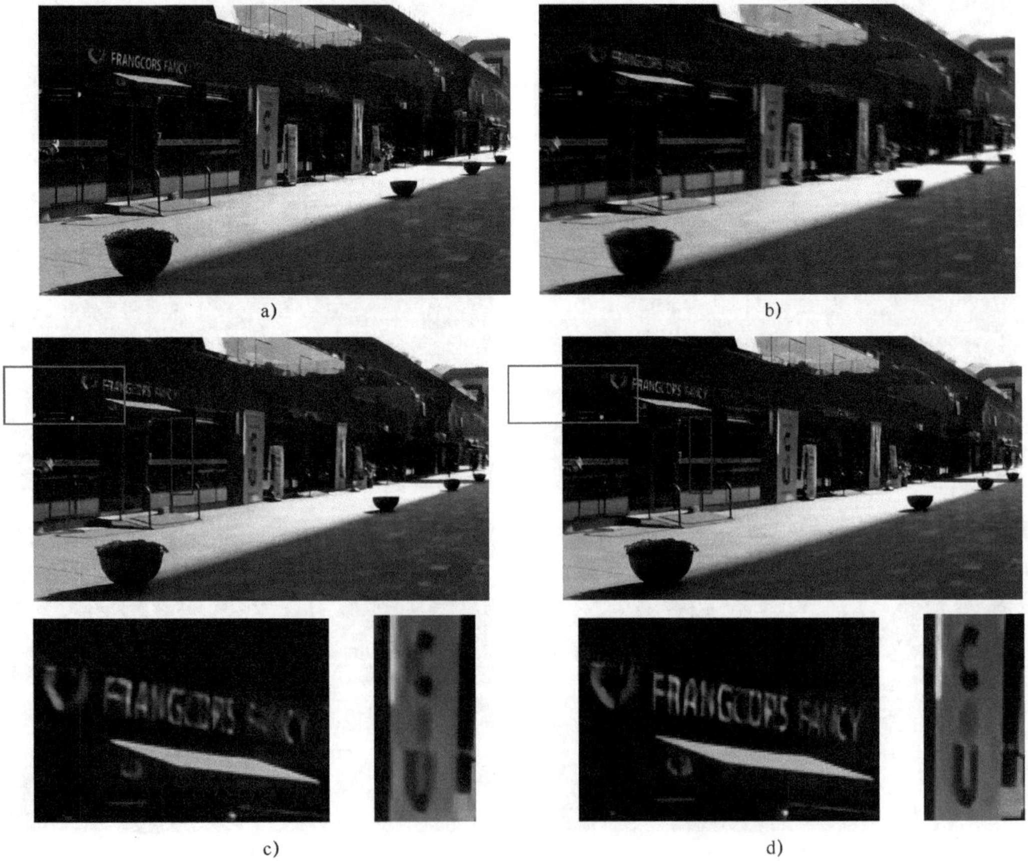

图 7. 32　有无鉴别网络实验结果对比图

a）原图　b）模糊图　c）无判别网络实验结果　d）有判别网络实验结果

可以看出，本节使用的网络对图像细节的恢复更加清晰，而没有判别网络只有生成网络的结构，恢复效果较差。

表 7.5　图像复原质量评价结果

评价指标	无判别网络	本节方法
PSNR（dB）	29.8398	32.4774
SSIM	0.9232	0.9506

综上，与现有方法相比，本节方法是一种端到端的结构，避免了传统方法中因模糊核估计偏差而导致图像复原效果差的问题；按照生成对抗网络模型，设计的深度残差生成对抗网络，可以有效地去除图像运动模糊，得到清晰图像。

第 8 章　深度受限玻尔兹曼机

概　要

从玻尔兹曼机结构、原理与搜索机制入手，分析了受限玻尔兹曼机、稀疏受限玻尔兹曼机、竞争型稀疏受限玻尔兹曼机和分类受限玻尔兹曼机的工作机制；将 PCA 引入受限玻尔兹曼机，分析了 2 维受限玻尔兹曼机及图像分类 RBM 网络的性能与特点。以受限玻尔兹曼机为手段，分析了步态特征提取及其识别方法，给出了仿真实验与结果分析。

深度玻尔兹曼机是一种以受限玻尔兹曼机（Restricted Boltzmann Machine，RBM）为基础的深度学习模型，其本质是一种特殊构造的神经网络。深度玻尔兹曼机由多层受限玻尔兹曼机叠加而成的，中间层与相邻层是双向连接的。

8.1 玻尔兹曼机

玻尔兹曼机（Boltzmann Machine，BM）是一种结合模拟退火思想的随机神经网络，与其他神经网络的主要区别如下。

- 在学习（训练）阶段，随机神经网络不像其他网络那样基于某种确定性算法调整权值，而是按某种概率分布进行修改。
- 在运行（预测）阶段，随机神经网络不是按某种确定性的网络方程进行状态演变，而是按某种概率分布决定其状态转移。神经元的净输入不能决定其状态取 1 还是取 0，但能决定其状态取 1 还是取 0 的概率。这就是随机神经网络算法的基本概念。

8.1.1 BM 网络结构及运行原理

1. 结构

BM 的结构介于离散型 Hopfield 神经网络（Discrete Hopfiled Neural Network，DHNN）全互联与 BP 网络的层次结构之间。形式上，与单层反馈网络 DHNN 相似，权值对称 $w_{ij} = w_{ji}$ 且自身无反馈 $w_{ii} = 0$；功能上，与三层 BP 网络相似，具有输入神经元（或节点）、输出节点和隐节点。一般把输入与输出节点称为可见神经元，隐节点称为不可见神经元，训练时输入输出节点收集训练样本，而隐节点主要起辅助作用，用来实现输入输出之间的联系，使得训练集能在可见单元再现，如图 8.1 所示。BM 的 3 类神经元之间没有明显的层次。

2. 运行原理

BM 网络中每个神经元的兴奋或抑制具有随机性，其概率取决于输入神经元。设 BM 网络中单个神经元的形式化描述如图 8.2 所示。

设 BM 网络中单个神经元的净输入为

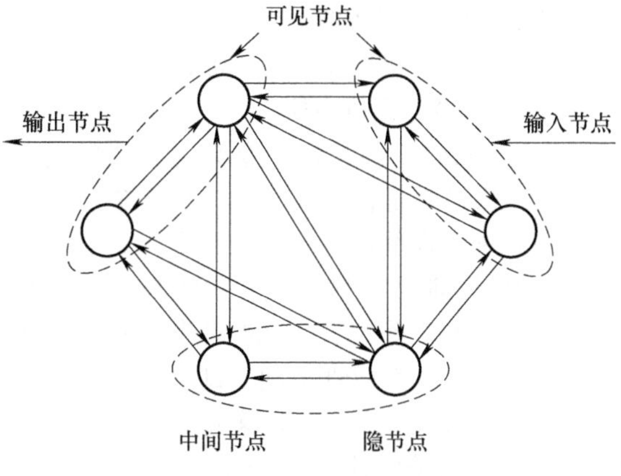

图8.1 BM网络结构

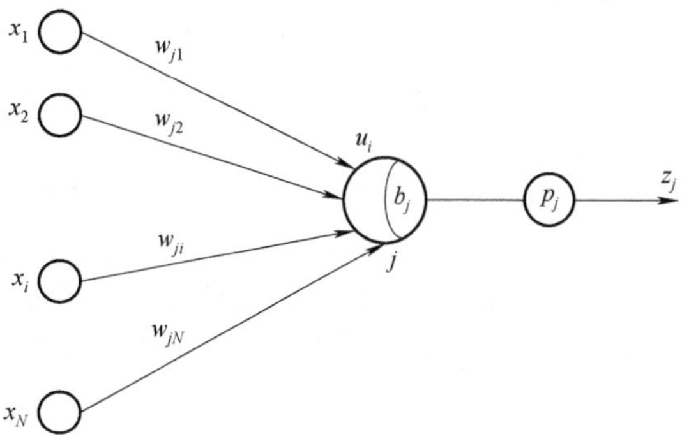

图8.2 单个神经元

$$y_j = \sum_i w_{ji}x_i + b_j \tag{8.1.1}$$

式中，x_i 为输入层第 i 个输入；w_{ji}为神经元 j 与神经元 i 之间的连接权；b_j 为偏置。

与DHNN不同的是，净输入并不能通过符号转移函数直接获得确定的输出状态，实际的输出状态将按照某种概率发生，神经元 j 输出 z_j 依据概率取1或0。取1的概率为

$$p_j(z_j = 1) = \frac{1}{1 + \mathrm{e}^{-y_j/T}} \tag{8.1.2}$$

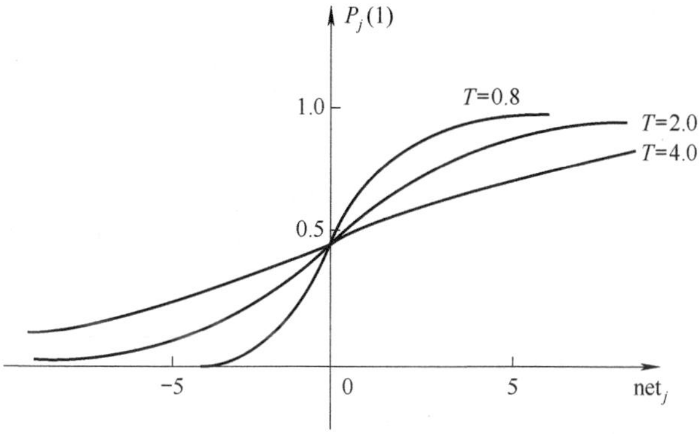

图8.3 温度 T 对概率的影响

式（8.1.2）表示神经元 j 输出状态取1的概率，状态为0的概率就用1减去即可。净输入越大，神经元状态取1的概率越大；净输入越小，神经元状态取0的概率越大。而温度 T 的变化可改变概率曲线的形状，如图8.3所示。

图8.2表明，当温度 T 较高时，概率曲线变化平缓，对于同一净输入得到的状态为0或1的概率差别小；而温度较低时，概率曲线陡峭，对于同一净输入状态为1或0的概率差别大；当 $T=0$ 时，概率函数退化为符号函数，神经元输出状态将无随机性。

8.1.2 网络能量函数与搜索机制

BM采用与DHNN网络相同的能量函数描述网络状态，即

$$E(k) = -\frac{1}{2}x^{\mathrm{T}}(k)wx(k) + x^{\mathrm{T}}(k)b = -\frac{1}{2}\sum_{i=1}^{N_v}\sum_{j=1}^{J}w_{ji}x_ix_j + \sum_{j=1}^{J}b_jx_j \tag{8.1.3}$$

设BM按异步方式工作，每次第 j 个神经元改变状态，根据能量变化公式为

$$\Delta E(k) = -\Delta x_j(k)y_j(k)$$

- 当净输入大于0时，状态为1的概率大于0.5。若原来状态 $x_j=1$，则 $\Delta x_j=0$，从而

$\Delta E=0$；若原来状态 $x_j=0$，则 $\Delta x_j=1$，从而 $\Delta E<0$，能量下降。

- 当净输入小于 0 时，状态为 1 的概率小于 0.5。若原来状态 $x_j=0$，则 $\Delta x_j=0$，从而 $\Delta E=0$；若原来状态 $x_j=1$，则 $\Delta x_j=-1$，从而 $\Delta E<0$，能量下降。

以上各种可能的情况表明，对于 BM，随着网络状态的演变，从概率意义上网络的能量总是朝着减小的方向变化。这就意味着尽管网络能量的总趋势是朝着减小的方向演进，但不排除在有些神经元状态可能会按照小概率取值，从而使网络能量暂时增加。正是因为有了这种可能性，BM 才具有从局部极小的低谷中跳出的“爬山”能力，这一点是 BM 与 DHNN 能量变化的根本区别。由于采用神经元状态按概率随机取值的工作方式，BM 具有不断跳出位置较高的低谷搜索位置较低的新低谷的能力。这种运行方式称为搜索机制，即网络在运行过程中不断地搜索更低的能量极小值，直到达到能量的全局最小。从模拟退火的原理可以看出，温度 T 不断下降可使网络“爬山”能力由强减弱，这正是保证 BM 能成功搜索到能量全局最小的有效措施。

8.1.3　玻尔兹曼分布

设 $x_j=1$ 时对应的网络能量为 E_1，$x_j=0$ 时网络能量为 E_0，当 x_j 由 1 变为 0 时，有 $\Delta x_j=-1$，于是 $E_0-E_1=\Delta E=y_j$；对应的状态为 1 或状态为 0 的概率为

$$p_j(z_j=1)=\frac{1}{1+\mathrm{e}^{-y_j/T}}=\frac{1}{1+\mathrm{e}^{-\Delta E/T}} \tag{8.1.4}$$

$$p_j(z_j=0)=1-p_j(z_j=1)=\frac{\mathrm{e}^{-\Delta E/T}}{1+\mathrm{e}^{-\Delta E/T}} \tag{8.1.5}$$

$$\frac{p_j(z_j=0)}{p_j(z_j=1)}=\mathrm{e}^{-\Delta E/T}=\mathrm{e}^{-(E_0-E_1)/T}=\frac{\mathrm{e}^{-E_0/T}}{\mathrm{e}^{-E_1/T}} \tag{8.1.6}$$

将上式推广到网络中任意两个状态出现的概率与之对应能量之间的关系，有

$$\frac{p(\alpha)}{p(\beta)}=\frac{\mathrm{e}^{-E_\alpha/T}}{\mathrm{e}^{-E_\beta/T}} \tag{8.1.7}$$

这就是著名的玻尔兹曼分布。式（8.1.7）表明，BM 处于某一状态的概率主要取决于此状态下的能量，能量越低概率越大；BM 处于某一状态的概率还取决于温度参数 T，温度越高，不同状态出现的概率越近，网络能量较容易跳出局部极小而搜索全局最小；温度越低，不同状态出现的概率差别越大，网络能量较不容易改变，从而可以使网络搜索收敛。这正是采用模拟退火方法搜索全局最小的原因所在。

用 BM 进行优化计算时，可构造目标函数为网络的能量函数，为防止目标函数陷入局部最优，采用上述模拟退火算法进行最优解的搜索，开始时温度设置很高，此时神经元状态为 1 或 0 概率几乎相等，因此网络能量可以达到任意可能的状态，包括局部最小或全局最小。当温度下降时，不同状态的概率发生变化，能量低的状态出现的概率大，而能量高的状态出现的概率小。当温度逐渐降至 0 时，每个神经元要么只能取 1，要么只能取 0，此时网络的状态就凝固在目标函数全局最小附近。对应的网络状态就是优化问题的最优解。

用 BM 进行联想时，可通过学习用网络稳定状态的概率来模拟训练样本的出现概率。根据学习类型，BM 可分为自联想和异联想，这两种类型结构如图 8.4 所示，其中隐节点个数可以为 0，而且有些线是单向的。

图 8.4a 为自联想，图 8.4b 为异联想。自联想型 BM 中的可见节点 V 与 DHNN 中的节点相

似，既是输入节点也是输出节点，隐节点 H 的数目由学习的需要决定，最少可以为 0；异联想 BM 中的可见节点 V 需按照功能分为输入节点组 I 和输出节点组 O。

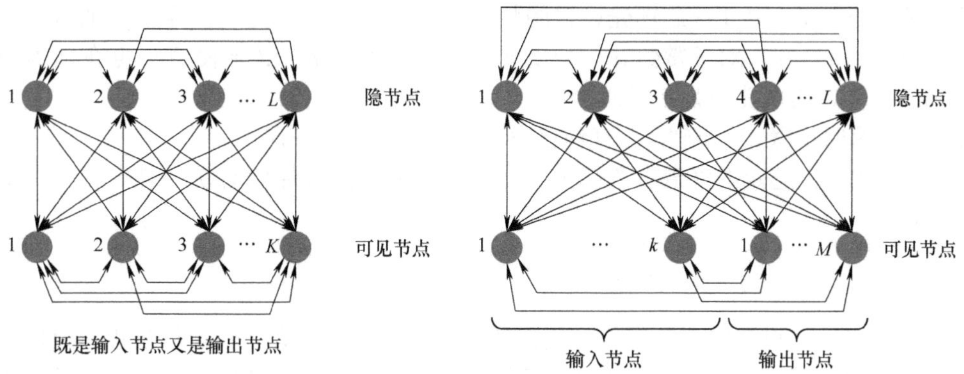

a)　　　　b)

图 8.4　BM 网络类型
a）自联想　b）异联想

8.1.4　玻尔兹曼机学习算法

1. 学习过程

通过有导师学习，BM 网络可以对训练集中各种模式的概率分布进行模拟，从而实现联想记忆。学习目的是通过调整权值使训练集中的模式在网络状态中以相同的概率再现。学习过程可以分为两个阶段。

- 正向学习阶段或输入期：即向网络输入一对输入输出模式，将网络输入输出节点的状态钳制到期望的状态，而让隐节点自由活动以捕捉模式对之间的对应规律。
- 反向学习阶段或自由活动期：对于异联想学习，钳制住输入节点而让隐节点和输出节点自由活动；对于自联想学习，可以让可见节点和隐节点都自由活动，体现在网络输入输出的对应规律。这个对应规律表现为网络到达热平衡时，相连节点状态同时为 1 的平均概率。期望对应规律与模拟对应规律之间的差别就表现为两个学习阶段对应的平均概率的差值，此差值作为权值调整的依据。

设 BM 网络隐节点个数为 M，可见节点个数为 N，则可见节点可表达的状态 X（对于异联想，X 中部分分量表示输入模式，还有一部分表示输出模式）共有 2^N 种。设训练集提供 L 对模式，一般有 $L<N$，训练集用一组概率分布表示各个模式出现的概率 $p(x_1),p(x_2),\cdots,p(x_L)$，这也正是在正向学习阶段期望的网络状态概率分布。当网络自由运行时，相应模式出现的概率为 $p'(x_1),p'(x_2),\cdots,p'(x_L)$。训练的目的是使以上两组概率分布相同。

2. 网络热平衡状态

为统计以上概率，需要反复使 BM 网络按模拟退火算法运行并达到热平衡状态。具体步骤如下。

步骤 1：在正向学习阶段，用一对训练模式 x_L 钳住网络的可见节点；在反向学习阶段，用训练模式中的输入部分钳住可见节点中的输入节点。

步骤 2：随机选择自由活动节点 j，使其更新状态：

$$x_j(k+1)=\begin{cases}1, & x_j(k)=0\\0, & x_j(k)=1\end{cases} \tag{8.1.8}$$

步骤3：计算节点 j 状态更新而引起的网络能量变化 $\Delta E_j = -\Delta x_j(k) y_j(k)$ 。

步骤4：若 $\Delta E_j < 0$，则接受状态更新；若 $\Delta E_j > 0$，当 $p[x_j(k+1)] > \rho$ 时接受新状态，否则维持原状态。$\rho \in (0,1)$ 是预先设置的数值，在模拟退火过程中，温度 T 随时间逐渐降低。由式（8.1.8）知，对于常数 ρ，为使 $p[x_j(k+1)] > \rho$，必须使 ΔE_j 也在训练中不断减小，因此网络的爬山能力是不断减小的。

步骤5：返回步骤2～步骤4，直到自由节点被全部选择一遍。

步骤6：按事先选定的降温方程降温，退火算法的降温规律没有统一规定，一般要求降至初始温度。

8.1.5　玻尔兹曼机的运行步骤

训练完成以后，根据输入数据得到输出的过程就是运行状态，在运行过程中权值保持不变。其运行步骤和模拟退火算法很类似，不同之处是模拟退火算法针对不同的问题需要定义不同的代价函数，而玻尔兹曼机的代价函数为能量函数。

步骤1：初始化。玻尔兹曼机神经元个数为 N，第 j 个神经元与第 i 个神经元的连接权重为 w_{ji}，初始温度为 T_0，终止温度为 T_{final}，初始化神经元状态。

步骤2：在温度 T_m 下，第 j 个神经元的输入为

$$y_j = \sum_{i=1}^{N} w_{ji} x_i + b_j \tag{8.1.9}$$

如果 $y_i > 0$，即 $\Delta E_j < 0$，则能量有减小的趋势，取1为神经元 j 的下一个状态值；如果 $y_j < 0$，则按照概率选择神经元下一个状态。概率为

$$p_j(z_j = 1) = \frac{1}{1 + \mathrm{e}^{-y_j/T_m}} \tag{8.1.10}$$

若 $p_j(z_j = 1)$ 大于等于一个给的阈值，则取 $z_j = 1$ 为神经元 j 的下一个状态值，否则保持神经元 j 的下一个状态值。在此过程中，其他节点状态保持不变。

步骤3：检查小循环的终止条件。在小循环中，使用同一个温度值 T_m；如果当前状态已经达到了热平衡，则转到步骤4进行降温，否则转到步骤2，继续随机选择一个神经元选择迭代。否则，执行下一步。

步骤4：按照指定规律降温，并检查大循环的终止条件，判断温度是否达到了终止温度，若达到终止温度则算法结束，否则转到步骤2继续计算。

初始温度 T_0 的选择：可以随机选择网络中的 N 个神经元，取其能量的方差，或者随机选择若干神经元，取其能量的最大差值。

8.2　稀疏受限玻尔兹曼机及竞争学习

8.2.1　受限玻尔兹曼机及稀疏受限玻尔兹曼机

1. 受限玻尔兹曼机

受限玻尔兹曼机（Restricted Boltzmann Machine，RBM）是通过限定玻尔兹曼机（Boltzmann Machine，BM）层内单元连接构成的双层神经网络。作为无向图模型，RBM 中可见单

元层 $\boldsymbol{v}$ 为观测数据，隐单元层 $\boldsymbol{h}$ 为特征检测器，如图 8.5 所示。

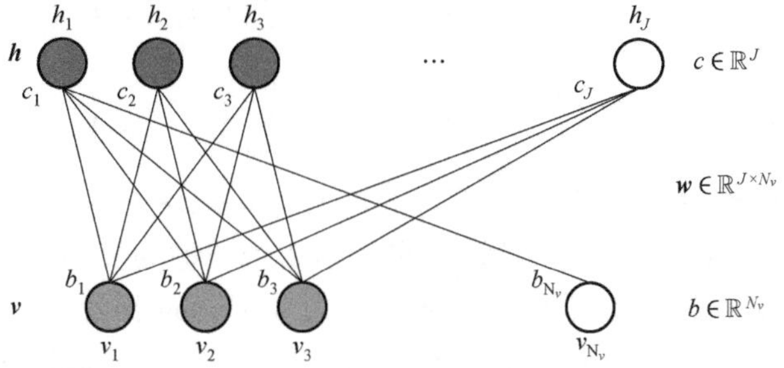

图 8.5　RBM 结构模型

RBM 是一种基于能量的模型，其可见单元 $\boldsymbol{v}$ 和隐含单元 $\boldsymbol{h}$ 的联合配置的能量为

$$E(\boldsymbol{v},\boldsymbol{h}\mid\boldsymbol{\theta}) = -\sum_{i=1}^{N_v} b_i v_i - \sum_{j=1}^{J} c_j h_j - \sum_{i=1}^{N_v}\sum_{j=1}^{J} v_i w_{ji} h_j \tag{8.2.1}$$

式中，$\boldsymbol{\theta}=\{w_{ji},a_i,b_j\}$ 为 RBM 的参数；w_{ji} 为隐单元 $\boldsymbol{h}$ 和可见单元 $\boldsymbol{v}$ 之间的边的权重；b_i 为可见单元 v_i 的偏置（bias）；c_j 为隐含单元 h_j 的偏置。有了 $\boldsymbol{v}$ 和 $\boldsymbol{h}$ 的联合配置能量之后，就可以得到 $\boldsymbol{v}$ 和 $\boldsymbol{h}$ 的联合概率，即

$$p_\theta(\boldsymbol{v},\boldsymbol{h}) = \frac{1}{Z(\boldsymbol{\theta})}\exp(-E(\boldsymbol{v},\boldsymbol{h}|\boldsymbol{\theta})) \tag{8.2.2}$$

式中，$Z(\boldsymbol{\theta})=\sum_{v,h}\exp(-E(\boldsymbol{v},\boldsymbol{h}\mid\boldsymbol{\theta}))$ 是归一化因子，也称配分函数。

将式（8.2.1）代入式（8.2.2），得

$$p_\theta(\boldsymbol{v},\boldsymbol{h}) = \frac{1}{Z(\boldsymbol{\theta})}\exp\Big(\sum_{j=1}^{J}\sum_{i=1}^{N_v} w_{ji}v_i h_j + \sum_{i=1}^{N_v} v_i b_i + \sum_{j=1}^{J} h_j c_j\Big) \tag{8.2.3}$$

在实际应用中关注的是观测数据 v 的概率分布 $p_\theta(\boldsymbol{v})$，它对于 $p_\theta(\boldsymbol{v},\boldsymbol{h})$ 的边缘分布具体为

$$\begin{aligned} p_\theta(\boldsymbol{v}) &= \sum_h p_\theta(\boldsymbol{v},\boldsymbol{h}) \\ &= \frac{1}{Z(\boldsymbol{\theta})}\sum_h \exp(-E(\boldsymbol{v},\boldsymbol{h}\mid\boldsymbol{\theta})) \\ &= \frac{1}{Z(\boldsymbol{\theta})}\sum_h \exp(\boldsymbol{v}^{\mathrm{T}}\boldsymbol{w}\boldsymbol{h} + \boldsymbol{c}^{\mathrm{T}}\boldsymbol{h} + \boldsymbol{b}^{\mathrm{T}}\boldsymbol{v}) \end{aligned} \tag{8.2.4}$$

通过最大化 $p_\theta(\boldsymbol{v})$ 得到 RBM 的参数，最大化 $p_\theta(\boldsymbol{v})$ 等同于最大化 $\log(p_\theta(\boldsymbol{v}))$，即

$$\mathrm{Loss}(\boldsymbol{\theta}) = \frac{1}{N_v}\sum_{i=1}^{N_v} p_\theta(v_i) \tag{8.2.5}$$

可以通过随机梯度下降来最大化 $\mathrm{Loss}(\boldsymbol{\theta})$

$$\begin{aligned} \frac{\partial \mathrm{Loss}(\boldsymbol{\theta})}{\partial w_{ji}} &= \frac{1}{N_v}\sum_{i=1}^{N_v}\Big(\frac{\partial}{\partial w_{ji}}\log\big(\sum_h \exp(\boldsymbol{v}_i^{\mathrm{T}}\boldsymbol{w}\boldsymbol{h} + \boldsymbol{c}^{\mathrm{T}}\boldsymbol{h} + \boldsymbol{b}^{\mathrm{T}}\boldsymbol{v}_i)\big)\Big) - \frac{\partial}{\partial w_{ji}}\log Z(\boldsymbol{\theta}) \\ &= -\frac{1}{d}\sum_{k=1}^{d} v_{ik}p(\boldsymbol{h}_j\,|\,\boldsymbol{v}(k)) + \sum_{v,h} v_i h_j p_\theta(\boldsymbol{v},\boldsymbol{h}) \end{aligned} \tag{8.2.6}$$

由于层间单元是无连接的，可以很方便地推导出隐单元和可见单元的后验概率分布分别为

$$p(h_j = 1 \mid v) = \frac{1}{1 + \exp\left(-\sum_i w_{ji} v_i - c_j\right)} \tag{8.2.7}$$

$$p(v_i = 1 \mid h) = \frac{1}{1 + \exp\left(-\sum_j w_{ji} v_j - b_i\right)} \tag{8.2.8}$$

式（8.2.6）等号右侧多项式中的第 1 个项称为正项（Positive Phase，PP），可以将训练数据代入式（8.2.7）和式（8.2.8）直接计算出来；第 2 个项称为负项（Negative Phase，NP），其中 $p_\theta(\boldsymbol{v},\boldsymbol{h})$ 是无法直接通过数学推导出来的，因此 Hinton 提出了对比散度（Contrastive Divergence）算法[149]，分别以各个训练数据作为初始状态，通过执行 block Gibbs 采样进行几次状态转移，然后以转移后的状态作为样本来估算 NP 的均值。Hinton 还通过实验证明，在实际应用中甚至只需要一次状态转移就能保证良好的估算效果。

在多层 RBM 网络结构中，可将所有相邻的两层结构看作是一个 RBM，而将较低一级的隐含层作为与其相邻的高一级隐含层的输入层；采用贪心逐层训练算法以图像的特征向量作为输入自底向上每次训练 1 个 RBM，以此可初步确定整个 RBM 网络的空间参数 $\{w_{ji}, b_j, c_i\}$；之后还需要对所有层之间的参数进行基于反向 BP 神经网络的整体微调和优化，经多次反复训练不断调整层与层之间的空间参数，使网络达到一个平衡状态。

2. 稀疏受限玻尔兹曼机

稀疏受限玻尔兹曼机[150]（Sparse Restricted Boltzmann Machine，SRBM）优化了 RBM 的训练目标，即在 RBM 最大似然目标函数基础上增加稀疏惩罚因子，使所有隐含单元的平均激活概率接近一个很小的常数 p（即稀疏目标）。当给定训练样本 V 时，稀疏 RBM 的优化问题变为

$$\underset{\{w_{ji}, b_i, c_j\}}{\text{minimize}} \left\{ -\sum_{l=1}^{N_h} \log \sum_h p(\boldsymbol{v}^{(l)}, \boldsymbol{h}^{(l)}) + \lambda R \right\} \tag{8.2.9}$$

$$R = \sum_{j=1}^{J} \left| p - \frac{1}{N_h} \sum_{l=1}^{N_h} \mathbb{E}[h_j^{(l)} \mid v^{(l)}] \right|^2 \tag{8.2.10}$$

式中，$\mathbb{E}[\cdot]$ 为数据已知时的条件期望；λ 是一个正则化常数；p 是一个控制隐含单元 h_j 稀疏度的常数；J 和 N_h 分别表示隐含单元的个数和训练样本个数。

3. 改进的稀疏 RBM

在稀疏编码上，对于稀疏正则项 R 而言，应选用 L0 范数来度量稀疏性（即参数向量中非零元素的个数），但 L0 范数的求解是非凸的且为 NP-hard 问题，直接求解非常困难。近年来涌现了很多的逼近算法，如 Lp 范数稀疏约束算法，即用 $\|x\|_p^p (0 < p \leq 1)$ 范数代替 $\|x\|_0^0$。根据压缩感知理论，L1 范数提供了更有效的稀疏性能，在一定条件下最小 L1 范数的解就是函数的最稀疏解。与 L1 范数相比，tan-sigmoid 函数的斜率更接近于零，可以提供更有效的稀疏诱导性能，如图 8.6 所示。使用 tan-sigmoid 函数作为似然函数的惩罚项为

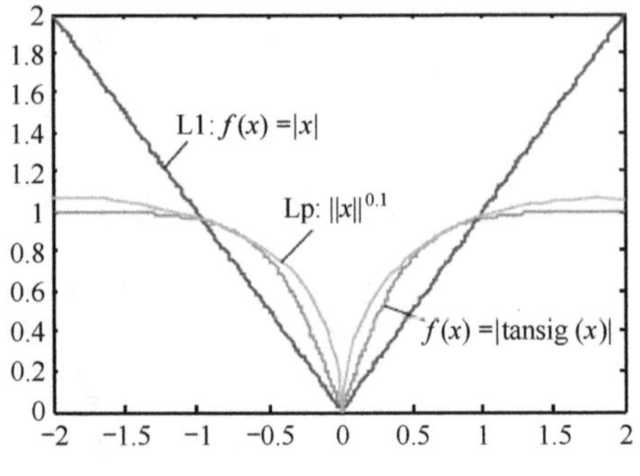

图 8.6　$\|x\|$ 的不同范数和

$$R = \sum_{l=1}^{N_h} \sum_{j=1}^{J} (1 - 2/(1 + \mathrm{e}^{2E|[h_j^{(l)}|v(l)]|/T})) \tag{8.2.11}$$

式中，T 是一个缩放系数，控制着 tan-sigmoid 函数和 L0 范数的相似程度。当 T 趋近于 0 时，tan-sigmoid 函数趋近于 L0 范数；式（8.2.11）正则项 R 并不限制每一个隐含单元的稀疏度，而是可以根据不同的任务自动获取，即每个隐含单元的稀疏水平可以根据输入的数据计算得到，而不是通过添加的正则项强制每个隐含单元拥有相同的稀疏度（稀疏目标 p）。

在文献［150］中，稀疏表示可以基于每个隐含单元的稀疏度来实现，实现稀疏表示的方法是让隐含单元尽可能少活跃（即隐含单元应该仅有一小部分被激活）；这里直接通过正则项限制所有隐含单元的激活概率产生稀疏性。前者通过限制每个隐含单元在 N 个训练样本上的激活时间产生稀疏表示；而这里是通过限制隐含单元的活动数量达到稀疏表示。这是最自然的稀疏表示诱导方式。

这样当给定训练样本 $\boldsymbol{v}$ 时，稀疏 RBM 优化问题变为

$$\underset{\{w_{ji},b_i,c_j\}}{\text{minimize}} \left\{ \sum_{l=1}^{N_h} \log \sum_h p(\boldsymbol{v}^{(l)},\boldsymbol{h}^{(l)}) + \lambda \sum_{l=1}^{N_h} \sum_{j=1}^{J} (1 - 2/(1 + \mathrm{e}^{2|\mathrm{E}[\boldsymbol{h}_j^{(l)}|\boldsymbol{v}^{(l)}]|/T})) \right\} \tag{8.2.12}$$

原则上，应该用梯度下降法来解决这个优化问题，但计算对数似然函数的梯度是很耗时的。因此，参照文献［150］先采用 CD 快速学习算法计算对数似然函数的梯度近似值，再对正则项 R 进行梯度下降直到参数收敛。而正则项 R 上参数的梯度为

$$\begin{aligned}\frac{\partial R}{\partial w_{ji}} &= \sum_{l=1}^{N_h} \frac{\partial}{\partial w_{ji}}\left(1 - \frac{2}{1 + \mathrm{e}^{\frac{2|E[h_j^{(l)}|v(l)]|}{T}}}\right) \\ &= \sum_{l=1}^{N_h} \frac{\partial}{\partial w_{ji}}\left(1 - \frac{2}{1 + \mathrm{e}^{\frac{2p(h_j^{(l)}=1|v(l))}{T}}}\right) \\ &= \frac{1}{T}\sum_{l=1}^{N_h} (1 - f^2(l)) p_j^{(l)} (1 - p_j^{(l)}) v_i^{(l)}\end{aligned} \tag{8.2.13}$$

$$\begin{aligned}\frac{\partial R}{\partial c_j} &= \sum_{l=1}^{N_h} \frac{\partial}{\partial c_j}\left(1 - \frac{2}{1 + \mathrm{e}^{\frac{2|E[h_j^{(l)}|v(l)]|}{T}}}\right) \\ &= \sum_{l=1}^{N_h} \frac{\partial}{\partial c_j}\left(1 - \frac{2}{1 + \mathrm{e}^{\frac{2p(h_j^{(l)}=1|v(l))}{T}}}\right) \\ &= \frac{1}{T}\sum_{l=1}^{N_h} (1 - f^2(l)) p_i^{(l)} (1 - p_i^{(l)})\end{aligned} \tag{8.2.14}$$

式中，$f(l) = 1 - \dfrac{2}{1 + \mathrm{e}^{\frac{2p(h_j^{(l)}=1|v(l))}{T}}}$，$p_i^{(l)} = \sigma(\sum_j v_j^{(l)} w_{ji} + b_i)$

在模型训练学习时，先用 CD 快速学习算法计算对数似然函数的梯度近似值，再对正则项按式（8.2.13）和式（8.2.14）进行梯度下降计算。为了提高最小化正则项 R 的计算效率，参照文献［150］中提到的实现细节，只更新隐含层偏置项 c_j。具体的权值更新步骤，如算法 8.1 所示。

算法 8.1：稀疏 RBM 训练算法。

步骤 1：用 CD 快速学习算法更新权值。

$$\Delta w_{ji} \leftarrow \Delta w_{ji} + \eta(\langle v_i h_j \rangle_{\text{data}} - \langle v_i h_j \rangle_{\text{recon}})$$

式中，η 为学习速率；$\langle \cdot \rangle_{\text{recon}}$ 表示通过 Gibbs 采样重建的数据。

步骤 2：对正则项 R 用式（8.2.14）更新偏置 c_j。

$$\Delta b_i \leftarrow \Delta b_i + \eta(\langle v_i \rangle_{\text{data}} - \langle v_i \rangle_{\text{recon}})$$

$$\Delta c_j \leftarrow \Delta c_j + \eta(\langle h_j \rangle_{\text{data}} - \langle h_j \rangle_{\text{recon}})$$

步骤 3：重复步骤 1 和步骤 2，直到参数收敛。

8.2.2 竞争学习

竞争型神经网络[151]有很多具体形式和不同的学习算法，但最主要的特点体现在竞争层中神经元之间相互竞争，最终只有一个神经元获胜，以适应训练样本。自组织映射网络（Self Organizing Map Network，SOMN）是竞争型神经网络中应用较为广泛的一种。SOMN 能够自动寻找训练数据间的类似度，并将相似的数据在网络中就近配置，其训练步骤如下。

步骤 1：网络初始化。使用随机数初始化输入层与映射层之间的连接权值 $\boldsymbol{w}$。

步骤 2：计算映射层的权值向量和输入向量的距离。计算网络中各神经元权向量和输入向量之间的欧氏距离，得到具有最小距离的神经元 j 作为最优神经元。

步骤 3：权值学习。依据最优神经元，对输出神经元及其邻近神经元权值进行修改，即

$$\Delta w_{ji} = w_{ji}(k+1) - w_{ji}(k) = \eta(x_j(k) - w_{ji}(k)) \tag{8.2.15}$$

式中，w_{ji}为模型训练第 k 次迭代中输入层单元 j 与映射层单元 i 之间的连接权值；$x_j(k)$ 为第 k 次迭代中单元 i 对应的训练数据。

8.2.3 竞争型深度稀疏受限玻尔兹曼机

针对以往正则化因子不能依据训练过程中的隐单元稀疏程度进行自适应调整的缺陷，文献［152］提出竞争型稀疏受限玻尔兹曼机（Competition Deep Sparse Boltzmann Machine，CD-SRBM）以提高隐单元稀疏程度及模型训练效率。

1. 基于竞争的稀疏惩罚机制

CDSRBM 采用了类似于 SOM 网络的神经元竞争机制对隐单元进行稀疏化。在模型训练过程中，CDSRBM 首先依据训练样本选择最优匹配隐单元，然后依据最优匹配隐单元激活状态对其他隐单元进行稀疏抑制，最后执行参数更新，具体机制如下。

（1）距离度量

RBM 将原始数据通过模型连接权值由原始维度空间映射至多维 0 - 1 空间，样本所生成的 0 - 1 序列即为对应的多特征组合。鉴于 RBM 模型连接权值为可见单位维数 × 隐单元维数，即连接权值的列数等于隐单元个数，且连接权值与样本在单位刻度上并不一致，因此，CDSRBM 没有采用 SOMN 常用的欧氏距离作为度量标准，而是选用神经元权值向量与输入向量之间的夹角余弦值评估两者相似度，即样本 i 与隐单元 j 之间余弦相似度 $S_{\cos(i,j)}$ 定义为

$$S_{\cos(i,j)} = \frac{\boldsymbol{v}_i \cdot \boldsymbol{w}_{\cdot j}}{\|\boldsymbol{v}_i\| \ \|\boldsymbol{w}_{\cdot j}\|} \tag{8.2.16}$$

式中，$\boldsymbol{v}_i$ 代表第 i 个训练样本；$\boldsymbol{w}_{\cdot j}$为模型连接权值的第 j 列。

（2）最优匹配隐单元选取

依据样本 i 与所有隐单元之间的余弦相似度，可确定针对样本 i 的最优匹配隐单元，即

与样本 i 相似度最高的隐单元 $h_{\cos-\max}$，有

$$S_{\cos(i,h_{\cos-\max})} = F_{\max}(S_{\cos(i,j)}) \tag{8.2.17}$$

式中，$F_{\max}$ 为寻找最大值函数；j 为隐单元个数，$j = 1,2,\cdots,J$。

（3）最优神经元稀疏抑制

CDSRBM 根据最优神经元状态设置其他单元的稀疏化程度。最优神经元的稀疏抑制依据连接权值列间的余弦相似度，其过程如下。

1）计算对应于最优隐单元的连接权值列 $\boldsymbol{w}_{.\cos-\max}$ 与 $\boldsymbol{w}$ 其他列的余弦相似度，得到相似度向量$\boldsymbol{S}_{\cos}$。

2）对$\boldsymbol{S}_{\cos}$进行归一化处理，得到向量 $\overline{S}_{\cos}$ 。

3）将$\overline{\boldsymbol{S}}_{\cos}$中元素设置为对应隐单元的稀疏惩罚度 p。

2. CDSRBM 训练流程

RBM 的训练为无监督训练，其目标为最大化训练数据出现的似然概率，采用的训练方法为对比散度（Contrastive Divergence，CD）算法。CDSRBM 的竞争稀疏机制对参数$\boldsymbol{w}_{.j}$和隐单元偏置 c_j 的更新公式为

$$\Delta \boldsymbol{w}_{.j} = (\overline{S}_{\cos,j} - p(h_j|v_n)) \cdot (v_n)^{\mathrm{T}} \tag{8.2.18}$$

$$\Delta_1 c_j = \overline{S}_{\cos,j} - P(h_j|\boldsymbol{v}_n) \tag{8.2.19}$$

式中，$\overline{\boldsymbol{S}}_{\cos,j}$为向量$\overline{\boldsymbol{S}}_{\cos}$中第 j 个元素，即$\boldsymbol{w}_{.j}$与$\boldsymbol{w}_{.\cos-\max}$间归一化后的余弦相似度。

综上所述，CDSRBM 训练的流程如下。

输入：学习速率 $\boldsymbol{\eta}$，网络连接权值 $\boldsymbol{w}$，可见单元偏置 $\boldsymbol{b}$，隐单元偏置 c。

输出：更新后的 $\boldsymbol{w}$，$\boldsymbol{b}$，c。

训练步骤如下。

步骤 1：依据 CD 算法更新 $\boldsymbol{w}$，$\boldsymbol{b}$，c。

$$w_{ji}(k+1) = w_{ji}(k+1) + \boldsymbol{\eta}(<v_j(k)h_i(k)>_{\text{data}} - <v_j(k)h_i(k)>_{\text{recon}})$$

$$b_i(k+1) = b_i(k) + \boldsymbol{\eta}(<v_i(k)>_{\text{data}} - <v_i(k)>_{\text{recon}})$$

$$c_j(k+1) = c_j(k) + \boldsymbol{\eta}(<h_j(k)>_{\text{data}} - <h_j(k)>_{\text{recon}})$$

步骤 2：依据式（8.2.17），查找当前样本 p 最优匹配隐单元 h_p 。

步骤 3：应用式（8.2.18）、式（8.2.19）计算并依据最优神经元稀疏抑制流程更新 $\boldsymbol{w}$，c。

$$w_{ji}(k+1) = w_{ji}(k) + \boldsymbol{\eta}\Delta W_{.i}(k)$$

$$c_j(k+1) = c_j(k) + \boldsymbol{\eta}\Delta c_j(k)$$

步骤 4：重复步骤 1 ~ 步骤 3，直到模型收敛或超过训练迭代次数。

深度玻尔兹曼机（Deep Boltzmann Machine，DBM）是以 RBM 为基础的深度学习模型，其类似人脑的信息处理机制和多个 RBM 叠加组成的结构体系。考虑到 DBM 训练过程中，首先完成的是叠加 RBM 的贪婪逐层初始化训练，因此将 CDSRBM 的稀疏惩罚机制引入 DBM 的构建中，就构成了竞争型深度稀疏玻尔兹曼机（Competition - Sparse Deep Boltzmann Machine，CDSDBM）。

8.3　分类受限玻尔兹曼机与改进模型

分类受限玻尔兹曼机（Classification Restricted Boltzmann Machine，CFRBM）[153]是基于能量函数的无向图模型，是一个自带标签的随机神经网络模型，用于解决分类问题。

CFRBM 的标签层采用一个神经元代表一个类别。因此，标签层的神经元个数与数据的类别数一致。标签层神经元总是稀疏的，而且每个神经元仅能为模型参数提供很少的信息，这可能会导致过拟合[153]。为了解决该问题，可以对分类受限玻尔兹曼机进行改进，用 K 个神经元表示一个类别，目的是为模型参数提供更多的信息，从而提高模型的分类性能。

8.3.1　分类受限玻尔兹曼机

分类受限玻尔兹曼机可以看作是一个具有三层结构的随机神经网络模型。第一层是可见层，由 N_v 个神经元组成用以表示输入数据 $\boldsymbol{v}$；第二层是隐含层，由 J 个神经元组成用以表示数据 $\boldsymbol{h}$；第三层是标签层，代表输入数据的标签 $\boldsymbol{y}$，其中 $y \in \{1, 2, \cdots, C\}$，其网络结构如图 8.7 所示。可见层与隐含层之间的全连接权重用 $\boldsymbol{w}$ 表示，标签层和隐含层之间的全连接权重用 U 表示，每层各神经元之间没有连接。

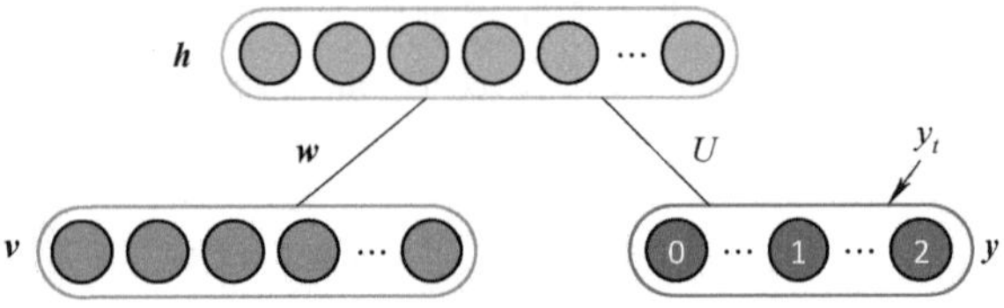

图 8.7　基本的 RBM 模型

现考虑二值单元模型，当然也可以考虑高斯单元、多项式单元、可矫正线性单元等。带有标签的二值 CFRBM 的联合概率分布为

$$p(\boldsymbol{y},\boldsymbol{v},\boldsymbol{h}) = \frac{1}{Z(\boldsymbol{\theta})}\mathrm{e}^{-E(\boldsymbol{y},\boldsymbol{v},\boldsymbol{h}|\boldsymbol{\theta})} \tag{8.3.1}$$

式中，$Z(\boldsymbol{\theta}) = \sum_{\boldsymbol{y},\boldsymbol{v},\boldsymbol{h}} \mathrm{e}^{-E(\boldsymbol{y},\boldsymbol{v},\boldsymbol{h}|\boldsymbol{\theta})}$，也称配分函数，以确保联合概率分布是有效的。

能量函数 $E(\boldsymbol{y},\boldsymbol{v},\boldsymbol{h} \mid \boldsymbol{\theta})$ 定义为

$$E(\boldsymbol{y},\boldsymbol{v},\boldsymbol{h} \mid \boldsymbol{\theta}) = -\sum_{i=1}^{N_v}\sum_{j=1}^{J} w_{ji}h_j v_i - \sum_{i=1}^{N_v} b_i v_i - \sum_{j=1}^{J} c_j h_j - \sum_{t=1}^{C}\sum_{j=1}^{J} U_{tj} y_t h_j - \sum_{t=1}^{C} d_t y_t \tag{8.3.2}$$

式中，$\boldsymbol{\theta}$ 是实数型参数 w_{ji}、U_{ti}、b_i、c_j 和 d_t 的集合，w_{ji} 是神经元 v_i 和 h_j 之间的连接权重，U_{tj} 是神经元 y_t 和 h_j 之间的连接权重，b_i 是第 i 个可见神经元的偏置，c_j 是第 j 个隐含层神经元的偏置，而 d_t 是第 t 个标签层神经元的偏置；v_i、$h_j \in \{0,1\}$，当且仅当标签为 t 时，$y_t = 1$，其他时候均为 0；$i \in \{1,2,\cdots,N_v\}$，$j \in \{1,2,\cdots,J\}$ 和 $t \in \{1,2,\cdots,C\}$。

对于分类任务，需要计算后验概率 $p(y_t \mid \boldsymbol{v})$，该条件概率为

$$p(y_t \mid \boldsymbol{v}) = \frac{\mathrm{e}^{d_t + \sum_{j=1}^{J} \mathrm{softplus}\left(c_j + \sum_{i=1}^{N_v} w_{ji} v_i + \sum_{t=1}^{C} U_{tj} y_t\right)}}{\sum_{t^*=1}^{C} \mathrm{e}^{d_{t^*} + \sum_{j=1}^{J} \mathrm{softplus}\left(c_j + \sum_{j=1}^{N_v} w_{ji} v_j + \sum_{t^*=1}^{C} U_{t^*j} y_{t^*}\right)}} \tag{8.3.3}$$

式中，$\mathrm{softplus}(x) = \log(1 + \mathrm{e}^x)$；$t^*$ 代表输入数据的标签且 $t^* \in \{1,2,\cdots,C\}$。

CFRBM 的训练通常采用与 RBM 类似的训练目标函数，即生成模型作为训练目标。给定

联合概率 $p(\boldsymbol{y},\boldsymbol{v})$，通过最大化 CFRBM 在训练数据集上的对数似然函数 $\mathrm{Loss}(\boldsymbol{\theta})=\sum_{n=1}^{N}\log p(\boldsymbol{y}_n,\boldsymbol{v}_n;\boldsymbol{\theta})$，使用随机梯度上升法来求解。其中，$N$ 是用于分类的训练样本个数。为了更新参数 $\boldsymbol{\theta}$，其关键步骤是计算 $l(\boldsymbol{\theta})=\log p(\boldsymbol{y}_n,\boldsymbol{v}_n;\boldsymbol{\theta})$ 关于模型参数的偏导数。以第 n 个样本数据为例，其对数似然函数关于 $\boldsymbol{\theta}$ 的梯度[153]为

$$\frac{\partial l(\boldsymbol{\theta})}{\partial \boldsymbol{\theta}}=-\sum_{\boldsymbol{h}}p(\boldsymbol{h}\mid \boldsymbol{y}_n,\boldsymbol{v}_n)\frac{\partial E(\boldsymbol{y}_n,\boldsymbol{v}_n,\boldsymbol{h}\mid\boldsymbol{\theta})}{\partial \boldsymbol{\theta}}+\sum_{\boldsymbol{y},\boldsymbol{v},\boldsymbol{h}}p(\boldsymbol{y},\boldsymbol{v},\boldsymbol{h})\frac{\partial E(\boldsymbol{y},\boldsymbol{v},\boldsymbol{h}\mid\boldsymbol{\theta})}{\partial \boldsymbol{\theta}} \tag{8.3.4}$$

式中，第一项比较容易计算；第二项由于配分函数 $Z(\boldsymbol{\theta})$ 的存在，其计算复杂度很高。为了避免计算的复杂性，目前有多种算法对梯度进行近似计算，如 CD 算法[1]、PCD 算法[154]、PT 算法[155]等。其中，CD 算法是完成 CFRBM 训练的常用算法。

在 CFRBM 模型中，$\boldsymbol{w}$ 学到有标签信息的数据特征。执行分类任务时，CFRBM 通过 U 进行类别区分，从而确定数据的标签。因此，U 是控制不同类别信息非常重要的参数。CFRBM 模型的标签层仅使用一个神经元表示某个具体类别，神经元总是稀疏的，而且单个神经元携带数据的类别信息是有限的，会影响分类效果。文献［153］研究了一种改进 RBM 模型。

8.3.2 改进模型

1. 改进模型描述

使用 L 个神经元表示某个具体类别，增加神经元携带的类别信息，从而提高分类精度。为此，建立一个除标签部分以外，其他与 CFRBM 结构一样的分类模型（L-Classification Restricted Boltzmann Machine，L-CFRBM）。标签部分使用 C_L 个神经元，每类使用连续的 L 个神经元，如图 8.8 所示。如果数据的类别是 t 类，则神经元 $y_{1t},y_{2t},\cdots,y_{Lt}$ 取值 1，剩余其他神经元取值 $0,t\in\{1,2,\cdots,C\}$。同样，$\boldsymbol{w}$ 是可见层和隐含层之间神经元的连接权重，U 是标签层和隐含层之间神经元的连接权重。

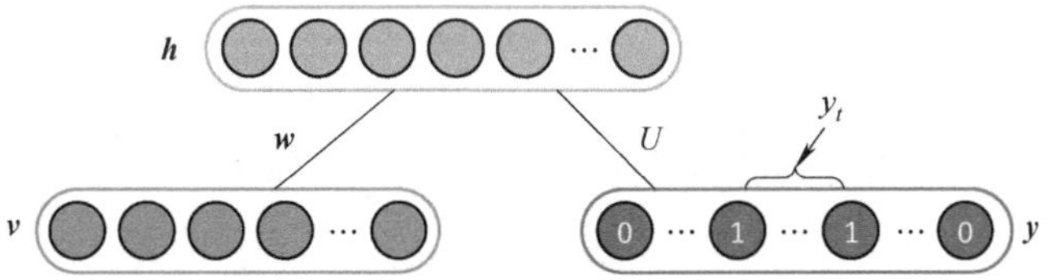

图 8.8 含 C_L 个标签神经元的 *RBM* 模型（L-CFRBM）

带有标签的二值 L-CFRBM 模型的能量函数为

$$\begin{aligned}\mathrm{E}(\boldsymbol{y}_L,\boldsymbol{v},\boldsymbol{h}\mid\boldsymbol{\theta})=&-\sum_{i=1}^{N_v}\sum_{j=1}^{J}w_{ji}h_jv_i-\sum_{i=1}^{N_v}b_iv_i-\sum_{j=1}^{J}c_jh_j\\&-\sum_{j=1}^{J}\sum_{t=1}^{C}\sum_{l=(t-1)L+1}^{tL}U_{lj}y_lh_j-\sum_{t=1}^{C}\sum_{l=(t-1)L+1}^{tL}d_ly_l\end{aligned} \tag{8.3.5}$$

与 CFRBM 类似，L-CFRBM 使用 $\boldsymbol{\theta}$ 表示实参数 b_i、c_j、w_{ji}、U_{lj}和 d_l，v_i，$h_j\in\{0,1\}$。但标签部分存在差异，L 依赖类标，因此 $t\in\{1,2,\cdots,C\}$，$l\in\{(t-1)L+1,(t-1)L+2,\cdots,tL\}$。隐含层与标签层的 l 个连续神经元链接的权重和 l 个连续神经元的偏

置各不相同。由于L-CFRBM 各层的神经元之间没有链接，因此条件概率公式 $p(\boldsymbol{h} \mid \boldsymbol{y}_L, \boldsymbol{v}) = \prod_{j=1}^{N_h} p(h_j \mid \boldsymbol{y}_L, \boldsymbol{v})$ 和 $p(\boldsymbol{v} \mid \boldsymbol{h}) = \prod_{i=1}^{N_v} p(v_i \mid \boldsymbol{h})$ 成立。

当给定可见层数据和对应标签时，第 i 个隐含层单元被激活的概率为

$$p(\boldsymbol{h} \mid \boldsymbol{y}_L, \boldsymbol{v}) = \frac{p(\boldsymbol{y}_L, \boldsymbol{v}, \boldsymbol{h})}{\sum_h p(\boldsymbol{y}_L, \boldsymbol{v}, \boldsymbol{h})} = \frac{\mathrm{e}^{-E(\boldsymbol{y}_L, \boldsymbol{v}, \boldsymbol{h})}}{\sum_h \mathrm{e}^{-E(\boldsymbol{y}_L, \boldsymbol{v}, \boldsymbol{h})}}$$
$$= \prod_{j=1}^{J} \frac{\mathrm{e}^{\left(c_j + \sum_{i=1}^{N_v} w_{ji} v_i + \sum_{t=1}^{C} \sum_{l=(t-1)L+1}^{tL} U_{lj} y_l\right) h_j}}{\sum_{h_j} \mathrm{e}^{\left(c_j + \sum_{i=1}^{N_v} w_{ji} v_i + \sum_{t=1}^{C} \sum_{l=(t-1)L+1}^{tL} U_{lj} y_l\right) h_j}} \tag{8.3.6}$$

由于 $h_j \in \{0,1\}$，故可得到$\boldsymbol{h}_j = 1$ 的条件概率为

$$p(h_j = 1 \mid \boldsymbol{y}_L, \boldsymbol{v}) = \operatorname{sigmoid}\left(c_j + \sum_{i=1}^{N_v} w_{ji} v_i + \sum_{t=1}^{C} \sum_{l=(t-1)L+1}^{tL} U_{lj} y_l\right) \tag{8.3.7}$$

给定隐含层神经元，可得可见层第 j 个神经元为 1 的条件概率为

$$p(v_i = 1 \mid \boldsymbol{h}) = \operatorname{sigmoid}\left(b_i + \sum_{j=1}^{J} w_{ji} h_j\right) \tag{8.3.8}$$

给定隐含层数据表达，类别 t 神经元对应的条件概率为

$$p(y_t \mid \boldsymbol{h}) = \frac{\sum_v p(\boldsymbol{y}_L, \boldsymbol{v}, \boldsymbol{h})}{\sum_{v, y_L} p(\boldsymbol{y}_L, \boldsymbol{v}, \boldsymbol{h})} = \frac{\sum_v \mathrm{e}^{-E(\boldsymbol{y}_L, \boldsymbol{v}, \boldsymbol{h})}}{\sum_{v, y_L} \mathrm{e}^{-E(\boldsymbol{y}_L, \boldsymbol{v}, \boldsymbol{h})}} = \frac{\mathrm{e}^{\sum_{l=(t-1)L+1}^{tL} \mathrm{d}_l + \sum_{j=1}^{J} \sum_{l=(t-1)L+1}^{tL} U_{lj} h_j}}{\sum_{t^*=1}^{C} \mathrm{e}^{\sum_{l=(t^*-1)L+1}^{t^*} \mathrm{d}_l + \sum_{l=(t^*-1)L+1}^{t^*L} U_{lj} h_j}} \tag{8.3.9}$$

当执行分类任务时，计算后验概率 $p(y_t \mid \boldsymbol{v})$ 推断数据的类别为

$$p(y_t \mid \boldsymbol{v}) = \frac{\sum_h p(\boldsymbol{y}_L, \boldsymbol{v}, \boldsymbol{h})}{\sum_{h, y_L} p(\boldsymbol{y}_L, \boldsymbol{v}, h)} = \frac{\sum_h e^{-E(\boldsymbol{y}_L, \boldsymbol{v}, \boldsymbol{h})}}{\sum_{h, y_L} \mathrm{e}^{-E(\boldsymbol{y}_L, \boldsymbol{v}, \boldsymbol{h})}}$$
$$= \frac{\mathrm{e}^{\sum_{l=(t-1)L+1}^{tL} \mathrm{d}_l + \sum_{j=1}^{J} \operatorname{softplus}\left(c_j + \sum_{i=1}^{N_v} w_{ji} v_i + \sum_{t=1}^{C} \sum_{l=(t-1)L+1}^{tL} U_{lj} y_L\right)}}{\sum_{t^*=1}^{c} \mathrm{e}^{\sum_{l=(t^*-1)L+1}^{t^*} \mathrm{d}_l + \sum_{j=1}^{J} \operatorname{softplus}\left(c_j + \sum_{j=1}^{N_v} w_{ji} v_i + \sum_{t^*=1}^{C} \sum_{l=(t^*-1)L+1}^{t^*L} U_{lj} y_L\right)}} \tag{8.3.10}$$

2. 改进模型训练

改进模型使用生成模型作为训练目标。给定联合概率 $p(\boldsymbol{y}_L \mid \boldsymbol{v})$，通过最大化 L-CFRBM 在训练数据集上的对数似然函数 $\mathrm{Loss}(\boldsymbol{\theta}) = \sum_{n=1}^{N} \log p(\boldsymbol{y}_{Ln}, \boldsymbol{v}_n; \boldsymbol{\theta})$，使用随机梯度上升法和对比散度 CD 算法对模型进行训练，更新参数 $\boldsymbol{\theta}$，即

$$\boldsymbol{\theta}(k+1) = \boldsymbol{\theta}(k) + \eta \Delta \boldsymbol{\theta}(k) \tag{8.3.11}$$

式中，η 是学习率。模型参数梯度的更新公式为

$$\Delta w_{ji} = \operatorname{sigmoid}\left(c_j + \sum_{i=1}^{N_v} w_{ji} v_{in} + \sum_{t=1}^{C} \sum_{l=(t-1)L+1}^{tL} U_{lj} y_{ln}\right) v_{in}$$
$$- \operatorname{sigmoid}\left(c_j + \sum_{i=1}^{N_v} w_{ji} v'_{in} + \sum_{t=1}^{C} \sum_{l=(t-1)L+1}^{tL} U_{lj} y'_{ln}\right) v'_{ln} \tag{8.3.12}$$

$$\Delta U_{lj} = \text{sigmoid}\left(c_j + \sum_{i=1}^{N_v} \boldsymbol{w}_{ji} v_{in} + \sum_{t=1}^{C} \sum_{l=(t-1)L+1}^{tL} U_{lj} y_{ln}\right) y_{ln}$$

$$- \text{sigmoid}\left(c_j + \sum_{i=1}^{N_v} \boldsymbol{w}_{ji} v'_{in} + \sum_{t=1}^{C} \sum_{l=(t-1)L+1}^{tL} U_{lj} y'_{ln}\right) y'_{ln} \tag{8.3.13}$$

$$\Delta c_j = \text{sigmoid}\left(c_j + \sum_{i=1}^{N_v} \boldsymbol{w}_{ji} v_{in} + \sum_{t=1}^{C} \sum_{l=(t-1)L+1}^{tL} U_{lj} y_{ln}\right)$$

$$- \text{sigmoid}\left(c_j + \sum_{i=1}^{N_v} \boldsymbol{w}_{ji} v'_{in} + \sum_{t=1}^{C} \sum_{l=(t-1)L+1}^{tL} U_{lj} y'_{ln}\right) \tag{8.3.14}$$

$$\Delta b_i = v_{in} - v'_{in} \tag{8.3.15}$$

$$\Delta d_l = y_{ln} - y'_{ln} \tag{8.3.16}$$

式中，v'_{in}是 v_{in}的重构；y'_{ln}是的 y_{ln}重构。

L-CFRBM 的具体训练步骤如下。

步骤1：初始化模型参数。连接权重初始化为一组满足正态分布数值很小的随机值，各层偏置初始化为零。输入训练数据（$\boldsymbol{y}_{Ln},\boldsymbol{v}_n$），设置学习率 $\boldsymbol{\eta}$ 、训练结束条件。

正向阶段：根据训练数据计算概率分布 $p(h_j = 1 \mid \boldsymbol{y}_{Ln},\boldsymbol{v}_n)$，从该分布中采样得到 $\boldsymbol{h}_n$，计算模型参数梯度的第一项。

反向阶段：计算概率分布 $p(y_t \mid \boldsymbol{h}_n)$、$p(v_i = 1 \mid \boldsymbol{h}_n)$，从这两个分布中采样得到$\boldsymbol{y}'_{Ln},\boldsymbol{v}'_n$；计算概率分布 $p(h_j = 1 \mid \boldsymbol{y}'_{Ln},\boldsymbol{v}'_n)$，并采样得到$\boldsymbol{h}'_n$，计算模型参数梯度的第二项。

步骤2：参数更新。

$$\boldsymbol{w}(k+1) = \boldsymbol{w}(k) + \eta\Delta\boldsymbol{w}(k)$$
$$\boldsymbol{U}(k+1) = \boldsymbol{U}(k) + \eta\Delta\boldsymbol{U}(k)$$
$$\boldsymbol{b}(k+1) = \boldsymbol{b}(k) + \eta\Delta\boldsymbol{b}(k)$$
$$\boldsymbol{c}(k+1) = \boldsymbol{c}(k+1) + \eta\Delta\boldsymbol{c}(k)$$
$$\boldsymbol{d}(k+1) = \boldsymbol{d}(k) + \eta\Delta\boldsymbol{d}(k)$$

不断执行正向、反向阶段及参数更新，直到满足训练结束条件。

3. 改进模型分析

改进模型在分类模型上增加了标签层的神经元数量，使神经元携带更多的类别信息。改进模型与分类模型的计算公式有一些区别，这些区别在于每类用 L 个标签神经元来标识。为了能更好地分析增加的神经元对模型参数的影响和对最终分类性能的改善，以参数 U 为例介绍改进模型参数的变化。CFRBM 的梯度为

$$\Delta U_{tj}(\text{CFRBM}) = \text{sigmoid}\left(c_j + \sum_{i=1}^{N_v} w_{ji} v_i + \sum_{t=1}^{C} U_{tj} y_t\right) y_t - \text{sigmoid}\left(c_j + \sum_{i=1}^{N_v} w_{ji} v'_i + \sum_{t=1}^{C} U_{ti} y'_t\right) y'_t \tag{8.3.17}$$

L-CFRBM 的梯度为

$$\Delta U_{lj}(\text{L-CFRBM}) = \text{sigmoid}\left(c_j + \sum_{i=1}^{N_v} w_{ji} v_i + \sum_{t=1}^{C} \sum_{l=(t-1)L+1}^{tL} U_{lj} y_l\right) y_l - \text{sigmoid}\left(c_j + \sum_{i=1}^{N_v} w_{ji} v'_i + \sum_{t=1}^{C} \sum_{l=(t-1)L+1}^{tL} U_{lj} y'_l\right) y'_l \tag{8.3.18}$$

上述公式表明，两个模型的连接权重更新公式不同之处在于 $\sum_{l=(t-1)L+1}^{tL} U_{lj}y_l$ 和 $\sum_{l=(t-1)L+1}^{tL} U_{lj}y'_l$，当然它们所使用的重构标签也有差异，但都归因于模型参数 U。为了更好地描述两个模型的不同，仅仅比较梯度公式中不同的部分。

定义 $\text{sum}_{\text{CFRBM}} = \sum_{t=1}^{C} U_{tj}y_t$，$\text{sum}_{\text{L-CFRBM}} = \sum_{t=1}^{C}\sum_{l=(t-1)L+1}^{tL} U_{lj}y_l$，假设训练数据的标签为第一类，则有

$\text{sum}_{\text{CFRBM}} = U_{1j}$，$\text{sum}_{\text{L-CFRBM}} = U_{1j} + U_{2j} + \cdots + U_{Li}$。

因此，L-CFRBM 相对于 CFRBM 有更多的参数来控制数据的类别，并且数值上 $\text{sum}_{\text{CFRBM}} \neq \text{sum}_{\text{L-CFRBM}}$，正是这个不同会使 L-CFRBM 在分类效果上有差异。

8.4 (2D)²PCA 受限玻尔兹曼机

在图像分类中，主成分分析（Principal Component Analysis，PCA）又称 K-L 变换，是最成功的线性判别分析方法之一。传统的 PCA 方法首先将图像矩阵转化为图像向量，然后以该图像向量作为原始特征进行线性判别分析[156-157]。PCA 方法具有速度快、实现方便、图像识别率高等优点，但容易受光照、表情和姿态等因素的影响。文献［158］以均方误差为度量给出了 PCA 与 2DPCA（2-dimension PCA）样本协方差阵的估计准确度表达式，并由此得到 2DPCA 图像特征优于 PCA 的判定条件。文献［159］用 2DPCA 方法对分块差图像进行特征提取，提高了人脸识别效果。文献［160］提出了一种基于 L1 范式的 2DPCA 降维方法，并将其应用到无监督学习中。文献［161］提出了一种改进的加权 2DPCA 算法，可有效提高目标识别效率。二维线性判别分析（2DLDA）是线性判别器（Linear Discriminant Analysis,LDA）在矩阵模式下的平行推广，相当于按行分块的 PCA[162-164]，但手工设计特征需大量的经验，调试工作量大。

这里介绍一种基于 (2D)²PCA 的 RBM 图像分类算法，在 Hadoop 平台上对该算法进行了并行化设计。与传统的 RBM 算法相比，该算法能有效提升高分辨率图像的处理速度，且具备良好的并行性[165]。

8.4.1 (2D)²PCA 图像分类 RBM 网络

假设训练图像 $I_i \in \mathbf{R}^{m\times n}(i = 1,2,\cdots,M)$，所有训练图像的平均图为

$$\bar{I} = \frac{1}{M}\sum_{i=1}^{M} I_i \tag{8.4.1}$$

其协方差矩阵 $\boldsymbol{C}_I$ 为

$$\boldsymbol{C}_I = \frac{1}{M}\sum_{i=1}^{M} (\boldsymbol{I}_i - \bar{\boldsymbol{I}})^{\mathrm{T}}(\boldsymbol{I}_i - \bar{\boldsymbol{I}}) \tag{8.4.2}$$

设 $\{x_1,x_2\cdots,x_D\}$ 为矩阵 $\boldsymbol{C}_1$ 的 D 个最大特征值对应的标准正交特征向量，可证明最优投影矩阵为

$$\boldsymbol{x}_{\text{opt}} = [x_1,x_2\cdots,x_D] \tag{8.4.3}$$

令 $\boldsymbol{I}_i = [(\boldsymbol{I}_{i1})^{\mathrm{T}},(\boldsymbol{I}_{i2})^{\mathrm{T}},\cdots,(\boldsymbol{I}_{im})^{\mathrm{T}}]^{\mathrm{T}}$、$\bar{\boldsymbol{I}} = [(\bar{\boldsymbol{I}}_1)^{\mathrm{T}},(\bar{\boldsymbol{I}}_2)^{\mathrm{T}},\cdots,(\bar{\boldsymbol{I}}_m)^{\mathrm{T}}]^{\mathrm{T}}$，$\boldsymbol{I}_{ij}$ 和 $\bar{\boldsymbol{I}}_j$ 分别为 $\boldsymbol{I}_i$ 和 $\bar{\boldsymbol{I}}$ 的

第 j 行向量，则式（8.4.2）可以重写为

$$C_I = \frac{1}{M}\sum_{i=1}^{M}\sum_{j=1}^{m}(I_{ij}-\bar{I}_j)^{\mathrm{T}}(I_{ij}-\bar{I}_j) \tag{8.4.4}$$

同理，令 $I_i = [(I_{i1}),(I_{i2}),\cdots,(I_{in})]$、$\bar{I} = [(\bar{I}_1),(\bar{I}_2),\cdots,(\bar{I}_m)]$，$I_{ij}$ 和 $\bar{I}_j$ 分别表示 I_i 和 $\bar{I}$ 的第 j 列向量，类似地将图像协方差矩阵定义为

$$C_I' = \frac{1}{M}\sum_{i=1}^{M}\sum_{j=1}^{m}(I_j-\bar{I}_j)^{\mathrm{T}}(I_{ij}-\bar{I}_j)^{\mathrm{T}} \tag{8.4.5}$$

设 $\{z_1,z_2,\cdots,z_Q\}$ 为矩阵 C_I' 的 Q 个最大特征值对应的标准正交特征向量，于是最优投影矩阵为

$$Z_{\mathrm{opt}} = [z_1,z_2,\cdots,z_Q] \tag{8.4.6}$$

将矩阵 A 同时向 X 和 Z 进行投影，得 $Q\times D$ 的特征矩阵为

$$C = z^{\mathrm{T}}Ax \tag{8.4.7}$$

首先将每个训练集图像 I_i 同时向 X 和 Z 轴进行投影得到特征矩阵 C_i，然后计算给定测试图像的特征矩阵 C，并利用基于 RBM 的深度学习方法对图像进行分类。

基于 $(2D)^2$PCA 提取的 RBM 图像分类算法实现步骤如下。

输入：图像数据 $I_i \in \mathbf{R}^{m\times n}$。

步骤 1：读取数据集中的图像，按照式（8.4.1）计算所有训练样本的平均图。

步骤 2：针对每张图像，按照式（8.4.4）计算协方差矩阵 C_I。

步骤 3：取矩阵 C_I 的 D 个最大特征值对应的标准正交特征向量，生成 $x_{\mathrm{opt}} = [x_1, x_2\cdots,x_d]$。

步骤 4：按照式（8.4.5）计算协方差矩阵 C_I'。

步骤 5：取矩阵 C_I' 的 Q 个最大特征值对应的标准正交特征向量，生成 $z_{\mathrm{opt}} = [z_1,z_2\cdots,z_D]$。

步骤 6：将图像 I 同时向 x 和 z 方向进行投影，按照式（8.4.7）计算得到 $Q\times D$ 的特征矩阵 C。

步骤 7：将特征矩阵 C 作为输入层数据 v_i 训练 RBM 网络，其中该网络输入层神经元数目由投影矩阵 C 的维数确定。

步骤 8：按照式（8.2.7）和输入层数据 v_i 计算式（8.2.6）等号右侧多项式中的 PP 项。

步骤 9：根据对比散度 CD 算法计算式（8.2.6）中等号右侧的 NP 项。

步骤 10：利用梯度下降算法求式（8.2.6）中的参数 $\theta = \{w_{ji},b_i,c_j\}$，并输入 Softmax 分类器，得出图像分类结果。

输出：图像分类结果。

8.4.2　$(2D)^2$PCA 图像分类 RBM 并行化实现

本节在 Hadoop[166-167] 平台上，采用 MapReduce 分布式编程模型[168] 实现了基于 $(2D)^2$PCA 提取的图像分类 RBM。首先将整个数据集分割成若干个小数据集（假设为 N 个，$N>0$），在 Map 阶段由每个 mapper 实体处理每个小 split 训练集，即分别对自己所负责的训练集提取 $(2D)^2$PCA 主成分和训练 RBM；在 Reduce 过程中，接收 mapper 阶段的计算结果，并将其输出到文件系统中。该算法的并行化编程模型如图 8.9 所示[165]。

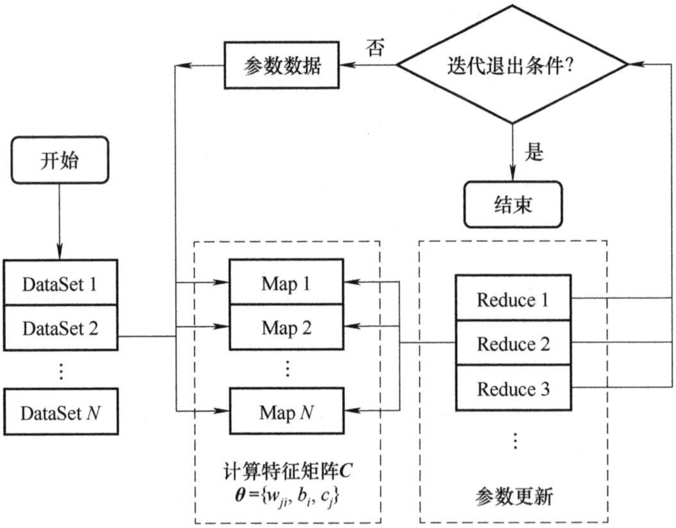

图 8.9　$(2D)^2$PCA 图像分类 RBM 算法并行化编程模型

8.5　实例 9：受限玻尔兹曼机的步态特征提取及其识别

步态识别是一种利用步态特征进行远距离感知的生物识别技术，具有非侵犯性、可远距离获取和难以伪装等特点。目前，关于步态特征的提取方法主要可以分为两类：一类是基于模型的方法；另一类是基于整体的方法（也称基于非模型的方法）。基于模型的方法主要依据人体步态的生理特征，将人体区域分割成为若干部分，并从中提取步态特征；基于整体的方法不需要构建模型，是从整体考虑且采用数学方法描述步态特征，较常用的方法是步态轮廓的特征[168-171]。研究表明，步态识别的准确率往往受行走速度、服装变化和视角变化的影响，其中，视角变化会极大影响识别方法的泛化能力。目前，大多数步态识别的研究主要集中在从步态视频序列中提取特征，并使用传统的主成分分析与线性判别分析法，然而，如何自动提取有效的步态特征是步态识别的难点问题。本节分析文献［172］利用受限玻尔兹曼机进行步态特征提取与识别的方法。

8.5.1　基于受限玻尔兹曼机的步态特征提取

1. 训练受限玻尔兹曼机

对于 RBM 模型，训练的目的是通过对训练样本的学习得到参数 θ 的值，使得对应的 RBM 所表示的分布尽可能拟合给定的步态样本训练数据。利用对比散度（Contrastive Divergence，CD）算法能够快速训练 RBM 模型。此算法在初始化 RBM 时，只需要对实验样本使用一步 Gibbs 采样，即可获得足够好的效果。在训练过程中，将 $\langle\cdot\rangle_{\text{data}}$ 记为每步训练时输入网络的一个训练样本。利用式（8.2.7）计算得到隐含层神经元的激活概率。对每个隐含层神经元，将激活概率与一个采样自均匀分布的随机数进行比较，如果大于该随机数，置为激活状态，否则置为抑制状态。在确定所有隐含层神经元的激活状态后，利用式（8.2.8）计算得到可见层神经元激活概率，即获得可见层对训练样本的重构，这样对于 RBM 网络中

参数的更新公式为

$$\begin{cases}\Delta w_{ji} = \eta(<v_i h_j>_{\text{data}} - <v_i h_j>_{\text{recon}}),\\ \Delta b_i = \eta(<v_i>_{\text{data}} - <v_i>_{\text{recon}})\\ \Delta c_i = \eta(<h_j>_{\text{data}} - <h_j>_{\text{recon}})\end{cases} \tag{8.5.1}$$

式中，η 是学习率，通常取一个较小的数。

将步态能量图输入到训练好的 RBM，通过式（8.2.7）得到隐含层神经元的激活概率，该值即为经过特征提取后得到的新的特征。

2. 特征提取

步态识别由特征提取与分类识别两部分构成。其中，特征提取主要通过提取步态特征，通过样本使用选取的特征将其表示出来，具体包括背景分割、归一化、步态周期的计算及步态能量图的生成；分类识别主要使用分类器分类方法进行识别。

（1）背景分割

运动目标的分割就是从图像中将变化区域从背景图像中提取出来，但由于背景图像可能存在的动态变化，如天气改变、色温变化、影子和物体遮挡等影响，使得运动检测成为一项较为困难的工作。目前，运动分割算法主要包括背景减除法、时域差分法和时空梯度法，文献［172］使用背景减除法提取行人侧面轮廓，具体步骤如下。

步骤1：背景估计。利用混合高斯模型对背景建模，获得图像序列中的背景图像。

步骤2：目标检测与分割。使用背景减除法来检测序列图像中运动的目标，并在设定阈值下对图像进行二值分割。

步骤3：填充处理。由于二值分割后的轮廓图像会产生一些噪声和空洞，所以需要对二值图像使用开运算处理，然后再使用连通域分析填补残留的噪声区域。图 8.10 给出了一个行人步态轮廓图的生成过程[172]。

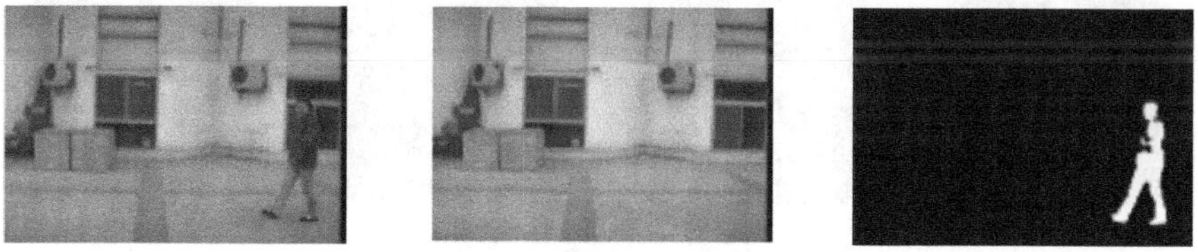

a)　　b)　　c)

图 8.10　行人步态轮廓图的生成过程

（2）轮廓的归一化处理

图 8.10c 表明，目标轮廓只占据了原始图像的较小部分，且由于摄像机拍摄时角度固定，所以行人行走过程与摄像机的距离存在变化，进而直接影响侧影轮廓的大小，对轮廓图进行裁切得到目标侧影图片，之后进行归一化处理，将其缩放到固定大小的模板中。这里采用双线性插值法，并利用式（8.5.2）对图像尺度进行变换，如图 8.11 所示。$P_{11}=(x_1,y_1)$，$P_{12}=(x_1,y_2)$，$P_{21}=(x_2,y_1)$ 与 $P_{22}=(x_2,y_2)$ 为 4 个像素点的位置，$Q=(x,y)$，$f(P)$ 为点 P 的像素值。

$$f(x,y)=\frac{1}{(x_2-x_1)(y_2-y_1)}\times[x_2-x \quad x-x_1]\begin{bmatrix}f(P_{11}) & f(P_{12})\\ f(P_{21}) & f(P_{22})\end{bmatrix}\begin{bmatrix}y_2-y\\ y-y_1\end{bmatrix} \tag{8.5.2}$$

（3）计算步态周期

由于运动人体轮廓的面积随时间呈现周期性的变化，所以时间轴上的面积曲线具有明显的波峰和波谷，如图 8.12 所示。为此，将两个连续波峰之间包含的序列划分到同一个周期中，进而将整个序列划分成较小的周期序列，为获得步态能量图提供依据。

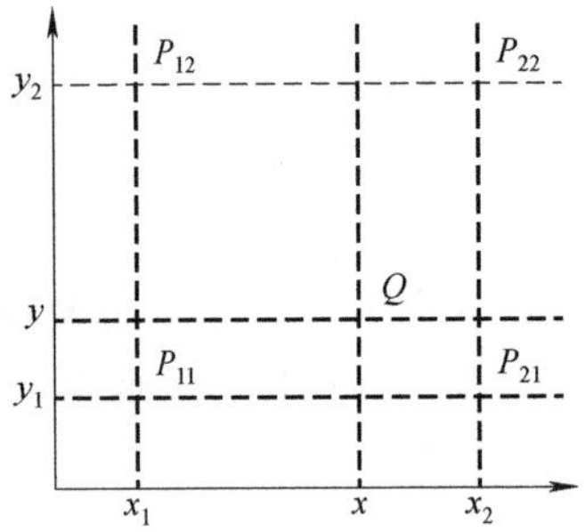

图 8.11　双线性插值法

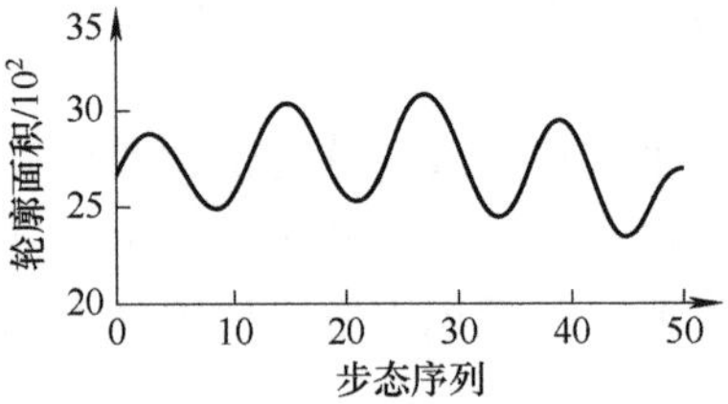

图 8.12　轮廓面积随时间的变化曲线

（4）生成步态能量图

步态能量图是步态识别中常用的一种获取特征的方法，对中心归一化的步态周期序列图像采用二值轮廓图像叠加的方式构成步态能量图。假设轮廓图像集为 $S = \{s_1, s_2, \cdots, s_{N_T}\}$，$s_k$ 表示 k 时刻的轮廓图像，N_T 是此周期序列的长度，则步态能量图定义为

$$\text{GEI} = G(x,y) = \frac{1}{N_T}\sum_{t=1}^{N_T} s_k(x,y) \tag{8.5.3}$$

式中，$s_k(x,y)$ 表示 k 时刻坐标 (x,y) 处的灰度值；$G(x,y)$ 为步态轮廓图像叠加后 (x,y) 处的像素值；G 为相应的步态能量图。生成的步态能量图如图 8.13 所示。

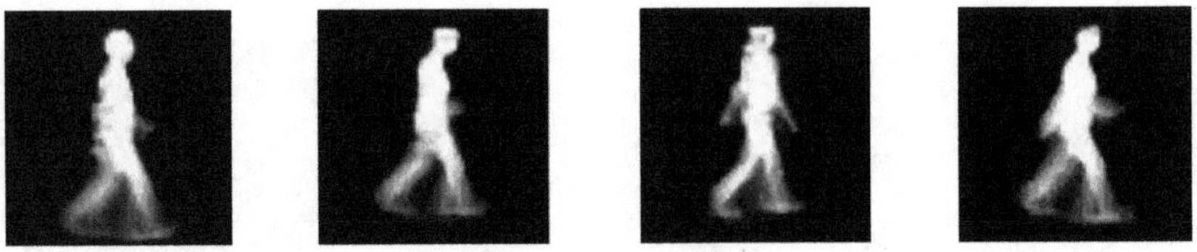

图 8.13　步态能量图

对所得的步态能量图向量化，再通过受限玻尔兹曼机的训练，从而得到步态的特征表示。

8.5.2　仿真实验与结果分析

1. 实验数据与方法

文献［172］选择了中科院的步态识别数据库 CASIA Dataset A 中的数据进行测试。该数据库包含 20 个行人样本，每个行人样本由 12 个不同的图像序列构成，其中前 4 个是拍摄于 90°视角下正常状态的行走序列，每个图像序列大约有 70 幅原始图像。首先，将 CASIA Dataset A 中拍摄角度为 90°的原始步态图像经过人体区域检测、归一化处理并转化为步态能量图，且大小为 64×64；然后，随机选取每个行人的 2/3 步态能量图样本作为训练集，其余 1/3 作为测试集。主要使用受限玻尔兹曼机作为特征提取器，并与主成分分析法（PCA）、线性判别分析法（LDA）及卷积神经网络（CNN）的特征提取方法进行对比。分类器分别使用支持向量机（SVM）、孪生支持向量机（TSVM）、K－近邻（K-NN）和神经网络（ANN）进行步态识别。对于不同特征提取器和分类器的组合，通过调整相应的参数并记录得到的识别准确率。重复上述实验步骤 5 次，取每组参数的平均识别率作为最终的输出。

2. 实验结果与分析

（1）RBM 的步态特征提取与识别

在 RBM 的步态特征提取中，隐含层数 N_T 的取值为 50 ~ 500 的整数，SVM 与 TSVM 中参数 c 的取值分别为 2^{-10} ~ 2^{14}，多类分类采用了一对多方法；K-NN 中 K 的取值分别为 1、3、5、7 和 9；ANN 中的隐含层各层神经元数分别为 10 ~ 100，实验结果如图 8.14 所示[172]。其中，图 8.14a ~ 图 8.14d 分别为使用 SVM、TSVM、K-NN 和 ANN 的识别准确结果。可以看到，在使用 SVM 与 TSVM 分类器时，随着参数 c 值的增大，其识别准确率逐步提高，只是 TSVM 的识别准确率低于 SVM。对于 K-NN 分类器，使用最近邻方法的步态识别准确率高于 K（$K \geqslant 2$）近邻，但其识别准确率低于 SVM 分类器。同样，对于 ANN，随着特征数与隐含层神经元数量的增加，其步态识别准确率不断提高，当神经元数量超过 70 时，其识别准确率开始下降。

（2）PCA 与 LDA 的步态特征提取及识别

1）PCA 特征提取与识别。

主成分数的取值为 50 ~ 300，实验结果如图 8.15 所示[172]。图 8.15 表明，对于 PCA 方法，当使用 SVM 与 TSVM 分类器时，取得了较高的识别准确率。

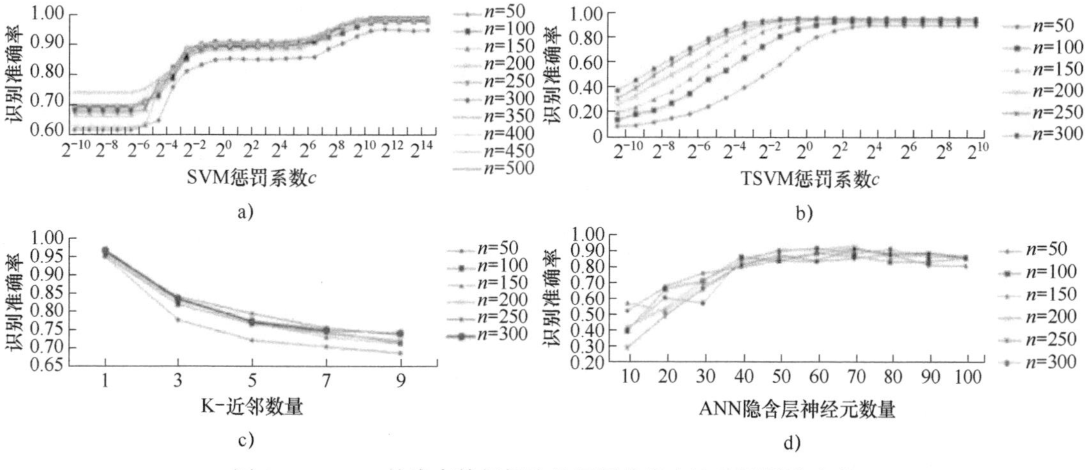

图 8.14　RBM 的步态特征提取及不同分类方法的识别准确率

a）支持向量机（SVM）　b）孪生支持向量机（TSVM）　c）K－近邻（K-NN）　d）神经网络（ANN）

2）LDA 特征提取与识别。

由于 LDA 使用了类标签作为先验知识，可以使用更少的特征空间维度来表示样本。本实验特征数的取值为 1 ~ 19，实验结果如图 8.16 所示[172]。图 8.16 表明，使用 K-NN 作为分类器的识别准确率高于 SVM、TSVM 与 ANN 分类器的识别准确率，而 SVM、TSVM 与 ANN 分类器的识别准确率大体相当。

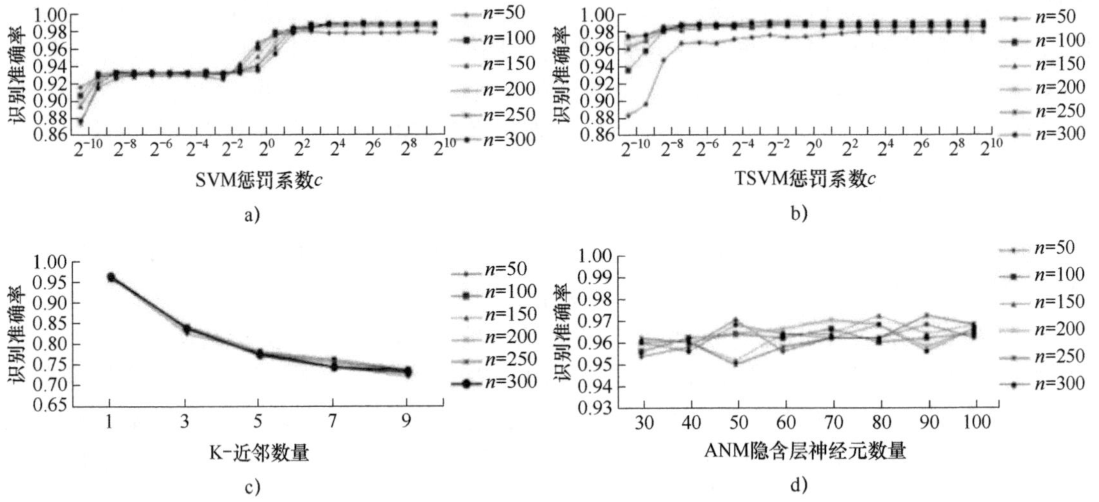

图 8.15　PCA 的步态特征提取及不同分类方法的识别准确率

a）支持向量机（SVM）　b）孪生支持向量机（TSVM）　c）K－近邻（K-NN）　d）神经网络（ANN）

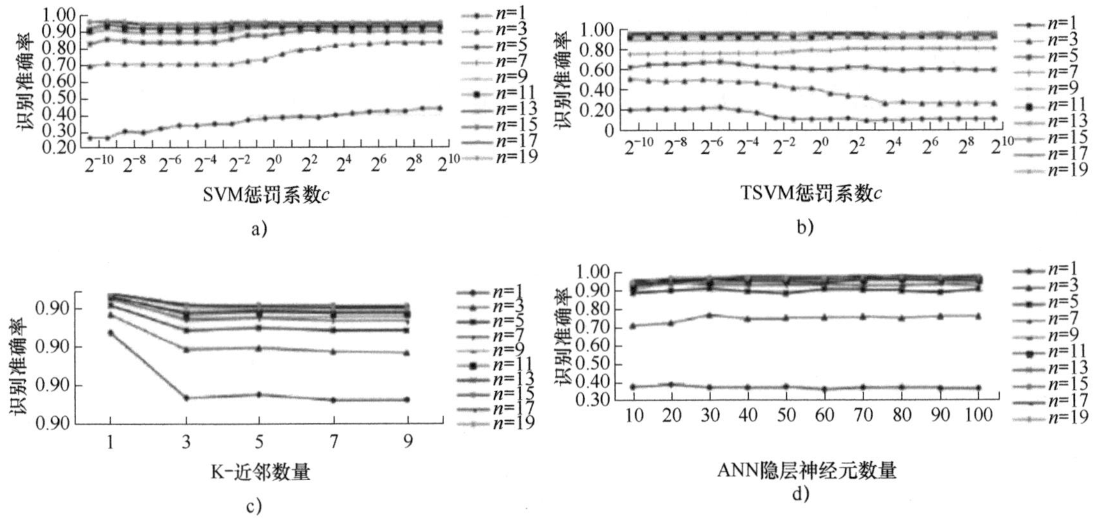

图 8.16　LDA 的步态特征提取及不同分类方法的识别准确率

a）支持向量机（SVM）　b）孪生支持向量机（TSVM）　c）K－近邻（K-NN）　d）神经网络（ANN）

3）CNN 步态特征提取与识别。

实验中，CNN 由两个卷积层、两个池化层组成，全连接层以及 SVM、TSVM、K-NN 与 ANN 分类器，卷积核的大小分别为 3 和 5，实验结果如图 8.17 所示。

4）不同步态特征提取方法的实验结果比较。

为了比较不同方法的性能，针对 4 种特征提取与分类方法进行实验研究，实验结果见表 8.1[172]，其中括号内的数据是获得较好识别准确率时的参数值。总体来说，对于不同的特征提取方法，当使用 SVM 分类器时，其步态识别准确率要优于 TSVM、K-NN 与 ANN 方法的识别准确率；另外，使用 RBM 方法提取特征的识别率高于 LDA、CNN 方法的识别准确率，稍逊于 PCA 方法的识别准确率，但 RBM 方法却实现了自动提取步态特征。

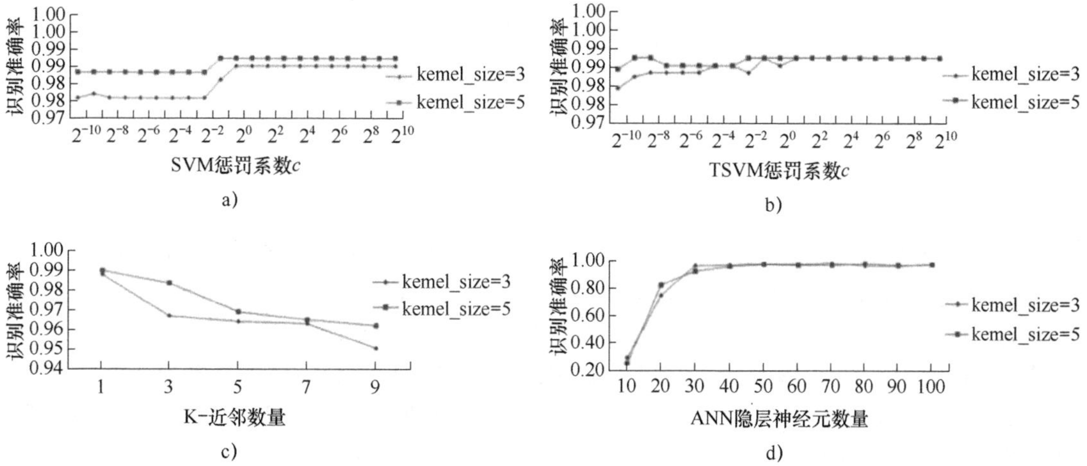

图 8.17　CNN 的步态特征提取及不同分类方法的识别准确率

a）支持向量机（SVM）　b）孪生支持向量机（TSVM）　c）K－近邻（K-NN）　d）神经网络（ANN）

表 8.1　不同特征提取与识别方法的实验结果

特征提取方法	SVM	TSVM	K-NN	ANN
RBM	(250, 2^{-11})	(300, 2^{0})	(300, 1)	(200, 70)
	0.9897	0.9569	0.9713	0.9374
PCA	(250, 2^{4})	(150, 2^{-1})	(250, 1)	(250, 90)
	0.9918	0.9918	0.9672	0.9733
LDA	(19, 2^{-9})	(17, 2^{-4})	(17, 1)	(19, 70)
	0.9764	0.9795	0.9856	0.9795
CNN	(5, 2^{5})	(5, 2^{-1})	(5, 1)	(3, 70)
	0.9877	0.9877	0.9897	0.9815

综上，针对步态识别问题，利用受限玻尔兹曼机的步态特征提取及其识别，将步态能量图作为 RBM 的输入，利用 RBM 自动提取步态特征；针对 CASIA 步态数据库，并选取支持向量机、孪生支持向量机、神经网络与 K－近邻识别方法对 RBM 的特征提取进行步态识别；同时，与主成分分析（PCA）、线性判别分析（LDA）、卷积神经网络（CNN）特征提取进行了比较。获得的结果如下。

1）对于自动提取特征方法，当使用 SVM 分类器时，RBM 方法的识别准确率优于 CNN 方法的识别准确率，而使用 TSVM、K-NN 和 ANN 分类器时，CNN 方法的识别准确率优于 RBM。

2）对于不同的特征提取方法，当使用 SVM 分类器时，RBM 方法的识别准确率优于 LDA、CNN 方法的识别准确率，稍逊于 PCA 方法的识别准确率。

第 9 章　深度信念网络

概　要

从常规深度信念网络结构、原理出发，讨论了稀疏深度信念网络结构，详细分析 Gamma 深度信念网络结构及各层激励响应、Gibbs 向上向下采样原理；将 Adam 算法与 Nesterov 算法相结合，分析了自适应深度信念网络；将 KPCA 进行采样数据特征提取，得到基于 KPCA 分析的 DBN 模型；通过分析深度信念网络超参数和训练可获得参数，将训练参数进行自适应调整，得到全参数动态学习深度信念网络；根据混沌免疫算法和粒子群算法优化深度信念网络。

深度信念网络（Deep Belief Network，DBN）是深度学习（Deep Learning，DL）架构之一，是一种融合了深度学习和特征学习的多层神经网络，是结合了无监督学习和有监督学习的多层概率机器学习模型。深度信念网络能够从原始数据中自动学习、提取特征，通过 DBN 学习的特征能够对原始数据实现更本质的描述，并且通过 DBN 的“逐层初始化”能够有效地解决深层网络的训练问题。深度信念网络的提出为深度学习提供了一个新的研究方向。

在深度信念网络提出之前，深层网络的训练问题一直都没有被有效解决。梯度不稳定、监督学习易造成模型过拟合、梯度下降算法对初始值敏感易陷入局部极值等问题，导致深层网络监督学习的参数难于训练，所以深层网络的效果反而不如浅层网络。2006 年 Hinton[173] 首次提出的深度信念网络和贪婪无监督逐层学习算法，有效解决了深度学习模型的训练问题，使得深度网络的学习变得高效。

本章围绕深度信念神经网络展开讨论。

9.1　深度信念网络概述

9.1.1　常规 DBM 网络

1. DBM 网络结构

以 3 层隐含层结构的深度信念神经网络（DBN-DNN）为例，网络一共由 3 个受限玻尔兹曼机（Restricted Boltzmann Machine，RBM）单元堆叠而成，如图 9.1 所示。其中，RBM 一共有两层，上层为隐层，下层为显层。堆叠成 DNN 时，前一个 RBM 的输出层（隐层）作为下一个 RBM 单元的输入层（显层），依次堆叠，便构成了基本的 DBN 结构，最后再添加一层输出层，就是最终的 DBN-DNN 结构。

在 RBM 中，它只有在隐含层和可见层神经元之间有连接，可见层神经元之间以及隐含层神经元之间都没有连接。并且，隐含层神经元通常取二进制并服从伯努利分布，可见层神经元可以根据输入的类型取二进制或者实数值。根据可见层（v）和隐含层（h）的取值不同，可将 RBM 分成两大类，如果 v 和 h 都是二值分布，那么它就是 Bernoulli-Bernoulli RBM（伯努利-伯努利 RBM）；如果 v 是实数，比如语音特征，h 为二进制，那么则为 Gaussian-Bernoulli RBM（高斯-伯努利 RBM）。因此，在图 9.1 中，RBM1 为高斯-伯努利，RBM2 和 RBM3 都是伯努利-伯努利 RBM。

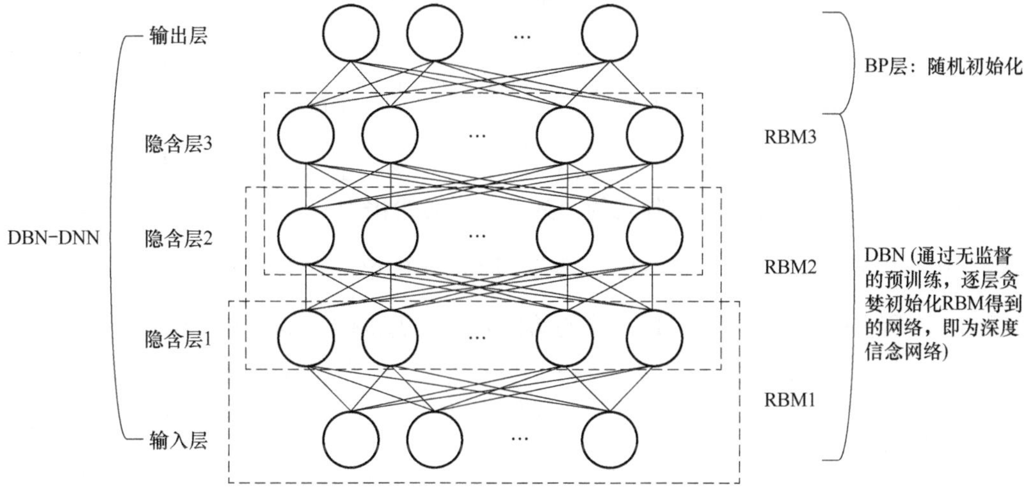

图 9.1　深度信念神经网络（DBN-DNN）结构

基于 RBM 构建的 DBN 和 DBM 模型，如图 9.2 所示。DBN 模型通过叠加 RBM 逐层预训练时，某层的分布只由上一层决定。例如，DBN 的 v 层依赖于 $h1$ 的分布，$h1$ 只依赖于 $h2$ 的分布，也就是说 $h1$ 的分布不受 v 的影响；确定了 v 的分布，$h1$ 的分布只由 $h2$ 来确定。DBM 模型为无向图结构，也就是说，DBM 的 $h1$ 层是由 $h2$ 层和 v 层共同决定的，是双向的。从效果来看，DBM 结构会比 DBN 结构具有更好的鲁棒性，但其求解的复杂度太大，需要将所有的层一起训练，不利于应用。从借用 RBM 逐层预训练方法看，DBN 结构就方便快捷了很多，便于广泛应用。

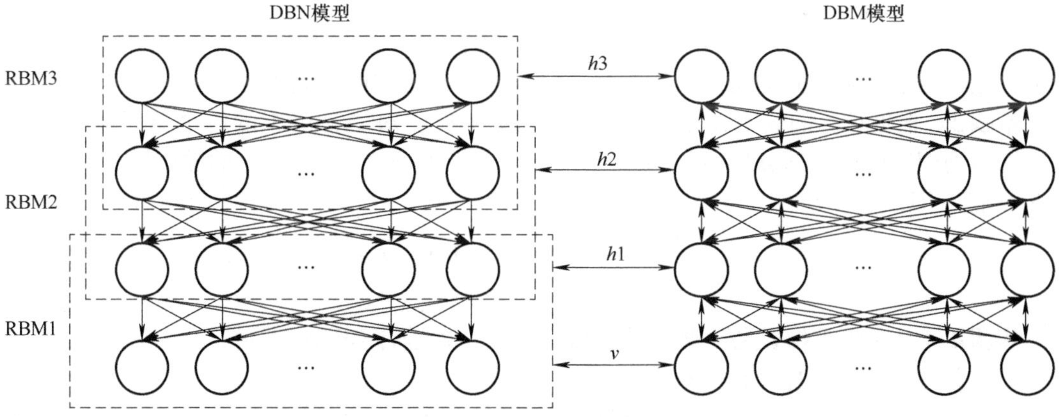

图 9.2　RBM 构建的两种模型

2. DBN 训练与反向调优

（1）基于 RBM 的无监督预训练

利用对比散度算法（Contrastive Divergence K，CD-k）进行权值初始化，Hinton 发现 k 取为 1 时，就可以有不错的学习效果。具体架构如下。

步骤 1：随机初始化权值 $\{\boldsymbol{w}, \boldsymbol{b}, \boldsymbol{c}\}$。其中，$\boldsymbol{w}$ 为权重向量，$\boldsymbol{b}$ 是可见层的偏置向量，$\boldsymbol{c}$ 为隐含层的偏置向量，随机初始化为较小的数值（可为 0）

$$\boldsymbol{x}=\boldsymbol{v}=\begin{bmatrix} v_1 \\ v_2 \\ \vdots \\ v_N \end{bmatrix}, \boldsymbol{h}=\begin{bmatrix} h_1 \\ h_2 \\ \vdots \\ h_J \end{bmatrix}, \boldsymbol{w}=\begin{bmatrix} w_{1,1} & w_{2,1} & \cdots & w_{M,1} \\ w_{1,2} & w_{2,2} & \cdots & w_{M,2} \\ \vdots & \vdots & \vdots & \vdots \\ w_{1,J} & w_{2,J} & \cdots & w_{N,J} \end{bmatrix}, \boldsymbol{b}=\begin{bmatrix} b_1 \\ b_2 \\ \vdots \\ b_N \end{bmatrix}, \boldsymbol{c}=\begin{bmatrix} c_1 \\ c_2 \\ \vdots \\ c_J \end{bmatrix} \tag{9.1.1}$$

式中，N 为显元的个数；J 为隐元的个数。$\boldsymbol{w}$ 可初始化为来自正态分布 $N(0, 0.01)$ 的随机数，初始化 $b_i = \log \dfrac{p_i}{1-p_i}$，其中 p_i 表示训练样本中第 i 个样本处于激活状态（即取值为 1）的样本所占的比例，而 c 可以直接初始化为 0。隐元和显元值的计算公式为

$$\boldsymbol{v}=(\boldsymbol{w}^{\mathrm{T}} \cdot \boldsymbol{h}+\boldsymbol{b})=\begin{bmatrix} w_{1,1} \cdot h_1 & + & w_{1,2} \cdot h_2 & + & \cdots & + & w_{1,J} \cdot h_J \\ w_{2,1} \cdot h_1 & + & w_{2,2} \cdot h_2 & + & \cdots & + & w_{2,J} \cdot h_J \\ \vdots & & \vdots & & & & \vdots \\ w_{N,1} \cdot h_1 & + & w_{N,2} \cdot h_2 & + & \cdots & + & w_{N,J} \cdot h_J \end{bmatrix}+\begin{bmatrix} b_1 \\ b_2 \\ \vdots \\ b_N \end{bmatrix}=\begin{bmatrix} v_1 \\ v_2 \\ \vdots \\ v_N \end{bmatrix} \tag{9.1.2}$$

$$\boldsymbol{h}=(\boldsymbol{w} \cdot \boldsymbol{x}+\boldsymbol{c})=\begin{bmatrix} w_{1,1} \cdot v_1 & + & w_{2,1} \cdot v_2 & + & \cdots & + & w_{N,1} \cdot v_N \\ w_{1,2} \cdot v_1 & + & w_{2,2} \cdot v_2 & + & \cdots & + & w_{N,1} \cdot v_N \\ \vdots & & \vdots & & & & \vdots \\ w_{1,J} \cdot v_1 & + & w_{2,J} \cdot v_2 & + & \cdots & + & w_{N,J} \cdot v_N \end{bmatrix}+\begin{bmatrix} c_1 \\ c_2 \\ \vdots \\ c_J \end{bmatrix}=\begin{bmatrix} h_1 \\ h_2 \\ \vdots \\ h_J \end{bmatrix} \tag{9.1.3}$$

步骤 2：将 $\boldsymbol{x}$ 赋给显层 $\boldsymbol{v}^{(0)}$，计算它使隐含层神经元被开启的概率。对于高斯或伯努利可见层神经元，其概率为

$$p(h_j^{(0)}=1 \mid \boldsymbol{v}^{(0)})=\sigma(\boldsymbol{w}_J \cdot \boldsymbol{v}^{(0)}+c_j) \tag{9.1.4}$$

式中，上标用于区别不同的向量，下标用于区别同一向量中的不同维。

步骤 3：根据计算的概率分布进行一步 Gibbs 抽样，对隐含层中的每个单元从 $\{0, 1\}$ 中抽取得到相应的值，即 $\boldsymbol{h}^{(0)} \sim p(\boldsymbol{h}^{(0)} \mid \boldsymbol{v}^{(0)})$。当产生一个 $[0,1]$ 上的随机数 r_j，就可确定 h_j 的值，即

$$h_j=\begin{cases} 1 & ,\text{如果} p(h_j^{(0)}=1 \mid \boldsymbol{v}^{(0)})>r_j \\ 0 & , \quad \text{否则} \end{cases} \tag{9.1.5}$$

步骤 4：用 $\boldsymbol{h}^{(0)}$ 重构显层，需先计算概率密度，再进行 Gibbs 抽样。

对于贝叶斯可见层神经元，有

$$p(v_i^{(1)}=1 \mid \boldsymbol{h}^{(0)})=\sigma(\boldsymbol{w}_I^{\mathrm{T}} \boldsymbol{h}^{(0)}+b_j) \tag{9.1.6}$$

对于高斯可见层神经元，有

$$p(v_j^{(1)}=1|\boldsymbol{h}^{(0)})=N(\boldsymbol{v}^{(0)};\boldsymbol{w}_I^{\mathrm{T}}\cdot\boldsymbol{h}^{(0)}+b_i,I) \tag{9.1.7}$$

式中，N 表示为正态分布函数。

步骤5：根据计算到的概率分布，再一次进行一步 Gibbs 采样，以对显层中的神经元从 {0, 1} 中抽取相应的值来进行采样重构。当产生 [0, 1] 上的随机数，就可确定 v_i 的值，即

$$v_i=\begin{cases}1 & ,\text{如果}p(v_i^{(1)}=1|\boldsymbol{h}^{(0)})>r_j\\ 0 & ,\quad\text{否则}\end{cases} \tag{9.1.8}$$

步骤6：再次用显元（重构后的），计算隐层神经元被开启的概率。

对于高斯或者伯努力可见层神经元，有

$$p(h_j^{(1)}=1|\boldsymbol{v}^{(1)})=\sigma(\boldsymbol{w}_J\boldsymbol{v}^{(1)}+c_j) \tag{9.1.9}$$

步骤7：更新得到新的权重和偏置。

$$\boldsymbol{w}(k+1)=\boldsymbol{w}(k)+\eta[p(h^{(0)}=1|\boldsymbol{v}^{(0)})\boldsymbol{v}^{(0)\mathrm{T}}-p(h^{(1)}=1|\boldsymbol{v}^{(1)})\boldsymbol{v}^{(1)\mathrm{T}}] \tag{9.1.10}$$

$$\boldsymbol{b}(k+1)=\boldsymbol{b}(k)+\alpha[\boldsymbol{v}^{(0)}-\boldsymbol{v}^{(1)}] \tag{9.1.11}$$

$$\boldsymbol{c}(k+1)=\boldsymbol{c}(k)+\beta[p(h^{(0)}=1|\boldsymbol{v}^{(0)})-p(h^{(1)}=1|\boldsymbol{v}^{(1)})] \tag{9.1.12}$$

式中，η 为学习率。

注意：RBM 的训练，实际上是求出一个最能产生训练样本的概率分布。也就是说，要求一个分布，在这个分布里，训练样本的概率最大。由于这个分布的决定性因素在于权值 $\boldsymbol{w}$，所以训练的目标就是寻找最佳的权值，以上就用对比散度学习算法来寻找最佳的权值。

在图9.1中，利用 CD 算法进行预训练时，只需要迭代计算 RBM1、RBM2 和 RBM3 三个单元的 $\boldsymbol{w}$,$\boldsymbol{b}$,$\boldsymbol{c}$ 值；最后一个 BP 单元的 $\boldsymbol{w}$ 和 $\boldsymbol{c}$ 值，直接采用随机初始化的值即可。通常，将 RBM1、RBM2 和 RBM3 构成的结构称为 DBN 结构（深度信念网络结构），最后再加上一层输出层（BP 层）后，便构成了标准型的 DNN 结构即 DBN-DNN。

（2）基于 RBM 的有监督反向调参

有监督的调优训练时，需要先利用前向传播算法，从输入得到一定的输出值，然后再利用反向传播算法来更新网络的权重值和偏置值。

1）前向传播。

① 利用 CD 算法预训练好的 $\boldsymbol{w}$ 和 $\boldsymbol{c}$ 来确定相应隐元的开启和关闭。

计算每个隐元的激励值为

$$\boldsymbol{h}^{(l)}=\boldsymbol{w}^{(l)}\cdot\boldsymbol{v}+\boldsymbol{c}^{(l)} \tag{9.1.13}$$

式中，l 为神经网络的层数索引。而 $\boldsymbol{w}$ 和 $\boldsymbol{c}$ 的值为

$$\boldsymbol{w}=\begin{bmatrix}w_{1,1} & w_{2,1} & \cdots & w_{N,1}\\ w_{1,2} & w_{2,2} & \cdots & w_{N,2}\\ \cdots & \cdots & \cdots & \cdots\\ w_{1,J} & w_{2,J} & \cdots & w_{N,J}\end{bmatrix},\ \boldsymbol{c}=\begin{bmatrix}c_1\\ c_2\\ \vdots\\ c_J\end{bmatrix} \tag{9.1.14}$$

式中，$w_{i,j}$ 代表从第 i 个显元到第 j 个隐元的权重。

② 逐层向上传播，一层层地将隐含层中每个隐元的激励值计算出来并用 sigmoid 函数完成标准化，即

$$\sigma^{(l)}(h_j)=\frac{1}{1+\mathrm{e}^{-h_j}} \tag{9.1.15}$$

③ 最后计算输出层的激励值和输出。

$$\boldsymbol{h}^{(l)}=\boldsymbol{w}^{(l)}\cdot\boldsymbol{h}(l-1)+\boldsymbol{c}^{(l)} \tag{9.1.16}$$

$$\hat{\boldsymbol{z}}=f(\boldsymbol{h}^{(l)}) \tag{9.1.17}$$

式中，输出层的激活函数为 $f(\cdot)$，$\hat{\boldsymbol{z}}$ 为输出层的输出值。

2）反向传播。

① 采用最小均方误差准则的反向误差传播算法来更新整个网络的参数，则代价函数为

$$\text{Loss}=\frac{1}{N}\sum_{i=1}^{N}(\hat{z}_i(\boldsymbol{w}^{(l)},\boldsymbol{c}^{l})-z_i)^2 \tag{9.1.18}$$

式中，Loss 为 DNN 学习的平均平方误差，$\hat{z}_i$ 和 z_i 分别表示了输出层的输出和理想的输出，i 为样本索引。$(\boldsymbol{w}^{(l)},\boldsymbol{c}^{(l)})$ 表示在 l 层的有待学习的权重和偏置的参数。

② 采用梯度下降法，来更新网络的权重和偏置参数，即

$$(\boldsymbol{w}^{(l)},\boldsymbol{c}^{(l)})(k+1)=(\boldsymbol{w}^{(l)},\boldsymbol{c}^{(l)})(k)-(\eta,\beta)\frac{\partial\text{Loss}}{\partial(\boldsymbol{w}^{(l)},\boldsymbol{c}^{(l)})} \tag{9.1.19}$$

式中，(η,β) 为学习效率。

以上便是构建整个 DBN-DNN 结构的两大关键步骤：无监督预训练和有监督调优训练。选择好合适的隐含层数、层神经单元数以及学习率，分别迭代一定的次数进行训练，就会得到最终想要的 DNN 映射模型。

从非监督学习来讲，其目的是尽可能保留原始特征的特点，同时降低特征的维度。从监督学习来讲，其目的在于使得分类错误率尽可能地小。而不论是监督学习还是非监督学习，DBN 算法本质都是特征学习的过程，即如何得到更好的特征表达。

9.1.2　稀疏深度信念网络

1. 常规稀疏深度信念网络

稀疏深度信念网络（稀疏 DBN）由多层稀疏 RBM 模型构成，每一层从上一层的隐单元中捕获高度相关的关联，如图 9.3 所示。

稀疏 DBN 模型的学习主要分为两步。

1）预训练。根据 CD 算法逐层训练每个稀疏 RBM 模型获得可见层和隐含层间的连接权值。

2）微调。在预训练之后，为了使模型具有更好的特征表示能力，用带标签的数据利用共轭梯度法对模型的判别性能作优化调整。

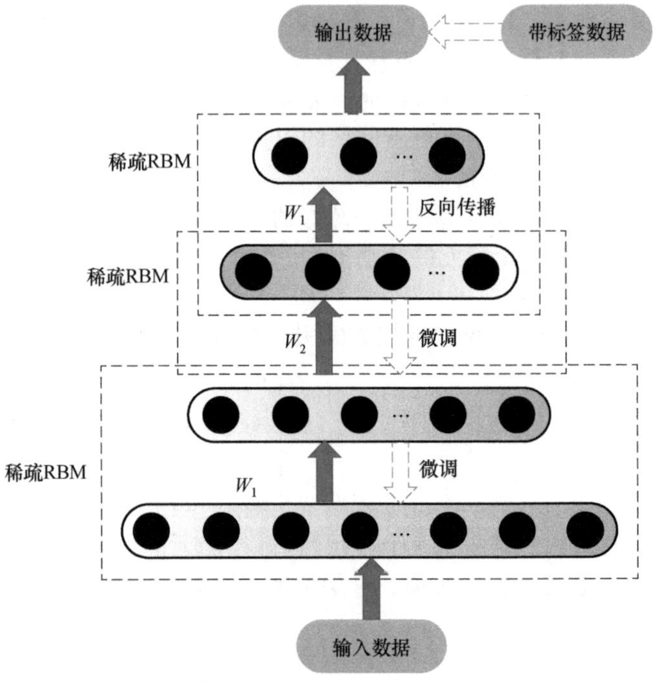

图 9.3　稀疏 DBN 结构图

文献［174］表明，稀疏 DBN 可以提取自然图像的轮廓、边角等特征。这与视皮层 V2 区的感受野功能十分相似，与之前的线性稀疏表示方法相比有质的提升。正则项 R 的加入可以使隐含层的每个随机单元的激活率相同，这就意味着，某种情况下所有的隐含单元对输入数据的特征表示相同。

2. 改进稀疏 DBN

堆叠多层改进的稀疏 RBM 模型，构成一种新的稀疏深度信念网络（Sparse DBN）。在对网络进行训练时，采用改进稀疏 RBM 对底层的稀疏 RBM 模型进行训练，得到一组参数 $\boldsymbol{w}_{ji}$、b_i 和 c_j。用这组参数作为下一层稀疏 RBM 的输入进行训练。一个 L 层稀疏深度信念网络的训练架构如下。

步骤 1：训练第一层稀疏 RBM 并得到的权值矩阵 $\boldsymbol{w}^{(1)}$。

步骤 2：用上一层的隐含层数据以相同的方法训练下一层稀疏 RBM 并固定连接权值 $\boldsymbol{w}^{(l)}$，重复到第 $L-1$ 层。

步骤 3：初始化权值 $\boldsymbol{w}^{(l)}$，用数据的标签值作为输出层。

步骤 4：用共轭梯度方法对得到的权值 $\{\boldsymbol{w}^{(1)},\boldsymbol{w}^{(2)},\cdots,\boldsymbol{w}^{(L)}\}$

9.2 Gamma 深度信念网络

在 DBN 基础上，引入 Gamma 分布建模隐含单元，使网络能够通过二进制单元连接不同层，无偏差推断特征向量的多层表示，捕获所有层中可见与隐含特征之间的相关性。与 DBN 需要利用二进制单元进行推理并需要调整每层的宽度（隐含单元数）和网络深度（层数）的深层网络不同，通过 Gibbs 采样，向上采样 Dirichlet 分布式连接权重，向下采样服从 Gamma 分布的隐含单元，从而联合训练所有隐含层，可以在给定的第一层宽度下以贪婪的分层方式学习每个隐含层的宽度。这就是 Gamma 深度信念网络[173]。

9.2.1 Gamma 深度信念网络结构

Gamma 深度信念网络[173]由底层至顶层分别为观测层，第 1 层隐含层、…、第 $L-1$ 层隐含层，第 L 层顶层。最底层为观测层，由观测单元 $\boldsymbol{y}_n^{(1)}$ 组成，利用 Poisson 因子分析[174]，可将其表示为连接权重与下一层隐含单元的乘积：

$$\boldsymbol{y}_n^{(1)} \sim \mathrm{Pois}(\boldsymbol{\Omega}^{(1)}\boldsymbol{h}_n^{(1)}) \tag{9.2.1}$$

式中，$\boldsymbol{\Omega}^{(1)}$ 为连接权重；$\boldsymbol{y}_n^{(1)}$ 为第 1 层隐含层；$x \sim \mathrm{Pois}(\lambda)$ 表示 x 服从参数 λ 的 Poisson 分布。

由观测层至顶层依次为第 1，…，l，…L 层隐含层，第 1，…，l，…，$L-1$ 层可表示为

$$\begin{cases}\boldsymbol{y}_n^{(1)} \sim \mathrm{Gam}\left(\boldsymbol{\Omega}^{(2)}\boldsymbol{h}(2)_n, \dfrac{\varphi_n^{(2)}}{1-\varphi_n^{(2)}}\right)\\ \boldsymbol{h}_n^{(1+1)} \sim \mathrm{Gam}\left(\boldsymbol{\Omega}^{(l+2)}\boldsymbol{h}_n^{(1+2)}, \dfrac{1}{\boldsymbol{\lambda}_n^{(l+2)}}\right)\\ \boldsymbol{h}_n^{(L-1)} \sim \mathrm{Gam}\left(\boldsymbol{\Omega}^{(L)}\boldsymbol{h}_n^{(L)}, \dfrac{1}{\boldsymbol{\lambda}_n^{(L)}}\right)\end{cases} \tag{9.2.2}$$

式中，$\boldsymbol{\Omega}^{(l)}$ 为连接权重；$\boldsymbol{h}_n^{(l)}$ 为第 l 层隐含层；$\varphi_n^{(2)}$ 为概率参数，满足

$$\frac{\varphi_n^{(2)}}{1-\varphi_n^{(2)}}=\frac{1}{\lambda_n^{(2)}} \tag{9.2.3}$$

$x \sim \mathrm{Gam}\left(\alpha,\frac{1}{\lambda}\right)$表示 x 服从形状参数为 α，尺度参数为 $\frac{1}{\lambda}$ 的 Gamma 分布。其概率密度函数为

$$f(x;\alpha,\lambda)=\begin{cases}\dfrac{\lambda^{\alpha}x^{\alpha-1}\mathrm{e}^{-\lambda x}}{\Gamma(\alpha)}, x>0\\ 0, \quad x\leqslant 0\end{cases} \tag{9.2.4}$$

类似地，第 L 层可表示为

$$\begin{cases}\boldsymbol{h}_n^{(L)} \sim \mathrm{Gam}\left(\boldsymbol{\alpha},\dfrac{1}{\lambda_n^{(L+1)}}\right)\\ \boldsymbol{\alpha}=(\alpha_1,\alpha_2,\cdots,\alpha_{M_L})\end{cases} \tag{9.2.5}$$

对于顶层 $\boldsymbol{h}_n^{(L)}$，$\boldsymbol{\alpha}$ 为共享的 Gamma 分布形状参数；$\frac{1}{\lambda_n^{(L+1)}}$ 为尺度参数。

为限制网络复杂度、便于参数推断，对$\boldsymbol{\Omega}^{(l)} \in \mathbf{R}^{M_{l-1}\times M_l}$的每一列基于 $L1$ 正则化，对于 $l \in 1,2,\cdots L-1$，使

$$\begin{cases}\boldsymbol{\omega}_i^{(l)} \sim \mathrm{Diri}(\boldsymbol{\eta}^{(l)},\cdots,\boldsymbol{\eta}^{(l)} \mid \alpha_i)\\ \alpha_i \sim \mathrm{Gam}\left(\dfrac{\gamma_0}{M_L},\dfrac{1}{\lambda_0}\right)\end{cases} \tag{9.2.6}$$

式中，$\mathrm{Diri}(\boldsymbol{p} \mid \boldsymbol{\alpha})$ 表示 $\boldsymbol{p}$ 服从参数为 $\alpha=(\alpha_1,\cdots\alpha_L)$ 的 *Dirichlet* 分布。其概率密度函数为

$$\mathrm{Diri}(\boldsymbol{p} \mid \boldsymbol{\alpha})=\frac{1}{B(\boldsymbol{\alpha})}\prod_{l=1}^{L}p_l^{\alpha_l-1} \tag{9.2.7}$$

$B(\boldsymbol{\alpha})$ 表示 *Dirichlet* 分布的归一化常数

$$B(\boldsymbol{\alpha}) = \int\prod_{l=1}^{L}p_l^{\alpha_l-1}\mathrm{d}p \tag{9.2.8}$$

式（9.2.7）中，$\boldsymbol{\omega}_i^{(l)} \in \mathbf{R}^{M_{l-1}}$为$\boldsymbol{\Omega}^{(l)}$的第 i 列，λ_0，γ_0 服从 Gamma 分布：

$$\begin{cases}\lambda_0 \sim \mathrm{Gam}\left(a_0,\dfrac{1}{b_0}\right)\\ \gamma_0 \sim \mathrm{Gam}\left(c_0,\dfrac{1}{d_0}\right)\end{cases} \tag{9.2.9}$$

对于 $l=3,\cdots,T+1$，有

$$\begin{cases}\lambda_n^{(l)} \sim \mathrm{Gam}\left(a_0,\dfrac{1}{b_0}\right)\\ \varphi_n^{(2)} \sim \mathrm{Beta}(c_0,d_0)\end{cases} \tag{9.2.10}$$

式中，$x \sim \mathrm{Beta}$（α，β）表示 x 服从参数为 α,β 的 Beta 分布[174]，概率密度函数为

$$f(x;\alpha,\beta)=\frac{1}{B(\alpha,\beta)}x^{\alpha-1}(1-x)^{\beta-1} \tag{9.2.11}$$

因此，M_l 行各隐含单元 $\boldsymbol{h}_1^{(l)},\boldsymbol{h}_2^{(l)},\cdots,\boldsymbol{h}_n^{(l)}$ 的关系可由 $\Omega(l+1)$ 的列向量 $\boldsymbol{\omega}(l+1)_i(i=1,2,\cdots,M_L)$ 表示。

由于网络中 Gamma 分布形状参数的共轭先验未知，计算条件后验推导网络结构存在困难，因此利用文献［175］中的数据增强算法简化计算进行推导，得在 $T=1$ 的单层网络中，每层的隐含单元独立于先验，$T\geqslant 2$ 的深度网络可以捕获隐含单元的关联性。对 $l=1,2,\cdots,L$，有

$$\begin{cases}\varphi_n^{(1)}=1+\dfrac{1}{\mathrm{e}}\\ \varphi_n^{(l+1)}=\dfrac{-\ln(1-\varphi_n^{(l)})}{\lambda_n^{(l+1)}-\ln(1-\varphi_n^{(l)})}\end{cases}\tag{9.2.12}$$

然后，$\boldsymbol{u}_n^{(l)}$（$l=1$ 时为观测层，$l=2,3,\cdots,L$ 时为隐含层）可由 $\boldsymbol{\Omega}^{(l)}$ 与 $\boldsymbol{h}^{(l)}{}_n$ 的乘积在 l 层 Poisson 概率得到

$$\boldsymbol{u}_n^{(l)}\sim\mathrm{Pois}(-\boldsymbol{\Omega}^{(l)}\boldsymbol{h}_n^{(l)}\ln(1-\varphi_n^{(l)}))\tag{9.2.13}$$

式（9.2.13）对 $l=1$ 成立，$l=2,3,\cdots,L$ 时，有

$$\begin{cases}u_{mn}^{(l)}=\sum\limits_{i=1}^{M_L}u_{mni}^{(l)}\\ u_{mni}^{(l)}\sim\mathrm{Pois}(-\omega_{mi}^{(l)}\boldsymbol{h}_{in}^{(l)}\ln(1-\varphi_n^{(l)}))\end{cases}\tag{9.2.14}$$

令 $q_{in}^{(l)(l+1)}=u_{ni}^{(l)}=\sum\limits_{m=1}^{M_l}u_{mmi}^{(l)}$ 表示 k 层中因子 $i\in\{1,2,\cdots,M_l\}$ 出现在观察单元 n 的次数，$q_n^{(l)(l+1)}=(u_{n1}^{(l)},u_{n2}^{(l)},\cdots,u_{nM_l}^{(l)})'$。然后边缘化 $\boldsymbol{\Omega}^{(l)}$，得

$$q_n^{(l)(l+1)}\sim\mathrm{Pois}(-\boldsymbol{h}_n^{(l)}\ln(1-\varphi_n^{(l)}))\tag{9.2.15}$$

由以上 Poisson 概率中边缘化 Gamma 分布 $\boldsymbol{o}_n^{(l)}$，得

$$q_n^{(l)(l+1)}\sim\mathrm{NB}(\boldsymbol{\Omega}^{(l+1)}\boldsymbol{h}_n^{(1+1)},\varphi_n^{(l+1)})\tag{9.2.16}$$

$x\sim\mathrm{NB}(r,p)$ 表示 x 服从参数为 r,p 的负二项分布。

由式（9.2.10）与式（9.2.12）可从第 l 层隐变量 $u_{mn}^{(l)}$ 推导得第 $l+1$ 层为

$$\{(u_{mn1}^{(l)},\cdots,u_{mnM_k}^{(l)})\mid u_{mn}^{(l)},\varphi_m^{(l)},\boldsymbol{h}_n^{(l)}\}\sim\mathrm{Multi}\left(u_{mn}^{(l)},\frac{\omega_{m1}^{(l)}\boldsymbol{h}_{1n}^{(l)}}{\sum\limits_{i=1}^{M_k}\omega_{mi}^{(l)}\boldsymbol{h}_{in}^{(l)}},\cdots,\frac{\omega_{mi}^{(l)}\boldsymbol{h}_{in}^{(l)}}{\sum\limits_{i=1}^{M_k}\omega_{mi}^{(l)}\boldsymbol{h}_{in}^{(l)}}\right)\tag{9.2.17}$$

$$\{u_{in}^{(l+1)}\mid q_{in}^{(l)(l+1)},\omega_{i:}^{(l+1)},\boldsymbol{h}_n^{(1+1)}\}\sim\mathrm{CRT}(q_{in}^{(l)(l+1)},\omega_{i:}^{(l+1)},\boldsymbol{h}_n^{(1+1)})\tag{9.2.18}$$

式中，Multi 为多项分布；CRT 为中餐馆分布[176]。

9.2.2 Gibbs 向上向下采样

Gibbs 采样难以直接对样本采样时，从某一个多分量概率分布中近似抽样样本序列的算法。深度信念网络中，受限玻尔兹曼机使用二维 Gibbs 采样近似估计参数，将可见向量的值映射到隐含单元，再基于隐含单元重建可见单元，不断重复以上步骤进行逐层训练。类似地，Gamma 信念网络可以采用 N 维 Gibbs 算法估计隐变量，联合训练网络所有层，在每次迭代中对一层网络进行采样，向上采样服从 Dirichlet 分布的连接权重，向下采样服从 Gamma 分布的隐含单元，将其记作 Gibbs 向上向下采样。

对 Gamma 深度信念网络中的每一层，迭代采样如下。

对 $u_{\mathrm{mni}}^{(l)}$ 采样：由式（9.2.17）在所有层中对 $u_{\mathrm{mni}}^{(l)}$ 进行采样，但对第 1 层隐含层，可以将观察单元 $u_{mn}^{(1)}$ 看作是第 n 个状态中第 m 个特征的序列，将 $\{m_{nj}\}_{j=1,\cdots,u_n}$ 逐个分配给隐含因子，并将 $\boldsymbol{\Omega}^{(1)}$ 与 $\boldsymbol{h}_n^{(1)}$ 边缘化，对 $i \in \{1,\cdots,M_{1\max}\}$ ，有

$$p(l_{nj}=i|-) \propto \frac{\delta^{(1)}+u_{m_{nj}\cdot i}^{(1)-nj}}{M\delta^{(1)}+u_{\cdot\cdot i}^{(1)-nj}}(u_{\cdot ni}^{(1)-nj}+\boldsymbol{\omega}_i^{(2)}\boldsymbol{h}_n^{(2)}) \tag{9.2.19}$$

式中，l_{nj} 是 m_{nj} 的特征标签，符号表示对应标签的求和，如 $u_{\cdot ni}^{(1)}=\sum_m x_{\mathrm{mni}}^{(1)}$ ，x^{-nj} 表示不考虑第 n 个状态中特征 j 的计数序列。为简化模型，加入截断步骤，即如果 $L=1$ ，则限制隐含单元数量为 $M_{1\max}$ ，并令 $\alpha_i \sim \mathrm{Gam}\left(\dfrac{\gamma_o}{M_{1\max}},\dfrac{1}{\lambda_o}\right)$。

对 $\boldsymbol{\omega}_i^{(l)}$ 采样：

$$(\boldsymbol{\omega}_i^{(l)}|-)=\mathrm{Diri}(\boldsymbol{\eta}^{(l)}+u_1^{(l)},\cdots,\boldsymbol{\eta}^{(l)}+u_{M_{l-1}\cdot l}^{(l)}) \tag{9.2.20}$$

对 $u_{mn}^{(l+1)}$ 采样：由式（9.2.19）对 $\boldsymbol{u}_n^{(l+1)}$ 采样，将 $\boldsymbol{\Omega}^{(L+1)}\boldsymbol{h}_n^{(L+1)}$ 替换为 $\boldsymbol{\alpha}=(\alpha_1,\alpha_2,\cdots,\alpha_{M_L})^{\mathrm{T}}$ 。

对 $\boldsymbol{h}_n^{(l)}$ 采样：由式（9.2.13）及 Gamma 分布与 Poisson 分布的共轭性，对 $\boldsymbol{h}_n^{(l)}$ 采样：

$$(\boldsymbol{h}_n^{(l)}|-)=\mathrm{Gam}(\boldsymbol{\Omega}^{(l+1)}\boldsymbol{h}_n^{(1+1)}+q_n^{(l)(l+1)},(\boldsymbol{\lambda}_n^{(l+1)}-\ln(1-\varphi_n^{(l)}))^{-1}) \tag{9.2.21}$$

对 $\boldsymbol{\alpha}$ 采样：

$$(\alpha_m|-)=\mathrm{Gam}\left(\frac{\gamma_0}{M_L}+u_{m\cdot}^{(L+1)},\lambda_0-\sum_n \ln(1-\varphi_n^{(L+1)})^{-1}\right) \tag{9.2.22}$$

对 $\boldsymbol{\lambda}_n^{(l)}$ 采样：先对 $\varphi_n^{(2)}$ 采样，即

$$(\varphi_n^{(2)}|-)=\mathrm{Beta}(c_0+q_{\cdot n}^{(1)(2)},d_0+h_{\cdot n}^{(2)}) \tag{9.2.23}$$

再由式（9.2.17），得

$$(\boldsymbol{\lambda}_n^{(l)}|-)=\mathrm{Gam}(a_0+\boldsymbol{h}_{\cdot n}^{(l)},(b_0+\boldsymbol{h}_{\cdot n}^{(l-1)})^{-1}) \tag{9.2.24}$$

式中，$\boldsymbol{h}_{\cdot n}^{(l)}=\sum_{i=1}^{M_k}\boldsymbol{h}_{in}^{(l)}(l=1,2,\cdots,L),\boldsymbol{h}_{\cdot n}^{(L+1)}=\alpha$ 。

9.3 自适应深度信念网络

在深度学习领域，优化算法的选择是重中之重。即使在数据集和模型架构完全相同的情况下，采用不同的优化算法，也很可能导致截然不同的训练效果。在传统的 DBN 中，通常采用对比散度（Contrastive Divergence，CD）算法逐层求解式（8.2.2）的对数似然函数的负梯度来获得每层 RBM 的 $\boldsymbol{\theta}$ 的最优解[177-178]。本节通过 Nadam 优化算法，能够提高 DBN 的预测误差，并且具有更好的自适应性[179]。

9.3.1 动量更新规则

经典动量将以前梯度的衰减和（与衰变常数 γ）累积成动量向量 $\boldsymbol{m}$ ，在梯度上加上这一项，可以使梯度在方向不变的维度上速度变快，方向有所改变的维度上更新速度变慢，这样可以加快收敛并减小振荡。其更新公式为

$$\boldsymbol{g}(k)=\nabla_{\theta(k)}\mathrm{Loss}(\boldsymbol{\theta}(k)) \tag{9.3.1}$$

$$\boldsymbol{m}(k)=\gamma\boldsymbol{m}(k)+\eta\boldsymbol{g}(k) \tag{9.3.2}$$

$$\boldsymbol{\theta}(k+1)=\boldsymbol{\theta}(k)-\boldsymbol{m}(k) \tag{9.3.3}$$

式中，$\boldsymbol{g}(k)$ 为梯度向量；$\mathrm{Loss}(\boldsymbol{\theta}(k))$ 为目标函数。$\boldsymbol{m}$ 为动量向量（初始值为0）；γ 为衰变常数；η 为学习率；k 代表更新次数。将式（9.3.1）~式（9.3.3）展开，得

$$\boldsymbol{\theta}(k+1)=\boldsymbol{\theta}(k)-(\gamma\boldsymbol{m}(k-1)+\eta\boldsymbol{g}(k)) \tag{9.3.4}$$

9.3.2　Nadam 算法优化深度信念网络

Nadam 类似于带有 Nesterov 动量项的 Adam 算法。这里给 Adam 添加 Nesterov 动量，类似采用前一个动量向量代替以前的动量向量。因此，在 Adam 算法中更新公式为

$$\boldsymbol{m}(k)=\beta_1\boldsymbol{m}(k-1)+(1-\beta_1)g(k) \tag{9.3.5}$$

$$\boldsymbol{v}(k)=\beta_2\boldsymbol{v}(k-1)+(1-\beta_2)g(k)\odot g(k) \tag{9.3.6}$$

$$\hat{\boldsymbol{m}}(k)=\frac{\boldsymbol{m}(k)}{1-\beta_1^k} \tag{9.3.7}$$

$$\hat{\boldsymbol{v}}(k)=\frac{\boldsymbol{v}(k)}{1-\beta_2^k} \tag{9.3.8}$$

$$\boldsymbol{\theta}(k+1)=\boldsymbol{\theta}(k)-\frac{\eta}{\sqrt{\hat{\boldsymbol{v}}(k)}+\varepsilon}\hat{\boldsymbol{m}}(k) \tag{9.3.9}$$

式中，$\boldsymbol{m}(k)$、$\boldsymbol{v}(k)$ 分别为梯度的一阶矩估计和二阶矩估计，可视为对 $|\boldsymbol{g}(k)|$ 和 $|\boldsymbol{g}(k)|^2$ 期望的估计；β_1、β_2 和 ε 为修正参数。大量实验表明，测试的机器学习问题参数的良好默认设置[178]为：$\beta_1=0.9$，$\beta_2=0.999$，$\varepsilon=10^{-8}$，ε 的作用是防止分母为0。展开得

$$\boldsymbol{\theta}(k+1)=\boldsymbol{\theta}(k)-\frac{\eta}{\sqrt{\hat{\boldsymbol{v}}(k)}+\varepsilon}\left(\frac{\beta_1\boldsymbol{m}(k-1)}{1-\beta_1^k}+\frac{1-\beta_1}{1-\beta_1^k}g(k)\right) \tag{9.3.10}$$

括号内第1项 $\dfrac{\beta_1\boldsymbol{m}(k-1)}{1-\beta_1^k}$ 只是前一时间步的动量向量的偏差校正估计值，用 $\hat{\boldsymbol{m}}(k)$ 代替。

$$\boldsymbol{\theta}(k+1)=\boldsymbol{\theta}(k)-\frac{\eta}{\sqrt{\hat{\boldsymbol{v}}(k)}+\varepsilon}\left(\hat{\boldsymbol{m}}(k-1)+\frac{1-\beta_1}{1-\beta_1^k}g(k)\right) \tag{9.3.11}$$

式（9.3.11）与在式（9.3.4）中扩展的动量项非常相似。现在添加 Nesterov 动量，直接应用动量向量来更新参数，只需将上一个时间步 $\hat{\boldsymbol{m}}(k-1)$ 的动量向量的偏差校正估计值替换为当前动量向量 $\hat{\boldsymbol{m}}(k)$ 的偏差校正估计，所以 Nadam 更新公式为

$$\boldsymbol{\theta}(k+1)=\boldsymbol{\theta}(k)-\frac{\eta}{\sqrt{\hat{\boldsymbol{v}}(k)}+\varepsilon}\left(\hat{\boldsymbol{m}}(k)+\frac{1-\beta_1}{1-\beta_1^k}g(k)\right) \tag{9.3.12}$$

传统的随机梯度下降保持单一学习率更新所有权重，学习率在训练过程中并不会改变。而 Nadam 通过计算梯度的一阶矩估计和二阶矩估计而为不同的参数设计独立的自适应性学习率。可以看出，Nadam 对学习率有了更强的约束，同时对梯度的更新也有更直接的影响。一般而言，在使用带动量的 RMSprop 或者 Adam 的地方，大多可以使用 Nadam 并取得更好的效果。由于 Nadam 考虑了目标函数的二阶导数信息，相对于传统的动量方法，多了一个

本次梯度相对上次梯度的变化量，这个变化量本质上是目标函数二阶导数的近似，从而具有强大的自适应性。

9.4 KPCA 深度信念网络

9.4.1 核主成分分析法

核主成分分析法（Kernel Principal Component Analyses，KPCA）能有效减少样本数据维度、消除数据间的非线性关联。将经 KPCA 分析提取后的数据以及对应的数据类型输入 DBN 网络模型中，充分学习提取出样本特征[181－182]。

1. 统计平滑法

由于各种因素的影响，所获取的观测数据会出现误差，并且存在误差的数据会使最终的模型训练和模型诊断的准确性降低。统计平滑法是建立在数理统计基础上的一种平滑方法，用该方法可以减少测量的误差。

统计平滑法的定义为

$$\bar{x}(k)=\frac{y(k)+y(k-1)+\cdots+y(k-N+1)}{N} \tag{9.4.1}$$

式中，$\bar{x}(k)$ 为 k 时刻经平滑法处理后的数据；$y(k)$ 为 k 时刻的观测值。

在一组原始数据集中，与其他点存在较大程度差异的点记作离群点。由于离群点与其他点存在显著区别，其中可能会包含重要的信息，所以不对离群点进行平滑处理。

将 N 个观测数据按照测量时间先后顺序进行排列，构成一个符合正态分布的随机数据集。

样本的标准方差为

$$\sigma_k=\sqrt{\frac{1}{N-1}\sum_{i=1}^{N}(y_i-\bar{x}(k))}$$

根据信念准则，若随机序列中第 k 个数据落在 99.7% 的信念区间 $[\bar{x}_{(k)}-3\sigma_k,\bar{x}_{(k)}+3\sigma_k]$ 内，则对数据进行平滑处理；若数据不在 $[\bar{x}(k)-3\sigma_k,\bar{x}(k)+3\sigma_k]$ 内，则该数据为离群点，保留原始数据不变。

2. 归一化处理

实际中，不同观测参数单位不同，为了消除各个参数不同量纲的影响，需要对经平滑法处理后的数据归一化为

$$x_i'=\frac{x_i-x_{\min}}{x_{\max}-x_{\min}} \tag{9.4.2}$$

式中，x_i 为原始测量值；$x_{\max}$ 和 $x_{\min}$ 分别为样本数据中的最大和最小测量值；x_i' 为经归一化处理后的值，x_i' 的取值范围为 $[0,1]$。

3. 核主成分分析法

在复杂多变的实验环境中，参数观测值之间会存在着非线性相关性。为消除数据之间的非线性关联性，降低数据维度，提出 KPCA 分析法。KPCA 方法关键在于利用非线性映射函数将有关联性的数据集映射到高维特征空间中，然后再进行传统的主成分分析，并用核矩阵

替代高维特征空间中内积矩阵。

(1) 核函数

设函数 $\varphi(\cdot)$ 是将有关联性的低维监测数据映射到高维特征空间中的非线性函数，低维特征空间中的向量$\boldsymbol{x}_i$ 经过函数 $\varphi(\cdot)$ 映射后的向量为 $\boldsymbol{\varphi}(\boldsymbol{x}_i)$。若在低维空间中存在函数 $k(\cdot)$ 符合要求 $k(\boldsymbol{x}_i,\ \boldsymbol{x}_j)=\boldsymbol{\varphi}(x_i)^{\mathrm{T}}\cdot\boldsymbol{\varphi}(x_j)$，则称该函数 $k(\cdot)$ 为核函数。如果高维空间中的矩阵 $\boldsymbol{K}=\boldsymbol{x}^{\mathrm{T}}\boldsymbol{x}$ 满足式（9.4.3），即矩阵 $\boldsymbol{K}$ 中的元素 $\boldsymbol{\varphi}(x_i)^{\mathrm{T}}\cdot\boldsymbol{\varphi}(\boldsymbol{x}_j)$ 均使用核函数表示，则称矩阵 $\boldsymbol{K}$ 为核矩阵。

$$\boldsymbol{K}=\boldsymbol{\Phi}^{\mathrm{T}}\boldsymbol{\Phi}=\begin{bmatrix}\boldsymbol{\varphi}(\boldsymbol{x}_1)^{\mathrm{T}}\\ \vdots\\ \boldsymbol{\varphi}(\boldsymbol{x}_N)^{\mathrm{T}}\end{bmatrix}[\boldsymbol{\varphi}(\boldsymbol{x}_1)\cdots\boldsymbol{\varphi}(\boldsymbol{x}_N)]=\begin{bmatrix}k(\boldsymbol{x}_1,\boldsymbol{x}_1) & \cdots & k(\boldsymbol{x}_1,\boldsymbol{x}_N)\\ \vdots & & \vdots\\ k(\boldsymbol{x}_N,\boldsymbol{x}_1) & \cdots & k(\boldsymbol{x}_N,\boldsymbol{x}_N)\end{bmatrix} \tag{9.4.3}$$

式中，$k(\cdot)$ 为核函数；$\boldsymbol{\Phi}$ 为映射到高维空间中的样本矩阵；N 表示样本个数。

由于不知道函数 $\varphi(\cdot)$ 的具体形式，在对高维特征空间中的数据进行主成分提取时，通过核矩阵来替换高维特征空间中的内积矩阵，只需要对 $\boldsymbol{K}$ 进行分析。目前主要使用的核函数如下。

① 线性核函数

$$k(\boldsymbol{x}_i,\boldsymbol{x}_j)=\boldsymbol{x}_i^{\mathrm{T}}\boldsymbol{x}_j \tag{9.4.4}$$

② 高斯核函数

$$k(\boldsymbol{x}_i,\boldsymbol{x}_j)=\exp\left(-\frac{\|\boldsymbol{x}_i-\boldsymbol{x}_j\|^2}{2\sigma^2}\right) \tag{9.4.5}$$

③ 多项式核函数

$$k(\boldsymbol{x}_i,\boldsymbol{x}_j)=(\boldsymbol{x}_i^{\mathrm{T}}\boldsymbol{x}_j)^d \tag{9.4.6}$$

④ 拉普拉斯核函数

$$k(\boldsymbol{x}_i,\boldsymbol{x}_j)=\exp\left(-\frac{\|\boldsymbol{x}_i-\boldsymbol{x}_j\|}{\sigma}\right) \tag{9.4.7}$$

⑤ Sigmoid 型核函数

$$k(\boldsymbol{x}_i,\boldsymbol{x}_j)=\tanh(\beta\boldsymbol{x}_i^{\mathrm{T}}\boldsymbol{x}_j+\alpha) \tag{9.4.8}$$

式中，σ，β 和 α 为函数表达式中的参数；d 为幂指数。

(2) 核主元计算

核主元计算就是把核主成分的提取转变成计算核矩阵特征值及其特征向量相关的问题。核主成分分析计算流程如下。

步骤1：观测参数 $\boldsymbol{x}=[x_1,x_2,\cdots,x_N]^{\mathrm{T}}$ 进行 N 次观测得到的样本矩阵 $\boldsymbol{X}\in\mathbf{R}^{n\times m}$。通过分析选择符合要求的核函数，并根据核函数和样本矩阵求得对应的核矩阵 $\boldsymbol{K}$，即

$$\boldsymbol{K}=\begin{bmatrix}k(\boldsymbol{x}_1,\boldsymbol{x}_1) & \cdots & k(\boldsymbol{x}_1,\boldsymbol{x}_N)\\ \vdots & & \vdots\\ k(\boldsymbol{x}_N,\boldsymbol{x}_1) & \cdots & k(\boldsymbol{x}_N,\boldsymbol{x}_N)\end{bmatrix} \tag{9.4.9}$$

步骤2：核主元分析是在假设向量 $\boldsymbol{\varphi}(x_i)$ 为零均值的前提条件下进行的，由于函数 $\varphi(\cdot)$ 的具体表现形式没有给出，因此，不能对核矩阵直接进行中心化处理。通过公式

$$\overline{\boldsymbol{K}}=\boldsymbol{K}-\frac{1}{N}\boldsymbol{KI}-\frac{1}{N}\boldsymbol{IK}+\frac{1}{N^2}\boldsymbol{IKI} \tag{9.4.10}$$

中心化矩阵 $\boldsymbol{K}$。

式中，$\boldsymbol{I}$ 为 $N\times N$ 维的数值全为 1 的矩阵，$\overline{\boldsymbol{K}}$ 为经过式（9.4.10）处理后的核矩阵。

步骤 3：求 $\overline{\boldsymbol{K}}$ 的特征值 λ_i 及相应的特征向量 $\boldsymbol{v}_i$（$i=1,2,\cdots,I$）。

步骤 4：求 $\boldsymbol{\Phi}$ 的核主元向量

$$\boldsymbol{t}_i=(\lambda_i)^{-\frac{1}{2}}\boldsymbol{\Phi}\boldsymbol{\Phi}'v_i=(\lambda_i)^{-\frac{1}{2}}\overline{\boldsymbol{K}}v_i \tag{9.4.11}$$

步骤 5：计算方差贡献率和累计贡献率

$$\begin{cases}\xi_i=\dfrac{\lambda_i}{\sum\limits_{j=1}^{J}\lambda_j}\\[2ex] \eta_r=\sum\limits_{i=1}^{r}\xi_i=\dfrac{\sum\limits_{i=1}^{r}\lambda_i}{\sum\limits_{j=1}^{J}\lambda_j}\end{cases} \tag{9.4.12}$$

式中，λ_i 为主元 i 的方差；ξ_i 为主元 i 的方差贡献率；η_r 为 r 个主元累计方差贡献率。

9.4.2 基于 KPCA 分析的深度信念网络模型

对观测的原始数据进行归一化预处理后，利用 KPCA 提取数据主要特征进行降维，再将数据依次输入第一个 RBM 的显层中，利用训练 RBM，通过贪婪逐层学习，逐步地完成所有 RBM 的学习训练。最后在 DBN 的顶层设置一个神经网络来完成分类，使用反向传播算法，结合有标签的样本对整体 DBN 网络进行参数的微调。基于 KPCA 分析的深度信念网络模型[183]如图 9.4 所示。

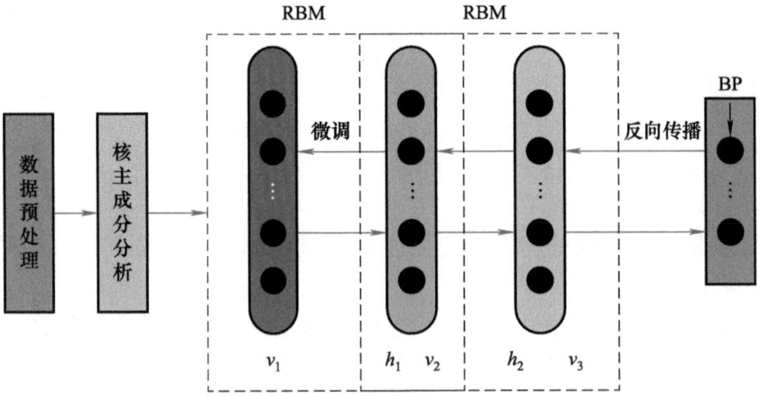

图 9.4 基于 KPCA 和 DBN 的网络模型

9.5 全参数动态学习深度信念网络

对 DBN 进行训练的过程主要有两步：第一，使用无监督学习方法训练每一层 RBM，且每个 RBM 的输入为上一个 RBM 的输出，即每一层 RBM 都要单独训练，确保特征向量映射到不同的特征空间时，尽可能多的保留特征信息；第二，使用最后一层的 BP 网络接收最后一个 RBM 的输出，用有监督的方式训练整个网络，对其进行微调。

对一个典型的由三个 RBM 堆叠成的 DBN 结构模型（图 9.1），在无监督前向堆叠 RBM 学习中，首先在可见层生成一个向量 $\boldsymbol{v}$，$\boldsymbol{v}$ 将输入数据从可见层传到隐含层。在这个过程中，可见层的输入会被随机选择，用来尝试重构原始的输入信号；接着，新得到的可见层神经元激活单元将继续前向传递，来重构隐层神经元激活单元获得 h；这些重复后退和前进的步骤就是 Gibbs 采样[183]。整个过程中，权值更新的主要依据就是隐含层激活单元与可见输入信号之间的相关性差别。

对所有的隐含层单元 $(j = 1,2,\cdots,J)$，计算

$$p(h_j^1 = 1 \mid v^1) = \text{sigmoid}\left(c_j + \sum_i v_i^1 w_{ji}\right) \tag{9.5.1}$$

式中，$h_j^1 \in \{0,1\}$。

对所有的可见层单元 $(i = 1,2,\cdots,N)$，计算

$$p(v_i^2 = 1 \mid h^1) = \text{sigmoid}\left(b_i + \sum_j h_j^1 w_{ji}\right) \tag{9.5.2}$$

式中，$v_i^2 \in \{0,1\}$。

对所有的隐含层单元 $(j = 1,2,\cdots,J)$，计算

$$p(h_j^2 = 1 \mid v^2) = \text{sigmoid}\left(c_j + \sum_i v_i^2 w_{ji}\right) \tag{9.5.3}$$

式中，$h_j^2 \in \{0,1\}$。

参数更新公式为

$$\begin{cases} \boldsymbol{w}(k+1) = \boldsymbol{w}(k) + \eta(p(h^1 = 1 \mid \boldsymbol{v}^1)(\boldsymbol{v}^1)^{\mathrm{T}} - p(h^2 = 1 \mid \boldsymbol{v}^2)(\boldsymbol{v}^2)^{\mathrm{T}}) \\ \boldsymbol{b}(k+1) = \boldsymbol{b}(k) + \alpha(\boldsymbol{v}^1 - \boldsymbol{v}^2) \\ \boldsymbol{c}(k+1) = \boldsymbol{c}(k) + \beta(p(h^1 = 1 \mid \boldsymbol{v}^1) - p(h^2 = 1 \mid \boldsymbol{v}^2)) \end{cases} \tag{9.5.4}$$

按上述步骤完成迭代更新，并依次训练下一个 RBM，最终得到 DBN 网络的最后更新参数。

无监督前向堆叠 RBM 学习完成后可以初始化 RBM 每层的参数，相当于为后续的监督学习提供了输入数据的先验知识，然后使用有监督后向微调算法[184]对 DBN 的权值进行微调，接着利用输出误差值进行输出层与前一层之间的误差估计，同理，经过逐层的反向传播训练，来获取其余各层之间的误差，最后使用批梯度下降法计算并更新各节点权值，直到输出误差满足要求。后向微调是从 DBN 网络的最后一层出发的，微调公式为

$$(\boldsymbol{w}^{(l)}, \boldsymbol{c}^{(l)})(k+1) = (\boldsymbol{w}^{(l)}, \boldsymbol{c}^{(l)})(k) - (\eta, \beta)\frac{\partial \text{Loss}}{\partial(\boldsymbol{w}^{(l)}, \boldsymbol{c}^{(l)})} \tag{9.5.5}$$

DBN 的 BP 算法只需要对权值参数空间进行一个局部的搜索，这样的权值微调算法克服了传统 BP 神经网络因随机初始化权值参数而容易陷入局部最小和训练时间过长的缺点，只需在已知权值空间内进行微调即可，大大缩减了参数寻优的收敛时间。其次，使用 CD 算法可进行快速训练，将 DBN 整体框架简化为多个 RBM 结构，这样避免了直接从整体上训练 DBN 的复杂度。采用这种方式进行网络训练，再使用传统反向传播算法进行网络微调，大大提升了网络的建模能力，使模型快速收敛到最优。

DBN 模型中有两个过程使用了学习率：RBM 前向堆叠和后向微调过程。学习率能够影

响网络的学习进度，合适的学习速率是保证参数 $\boldsymbol{\theta}=(\boldsymbol{w},\boldsymbol{b},\boldsymbol{c})$ 学习到最佳状态的必要条件。

DBN 模型中参数优化，即权重与偏置的一般更新公式为

$$\boldsymbol{\theta}(k+1)=\boldsymbol{\theta}(k)-\eta(k)g(\boldsymbol{\theta}(k)) \tag{9.5.6}$$

式中，$\boldsymbol{\theta}(k+1)$ 为迭代 $k+1$ 次的参数值；$\boldsymbol{\theta}(k)$ 为迭代 k 次的参数值，$\eta(k)$ 为学习率（步长）；$g(\boldsymbol{\theta}(k))$ 为定义在数据集上的损失函数的梯度。

根据连接权重和偏置的不同特点和作用，这里给出一种全参数动态学习策略[185]，数学表达式如下。

1）RBM 前向堆叠过程中参数的学习策略

$$\eta(k+1)=\frac{\eta(k)}{\sqrt{\varepsilon+D(k)}} \tag{9.5.7}$$

$$D(k)=\xi \mathrm{d}^2(k-1)+\mathrm{d}^2(k) \tag{9.5.8}$$

$$\alpha(k+1)=\alpha(k)\left(1+\frac{k}{T_{\max}}\right)-q \tag{9.5.9}$$

$$\beta(k+1)=\beta(k)\left(1+\frac{k}{T_{\max}}\right)-q \tag{9.5.10}$$

式中，$\eta(k+1)$ 为连接权重下一回合的学习率；$\eta(t)$ 为当前回合连接权重的学习率；ε 取 1；$D(k)$ 为一定比例的上一梯度和当前梯度的平方和，ξ 为衰减因子，取值为 0.9；$\alpha(k+1)$ 和 $\beta(k+1)$ 分别为迭代第 $k+1$ 次可见单元和隐含单元偏置的学习率；$\alpha(k)$ 和 $\beta(k)$ 分别为迭代第 k 次可见单元和隐含单元偏置的学习率；使用呈下降趋势的幂指数函数；$T_{\max}$ 为最大迭代次数；q 取 0.75。

2）后向微调过程中参数的学习策略

$$\mu(k+1)=\frac{\mu(k)}{\sqrt{\varepsilon+D(k)}} \tag{9.5.11}$$

式中，$\mu(k+1)$ 为后向微调过程中连接权重下一回合的学习率；$\mu(k)$ 为当前回合连接权重的学习率。

该学习策略的思想是：对于权重而言，利用当前学习率与最近两个梯度平方和，自适应调节下一回合的学习率。只使用最近两个梯度的平方和，减少了历史梯度的冗长计算；同时学习率随着迭代次数动态变化，这样都使模型的收敛速度有所加快。对于偏置而言，从减少计算量的角度出发，为其设置了只与当前学习率有关的幂指数函数，这样可以加快模型的收敛速度。

9.6 深度信念网络优化

9.6.1 混沌免疫算法优化深度信念网络

传统的深度信念网络（DBN）参数训练方法存在一定的缺陷，在一定程度上影响了其特征提取能力和收敛速度。首先，网络参数的随机初始化使其浅层网络在学习训练过程易陷入局部搜索，影响了 DBN 的特征提取能力。其次，DBN 在提取高维数据的底层特征时，需将高维数据直接作为网络的输入，导致网络参数大幅度增加，从而使网络训练的收敛速度变

慢。为克服这些缺点，可使用粒子群优化算法确定 DBN 的最优结构、网络连接权值和偏置；也可使用 dropout 技术训练 DBN 结构，在 DBN 训练过程中每次随机去掉一部分隐含层节点，避免了训练过程中可能出现的过拟合现象，但随机去掉节点的过程中可能会造成一定的误差。

DBN 的优势在于具有强大的特征提取能力，而其特征提取能力取决于网络参数。DBN 的网络参数包括超参数和可训练获得参数。超参数包括隐含层层数及节点数、学习率和动量等；可训练获得参数是指通过网络学习训练获得的 DBN 连接权值和偏置。

人工免疫算法具有搜索能力强、寻优速度快等特点，被广泛应用于优化神经网络，以提高网络的收敛速度和泛化性能。本节介绍一种利用改进的混沌免疫算法进行 DBN 参数优化的方法。

1. 克隆选择算法

克隆选择算法（Clone Selection Algorithm，CSA）借鉴了人工免疫系统中抗体克隆选择的免疫机理，具有全局搜索能力强、寻优速度快等优点，与其他智能算法相比能够产生更有利于复杂优化问题的最优解。将 CSA 应用于复杂优化问题时，待优化问题的解映射为抗体，待优化问题的目标函数映射为亲和力，优化解与目标函数的匹配程度映射为抗原和抗体亲和力，对具有较高亲和力的抗体进行克隆选择，通过高频变异和浓度抑制保持抗体的多样性，实现流程如图 9.5 所示。

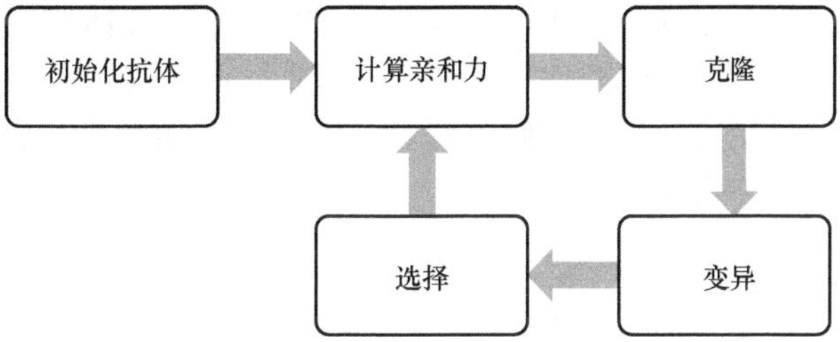

图 9.5 CSA 算法实现流程

2. 改进的混沌免疫算法

基本的 CSA 算法在抗体变异时由于变异的随机性、无向性，寻优过程中易陷入局部最优值，影响算法的收敛速度。本节利用自适应变异改善算法的全局搜索能力和局部搜索能力，利用萤火虫优化变异对抗体种群进行定向搜索，混沌变异进行全局搜索，边界变异控制种群的搜索范围[186]。此外，CSA 算法的时间复杂度为 $O(T \times Ab)$（T 为进化代数，Ab 为抗体规模），因此，对于低维解的优化问题，抗体规模小，算法很快收敛；而对于高维参数的优化问题，所需抗体规模异常庞大，算法收敛减慢。这里给出可变选择算子，抗体选择规模随着进化代数逐渐减小，加快算法的寻优速度。

（1）混沌初始化

引入混沌算法，用于初始化 CSA 抗体种群。采用 Logistic 映射的混沌公式，对抗体进行快速搜索，混沌公式为

$$z_{j+1} = uz_j(1 - z_j) \qquad j = 1,2,\cdots,m \tag{9.6.1}$$

（2）亲和力计算

抗原和抗体亲和力通过 DBN 的输出误差来衡量，DBN 输出误差越小，亲和力越小，抗原和抗体的匹配程度越高，计算公式为

$$f(ab_i, ab_j) = \frac{1}{N}\sum_{n=1}^{N}(\hat{y}_n - y_n)^2 \tag{9.6.2}$$

式中，$\hat{y}_n$ 为第 n 个训练样本的网络实际输出，y_n 为第 n 个训练样本的期望输出，N 为训练样本数。

（3）自适应变异

萤火虫优化变异、混沌变异和边界变异的自适应变异在避免整个算法陷入局部最优的同时，能保证抗体向有益的方向进化。萤火虫算法将每个个体视为一个具有一定感知能力的萤火虫，在搜索范围内根据萤火虫的荧光亮度和相互吸引度更新萤火虫位置，荧光亮度弱的萤火虫会被荧光亮强的萤火虫所吸引，寻找最优解的过程就是寻找最亮的萤火虫的过程。这里在变异过程中引入萤火虫算法，首先，将每个抗体看作一个萤火虫，抗原和抗体的亲和力看作萤火虫的荧光亮度，通过各萤火虫的位置寻优实现抗体的定向变异，其抗体更新公式为

$$ab_i(k+1) = ab_i(k) + \gamma_0 e^{-\beta r_{ij}^2} + \zeta\varepsilon_i \tag{9.6.3}$$

式中，$ab_i(k+1)$ 和 $ab_i(k)$ 分别为第 i 个抗体在第 $k+1$ 代和第 k 代的位置；ζ 为 [0,1] 的随机数；ε_i 为 [0,1] 上服从正态分布的随机因子；γ_0 为最大吸引度；β 为吸收系数；r_{ij} 为抗体 i 与抗体 j 之间的距离。在萤火虫优化变异过程中，增加局部搜索计数器 l，提出新的抗体更新机制如下：计算每次迭代得到的抗体亲和力与原抗体亲和力差值，若大于设定阈值 χ，则更新当前抗体，否则，局部搜索计数器 $l=l+1$。当连续几代抗体都没有改变或改变很小，局部搜索计数器达到一定值，说明算法陷入了局部搜索，此时采用混沌变异，快速跳出局部最优。同时，为了避免寻优过程中抗体偏离搜索范围，引入边界变异，当抗体越过边界时，进行边界变异，抗体更新公式为

$$ab_i(k) = \begin{cases} x_{\max} \times (1 - c \times \text{rand}()), ab_i(k) > x_{\max} \\ x_{\min} \times (1 - c \times \text{rand}()), ab_i(k) > x_{\min} \end{cases} \tag{9.6.4}$$

式中，$x_{\max}$ 为搜索范围最大值；$x_{\min}$ 为搜索范围最小值；$c=0.01$。

改进的自适应变异算法[187]如下。

算法 9.1 mutation(N_0, m, γ_0, β, x, ζ) //自适应变异算法[188]

输入：初始抗体种群 N_0，抗体种群大小 M，最大吸引度 γ_0，吸收系数 β，抗体搜索范围 x，局部搜索阈值 χ 和临界值 ζ。

输出：变异后抗体种群 T

For $t=1$ to $T_{\max}$

  For $i=1$ to M //第 i 个抗体开始自适应变异

  $ab_i(k) = ab_i(k-1) + \gamma_0 e^{-\beta r_{ij}^2} + \zeta\varepsilon_i$ //对抗体进行萤火虫优化变异

  If $ab_i(k) - ab_i(k-1) < \chi$

    $l = l+1$

    If $l > \zeta$ //进行混沌变异跳出局部搜索

      $ab_i(k) = \chi ab_i(k-1) \times (1 - ab_i(k-1))$

    End If

```
    End If
    If ab_i(k) > x_max//越界时进行边界变异
      ab_i(k) = x_max × (1 - c × rand())
    Else if ab_i(k) < x_min
      ab_i(k) = x_min × (1 - c × rand())
    End if
  End for
  End for
```

(4) 可变选择算子

采用自适应变异时，抗体寻优范围会不断向最优抗体缩进，此时继续保留固定值选择抗体，不仅对寻优无益，而且会减慢算法的收敛速度。现对选择算子 S_K 进行改进，将固定值改为可变值，进化初期选择算子 S_K 较大，抗体被选择规模大，随着进化逐渐达到收敛，选择算子 S_K 变小，抗体被选择规模小。这样做的好处是，降低了算法的时间复杂度，加快了算法的寻优速度。选择算子 S_K 的调整公式

$$S_K=\begin{cases}k_0, k\leqslant\dfrac{T_{\max}}{2}\\ \left[k_0\cos\left(\dfrac{\pi}{2}\times\dfrac{2(T_{\max}-k)}{T_{\max}}\right)\right], k>\dfrac{T_{\max}}{2}\end{cases}\tag{9.6.5}$$

式中，k 和 $T_{\max}$ 分别为当前进化代数和最大进化代数；k_0 为初始选择规模。

3. 改进的混沌免疫算法优化 DBN 参数

在传统的 DBN 训练方法基础上，加入改进的混沌免疫算法优化 DBN 参数。利用改进的混沌免疫算法先对预训练得到的 DBN 参数进行全局优化，然后再进行传统的 BP 算法局部微调获得最优参数。改进混沌免疫算法的主体框架为克隆选择算法，首先，将预训练得到的 DBN 连接权值和偏置作为抗体，并利用混沌公式初始化抗体种群。然后，每个抗体作为网络参数确定一个唯一的 DBN，得到其输出响应值，进而计算各抗体亲和力。根据各抗体的亲和力，对抗体进行不同程度的克隆变异，不断得到新的抗体种群。最后，根据最优抗体更新 DBN 参数。

改进的混沌免疫算法优化 DBN 参数算法[187]如下。

算法 9.2　ICIM - DBN($\boldsymbol{\theta}, x, y, \boldsymbol{\kappa}$) //改进的混沌免疫算法优化 DBN 参数算法

输入：DBN 连接权值和偏置 $\boldsymbol{\theta}=\{\boldsymbol{w},\boldsymbol{b},\boldsymbol{c}\}$，训练数据 x，训练期望输出 y，改进的混沌免疫算法参数 $\boldsymbol{\kappa}$

输出：DBN 全局最优参数 $\boldsymbol{\theta}'=\{\boldsymbol{w}',\boldsymbol{b}',\boldsymbol{c}'\}$

```
Begin
  Ab_0 = θ//DBN 连接权值和偏置初始化抗体
  For i = 1 to opt.M //混沌算法初始化抗体种群
```

$ab_i = opt.u \times ab_0 \times (1 - ab_0)$

End for

For $t = 1$ to *opt. num*

For $i = 1$ to M //计算各抗体亲和力

$fit_i^t = dbn(ab_i^t)$

End for

If $t \leqslant \frac{opt.\ tnum}{2}$ //可变选择算子赋值

$S = opt.k$

Else

$S = \left[opt.k \times \cos\left(\frac{\pi}{2} \times \frac{2(opt.\ tnum - 1)}{opt.\ tnum}\right)\right]$

End if

$Ab = sort(ab_0^t, ab_1^t, \cdots, ab_S^t)$ //选择亲和力较小的前 S 个抗体，并按亲和力从小到大进行排序

T = [ ] //初始化临时抗体库

for $h = 1$ to S

$C_h = opt.cfactor \times opt.m$

$T = [T, ab_{h1}^t, ab_{h2}^t, \cdots, ab_{hC_h}^t]$ //将克隆抗体加入临时抗体库

End for

$Ab = \mathrm{mutation}(T, opt.\gamma_0, opt.\beta, opt.x)$ //对临时抗体库中的抗体进行自适应变异

End for

$\theta' = ab_1^{opt.\ thum}$ //根据最优抗体更新 DBN 连接权值和偏置

End

9.6.2 粒子群算法优化深度信念网络

深度信念网络（DBN）网络结构、隐含层数量，以及学习速率等，都会对 DBN 的分类结果产生很大的影响。目前，DBN 大多是凭借经验或者通过耗费大量时间多次调参来确定网络结构。基于此，本节给出一种基于粒子群优化（Particle Swarm Optimization，PSO）的 DBN 算法。该模型利用 PSO 对 DBN 的几个重要参数进行学习训练，然后将训练得到的最优参数赋给 DBN 网络，利用最优结构的 DBN 网络对数据进行特征提取。该模型采用算法[188]对所有连接权值进行有效的微调，进一步提高了 DBN 的分类精度。

基于优化 DBN 算法主要包括两部分：DBN 网络初始化和 PSO 优化 DBN 网络结构。

1. DBN 网络初始化

DBN 是由多个 RBM 堆叠而成，DBN 的训练过程就是通过每一个 RBM 的依次顺序训练完成，可以分为两个阶段。

第一阶段为前向堆叠 RBM 学习过程；第二阶段为 DBN 的后向微调学习过程。第一阶段学习过程每次只考虑单一 RBM 层进行无监督的训练，而第二阶段有监督的 Adam 算法对参数的微调却同时考虑了所有的层。

为了使 RBM 结构下的概率分布尽可能地与训练样本一致，文献［189］［190］给出一种进行参数微调来最大化 RBM 训练过程中产生的对数似然函数的方法，从而获得合适的参数 $\boldsymbol{\theta}$。

在不失一般性的情况下，可见层 v_i 的概率为

$$p(v_i|\boldsymbol{\theta})=\frac{f(v_i|\boldsymbol{\theta})}{Z(\boldsymbol{\theta})} \tag{9.6.6}$$

式中，$\boldsymbol{\theta}$ 可以根据求最大似然函数最大值得到合适的值，损失函数及其梯度为

$$\text{Loss}(\boldsymbol{\theta}) = \sum_{i=1}^{N}\log p(v_i \mid \boldsymbol{\theta}) = \sum_{i=1}^{N}[\log f(v_i \mid \boldsymbol{\theta})-\log Z(\boldsymbol{\theta})] \tag{9.6.7}$$

$$\frac{\partial \text{Loss}(\boldsymbol{\theta})}{\partial \boldsymbol{\theta}} = \sum_{i=1}^{N}\left[\frac{\partial \log f(v_i \mid \boldsymbol{\theta})}{\partial \boldsymbol{\theta}} - \left\langle \frac{\partial \log f(v \mid \boldsymbol{\theta})\mathrm{d}v}{\partial \boldsymbol{\theta}} \right\rangle_{p(v|\theta)}\right] \tag{9.6.8}$$

式中，$<\cdot>_{p(v|\theta)}$ 代表偏导数在 $p(\boldsymbol{v}\mid\boldsymbol{\theta})$ 分布下的期望值。$<\cdot>_{p(v|\theta)}$ 不容易求取[191]，只能通过一些采样方法来得到其近似值。正向是样本数据可见状态 v_i 的期望，而反向由于配分函数的线性无法计算。此时通常会采用 Gibbs 抽样来估计负相位。

综上，RBM 训练可以归结如下：首先将训练数据提供给可见层神经元 v_i，然后由

$$p(h_j = 1 \mid v) = \text{ReLU}\left(h_j + \sum_{i=1}^{N} v_i w_{ji}\right) \tag{9.6.9}$$

求得隐含层中某个单元 h_j 被激活的概率。再次重复这个过程来更新可见层的神经元，然后隐含层神经元会进一步“重构” v_i 和 h_j 的状态。随着数据的联合似然函数的梯度变化，对可见层和隐含层之间的权重 w_{ji} 的更新规则为

$$\Delta w_{ji}=\eta(<v_ih_j>_{\text{data}} - <v_ih_j>_{\text{recon}}) \tag{9.6.10}$$

式中，$<\cdot>_{\text{data}}$ 表示训练数据的期望；$<\cdot>_{\text{recon}}$ 表示重构后模型分布下数据的期望；η 表示学习率，$\eta\in(0,1)$。学习率较大时，算法收敛较快，但有可能引起算法的不稳定；学习率较小时，可避免不稳定情况，但收敛变慢，影响计算时间。

为解决这一问题，一般采用小批量梯度下降（MinBatch Gradient Descent，MSGD）方法进行参数更新。这种方法将本轮训练过程和上轮训练中的参数关联起来，能够带来很好的训练速度，一定程度上解决了收敛不稳定的问题，但容易收敛到局部极小值，并且有可能被困在鞍点。

因此，文献［188］采用 Adam 方法进行参数更新。Adam 的优点主要在于经过偏置校正后，每一次迭代学习率都有个确定范围，使得参数比较平稳。算法公式为式（9.3.5）~式（9.3.9）。

2. PSO 训练 DBN 网络结构

大量研究表明，包含多层隐含层的 DBN 网络比只有一层的要好很多；深度神经网络模型随着隐含层数的增加，分类错误率会下降，但当隐含层数增加至 4 层及以上时，模型的分类错误率会上升而且泛化性能下降。

粒子群优化算法（Particle Swarm Optimization，PSO）是一种基于种群的随机优化算法。

在 PSO 算法中，每个优化问题的解都是搜索空间中的一个粒子。所有的粒子都有一个被优化的函数决定的适应度值，每个粒子还有一个速度 V 决定它们飞行的方向和距离。PSO 初始化一群粒子，然后根据粒子群中当前的最优粒子在解空间中搜索最优解。每次迭代中，粒子都是通过追踪两个“极值”来更新自己，一个是粒子自身找到的最优解，称为个体极值（Pbest）；另一个极值是整个群体找到的最优解，称为全局极值（Gbest）。PSO 算法需要调节的参数少，且简单易于实现，适合在动态、多目标优化环境中寻优，与传统算法相比具有更快的计算速度和更好的全局搜索能力。

对一个 3 层隐含层 DBN，每层分别有 J_1、J_2 和 J_3 个神经元，学习率 $\eta \in [0,1)$。对粒子群进行编码时，设定 PSO 中的每一个粒子为一个四维向量 $\boldsymbol{x}(J_1,J_2,J_3,\eta)$。粒子种群数量为 N，N 一般取 10～20。PSO 的最大迭代次数为 $T_{\max}$。

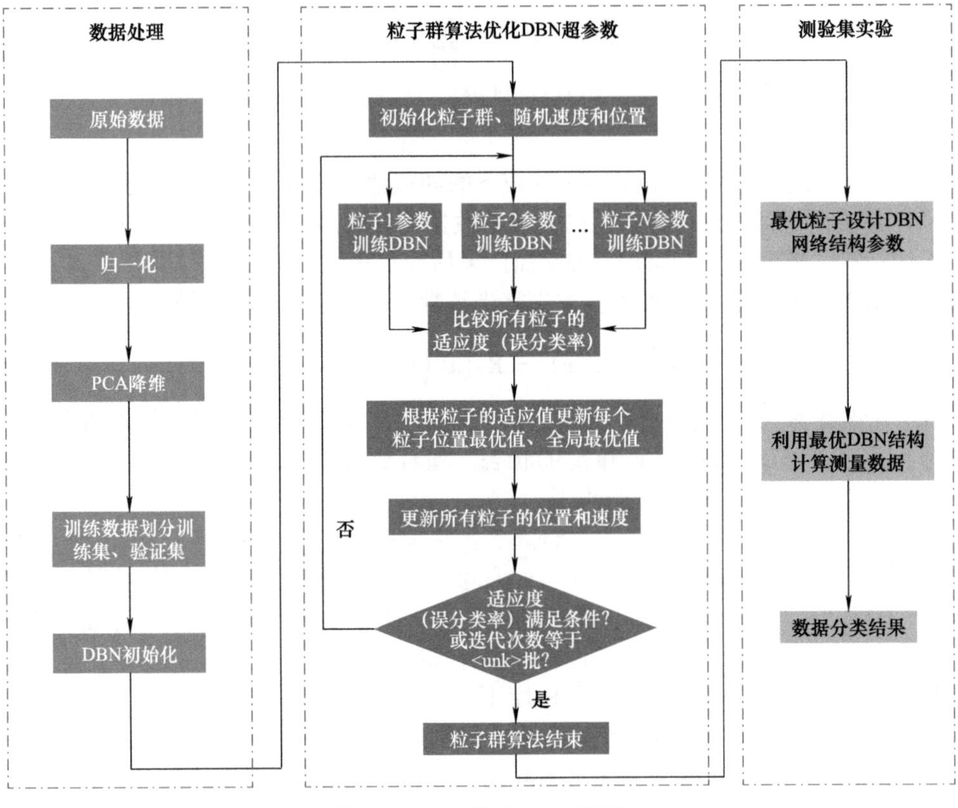

图 9.6　PSO 优化 DBN 流程

步骤 1：数据预处理。

对采集信号进行预处理。为了保证原始数据相对不变形，采用

$$\hat{x}_i = (x_i - x_{\min})/(x_{\max} - x_{\min}) \tag{9.6.11}$$

进行归一化。如果采集的原始信号为高维信号，直接进行训练的时间和收敛性都受到很大的影响，所以需要进行降维。在预处理时，需用主成分分析法（PCA）进行降维处理。

步骤 2：划分数据集。

将 PCA 降维后的数据集 D 划分为两个互斥的集合，其中一个集合作为训练集，另一个作为测试集。在训练集上训练出模型后，用测试集来评估其测试误差，作为泛化误差的估计。

步骤 3：初始化粒子群。

根据 DBN 网络的参数（连接权值和隐藏节点值）生成粒子群，并初始化这些粒子的位置和速度，即初始化粒子的位置 $X_I(0)$、速度 $V_I(0)$。

步骤 4：适应度值计算。

根据初始化的粒子位置和速度，得到 DBN 网络的输出响应值后，按适应度函数

$$\text{fitness} = \frac{1}{2N}\sum_{i=1}^{N}\sum_{j=1}^{M}(\hat{v}_{ij} - y_{ij})^2 \tag{9.6.12}$$

计算粒子群的适应度值。式中，N 为训练样本，M 为输出神经元个数，$\hat{v}_{ij}$ 和 y_{ij} 分别表示第 i 个样本的第 j 个分量的输出值和期望输出值。

步骤 5：更新粒子的速度和位置。

根据步骤 4 计算得到粒子群的适应度值，找到本轮粒子群最优的粒子 $X_{\text{gbest}}(k)$ 和搜索历史上的最优粒子 $X_{\text{pbest}}(k)$。粒子的速度和位置的更新公式为

$$\boldsymbol{X}_I(k+1) = \boldsymbol{X}_I(k) + \boldsymbol{V}_I(k+1) \tag{9.6.13}$$

$$\boldsymbol{V}_I(k+1) = \omega\,\boldsymbol{V}_I(k) + c_1 r_1(\boldsymbol{X}_{\text{ipbest}}(k) - \boldsymbol{X}_I(\text{k})) + c_2 r_2(\boldsymbol{X}_{\text{igbest}}(k) - \boldsymbol{X}_I(k)) \tag{9.6.14}$$

式中，ω 表示惯性权重，取值介于 [0, 1]，一般取 $\omega = 0.9$；c_1、c_2 表示加速参数，一般限定 c_1、c_2 相等且取值范围为 [0, 4]，Shi 和 Eberhart 经过多次试验，建议为了平衡随机因素的作用，最好设置 $c_1 = c_2 = 2$ [192]；r_1、r_2 是两个在 [0, 1] 范围变化的随机值。

步骤 6：如果训练样本的误分类率满足设定条件或者迭代次数等于 M，则 PSO 优化结束，否则转到步骤 4，$k = k + 1$，重复执行步骤 5 和步骤 6，直到满足判别条件。

步骤 7：利用训练好的 DBN 网络训练测试数据，输出信号分类结果。

9.7 实例 10：基于贪婪方法的深度信念网络诊断注意缺陷多动障碍

注意缺陷多动障碍（Attention Deficit Hyperactivity Disorder，ADHD）是一种行为和发育障碍，儿童通常没有能力专注于一个问题，他们的学习是缓慢的。他们有不寻常的活动，这种疾病与缺乏注意力障碍、多动、冲动行为或这些行为的组合有关。这些儿童中有许多患有一种或几种其他行为障碍，也可能患有抑郁症或双相情感障碍等心理问题。医生认为，患有此病的人大脑中缺乏足够数量的特定化学物质，即神经递质。这些化学物质有助于控制行为。由于对该病的性质尚未完全了解，对该病的早期诊断显得非常重要，而根据人类在及时诊断方面存在的问题，该病的诊断和分类难度很大。目前，ADHD 的诊断已经引起了许多研究者的关注[193-195]。2015 年，Vaslui Suchnio[196] 提出了一种基于元认知神经模糊接口系统（Meta-Cognitive Neuro-Fuzzy Interface System，McFIS）的有效分类方案。该方案中，特征选择机制是基于二进制编码的遗传极限学习机（BinaryCoded Genetic -Extreme Learning Machine，BCG-ELM）。2014 年，Kuang 等[197]利用脑向量的频率特征作为特征向量，并利用深度学习

进行特征提取和分类。2012 年，Igual 等[198]利用 fMRI 在静止状态下的信息，并引入了一种基于 G 算法的算法来构建整个大脑网络。2014 年，Alexander Tenve 等[199]提出了一种基于脑电图（Electroencephalogram，EEG）的混合机器学习方法来对患有 ADHD 的成人进行分类；训练阶段使用 4 个 SVM 分类器，输出中包含得到的逻辑表达式，结果有明显改善。

2012 年，Abibullaev 等[200]提出了一种通过脑电波信号诊断多动症的决策支持系统，主要目标是提供一个支持性的诊断工具和基于机器学习的诊断算法，其中诊断工具含有确定特征的信号处理过程，在这种方法中，采用半监督方法对训练集进行有效更新且有更高的精度。2012 年，Eloyan 等[201]提出了一种通过使用成像和生物标签诊断多动症的自动方法，该方法根据 ADHD 症状开发了一个模型，重点是大脑结构成像的“恢复状态功能连接性（Resting State Functional Connectivity，RS-FC）”。

目前，深度网络模型用来学习相应问题的表示和非线性关系，是基于特征工程和非线性建模的，特征提取采用全自动、无监督和半监督等方法。其中，深度信念网络（DBN）是深度学习网络中的一种，文献［202］被用来诊断 ADHD。该方法首先将大量问题特征，包括 fMRI 特征、诊断状态、注意力缺陷多动障碍（ADHD）测量、继发症状、年龄、性别、智商、药物终生状态等转化为复合特征。然后，在贪婪算法中，确定了深度神经网络的结构、隐含层数和神经元数。最后，为了计算输出的概率分布，采用 Softmax 层作为最后一层。

该方法采用 ADHD-200 全球竞赛引入的两个标准数据集 Neuro Image（Mennes，Biswal，Castellanos，& Milham，2013）和 NYU（Mennes et al.，2013）数据集，并与最先进的知名算法进行了比较。结果表明，该方法在准确率、查全率、f 值和准确率等方面均优于其他已知系统。与 ADHD-200 全球竞赛中提出的最佳方法相比，在 Neuro Image 和 NYU 数据集上的预测精度分别提高了 +12.04 和 +27.81%。

9.7.1 基于贪婪方法的深度信念网络

采用贪婪算法确定 DBN 的设置参数。

1. 深度信念网络

DBN 实际上是由几个受限玻尔兹曼机（RBM）自底向上连接在一起的网络。RBM 是一种生成式随机人工神经网络，它可以学习其输入集合[203]上的概率分布。RBM 是一种玻尔兹曼机，其约束条件是神经元必须形成二分图，两组神经元分别构成“可见”和“隐藏”层，并且一组内的节点之间没有任何连接。为了提高训练效率，采用了基于梯度的对比发散算法。RBM 网络结构，如图 9.7 所示。与传统网络相比，神经元的可见层与隐含层之间的连接具有更高的可靠性。

$\boldsymbol{v}=(v_0,v_1,\cdots,v_{N-1})$ 和 $\boldsymbol{h}=(h_0,h_1,\cdots,h_{J-1})$ 分别表示输入向量和输出向量。DBN 由一堆 RBM 组成，如图 9.7 所示。图 9.7 解释了网络的训练阶段。

用于生成输出的 RBM 的概率分布为

$$p(\boldsymbol{v},\boldsymbol{h})=\frac{1}{Z(\boldsymbol{v},\boldsymbol{h})}\mathrm{e}^{E(\boldsymbol{v},\boldsymbol{h})} \tag{9.7.1}$$

Z 和 $E(\cdots,\cdots)$ 分别称为标准化因子和能量函数，且

$$Z(\boldsymbol{v},\boldsymbol{h})=\sum_{\boldsymbol{v}}\sum_{\boldsymbol{h}}\mathrm{e}^{E(\boldsymbol{v},\boldsymbol{h})} \tag{9.7.2}$$

式中，函数 $E(\cdots,\cdots)$ 定义为

$$E((\boldsymbol{v},\boldsymbol{h})) = -\boldsymbol{bv} - \boldsymbol{ch} - \boldsymbol{vwh} \tag{9.7.3}$$

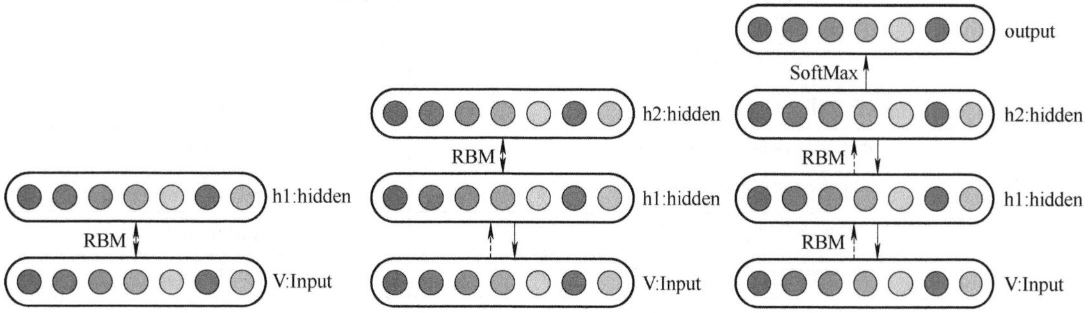

图 9.7　深度信念网络结构

式中，$\boldsymbol{b}$ 和 $\boldsymbol{c}$ 是可见和不可见的阈值变量；$\boldsymbol{v}$ 和 $\boldsymbol{h}$ 是可见的和隐含的变量，矩阵 $\boldsymbol{w}$ 为节点间连接的权重。根据 log 梯度计算 RBM 网络权值的更新准则为

$$w_{ji} = E_{\text{data}}(v_i,h_j) - E_{\text{model}}(v_i,h_j) \tag{9.7.4}$$

式中，$E_{\text{data}}(v_i, h_j)$ 为训练样本的期望值；$E_{\text{model}}(v_i, h_j)$ 为模型的期望值。

2. 一种贪婪训练算法

为了用 RBM 建立一个深层次模型，现用贪婪算法来训练一个多层的深网络。首先，学习一个 RBM 作为 DBN 的第一层，权值矩阵为 $\boldsymbol{w}$。然后，初始化第二层的权重（$\boldsymbol{w}^2 = (\boldsymbol{w}^1)^{\mathrm{T}}$）以确保 DBN 的两个隐含层至少与 RBM 相等。通过生成第一层输出$\boldsymbol{h}^1$，可以通过修改权重矩阵$\boldsymbol{w}^2$ 来改进 DBN，也可以用第二个 RBM 得到的向量$\boldsymbol{h}^2$ 来学习 RBM 的第三层。通过初始化$\boldsymbol{w}^3 = (\boldsymbol{w}^2)^{\mathrm{T}}$，它保证了对数似然函数的下限得到改善。在迭代过程中，建立的深度层次模型实施步骤，如算法 9.1 所示。

算法 9.1 如下。

步骤 1：确定第一隐含层的参数$\boldsymbol{w}^1$，从而确定 CD 训练算法。

步骤 2：固定参数$\boldsymbol{w}^1$ 并使用 $Q(\boldsymbol{h}^1 \mid \boldsymbol{v}) = p(\boldsymbol{h}^1 \mid \boldsymbol{v};\boldsymbol{w}^1)$ 作为输入向量，以训练下一层的特征。

步骤 3：固定参数$\boldsymbol{w}^2$，该参数定义属性的第二层，并使用来自 $Q(\boldsymbol{h}^2 \mid \boldsymbol{h}^1) = p(\boldsymbol{h}^2 \mid \boldsymbol{h}^1;\boldsymbol{w}^2)$ 的第 $\boldsymbol{h}^2$ 个样本作为第三层训练特征的数据。在最后一层，为了计算输入的概率分布，使用了 Softmax 层。Softmax 函数为

$$p_j = \frac{\mathrm{e}^{x_j}}{\sum_{i=1}^{k} \mathrm{e}^{x_i}} \tag{9.7.5}$$

式中，p_j 为神经元 j 的可能值；x_i 为进入每个神经元的值。

9.7.2　仿真实验与结果分析

1. 数据集

训练和测试数据集由 ADHD-200 全球竞赛提供。纽约大学的训练数据集包括 222 个训练样本和 41 个测试样本。NeuroImage 数据集包含 48 个训练样本和 25 个测试样本。参与研究的受试者年龄在 7 ~ 21 岁之间。深度信念网络所用特征，如表 9.1 所示。采用功能磁共振成

像（fMRI）成像获得所需数据。

表 9.1 深度信念网络的特征

说 明	特 征
病人的性别	Gender
病人喜欢用一只手而不是另一只手	Handedness
在不同的状态下的个人智商	IQ measure
患者服药后出现的状态	medication status
控制个体的行为和状态	quality control
从 fMRI 图像中获得的特征	FMRI Features
个体的注意力不集中程度	Inattentive
个体的过度活跃程度	Hyper/Impulsive
口语或口语智商	Verbal IQ
表现功能的智商	Performance IQ
服药后出现的抑郁状态	med status
第一次对人们休息时（最不活跃时）的行为和情绪进行质量控制	QC_ Rest_ 1
第二次对人们休息时（最不活跃时）的行为和情绪进行质量控制	QC_ Rest_ 2
第三次对人们休息时（最不活跃时）的行为和情绪进行质量控制	QC_ Rest_ 3
第四次对人们休息时（最不活跃时）的行为和情绪进行质量控制	QC_ Rest_ 4
首次对解剖状态的质量控制	QC_ Anatomical_ 1
二次解剖状态的质量控制	QC_ Anatomical_ 2

2. 文献［202］的方法与其他方法的比较

利用贪婪训练算法对训练数据进行学习，并对测试数据进行评估。在 NYU 和 Neuron Image 的标准数据集上，分别对文献［202］的方法进行了评价。文献［202］的方法是一种二元分类任务，其中阳性分类包括 ADHD 患者，阴性分类包括非 ADHD 患者。评价结果，如表 9.2 所示。注意，诊断 ADHD 最重要的问题之一是不平衡。为了解决这一问题，采用 SMOTE 方法对少数类的过采样进行人工合成采样。少数类包括 ADHD 患者。在典型的分类问题中，有许多方法可以用于对数据集进行过采样。最常见的技术被称为 SMOTE。需要注意的是，在数据集上应用 SMOTE 方法来缓解不平衡后，数据集变得均衡。

表 9.2 对纽约大学和神经图像数据集的精度、召回率和 F 值的评价结果

数 据 集	精 度		召 回 率		F 值（α =0.5）	
	Positive	Negative	Positive	Negative	Positive	Negative
NYU	72%	42%	75%	38%	74%	40%
NeuroImage	64%	73%	75%	62%	69%	67%

表 9.3 显示了文献［202］的方法和 ADHD-200 全球竞赛引入的最佳方法以及 SVM、RBF、RBF-SVM 和决策树算法的结果（Brown 等人，2012 年）。

表9.3 NYU和NeuroImage数据集在准确率方面的比较结果

	准确率	
	NYU数据集	NeuroImage数据集
提出的方法	63.68	69.83
ADHD-200	35.19	59.96
RBF SVM	64.2	64.2
RBF	51.9	48.2
SVM	55.1	61.2
决策树	51.9	54.1

表9.3表明，与NYU和NeuroImage数据集相比，文献［202］的方法分别提高了+12.04和27.81%。采用深度学习方法提取高效特征以及使用Softmax分类器是该方法相对于其他方法的优势。

综上，注意缺陷多动障碍（ADHD）已成为最常见的疾病之一，其早期诊断具有重要意义。文献［202］提出了一种基于深度信念网络的方法，利用贪婪算法对网络结构进行构造和训练。在两个标准数据集上进行的实验结果表明，该方法比现有的方法具有明显的优势。

第 10 章　深度自编码器

概　要

本章从自编码原理及其训练开始，深入讨论、分析与研究了变分自编码器、堆叠变分自编码器、深度卷积变分自编码器、自编码回声状态网络、深度典型相关稀疏自编码器、双重对抗自编码网络等扩展模型的原理与实现架构。将自编码器与具体应用相结合，分析了基于互信息稀疏自编码的软测量模型、基于深度自编码网络的模糊推理模型、基于特征聚类的快速稀疏自编码模型及基于栈式降噪稀疏自编码器的极限学习机等应用模型。最后，将改进的 LDA 与自编码器相结合，研究了特征提取及调制识别算法，并给出了仿真实验与结果分析。

1986 年，Rumelhart 提出了自动编码器的概念，并将其用于高维复杂数据处理，促进了神经网络的发展。2006 年，Hinton 对原型自动编码器结构进行改进得到深度自编码器（Deep Auto-Encoder，DAE）。2007 年，Benjio 提出稀疏自动编码器的概念，进一步深化了 DAE 的研究。2008 年，Vincent 提出降噪自动编码器，防止了过拟合现象；2009 年，Benjio 利用堆叠自动编码器，构建了深度学习神经网络。2010 年，Salah 提出收缩自动编码器，对升维和降维的过程进行限制。2011 年，Jonathan 提出用卷积自动编码器构建卷积神经网络；2012 年，Taylor 利用自动编码器构建了不同类型深度结构。Hinton、Benjio 和 Vincent 等对比了原型自动编码器、稀疏自动编码器、降噪自动编码器、收缩自动编码器、卷积自动编码器和 RBM 等结构的性能，为以后的实践和科研提供了参考。2013 年 Telmo 研究了用不同代价函数训练的 DAE 性能，为代价函数优化策略的发展指明了方向。

本章介绍自编码网络结构、原理、实现架构及应用研究成果。

10.1　自编码器

1. 编码 – 解码

编解码原理如图 10.1 所示。

图 10.1 中，输入 $\boldsymbol{x}$ 经编码器 $\boldsymbol{f}$，得到编码结果为

$$\boldsymbol{h}=\boldsymbol{f}(x)$$

编码 $\boldsymbol{h}$ 经解码器解码或称重构为

$$\hat{\boldsymbol{x}}=g(\boldsymbol{h})$$

重构的 $\hat{\boldsymbol{x}}$ 与输入 $\boldsymbol{x}$ 的接近程度，可以用损失函数来衡量。损失函数记为 $\mathrm{Loss}(\boldsymbol{x},\hat{\boldsymbol{x}})$，用于测量重建的好坏，目标是最小化 $\mathrm{Loss}(\boldsymbol{x},\hat{\boldsymbol{x}})$ 的期望值。$\mathrm{Loss}(\boldsymbol{x},\hat{\boldsymbol{x}})$ 可以有多种多样的定义，其中均方误差是最常见的一种形式，即

$$\text{Loss}(\boldsymbol{x},\hat{\boldsymbol{x}}) = \frac{1}{2}\|\hat{\boldsymbol{x}} - \boldsymbol{x}\|^2$$

图 10.2 显示了重构存在的误差 error。

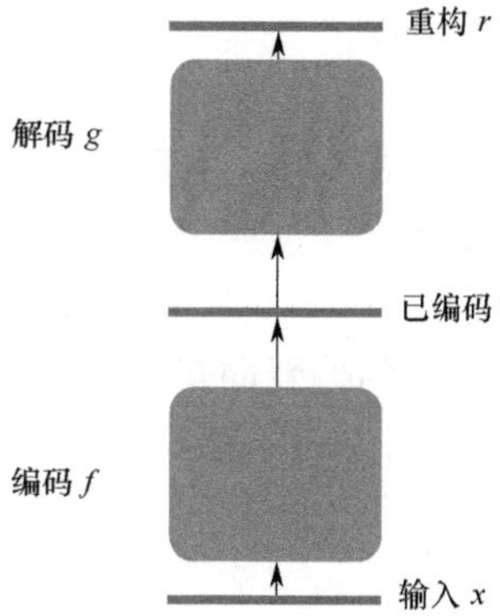

图 10.1　编码解码原理

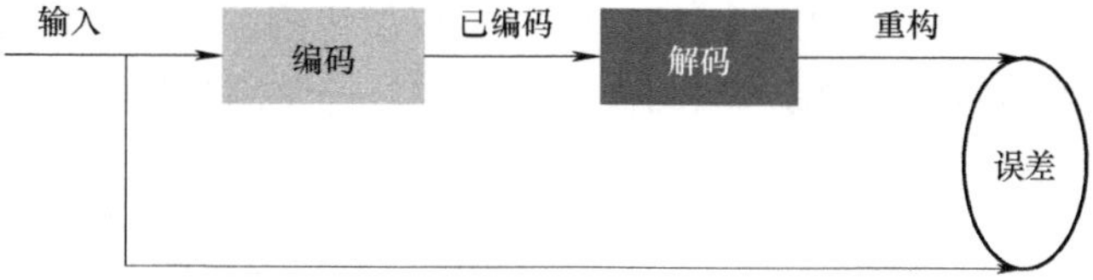

图 10.2　重构存在的误差

2. 自编码器

自编码器是深度学习中的一种无监督学习模型，先通过编码器将高维特征映射到低维度的隐藏表示，再通过解码器将输入特征量复现，如图 10.3 所示。

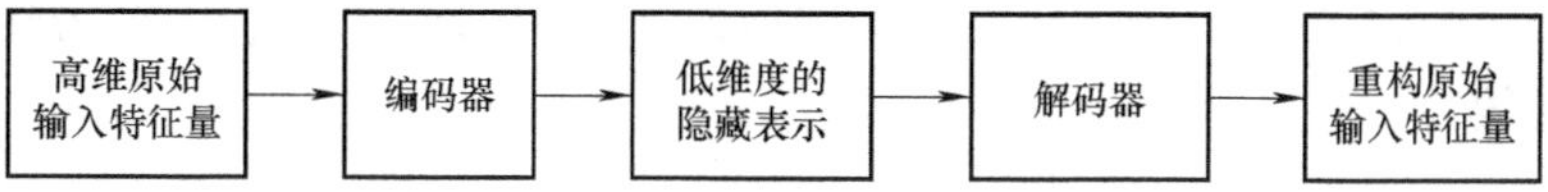

图 10.3　自编码器结构

编码器将高维原始输入特征量 $\boldsymbol{x} = [x_1, x_2, \cdots, x_N]$ 映射到一个低维隐藏空间向量 $\boldsymbol{z}$（M 维），解码器再将 $\boldsymbol{z}$ 映射到一个 N 维输出层，从而实现了对原始输入特征量的复现。图 10.3 也对应于由输入层、映射层（编码层）、瓶颈层、解映层（解码层）和输出层构成的自编码网络，如图 10.4 所示。

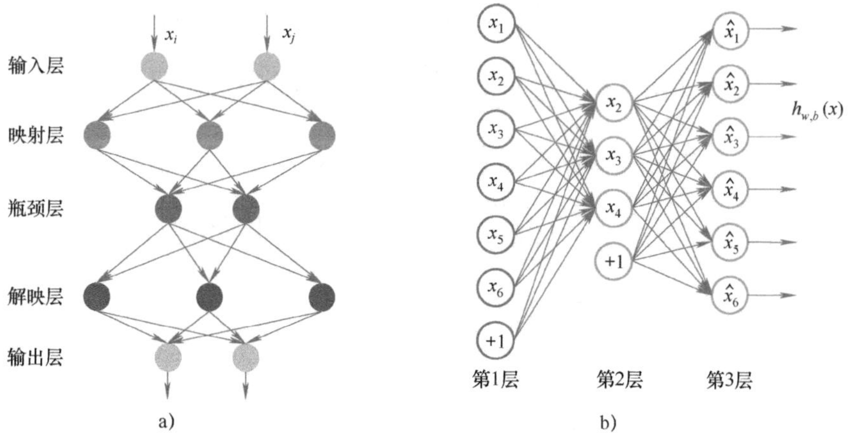

图 10.4　自动编码器

a）5 层结构　b）3 层结构

图 10.4a 为 5 层结构，图 10.4b 简化为 3 层结构。假设输入层的输入向量 $\boldsymbol{x} = [x_1, x_2, \cdots, x_N]^{\mathrm{T}}$、编码层的编码函数 $\boldsymbol{f}(x) = [f_1(x), f_2(x), \cdots, f_{N_e}(x)]$、输出层 $\hat{\boldsymbol{x}} = [\hat{x}_1, \hat{x}_2, \cdots, \hat{x}_N]^{\mathrm{T}}$，解码层的解码函数 $\boldsymbol{h} = [h_1(x), h_2(x), \cdots, h_{N_h}(x)]^{\mathrm{T}}$，$N$ 是输入样本和输出样本的维度，N_h 是隐含层的维度。隐含层与输入层之间的映射关系为

$$\boldsymbol{h} = \boldsymbol{f}(\boldsymbol{x}) = \boldsymbol{s}_f(\boldsymbol{w}^{(1)}\boldsymbol{x} + \boldsymbol{b}^{(1)}) \tag{10.1.1}$$

式中，s_f 为线性或非线性的激励函数，$\mathbf{w}^{(1)} \in \mathbf{R}^{N_h \times N}$ 是权值矩阵，$\mathbf{b}^{(1)} \in \mathbf{R}^{N_h}$ 是隐含层的偏置向量。

同理，隐含层到输出层也可以由一个函数 g 映射得到，关系为

$$\hat{\boldsymbol{x}} = \boldsymbol{g}(\boldsymbol{h}) = \boldsymbol{s}_g(\boldsymbol{w}^{(2)}\boldsymbol{h} + \boldsymbol{b}^{(2)}) \tag{10.1.2}$$

式中，s_g 为激励函数，$\boldsymbol{w}^{(2)} \in \mathrm{R}^{N \times N_h}$是权值矩阵，$\boldsymbol{b}^{(2)} \in \mathrm{R}^N$ 是输出层的偏置向量。AE 的基本思想为：从网络的输入层到输出层，学习一个函数使 $p_\theta(x) = g(f(x)) \approx x$。激励函数均选取 sigmoid 函数，其形式为

$$f(x) = \frac{1}{1 + \exp(-x)} \tag{10.1.3}$$

由于 $f(x)$ 的值域在 0 到 1 之间，所以需要对数据进行归一化

$$x = \frac{x - x_{\min}}{x_{\max} - x_{\min}} \tag{10.1.4}$$

自编码器的参数包括网络权值和偏置向量，即 $\boldsymbol{\theta} = \{\boldsymbol{w}^{(1)}, \boldsymbol{w}^{(2)}, \boldsymbol{b}^{(1)}, \boldsymbol{b}^{(2)}\}$，可以通过最小化损失函数 $L(\boldsymbol{x}, \hat{\boldsymbol{x}})$ 进行求解。假设训练样本为 $\boldsymbol{x} = \{x_1, x_2, \cdots, x_N\}$，$N$ 为样本个数，$\boldsymbol{x} \in \mathbf{R}^d$，则损失函数为

$$J_{\mathrm{AE}} = L(\boldsymbol{x}, \hat{\boldsymbol{x}}) = \frac{1}{2N}\sum_{i=1}^{N} \| x_i - \hat{x}_i \|^2 = \frac{1}{2N}\sum_{i=1}^{N}\sum_{j=1}^{D} [x_{id} - \hat{x}_{id}]^2 \tag{10.1.5}$$

基于以上假设，反向传播算法的步骤如下。

步骤 1：计算前向传播各层 $l = L-1, L-2, \cdots, 2$ 神经元的激活值，即

$$h_{\boldsymbol{w},\boldsymbol{b}}^{(l)} = f(\boldsymbol{w}^{(l-1)}\boldsymbol{x}^{(l-1)} + \boldsymbol{b}^{(l-1)})$$

步骤 2：计算第 l 层（输出层）第 i 个输出神经元的梯度，即

$$g_i^{(l)} = \frac{\partial J}{\partial z_i^{(l)}} = \frac{\partial}{\partial z_i^{(l)}}\frac{1}{2}\| \boldsymbol{x} - \hat{\boldsymbol{x}} \|^2 = -(x_i - h_{(w,b)i}^{(l)})f'(z_i^{(l)}) \tag{10.1.6}$$

步骤 3：计算第 $l-1$ 层（隐含层）第 i 个输出神经元的梯度，即

$$\begin{aligned} g_i^{(l-1)} &= \frac{\partial J}{\partial z_i^{(l-1)}} = \frac{\partial J}{\partial z_i^{(l)}}\frac{\partial z_i^{(l)}}{\partial z_i^{(l-1)}} \\ &= g_i^{(l)}\frac{\partial z_i^{(l)}}{\partial z_i^{(l-1)}} = g_i^{(l)}\frac{\partial}{\partial z_i^{(l-1)}}\sum_{j=1}^{N_{l-1}} w_{ij}^{(l-1)}f(z_i^{(l-1)}) \\ &= \sum_{j=1}^{N_{l-1}} w_{ij}^{(l-1)}g_i^{(l)}f'(z_i^{(l-1)}) \end{aligned} \tag{10.1.7}$$

式中

$$g_i^{(l)} = \sum_{j=1}^{N_l} w_{ij}^{(l)}g_i^{(l+1)}f'(z_i^{(l)}) \tag{10.1.8}$$

步骤 4：计算最终网络中的偏导数

$$\nabla_{w^{(l)}} J = h_{(w,b)i}^{(l)} g_i^{(l+1)}$$
$$\nabla_{b^{(l)}} J = g_i^{(l+1)} \tag{10.1.9}$$

10.2 稀疏自适应编码器

自编码器要求输出尽可能等于输入，并且它的隐含层必须满足一定的稀疏性，即隐含层不能携带太多信息。所以隐含层对输入进行了压缩，并在输出层中解压缩。整个过程肯定会丢失信息，但训练能够使丢失的信息尽量少。稀疏自编码网络就是在自编码网络基础上，对隐含层增加稀疏性限制，并且可以将多个自编码网络进行堆叠[204-205]。图10.5为堆叠两个自编码网络的稀疏自编码网络，第一个自编码网络训练好后，取其隐含层 h_1 作为下一个自编码网络的输入与期望输出。如此反复堆叠，直至达到预定网络层数。最后进入网络微调过程，将输入层 x 、第一层隐含层 h_1 、第二层隐含层 h_2 ，以及之后所有的隐含层整合为一个新的神经网络，最后连接一个数据分类器，利用全部带标数据有监督地重新调整网络的参数。

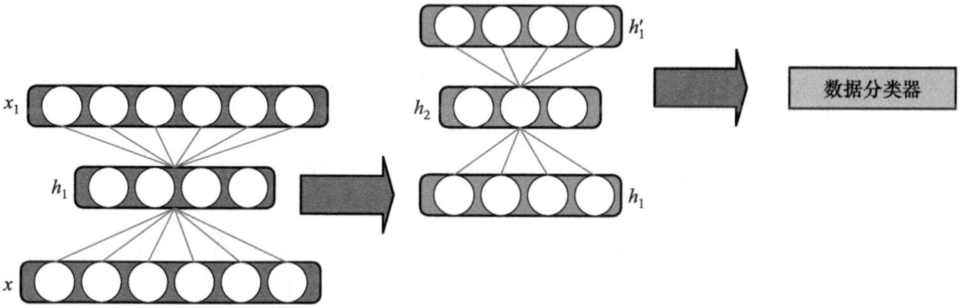

图10.5 稀疏自编码网络结构

由于网络常用的激活函数为Sigmoid函数，其输出范围是0~1，所以使第 l 个隐含层第 j 个神经元对第 $l-1$ 个隐含层所有神经元激活平均值 $\hat{\rho}_j^{(l)}$ ，即

$$\hat{\rho}_j^{(l)} = \frac{1}{N_{l-1}} \sum_{i=1}^{N_{l-1}} \left(h_{(w,b)j}^{(l)}\left(h_{(w,b)i}^{(l-1)}\right)\right) \tag{10.2.1}$$

总接近一个比较小的实数 ρ ，即 $\hat{\rho}_j^{(l)} = \rho$ ，ρ 表示稀疏度目标，就可保证网络隐含层的稀疏性。为使两值尽量接近，引入Kullback-Liebler散度（KL散度）。KL散度定义为

$$J_{\text{KL}}(\rho \| \hat{\rho}) = \sum_{l=1}^{N_h} J_{\text{KL}}(\rho \| \hat{\rho}_j^{(l)}) = \sum_{l=1}^{N_h} \sum_{j}^{N_l} \left(\rho \log \frac{\rho}{\hat{\rho}_j^{(l)}} + (1-\rho) \log \frac{1-\rho}{1-\hat{\rho}_j^{(l)}}\right) \tag{10.2.2}$$

式中，N_h 表示隐含层节点的数量。稀疏自编码器（Sparse AutoEncoder，SAE）的总代价函数为

$$J_{\text{SAE}} = \frac{1}{N} \sum_{i=1}^{N} \frac{1}{2} \| \hat{\boldsymbol{x}}_i - x_i \|^2 + \frac{\lambda}{2} \sum_{l=1}^{N_l} \| \boldsymbol{w}^{(l)} \|^2 + \beta J_{KL}(\rho \| \hat{\rho}) \tag{10.2.3}$$

式中，β 表示稀疏性惩罚项。通过最小化代价函数，可以获得最优参数 $\boldsymbol{w}^{(l)}$、$\boldsymbol{b}^{(l)}$ 。因为代价函数多了一项，所以梯度的表达式也有变化。

为了方便起见，对稀疏性惩罚项只计算第1层参数，令

$$S(\boldsymbol{w}^{(l)},\boldsymbol{b}^{(l)}) = \beta J_{KL}(\rho) = \beta\sum_{l=1}^{N_h} J_{\mathrm{KL}}(\rho \parallel \hat{\rho}_j^{(l)}) \tag{10.2.4}$$

所以

$$\begin{aligned}
\frac{\partial S(\boldsymbol{w}^{(1)},\boldsymbol{b}^{(1)})}{\partial w_{ij}^{(1)}} &= \sum_{n=1}^{N} \frac{\partial S(\boldsymbol{w}^{(1)},\boldsymbol{b}^{(2)})}{\partial z_n^{(2)}(x_n)} \times \frac{\partial z_n^{(2)}(x_n)}{\partial w_{ij}^{(1)}} \\
&= \sum_{n=1}^{N} h_j^{(l)}(x_n) \times \beta \frac{\partial}{\partial z_i^{(2)}(x_n)}[\rho\log\frac{\rho}{\hat{\rho}_i} + (1-\rho)\log\frac{1-\rho}{1-\hat{\rho}_i}] \\
&= \sum_{n=1}^{N} h_j^{(1)}(x_n) \times \beta\left(-\frac{\rho}{\hat{\rho}_i} + \frac{1-\rho}{1-\hat{\rho}_i}\right)\frac{\partial\hat{\rho}_n}{\partial z_i^{(2)}(x_n)} \\
&= \sum_{n=1}^{N} h_j^{(1)}(x_n) \times \beta\left(-\frac{\rho}{\hat{\rho}_i} + \frac{1-\rho}{1-\hat{\rho}_i}\right)\left(\frac{1}{N}\frac{\partial h_i^{(2)}(x_n)}{\partial z_i^{(2)}(x_n)}\right) \\
&= \frac{1}{N}\sum_{n=1}^{N} h_j^{(1)}(x_n) \times \beta\left(-\frac{\rho}{\hat{\rho}_i} + \frac{1-\rho}{1-\hat{\rho}_i}\right)f'(z_i^{(2)}(x_n))
\end{aligned} \tag{10.2.5}$$

所以

$$\begin{aligned}
\frac{\partial J_{\mathrm{sparse}}(\boldsymbol{w},\boldsymbol{b})}{\partial w_{ij}^{(1)}} &= \frac{1}{N}\sum_{n=1}^{N} h_j^{(1)}(x_n)g_i^{(2)}(x_n) + \lambda w_{ij}^{(1)} + \frac{\partial S(\boldsymbol{w}^{(1)},\boldsymbol{b}^{(1)})}{\partial w_{ij}^{(1)}} \\
&= \frac{1}{N}\sum_{n=1}^{N} a_j^{(1)}(x_n)[g_i^{(2)}(x_n) + \beta\left(-\frac{\rho}{\hat{\rho}_i} + \frac{1-\rho}{1-\hat{\rho}_i}\right)f'(z_i^{(2)}(x_n)] + \lambda w_{ij}^{(1)} \\
&= \frac{1}{N}\sum_{n=1}^{N} h_j^{(1)}(x_n)\left[\left(\sum_{r=1}^{s_3} g_r^{(3)}(x_n)w_{ri}^{(2)}\right) + \beta\left(-\frac{\rho}{\hat{\rho}_i} + \frac{1-\rho}{1-\hat{\rho}_i}\right)f'(z_i^{(2)}(x_n)\right] + \lambda w_{ij}^{(1)}
\end{aligned} \tag{10.2.6}$$

相当于

$$g_i^{(2)} = \left(\sum_{j=1}^{N_3} g_j^{(3)} w_{ji}^{(2)}\right)f'(z_i^{(2)}) \tag{10.2.7}$$

变成

$$g_i^{(2)} = \left[\sum_{j=1}^{N_3} g_j^{(3)} w_{ji}^{(2)} + \beta\left(-\frac{\rho}{\hat{\rho}_i} + \frac{1-\rho}{1-\hat{\rho}_i}\right)\right]f'(z_i^{(2)}) \tag{10.2.8}$$

10.3 变分自编码器

10.3.1 变分自编码理论

变分自编码器（Variational AutoEncoder，VAE）[206]是自编码器的一种，VAE 能将高维原始特征量提取成低维的高阶特征量而尽可能多地保留原本的信息。与一般的自编码器不同，VAE 基于变分贝叶斯推断，通过寻找高阶隐藏变量所满足的高斯分布使映射得到的高阶特征具有更强的鲁棒性，有利于增强分类器的泛化能力、减少噪声带来的干扰。变分自编码器通常由 3 层神经网络组成，包括输入层、隐含层和输出层。通过对输入 $\boldsymbol{x} \in \mathbf{R}^{D\times N}$（$D$ 为样本维数，N为样本数）进行编码得到隐含层输出 $\boldsymbol{h} \in \mathbf{R}^{D_h \times N}$（$D_h$ 为隐含层空间维数），再通过解码将隐含层输出重构回样本原始空间维度，得到重构样本 $\hat{x}$。自编码器的训练是使输出 $\hat{x}$ 不断地逼近输入 x，进而获得能表征输入样本特性的隐含层特征。

VAE 作为一类生成模型，基本结构如图 10.6 所示。VAE 利用隐变量 z 表征原始数据集 x 的分布，通过优化生成参数 $\boldsymbol{\theta}$；利用隐变量 z 生成数据 $\hat{\boldsymbol{x}}$，使 $\hat{\boldsymbol{x}}$ 与原始数据 $\boldsymbol{x}$ 高概率相似，即最大化边缘分布

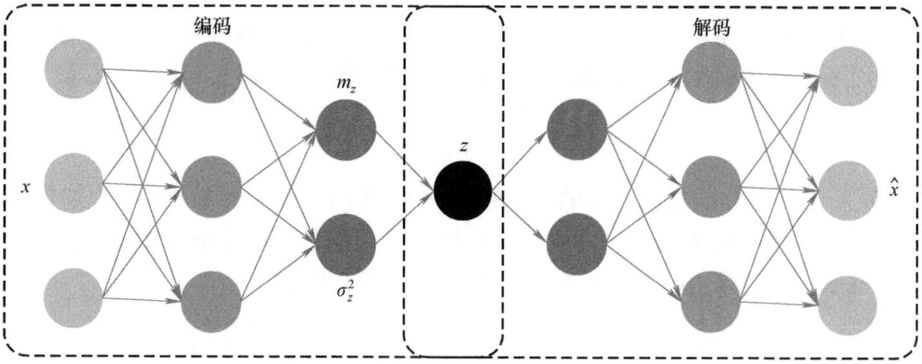

图 10.6 VAE 结构

$$f_\theta(\boldsymbol{x}) = \int f_\theta(\boldsymbol{x} \mid z) f_\theta(z) \mathrm{d}z \tag{10.3.1}$$

式中，$\boldsymbol{f}_\theta(\boldsymbol{x} \mid z)$ 表示由隐变量 z 重构原始数据 $\boldsymbol{x}$；$f_\theta(\boldsymbol{x})$ 表示隐变量 z 的先验分布，这里采用高斯分布 $N(0,\boldsymbol{I})$。由于没有标签与 z 对应，会导致利用 z 生成的样本不能与原始样本相对应。因此，采用 $f_\theta(\boldsymbol{x} \mid z)$ 表示由原始数据通过学习得到隐变量 z，从而建立 z 与 $\boldsymbol{x}$ 的关系。由于真实的后验分布 $f_\theta(\boldsymbol{x} \mid z)$ 很难计算，故采用服从高斯分布的近似后验 $f_\varphi(z \mid \boldsymbol{x})$ 代替真实后验，两个分布的 Kullback-Leibler 散度为

$$\begin{aligned} J_{KL}[f_\varphi(z \mid \boldsymbol{x}) \parallel f_\theta(z \mid \boldsymbol{x})] &= \mathbb{E}_{f_\varphi(z|\boldsymbol{x})}[\log f_\varphi(z \mid \boldsymbol{x}) - \log f_\theta(z \mid \boldsymbol{x})] \\ &= \mathbb{E}_{f_\varphi(z|\boldsymbol{x})}[\log f_\varphi(z \mid \boldsymbol{x}) - \log f_\theta(\boldsymbol{x} \mid z) - \log f_\theta(z)] + \log f_\theta(\boldsymbol{x}) \end{aligned} \tag{10.3.2}$$

将式（10.3.2）进行变换，得

$$\log f_\theta(\boldsymbol{x}) - J_{KL}[f_\varphi(z|\boldsymbol{x}) \parallel f_\theta(z|\boldsymbol{x})] = \mathbb{E}_{f_\varphi(z|\boldsymbol{x})}[\log f_\varphi(z|\boldsymbol{x}) - \log f_\theta(\boldsymbol{x}|z) - \log f_\theta(z)] \tag{10.3.3}$$

由于 KL 散度非负，令式（10.3.3）右侧等于 $\mathrm{Loss}(\boldsymbol{\theta},\boldsymbol{\varphi};\boldsymbol{x})$，得 $\log f_\theta(x) \geqslant \mathrm{Loss}(\boldsymbol{\theta},\boldsymbol{\varphi};\boldsymbol{x})$。$\log f_\theta(\boldsymbol{x})$ 是需要最大化的对数似然函数，而又希望近似后验分布 $f_\varphi(z \mid \boldsymbol{x})$ 接近真实后验分布 $f_\theta(z \mid \boldsymbol{x})$，使 $J_{KL}[f_\varphi(z \mid \boldsymbol{x}) \parallel f_\theta(z \mid \boldsymbol{x})]$ 接近于0，这里称 $\mathrm{Loss}(\boldsymbol{\theta},\boldsymbol{\varphi};\boldsymbol{x})$ 为 $\log f_\theta(\boldsymbol{x})$ 的变分下界。为优化 $\log f_\theta(\boldsymbol{x})$ 和 $J_{KL}[f_\varphi(z \mid \boldsymbol{x}) \parallel f_\theta(z \mid \boldsymbol{x})]$，可由似然函数的变分下界定义 VAE 的损失函数，即

$$\begin{aligned} \mathrm{Loss}(\boldsymbol{\theta},\boldsymbol{\varphi};\boldsymbol{x}^{(i)}) &= \mathbb{E}_{f_\varphi(z|\boldsymbol{x})}[\log f_\varphi(z|\boldsymbol{x}^{(i)}) - \log f_\theta(\boldsymbol{x}^{(i)}|z) - \log f_\theta(z)] \\ &= -J_{KL}(f_\varphi(z|\boldsymbol{x}^{(i)}) \parallel p_\theta(z)) + \mathbb{E}_{f_\varphi(z|\boldsymbol{x}^{(i)})}[\log f_\theta(\boldsymbol{x}^{(i)}|z)] \end{aligned} \tag{10.3.4}$$

式中，$J_{KL}(f_\varphi(z \mid \boldsymbol{x}^{(i)}) \mid f_\theta(z))$ 表示正则化项；$\mathbb{E}_{f_\varphi(z|\boldsymbol{x}^{(i)})}[\log f_\theta(\boldsymbol{x}^{(i)} \mid z)]$ 表示重构误差。与自编码器类似，$f_\varphi(z \mid \boldsymbol{x})$ 可表示为一个变分参数为 $\boldsymbol{\varphi}$ 的编码器，$f_\theta(\boldsymbol{x} \mid z)$ 可表示为一个生成参数为 $\boldsymbol{\theta}$ 的解码器。

通过假设 $f_\theta(z)$ 服从 $N(0,\boldsymbol{I})$，$f_\varphi(z \mid \boldsymbol{x})$ 服从 $N(m,\boldsymbol{\sigma}^2)$ 的高斯分布，计算式（10.3.4）的右侧第1项

$$-J_{KL}(f_\varphi(z \mid \boldsymbol{x}^{(i)}) \| f_\theta(z)) = \frac{1}{2}\sum_{j=1}^{N}\left[1+\log(\boldsymbol{\sigma}_j^{(i)})^2-(m_j^i)^2-(\boldsymbol{\sigma}_j^{(i)})^2\right] \quad (10.3.5)$$

计算式（10.3.4）的右侧第2项，有

$$\mathbb{E}_{f_\varphi(\mathbf{z}|\boldsymbol{x}^{(i)})}[\log f_\theta(\boldsymbol{x}^{(i)}|z)] = \frac{1}{S}\sum_{s=1}^{S}\log f_\theta(\boldsymbol{x}^{(i)}|z^{(s)}) = \log f_\theta(\boldsymbol{x}^{(i)}|z) \quad (10.3.6)$$

式中，S 表示对 $f_\varphi(z|\boldsymbol{x})$ 采样的次数，一般 $S=1$。由于采样过程不可导，为避免无法直接对 z 进行求导，而不能通过梯度下降更新网络参数，利用重参数化技巧，对随机变量 z 进行重参数化，令

$$z = \boldsymbol{m} + \boldsymbol{\sigma} \odot \boldsymbol{\varepsilon} \quad (10.3.7)$$

式中，$\boldsymbol{\varepsilon}$ 为对 N 维独立标准高斯分布的一次随机采样值；$\odot$ 表示元素积；m 为均值；$\boldsymbol{\sigma}^2$ 为方差。为计算式（10.3.6），$f_\theta(\boldsymbol{x} \mid z)$ 一般选择伯努利分布或者高斯分布。如果有网络的输入信号为非二值型数据，这里 $f_\theta(\boldsymbol{x} \mid z)$ 的分布选择高斯分布，则有

$$f_\theta(\boldsymbol{x}|z) = \frac{1}{\prod_{i=1}^{N}\sqrt{2\pi\boldsymbol{\sigma}_i^2}}\exp\left(-\frac{1}{2}\left\|\frac{\boldsymbol{x}_i-\boldsymbol{m}_i}{\boldsymbol{\sigma}_i}\right\|^2\right) \quad (10.3.8)$$

由此即可计算式（10.3.8），有

$$\log f_\theta(\boldsymbol{x}|z) = -\sum_{i=1}^{N}\left(\left(\frac{1}{2}\left\|\frac{\boldsymbol{x}_i-\boldsymbol{m}_i}{\boldsymbol{\sigma}_i}\right\|\right)+\log(\sqrt{2\pi}\boldsymbol{\sigma}_i)\right) \quad (10.3.9)$$

由式（10.3.5）和式（10.8.8）计算 $\text{Loss}(\boldsymbol{\theta},\boldsymbol{\varphi};\boldsymbol{x})$，即可得 VAE 的损失函数。

根据式（10.3.7）~式（10.3.9），N 维标准差向量 $\boldsymbol{\sigma}=[\sigma_1,\sigma_2,\cdots,\sigma_N]$；$N$ 维数学期望向量 $\boldsymbol{m}=[m_1,m_2,\cdots,m_n]$。这时，图10.6可以改画为图10.7。

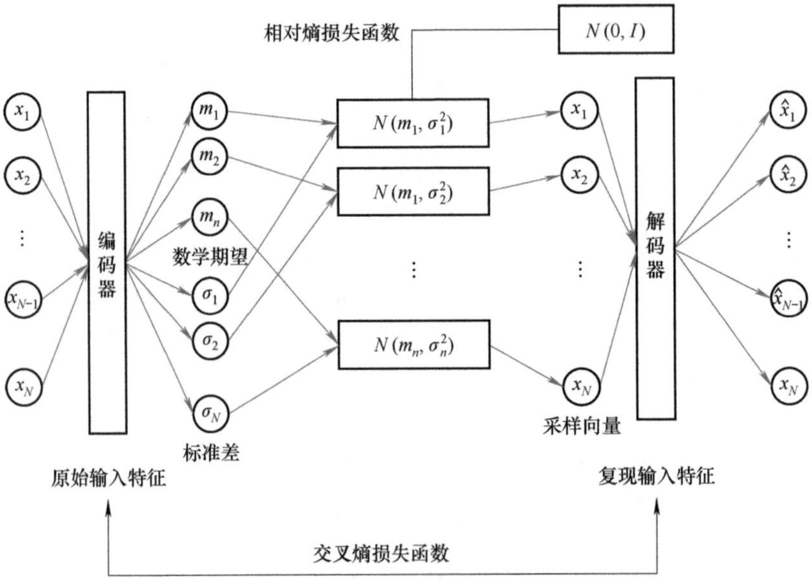

图10.7　VAE 结构

VAE 模型训练的目标是最小化重构误差和使 $f(z \mid \boldsymbol{x})$ 尽可能地接近标准多元高斯分布。VAE 的损失函数为

$$\mathrm{Loss}_{\mathrm{VAE}} = \frac{1}{2}(\mathrm{Loss}_{\mathrm{xent}} + \mathrm{Loss}_{\mathrm{KL}}) \tag{10.3.10}$$

$$\mathrm{Loss}_{\mathrm{xent}} = -\frac{1}{N}\sum_{i=1}^{N}[x_i \ln \hat{x}_i + (1 - x_i)\ln(1 - \hat{x}_i)] \tag{10.3.11}$$

$$\mathrm{Loss}_{KL} = \frac{1}{2}\sum_{j=1}^{N}[1 + \log(\sigma_j^{(i)})^2 - (m_j^i)^2 - (\sigma_j^{(i)})^2] \tag{10.3.12}$$

式中，x_i 为原始第 i 输入特征量；$\hat{x}_i$ 为复现的第 i 维原始输入特征量。损失函数由两部分组成：交叉熵损失函数，用来度量复现特征与原始输入特征之间的差异程度；相对熵损失函数，即 KL（Kullback-Leibler）度，用来度量 $p(z|x)$ 标准多元高斯分布之间的差异程度。

10.3.2　堆叠变分自编码器

1. 堆叠变分自编码器结构

堆叠变分自编码器（Stacked Variational AutoEncoder，SVAE）是将多个 VAE 堆叠构成的深层网络结构，SVAE 逐层降低输入特征的维度，提取高阶特征。整个模型的训练过程分为无监督的预训练和有监督的微调两个阶段。评估模型的结构如图 10.8 所示[207]。图 10.8 中，输入层中的圆点表示神经元 $z^{(k)}$ 为第 k 个 VAE 提取的高阶特征值。

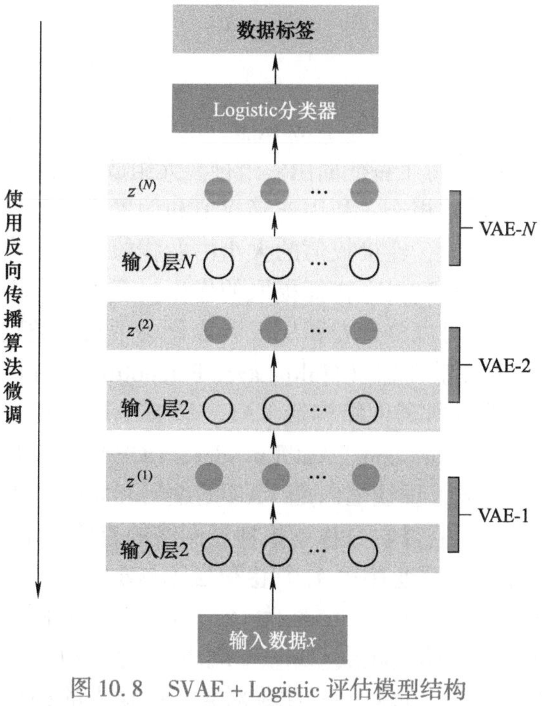

图 10.8　SVAE + Logistic 评估模型结构

预训练阶段，模型从最底层的 VAE 开始训练，当充分完成对本层特征的学习之后，本层 VAE 输出的高阶特征将作为上一层 VAE 的输入，继续对上一层 VAE 进行训练，直至所

有 VAE 都得到了充分的训练。如此，便完成了对判别模型的预训练，实现了对原始高维特征的提取。整个预训练过程不需要标签数据的参与，是一个无监督的学习过程，预训练使 VAE 的参数能收敛到较好的局部最优解，同时减少使用反向传播算法进行微调时梯度弥散的影响。SVAE 通过学习特征的分布情况，在训练时加入高斯噪声，泛化能力强、提取的高阶特征具有抗噪声能力。而且，与单个 VAE 直接提取特征相比，SVAE 由于其深层的网络结构，能提取更抽象的高阶特征，对于高维的非线性系统拥有更好的拟合能力，更适合复杂的分类任务。经过 SVAE 提取后的高阶特征输入 Logistic 分类器，使用反向传播算法对整个网络的参数进行有监督的微调，根据式（10.3.6）得到模型的最优参数 $\boldsymbol{\theta}_{\mathrm{opt}}$，即

$$\boldsymbol{\theta}_{\mathrm{opt}} = \underset{\theta}{\operatorname{argmin}}[-\boldsymbol{x}\ln\hat{\boldsymbol{x}} - (1-\boldsymbol{x})\ln(1-\hat{\boldsymbol{x}})] \tag{10.3.13}$$

式中，函数 $\underset{\theta}{\operatorname{argmin}}(\cdot)$ 为使函数 $(\cdot)$ 取最小值时 $\boldsymbol{\theta}$ 的取值；$\boldsymbol{\theta}$ 为模型参数矩阵；$\boldsymbol{x}$ 为训练样本的期望标签值；$\hat{\boldsymbol{x}}$ 为训练样本的预测标签值。

2. L2 正则化

为了提高判别模型的泛化能力，引入 L2 正则化。加入 L2 正则化后的损失函数 L_{Sparse} 为

$$\text{Loss}_{\text{Sparse}} = \text{Loss}_{\text{VAE}} + \lambda\sum_{q}\boldsymbol{w}_q^2 \tag{10.3.14}$$

式中，Loss_{VAE} 为原始的目标函数；$\boldsymbol{w}_q$ 为神经元的权重值参数；$\boldsymbol{w}$ 为所有神经元的权重值集合；λ 为惩罚系数。L2 正则化通过在损失函数中加入 L2 正则化项，使判别模型在训练时倾向于使用较小的权重值参数，一定程度上减小模型的过拟合，增强泛化能力。

10.3.3 深度卷积变分自编码器

1. 深度卷积变分自编码器结构

卷积神经网络（CNN）通常由输入层、卷积层、池化层、激活函数、全连接层和输出层组成。卷积层由多个特征面构成，每个特征面由多个神经元组成，当前层神经元的输入是通过卷积核与上一层特征面的局部区域相连，利用连接权值和偏置进行卷积操作，并采用激活函数激活得到当前层神经元的输入值；连接权值的大小由卷积核的大小决定。池化层一般在卷积层之后，类似于下采样操作，起到二次特征提取的作用。全连接层中的每个神经元与上一层中的所有神经元进行全连接，可以整合卷积层或者池化层中具有类别区分性的局部信息。

VAE 中的神经网络与多层感知器（Multi-Layer Perceptron，MLP）类似，采用的是全连接方式，文献［208］采用卷积神经网络构造 VAE，以减小网络复杂度，得到深度卷积变分自编码器（Deep Convolutional Variational AutoEncoder，DCVAE），如图 10.9 所示。

DCVAE 模型由两部分组成，虚线框内是 VAE 的编码和解码过程，虚线框外是一个多层卷积神经网络。通过 VAE 的无监督学习和卷积神经网络的有监督学习完成 DCVAE 模型的训练。在 VAE 编码阶段，输入层后连接第 1 个卷积层 Convl，16@64×1 表示 16 个特征面，64×1 表示卷积核的大小为（64，1），Stride 为（2，1），也即在特征面的纵向上滑动步长为 2、横向上为 1 不进行滑动；将卷积层 Conv1 的输出进行 BN 归一化，并作为池化层输入，用 ReLU 函数作激活函数，其中，批量归一化是对某一层输入的小批量样本数据进行归一化处理，以减小每次输入数据分布的变化，有利于网络参数的训练，使网络快速收敛，也能提高网络的泛化能力；池化操作选择最大池化（Maxpooling），步长为 2；将第 1 个池化层的输

出进行 Dropout 操作，起到加入噪声的作用，并将其作为第 2 个卷积层 Conv2 的输入，同样再进行 BN 归一化和最大池化处理，通过一个 200 个神经元的全连接层，输出隐含层的均值 m 和方差的对数 $\log\sigma^2$，利用重参数化采样得到隐含层的特征 z；由于 VAE 是无监督学习，需要利用解码过程重构输入数据完成训练，解码过程是编码过程的反向操作，用反卷积替换卷积操作。完成对 VAE 的训练后，得到隐含变量 z，并将 z 作为卷积神经网络中卷积层 Conv3 的输入。卷积层 Conv3 有 32 个特征面，卷积核大小为（4，1），Stride 步长为 1；将 Conv3 的输出进行 BN 归一化，再采用最大池化处理，并进入 Dropout 操作；Conv4 有 64 个特征面，卷积核大小为（4，1），Stride 步长为 1；将 Conv4 的输出进行 BN 归一化，采用最大池化处理；池化层后连接一个 100 个神经元的全连接层，并输入 Softmax 分类器。利用交叉熵构建多层卷积神经网络训练模型的损失函数，通过反向微调更新网络参数。多次训练后，完成对 DCVAE 网络的优化学习。

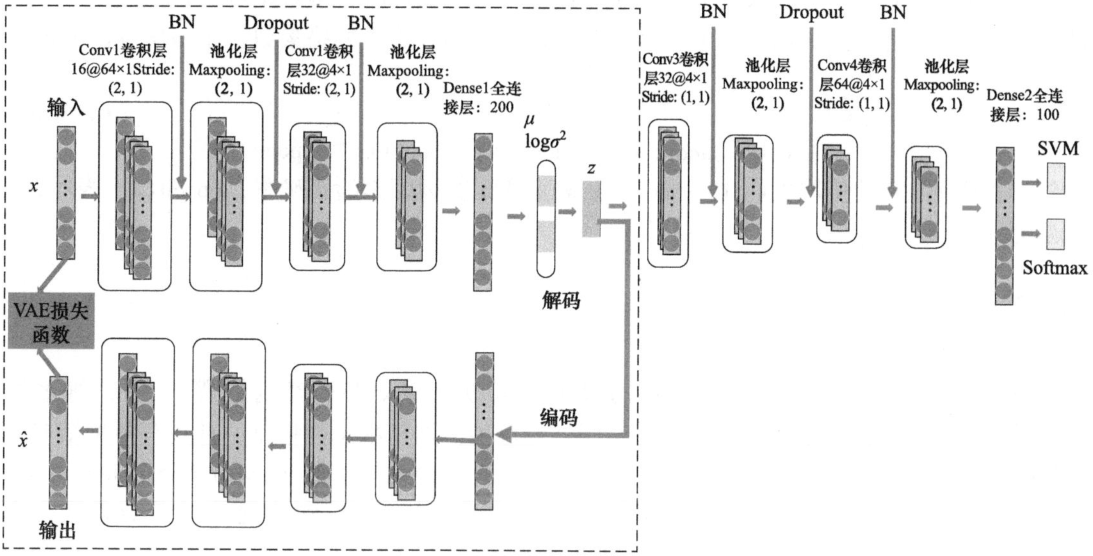

图 10.9　深度卷积变分自编码网络结构

2. Dropout 方法

Dropout 方法是一种防止深度神经网络过拟合的方法，在网络当前层中，通过随机弃用部分神经元，使其不被激活，不与前一层和后一层的神经元进行连接，由此，网络中神经元的连接变得稀疏，迫使网络在丢失部分连接权重的情况下学习随机子集神经元间鲁棒性的有用连接。同样是减少权重连接，Dropout 与正则化不同，Dropout 方法并不改变损失函数而是直接修改深度网络的连接结构，利用超参数 p 表示在当前层神经元被激活的概率，$(1-p)$ 表示神经元被弃用的概率。

Dropout 会改变神经网络的连接方式，也即采用 Dropout 可以训练不同的神经网络。超参数 p 采用（0，1）之间的固定值，通常取 0.5，而在网络的哪一层使用 Dropout 也是依据经验。Dropout 通过破坏神经元间的连接，作用类同于在网络输入中加入噪声，p 值越大，噪声强度越小；反之，噪声强度越大。本节采用式（10.3.14）所示的变化的 Dropout，其中，p 值逐步减小，并且 p 值取较大值的次数大于取较小值的次数。当 p 值取较大值时，用于学习数据的细节特征；当 p 值取较小值时，用于学习数据鲁棒的判别性特征，降低模型对微小扰动的敏感性。如图 10.9 所示，在 DCVAE 中，在 VAE 训练阶段和多层卷积神经网络训练阶段的第 1 个 Maxpooling 层后均使用了 Dropout。

$$p(i)=1-\frac{0.5}{\text{epochs}-\text{epoch}(i)} \tag{10.3.15}$$

式中，epochs 为网络迭代训练的次数；epoch(i) 为第 i 次迭代训练；$p(i)$ 为第 i 次训练超参数 p 的取值。

3. 学习率更新

学习率是一个重要的超参数，控制着神经网络反向传播权重更新的速度。学习率越大，沿着梯度下降的速度越快，网络训练可能会错过局部最优解；学习率越小，权重更新速度越慢，错过局部最优解的概率越小，但网络达到收敛所需要的时间相对更长。为加快网络收敛，在训练开始时，学习率取较大值；在接近最大训练次数时，学习率可取较小值。现采用利用随机梯度下降法（Stochastic Gradient Descent，SGD）更新网络参数，学习率 η 的取值为

$$\eta_i=\begin{cases}1\times10^{-2},\text{acc}(i+1)\geqslant\text{acc}(i)\\1\times10^{-4},\text{acc}(i+1)<\text{acc}(i)\text{或}\ \text{epoch}(i)\geqslant\ \text{epochs}^{-3}\end{cases} \tag{10.3.16}$$

式中，学习率的初始值取 1×10^{-2}；acc(i) 表示第 i 次训练诊断正确率；epoch(i) 表示第 i 次迭代训练。

10.4 自编码回声状态网络

为了建立具有动态特性的过程动态模型，可以选择动态神经网络[209]、递归神经网络[210-211]等模型。递归模型具有良好的时序处理性能。回声状态网络是一种具有新型结构的递归神经网络，其结构中特殊之处在于具有一个动态神经元储备池（Dynamic Neurons Reservoir，DNR）。储备池由很多的神经元组成，具有时序记忆功能。储备池中的节点是随机大规模产生并采用稀疏连接（1%~5%连接），采用广义逆方法求取输出权重，可以获得全局最优解，学习速度快。然而，回声状态网络在处理高维、复杂过程数据时，储备池需要配置大量的节点。样本数据经储备池大量节点映射之后复杂度增大、维数升高，使网络的计算量变大，进一步影响回声状态网络的精度。另一方面，求解回声状态网络输出权值采用广义逆或者最小二乘法，这在处理高维数据尤其是存在共线性的数据时，求解的输出权值不准确。经过储备池大量节点的映射，储备池输出矩阵很容易存在共线性，从而影响输出权值的求解，降低回声状态网络模型的精度。为了解决该问题，对储备池的输出做降维处理。其中，自编码神经网络就是一种有效的非线性特征提取方法。自编码神经网络与自联想神经网络模型[212-213]具有相似的结构和功能，都具有镜像结构，输入与输出相同、中间层节点数目少于输入输出维度，因此，通过隐含层节点的映射可实现对输入数据的压缩。自编码神经网络中间瓶颈层在压缩数据的同时能够除去数据的噪声，使得通过自编码神经网络提取的特征既能实现降维又能去除噪声。由于自编码神经网络隐含层采用非线性激活函数，从而保证了提取特征之间没有共线性。

由此，文献［214］研究了一种基于自编码神经网络特征提取的回声状态网络模型

（Features Extracted from Auto-Encoder based Echo State Network，FEAE-ESN），它综合了回声状态网络和自编码神经网络两种方法。

10.4.1　回声状态网络

回声状态网络是一种特殊的递归神经网络，如图 10.10 所示。

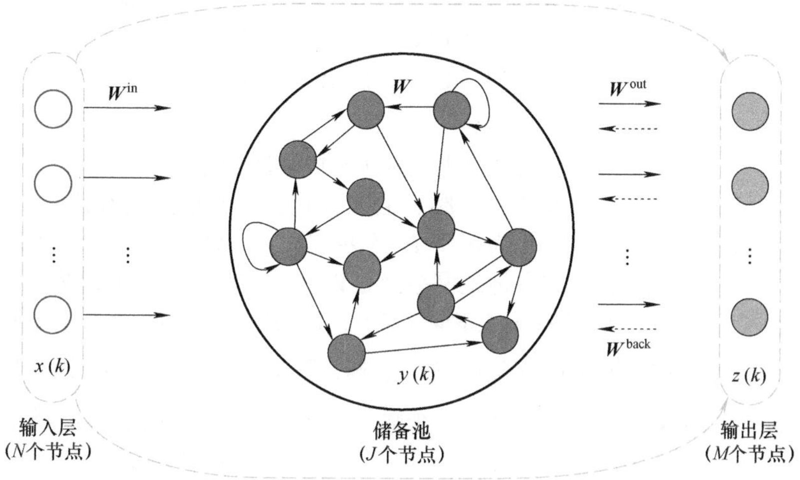

图 10.10　回声状态网络结构

图 10.10 为含有 N 个输入节点、J 个节点的储备池和 M 个输出节点的回声状态网络。回声状态网络的基本方程为

$$y(k+1)=f(W^{in}x(k+1)+Wy(k)+W^{back}z(k)) \tag{10.4.1}$$

$$z(k+1)=f^{out}(W^{out}(x(k+1),y(k+1),z(k))) \tag{10.4.2}$$

式中，x、y、z 分别为回声状态网络的输入、状态和输出变量；W^{in} 、W 、W^{back} 分别为输入权值矩阵、储备池权值矩阵、反馈权值矩阵；W^{out} 为输出连接权值矩阵；f 为内部激活函数，设置为双曲正切函数 Tanh；f^{out} 为输出层的激活函数，设置为恒等函数。

在实际应用中，为了保证回声状态网络的性能和稳定性，需要保证状态权矩阵的谱半径小于 1。输出权值通过广义逆的方式得到，当储备池中的节点过多时，储备池的输出（连接输出层的输出）维数过高，且数据之间存在共线性，这将影响输出权值的求解。因此，通过自编码神经网络实现数据降维和去除共线性，以提高回声状态网络的精度。

自编码神经网络的瓶颈层能够有效降低输入数据的维数、去除数据间噪声，借此降低回声状态网络储备池输出的维数，去除输出间的共线性，提高网络的建模精度。

10.4.2　自编码回声状态网络模型建立

FEAE-ESN 模型建立步骤如下。

步骤 1：获取有 P 组 N 个输入 M 个输出的训练数据样本 $S_p(x_{pi},y_{pj})$，$p=1,2,\cdots,P$；$i=1,2,\cdots,I$；$j=1,2,\cdots,J$；$x_{pi}\in\mathbf{R}^J$，$z_{pi}\in\mathbf{R}^I$。

步骤 2：样本 S_h 经过回声状态网络的储备池得到新状态变量为

$$y(k+1)=f(\boldsymbol{w}^{in}\boldsymbol{x}(k+1)+\boldsymbol{w}y(k)+\boldsymbol{w}^{\text{back}}z(k)) \tag{10.4.3}$$

式中，k 代表数据采样时间点；y 为回声状态网络的状态变量；通过随机方式生成$\boldsymbol{w}^{\text{in}}$、$\boldsymbol{w}$、$\boldsymbol{w}^{\text{back}}$。

步骤 3：状态变量经过 S_p 更新后，连接输出节点的数据为

$$\boldsymbol{A}=[\boldsymbol{x}(k+1),\boldsymbol{y}(k+1),\boldsymbol{z}(k)] \tag{10.4.4}$$

对于有 P 组 N 个输入 M 个输出的数据样本，连接输出节点的数据矩阵为

$$\boldsymbol{H}=\begin{bmatrix}\boldsymbol{x}_1(k+1),\boldsymbol{y}_1(k+1),\boldsymbol{z}_1(k)\\ \boldsymbol{x}_2(k+1),\boldsymbol{y}_2(k+1),\boldsymbol{z}_2(k)\\ \vdots \\ \boldsymbol{x}_P(k+1),\boldsymbol{y}_P(k+1),\boldsymbol{z}_P(k)\end{bmatrix} \tag{10.4.5}$$

对式（10.4.5）中的矩阵数据进行降维、去线性化，将其输入自编码神经网络模型中，自编码输入节点数目与输出节点数目为矩阵 $\boldsymbol{H}$ 的列数 N_{col}，映射层的节点数目为 N_{map}，瓶颈层的神经元个数设为 N_{bot}。自编码神经网络经过误差反传算法训练好之后，映射层的输出 $\boldsymbol{F}=\boldsymbol{f}(\boldsymbol{Hw}+\boldsymbol{b})$，瓶颈层的输出 $\boldsymbol{G}=\boldsymbol{f}(\boldsymbol{Fw}'+\boldsymbol{b})$，$\boldsymbol{F}$ 为输入 $\boldsymbol{H}$ 时自编码神经网络的映射层输出矩阵，$\boldsymbol{G}$ 为自编码神经网络的瓶颈层输出矩阵，$\tilde{\boldsymbol{w}}=[\tilde{\boldsymbol{w}}_{ji}]_{N_{\text{col}}\times N_{\text{map}}}$ 为输入层与映射层神经元连接权值矩阵；$\tilde{\boldsymbol{w}}_{ji}$ 表示连接输入层第 i 个输入神经元与第 j 个映射层神经元的权值，$\boldsymbol{b}=[b_1,b_2,\cdots,b_{N_{\text{map}}}]$ 为映射层的阈值向量，$\boldsymbol{w}'=[\boldsymbol{w}'_{mj}]_{N_{\text{map}}\times N_{\text{bot}}}$ 为映射层与瓶颈层神经元连接权值矩阵；$\boldsymbol{w}'_{mj}$ 表示连接第 j 个映射神经元与第 m 个瓶颈层神经元的权值，$\boldsymbol{b}'=[b'_1,b'_2,\cdots,b'_{N_{\text{bot}}}]$ 为瓶颈层的阈值向量，$f(\cdot)$ 为激活函数，选为

$$f(x)=\frac{1}{1+\mathrm{e}^{-x}} \tag{10.4.6}$$

步骤 4：回声状态网络输出节点为线性求和

$$\boldsymbol{w}^{\text{out}}=\boldsymbol{G}^{-1}\boldsymbol{Y} \tag{10.4.7}$$

式中，$\boldsymbol{w}^{\text{out}}$ 为输出连接权值矩阵，$\boldsymbol{Y}$ 为期望输出值；$\boldsymbol{G}^{\eta}$ 为矩阵 $\boldsymbol{G}$ 的广义逆。

步骤 5：利用测试样本 s_t 对其特性进行验证。

综上，FEAE-ESN 模型结构如图 10.11 所示；其建立步骤如图 10.12 所示。

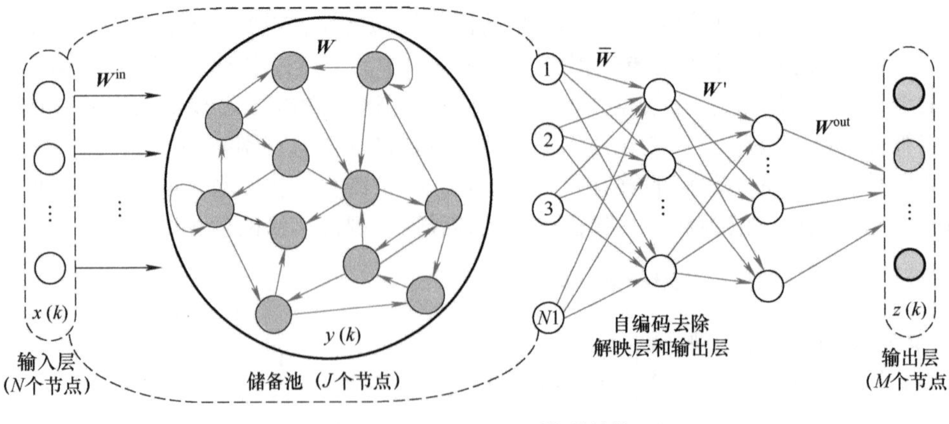

图 10.11 FEAE-ESN 模型结构

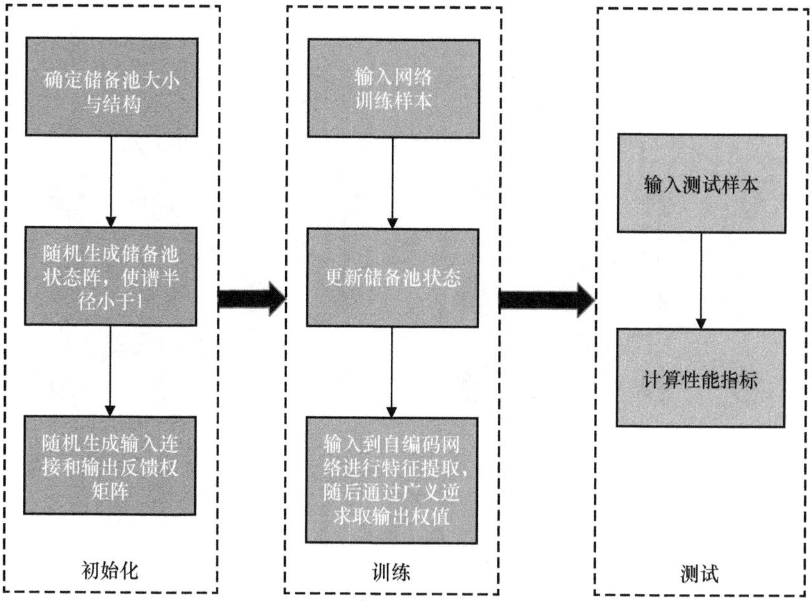

图 10.12　FEAE-ESN 模型建立流程

10.5 深度典型相关稀疏自编码器

典型相关分析（Canonical Correlation Analysis，CCA）是组合两种或更多种数据类型的通用方法[215]。CCA 通过寻找来自两种类型数据的变体的线性组合之间的最大相关性来找到彼此相关联的成分。当数据具有高维度但小样本特点时，CCA 模型将面临过拟合的问题。为解决这个问题，CCA 将稀疏惩罚项，例如 L1 范数[216]或者 L1 范数和 L2 范数的组合（弹性网络）[217]加入到传统的 CCA 模型来选择少量特征[218]。此外，也增加了更有效的惩罚项，例如，组稀疏 CCA[219]、结构化稀疏 CCA[220]、联合稀疏 CCA[221]和自适应稀疏 CCA[222]。然而，在线性 CCA 模型中没有考虑多种数据类型之间的复杂非线性关系，因此有人提出了深度 CCA（Deep CCA，DCCA）[223]。相关自编码器用于优化两个数据集之间的典型相关性的组合。DCCA 和相关自编码器专注于非线性信息转换，但忽略了有效的非线性降维。因此，如何同时实现有效的非线性信息转换和非线性降维是另一个挑战。

为了寻找两种类型数据之间复杂的非线性关系并解决小样本问题，文献［224］提出深度典型相关稀疏自编码器（Deep Canonically Correlated Sparse AutoEncoder，DCCSAE）。

10.5.1　深度典型相关分析

Andrew 等[223]设计了一种称为 DCCA 的典型相关分析的深度神经网络（Deep Neural Network，DNN），如图 10.13 所示。DCCA 可以克服无法检测复杂非线性相关性的 CCA 限制。在 DCCA 中，两个 DNN 可以学习每个数据集的非线性表示。DCCA 是通过最大化两个 DNN 输出的典型相关性获得的，即

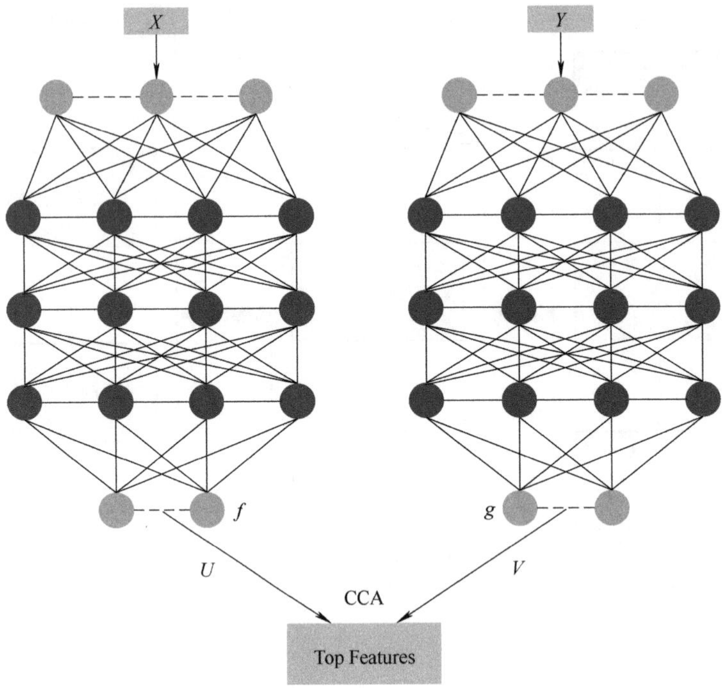

图 10.13　深度典型相关分析图

$$(\boldsymbol{U}',\boldsymbol{V}') = \max_{W_f,W_g,U,V}\frac{1}{N}\mathrm{tr}(\boldsymbol{U}^{\mathrm{T}}\boldsymbol{f}(X)\boldsymbol{g}(Y)^{\mathrm{T}}\boldsymbol{V}) \tag{10.5.1}$$

式中

$$\boldsymbol{U}^{\mathrm{T}}\left(\frac{1}{N}\boldsymbol{f}(X)\boldsymbol{f}^{\mathrm{T}}(X)+r\boldsymbol{I}\right)\boldsymbol{U}=\boldsymbol{I}$$

$$\boldsymbol{V}^{\mathrm{T}}\left(\frac{1}{N}\boldsymbol{g}(y)\boldsymbol{g}^{\mathrm{T}}(\boldsymbol{y})+s\boldsymbol{I}\right)\boldsymbol{V}=\boldsymbol{I}$$

$$\boldsymbol{u}_i^{\mathrm{T}}\boldsymbol{f}(X)\boldsymbol{g}^{\mathrm{T}}(Y)\boldsymbol{v}_j=0\ ,\ i\neq j$$

式中，N 表示数据总数；$\boldsymbol{X}$ 和 $\boldsymbol{Y}$ 表示两个数据集的输入矩阵；$\boldsymbol{I}$ 是单位矩阵；$\boldsymbol{f}(X)$ 和 $\boldsymbol{g}(Y)$ 分别表示具有参数 W_f 和 W_g 的两个 DNN 的非线性表示；$\boldsymbol{U}$ 和 $\boldsymbol{V}$ 是最终输出的投影向量。

10.5.2　堆砌稀疏自编码器

自编码器可以进一步堆叠在一起，以获取更多的信息。通过使用多个自编码器，得到堆叠稀疏自编码器（Stack Sparse AutoEncoder，SSAE）[225]，如图 10.14 所示，编码层连接到下一个 SAE 的输入层，以便更好地提取特征。

10.5.3　DCCSAE

在探索两类数据的非线性映射时，DCCA 的效果良好。SAE 在寻求单个数据的非线性表示方面取得了巨大成功。然而 DCCA 无法实现有效的非线性降维，SAE 无法探索跨模态数据之间的相关性。

将 DCCA 与 SAE 结合起来以获得两种数据类型的最佳表示，得到 DCCSAE，如图 10.15

所示。DCCSAE 寻求两个数据集的深度网络表示，最大化两者之间的典型相关性，同时最小化稀疏自编码器的重建误差。DCCSAE 的代价函数定义为

$$J_{\mathrm{DCCSAE}} = \min_{W_f W_g UV} -\frac{1}{N} tr(\boldsymbol{U}^{\mathrm{T}} \boldsymbol{f}(X) \boldsymbol{g}(Y) \mathrm{T} \boldsymbol{V}) + $$
$$= \frac{\lambda}{N} \| \hat{\boldsymbol{x}}_i - \boldsymbol{x}_i \|^2 + \| \hat{\boldsymbol{y}}_i - \boldsymbol{y}_i \|^2 + \alpha J_{\mathrm{KL}}(\rho \| \hat{\rho}_j) + \beta J_{\mathrm{KL}}(\sigma \| \hat{\sigma}_k) \tag{10.5.2}$$

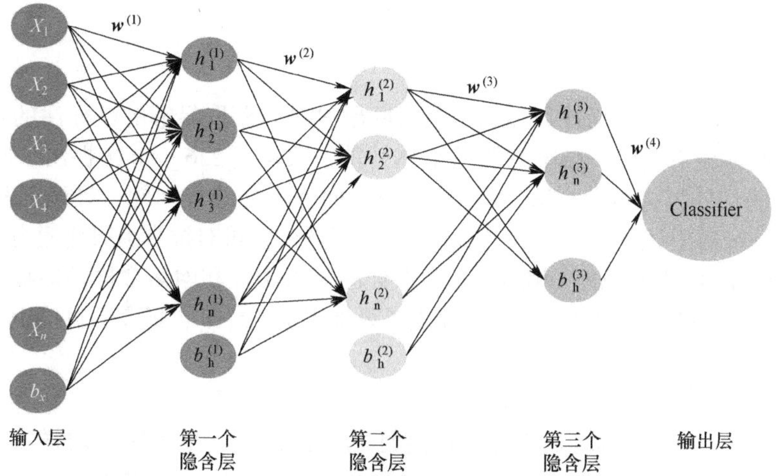

图 10.14　堆砌稀疏自编码器

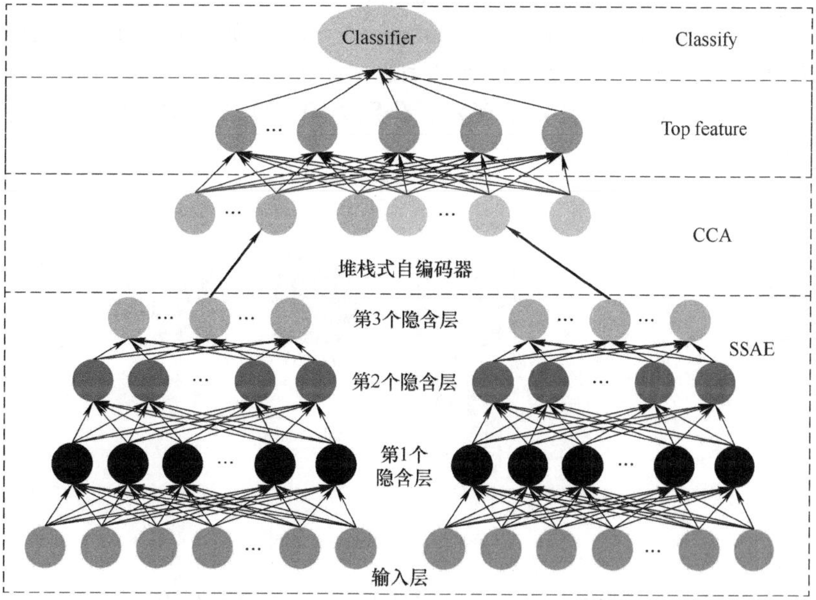

图 10.15　深度典型相稀疏自编码

式中，f 和 g 是用于为每个数据集提取非线性特征的 DNN，同时对每个输入进行编码。$\boldsymbol{U} = [u_1, u_2, \cdots, u_L]$ 和 $\boldsymbol{V} = [v_1, v_2, \cdots, v_L]$ 是将 DNN 输出投影到具有 L 个单位顶层的 CCA 方向；$\hat{\boldsymbol{x}}_i$ 和 $\hat{\boldsymbol{y}}_i$ 分别表示输入 $\boldsymbol{x}_i$ 和输入 $\boldsymbol{y}_i$ 重建。$J_{\mathrm{KL}}(\cdot)$ 定义为

$$J_{\mathrm{KL}}(\rho \parallel \hat{\rho}) = \sum_{j=1}^{N_h} \left[\rho \log \frac{\rho}{\hat{\rho}_j} + (1-\rho) \log \frac{1-\rho}{1-\hat{\rho}_j} \right] \tag{10.5.3}$$

式中，$\hat{\rho} = \frac{1}{N}\sum_{i=1}^{N} h_j(x_i)$ 表示这个隐含层神经元 j 对输入层所有节点激活平均值，对于 $J_{\mathrm{KL}}(\sigma \parallel \hat{\sigma}_j)$ 也是类似的。

10.6 条件双重对抗自编码网络

当前，基于深度学习的红外目标识别最大问题是难以获取足够的已标注的真实目标数据集，导致对模型训练不充分，影响系统的整体性能。文献［226］首次提出了基于生成对抗网络（GAN）的红外目标仿真方法，但由于 GAN 训练不稳定等问题，导致目标图像的生成效果并不理想。针对上述问题，文献［226］提出了条件双重对抗自编码建模方法。该方法通过将 GAN 和变分自编码（VAE）相结合，在保证图像真实性和网络多样性前提下生成了不同类别的红外目标，为目标识别算法的训练提供了更加丰富的样本，提高了目标识别的准确率。

10.6.1 CDAAE 模型

与 GAN 相比，VAE 的训练通常比较稳定且能够覆盖数据集中所有的样本。然而，VAE 在计算 KL 散度时实际优化的是对数似然函数的下界而非似然函数本身，因此实际生成的图像通常比较模糊。结合 GAN 和 VAE 各自的优缺点，文献［226］提出了一种条件双重对抗自编码器（Conditional Double Adversarial AutoEncoder，CDAAE）的红外目标建模方法，该方法在 VAE 基础上通过加入判别器和目标类别信息来生成多种类别的红外目标图像。CDAAE 模型框架共包含 4 个网络，如图 10.16 所示，分别为编码器 E 、解码器 D_g 、潜空间判别器 D_1 及样本判别器 D_s 。

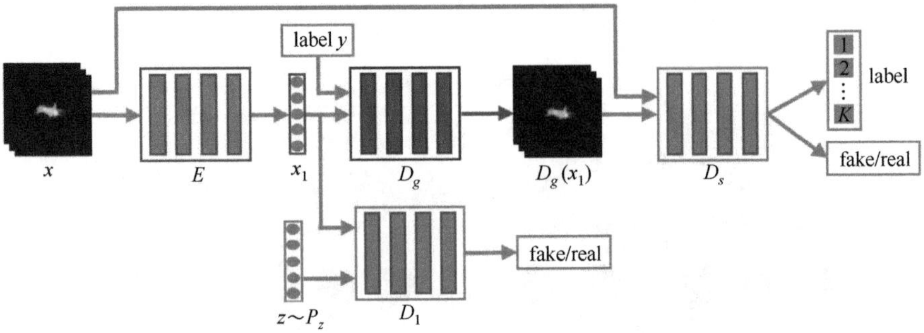

图 10.16　CDAAE 模型框架

在 CDAAE 模型中，为了使映射到潜空间的数据 x_1 满足特定的数据分布 f_z ，不再使用 VAE 中近似计算 KL 散度的方式，而是设计了一个潜空间判别器 D_1 ，通过神经网络来学习该数据分布，形成了模型中的第一重对抗。编码器输出的潜空间数据 x 在和类别标签 y 结合后，经过解码器 D_g 生成重构后的样本。除常规通过计算重构样本与真实样本的均方误差（MSE）来优化解码器网络的方式外，采用平均误差（MAE）准则设计样本判别器 D_s ，以对重构样本与真实样本进行逻辑判别和分类，从而进一步约束解码器网络，提高样本生成效果，由此形成模型的第二重对抗。通过对整个网络的训练，最后仅需将类别标签和符合分布 f_z 的随机采样数据输入解码器中，即可获得形貌逼真、样式丰富的红外目标图像。

10.6.2　算法原理

为了高效地生成符合要求的红外目标图像，文献［226］建立了基于 CDAAE 的红外建模方法。整个算法分为模型训练和目标生成两个阶段。在模型训练阶段，通过神经网络学习样本的潜在数据分布，在目标生成阶段利用学习得到的网络参数生成期望类别的红外目标。

1. 模型训练

第一重对抗为编码器 E 与潜空间判别器 D_1 之间的对抗，图 10.17 给出了二者的网络结构。编码器 E 包含两个卷积层和两个全连接层，共 4 个中间层，其中所有卷积层的卷积核尺寸均为 4×4、步长均为 2。潜空间判别器 D_1 包含 3 个全连接层并以其作为中间层。为了提高训练效率和稳定性，所有的中间层在完成数据非线性变换后均使用批量归一化（BN）处理，并将 LReLU 作为激活函数。

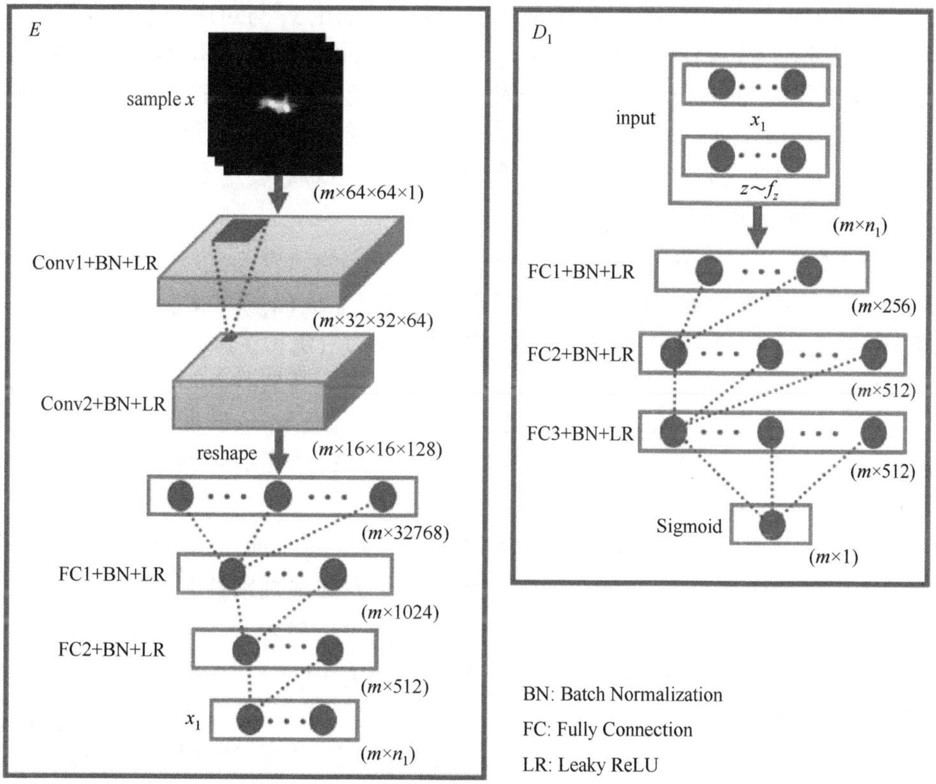

图 10.17　编码器与潜空间判别器的网络结构

训练开始阶段，首先从数据集中随机选取 M 张图片组成批处理样本集合 x，并将其作为编码器 E 的输入。x 在通过两层卷积（Conv1，Conv2）处理后，将维度从四维降到二维，再通过两个全连接层（FC1，FC2）对数据进行压缩，输出维度为 $(M \times N_1)$ 的潜空间数据 $\boldsymbol{x}_1$，从而完成从原始数据到潜空间数据的映射。为了使映射后的数据满足特定的数据分布 f_z，

将潜空间数据 $\boldsymbol{x}_1$ 和从 f_z 中随机采样的数据 z 分别输入到潜空间判别器 D_1 中，经过 3 个全连接层（FC1、FC2、FC3）处理后，通过 Sigmoid 函数输出判别概率。最后利用判别概率分别计算编码器和潜空间判别器的熵损失函数 Loss_E 和 Loss_{D_1} ，并反向传播更新两个网络的参数 $\boldsymbol{\theta}_E$ 和 $\boldsymbol{\theta}_{D1}$ ，以达到最小化损失函数的目标。Loss_E 和 Loss_{D_1} 的表达式为

$$\text{Loss}_E = -E_{x\sim f_x}\{\log D_1[E(x)]\} \tag{10.6.1}$$

$$\text{Loss}_{D_1} = -E_{x\sim f_x}\{1-\log D_1[E(x)]\} - E_{z\sim f_z}\{\log[D_1(z)]\} \tag{10.6.2}$$

完成第一重对抗的训练后，进入第二重对抗训练。第二重对抗为解码器 D_g 与样本判别器 D_s 之间的对抗，图 10.18 为二者的网络结构。由于解码实际上是编码的逆过程，因而解码器 D_g 采用与编码器对称的网络结构，包含 3 个全连接层和两个反卷积层，实现了潜空间数据到重构样本的映射。样本判别器 D_s 由于输入数据与编码器相同，因而采用了与其类似的中间层网络结构，包含两个卷积层和两个全连接层。其中，解码器 D_g 和样本判别器 D_s 的所有卷积层和反卷积层的卷积核大小均为 4×4、步长均为 2。在所有中间层的最后均进行 BN 处理并使用 LReLU 作为激活函数。图 10.18 表明，样本判别器 D_s 最终不仅会辨别样本的真伪，同时还会输出样本的类别标签，因而该网络还具备标注未分类样本的功能。

第二重对抗开始，首先对第一重对抗中编码器 E 的输出 $\boldsymbol{x}_1$ 与对应样本集合的类别标签 $\boldsymbol{y}$ 进行连接，并以此作为解码器 D_g 的输入 $\boldsymbol{x}_{lc}$ 。其中，类别标签 $\boldsymbol{y}$ 是对原始类别标签 one hot 编码后的结果，$\boldsymbol{y}$ 的维度为（$m\times n$）。$\boldsymbol{x}_{lc}$ 在经过 3 个全连接层（FC1、FC2、FC3）处理后，再通过两层反卷积（Deconvl、Deconv2）完成数据的上采样，最终生成重构后的样本 $D_g(\boldsymbol{x}_{lc})$ 。利用重构样本，将 MSE 和 MAE 相结合的重构损失函数 $\text{Loss}_{D_g\text{-recon}}$ 作为解码器总损失函数 Loss_{D_g} 的一部分，表达式为

$$\text{Loss}_{D_g\text{-recon}} = \beta\times\|D_g(\boldsymbol{x}_{lc})-\boldsymbol{x}\|_2^2 + (1-\beta)\times\|D_g(\boldsymbol{x}_{lc})-\boldsymbol{x}\|_1 \tag{10.6.3}$$

式中，$\|D_g(\boldsymbol{x}_{lc})-\boldsymbol{x}\|_2^2$ 为重构样本和原始样本的 MSE；$\|D_g(\boldsymbol{x}_{lc})-\boldsymbol{x}\|_1$ 为重构样本和原始样本的 MAE；β 为 MSE 和 MAE 的权重系数，取值范围为（0，1）。

将生成的重构样本 $D_g(\boldsymbol{x}_{lc})$ 与真实样本 $\boldsymbol{x}$ 分别送入样本判别器 D_s 。经过卷积层（Convl、Conv2）和全连接层（FC1、FC2）一系列处理，最终输出经 Sigmoid 函数变换的判别概率和经 Softmax 函数变换的类别概率。利用该输出结果，可分别计算解码器和样本判别器的熵损失函数 $\text{Loss}_{D_g\text{-entropy}}$ 和 Loss_{D_s} ，表达式为

$$\text{Loss}_{D_g\text{-entropy}} = -E_{x_{lc}\sim f_{x_{lc}}}\{\log f_{D_s}[1|D_g(\boldsymbol{x}_{lc})]\} - E_{x_{lc}\sim f_{x_{lc}}}\{\log f_{D_s}[y|D_g(\boldsymbol{x}_{lc})]\} \tag{10.6.4}$$

式中，当输入为重构样本 $D_g(\boldsymbol{x}_{lc})$ 时，$f_{D_s}[1|D_g(\boldsymbol{x}_{lc})]$ 为样本判别器判断重构样本为真的概率，$f_{D_s}[\boldsymbol{y}|D_g(\boldsymbol{x}_{lc})]$ 为样本判别器估计重构样本类别为 y 的概率。

$$\text{Loss}_{D_s} = -E_{x\sim f_x}\{1-\log\{f_{D_s}[0|D_g(\boldsymbol{x}_{lc})]\}\} - E_{x\sim f_x}\{\log[f_{D_s}(1|\boldsymbol{x})]\} - E_{x\sim f_x}\{\log[f_{D_s}(\boldsymbol{y}|\boldsymbol{x})]\} \tag{10.6.5}$$

式中，当输入为重构样本 $D_g(\boldsymbol{x}_{lc})$ 时，$f_{D_s}[0|D_g(\boldsymbol{x}_{lc})]$ 为样本判别器判断重构样本为假的概率；当输入为真实样本 $\boldsymbol{x}$ 时，$f_{D_s}[1|D_g(\boldsymbol{x}_{lc})]$ 为样本判别器判断真实样本为真的概率，$f_{D_s}[\boldsymbol{y}|D_g(\boldsymbol{x}_{lc})]$ 为样本判别器估计真实样本类别为 y 的概率。

结合式（10.6.4）和式（10.6.5），解码器 D 的总损失函数为 $\text{Loss}_{D_g} = \text{Loss}_{D_g\text{-entropy}} + \text{Loss}_{D_g\text{-recon}}$ 。在第二重对抗的最后，利用计算得到的 Loss_{D_g} 和 Loss_{D_s} ，分别反向传播更新解码器和样本判别器的网络参数 $\boldsymbol{\theta}_{D_g}$ 和 $\boldsymbol{\theta}_{D_s}$ 。一次完整的训练至此结束。通过不断迭代，最终

模型将收敛或局部收敛。

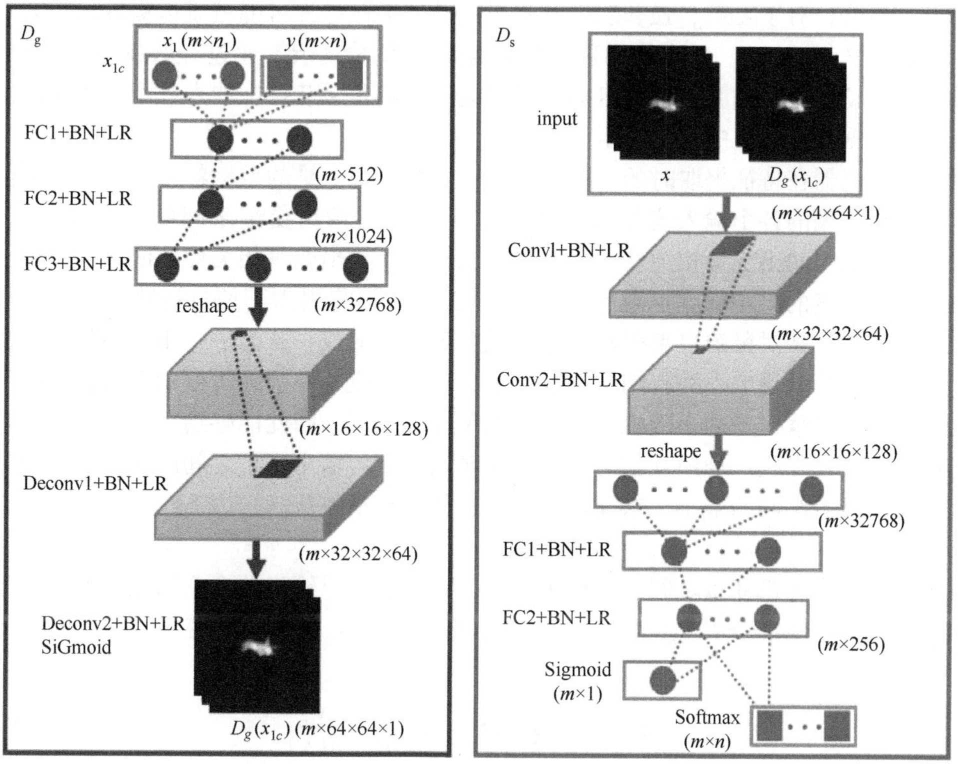

图 10.18　解码器与样本判别器的网络结构

2. 目标生成

在模型训练结束后，根据需要生成的目标的类别标签和样本数量在潜空间对特定的分布 f_z 进行随机采样。将随机采样得到的数据 z 和对应的类别标签输入解码器 D_g，即可生成随机多样的目标。

10.7 自编码应用模型

10.7.1 基于互信息稀疏自编码的软测量模型

软测量技术可以大致分为两类，一类是基于机理分析的白箱模型，它需要对过程对象的工艺机理有深刻的了解，建模难度较大。另一类是基于数据驱动的黑箱模型，它只需要利用过程的历史数据就能建立模型，而无需对工艺机理进行深入分析，建模难度相对较低。常用的基于数据驱动的软测量建模方法包括主成分回归、偏最小二乘、人工神经网络、支持向量机等。

当数据量大、变量维数较高、变量之间可能存在的相关性较强时，在建模之前提取数据的内在特征是十分重要的。常用的主成分分析法（Principal Component Analysis，PCA）、核主元分析法（Kernel Principal Component Analysis，KPCA）均可进行非线性降维。与 PCA 相比，KPCA 是通过引入核函数将数据映射到高维空间，然后对映射后的数据进行 PCA 降维[227-228]。然而，对于复杂、强非线性和不确定性的工业过程可能就难以提取出有效的数据特征。因此，文献［229］提出使用稀疏自动编码器来对复杂工业过程数据进行特征提取，建立软测量模型并进行预测。稀疏自动编码器通过在隐含层节点中加入一个稀疏性限制，能够获得输入数据更有意义的特征表示[230]。

稀疏自编码器在特征提取时的重构误差将输入样本每一维的重构精度视为同等地位，但事实上软测量模型的各个输入变量（样本的每一维）与输出变量之间的相关性各不相同。因此，为了提取与输出变量相关性更强的特征，对于与输出变量相关性高的输入变量，应该使样本所对应维度的重构精度更高。为此，文献［229］将引入互信息计算输入变量与输出变量之间的相关性来对稀疏自编码器的重构误差项进行加权，从而进一步提高软测量模型的精度。互信息是信息论中一种有用的信息度量，可以看成是一个随机变量中包含的关于另一个随机变量的信息量，是两个随机变量统计相关性的测度，因此能够给出两个变量之间的线性和非线性相关性程度。利用互信息计算各个输入变量与输出变量之间的相关性，得到一种基于互信息稀疏自编码的最小二乘支持向量机软测量建模方法。

1. 互信息

互信息是两个随机变量之间统计相关性的测度，它可以给出两个变量之间的线性相关性和非线性相关性程度。令 $I(\boldsymbol{x},\boldsymbol{y})$ 表示两个随机变量 $\boldsymbol{x}$ 和 $\boldsymbol{y}$ 之间的互信息，它是非负的，可表示为

$$I(\boldsymbol{x},\boldsymbol{y}) = \sum f(\boldsymbol{x},\boldsymbol{y})\log\frac{f(\boldsymbol{x},\boldsymbol{y})}{f(\boldsymbol{x})f(\boldsymbol{y})} \tag{10.7.1}$$

式中，$f(\boldsymbol{x},\ \boldsymbol{y})$ 表示 $\boldsymbol{x}$ 和 $\boldsymbol{y}$ 之间的联合概率密度；$f(\boldsymbol{x})$ 和 $f(\boldsymbol{y})$ 分别表示它们的边缘概率密度。互信息的求解主要基于概率密度 $f(\boldsymbol{x},\ \boldsymbol{y})$、$f(\boldsymbol{x})$ 和 $f(\boldsymbol{y})$ 的估计，但由于对数据分布没有先验知识，需要单从数据本身来拟合出其概率密度分布，因此该密度估计较为复杂，现采用非参数估计的核密度估计方法来进行计算。

假设数据样本集为每一维输入变量与输出变量之间的互信息，则可以表示为 $\boldsymbol{x} = [x_1,x_2,\cdots,x_N]^{\mathrm{T}}$，$\boldsymbol{y} = [y_1,y_2,\cdots,y_N]^{\mathrm{T}}$，每一维输入变量与输出变量之间的互信息可以表示为

$$c_d = I\{\boldsymbol{x}_d,\boldsymbol{y}\} = \sum f\{\boldsymbol{x}_d,\boldsymbol{y}\}\log\frac{f\{\boldsymbol{x}_d,\boldsymbol{y}\}}{f(\boldsymbol{x}_d)f(\boldsymbol{y})} \tag{10.7.2}$$

式中，$\boldsymbol{x}_d = [x_{1d},x_{2d},\cdots,x_{Nd}]^{\mathrm{T}}$ 表示第 d 维输入变量的 N 个采样值。$d = 1,2,\cdots,D$。

再利用求出的互信息计算出每一维输入变量对应的权值

$$\begin{aligned} \lambda_d &= \frac{c_d}{\sum_{d=1}^{D} c_d} \\ \sum_{d=1}^{D} \lambda_d &= 1 \end{aligned} \tag{10.7.3}$$

2. 互信息稀疏自编码

利用求得的权值对重构误差项进行加权，则式（10.6.1）可修改为

$$J_{\mathrm{WAE}} = L(\boldsymbol{x},\hat{\boldsymbol{x}}) = \frac{1}{2N}\sum_{i=1}^{N}\sum_{d=1}^{D}\boldsymbol{\lambda}_d[\boldsymbol{x}_{id}-\hat{\boldsymbol{x}}_{id}]^2$$

因此，最后得到的互信息稀疏自编码代价函数为

$$J_{\mathrm{cost}} = J_{w\mathrm{AE}} + \gamma J_{\mathrm{weight}} + \beta J_{\mathrm{sparse}} \tag{10.7.4}$$

式中，β 表示稀疏项系数，一般凭经验或实验给出。使用拟牛顿法（Limited-memory BFGS，LBFGS）对 J_{cost} 进行最小化，从而得到编码器所需参数 $\boldsymbol{\theta}$。LBFGS 方法是牛顿法的一种改进，具体步骤如下。

步骤1：给定初始对称正定矩阵$\boldsymbol{H}_0$，误差限 $\varepsilon>0$，参数矩阵初值$\boldsymbol{\theta}_0\in\mathbf{R}^{N\times 1}$，迭代次数$k=0$。

步骤2：计算梯度$g(k)=\nabla f(\boldsymbol{\theta}(k))=\nabla J_{\mathrm{cost}}(\boldsymbol{\theta}(k))$，若 $\|g(k)\|\leqslant\varepsilon$，算法终止；否则令 $\boldsymbol{d}(k)=-\boldsymbol{H}(k)g(k)$，转步骤3。

步骤3：由线性搜索确定步长大小 $\alpha(k)$（一般设置初始步长为1），需要满足如 Wolfe-Powell 条件：

$$J_{\mathrm{cost}}(\boldsymbol{\theta}(k)+\alpha(k)\boldsymbol{d}(k))\leqslant J_{\mathrm{cost}}(\boldsymbol{\theta}(k))+c_1\alpha(k)\boldsymbol{g}^{\mathrm{T}}(k)\boldsymbol{d}(k)$$
$$\boldsymbol{g}^{\mathrm{T}}(k+1)\boldsymbol{d}(k)\geqslant c_2\,\boldsymbol{g}^{\mathrm{T}}(k)\boldsymbol{d}(k)$$
$$\boldsymbol{g}(k+1)=\nabla J_{\mathrm{cost}}(\boldsymbol{\theta}(k)+\alpha(k)\boldsymbol{d}(k))$$

式中，$0<c_1<\frac{1}{2}$，$c_1<c_2<1$，则 $\boldsymbol{\theta}(k+1)=\boldsymbol{\theta}(k)+\boldsymbol{\alpha}(k)\boldsymbol{d}(k)$。

步骤4：计算：

$$\boldsymbol{s}(i)=\boldsymbol{\theta}(i+1)-\boldsymbol{\theta}(i)$$
$$\boldsymbol{t}(i)=g(i+1)-g$$
$$u(i)=\frac{1}{\boldsymbol{t}^{\mathrm{T}}(i)\boldsymbol{s}(i)}$$
$$\boldsymbol{V}(i)=\boldsymbol{I}-\boldsymbol{u}(i)\boldsymbol{t}(i)\,\boldsymbol{s}^{\mathrm{T}}(i)$$

式中，$i=k-l,\cdots,k$；$l=\min\{k,r-1\}$，r 为非负整数，用来控制向量组 $\{\boldsymbol{s}(i),\boldsymbol{t}(i)\}_{i=k-l}^{k}$ 的存储个数，令 $\boldsymbol{H}^0(k)=\frac{\boldsymbol{s}^{\mathrm{T}}(k)\boldsymbol{t}(k)}{\boldsymbol{t}^{\mathrm{T}}(k)\boldsymbol{t}(k)}\boldsymbol{I}_o$。

步骤5：计算

$$\begin{aligned}\boldsymbol{H}(k+1)=&(\boldsymbol{V}^{\mathrm{T}}(k)\cdots\boldsymbol{V}^{\mathrm{T}}(k-1))\boldsymbol{H}^0(k)(\boldsymbol{V}(k-l)\cdots\boldsymbol{V}(k))+\\&u(k-l)(\boldsymbol{V}^{\mathrm{T}}(k)\cdots\boldsymbol{V}^{\mathrm{T}}(k-l+1)\boldsymbol{s}(k-l)\boldsymbol{s}^{\mathrm{T}}(k-l)(\boldsymbol{V}(k-l+1)\cdots V(k))+\\&u(k-l+1)(\boldsymbol{V}^{\mathrm{T}}(k)\cdots\boldsymbol{V}^{\mathrm{T}}(k-l+2))\boldsymbol{s}(k-l+1)\boldsymbol{s}^{\mathrm{T}}(k-l+1)(\boldsymbol{V}(k-l+2)\cdots\boldsymbol{V}(k))+\\&\cdots+u(k)\boldsymbol{s}(k)\boldsymbol{s}^{\mathrm{T}}(k)\end{aligned}$$

步骤6：令 $k=k+1$，转到步骤2。

3. 最小二乘支持向量机软测量建模

支持向量机的基本思想是将输入向量映射到高维特征空间，再构造最优决策函数。最小二乘支持向量机是支持向量机的一种扩展，它只求解线性方程，因而求解速度更快。现用一组非线性映射将样本从原始空间映射到高维特征空间 $\boldsymbol{R}(x)=\{\varphi(\boldsymbol{x}_1),\varphi(\boldsymbol{x}_2),\cdots,\varphi(\boldsymbol{x}_N)\}$，则在高维空间中构造最优决策函数 $y(x)=\boldsymbol{w}^{\mathrm{T}}\boldsymbol{\varphi}(\boldsymbol{x})+b$。利用结构风险最小化原则，最小二乘支持向量机的目标函数为

$$\min_{w,e} J(\boldsymbol{w},e) = \frac{1}{2}\boldsymbol{w}^{\mathrm{T}}\boldsymbol{w} + \frac{\lambda}{2}\sum_{i=1}^{n} e_i^2$$

$$s.t: y_i = \boldsymbol{w}^{\mathrm{T}}\boldsymbol{\varphi}(x_i) + \boldsymbol{b} + e_i \quad i = 1,2,\cdots,n$$

式中，λ 为正规化参数，利用拉格朗日法求解

$$L(\boldsymbol{w},\boldsymbol{b},\boldsymbol{e},\boldsymbol{\alpha}) = J(\boldsymbol{w},e) - \sum_{i=1}^{N}\alpha_i\{\boldsymbol{w}^{\mathrm{T}}\boldsymbol{\varphi}(x_i) + \boldsymbol{b} + e_i - \boldsymbol{y}_i\}$$

式中，α_i 是拉格朗日乘子，由 KKT 条件为

$$\frac{\partial L}{\partial \boldsymbol{w}} = 0 \quad \frac{\partial L}{\partial \boldsymbol{b}} = 0 \quad \frac{\partial L}{\partial \boldsymbol{e}} = 0 \quad \frac{\partial L}{\partial \boldsymbol{\alpha}} = 0$$

可得

$$\boldsymbol{w} = \sum_{i=1}^{n}\alpha_i\boldsymbol{\varphi}(x_i)$$

$$\sum_{i=1}^{n}\alpha_i = 0$$

$$\boldsymbol{\alpha}_i = ce_i$$

$$\boldsymbol{w}^{\mathrm{T}}\boldsymbol{\varphi}(x_i) + b + e_i - y_i = 0$$

消除 $\boldsymbol{w}$、e_i，得到矩阵线性方程组：

$$\begin{bmatrix} 0 & \boldsymbol{A}^{\mathrm{T}} \\ \boldsymbol{A} & \boldsymbol{B} + C^{-1}\boldsymbol{I} \end{bmatrix}\begin{bmatrix} \boldsymbol{b} \\ \boldsymbol{\alpha} \end{bmatrix} = \begin{bmatrix} 0 \\ \boldsymbol{y} \end{bmatrix}$$

式中，$\boldsymbol{A} = [1,1,\cdots,1]^{\mathrm{T}}$，$\boldsymbol{y} = [y_1,y_2,\cdots,y_N]^{\mathrm{T}}$，$\boldsymbol{\alpha} = [\alpha_1,\alpha_2,\cdots,\alpha_N]^{\mathrm{T}}$，$\boldsymbol{B} = \{K_{ij} = k(\boldsymbol{x}_i,\boldsymbol{x}_j)\}$，$k(\boldsymbol{x}_i,\boldsymbol{x}_j)$ 是核函数，$i,j = 1,2,\cdots,N\}$。选取不同的核函数，可以构造不同的支持向量机。由于径向基函数有良好的跟踪性能，因此比较适合被选取用于建立软测量模型，其形式为

$$k(x_i,x) = \exp\left(\frac{-\|x - x_i\|^2}{2\sigma^2}\right)$$

式中，σ 为核函数的带宽。

最终方程组求解得到回归函数

$$f(x) = \sum_{i=1}^{N}\alpha_i k(x_i,x) + b$$

最小二乘支持向量机的超参数 c、σ 可以通过遗传算法（Genetic Algorithm，GA）最小化均方根误差（Root Mean Square Error，RMSE）寻优得到。

将互信息稀疏自编码和最小二乘支持向量机结合进行软测量建模，其步骤如下。

步骤1：将数据集 $\{X,Y\}$ 划分为训练样本和测试样本。本节用 $\boldsymbol{x}_{\text{train}}$ 和 $\boldsymbol{y}_{\text{train}}$ 分别表示训练样本的输入和输出，$\boldsymbol{x}_{\text{test}}$ 和 $\boldsymbol{y}_{\text{test}}$ 分别表示测试样本的输入和输出。

步骤2：对数据进行标准化处理，将数据置于 0 到 1 之间。

步骤3：利用式（10.7.2）计算每一维输入变量与所需要估计的输出变量之间的互信息，再利用式（10.7.3）计算出对应的权值。

步骤4：用训练样本的输入 $\boldsymbol{x}_{\text{train}}$ 来训练所提互信息稀疏自编码器，通过最小化代价函数 J_{cost}（式（10.7.4）），获得自编码器的网络参数 $\boldsymbol{\theta} = \{\boldsymbol{w}_1,\boldsymbol{w}_2,\boldsymbol{b}_1,\boldsymbol{b}_2\}$，并且得到 $\boldsymbol{x}_{\text{train}}$ 的

特征 $\boldsymbol{h}_{\text{train}}$ 。

步骤 5：将 $\boldsymbol{h}_{\text{train}}$ 作为输入数据，$\boldsymbol{y}_{\text{train}}$ 作为输出数据，通过遗传算法对参数进行寻优，训练最小二乘支持向量机模型。

步骤 6：将训练好的模型应用于测试样本，即提取 $\boldsymbol{x}_{\text{train}}$ 的隐含层特征 $\boldsymbol{h}_{\text{train}}$ ，并输入到训练好的 LSSVM 模型中得到其模型估计值 $\hat{\boldsymbol{y}}_{\text{train}}$ 。

步骤 7：具体软测量建模和预测流程框图如图 10.19 所示。

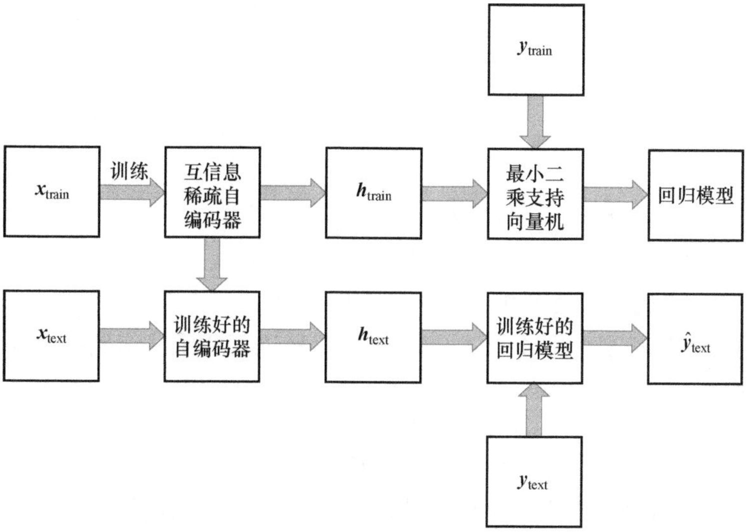

图 10.19　软测量建模和预测流程[229]

10.7.2　基于深度自编码网络的模糊推理模型

深度自编码的网络模糊推理系统是用深度自编码网络与模糊推理系统相结合的方法。其中模糊推理系统采用 Sugeno 模糊模型[231]，与传统 If-then 推理模型相比，其对非线性系统动态特性描述能力更强[232]。

1. 模糊推理系统

不失一般性，仅以二输入一阶 Sugeno 模型的模糊 if-then 规则进行说明，其规则如下：

$$\text{Rule 1: if}(x_1 \text{ is } A_1) \text{ and}(x_2 \text{ is } B_1) \text{ then}(f_1 = p_1x_1 + q_1x_2 + r_1) \tag{10.7.5}$$

$$\text{Rule 2: if } (x_1 \text{is } A_2) \text{ and}(x_2 \text{is } B_2) \text{then } (f_2 = p_2x_1 + q_2x_2 + r_2) \tag{10.7.6}$$

式中，x_1 和 x_2 为输入值；(A_1, A_2) 和 (B_1, B_2) 为模糊集，f_1，f_2 为对应模糊规则下各规则的加权输出；(p_1, p_2)，(q_1, q_2) 和 (r_1, r_2) 为训练后的加权系数。模糊推理系统如图 10.20 所示。

第 1 层为模糊化处理层，所有节点都是自适应节点，其输出是输入的模糊隶属度，即

$$O_i^{(1)} = \mu_{A_i}(x_1) \quad i = 1,2 \tag{10.7.7}$$

$$O_i^{(1)} = \mu_{B_i}(x_2) \quad i = 3,4 \tag{10.7.8}$$

式中，$\mu_{A_i}(x_1)$ 和 $\mu_{B_i}(x_2)$ 可以采用任何模糊隶属函数，采用钟形隶属函数实现输入信号的模糊化，即

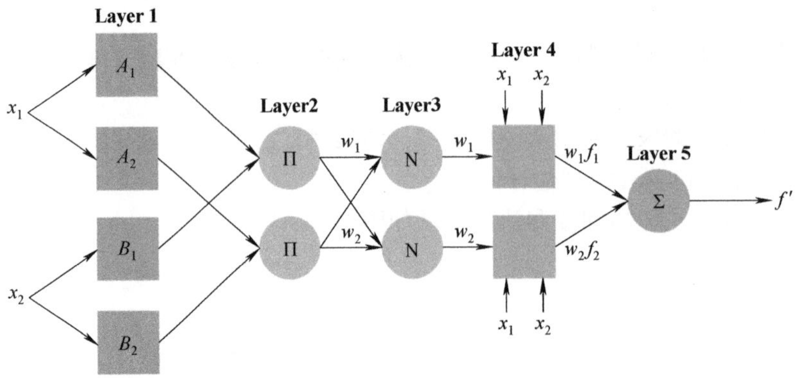

图 10.20　深度自编码网络模糊推理系统架构

$$\mu_{A_i}(x)=\frac{1}{1+\left\{\left(\frac{x-c_i}{a_i}\right)^2\right\}^{b_i}} \tag{10.7.9}$$

式中，a_i，b_i 和 c_i 为隶属度函数参数；μ_{A_i} 为第 1 层输出。

第 2 层为可信度处理层，即将第 1 层的输出信号进行相乘，得到每一条规则下的可信度，该层的输出为

$$O_i^{(2)}=w_i=\mu_{A_i}(x_1)\mu_{B_i}(x_2)\quad i=1,2 \tag{10.7.10}$$

第 3 层为归一化处理层，得到归一化后的可信度指标。

第 4 层为规则输出层，即计算输入数据对应输出规则下的加权输出。

第 5 层为最终结果层，即输出最终的推理结果。

$$f=(\overline{w}_1x_1)p_1+(\overline{w}_1x_2)q_1+(\overline{w}_1)r_1+(\overline{w}_2x_1)p_2+(\overline{w}_2x_2)q_2+\overline{w}_2r_2 \tag{10.7.11}$$

模糊推理系统的推理精度提升即确定最优的权重系数 (p_1,p_2)，(q_1,q_2) 和 (r_1,r_2)，可采用梯度下降法与最小二乘法相结合加以解决。

2. 深度自编码网络 – 模糊推理系统[233]

当输入特征量的数量较多时，传统模糊推理系统会存在计算时间复杂度过大即训练时长过长的缺点，故采用深度自编码网络对其进行改进。对于输入层到可信度处理层，采用编码器进行改进，而规则输出层到最终的推理输出层则采用自编码网络进行改进。不妨设输入数据为 N 维，可信度处理层为 J 维，规则输出层为 M 维，最终推理结果层为一维。从而输入层到可信度处理层的映射，以及规则输出层到推理输出层的映射表示为

$$\boldsymbol{H}=\boldsymbol{w}\boldsymbol{\mu}(\boldsymbol{x}) \tag{10.7.12}$$

$$\boldsymbol{Y}=\overline{\boldsymbol{w}}\boldsymbol{X}+\boldsymbol{r} \tag{10.7.13}$$

式中，$\boldsymbol{\mu}=\{\boldsymbol{\mu}_{A_1},\boldsymbol{\mu}_{A_2},\boldsymbol{\mu}_{B_1},\boldsymbol{\mu}_{B_2},\cdots\}$ 为隶属度函数；$\boldsymbol{x}=\{x_1,x_2,\cdots,x_N\}$ 为输入特征量；$\boldsymbol{w}$、$\overline{\boldsymbol{w}}$ 分别为对应维度的权重矩阵。

设输入样本集 $\boldsymbol{S}=[s_1,s_2,\cdots,s_{N_s}]$，每个样本均包含 N 个特征量，即 $\boldsymbol{s}_p=[s_{p1},s_{p2},\cdots,s_{pN_s}]$，深度自编码网的损失函数定义为

$$\mathrm{Loss}(\boldsymbol{w},\overline{\boldsymbol{w}})=-\frac{1}{N_S}\sum_{i=1}^{N_S}\sum_{p=1}^{N}[s_{ip}\ln(y_i)+(1-s_{ip})\ln(1-y_i)] \tag{10.7.14}$$

损失函数（10.7.14）定义了输入特征向量通过所提出的深度自编码模糊系统后与最终

输出结果之间的误差。故而可采用最小化损失函数来训练权值矩阵 $\boldsymbol{w}$、$\overline{\boldsymbol{w}}$，即目标函数可选择为

$$\underset{\boldsymbol{w},\overline{\boldsymbol{w}}}{\operatorname{argmin}}\operatorname{Loss}(\boldsymbol{w},\overline{\boldsymbol{w}}) \tag{10.7.15}$$

实际求解过程同样可采用梯度下降法进行求解，步骤如下。

步骤 1：求解 $\operatorname{Loss}(\boldsymbol{w},\overline{\boldsymbol{w}})$ 关于权重矩阵 $\boldsymbol{w},\overline{\boldsymbol{w}}$ 的偏导数。由于 $\boldsymbol{w},\overline{\boldsymbol{w}}$ 的列数相同，不妨令 $\boldsymbol{w}' = (\boldsymbol{wT},\overline{\boldsymbol{w}}\boldsymbol{T})^{\mathrm{T}}$，则偏导数记为

$$\frac{\partial}{\partial \boldsymbol{w}'}\operatorname{Loss}(\boldsymbol{w}') \tag{10.7.16}$$

步骤 2：不断更新 $\boldsymbol{w}'$。每次迭代的训练样本，其权重矩阵的调整都沿着梯度最小的方向进行减少，数学表达式为

$$\boldsymbol{w}'(k+1) = \boldsymbol{w}'(k) - \eta\frac{\partial}{\partial \boldsymbol{w}'(k)}\operatorname{Loss}(\boldsymbol{w}'(k)) \tag{10.7.17}$$

式中，η 表示算法步长。

10.7.3　基于特征聚类的快速稀疏自编码模型

Bengio[234]提出用自编码器初始化每一层神经网络的想法后，Bengio 和 Ranzato 等提出用稀疏自编码神经网络（Sparse Auto-Encoder，SAE）实现对数据的深层挖掘。理论表明，神经网络中隐含层节点数越多，网络的处理效果越好，但隐含层节点的增多会导致网络参数规模增大，进而使网络的训练时间大幅增加，甚至导致硬件储存空间不足等问题，如何快速训练网络就成为重要的研究课题。文献［235］提出一种基于特征聚类的快速稀疏自编码模型。首先对已有特征进行 K 均值聚类以降低特征冗余度，并选择聚类最佳分类数作为网络的本质特征个数，重新训练获取网络本质特征，再对本质特征进行旋转和弹性扭曲，扩充特征多样性，保证网络处理效果。

1. 特征聚类特征

可视化的网络特征中计算出部分特征的相似度较高，表明一般网络训练的特征冗余度大。因此文献［235］提出对已有特征进行 K 均值聚类以降低特征冗余度大，并选择最佳分类后的个数作为网络的本质特征个数，将本质特征进行旋转和弹性扭曲操作扩充其多样性。

（1）特征重复现象

为探究网络学习到的信息，可按照模最大化的方式将网络隐含层学习到的特征可视化，其主要原理是求解使隐含层节点响应最大的输入模式并可视化。在处理手写体数字图像数据时，经典稀疏自编码网络的 196 个初级特征可视化结果如图 10.21 所示。该图显示网络初级特征为输入数据的边缘信息，且其中多处特征相似度高，图中框出的是相似度高的一类特征。大量实验证实这种特征冗余现象普遍存在，可通过适当缩减网络中隐含层的节点个数来降低特征的冗余性、缩短训练时间。

在调整网络参数或多次重复实验时，需要不断初始化网络进行重复训练，若利用 K 均值聚类方法确定网络的本质特征个数，则可直接使用本质特征个数初始化网络的隐含层神经元个数，而本质特征个数远少于一般网络隐含层神经元个数，所以待训练的特征个数大幅减少，使网络训练耗时下降。

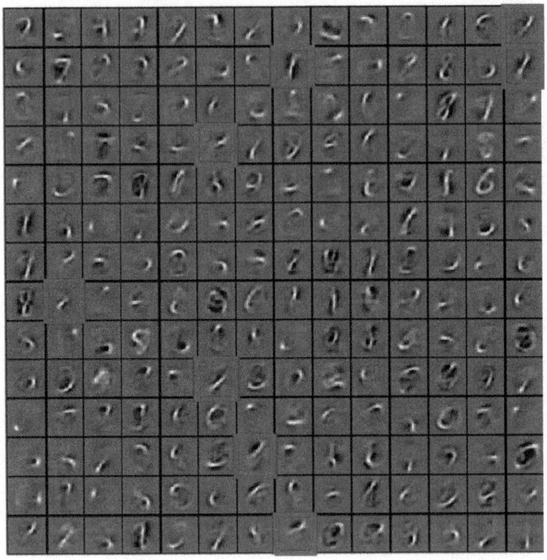

图 10.21　经典稀疏自编码网络初级特征可视化[235]

（2）特征聚类

为降低特征的冗余度，可对已有特征进行 K 均值聚类，得到最佳类别数也称为网络本质特征个数。由于数据被最佳分类后，同类数据之间聚合性强、不同类别数据间距离大，所以可按照类间距与类内距比值最大原则选择最佳分类数。

求取最佳聚类数的算法是先设定最大类别数为 $C_{\max}$，再使类别数从 1 遍历到 $C_{\max}$，对每个类别数计算

$$
\begin{aligned}
a(i) &= \frac{1}{N_i - 1}\sum_{j=1}^{N_i} \| \boldsymbol{x}_i - \boldsymbol{x}_j \| \\
b(i) &= \min_{\substack{1 \leqslant p \leqslant N_c \\ c \neq c_i}} \| \boldsymbol{x}_i - \boldsymbol{x}_c \| \\
S_c &= \sum_{i=1}^{N} \frac{b(i) - a(i)}{\max(a(i), b(i))}
\end{aligned}
\tag{10.7.18}
$$

式中，$a(i)$ 为样本 $\boldsymbol{x}_i$ 与同类中其他样本的平均距离，N_i 为样本 $\boldsymbol{x}_i$ 所在类别中样本的总个数；$b(i)$ 为样本 x_i 与其他类别中心样本的最小距离，c_i 表示样本 $\boldsymbol{x}_i$ 所在类别，$\boldsymbol{x}_c$ 为第 c 类数据的中心样本，c 为样本划分的类别数；S_c 为样本分为 N_c 类的聚合效果指标，N 为样本的总量，S_c 越大则表示分类结果的聚合性越好。试验遍历类别数后，得到 S_c 值最大对应的类别数 N_c，再通过多次重复试验，选取结果中出现次数最多的类别数作为最佳分类个数，得到本质特征个数后，可将自编码网络隐含层节点个数初始化为本质特征个数，重新构造自编码网络训练得到数据的本质特征。网络在使用本质特征时减少了特征冗余度，但同时也会小幅降低网络的分类准确率，因此还需通过旋转扭曲操作增加特征的多样性。

（3）增加特征多样性

图 10.21 表明，相似特征之间存在的细微差别构成了特征的多样性。一般扩充图像特征

多样性时，可采取旋转操作丰富特征图像的方向性[236]，也可采取对图像数据的扭曲增加图像的多样性[237-238]。

对特征图像旋转不同角度以增加特征图像的方向性，而对旋转后的部分特征进行弹性扭曲则可进一步增加特征的图像多样性。弹性扭曲操作的第一步是对图像进行随机映射，利用双线性差值法计算坐标为 $(x+c_1, y+c_2)$ 处的像素值，然后利用式（10.7.15）更新坐标为 (x,y) 的像素值

$$f^*(x,y)=f(x+\alpha\cdot c_1, y+\alpha\cdot c_2) \tag{10.7.19}$$

式中，α 是弹性形变参数，控制弹性扭曲程度；$f^*(x,y)$ 表示图像在坐标点为 (x,y) 处的新像素值 c_1 和 c_2 为大小 -1 到 1 之间的随机数。弹性扭曲操作第二步则是对第一步得到结果进行高斯模糊。图 10.22 为普通数字图像经弹性扭曲两个步骤的处理结果对比，该图表明若仅仅对图像进行随机映射，图像数字边缘呈锯齿状，与原图像差别过大，所以扭曲操作的第二步，可使数据的边缘趋于平滑。

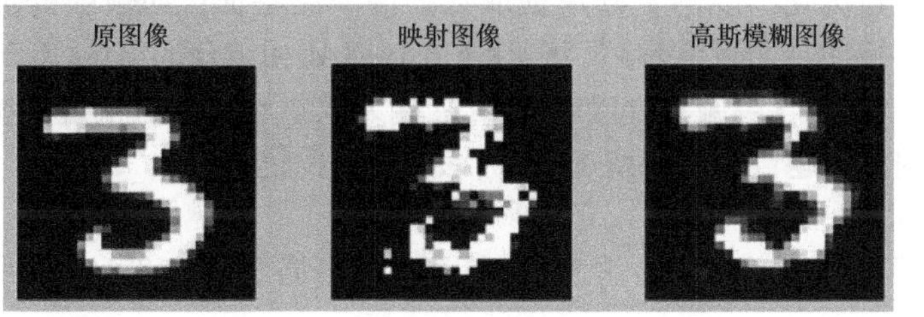

图 10.22 图像扭曲结果图

网络的本质特征经过旋转扭曲操作后，其多样性会得到很大的优化，网络特征丰富的多样性可以防止网络过拟合，使网络特征在原特征图像基础之上增加新的信息，从而得到更高的分类准确率。

2. 基于特征聚类的快速稀疏自编码器算法架构[239]

基于特征聚类的稀疏自编码快速算法架构如下。

步骤 1：随机选取数据的一部分作为训练数据输入自编码网络，并设置网络层数和每层网络节点数等超参数，通过梯度下降法训练网络。

步骤 2：对训练好的第一个自编码网络特征进行 K 均值聚类，得到最佳聚类个数 N_c。

步骤 3：构造一个新的自编码网络，设置网络的隐含层结点个数为 N_h，提取训练好的隐含层特征。

步骤 4：对 N_h 个特征进行扭曲和旋转，扩充特征。

步骤 5：构造第二个自编码网络，以步骤 4 获得的特征为输入，训练学习网络。

步骤 6：重复步骤 2 ~ 步骤 5 直至达到初始设置的网络层数，并利用全部数据对网络进行微调。

10.7.4 基于栈式降噪稀疏自编码器的极限学习机

极限学习机（Extreme Learning Machine，ELM）[240]是一种简单高效的单隐层前馈神经网络（Single Hidden Layer Feedforward Neural Network，SLFN）。ELM 输入权重和隐含层偏置均为随机生成，输出权值通过求解最小化平方损失函数获得，能够有效解决传统 SLFN 收敛速

度慢、容易产生局部最优解问题。大量研究表明：①ELM 随机确定输入权值和隐含层偏置能够提高整个网络的学习速度，但隐含层参数的随机赋值使 ELM 比传统基于调优的学习算法需要更多的隐含层节点。然而，过多的隐含层节点容易减弱隐含层的稀疏性，产生冗余节点，增加网络结构的复杂度、降低算法分类准确率。对此，研究者采用群体智能优化方法对网络结构进行优化，以提高整体性能。采用群体智能优化隐含层节点参数改进的网络结构，可提高 ELM 泛化能力和稳定性，但同时也增加了计算复杂度，在处理大规模高维数据集时性能较差。②ELM 可以在处理大规模高维数据时，降低深层网络的计算复杂度、减少训练时间。例如，ELM-AE 具有良好的特征表达能力和分类性能[241]；基于改进 ELM-AE 的判别图正则化极限学习机自编码器（GELM-AE）能够提取更抽象的高层特征、提高网络模型整体性能[242]；结合 CNN 和 ELM 的 CNN2ELM 集成学习框架，提高了识别人脸图像年龄的鲁棒性[243]。

栈式降噪稀疏自编码器（stacked Denoising SparseAuto-Encoder，sDSAE）加入了稀疏性约束使网络结构得到优化，能够更好地提取数据的深层特征；而去噪处理则降低了噪声干扰，增强了算法鲁棒性。文献［244］将 sDSAE 与 ELM 相结合的 sDSAE-ELM 利用 sDSAE 产生 ELM 的输入权值和隐含层偏置，以解决 ELM 输入权重和隐含层偏置随机赋值导致网络结构复杂、鲁棒性弱的问题，同时保留 ELM 训练速度快的优势。

1. 极限学习机

ELM 是一种具有快速学习能力的 SLFN 算法，其网络结构如图 10.23 所示。

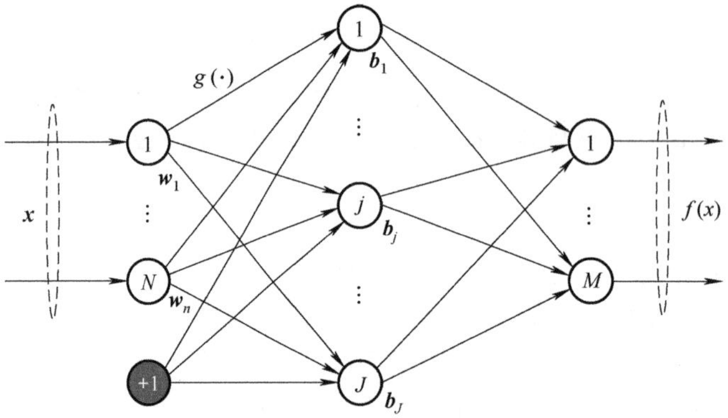

图 10.23　ELM 网络结构

在 ELM 中，输入层有 N 个节点，隐含层有 J 个节点，输出层有 M 个节点，输入层与隐含层节点的连接权值和隐含层节点的偏置随机产生。假设 N 个样本 $(\boldsymbol{x}_i,\boldsymbol{y}_{Ti})$，$\boldsymbol{x}_i=[x_{i1},x_{i2},\cdots,x_{in}]^{\mathrm{T}}\in\mathbb{R}^n,y_{Ti}=[y_{Ti1},y_{Ti2},\cdots,y_{Tim}]^{\mathrm{T}}\in\mathbb{R}^m$，则该网络的输出为

$$f(\boldsymbol{x}_i)=\sum_{j=1}^{J}\boldsymbol{w}_{mj}g(\boldsymbol{w}_{ji},\boldsymbol{b}_j,\boldsymbol{x}_i) \tag{10.7.20}$$

式中，$j=1,2,\cdots,J$；$\boldsymbol{w}_j=[w_{j1},w_{j2},\cdots,w_{jN}]^{\mathrm{T}}$ 为 N 个输入层节点与第 j 个隐含层节点之间的输入权值向量；b_j 为第 j 个隐含层节点偏置值；$g(\cdot)$ 是隐含层节点的激活函数；$\boldsymbol{w}_{mj}=[w_{m1},\beta_{m2},\cdots,\beta_{MJ}]^{\mathrm{T}}$ 为第 j 个隐含层节点与 M 个输出层节点之间的输出权值向量。令 $\boldsymbol{h}(x)=[g_1(x),g_2(x),\cdots,g_J(x)]$ 表示输入数据 x 的隐含层输出，用 $\boldsymbol{H}=[h^{\mathrm{T}}(x_1),h^{\mathrm{T}}(x_2),\cdots,h^{\mathrm{T}}$

$(x_N)]^{\mathrm{T}}$ 表示数据样本在隐含层的输出矩阵，即

$$\boldsymbol{H}=\begin{bmatrix} g(\boldsymbol{w}_1,\boldsymbol{b}_1,\boldsymbol{x}_1) & g(\boldsymbol{w}_2,\boldsymbol{b}_2,\boldsymbol{x}_1) & \cdots & g(\boldsymbol{w}_l,\boldsymbol{b}_l,\boldsymbol{x}_1) \\ g(\boldsymbol{w}_1,\boldsymbol{b}_1,\boldsymbol{x}_2) & g(\boldsymbol{w}_2,\boldsymbol{b}_2,\boldsymbol{x}_2) & \cdots & g(\boldsymbol{w}_l,\boldsymbol{b}_l,\boldsymbol{x}_2) \\ \vdots & \vdots & & \vdots \\ g(\boldsymbol{w}_1,\boldsymbol{b}_1,\boldsymbol{x}_N) & g(\boldsymbol{w}_2,\boldsymbol{b}_2,\boldsymbol{x}_N) & \cdots & g(\boldsymbol{w}_l,\boldsymbol{b}_l,\boldsymbol{x}_N) \end{bmatrix} \tag{10.7.21}$$

令 $\hat{\boldsymbol{x}}=[\hat{\boldsymbol{x}}_1,\hat{\boldsymbol{x}}_2,\cdots,\hat{\boldsymbol{x}}_N]^{\mathrm{T}}$ 表示样本的目标输出，则该系统的矩阵表示为

$$\boldsymbol{Hw}=\hat{\boldsymbol{x}} \tag{10.7.22}$$

网络的训练过程相当于求解式（10.7.17）的最小二乘解 $\hat{\boldsymbol{w}}$，得

$$\|\boldsymbol{H}\hat{\boldsymbol{w}}-\hat{\boldsymbol{x}}\| = \min\|\boldsymbol{Hw}-\hat{\boldsymbol{x}}\| \tag{10.7.23}$$

通常情况下，隐含层节点数 l 小于训练样本数 N。因此，对 $\boldsymbol{w}$ 求解得到：

$$\hat{\boldsymbol{w}}=H^{\dagger}\hat{\boldsymbol{x}} \tag{10.7.24}$$

式中，$\boldsymbol{H}^{\dagger}$ 表示 $\boldsymbol{H}$ 的 Moore-Penrose（MP）广义逆，此解具有唯一性，可使网络训练误差达到最小值。$\boldsymbol{w}$ 的表达式为

$$\boldsymbol{w}=\begin{cases}(\boldsymbol{H}^{\mathrm{T}}\boldsymbol{H})^{-1}\boldsymbol{H}^{\mathrm{T}}\hat{\boldsymbol{x}},H^{\mathrm{T}}\boldsymbol{H}\text{ 非奇异}\\ \boldsymbol{H}^{\mathrm{T}}(\boldsymbol{H}\boldsymbol{H}^{\mathrm{T}})^{-1}\hat{\boldsymbol{x}},\boldsymbol{H}\boldsymbol{H}^{\mathrm{T}}\text{ 非奇异}\end{cases} \tag{10.7.25}$$

为获得更好的学习能力，采用正交投影法计算输出权值，在 $\boldsymbol{H}^{\mathrm{T}}\boldsymbol{H}$ 的对角线上增加一个正实数 $\frac{1}{\boldsymbol{C}}$，则式（10.11.6）转化为

$$\boldsymbol{w}=\begin{cases}\left(\frac{\boldsymbol{I}}{\boldsymbol{C}}+\boldsymbol{H}^{\mathrm{T}}\boldsymbol{H}\right)^{-1}\boldsymbol{H}^{\mathrm{T}}\boldsymbol{x},\boldsymbol{H}^{\mathrm{T}}\boldsymbol{H}\text{ 非奇异}\\ \boldsymbol{H}^{\mathrm{T}}\left(\frac{\boldsymbol{I}}{\boldsymbol{C}}+\boldsymbol{H}\boldsymbol{H}^{\mathrm{T}}\right)^{-1}\boldsymbol{x},\boldsymbol{H}\boldsymbol{H}^{\mathrm{T}}\text{ 非奇异}\end{cases} \tag{10.7.26}$$

式中，$\boldsymbol{I}$ 为单位矩阵，$\boldsymbol{C}$ 为正则化系数。

ELM 的学习过程如算法 10.1 所示。

算法 10.1　ELM

输入训练集 $\{x_i,\hat{\boldsymbol{x}}_i\}$，$(\boldsymbol{x}_i\in\mathbb{R}^N,\hat{\boldsymbol{x}}_i\in\mathbb{R}^M,i=1,2,\cdots,N)$，激活函数 $g(\cdot)$，隐含层节点数 $\boldsymbol{J}$

输出输出权重 $\boldsymbol{w}$

步骤 1：随机生成输入权值 $\boldsymbol{w}_j$ 和隐含层偏置 $\boldsymbol{b}_j$。

步骤 2：根据式（10.7.16）计算隐含层输出矩阵 $\boldsymbol{H}$。

步骤 3：据式（10.7.21）计算输出权重 $\boldsymbol{w}$。

---

2. 降噪稀疏自编码器

传统的自动编码器（AE）对输入数据的重构能力有限，提取数据特征的能力较差[245]。在自编码器基础上，添加稀疏性约束得到具有良好调节能力的稀疏自编码器（SAE），有利于提取更具代表性的特征、提高算法分类准确率。降噪稀疏自编码器（DSAE）是在 SAE 基础上，对原始样本数据进行退化处理，其目的在于排除噪声干扰，更好地重构原始输入，增

强算法的鲁棒性。DSAE 网络结构如图 10.24 所示。

DSAE 的训练过程包括退化、稀疏编码和解码 3 个阶段。首先根据事先设定好的退化率 v 将原始输入数据 $\boldsymbol{x}$ 置 0，得到退化数据；然后对退化后的数据 $\tilde{\boldsymbol{x}}$ 进行稀疏编码，得到编码数据 $\boldsymbol{h}$；最后对编码数据 $\boldsymbol{h}$ 进行解码，得到重构数据 $\hat{\boldsymbol{x}}$。在此基础上，调整各层参数最小化重构误差，用损失函数 $\text{Loss}(\boldsymbol{x},\hat{\boldsymbol{x}})$ 来表示，得到输入特征的最优表示。

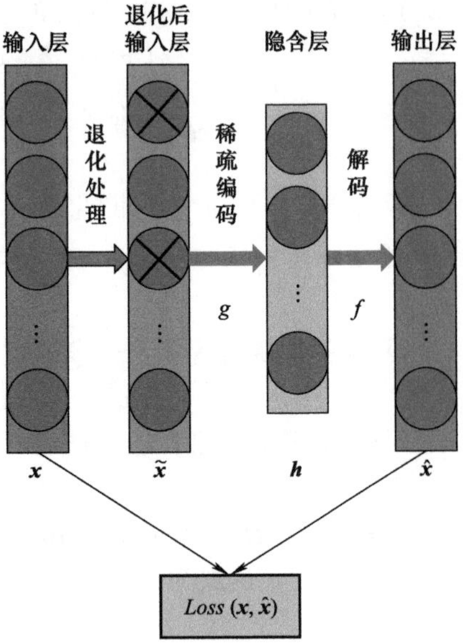

图 10.24　DSAE 网络结构

稀疏编码和解码过程的计算公式，分别为

$$h = g(\tilde{\boldsymbol{x}}) = s_g(\tilde{\boldsymbol{w}}\boldsymbol{x} + b) \tag{10.7.27}$$

$$\hat{\boldsymbol{x}} = f(\boldsymbol{h}) = s_f(\boldsymbol{wh} + b') \tag{10.7.28}$$

式中，$s(\boldsymbol{x})$ 为激活函数，一般取 sigmoid 函数，$\boldsymbol{w}$ 和 b 分别为稀疏编码的权重矩阵和偏置，$\boldsymbol{w}'$ 和 b' 分别为解码的权值矩阵和偏置，$\boldsymbol{w}' = \boldsymbol{w}^{\mathrm{T}}$。假设训练集 $D = \{x_i\}_{i=1}^{N}$，则 DSAE 的整体损失函数为

$$\text{Loss}(\boldsymbol{x},\hat{\boldsymbol{x}}) = \frac{1}{N}\sum_{D} J(\boldsymbol{x},\hat{\boldsymbol{x}}) + \frac{\lambda}{2}\|\boldsymbol{w}\|_F^2 + \beta\sum_{j=1}^{N_h} J_{KL}(\rho\|\hat{\rho}_j) \tag{10.7.29}$$

式中，等号右边的第一部分 $J(\boldsymbol{x},\hat{\boldsymbol{x}}) = \frac{1}{2}\|\boldsymbol{x} - \hat{\boldsymbol{x}}\|_2^2$ 为平方差误差项，第二部分是权重衰减项（也称为正则化项），其目的是减小权重大小防止过拟合，λ 是权重衰减参数，第三部分是稀疏惩罚项，β 为稀疏惩罚权重，N_h 为隐含层节点数。

3. 栈式降噪稀疏自编码器

DSAE 属于浅层网络，学习能力有限，而栈式降噪稀疏自编码器（sDSAE）由多个 DSAE 堆栈而成，其以前一隐含层输出作为后一隐含层输入，逐层训练，在处理高维大数据集时整体性能优于浅层网络。但 sDSAE 的性能取决于网络层数和节点数，网络层数并非越多越好，层数太多容易引起梯度弥散现象，也会训练过拟合[246]。因此，本节设置两层 sDSAE 网络。

4. sDSAE-ELM 算法

ELM 在训练过程中随机生成输入权值和隐含层偏置，为得到理想的分类效果，往往需要产生大量的隐含层节点，而过多的隐含层节点会导致网络结构复杂，影响整体的学习性能。为避免 ELM 中出现过多的随机冗余节点，利用 sDSAE 获取输入数据的特征表达，通过加入稀疏性限制使网络可以学到输入数据中更优的结构特征，从而更好地描述输入数据，为 ELM 提供所需的输入权值和隐含层偏置，更有利于 ELM 进行分类。

理论上，sDSAE-ELM 算法比 ELM 算法能够获得更优的输入权值和隐含层偏置。一方面，sDSAE-ELM 算法利用 sDSAE 具有稀疏化的网络结构对原始输入数据进行学习训练，将得到的输入权值和隐含层偏置分别作为 sDSAE-ELM 输入权值和隐含层偏置，其包含了输入数据的相关特征信息，有利于发掘更本质的高级抽象特征，对数据重构和算法整体性能有促进作用，而 ELM 算法的输入权值和隐含层偏置随机赋值，与输入数据无关，对数据重构和算法整体性能没有促进作用；另一方面，sDSAE-ELM 通过 sDSAE 产生极限学习机的输入权值与隐含层偏置，克服了 ELM 因隐含层参数随机赋值产生冗余节点、降低算法分类准确率的弊端。此外，sDSAE-ELM 优化了网络结构，如图 10.25 所示，其对原始输入数据进行退化处理，从而有效消除噪声的干扰，增强鲁棒性。

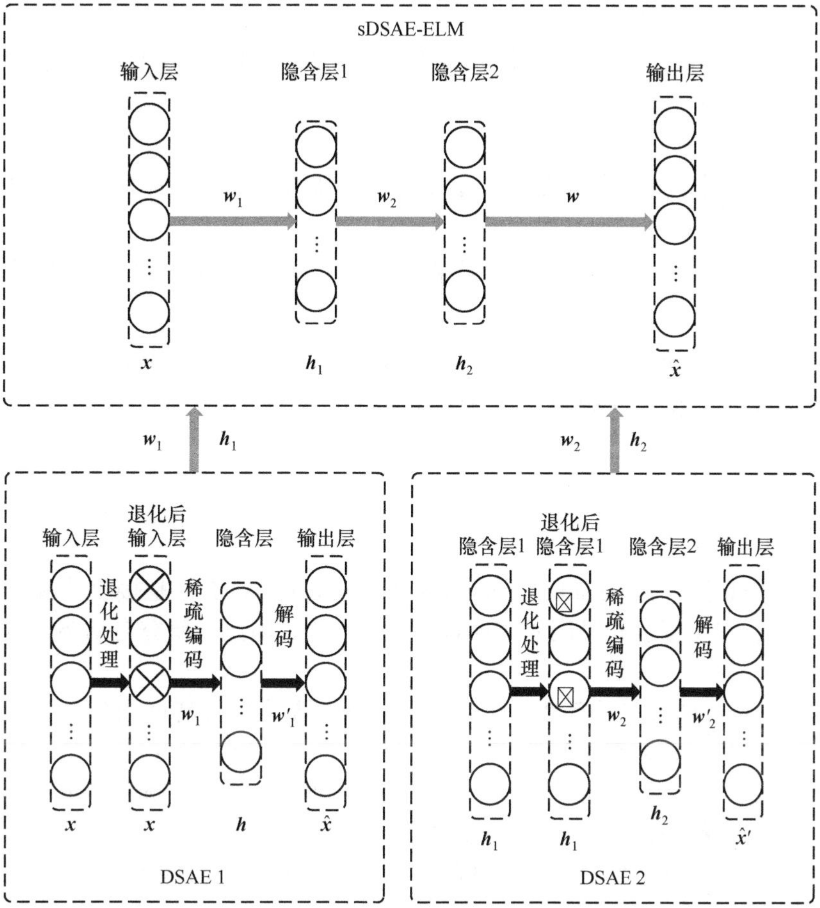

图 10.25　sDSAE-ELM 网络结构

sDSAE-ELM 训练架构如下。

步骤 1：对原始输入 $\boldsymbol{x}$ 进行预处理。依据上文所述，利用梯度下降法训练 DSAE1，得到第一隐含层的输出 $\boldsymbol{h}_1$ 和网络参量 $\boldsymbol{w}_1, b_1$。$\boldsymbol{h}_1$ 是对原始输入数据和网络参数的高度抽象结果，由于对原始输入进行过退化处理以及对网络添加稀疏性约束，因此更能体现输入数据的本质特征，算法鲁棒性更强，并且当原始输入维数较高时，还能起到降低数据维度的作用。

步骤 2：利用梯度下降法训练 DSAE2 以确定 ELM 的参数。与传统的学习算法相比，ELM 不仅学习速度更快，而且分类性能更优。然而，与基于调优的学习算法相比，由于其输入权值和隐含层偏置产生的随机性，ELM 需要更多的隐含层节点。此过程同步骤 1，得到第二隐含层的输出$\boldsymbol{h}_2$ 和网络参量$\boldsymbol{w}_2, b_2$。其中，$\boldsymbol{w}_2$ 作为 ELM 的输入权值，b_2 作为 ELM 的隐含层偏置，输出矩阵为$\boldsymbol{h}_2$。此步骤能够克服 ELM 随机生成隐含层参数的问题，优化网络结构，提高模型的稳定性。

步骤 3：利用 ELM 进行分类，输入数据为$\boldsymbol{h}_1$，输入权值和隐含层偏置分别为$\boldsymbol{w}_2$ 和b_2，隐含层输出矩阵为$\boldsymbol{h}_2$，根据式（10.7.21）求得输出权重。

sDSAE-ELM 学习过程如算法 10.2 所示。

算法 10.2 sDSAE-ELM

输入训练集 $\{\boldsymbol{x}_i, \hat{\boldsymbol{x}}_i\}, (\boldsymbol{x}_i \in \mathbb{R}^N, \hat{\boldsymbol{x}}_i \in \mathbb{R}^M, i = 1,2,\cdots,N)$，各 DSAE 的激活函数，退化率 v，稀疏性参数 β。

输出权重 $\boldsymbol{w}$

步骤 1：对原始输入 $\boldsymbol{x}$ 进行预处理和退化处理。训练 DSAE1，得到第一隐含层的输出$\boldsymbol{h}_1$ 以及网络参数$\boldsymbol{w}_1$，b_1。

步骤 2：输入$\boldsymbol{h}_1$，训练 DSAE2，得到第二隐含层的输出$\boldsymbol{h}_2$，以及最优网络参数$\boldsymbol{w}_2$，b_2。

步骤 3：将$\boldsymbol{h}_1$、$\boldsymbol{w}_2$ 和b_2，分别作为 ELM 的输入、输入权值和隐含偏置，ELM 的隐含层输出为$\boldsymbol{h}_2$，根据式（10.7.21）计算得到 $\boldsymbol{w}$。

10.8 实例 11：基于改进 LDA 和自编码器的调制识别算法

自动调制信号识别（Automatic Modulation Recognition，AMR）是接收端解调前的一项复杂且困难的技术，它在军事和民用领域都有广泛的应用。因此，研究自动调制信号识别具有重要的意义。

基于模式识别的 AMR 算法流程为：信号预处理，提取信号特征和分类算法。信号特征包括：瞬时幅度、相位和频率、高阶累积量、循环谱等。分类算法有：支持向量机（Support Vector Machine，SVM）、K 最邻近（K Nearest Neighbor，KNN）和朴素贝叶斯等，但这些算法基本适合高斯白噪声信道或所受干扰较少的情况。

本节研究了高斯白噪声信道和瑞利衰落信道下，一种基于 LDA 和 SSDAE 网络的调制识别算法[247-248]。

10.8.1 特征提取

1. 信号模型

在复杂信道下，接收端接收到的信号表示为

$$\boldsymbol{r}(k) = \boldsymbol{x}(k) \otimes \boldsymbol{h}(k) + \boldsymbol{n}(k) \tag{10.8.1}$$

式中，$\boldsymbol{r}(k)$ 为接收信号；$\boldsymbol{x}(k)$ 为发送信号；$\boldsymbol{h}(k)$ 为复杂信道下的信道效应，为瑞利衰落、多普勒频移和频率、相位误差；$\boldsymbol{h}(k)$ 为均值为零的高斯白噪声。

2. 高阶累积量

调制信号的复随机过程 $X(k)$ 为

$$M_{pq} = \mathrm{E}[X(k)^{p-q} X^*(k)^q] \tag{10.8.2}$$

式中，* 表示共轭。$X(n)$ 的二至八阶累积量为

$$C_{20} = M_{20} \tag{10.8.3}$$

$$C_{21} = M_{21} \tag{10.8.4}$$

$$C_{40} = M_{40} - 3M_{20}^2 \tag{10.8.5}$$

$$C_{41} = M_{41} - 3M_{21}M_{20} \tag{10.8.6}$$

$$C_{42} = M_{42} - |M_{20}|^2 - 2M_{21}^2 \tag{10.8.7}$$

$$C_{60} = M_{60} - 15M_{40}M_{20} + 30M_{20}^3 \tag{10.8.8}$$

$$C_{61} = M_{61} - 5M_{40}M_{21} - 10M_{20}M_{41} + 30M_{20}^3M_{20}^2 \tag{10.8.9}$$

$$C_{63} = M_{63} - 6M_{20}M_{41} - 9M_{42}M_{21} + 18M_{20}^2M_{21} + 12M_{21}^3 \tag{10.8.10}$$

$$C_{80} = M_{80} - 28M_{60}M_{20} - 35M_{40}^2 + 420M_{40}M_{20}^2 - 630M_{20}^4 \tag{10.8.11}$$

将各类调制信号代入式（10.8.3）～式（10.8.11）计算出各阶累积量即本文欲提取的特征参数。

10.8.2　算法设计

1. 抗混淆线性判别分析法

LDA 是一种类似主成分分析的降维特征提取方法，该方法保证了样本在新的子空间有最大的类间距离和最小的类内距离，即投影后的样本具有最佳可分离性。将该方法与抗混淆原理结合，就得到抗混淆线性判别分析法（Anti-Alias Linear Discriminant Analysis，A-ALDA）

假设共有 N 个样本，M 个类别。即样本和标签集合 $\boldsymbol{D} = \{(x_1,y_1),(x_2,y_2),\cdots,(x_N,y_N)\}$，$x_i$ 为特征，$y_i \in \{Y_1,Y_2,\cdots,Y_M\}$ 为标签，其中 Y_i 为类别。此外，定义 $N_j(j=1,2,\cdots,M)$ 为第 j 类样本的个数，$\boldsymbol{X}_j$ 为第 j 类样本的集合，$\boldsymbol{m}_j$ 为第 j 类样本的均值，$\sum_j$ 为第 j 类样本的协方差矩阵，则类内散度矩阵 $\boldsymbol{S}_w$ 为

$$\boldsymbol{S}_w = \sum_{j=1}^{M}\boldsymbol{S}_{wj} = \sum_{j=1}^{M}\sum_{x\in X_j}(\boldsymbol{x}-\boldsymbol{m}_j)(\boldsymbol{x}-\boldsymbol{m}_j)^{\mathrm{T}} \tag{10.8.12}$$

类间散度矩阵 $\boldsymbol{S}_b$ 为

$$\boldsymbol{S}_b = \sum_{j=1}^{n}(\boldsymbol{m}_j-\boldsymbol{m})(\boldsymbol{m}_j-\boldsymbol{m})^{\mathrm{T}} \tag{10.8.13}$$

式中，$\boldsymbol{m}$ 为所有样本的均值。

LDA 多类优化目标函数为

$$\underbrace{\arg\max}_{w} J(w) = \frac{\prod_{\mathrm{diag}}\boldsymbol{w}^{\mathrm{T}}\boldsymbol{S}_b\boldsymbol{w}}{\prod_{\mathrm{diag}}\boldsymbol{w}^{\mathrm{T}}\boldsymbol{S}_w\boldsymbol{w}} = \prod_{i=1}^{d}\frac{\boldsymbol{w}_i^{\mathrm{T}}\boldsymbol{S}_b\,\boldsymbol{w}_i}{\boldsymbol{w}_i^{\mathrm{T}}\boldsymbol{S}_w\,\boldsymbol{w}_i} \tag{10.8.14}$$

式（10.8.14）最右边是广义瑞利熵的形式，其最大值即为 $\boldsymbol{S}_w^{-1}\boldsymbol{S}_b$ 的最大特征值。此时投影矩阵 $\boldsymbol{w}$ 为这最大的 d 个特征值对应的特征向量所张开的矩阵。经过 LDA 投影后的特征参数为

$$\boldsymbol{y} = \boldsymbol{w}^{\mathrm{T}}\boldsymbol{x} \tag{10.8.15}$$

式（10.8.13）中，类间散度矩阵为每类样本均值与所有类样本总均值的协方差矩阵，投影后的效果为每类样本远离样本总均值。为提高每类样本对周围别类的混淆样本的区别度，将

A-ALDA 算法的类间散度矩阵 S_{Ab} 定义为

$$S_{Ab} = \sum_{j=1}^{n} w_j^2 \left(m_j - \frac{m + m_{Aj}}{2}\right)\left(m_j - \frac{m + m_{Aj}}{2}\right)^{\mathrm{T}} \tag{10.8.16}$$

式中，w_j^2 为每类的权重系数，为该类样本均值到此类混淆样本欧式距离的倒数平方，$w_j^2 = \left(1/\sqrt{(m_j - m_{Aj})^2}\right)^2$，即某类样本距离混淆样本越近，权重越大。$m_{Aj}$ 为 m_j 周围混淆样本的均值，定义为

$$m_{Aj} = \frac{1}{N_{Aj}} \sum_{i=1}^{N_{Aj}} x_i^{Aj} \tag{10.8.17}$$

式（10.8.17）中，N_{Aj} 为 j 类样本周围的混淆样本的个数，x_i^{As} 为混淆样本。N_{Aj} 值的选择直接影响 A-ALDA 的性能，N_{As} 取值的过程，如图 10.26 所示。

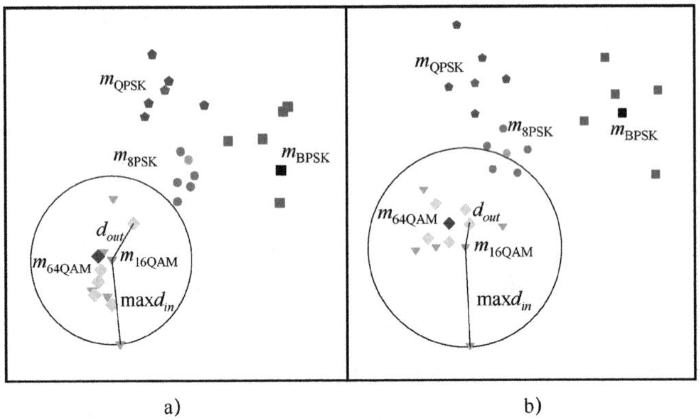

图 10.26　n_{Aj} 取值的选择

a）未受噪声影响　b）受噪声影响

图 10.27a 所示，5 类样本和每类对应的样本均值均用同一形状、不同颜色在图中标出，m_{16QAM} 为 16QAM 样本均值点，其他信号样本均值同理在图中标出。maxd_{in} 为类内样本与该类均值的最大欧几里得距离，d_{out} 为类外样本与该类均值的欧几里得距离。混淆样本的个数 n_{Aj} 为满足 d_{out} < maxd_{in} 所有类外样本的个数，即图中圆内不属于 16QAM 样本的个数。但是对于个别信号受噪声较大，出现图 10.27b 情况。由于存在受噪声影响较大的样本，以 maxd_{in} 为半径的圆包含了本不为混淆样本的其他类信号，这种情况下，定义 maxd_{in} 为

$$\max d_{in} = \frac{2\sum_{s=(N_j+q*N_j)/2}^{N_j} \mathrm{d}s}{(1-q)N_j} \tag{10.8.18}$$

式（10.8.18）中，N_j 为 j 类样本的个数，maxd_{in} 为 j 类中最远的 $\frac{1}{2}N_j(1-q)$ 个样本点的均值，q 为接近 1 的常数，q 为 1 时，maxd_{in} 为 j 类样本与均值的欧氏距离的最大值。ds 为所有 j 类样本与此类均值的欧氏距离，且按距离递增的顺序排列。由此，类内样本与该类均值的最大欧式距离为一些较远样本距离的平均，避免了大噪声点的影响。

2. 稀疏降噪自编码器

传统的单层稀疏自动编码器在学习特征时易丢失样本的深层特征信息，使特征缺乏鲁棒性，大大降低了分类的准确率。本节设计的网络如图 10.27 所示。

图 10.27 中，$\boldsymbol{x}_i$ 为原始累积量特征，$\boldsymbol{x}$ 为累积量特征和 A-ALDA 投影后新特征的组合。本节的 SSDAE 网络采用三层自编码器结构，每层输入加入降噪性，以腐败概率随机将输入神经元置零，图中输入层的灰色神经元为被置零的神经元。自编码器输出的特征为隐含层的输出，为图中红色神经元的输出。$\boldsymbol{w}_1$、$\boldsymbol{w}_2$ 和 $\boldsymbol{w}_3$ 分别表示三层 SSDAE 的权重，$\boldsymbol{b}_1$、$\boldsymbol{b}_2$ 和 $\boldsymbol{b}_3$ 分别表示三层 SSDAE 的偏置项。三层自编码器学习到的特征表示分别为

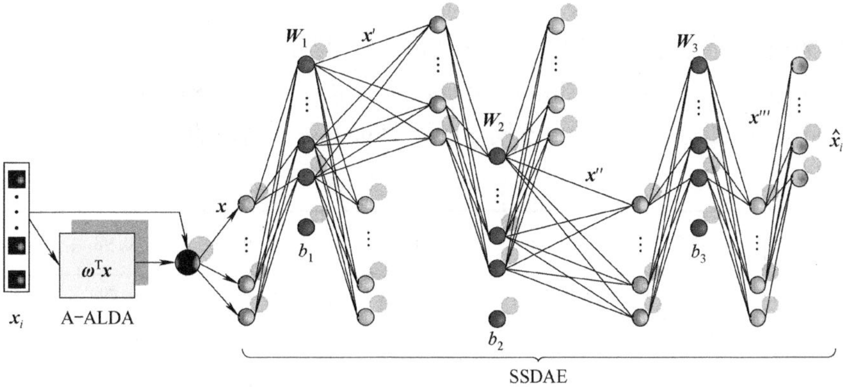

图 10.27　A-ALDA 和 SSDAE 结构图

$$\boldsymbol{x}' = f(\boldsymbol{w}_1\boldsymbol{x} + b_1) \tag{10.8.19}$$

$$\boldsymbol{x}'' = f(\boldsymbol{w}_2\boldsymbol{x}' + b_2) \tag{10.8.20}$$

$$\boldsymbol{x}''' = f(\boldsymbol{w}_3\boldsymbol{x}'' + b_3) \tag{10.8.21}$$

式（10.8.19）~式（10.8.21）中，$f(\cdot)$ 为 sigmoid 函数，即 $f(z) = 1/(1+\mathrm{e}^{-z})$。训练时更新网络权重参数的重构误差代价函数定义为

$$J(\boldsymbol{w},b) = \frac{1}{N}\sum_{n=1}^{N}\frac{1}{2}\parallel x_n' - x_n \parallel^2 \tag{10.8.22}$$

为了提升自编码网络的学习能力，将自编器加上稀疏性限制，即在同一时间，隐含层中只有部分神经元是“活跃”的。由此，引入 KL 散度（Kullback-Leibler divergence）来衡量某个隐含层中神经元的平均激活度和设定的稀疏性参数之间的相似性。KL 散度定义为

$$J_{KL}(\rho \parallel \hat{\rho}_j) = \sum_{j=1}^{N_h}\left[\rho\log\frac{\rho}{\hat{\rho}_j} + (1-\rho)\log\frac{1-\rho}{1-\hat{\rho}_j}\right] \tag{10.8.23}$$

式中，ρ 为稀疏性参数；n' 为隐含层神经单元的个数。$\hat{\rho}_j$ 为隐含层神经单元的平均激活度，定义为：$\hat{\rho}_j = \frac{1}{m}\sum_{n=1}^{m}h_j(x_n)$。

因此，SSDAE 的代价函数为

$$J_{\mathrm{SAE}} = J(\boldsymbol{w},b) + \beta J_{KL}(\rho \parallel \hat{\rho}_j) \tag{10.8.24}$$

在上式中，β 为稀疏项惩罚系数。

10.8.3　仿真实验与结果分析

1. 信号产生

本文仿真实验系统为 Ubuntu16.04，所有仿真采用 Python 编程语言。本节在不同信号

长度下各仿真 100000 个信号的数据样本。其中，50000 个样本作为训练集，50000 个样本用于测试。仿真条件设置为：①产生二进制序列，是系数为 0.5 的伯努利分布。②将二进制序列随机调制为 BPSK、QPSK、8PSK、16QAM、64QAM 五类调制信号，每类数量保持均匀。③在数据符号间插零值，并用根升余弦滤波器减少码间干扰。④仿真瑞利衰落信道和多普勒频移。⑤仿真信噪比从 0dB 至 20dB，步长为 2dB 的高斯白噪声信道。

2. 混淆点的选取

对 N_{Aj} 值的选择，N_{Aj} 为满足 $d_{out} < \max d_{in}$ 所有类外样本的个数，其中 d_{out} 为确定值，则直接影响 N_{Aj} 取值的参数为 $\max d_{in}$ 。$\max d_{in}$ 由参数 q 确定。表 10.1 给出在信号长度为 512，信噪比分别为 0dB、10dB 和 20dB 时，不同 q 的取值对识别准确率的影响。

表 10.1　q 的取值对识别准确率的影响

SNR \ q	0.90	0.92	0.94	0.96	0.98	1.00
0	0.764	0.768	0.778	0.786	0.794	0.785
10	0.862	0.868	0.872	0.875	0.878	0.877
20	0.872	0.875	0.879	0.882	0.886	0.886

表 10.1 表明，q 的取值过小，使 $\max d_{in}$ 的值较小，满足 $d_{out} < \max d_{in}$ 的样本较少，排除了较多混淆样本，导致混淆点选取不合理，识别准确率较低。识别准确率 q 的取值为 0.98 时，不同信噪比下的识别准确率最高，以此确定的 n_{Aj} 最合适。

3. 有限信号长度下的仿真实验

现讨论在有限信号长度下，算法的识别准确率随信噪比的变化情况。采用轮廓系数(Silhouette Coefficient)[249]和 Calinski-Harabaz 指数[250]两个指标评价特征分离性，指标数值越大，特征分离性越好。原始特征、LDA 重构特征和 A-ALDA 重构特征的评价得分，如表 10.2 所示。

表 10.2　原始特征、LDA 和 A-ALDA 重构特征的评价得分

	Silhouette Coefficient	Calinski-Harabaz index
Primitive	0.112	15.845
LDA	0.299	20.662
A-ALDA	0.320	40.272

表 10.2 表明，A-ALDA 的两种指标得分均高于原始特征和 LDA 重构特征的得分，抗混淆线性判别分析取得较好的特征重构效果。

本节对比了 5 种已有的调制识别算法。5 种算法识别准确率，如图 10.28 所示。

图 10.28 表明，在复杂信道下，本节算法在信噪比为 0dB 时，识别率为 79.4%，较没有特征选择、重构过程的 SAE 和 ANC 算法的平均识别率高出约 5%，较 GP-KNN 和 PCA-SVM 算法的平均识别率高出约 3.5%。在高信噪比 20dB 时，本节算法识别率为 88.6%，比 GP-KNN 高出约 0.5%，较 PCA-SVM 提升约 2%。表 10.3 给出不同信号长度和不同信噪比下，LDA 和 A-ALDA 两种特征重构算法对识别率的影响。

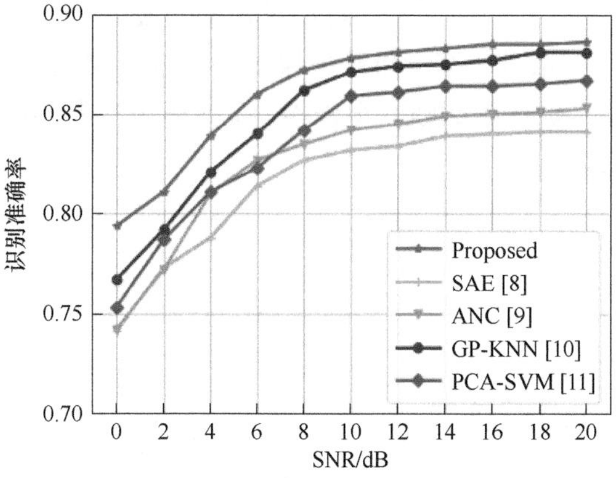

图 10.28　复杂信道下五种算法调制识别准确率

表 10.3　LDA 和 A-ALDA 算法对识别率的影响

算　　法	SNR	512	1024	2048
LDA	0	0.77 ±0.02	0.81 ±0.02	0.82 ±0.02
	4	0.86 ±0.02	0.86 ±0.02	0.88 ±0.01
	8	0.86 ±0.02	0.87 ±0.01	0.90 ±0.01
	12	0.87 ±0.01	0.87 ±0.01	0.91 ±0.01
	16	0.88 ±0.01	0.89 ±0.01	0.92 ±0.01
A-ALDA	0	0.78 ±0.02	0.81 ±0.02	0.83 ±0.01
	4	0.86 ±0.02	0.88 ±0.01	0.89 ±0.01
	8	0.87 ±0.01	0.88 ±0.01	0.93 ±0.01
	12	0.88 ±0.01	0.89 ±0.01	0.93 ±0.01
	16	0.88 ±0.01	0.91 ±0.01	0.94 ±0.01

表 10.3 表明，在信号长度为 512 时，A-ALDA 的识别率较 LDA 略有提升，在信号长度为 1024 时，本节算法识别率较 LDA 平均提升约为 1.4%。在信号长度为 2048 时，平均提升约为 2%。由此可知，改进的 A-ALDA 算法可提升识别准确率，并且信号长度越长，识别率提升越明显。

4. 相位、频率误差下的仿真实验

仿真条件设置为 SNR =10dB，信号长度为 2048。这里将相位误差和频率误差分开考虑，首先只考虑载波相位误差存在，载波频率在接收机是已知的。在此情况下，信号的表达式为

$$\boldsymbol{r}(k) = \mathrm{e}^{\mathrm{j}\theta_0}\boldsymbol{s}(k)\otimes h(k) + \boldsymbol{n}(k) \tag{10.8.25}$$

将相位误差测试范围设置为 −10° 到 10°，步长为 2°，每种信号产生 20000 个样本。5 种算法在有相位误差影响下的识别准确率，如图 10.29a 所示。

然后考虑频率误差对两种算法识别准确率的影响，此时载波相位在接收机是已知的。则信号的表达式为

$$r(k)=\mathrm{e}^{\mathrm{j}\frac{2\pi\cdot k\cdot f_0}{f}}\boldsymbol{s}(k)\otimes\boldsymbol{h}(k)+\boldsymbol{n}(k) \tag{10.8.26}$$

式中，f_0 为频率误差，f_0/f 为相对频率。将频率误差测试范围设置为 1×10^{-4} 到 2×10^{-4}，步长为 0.2×10^{-4}。每种信号仍产生 20000 个样本。5 种算法在有频率误差影响下的识别准确率，如图 10.29b 所示。

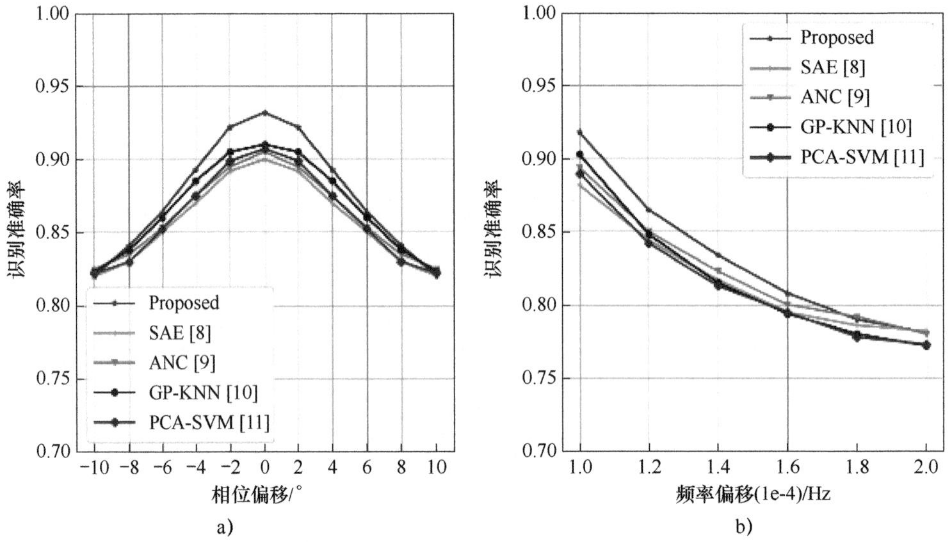

图 10.29　相位、频率误差下的识别准确率

a）存在相位误差　b）存在频率误差

图 10.30 表明，在 −4° 到 4° 相位误差之间时，本节算法的识别准确率比其他算法高，但在其他范围提高较低。原因是在相位偏移较大时，各信号累积量特征存在噪声较大，特征重构混淆样本点增多，A-ALDA 难以做出较好投影变换。相同原因下，在频率误差 1×10^{-4} 到 1.5×10^{-4} 之间，本节算法的平均识别准确率较其它算法提高了 2.3%，但在其他频率偏差段识别率较低。

综上，本节利用 A-ALDA 算法来构造新特征时，考虑了调制信号累积量的具体值，使新特征具有良好的分离性。SSDAE 是具有稀疏性的深度神经网络，能学习到样本的主要成分，另外降噪性的加入，防止了网络过拟合，并减少了神经单元学习到的噪声，提升了算法的鲁棒性，有利于信号样本特征的学习和分类。在复杂信道下该算法较现有的调制信号识别算法在识别率上有提升，在信号长度受限，信号存在相位、频率误差的干扰下，识别率也优于其他算法。

参考文献

[1] HINTON G E, Salakhutdinov R R. Reducing the dimensionality of data with neural networks [J]. Science, 2006, 313 (5786): 504-507.

[2] CHEN Y J, LUO T, LIU S L, et al. Da Dian Nao: a machine-learning supercomputer [C]. Proc of the 47th Annual IEEE/ACM International Symposium on Microarchitecture. Washington DC: IEEE Computer Society, 2014: 609-622.

[3] CHEN Y H. Convolutional neural network for sentence classification [EB/OL]. https://uwspace.uwaterloo.ca/handle/10012/9592, 2015.

[4] LE Q V, NGIAM J, COATES A, et al. On optimization methods for deep learning [C]. Proc of the 28th International Conference on Machine Learning. 2011: 265-272.

[5] GRAVES A, MOHAMED A R, HINTON G E. Speech recognition with deep recurrent neural networks [C]. Proc of IEEE International Conference on Acoustics, Speech and Signal Processing, 2013: 6645-6649.

[6] YADAN O, ADAMS K, TAIGMAN Y, et al. Multi-GPU training of ConvNets [EB/OL]. https://arXiv.org/ abs/1312.5853, 2015.

[7] ROSENBLATT F. The perceptron-a perceiving and recognizing automaton [R]. Ithaca, NY: Cornell Aeronautical Laboratory, 1957.

[8] BOURLARD H, KAMP Y. Auto-association by multilayer perceptrons and singular value decomposition [J]. Biological Cybernetics, 1988, 59 (4-5): 291-294.

[9] KRIZHEVSKY A, SUTSKEVER I, HINTON G E. ImageNet classification with deep convolutional neural networks [C]. Proc of the 25th International Conference on Neural Information Processing Systems [S. l.]: Curran Associates Inc, 2012: 1097-1105.

[10] ALWANI M, CHEN Han, FERDMAN M, et al. Fused-layer CNN accelerators [C]. Proc of the 49th Annual IEEE/ACM International Symposium on Microarchitecture. Washington DC: IEEE Computer Society, 2016: 1-12.

[11] ZEILER M D, TAYLOR G W, FERGUS R. Adaptive deconvolutional networks for mid and high-level feature learning [C]. Proc of IEEE International Conference on Computer Vision. Piscataway, NJ: IEEE Press, 2011: 2018-2025.

[12] YU K, LIN Y Q, Lafferty J. Learning image representations from the pixel level via hierarchical sparse coding [C]. Proc of IEEE Conference on Computer Vision and Pattern Recognition. Washington DC: IEEE Computer Society, 2011: 1713-1720.

[13] HINTON G E. A practical guide to training restricted Boltzmann machines [M]. Neural Networks: Tricks of the Trade. Berlin: Springer, 2012: 599-619.

[14] ACKLEY D H, HINTON G E, SEJNOWSKI T J. A learning algorithm for Boltzmann machines [J]. Cognitive Science, 1985, 9 (1): 147-169.

[15] LEE H, GROSSE R, RANGANATH R, et al. Convolutional deep belief networks for scalable unsupervised learning of hierarchical representations [C]. Proc of the 26th Annual International Conference on Machine Learning. New York: ACM Press, 2009: 609-616.

[16] KRIZHEVSKY A, HINTON G E. Using very deep autoencoders for content based image retrieval [C]. Proc

of the 19th European Symposium on Artificial Neural Networks. 2011：489-494.
[17] ZHANG J，SHAN S G，KAN M N，et al. Coarse-to-fine auto-encoder networks（CFAN）for real-time face alignment [C]. Proc of European Conference on Computer Vision. [S. l.]：Springer International Publishing，2014：1-16.
[18] MCCULLOCH W S，PITTS W. A logical calculus of the ideas immanent in nervous activity [J]. Bulletin of mathematical biology，1990，52（1/2）：99-115.
[19] GLOROT X，BENGIO Y. Understanding the difficulty of training deep feedforward neural network [C]. Proc. of the 13th International Conference on Artificial Intelligence and Statistics. 2010：249-256.
[20] SCMIDHUBER J. Deep learning in neural networks：An owerview [J]. Neural Networks，2014，61：85-117.
[21] BENGIO Y，COURVILLE A，VINECENT P. Representation Learning：A Review and New Perspectives [J]. IEEE Transactions on Pattern Analysis & Machine Imtelligence，2013，35（8）：1798-1828.
[22] Fatih E，Galip A. Data classification with deep learning using Tensorflow [C]. 2017 International Conference on Computer Science and Engineering（UBMK），IEEE Press，Antalya，Turkey，2017：755-799.
[23] 孙振．深度学习框架研究及初步实现 [D]．长春：吉林大学，2018.
[24] 焦文超．深度学习框架下微分方程的求解和构造研究 [D]. 乌鲁木齐：新疆大学，2021.
[25] AZEVEDO F A，CARVALHO L R，GRINBERG L T，et al. Equal numbers of neuronal and nonneuronal cells make the human brain an isometrically scaled-up primate brain [J]. Journal of Comparative Neurology，2009，513（5）：532-541.
[26] 邱锡鹏．神经网络与深度学习 [M]. 北京：机械工业出版社，2020.
[27] FUKUSHIMA K. Neocognitron：A self-organizing neural network model for a mechanism of pattern recognition unaffected by shift in position [J]. Biological Cybernetics，1980，36（4）：193-202.
[28] 陈仲铭，彭凌西．深度学习原理与实践 [M]. 北京：人民邮电出版社，2018.
[29] CHOLLET F. Python 深度学习 [M]. 张亮，译．北京：人民邮电出版社，2018.
[30] 高随祥，文新，马艳军，等．深度学习导论与应用实践 [M]. 北京：清华大学出版社，2019.
[31] 王峰．面向复杂劣化信号的预测健康指数构造方法研究及应用 [D]. 北京：北京交通大学，2021.
[32] 杨锦鹏．基于知识表示和计算图的概率并行时态规划研究 [D]. 广州：广东工业大学，2021.
[33] 余南．多信息融合的短文本对话生成方法研究 [D]. 哈尔滨：黑龙江大学，2019.
[34] 解天舒．基于卷积神经网络的 Dropout 方法研究 [D]. 成都：电子科技大学，2021.
[35] 赵俊红．神经网络的正则化及在地质预测中的应用研究 [D]. 大连：大连理工大学，2022.
[36] 刘宇航．若干基于变分贝叶斯的正则化理论和方法 [D]. 武汉：武汉大学，2020.
[37] 陈杰．深度学习正则化技术研究及其在驾驶安全风险领域的应用 [D]. 合肥：中国科学技术大学，2019.
[38] 李翰芳．基于贝叶斯方法的随机效应面板数据模型研究 [D]. 武汉：华中师范大学，2020.
[39] 郭珉．基于正则化的贝叶斯网络结构稀疏学习及应用研究 [D]. 太原：山西财经大学，2019.
[40] 刘振兴，郭业才，高敏，等．多小波模糊神经网络盲均衡算法 [J]. 兵工学报，2010，31（9）：1137-1145.
[41] 高敏．小波嵌入神经网络盲均衡算法 [D]. 淮南：安徽理工大学，2010.
[42] 郭业才．模糊小波神经网络盲均衡理论、算法与实现 [M]. 北京：清华大学出版社，2011.
[43] Zadeh L A. Fuzzy sets [J]. Information and Control，1965（8）：338-353.
[44] 史忠植．神经网络 [M]. 北京：高等教育出版社，2009.
[45] 郭业才．生物医学信息与图像处理 [M]. 北京：科学出版社，2009.

[46] KOSKO B. Foundations of fuzzy Estimation Theory [D]. Irvine: Dept. of EE, University of California, 1987.
[47] 胡宏，史忠植．面向神经专家系统的近似逻辑 [J]. 电子学报，1992，20（10）：88-93.
[48] JACOBS S P, O' SULLIVAN J A. Automatic target recognition using sequence of high resolution radar range-profile [J]. IEEE Trans. on Aerospace and Electronic Systems, 2002, 36: 364-381.
[49] LI H J, YANG S H. Using range profile as features vectors to identify aerospace objects [J]. IEEE Trans. on Antennas and Propagation, 1993, 41 (3): 261-268.
[50] FENG B, CHEN B, LIU H W. Radar HRRP target recognition with deep networks [J]. Pattern Recognition, 2016, 61: 379-393.
[51] WANG Chi-Hsu, HOR Kar-Chun. Identifying an unknown flying target in missile defense systems using intelligent fuzzy neural networks [J]. 2017 13th International Conference on Natural Computation, Fuzzy Systems and Knowledge Discovery (ICNC-FSKD 2017), IEEE, 2017: 1127-1132.
[52] HAN H B, LIU S Q. Research on the simulation of the target RCS based on HFSS [J]. Research and Development, 2015, 34: 60-63.
[53] TRUEMAN C W, KUBINA S J, MISHRA S R, et al. RCS of small aircraft at HF frequencies [C]. Symposium on Antenna Technology and Applied Electromagnetics, Ottawa, Canada, IEEE, 1994: 151-157.
[54] MAMDANI E H. Application of fuzzy logic to approximate using linguistic synthesis [J]. IEEE Tran. on Computers, 1997, c-26 (12): 1182-1192.
[55] WANG J, WANG C H, CHEN C L P. The bounded capacity of fuzzy neural networks (FNNs) via a new fully connected neural fuzzy inference system (F-CONFIS) with its applications [J]. IEEE Trans. Fuzzy Syst., 2014, 22 (6): 1373-1386.
[56] HORIKAWA S I, FURUHASJI T, UCHIKAWA Y. On fuzzy modeling using fuzzy neural networks with the back-propagation algorithm [J]. IEEE Trans. on Neural Networks, 1992, 3 (5): 801-806.
[57] WANG C H, WANG W Y, LEE T T, et al. Fuzzy B-spline membership function and its applications in fuzzy-neural control [J]. IEEE Trans. Syst., Man, Cybern, 1995, 25 (5): 841-851.
[58] WANG C H, LIU H L, LIN C T. Dynamic optimal learning rate rates of a certain class of fuzzy neural networks and its applications with genetic algorithm [J]. IEEE Trans. Syst. Man, Cybern. 2001, 31 (3): 467-475.
[59] SPECHT D F. Probabilistic neural networks for classification mapping, or associative memory [C]. Proceeding of IEEE International Conference on Neural Networks, 1988, 1: 525-532.
[60] GUANGZHEN ZHAO; CUIXIAO ZHANG; LIJUAN ZHENG. Intrusion Detection Using Deep Belief Network and Probabilistic Neural Network [C]. 2017 IEEE International Conference on Computational Science and Engineering (CSE) and IEEE International Conference on Embedded and Ubiquitous Computing (EUC), Guangzhou, China, IEEE, 2017, 1: 639 - 643.
[61] PARK H, AMARI S, KUMIZUK C. Adaptive natueal gradient learning algorithms for various stochastic model [J]. Neural Networks, 2000, 13 (7): 755-764.
[62] CACOULLOS T. Estimation of a multivariate density [J]. Inst. Stat. Math., 1966, 18 (2): 179-189.
[63] MOTH F O, MOHD A M. Probabilistic neural network for brain tumor classification [C]. Second International Conference on Intelligent Systems, Modeling and Simulation, IEEE Computer Society, Phnom Penh, Cambodia, 2011: 136-139.
[64] SRIDHAR D, MURALI KRISHNA I V. Brain tumor classification using discrete cosine transform and probabilistic neural network [C]. 2013 International Conference on Signal Processing, Image Processing & Pattern Recognition, Coimbatore, India, IEEE, 2013: 1-5.

[65] LI H Y, FAN, W Y. Matlab realization of sensing image classification based on probabilistic neural network [J]. Journal of Northeast Forestry University, 2008, 36 (6): 64-66.

[66] GEORGIADIS E. Improving brain tumor characterization on MRI by Probabilistic neural networks and non-linear transformation of textural Features [J]. Computer Methods and program in biomedicine, 2008, 89: 24-32.

[67] 崔德宇．基于小波神经网络的锂离子电池 SOC 估算技术研究 [D]. 北京：清华大学，2018.

[68] 胡苓苓，郭业才．基于粒子群优化的正交小波盲均衡算法 [J]. 电子与信息学报，2011，33 (5)：1253-1257.

[69] 蒲婷婷．基于优化小波神经网络的输电线路行波故障测距方法研究 [D]. 淄博：山东理工大学，2020.

[70] 郭业才，王丽华．模糊神经网络控制的混合小波神经网络盲均衡算法 [J]. 电子学报，2011，39 (4)：975-961.

[71] 刘振兴，郭业才，高敏．多小波模糊神经网络盲均衡算法 [J]. 兵工学报，2010，31 (9)：1137-1139.

[72] 郭业才．群体智能与计算智能优化的盲均衡算法 [M]. 北京：清华大学出版社，2018.

[73] XU Y, LI D, WANG Z, GUO Q, XIANG W. A deep learning method based on convolutional neural network for automatic modulation classification of wireless signals [J]. Wireless Networks, 2017: 1 - 12.

[74] TAKAYOSHI Y, HIRONORI F, HIRONOBU F. Multiple skip connections of dilated convolution network for semantic segmentation [C]. 2018 25th IEEE International Conference on Image Processing (ICIP), Athens, Greece, IEEE, 2018: 1593-1597.

[75] YU X F, ZHAO J Y. Wide separate 3D convolution for video super resolution [C]. 2019 IEEE Global Conference on Signal and Information Processing (GlobalSIP), Ottawa, ON, Canada, IEEE, 1-5.

[76] LU Y, LU G M, LIN R, et al. SRGC-Nets: sparse repeated group convolutional neural networks [J]. IEEE Transactions on Neural Networks and Learning Systems, 2020, 31 (8): 2889-2903.

[77] ZHOU Y, YU J, FAN J P, et al. Multi-modal factorized bilinear pooling with co-attention learning for visual question answering [C]. 2017 IEEE International Conference on Computer Vision (ICCV), Venice, Italy, IEEE, 2017: 1839-1849.

[78] 尚尚．基于深度学习的斑马鱼卵和幼鱼显微影像分析算法研究 [D]. 大连：大连理工大学，2021.

[79] 郭景娟．基于深度学习的图像分类与目标检测方法研究 [D]. 武汉：华中科技大学，2020.

[80] 裘索．计算机视觉中的有限监督学习研究 [D]. 广州：华南理工大学博士学位论文，2019.

[81] 陈博恒．基于特征编码与深度学习的图像识别算法 [D]. 广州：华南理工大学博士学位论文，2019.

[82] 李嘉．基于卷积神经网络的心律失常自动分类关键技术研究 [D]. 长春：吉林大学，2019.

[83] 张芳慧，章春娥，张琳娜．基于多尺度重叠滑动池化的 SSD 果冻杂质检测方法 [J]. 信号处理，2020，36 (11)：1811-1819.

[84] ChasingdreamLY. CNN 经典模型汇总 [EB/OL]. (2018) [2021-10-14]. https://blog.csdn.net/qq_265915 17/article/details/79805884.

[85] 周腾威．基于深度学习的图像增强算法研究 [D]. 南京：南京信息工程大学，2020.

[86] HE K, SUN J, TANG X. Guided image filtering [J]. IEEE transactions on pattern analysis and machine intelligence, 2012, 35 (6): 1397-1409.

[87] HE K, SUN J. Fast guided filter [J]. arXiv preprint arXiv: 1505.00996, 2015.

[88] 郭业才，周腾威．基于深度强化对抗学习的图像增强方法 [J]. 扬州大学学报（自然科学版），2020，23 (2)：42-48.

[89] 宫浩．基于深度学习的遥感图像融合及分类方法研究［D］．南京：南京信息工程大学，2019.

[90] ZHANG X, ZOU J, HE K. Accelerating very deep convolutional networks for classification and Detection [J]. IEEE Transactions on Pattern Analysis & Machine Intelligence, 2015, 38 (10): 1943-1955.

[91] SRIVASTAVA N, HINTON G E, KRIZHEVSKY A. Dropout: a simple way to prevent neural networks from overfitting [J]. Journal of machine learning research, 2014, 15 (1): 1929-1958.

[92] CHOI J, YU K, KIM Y. A new adaptive component-substitution-based satellite image fusion by using partial replacement [J]. IEEE Transactions on Geoscience and Remote Sensing, 2011, 49 (1): 295-309.

[93] 朱文军．基于卷积神经网络的模糊去除方法研究［D］．南京信息工程大学文，2020.

[94] 郭业才，朱文军．基于深度卷积神经网络的运动模糊去除算法［J］．南京理工大学学报，2020，44（3）：303-402.

[95] KRISHNAN D, TAY T, Fergus R. Blind deconvolution using a normalized sparsity measure [C]. CVPR 2011. IEEE, 2011: 233-240.

[96] SUN J, CAO W, XU Z, et al. Learning a convolutional neural network for non-uniform motion blur removal [C]. Proceedings of the IEEE Conference on Computer Vision and Pattern Recognition. 2015: 769-777.

[97] YU F, KOLTUN V. Multi-scale context aggregation by dilated convolutions [J]. arXiv preprint arXiv: 1511.07122, 2015.

[98] SZEGEDY C, VANHOUCKE V, IOFFE S, et al. Rethinking the inception architecture for computer vision [C]. Proceedings of the IEEE conference on computer vision and pattern recognition. 2016: 2818-2826.

[99] HUANG G, LIU Z, MAATEN L, et al. Densely connected convolutional networks [C]. CVPR. 2017, 1 (2): 3.

[100] NAH S, KIM T H, LEE K M. Deep multi-scale convolutional neural network for dynamic scene deblurring [C]. CVPR. 2017, 1 (2): 3.

[101] CHOLLET F. Xception: Deep learning with depthwise separable convolutions [J]. arXiv preprint, 2017: 1610.02357.

[102] XIE S, GIRSHICK R, DOLLÁR P, et al. Aggregated residual transformations for deep neural networks [C]. Computer Vision and Pattern Recognition (CVPR), 2017 IEEE Conference on. IEEE, 2017: 5987-5995.

[103] SUN X J, CHEN Z, WANG H, et al. Convolutional LSTM network: a machine learning approach for precipitation nowcasting [C]. Advances in neural information processing systems. 2015: 802-810.

[104] KINGMA D P, BA J. Adam: A method for stochastic optimization [J]. arXiv preprint arXiv: 1412.6980, 2014.

[105] RONNEBERGER O, FISCHER P, BROX T. U-net: Convolutional networks for biomedical image segmentation [C]. International Conference on Medical image computing and computer-assisted intervention. Springer, Cham, 2015: 234-241.

[106] PAN J, SUN D, PFISTER H, et al. Blind image deblurring using dark channel prior [C]. Proceedings of the IEEE Conference on Computer Vision and Pattern Recognition. 2016: 1628-1636.

[107] GONG D, YANG J, LIU L, et al. From motion blur to motion flow: A deep learning solution for removing heterogeneous motion blur [C]. 2017 IEEE Conference on Computer Vision and Pattern Recognition (CVPR), Honolulu, HI, USA, IEEE, 2017, 1 (2): 3086-3096.

[108] CHAKRABARTI A. A neural approach to blind motion deblurring [C]. European Conference on Computer Vision. Springer, Cham, 2016: 221-235.

[109] GOODFELLOW I, POUGET-ABADIE J, MIRZA M, et al. Generative adversarial nets [C]. Advances in

neural information processing systems，2014：2672-2680.
[110] RADFORD A，METZ L，CHINTALA S. Unsupervised representation learning with deep convolutional generative adversarial networks [J]. arXiv preprint arXiv：1511. 06434，2015.
[111] 杨思渊，蒋锐鹏，海仁古丽·阿不力提甫，等．基于小波深度卷积生成对抗网络的人脸图像生成[J]. 信息通信，2020 (11)：69-73.
[112] 孔乐，赵婷婷．基于条件生成对抗网络的模型化策略搜索方法 [J]. 天津科技大学学报，2021，36 (1)：68-75.
[113] 于文家，丁世飞．基于自注意力机制的条件生成对抗网络 [J]. 计算机科学，2021，48 (1)：241-247.
[114] SUTTON R S，BARTO A G. Reinforcement Learning：An Introduction [M]. Cambridge：MIT Press，1998.
[115] 周志华．机器学习 [M]. 北京：清华大学出版社，2016.
[116] 万里鹏，兰旭光，张翰博，等．深度强化学习理论及其应用综述 [J]. 模式识别与人工智能，2019，32 (1)：67-81.
[117] HESSEL M，MODAYIL J，VAN HASSELT H，et al. Rain-bow：Combining improvements in deep reinforce-ment learning [EB/OL]. [2020-03-29]. https：//arxiv. org/abs/1710. 02298.
[118] LILLICRAP T P，HUNT J J，PRITZEL A，et al. Continuous control with deep reinforcement learning [J]. Computer Science，2015，8 (6)：A187.
[119] NG M，JORDAN M. Pegasus：A policy search method for large Mdps and Pomdps [EB/OL]. [2020-03-29]. https：//arxiv. org/abs/1301. 3878.
[120] SEHNKE F，OSENDORFER C，RUCKSTIESS T，et al. Parameter exploring policy gradients [J]. Neural Networks，2010，23 (4)：551 - 559.
[121] WILLIAMS R J. Simple statistical gradient-following algorithms for connectionist reinforcement learning [J]. Machine Learning，1992，8 (3/4)：229-256.
[122] KAKADE S. A natural policy gradient [EB/OL]. [2020-03-29]. http：// papers. nips. cc/ paper/2073-a-natural-policy gradient. pdf.
[123] MIRZA M，OSINDERO S. Conditional generative adversarial nets [EB/OL]. [2020-03-29]. https：//arxiv. org/abs/1411. 1784.
[124] 史丹青．生成对抗网络入门指南 [M]. 北京：机械工业出版社，2018.
[125] 李亮，郭树旭，陈国法．基于偏微分方程的图像修复算法 [J]. 吉林大学学报（信息科学版），2012，30 (1)：72-77.
[126] PATHAK D，KRAHENBUHL P，DONAHUE J，et al. Context encoders：Feature learning by inpainting [C]. 2016 IEEE Conference on Computer Vision and Pattern Recognition (CVPR)，2016：253-254.
[127] IIZUKA S，SIMO-SERRA E，ISHIKAWA H. Globally and locally consistent image completion [J]. ACM Transactions on Graphics，2017，36 (4)：1-14.
[128] 黄俊健，朱煜，林家骏，等．基于高频小波损失的生成对抗人脸补全方法研究 [J]. 计算机应用与软件，2021，38 (2)：233-239.
[129] DENG J，GUO J，XUE N，et al. Arcface：Additive angular margin loss for deep face recognition [C]. 2019 IEEE/ CVF Conference on Computer Vision and Pattern Recognition (CVPR)，2019：4685-4694.
[130] YU F，KOLTUN V. Multi-scale context aggregation by dilated convolutions [EB/OL]. [2016 - 4 - 30]. https：//arxiv. org/pdf/1511. 07122v2. pdf.
[131] MAO X，LI Q，XIE H，et al. Least squares generative adversarial networks [C]. 2017 IEEE International Conference on Computer Vision (ICCV)，2017：2813-2821.

[132] DEMIREL H, ANBARJAFARI G. Image resolution enhancement by using discrete and stationary wavelet decomposition [J]. IEEE Transactions on Image Processing, 2011, 20 (5): 1458-1460.

[133] 原甄诚，杨永胜，李元祥，等．基于多尺度生成对抗网络的大气湍流图像复原 [J]．计算机工程，2021，47 (11) 227-233.

[134] KUPYN O, BUDZAN V, MYKHAILYCH M, et al. Deblur GAN: Blind motion deblurring using conditional adversarial networks [C]. Proceedings of the IEEE Conference on Computer Vision And Pattern Recognition. 2018: 8183-8192.

[135] ISOLA P, ZHU J Y, ZHOU T, et al. Image-to-image translation with conditional adversarial networks [C]. Proceedings of the IEEE Conference on Computer Vision And Pattern Recognition. 2017: 1125-1134.

[136] CHANG Y L , LIU Z Y, LEE K Y, et al. Free-form video inpainting with 3D gated convolution and temporal PatchGAN [C]. 2019 IEEE/CVF International Conference on Computer Vision (ICCV), Seoul, Korea, IEEE, 2019: 9065-9075.

[137] 熊亚辉，陈东方，王晓峰．基于多尺度反向投影的图像超分辨率重建算法 [J]．计算机工程，2020，46 (7): 251-259.

[137] HU J, SHEN L, SUN G. Squeeze-and-excitation networks [C]. Proceedings of the IEEE conference on computer vision and pattern recognition. 2018: 7132-7141.

[138] LIU S, HUANG D, WANG Y. Learning spatial fusion for single-shot object detection [EB/OL]. [2020-10-10]. https://arxiv. org/pdf/1911. 09516. pdf.

[139] Milletari F, Navab N, Ahmadi S A. V-net: fully convolutional neural networks for volumetric medical image segmentation [C]. 2016 Fourth International Conference on 3D Vision (3DV), Stanford: IEEE, 2016: 565-571.

[140] LEVIN A, WEISS Y, DURAND F, et al. Understanding and evaluating blind deconvolution algorithms [C]. IEEE Conference on Computer Vision and Pattern Recognition. 2009: 1964-1971.

[141] WHYTE O, SIVIC J, ZISSERMAN A, et al. Non-uniform deblurring for shaken images. 2010.

[142] GUPTA A, JOSHI N, ZITNICK C L, et al. Single image deblurring using motion density functions [C]. ECCV, Springer, 2010: 171-184.

[143] KIM T H, LEE K M. Segmentation-free dynamic scene deblurring [C]. CVPR, 2014.

[144] PAN J, SUN D, PFISTER H, et al. Deblurring Images via Dark Channel Prior [J]. IEEE Transactions on Pattern Analysis & Machine Intelligence, 2017, PP (99): 1-1.

[145] XU L, REN J S, LIU C, et al. Deep convolutional neural network for image deconvolution [C]. Advances in Neural Information Processing Systems, 2014: 1790-1798.

[146] SCHULER C J, HIRSCH M, HARMELING S, et al. Learning to deblur [J]. IEEE transactions on pattern analysis and machine intelligence, 2016, 38 (7): 1439-1451, 2016.

[147] SUN J, CAO W, XU Z, et al. Learning a convolutional neural network for non-uniform motion blur removal [J]. CVPR, 2015: 769-777.

[148] CHAKRABARTI A. A Neural Approach to Blind Motion Deblurring [C]. European Conference on Computer Vision. Springer, Cham, 2016: 221-235.

[149] HINTON G E. Training products of experts by minimizing contrastive divergence [J]. Neural Computer, 2002, 14 (8): 1771-1800.

[150] LEE H, EKANADHAM C, Ng A Y. Sparse deep belief net model for visual area V2 [C]. Proceedings of Advances in Neural Information Processing Systems. NY, United States: Curran Associates Inc, 2008: 873-880.

[151] HAGAN M H, DEMUTH H B, BEALE M H. 神经网络设计 [M]. 戴蔡，译. 北京：机械工业出版社，2002.

[152] 周立军，刘凯，吕海燕. 基于竞争学习的稀疏受限玻尔兹曼机制 [J]. 计算机应用，2018，38 (7)：1872 – 1876.

[153] 尹静，李唯唯，杨德红，等. 一种新的分类受限玻尔兹曼机改进模型 [J]. 小型微型计算机系统，2018，39 (7)：1415-1420.

[154] JIELEI CHU; HONGJUN WANG; HUA MENG; PENG JIN; TIANRUI LI. Restricted Boltzmann Machines With Gaussian Visible Units Guided by Pairwise Constraints [J]. IEEE Transactions on Cybernetics, 2019, 49 (12): 4321-4335.

[155] CHO K H, RAIKO T, ILIN A. Parallel tempering is efficient for learning restricted Boltzmann machines [C]. International Joint Conference on Neural Networks (IJCNN), IEEE, 2010: 1-8.

[156] REN J, LI X, HAUPT J. Robust PCA via tensor outlier pursuit [C]. Conference on Signals, Systems & Computers, 2017: 1744-1749.

[157] LU M, HUANG J Z, QIAN X. Sparse exponential family principal component analysis [J]. Pattern Recognition, 2016, 60: 681-691.

[158] CHENG Z D, ZHANG Y J, FAN X. Criteria for 2DPCA superior to PCA in image feature extraction [J]. Chinese Journal of Engineering Mathematics, 2009, 26 (6): 951-961.

[159] SHI Z G. A human face recognition method of 2DPCA based on modular residual image [J]. Journal of Inner Mongolia Normal University, 2015, 44 (3): 380-384.

[160] WANG H X. 2DPCA with L1-norm for simultaneously robust and sparse modelling [J]. Neural Networks, 2013, 46 (10): 190-198.

[161] LI W. The image feature extraction algorithm based on the DWT and the improved 2DPCA [J]. Applied Mechanics and Materials, 2014, 556-562: 5042-5045.

[162] LIU S, FENG L, QIAO H. Scatter balance: an angle-based supervised dimensionality reduction [J]. IEEE Transactions on Neural Networks & Learning Systems, 2015, 26 (2): 277-289.

[163] MAHANTA M S, PLATANIOTIS K N. Ranking 2DLDA features based on fisher discriminance [J]. IEEE International Conference on Acoustics, 2014: 8307-8311.

[164] MASHHOORI A., ZOLGHADRI M J. Block-wise two-directional 2DPCA with ensemble learning for face recognition [J]. Neurocomputing, 2013, 108 (5): 111-117.

[165] 宋海峰，陈广胜，景维鹏，等. 基于 $(2D)^2$PCA 的受限玻尔兹曼机图像分类算法及其并行化实现 [J]. 应用科学学报，2018，36 (3)：495-504.

[166] SHVACHKO K, KUANG H, RADIA S. The Hadoop distributed file system [C]. IEEE Symposium on MASS Storage Systems and Technologies, 2010: 1-10.

[167] VEMULA S, CRICK C. Hadoop image processing framework [C]. IEEE International Congress on Big Data, 2015: 506-513.

[168] KACHRIS C, SIRAKOULIS G C, SOUDRIS D. A map reduce scratchpad memory for multi-core cloud computing applications [J]. Microprocessors & Microsystems, 2015, 39 (8): 599-608.

[169] HUANG X X, BOULGOURIS N V. Gait recognition with shifted energy image and structural feature extraction [J]. IEEE Transactions on Image Processing, 2012, 21 (4): 2256-2268.

[170] CHOUDHURY S D, TJAHJADI T. Silhouette-based gait recognition using Procrustes shape analysis and elliptic Fourier descriptors [J]. Pattern Recognition, 2012, 45 (9): 3414-3426

[171] 李凯，曹可凡. 受限玻尔兹曼机的步态特征提取及其识别 [J]. 河北大学学报（自然科学版），

2019, 39 (6): 657-666.

[172] 刘丽丽. 基于最外轮廓的步态识别研究 [D]. 济南: 山东大学, 2012.

[173] 罗映雪, 贾博, 裘旭益, 等. 基于 Gamma 深度信念网络的飞行员脑疲劳状态识别 [J]. 电子学报, 2020, 48 (6): 1062-1071.

[174] ZHOU M, HANNAH L, DUNSON D, et al. Beta-negative binomial process and poisson factor analysis [A]. International Conference on Artificial Intelligence and Statistics [C]. LaPalma: IEEE, 2012: 462-471.

[175] DYK D A V, MENG X L. The art of data augmentation [J]. Journal of Computational & Graphical Statistics, 2001, 10 (1): 1-50.

[176] BLACKWELL, MACQUEEN J. Ferguson distributions via Polyaurn schemes [J]. The Annals of Statistics, 1973, 1 (2): 353-355.

[177] 杨智宇, 刘俊勇, 刘友波. 基于自适应深度信念网络的变电站负荷预测 [J]. 中国电机工程学报, 2019, 39 (4): 4049-4062.

[178] HINTON G. A practical guide to training restricted boltzmann machines [J]. Momentum, 2010, 9 (1): 926-947.

[179] KINGMA D, BA J. Adam: A Method for Stochastic Optimization [J]. Computer Science, 2014.

[180] 黄亮, 刘君强, 张振良, 等. 基于 KPCA 和深度信念网络的发动机故障检测 [J]. 武汉理工大学学报 (交通科学与工程版), 2019, 43 (9): 920-925.

[181] 莫易敏, 姚亮, 王骏. 基于主成分分析与 BP 神经网络的发动机故障诊断 [J]. 武汉理工大学学报, 2016, 40 (2): 85-88.

[182] DENG L, YU D. Deep learning: methods and applications [J]. Foundations and Trends in signal processing, 2014, 7 (2): 197-387.

[183] FISCHER A, IGEL C. An Introduction to Restricted Boltzmann machines [M]. Progress in Pattern Recognition, Image Analysis, Computer Vision, and Applications. Berlin: Springer, 2012.

[184] TRAN V T, ALTHOBIANI F, BALL A. An approach to fault diagnosis of reciprocating compressor valves using Teager-Kaiser energy operator and deep belief networks [J]. Expert Systems with Applications, 2014, 41 (9): 4113-4122.

[185] 杨宇, 张 娜, 程军圣. 全参数动态学习深度信念网络在滚动轴承寿命预测中的应用 [J]. 振动与冲击, 2019, 38 (10): 199-208.

[186] 陆璐. 基于 DNA 遗传萤火虫优化的盲均衡与图像盲恢复算法 [D]. 南京信息工程大学硕士学位论文, 2017.

[187] 孙美艳, 田玉玲. 基于混沌免疫算法的深度信念网络参数优化 [J]. 计算机工程与设计, 2019, 49 (9): 2643-2549.

[188] 李益兵, 王磊, 江丽. 基于 PSO 改进深度置信网络的滚动轴承故障诊断 [J]. 振动与冲击, 2020, 39 (5): 89-97.

[189] TAMILSELVAN P, WANG P F. Failure diagnosis using deep belief learning based health state classification [J]. Reliability Engineering & System Safety, 2013, 115: 124-135.

[190] 李巍华, 单外平, 曾雪琼. 基于深度信念网络的轴承故障分类识别 [J]. 振动工程学报, 2016, 29 (2): 340-347.

[191] SALAKHUTDINOV R, MURRAY I. On the quantitative analysis of deep belief networks [M]. Helsinki: ACM, 2008.

[192] SHI Y H, EBERHART R C. Parameter selection in particle swarm optimization [M]. Berlin, Heidelberg:

Springer Berlin Heidelberg, 1998.

[193] GUO X, HE L. ADHD Discrimination Based on Social Network [C]. Cloud Computing and Big Data (CCBD), 2014 International Conference on, 2014, pp. 55-61.

[194] BLEDSOE J C, XIAO D, CHAOVALITWONGSE A. et al. Diagnostic classification of ADHD versus control support vector machine classification using brief neuropsychological assessment [C]. Journal of attention disorders, 2016: 1087054716649666.

[195] DUDA M, MA R, HABER N, et al. Use of machine learning for behavioral distinction of autism and ADHD [J]. Translational psychiatry, 2016, 6: 732.

[196] SACHNEV V. An efficient classification scheme for ADHD problem based on binary coded genetic algorithm and McFIS [C]. Cognitive Computing and Information Processing (CCIP), 2015 International Conference on, Noida, India, IEEE, 2015: 1-6.

[197] KUANG D, HE L. Classification on ADHD with deep learning [C]. Cloud Computing and Big Data (CCBD), 2014 International Conference on, Wuhan, China, IEEE, 2014: 27-32.

[198] IGUAL L, SOLIVA C, HERNÁNDEZ-VELA A, et al. Supervised brain segmentation and classification in diagnostic of attention-deficit/ hyperactivity disorder [C]. High Performance Computing and Simulation (HPCS), 2012 International Conference on, Madrid, Spain, IEEE, 2012: 182-187.

[199] TENEV A, MARKOVSKA-SIMOSKA S, KOCAREV L, et al. Machine learning approach for classification of ADHD adults [J]. International Journal of Psychophysiology, 2014, 93: 162-166.

[200] ABIBULLAEV B, AN J. Decision support algorithm for diagnosis of ADHD using electroencephalograms [J]. Journal of medical systems, 2012, 36: 2675-2688.

[201] ELOYAN A, MUSCHELLI J, Nebel M. B. et al. Automated diagnoses of attention deficit hyperactive disorder using magnetic resonance imaging [J]. Frontiers in systems neuroscience, 2012, 6: 61.

[202] SAEED F, SAHAR K. Diagnosis of attention deficit hyperactivity disorder using deep belief network based on greedy approach [C]. 5th International Symposium on Computational and Business Intelligence, 2017: 96-99.

[203] CUETO M A, MORTON J, STURMFELS B. Geometry of the restricted Boltzmann machine [J]. Algebraic Methods in Statistics and Probability, AMS, Contemporary Mathematics, 2010, 516: 135-153.

[204] SUN W J, SHAO S Y, ZHAO R, et al. A sparse autoencoder-based deep neural network approach for induction motor faults classification [J]. Measurement, 2016, 89: 171-178.

[205] XU J, XIANG L, LIU Q, et al. Stacked sparse autoencoder (SSAE) for nuclei detection on breast cancer histopathology images [C]. IEEE International Symposium on Biomedical Imaging, 2014: 999-1002.

[206] 王守相，陈海文，李小平，等. 风电和光伏随机场景生成的条件变分自动编码器方法 [J]. 电网技术，2018，42 (6)：1860-1869.

[207] HOU X, SHEN L, SUN K, et al. Deep feature consistent variational Autoencoder [C]. 2017 IEEE Winter Conference on Applications of Computer Vision (WACV). IEEE, 2017: 1133-1141.

[208] 王怀远，陈启凡. 基于堆叠变分自动编码器的电力系统暂态稳定评估方法 [J]. 电力自动化设备，2019，39 (12)：134-140.

[209] 佘博，田福庆，梁伟阁. 基于深度卷积变分自编码网络的故障诊断方法 [J]. 仪器仪表学报，2018，39 (10)：28-37.

[210] GHIASSI M, SAIDANE H, ZIMBRA D K. A dynamic artificial neural network model for forecasting time series events [J]. International Journal of Forecasting, 2005, 21 (2): 341- 362.

[211] DU X, VASUDEVAN R, JOHNSON-ROBERSON M. Bio-LSTM: a biomechanically inspired recurrent neu-

ral network for 3-D pedestrian pose and gait prediction [J]. IEEE Robotics and Automation Letters, 2018, 4 (2): 1501-1508.

[212] ZEN H, SAK H. Unidirectional long short-term memory recurrent neural network with recurrent output layer for low-latency speech synthesis [C]. 2015 IEEE International Conference on Acoustics, Speech and Signal Processing (ICASSP). IEEE, 2015: 4470-4474.

[213] 彭荻，贺彦林，徐圆，等．基于数据特征提取的 AANN-ELM 研究及化工应用 [J]. 化工学报，2012，63 (9): 2920-2925.

[214] 才轶，徐圆，朱群雄，等．基于自联想神经网络的数据滤波功能与应用 [J]. 计算机与应用化学，2009，26 (5): 673-676.

[215] 朱宝，乔俊飞．基于 Auto-encoder 特征提取的回声状态网络研究及过程建模应用 [J]. 化工学报．网络首发 http: //kns. cnki. net/kcms/detail/11. 1946. TQ. 20191108. 1534. 004. html.

[216] HOTELLING H. Relations between two sets of variates [J]. Biometrika, 1936, 28 (3-4): 321-377.

[217] CAO K A, MARTIN P G, ROBERT-GRANIÉ C, et al. Sparse canonical methods for biological data integration: application to a cross-platform study [J]. BMC Bioinformatics, 2009, 10 (1): 1-17.

[218] WITTEN D M, TIBSHIRANI R J. Extensions of sparse canonical correlation analysis with applications to genomic data [J]. Stat Appl Genet Mol, 2009, 8 (1): 1-27.

[219] WITTEN D M, ROBERT T, TREVOR H. A penalized matrix decomposition, with applications to sparse principal components and canonical correlation analysis [J]. Biostatistics, 2009, 10 (3): 515-534.

[220] LIN D, CALHOUN V D, WANG Y P. Correspondence between fMRI and SNP data by group sparse canonical correlation analysis [J]. Med Image Anal, 2014, 18 (6): 891-902.

[221] DU L, HUANG H, YAN J, et al. Structured sparse canonical correlation analysis for brain imaging genetics: an improved GraphNet method [J]. Bioinformatics, 2016, 32 (10): 1544- 1551.

[222] KIM M, JI H W, YOUN J, et al. Joint-Connectivity-Based Sparse Canonical Correlation Analysis of Imaging Genetics for Detecting Biomarkers of Parkinson's Disease [J] IEEE Transactions on Medical Imaging, 2019, PP (99): 1-1.

[223] HU W, LIN D, CAO S, et al. Adaptive sparse multiple canonical correlation analysis with application to imaging (epi) genomics study of schizophrenia [J]. IEEE Trans Biomed Eng, 2018, 65 (2): 390-399.

[224] ANDREW G, ARORA R, BILMES J, et al. Deep canonical correlation analysis [C]. International Conference on International Conference on Machine Learning, 2013: 1047-1255.

[225] 李刚，韩德鹏，刘强伟，等．基于典型相关稀疏自编码器的精神分裂症的分类 [J]. 中国医学物理学杂志，2020，37 (3): 391-396.

[226] XU J, XIANG L, LIU Q, et al. Stacked sparse autoencoder (SSAE) for nuclei detection on breast cancer histopathology images [C]. IEEE International Symposium on Biomedical Imaging, 2014: 999-1002.

[227] 苗壮，张湧，李伟华．基于双重对抗自编码网络的红外目标建模方法 [J]. 光学学报，40 (11): 111002- (1-8).

[228] 王强，田学民．基于 KPCA-LSSVM 的软测量建模方法 [J]. 化工学报，2011，62 (10): 2813-2817.

[229] 李浩光，于云华，沈学峰，等．发酵罐 KPCA 与 SVR 软测量技术的研究 [J]. 自动化仪表，2018，39 (2): 12-16.

[230] 刘聪，谢莉，杨慧中．基于互信息稀疏自编码的青霉素发酵过程软测量建模 [J]. 南京理工大学学报，44 (5): 590-597.

[231] SUN W J, SHAO S Y, ZHAO R, et al. A sparse auto-encoder-based deep neural network approach for induction motor faults classification [J]. Measurement, 2016, 89: 171-178.

[232] 南敬昌，田娜．基于改进粒子群算法的模糊小波神经网络建模 [J]. 计算机工程与应用，2017，53 (3)：120-123.

[233] 王宇钢，修世超．基于聚类和自适应神经模糊推理系统的数控机床绿色度评价方法 [J]. 中国机械工程，2018，29 (23)：77-81.

[234] 于红梅．基于深度自编码网络与模糊推理相结合的矿用齿轮箱故障诊断方法 [J]. 机床与液压，2020，48 (9)：181-186.

[235] BENGIO Y，LAMBLIN P，POPOVICI D，et al. Greedy layer wise training of deep networks [A]. The 19th International Conference on Neural Information Processing Systems [C]. Massachu-setts，USA：MIT Press，2007：153-160.

[236] 付晓，沈远彤，付丽华，杨迪威．基于特征聚类的稀疏自编码快速算法 [J]. 电子学报，2018，46 (5)：1041-1046.

[237] LUO Y X，WAN Y. A novel efficient method for training sparse auto-encoder [A]. International Congress on Image and Signal Processing [C]. Piscataway：IEEE Press，2013：1019-1023.

[238] SIMARD P，STEINKRAUS D，PLATT J. Best practices for convolutional neural networks applied to visual document analysis [A]. The 7th International Conference on Document Analysis and Recognition [C]. Piscataway：IEEE Press，2003：958-963.

[239] LI Chaoqun，SHENG V S，JIANG Jiangxiao，et al. Noise filtering to improve data and model quality for crowd sourcing [J]. Know ledge-Based Systems，2016，107：96-103.

[240] HUANG G B，ZHU Q Y，SIEW C K. Extreme learning machine：theory and applications [J] . Neurocomputing，2006，70 (1/2/3)：489-501.

[241] CHARAMA L L，ZHOU H，HUANG G B. representational learning with ELMs for big data [J]. IEEE Intelligent Systems，2013，28 (6)：31-34.

[242] SUN K，ZHANG J S，ZHANG C X. Generalized extreme learning machine autoencoder and a new deep neural network [J]. Neurocomputing，2017，230：374-381.

[243] DUAN M xing，LI K L，LI K Q. An ensemble CNN2ELM for age estimation [J]. IEEE Transactions on Information Forensics and Security，2018，13 (3)：758-772.

[244] 张国令，王晓丹，李睿．基于栈式降噪稀疏自编码器的极限学习机 [J]. 计算机工程，2020，46 (9)：61-67.

[245] VINCENT P，LATOCHELLE H，LAJOIE I，et al. Stacked denoising autoencoders：learning useful representations in a deep network with a local denoising criterion [J]. The Journal of Machine Learning Research，2010，11 (12)：3371-3408.

[246] CHEN X，LI M，YANG X Q. Stacked denoise autoencoder based feature extraction and classification for hyperspectral images [J]. Journal of Sensors，2016，2016：1-10.

[247] 郭业才，张浩然．基于改进 LDA 和自编码器的调制识别算法 [J]. 系统仿真学报，2021，33 (2)：494-500.

[248] 张浩然．基于自编码器和卷积神经网络的调制信号识别研究 [D]. 南京：南京信息工程大学，2020.

[249] ARANGANAYAGI S，THANGAVEL K. Clustering categorical data using silhouette coefficient as a relocating measure [C]. Conference on Computational Intelligence and Multimedia Applications，2007. International Conference. Sivakasi：IEEE，2007，2：13-17.

[250] ATLAS R S，OVERALL J E. Comparative evaluation of two superior stopping rules for Hierarchical cluster analysis [J]. Psychometrika，1994，59 (4)：581-591.